国家科学技术学术著作出版基金资助出版

皮肤分枝杆菌病学

主　编　吴勤学

副主编　王洪生　王　群　尹跃平

编　者　（以姓氏笔画为序）

王　群　主任医师　　硕士生导师　医学博士（广东省人民医院）

王洪生　主任医师　　硕士生导师　医学博士

尹跃平　研究员/教授　博士生导师　医学博士

冯素英　主任医师　　硕士生导师　医学博士

李晓杰　副主任医师　医学博士（上海市第一人民医院）

李新宇　研究员/教授　硕士生导师　医学博士

杨毅勤　副主任技师　医学博士（南京市胸科医院）

吴勤学　研究员/教授　博士生导师

张良芬　客座研究员　医学博士（日本国立感染症研究所）

张爱华　信息管理处处长

张彩萍　副主任医师　医学博士（镇江市第一人民医院）

陈小红　副主任医师　医学博士（中山大学第一附属医院）

陈志强　主任医师　　博士生导师　医学博士

魏万惠　副主任技师

编写秘书组

　　组　长：张爱华

　　组　员：王秋玲　刘伟军　张晓东　高　薇

　　注：未注明单位者工作单位均为中国医学科学院北京协和医学院皮肤病研究所

中国协和医科大学出版社

图书在版编目（CIP）数据

皮肤分枝杆菌病学／吴勤学主编. —北京：中国协和医科大学出版社，2012.12
ISBN 978-7-81136-754-6

Ⅰ. ①皮…　Ⅱ. ①吴…　Ⅲ. ①皮肤-分枝杆菌　Ⅳ. ①Q939.13

中国版本图书馆 CIP 数据核字（2012）第 216658 号

皮肤分枝杆菌病学

主　　编：吴勤学
责任编辑：刘岩岩　庞红艳

出版发行：**中国协和医科大学出版社**
　　　　　（北京东单三条九号　邮编100730　电话65260378）
网　　址：www. pumcp. com
经　　销：新华书店总店北京发行所
印　　刷：北京佳艺恒彩印刷有限公司

开　　本：889×1194　1/16 开
印　　张：21.5
字　　数：630 千字
版　　次：2012 年 12 月第 1 版　　　2012 年 12 月第 1 次印刷
印　　数：1—2000
定　　价：105.00 元

ISBN 978-7-81136-754-6/R·754

主 编 简 介

吴勤学，1962 年 7 月毕业于沈阳医学院（现中国医科大学）医疗系。现为中国医学科学院北京协和医学院皮肤病研究所研究员、教授、博士生导师。

获江苏省优秀科技工作者称号，享受国务院特殊津贴。曾任中国麻风协会实验专部主任和世界卫生组织专家咨询团委员 13 年，《国际麻风杂志》评议员以及中国医学科学院学术委员会免疫专题委员会委员，中国医学科学院研究生院学位委员会皮研所分会委员和皮研所学术委员会委员。现任《国际皮肤性病学杂志》常务编委，《中国麻风皮肤病杂志》特邀编委及教育部中国科技论文在线优秀学者。

主要从事麻风（含银屑病和梅毒）的免疫学和分子生物学研究。曾先后赴多国（比利时、英国、日本、美国、荷兰、菲律宾和泰国）研修、考察和参加国际学术会议。已编著《麻风防治手册》、《麻风实验室工作手册》、《中国现代科学全书》、《人及动物病原细菌学》（合编）、《实用皮肤性病治疗学》、《现代儿童皮肤病学》（合编及主审）和《现代麻风病学》（副主编）等 12 部著作。先后承担国家自然科学基金课题 3 项，卫生部、高校博士点课题各 1 项，医科院课题 2 项，国际合作课题（TDR、日本）2 项。发表论文 200 余篇（SCI 收录 11 篇，国内外引用百余次）；获各级科技进步奖 13 次（国家科技进步一等奖 1 次，卫生部、江苏省二等奖各 1 次，卫生部三等奖 3 次、江苏省四等奖 1 次、南京市一等奖和二等奖各 1 次、医科院一等奖 1 次、二等奖 4 次）以及马海德优秀论文奖和马海德奖；瞄准皮肤分枝杆菌病防治需要解决的国际前沿和难点进行系统深入研究，某些方面国际领先。所研建的检测方法高度敏感、特异、简便、价廉、有效，从理论和实践上使方法优化、标化，被国内外引用，有力促进了皮肤分枝杆菌病防治特别是麻风病的基本控制和消灭，在梅毒和银屑病研究中亦取得有意义的进展。其研究促进了科技进步和本学科及相关学科的发展，在国际上也占有一席之地。

前　言

分枝杆菌是一个庞大的细菌家族，普遍存在于自然界。迄今已发现有 200 余种，主要分为三大类：结核分枝杆菌群、麻风分枝杆菌群和环境分枝杆菌群（亦称非结核分枝杆菌群）。其中许多已证明能引起人和脊椎动物感染，且已在全球流行 3000 余年。众所周知结核分枝杆菌引起人肺及皮肤结核病，是全球传染病中头号杀手，特别是近年来感染率有所回升，加之在获得性免疫缺陷综合征（艾滋病）患者中的感染占 30%~50%，迅速致死，形势严峻；麻风分枝杆菌引起人麻风病，是一种特殊疾病，严重致畸、致残，既有医学问题，也有社会问题，完全消灭麻风病仍是一个长期而艰巨的任务；在非结核分枝杆菌中溃疡分枝杆菌引起的皮肤溃疡病已成为继结核病和麻风病之后的第三位分枝杆菌感染性疾病，亦能致肢体及器官的畸残。其他非结核分枝杆菌中，已证明有 20 余种引起肺部和皮肤感染。尤为值得关注的是：有报告，50% HIV 阳性患者有非结核分枝杆菌感染，且有数十种非结核分枝杆菌能从 HIV 阳性病人中分离出来，除腐物寄生菌临床意义待研究外，其中有致病力的达十余种，且能引起全身播散感染，而鸟-细胞内分枝杆菌感染竟达 80% 以上，堪萨斯分枝杆菌感染亦达 7% 左右。

随着艾滋病的流行，器官移植技术的更多使用，单一和多种耐药菌株的出现以及其他疾病应用免疫抑制剂治疗造成机体免疫力下降，分枝杆菌感染与日俱增，近年来世界各国不乏局部流行的报道。我国除麻风病外已见到皮肤结核病、海鱼分枝杆菌、瘰疬分枝杆菌、脓肿分枝杆菌、龟分枝杆菌（含艾滋病患者感染），偶遇分枝杆菌、猿分枝杆菌、未定名分枝杆菌甚至溃疡分枝杆菌感染的报告。皮肤分枝杆菌病临床表现多种多样，非结核分枝杆菌对常用的抗结核病和抗麻风病药物多不敏感，难诊、难治。目前医务工作者大多对其缺乏认识，许多病例往往不能被识别。

为了发展我国皮肤分枝杆菌病防治及研究事业，加速控制与消灭相关疾病的进程，皮肤病学界在研究、教学、临床和防治领域的工作者期望有一本比较全面、系统、实用，既能反映最新进展，又能切合国情的皮肤分枝杆菌病学参考性、工具性书籍。笔者及其课题组从事皮肤分枝杆菌感染性疾病研究工作已 40 余年，顺应时代要求编写了本书。

本书共分 3 篇 11 章 41 节，并配有实验、临床和病例图片近 50 幅，由笔者所在研究所老、中、青专家和本人原博士研究生，根据编者们长期的临床经验和研究成果，并参考国内外相关经典专著及现代文献编写而成。力求内容丰富、系统全面、新颖实用。本书特别侧重于介绍皮肤结核病及非结核分枝杆菌病的临床表现（配有彩图）、治疗方法、实验室诊断及相关的分子生物学的成果。

本书编写过程中得到沈阳中国医科大学皮肤性病科陈洪铎院士、南京医科大学皮肤科赵辨教授、南京军区总院皮肤科倪容之教授、北京大学第一医院皮肤科李若瑜教授，以及笔者所在研究所所领导及叶干运教授、邵长庚教授的大力支持，研究所图书馆李奇主任及本室王秋玲硕士亦给予了热诚的帮助。本书出版过程中受到国家科学技术学术著作出版基金资助和多方帮助，谨在此表示衷心感谢。

限于水平，本书缺点、错误以及不足之处在所难免，殷切期望同道及读者批评指正。

中国医学科学院北京协和医学院皮肤病研究所
中国疾病预防控制中心麻风病性病控制中心
吴勤学
2012 年 6 月

目　录

下篇　分枝杆菌病的实验室诊断及研究方法

上 篇

分枝杆菌病总论

第一章　分枝杆菌病的历史及流行病学

分枝杆菌病可分为三大范畴：结核病、麻风病和环境分枝杆菌（亦称非结核分枝杆菌）病。自古以来，三者之中麻风病和结核病均占压倒性的优势，但近年来，世界各国特别是发展中国家环境分枝杆菌病变得越来越重要。其部分原因是由于获得性免疫缺陷综合征（acquired immuno deficiency syndrome，AIDS）的出现。不仅如此，由于 AIDS 的出现，也使整个分枝杆菌病（对麻风病的影响尚在研究中）变得更重要。因为：首先，AIDS 的出现引起结核病全球性的发病率回升（尤在发展中国家）；其次，AIDS 导致机会感染增加，其中环境分枝杆菌特别是鸟分枝杆菌复合体的播散性感染。人们悉知，了解它们的历史和流行病学对于防治相关疾病是很重要的，基于此，本书拟按上述三个范畴分别加以介绍。但鉴于麻风病和结核病流行病学相关内容不少专著已有详细描述，本书仅摘其要点以维持系统完整性。

第一节　麻风病的历史及流行病学

据相关资料，麻风病的流行至今已有两千多年的历史。

自古以来，麻风病被看做传染性的、残毁性的、不可治愈的疾病。现今证明，麻风病主要侵犯皮肤、黏膜和周围神经，是古老的慢性传染病之一，麻风分枝杆菌是其病原体。它在世界范围流行广泛，多发生在北纬 38°以南的地区，五大洲几乎无一幸免于该病的侵袭。半个世纪以前，由于没有有效的预防和治疗措施，麻风病成为致残的一大原因，长期被人们视为"不治之症"。公众对麻风病患者存在着强烈的恐惧和歧视，患者遭受排斥、隔离及迫害，使这一严重危害人类身心健康的疾病，一直成为全球关注的一个公共卫生和社会问题。

一、麻风病的病名

麻风病在不同语言和国家中，有不同的名称。例如，set（埃及莎草纸书），zaraath（希伯来文《圣经》），lepra（希腊），leprosy（英、美），aussatz（德国），judham（阿拉伯语），kushtha（印度梵语），癞病、业病、例外、傍居（日本）等。往往含有不洁、道德败坏、剥落的斑点、易传染的恶习、腐烂及地狱的苦闷等意思。在古罗马名医 Araetus 著作（公元 150 年）中，曾称为"真性象皮病"。公元前 150 年《圣经·旧约全书》译为希腊文时，将"zaraath"译为"lepra"（意指鳞屑性皮肤病），以后译成英文时为"leprosy"，则专指麻风病，亦为现在世界卫生组织所用之术语。而有些学者主张称之为汉森（Hansen）病。

我国历史上有关麻风病的名称众多，曾有疠（《战国策》）、疠风（《灵枢》）、疠及大风（《素问》）、癞疾（《神农本草经》）、癞病（《肘后救卒方》）、癞（《诸病源候论》）、恶疾（《备急千金要方》）、天刑（《医学入门》）、麻风（《丹溪心法》与《景岳全书》）、癞风（《证治准绳》）、大麻风（《医宗金鉴》）、麻风（《医学辞汇》）等。

二、麻风病的流行病学

麻风病（以下简称麻风）往往出现在人群过度拥挤、环境（公共卫生）极差和营养缺乏之地。

关于麻风最早在亚洲、非洲、欧洲、美洲和大洋洲均有所记载。例如，印度于公元前 600～公元前 556 年在《妙闻集》中即称麻风为"kushtha"（正在腐烂之意），在我国殷商时期（公元前 1066年）"箕子漆身为厉以避其杀身之祸"，可能是我国关于麻风最早的传说。其后出现诸多关于麻风的记载，其中包括：《内经》、《诸病源候论》、《千金要方》、《解围元数》及《疯门全书》等。对麻风病因、症状、治疗等都有较系统的论述。此外，古巴比伦王国遗址出土的文物中，阿拉伯的《古兰经》中也有关于麻风的记载。至于流行情况，全球公认亚洲以印度、中国流行严重，印度尼西亚、缅甸、尼泊尔、阿富汗、孟加拉国流行较严重，日本、朝鲜、韩国均有一定数量的麻风病人。据世界卫生组织 20 世纪末的调查显示：全世界约有 1200 万麻风病人。其中亚洲占 95%，大约为 390 万余，非洲为 140 万余，美洲为 26 万余，欧洲为 1.6 万，大洋洲为 1.3 万。非洲的患病率最高，为 3.14‰，亚洲次之，为 1.56‰，美洲和大洋洲较低，为 0.5‰，欧洲最低，为 0.02‰。

在非洲从埃及的木乃伊中发现了麻风致颅骨损害的证据；在欧洲圣经《旧约全书》中有关于麻风的记载。美洲在 1543 年发现麻风病人，大洋洲在 10 世纪末一度流行过麻风病。公元 4 世纪时，麻风在欧洲已普遍流行，14 世纪中叶以后始转下降，现仍有少数病例在西班牙、葡萄牙、罗马尼亚、俄罗斯的南部、希腊及波罗的海等国家和地区中存在。在美洲的巴西、巴拉圭、阿根廷、哥伦比亚、古巴、乌干达、委内瑞拉、海地等中南美国家仍有麻风流行。大洋洲目前主要在巴布亚、新几内亚等国有较重的流行，瑙鲁、斐济亦有一定数量的麻风病人。美国每年仍能发现 200～300 例病人，主要在加利福尼亚、纽约、佛罗里达和夏威夷群岛。据 1999 年统计，亚洲、非洲和南美的麻风病人占全球麻风病人总数的 90%，目前主要集中在印度、巴西、缅甸、印度尼西亚、马达加斯加和尼泊尔。我国则主要在云、贵、川、藏，其次为湘、鄂、陕等局部地区流行。

至于麻风疫源地至今亦未弄清。有人认为印度是麻风最早的疫源地，从印度向东传到中南半岛，尔后由此处向北传到中国、朝鲜和日本，向南传到东南亚各国。另外，由印度向西经波斯、阿拉伯传到非洲，并由此处传至欧洲。近来有人用分子生物学方法研究麻风分枝杆菌显示该疾病源于东非或近东。通过移民从欧洲和北非传播到西非和美国。我国麻风杆菌基因型与朝鲜、日本的一致。详细情况须进一步开展洲际、国际的研究。

由于麻风分枝杆菌（以下简称麻风杆菌）体外培养至今尚未成功，阻碍了对它的生态、天然宿主、毒力、疾病传播等的了解。有人报告麻风杆菌存在于苔藓类中，有人推断可能为野生犰狳，但都缺乏足够的证据，至今仍认为人是麻风杆菌的唯一宿主。

三、麻风病防治知识及当代抗麻风措施的演变

在病因方面，以往人们认为麻风是鬼神所致，抑或天命受到惩罚所致。我国秦汉时主"风"说，隋唐时有"虫"说，欧洲 19 世纪中叶以前认为与遗传有关，直至 1873 年挪威医学家 Hansen 从麻风病人组织中查到病原体（后命名为麻风分枝杆菌）后数十年才认为是一种传染病。尤其在 1960 年，美国医生 Shepard 小白鼠足垫接种麻风杆菌获得成功（有限繁殖），使麻风的传染说得以确立。

在临床及治疗方面，从我国最早的针刺疗法到大枫子疗法，直至 1943 年砜类药物问世，麻风的治疗进入了化学治疗阶段。之后，Browne 等（1962）和 Leiker 等（1970）分别报告了氯法齐明和利福平口服治疗麻风。在发现 DDS 麻风杆菌原发及继发耐药菌株后，WHO 提出了麻风联合化疗（MDT）方案。现今正在优化这些方案和开展新的抗麻风药物的研究。

在防治措施及管理方面的演变：以往中外麻风病人遭受宗教、礼法和法规的诸多歧视与限制，病人被聚居在偏僻地区，甚至还遭活埋、水淹，更有甚者是活活烧死乃至枪杀或炮轰致死。基于引发的一系列社会问题和随着社会的进步和科学的发展，欧洲 12 世纪就有为麻风病人设立收容所或疗养所之举，13 世纪时又设立了麻风病院，1839 年挪威的圣约尔根麻风病院成为当时世界麻风病研究中心。我国各地也建了许多麻风病院。麻风病人管理最大的进展是在第 5 次国际麻风会议（1948）之后，主张只隔离有传染性病人；第 7 次国际麻风会议（1958），提出废除强制隔离；20 世纪 80 年代时由于 MDT 的问世，演变为"化学隔离"代替"人身隔离"；第九届国际麻风会议（1968）时提出麻风走向躯体、心理、社会和经济康复时代；1998 年第 15 届国际麻风会议上提出 21 世纪为在全球创立"一个没有麻风的世界"而努力。

四、我国的麻风病防治

我国有相当数量的麻风病人，20 世纪上半叶国外专家估计有 100 万名，我国专家估计有 50 余万。新中国成立之前，全国有麻风病院 40 余所，其中 38 所为外国教会所办。新中国成立（1949）后，党和政府对这一个危害人民身心健康的疾病十分重视，以"预防为主"的方针为指导而积极地、有计划、有组织地开展了麻风防治工作。20 世纪 80 年代，主要针对国情疫情提出对疾病进行"积极防治和控制传染"的方针，分步采取"防治结合"，"边调查，边隔离，边治疗"的方法和推行"宣、查、收、治、管、研"的综合防治措施，努力做到早发现、早隔离、早治疗。1980 年底，全国麻风病院、防治站、麻风村达 1199 处，拥有 9000 多名防治专业人员，全国麻风患病率已控制在 1/10 000 以下。从而我国麻风防治转入"力争基本消灭麻风病阶段"。1986 年起对防治策略实施了 4 个转变：①从单一药物的治疗转变为联合化疗；②从隔离治疗为主转变为社会防治为主；③从单纯抗菌治疗转变为抗菌治疗与康复医疗相结合；④从专业队伍的单独作战转变为动员社会力量协同作战。至 2000 年底，全国累计登记麻风病人近 48 万，治愈 38 万余人，现症病人减少到 6000 人，99% 的县市已达 WHO 提出的患病率 1/10 000 以下的标准，90% 的县（市）已达到我国政府提出的"基本消灭"的目标。

但 21 世纪以来的实践表明，虽然联合化疗的实施治愈了大量麻风病人，但流行病学调查发现，新发病人未见减少，有家庭集簇性倾向，儿童麻风还占相当的比例，局部仍有高发区，耐药与复发也已显现，其受 AIDS 的影响尚未明确，欲实现麻风的基本控制乃至消灭的目标，仍须保持低流行状态下防治工作的持续性。

第二节 结核病的历史及流行病学

与麻风病一样，结核病（以下简称结核）是古老的传染病之一。它是由结核分枝杆菌（mycobacterium tuberculosis, M. tuberculosis, Mtb, MTB, 以下简称结核杆菌）引起的，人体许多脏器包括皮肤均可发生的疾病，以肺结核最常见。

结核病的病原体是结核杆菌。主要通过飞沫（患者咳嗽、喷嚏、说话向空气中排出）、再生气溶胶（尘埃，吐痰随尘土飞扬）及消化道（饮用未经消毒的患结核病牛的奶）传染。患病与否同被染者是否易感、受染菌量、接触密切程度、营养、环境等诸多因素相关。

就全球而言，据 WHO 资料每年有 9 百万患者，约有 880 万新病例，死亡人数 250 万。每周死亡 52 000 人，每天死亡 7000 人以上。每小时可有 1000 个以上新病例，80% 以上发生在 15～49 岁年龄段者。有报道，M. bovis 致人 TB 者在发达国家为 0.5%～7.2%，在发展中国家为 10%～15%。在加利福尼亚和墨西哥交界地带儿童约 11%。另外，在 HIV 感染高度流行区的婴儿和儿童免疫接种致垂直感染以及膀胱癌免疫治疗造成 BCG 感染达 1%。

感染 MTB 后约有 1/10 的人在一生中有发生结核的危险，结核病是全世界由单一致病菌引致死亡最多的疾病，20 世纪 40 年代链霉素等抗结核药物发明之前，结核一直是不治之症。据资料介绍，自 1882 年柯霍（Robert Koch）发现 MTB 以来，迄今因结核病死亡人数已达 2 亿。结核病严重危害人类健康，是全球关注的公共卫生问题和社会问题。世界卫生组织已将结核作为重点控制的传染病之一，亦是我国重点控制的重大疾病之一。

一、结核病的历史

（一）历史上的结核病流行状况

结核病是伴随人类历史最长的疾病之一，1904 年在德国 Heidelberg 附近出土的新石器时代（公元前 10 000～前 5000 年）人的颈椎骨化石，被发现有结核病变的存在。金字塔时期埃及 24 王朝的木乃伊中，发现脊柱结核（公元前 3000～前 2400 年），公元前 2000 年左右在印度的 TB 即与现代的肺 TB 一致。据木乃伊资料显示，在美国 TB 亦大约在公元前 2000 年左右存在。公元前 300 年 Aristotle 提出结核具有传染性的观点。18世纪结核曾随着工业革命的兴起，在欧洲猖獗蔓延，在不良的工作和生活条件下，结核的发病人数大为增加，兼之没有治疗方法，大批病人死亡。18世纪中叶，英国伦敦的结核死亡率高达900/10万，成为人类疾病的第一杀手。

在面对疾病束手无策的情况下，17～18世纪欧洲国家法律规定在病人死亡后，其接触物品应予焚烧。1882年Koch发现MTB是结核的病原菌，1897年提出结核的飞沫传染学说；1930年Löwenstein培养基的出现使MTB培养生长成功，为结核的病因学诊断打下了基础。

（二）化学疗法后的结核流行状况

化学疗法前结核的感染传播情况严重，据荷兰、法国和日本的资料显示每例传染源平均每年可传染10人左右，每例结核死亡者可传染30～50人。

据美国、欧洲、英国、印度的研究资料显示，化学疗法前涂片阳性肺结核病人在发病后2～4年有1/2的病人死亡，近1/4成为慢性传染源，只有1/4病人治愈（自愈）。即使病人治愈，其复发率也很高，1941年Stephens报告5年复发率为36.5%，1950年Philips报告15年复发率为41%，1939年Mitchell报告20年复发率为28%。

18～19世纪结核病在欧洲蔓延流行达到高峰后，其流行缓慢下降，这种下降趋势在MTB还未被发现之前就已经出现，是在没有采取针对性措施的情况下的所谓"自然下降"。有人认为促使结核病的流行缓慢下降的因素有二：其一，随着工业化发展，居民的生活水平、一般卫生状况和劳动条件得到改善；其二，由于结核病的广泛流行，人群"集团免疫"提高，易感水平下降。单靠"自然下降"的结核病流行的改善是十分缓慢的，结核病死亡率年递降率仅为1%～2%，瑞典1830～1930年结核病死亡率年递降率为0.8%，斯德哥尔摩年递降率为2%，英国1851～1900年结核病死亡率递降率为1.6%。19世纪末采用空气、休息和营养为主的疗法，并对传染源进行隔离，加快了结核病死亡率的下降，结核病死亡率年递降率达到4%～5%。

20世纪40年代后，多种抗结核药物相继出现，结核病已成为可治之症，在20世纪80年代初甚至认为在世纪末可以消灭结核病，但是，无独有偶，也与麻风病一样，过度的乐观产生疏忽，世界许多地区的结核病防治系统被削弱甚至取消；艾滋病和结核病的合并感染，单一和多重耐药菌株的产生，以及流动人口中结核病控制的困难，使结核病的流行再度成为严重的公共卫生问题。从而，1993年4月世界卫生组织发表"全球结核病紧急状态宣言"。

二、结核病的现状

（一）全球结核病流行概况

WHO估算全球60亿人口中有20亿人已受MTB感染（即每3个人中就有一人感染），每年死亡超过300万人。加之旅行、移民、耐药、HIV⁺人数不断上升其感染率亦不断升高。1994年以来，新发涂片检查阳性病人报告表明，每年增加12万人，1999年全球结核病新发病例为840万人，比1997年的800万人增多，在HIV/AIDS流行严重的非洲国家，结核病发病率增加20%以上。据WHO估计2002～2020年间将还有约10亿新感染者。如不加强控制将有1.5亿人患病和3.6千万人死于结核。

全球80%的结核病人在22个结核病高负担国家，这22个国家共有37亿人口，估算每年新发结核病人662万，其中涂片检查阳性病人294万，但新发涂片检查阳性病人发现率只有23%。在全球结核病高负担国家中只有秘鲁和越南达到70%的病人发现率和85%的病人治愈率。

我国是22个结核病高负担国家之一（人口占全球人口22%），结核病人数仅次于印度而居于世界第二位，结核病死亡人数占全球结核病死亡总数的12.5%。

世界卫生组织估算，2003年全球肺结核及肺外结核病人1543万例，全结核病患病率245/10万，其中印度、中国等22个结核病高负担国家的肺结核及肺外结核病人1289.6万例，全结核病患病率327/10万，22个结核病高负担国家的结核病人占全球的83.6%；全球结核病发病率每年平均增加1.0%，预计2003年全球结核病新发病例881万人（其中结核病高负担国家新病例702.7万人），发病率140/10万（其中结核病高负担国家发病率178/10万），其中新发涂片检查阳性病人389.7万人

（结核病高负担国家311.2万人），新发涂片检查阳性发病率62/10万（结核病高负担国家发病率79/10万）；2003年全球结核病死亡174.7万人（结核病高负担国家142.3万人），结核病死亡率28/10万（结核病高负担国家死亡率36/10万）。

预计，如不加强控制，至2020年将可能有10亿以上的人被结核杆菌感染，2亿人患结核病，而7千万人死于此病。

（二）我国肺结核病流行情况

据有关调查推算，20世纪20年代末全国有肺结核病人1000余万，每年死于结核病的人数为120余万。1949年结核病患病率高达1750/10万，结核病死亡率200/10万。为明确我国结核病疫情，卫生部于1979年、1984/1985年、1990年和2000年在全国范围内组织了肺结核流行病学抽样调查，掌握了我国肺结核病的流行情况及其趋势。

1. 患病情况　2000年调查结果显示，活动性肺结核患病率为367/10万，涂片检查阳性患病率为122/10万，细菌培养阳性患病率为160/10万。估计全国有活动性肺结核病人450万（411万~490万），涂片检查阳性肺结核150万（133万~168万），细菌培养阳性肺结核200万（175万~218万）。农村略高于城镇，城镇明显高于城市。农村比城市要高0.7倍。西部地区均高于全国平均水平。

2. 感染状况　据2000年调查资料，全人口感染率为44.5%（约5.5亿人）。感染率在城乡儿童大致相同，但在25岁以上人群感染率城市却明显高于农村。

3. 耐药状况　72.2%的菌株对常用抗结核药敏感。对1种和1种以上耐药的总耐药率为27.8%。初始耐药率为18.6%，获得性耐药率为46.5%。利福平耐药率逐渐增加达16.6%（获得性耐药率增加近14%）。耐多药率为10.7%（初始耐药多药率为7.6%，获得性耐多药率为17.1%）。

4. 死亡率（含肺外结核病）　1999年肺结核死亡率为818/10万，肺外结核为1.0/10万。推算全国每年死于结核病者约13万人。在死亡者中有21.6%未接受过抗结核治疗，有83.8%的人未进行过结核病登记。

5. 我国结核病患病趋势　据1979~2000年间的调查资料，我国结核病的患病率逐渐下降，平均年递降率为3.9%。特别是在实施结核病控制项目的地区，在对发现涂阳结核病人实施免费短程督导化疗（directly observed treatment shortcourse, DOTS）的地区下降更明显。死亡率年均递降率为8.1%。

总之，自1950年以来，随着公共卫生、营养、治疗的改善，结核病开始下降，但近年来随着AIDS和耐药菌株的出现，以及流动人口TB控制困难等诸多因素的影响，TB感染率开始回升。特别在美国、欧洲部分国家明显增加。约1/3~1/2 HIV+感染者被MTB感染。皮肤结核也随之增加，因而皮肤结核有提示肺结核的作用。

亚洲相关研究亦显示类似的趋势。例如在日本，皮肤结核与结核疹在1906~1935年间减少，1936~1955年间增加，从1955年又开始降低。1906~1925年皮肤结核发病率高于结核疹，1926~1945年两者又相等，从1946年起结核疹反高出皮肤结核。1986~1995年结核疹又降低，但1996~2000年间又明显增加，且在年轻女性中为多。皮肤结核在1980年前19~49岁年龄组中发病率最高，但1981年后在40岁年龄组中最高。

我国香港有一项研究（147例）显示真正皮肤结核16例，其余131例为结核疹。寻常狼疮占4%，疣状皮肤结核占4%，硬节性红斑（大部分为女性，全为下肢）占86%，丘疹坏死性结核疹占3%，其他：未分类的TB占1%，管口（孔）TB占0.1%。

据我们自己的经验，皮肤分枝杆菌病在全国有条件的医院均有发现，确有增多之势，且皮肤结核占主导地位。

三、我国结核病防治策略及措施的演变

总体上，人类在与结核病的长期斗争中总结出控制结核病的经验，大致可归纳为5个主要阶段，即：结核杆菌被发现之前；1882年发现结核杆菌；19世纪20年代采用卡介苗接种；1944年链霉素

（streptomycin，SM）用于抗结核治疗，随后多种抗结核药问世，开始了结核病的化疗时代；世界卫生组织（WHO）倡导结核病的短程督导化疗（DOTS），开创了控制结核病的新历程。

（一）结核病防治策略的演变

20世纪40年代末至50年代初，有效的抗结核药物如链霉素、对氨柳酸、氨硫脲、异烟肼等相继问世，开创了结核病治疗的化疗时代。从20世纪50年代初开始"及早地发现病人并给予有效的治疗"就成了控制结核病的当务之急。在疫情较高的20世纪50～60年代，"X线检查法主动发现病人"为发现病人的主要策略；此后，由于结核病人，特别是排菌病人一旦出现症状，绝大多数首次就诊选择综合性医疗机构，因此在20世纪80年代病人的发现策略被调整为"因症就诊被动发现病人"。化疗方案亦从单药演变为两药、三药及多药的联合。化疗疗期从24个月、12个月缩短到6个月的标准化疗方案。20世纪五六十年代，对病人的管理主要采取住院治疗，当时的疗程大多是12～24个月，多数病人无力长期住院治疗，因此疗程后期以及相当一部分因各种原因不能住院治疗的病人不得不在门诊接受治疗。在这种情况下，病人对医务人员和医嘱的依从性较差，为了提高病人的依从性及便于管理，缩短疗程成为当务之急。我国在20世纪80年代末期推行短程化疗并对病人实行全程管理和全程督导管理。

卡介苗的接种在结核病控制中的地位和作用，自其问世以来一直争论不休，有些问题至今尚无定论。目前我国采用皮内注射法并将卡介苗的接种列入国家计划免疫。

对排菌肺结核病人的"高治愈率、高发现率"是结核病控制新时期的策略目标。

（二）我国结核防治的进展

新中国成立后，对结核病防治工作非常重视。1978年，为了加快疫情下降，卫生部制订了《一九七八年至一九八五年结核病防治工作规划》，其后又修改制订了《一九八一年至一九九〇年全国结核病防治工作规划》，1991年9月颁布了《结核病防治管理办法》，1996年决定将结核病由丙类传染病调整为乙类传染病。要求按照《全国结核病防治手册》统一化疗方案，进行规范地全程督导化疗。我国政府有效利用世界银行贷款中国结核控制项目的同时，卫生部自1993年底起加强并促进结核病控制项目，并实施DOTS。我国DOTS策略的实施方法是：由县级结核病防治所门诊医生对病人定诊、确定化疗方案和进行初诊宣教；对病人进行督导治疗，实行四见面：县结核病防治所责任医生、乡防痨医生、村防痨医生及结核病人。以方便病人为原则，实行三定：①确定督导员；②确定督导治疗地点；③确定督导治疗时间。实施DOTS的关键是面视病人用药："送药到手、看服到口、服下再走"，做到定期随访、定期复诊、定期取药、定期查痰进行层层督导、检查。

到2000年底，初治涂片检查阳性病人（134.651人）治愈率达93.3%。

在项目实施区涂阳患病率（标化）下降幅度为44.4%，年均递降率为5.7%，而非项目地区下降幅度为12.3%，年均递降率为1.3%。

（三）结核病控制的展望

我国已执行《全国结核病防治规划（2001～2010）》，到2005年底已达到WHO提出的DOTS受益率达100%，新发涂片检查阳性结核病人发现率达70%，治愈率达85%的目标。但移民、HIV感染和耐药是21世纪全球结核病控制面临的3大难题。我国也不例外。我国拥有13亿多的人口，分散在广大的不同地理环境、经济状况的地区，大量的流动人口和耐药性的产生使我国的结核病控制工作需要长期、艰苦和更大的努力。据WHO估计，目前全球约有5000万人感染了耐药结核杆菌，耐药率为20%～50%，耐多药率为5%～20%，因此，全球的结核病耐药趋势严峻，而且在结核病人中又有发生耐药结核病的危险。据2000年流行病调查结果显示，我国初始耐药率为18.6%，获得性耐药率46.5%，其中耐多药结核病较为严重。耐药性产生已经成为传染病控制的主要问题，耐多药性将是我国结核病控制限制作用的主要因素。要采取有力措施并重于传染性肺结核病人的治疗及管理，减少和防止耐药结核病的发生，要采用敏感药物和与之相关的监测措施。

据WHO统计，目前全球每天约有16 000人感染艾滋病，其中95%集中在发展中国家；到1998

年底全世界共有艾滋病感染者 3340 万，其中 2150 万生活在撒哈拉以南的黑非洲地区。虽然目前我国的感染人数尚不众多（有报告至 2008 年已约有 8000 万），但疫情不可小视，因其感染者人数上升迅速，为结核病的控制带来巨大的困难。

我国的流动人口已达 1.3 亿以上，主要集中在东南沿海及大都市中，流动人口中的结核病人已经成为当前我国结核病控制的主要问题之一，这部分人口随着我国结核病控制网络的逐步完善，将受到充分的重视。

根据 2000 年全国结核病流行病学抽样调查资料为预测曲线，采用数学模型分析 2001～2010 年间我国活动性肺结核患者及涂片检查阳性肺结核患者人数，结果提示：如不采取现代肺结核控制策略，我国今后 10 年间肺结核病人数将大大增加。假定全国在 2001～2010 年间不全面实施结核病控制项目，病人发现率为 13% 的条件下，2010 年活动性肺结核患者预测增加到 1240.47 万，涂片检查阳性患者为 413.49 万人。

结核病流行趋势在不同地区、不同时代有着明显差异，这点亦必须引起重视。

第三节　环境分枝杆菌病的历史及流行病学

虽在麻风和结核杆菌发现不久后即发现了环境分枝杆菌（environmenttal mycobacteria，EM），但其致病性在 20 世纪中叶才得以确定，所以其流行病学尚不是很明确，特别是 EM 的种类繁多，且受诸多因素的影响，给了解其生态及流行情况带来极大困难。本节只能把现有有关资料加以整理和扼要的描述。

一、影响 EM 流行病学的诸多因素

（一）健康人群中定植的分枝杆菌

分枝杆菌遍存于自然界和有纬度的地区。除存在于水（淡水、咸水）中外，大多存在于土壤。这亦为人们常规接触的环境，并通过呼吸、饮食将之吸入或吃入体内。这些分枝杆菌从而定植（长期抑或暂时的）在人的呼吸或消化道。也能在人的皮肤和粪便中发现分枝杆菌。

1. 皮肤定植分枝杆菌　在非洲发现 MAC（系 M. intracellulare，M. scrofulaceum）和未分类分枝杆菌。在 Benin 发现 M. chelonae，M. intracellulare，M. fortuitum，M. malmoense，M. flavescens 和未分类分枝杆菌。在 Brazil 发现 MAC 最多，其次为 M. gordonae，M. fortuitum，M. terrae，少量 M. simiae，M. flavescens，M. scrofulaceum，M. szulgai 和未分类分枝杆菌。

2. 粪便中存在的分枝杆菌　在欧洲志愿者发现，M. simae 为最，其次为 MAC，M. goronae，M. malmoense。消化道黏膜表面一时性定植的分枝杆菌亦有所发现。

3. 呼吸道定植的分枝杆菌　环境中的分枝杆菌可能一时性的定植在呼吸道，如 M. kansasii，M. xenopi，MAC，M. fortuitum 和 M. chelonae 等有时能分离到。

（二）污染造成的分枝杆菌感染

分枝杆菌可能污染医疗设备、溶液，在实验室中处理标本、收集标本、分析标本过程中造成交叉污染以及医源性污染等均可能发生。所以实验室的检查要与临床检查相结合做出综合正确的判断，以免假性流行的发生。

1. 收集标本造成的污染　主要是胃肠道和支气管内镜，由于其有很长的能自由弯曲的管很难消毒除菌。常见的 EM 为 M. chelonae，有时亦见有 MTB。后者主要源于 TB 病人，而 EM 则多源于供应水源的自来水或清洗内镜用的自动化机器。因为这些器械内部存在着生物膜。

2. 分析标本时造成的污染　主要发生在医学实验室。一是由于仪器，如 pH 计，去污染处理或抗微生物溶液等造成污染。根本原因在于用了被 EM 污染却未灭菌的水。二是交叉污染：在处理标本时可由一阳性含菌量大的标本污染到一阴性标本，在 MTB 较常见。

3. 医源性污染　注射液是常见的，常含 M. fortuitum 和 M. chelonae，注射疫苗亦有发生。腹膜和

血液透析、支气管镜等的污染常有发生。常规的消毒剂往往对大多数细菌病毒有效，但对分枝杆菌无作用，这与消毒剂的性质、作用、剂量和作用时间均有一定关系。如消毒内镜中的 M. bovis 和 MTB 需要用 2% 的戊二醛（glutaraldehyde）溶液在 20℃ 条件下要经时 20 分钟才行。而 EM，特别是上述两种 EM 则需作用更强的方法。

其次，医源性污染方面还有：任何溶液（药液、麻醉液或其他溶液）都有危险，必须高压灭菌，实在不能用高压灭菌法的，也要高压灭菌的水配制后再行过滤除菌方可。对大多数分枝杆菌来讲，70% 或 90% 乙醇和 5% 苯酚短时间的作用是不完全的。福尔马林和次氯酸钠（sodium hypochlazide）在高浓度下，作用几个小时，亦有效果。季胺（quaternary ammonia）绝不能用于 EM 消毒。

（三）EM 的生态的因素

菌的生物型，土壤、水的组成成分，pH，温度等极大地影响 EM 的存在与分布（在本篇第二章总论相关部分介绍，请参阅）。

（四）影响分离和培养 EM 的因素

分离 EM 时有多种去污染的方法导致其结果不一致。诸如快生长分枝杆菌 M. chelonae 对去污染处理比慢生长分枝杆菌 MAC 敏感，所以后者从环境中的分离率就高。再者所用的培养基对初代分离是非常重要的。这点本书已有描述，诸如有的菌需在培养基中补加分枝菌素（mycobactin）、丙酮酸盐，抑或甘油，初代培养才能成功。其他如培养温度、培养时间等也十分重要。事实表明，有的菌初代培养在 37℃ 不生长，而在 28～33℃ 生长，有些菌即使上述条件均满足了，观察期（培养时间）要 4 周甚至 6 个月以上才能长出可见菌落。更需提及的是某些菌（M. ulcerans、M. haemophilum 和 M. genavense）至今尚没有自环境中分离出来的报道。或许真的是这样，也可能是分离和培养方法不当造成的。这方面尚有争论，仍需进一步研究澄清。

（五）用于鉴定 EM 的方法亦有影响

经典的鉴定方案对临床实验室中遇到的致病性或潜在致病的分枝杆菌的鉴别并不难。但随着新实验（如脂肪酸、霉菌酸含量分析等）的建立，使鉴定方法更稳定和有特色，可以鉴别新菌种，特别是分子生物学方法能够识别种间、种内的区别，而且比培养方法更敏感和特异。鉴于此，对于 EM 的流行学评价要慎重，有许多需要进行进一步研究的方面。

二、EM 病的流行学

以往的研究表明 EM 引起的疾病是世界性的，但主要在发达国家，如美国、加拿大、欧洲、日本、澳大利亚和南非；在印度、泰国（尽管较少）亦有报告。近年来我国亦有数个报告。在医学实验室中常见的分枝杆菌如表 1-3-1 所示。这些标本中分离出的菌不一定对人致病或有临床意义。EM 感染人与人的传染少见。主要是由于宿主（人）与天然和人工环境中分枝杆菌接触所致。皮肤和软组织感染主要是医源性的，其他的主要是呼吸道或消化道吸（进）入。

为了评价 EM 感染的流行病学，美国、欧洲以及其他地方曾作过一系列的皮试（用各种 EM 制成的 tuberculin）监测。但因为分枝杆菌间有许多共同抗原，交叉反应试验不是特异的，所以 EM 病的患病率实际上并不清楚。其原因在于：①一般不报告；②临床和实验室诊断偏低。有关报告中最有价值的要属 O'Brien 等的研究结果，他们基于 5469 例 EM 病的临床、流行病学和实验室数据分析后认为 EM 病的患病率为 1.8/100 000；MAC 最多，其次为 M. kansasii、M. fortuitum、M. scrofulaceum 和 M. chelonae，而以肺部感染为最常见；病型除与 EM 菌种相关外，亦与病人年龄、性别以及住地（乡下/城市）相关。尽管如此，作者一再强调研究仍然是局部的，样本量也不足够的大，只能作为初步参考，不能代表 EM 的真正流行情况。我国这方面的研究近年来刚刚起步，也有些局部的经验，如在河北、广东、福建、江苏、山东、大连、陕西的农村、城市环境和患者标本中均分离到不同的 EM，如 M. Scrofulaceum、M. chelonae、M. marinum、M. absesuss、M. peregninum 等。

表 1-3-1　医学实验室常分离到的环境分枝杆菌

存在环境	有致病潜力	往往为腐物寄生性
自然环境中		
常见	MAC	M. gordonae
	M. scrofulaceum	M. terrae
	M. fortuitum	M. nonchromogenicum
不常见	M. avium	M. flavescens
	M. intracellulare	M. vaccae
	M. chelonae	M. aurum
	M. malmoense	M. gastri
	M. simiae	M. smegmatis
	M. asiaticum	M. thermoresistibile
	M. marinum	
人工环境中		
常见	M. kansasii	M. gordonae
	M. xenopi	
	M. avium	
	MAC	
不常见	M. marinum	
在环境中尚未发现		
	M. ulcerans	M. triviale
	M. haemophilum	
	M. genavense	
	M. szulgai	
	M. shimoideri	
	M. celatum	

注：MAC 为鸟分枝杆菌复合群，包括几种类似于 M. avium 和 M. intracellulare 特征或介乎这些菌种特征之间的环境分枝杆菌

现已众所周知，HIV 感染造成个体易感分枝杆菌病的事实。全世界，在 HIV 感染者最易患的分枝杆菌病就是 TB。在两者均流行的国家，HIV$^+$者 TB 患病率可达 30%～60%。在发展中国家，在 AIDS 患者 EM 是最常见的机会感染菌，感染率一般在 10%～50% 之间，而其中 MAC 感染更可高达 90%。美国和欧洲略有差别。美国一个研究显示，在 AIDS 患者 96% 引起 MAC 感染，2.9% 引起 M. kansasii 感染；在法国，在 101 个分离物中，80.2% 系 MAC 感染，7% 系 M. kansasii 感染。

MAC 包括 M. avium 和 M. intracellulare，两者极难鉴别，即使用 DNA 探针亦然。用基因探针（Gen-probe）研究 154 株从 AIDS 患者和非 AIDS 患者分离的 MAC 显示，45 个 AIDS 患者中 98% 带有 M. avium 和 2% 带有 M. intracellulare，109 个非 AIDS 患者 40% 为 M. intracellulare 感染。由此引发是否两菌种代表一个复合体的争论。这点在流行病学很重要，特别是在 AIDS 相关的流行病学研究中。

在表 1-3-1 中所列各菌，除 M. ulcerans 和 M. shimoidei 外均曾从 HIV⁺患者中分离出来，它们大多有临床意义，可引起播散性感染。目前两菌种尚认为与 AIDS 无明显关联。Allen 报告从 3 例 HIV⁺患者分离到 M. ulcerans，但未能分析其临床意义与 AIDS 的关联性。

正常的腐生 EM，亦曾从 AIDS 患者分离出来，其临床意义未定，但除 M. gordonae 外，有报告至少在 1 例 AIDS 患者有临床意义。AIDS 所引起的免疫缺陷有可能造成过去尚未发现的（定论的）分枝杆菌感染，如 M. genavense 就是一例。另外，最近发现 M. celatum（1993 年描述的菌种）在 AIDS 患者可致播散性感染。

AIDS 与 EM 之间的关联引发数个基本问题，有必要加以回答：

1. 感染源是什么？　有许多证据显示人工环境（尤其是龙头水）使某些 EM 浓缩和增殖。在 AIDS 患者中发现的所有分枝杆菌一般均源自天然和人工的环境。有关 M. avium，多个研究表明定植在饮用水中的，似为 AIDS M. avium 感染的来源。Von Reyn 等用脉冲电泳研究 AIDS 患者中分离的 M. avium 和他们接触过的饮用水，同样的菌株在临床标本中、热水龙头中以及淋浴水中发现。Montecalvo 等从某些 AIDS 患者中分离出的 MAC 株与其热/冷水中分离出的是同一血清型。他们亦发现血清型 4 为 AIDS 患者和水中 MAC 的主型。Moudin 等用基因探针法（Gen-Probe）显示在 Boston 地区医院自来水系统中有 M. avium，也显示 EM 对氯是高度抵抗的，作者们也提出都市供水系统用氯不能有效控制 EM。M. avium 在公用水系统中有高的呈现率尚不能完全解释为什么在 AIDS 患者中有高的分离率。其他潜在的病原体，如 M. kansasii 和 M. xenopi 也常常从公用水中分离，它们在 HIV⁺个体很少引起播散性感染。有人也怀疑和某些与 M. avium 相关的食物有关。还有人从 Zaire 天然生态环境中分离一组分枝杆菌生物表型似 MAC，但 RFLP 和 16s rRNA 分型与 M. avium 和 M. intracellulare 不同。同样的分枝杆菌曾仅从非洲的 HIV⁺个体分离出来。因之，AIDS 患者感染分枝杆菌的来源问题的解释尚须持慎重的态度，要做更多的研究工作来拿出有力的科学依据。

2. 是否所有 EM 在 HIV⁺患者都能引起播散性感染？　据目前所知，所有的机会病原体均能在 HIV⁺患者引起播散性感染。但在大多数腐物寄生菌中仅 M. gordonae 能引起播散性感染。但在引发播散性感染的 EM 中唯 M. avium 最剧。似乎所有 M. avium 均如此，但在以血清型 4 为最，其次为血清型 8 和 1。血清型 8 多分离自非 AIDS 患者，似有地域上的差别。在大多数 AIDS 患者中血清型 8 主要在美国南佛罗里达，血清型 4 主要在美国东部和北佛罗里达。血清型在澳大利亚分布平衡，而在瑞典又是血清型 6 为主。分枝杆菌在 AIDS 患者引发播散性感染的能力不同，以 M. avium 为最强（多），且为世界性的；M. kansasii 和 M. xenopi 较差（少）。Arbeit 等和 Slutsky 等还发现 AIDS 伴发多型（株）MAC 感染。这个发现既提示 MAC 感染是来源于环境，亦提出临床诊断的严肃性和管理上的困难。Tortoli 等亦曾发现 M. kansasii 有两种不同的生物型，两型毒力不同。2 型特别易在 AIDS 患者发生感染，但其毒力却可能比 1 型的小。

3. EM 定植是否与播散性疾病发生有关？　这个问题尚待研究。一般地，正常黏膜上可能常有 EM 定植，一旦机体抵抗力降低如 HIV 感染系统性损害可能发生。但目前尚未弄清 MAC 是先定植的，还是 HIV 感染后才接触的。在 Zaire 人群一患者的病史支持事先定植的推测。患者 1986 年 8 月从 Zaire（患者驻地）到比利时，来之前去过非洲，患者 HIV⁺，但未显分枝杆菌感染症状，抵比 7 个月后出现了淋巴结炎。所幸用 INH、EMB、RF 将之治愈，淋巴结炎培养物获分枝杆菌（为 RFLP 型 H）。1989 年 11 月又发 M. avium 引起的播散性感染，且对所有抗结核药抵抗，提示这是在比利时获得的感染。有人用回顾性研究显示在 HIV⁺患者的呼吸道或消化道事先有 MAC 定植的比无定植的发生播散性感染的危险性高。研究认为，从痰或粪作 MAC 培养作为筛选试验有一定价值。

4. 在许多发展中国家为什么 AIDS 患者 EM 病少见？　有的信息提到在一些发展中国家的 AIDS 患者引发的分枝杆菌感染主要为 MTB。EM 的感染信息很少。如在 Uganda 的两项研究中，在环境中分离到 MAC，但 45 和 50 例晚期 AIDS 患者未获 MAC 感染。这却很难理解。

在发展中国家，AIDS 患者不易被 EM 感染可能是下列 5 点原因。

（1）BCG 的接种可能预防了 AIDS 患者的 EM 感染。但这不符合 Uganda 的情况，那里的 BCG 接种覆盖面仅 49.5%。

（2）结核病的流行起到了防御 EM 感染的作用。这个观点没得到认同。

（3）在获 EM 感染前发生了 TB。因为 MTB 的毒力比 EM 的强，故 TB 首先发生了。

（4）监视时间不够长，没有达到 EM 播散感染发生的时段。因 TB 可发生在任何免疫水平阶段，而 MAC 则播散发生在 AIDS 的较晚期，即 CD4$^+$ 细胞计数少于 100 个/mm^3 时段。在 Uganda 的监视时期仅为确诊后的 9 个月。

（5）M. avium 在某些发展中国家环境中不是普遍存在的。有人在 Zaire 的实验表明是这样的。而在美国 M. avium 似乎主要集中在市政供水系统，这样的系统在发展中国家不太普遍，因而这样的感染机会在发展中国家就少。

后 3 个解释能解释为什么在非洲的 AIDS 患者引发的 EM 感染少。

在描述 EM 流行病学的时候，M. ulcerans 是需要单独介绍的一种分枝杆菌。近年来临床与实践发现在结核与麻风之后，M. ulcerans 病〔亦称 Buruli 溃疡（BU）〕系免疫力低下人群中第三位常见的分枝杆菌病。本病难诊、难治。至今仍无满意治疗方案。若不予治疗，本病可引起麻风样畸残：溃疡严重，引起真皮坏死，损害可达脂膜乃至深层筋膜。侵害多发于四肢，亦可侵及全身其他部位，不仅常常引起皮肤和皮下组织损毁，而且常常导致严重的畸残。

1940 年 MacCallum 在澳大利亚从 Bairnsdale 一儿童小腿溃疡活检中发现抗酸菌，于 1948 年首次报告了该新的分枝杆菌感染的临床描述。其实 1948 年前非洲就已知此病。在非洲、中亚、东南亚的热带国家报道最多。感染通常发生在与河流、沼泽、湖泊有关的特定地带，其流行病学知之甚少。有某些证据提示其有环境菌库（如有流水或缓流水之处），但至今尚从未从环境中分离出 M. ulcerans。Hayman 设想 M. ulcerans 是寄居于热带雨林（且是洪水冲刷的下游）的一种菌，该菌于湖泊和沼泽中繁殖并以气溶胶的方式散发到环境中。他与 Portaels 曾在 Bairnsdale 附近的热带雨林中收集标本加以分析，但未发现有 M. ulcerans。Schuster 曾在中非天然孳生地分离各种分枝杆菌群，研究结果提示 M. ulcerans 像其他分枝杆菌一样存在于天然水中，只不过浓度很低。这种菌能被流行区食微小生物的鱼或其他能滤过水的水生脊椎动物和无脊椎动物所浓集，或许为其他一些尚未知的机制所浓集。Bairnsdale 附近的无尾熊（Koala）能被 M. ulcerans 感染，无论是人或无尾熊被 M. ulcerans 感染都认为是与接触环境中该菌有关，但至今尚未澄清。为证明 M. ulcerans 以低浓度存在于环境中，PCR 将是一个有力的工具。

在乌干达、新几内亚、喀麦隆、澳大利亚均有报告季节的更换对本病患病率有影响，种族、年龄和性别则无影响。本病未显示有接触传染，如何传播亦不清楚。有报告提示，气溶胶中有 M. ulcerans 并可能通过呼吸道感染人，但直接接种似为最可能的途径。

近来有不少作者观察到 Benin 的某些地区，Cote d'ivoire 以及澳大利亚患病率呈上升趋势。在我国广西壮族自治区、山东省亦发现本病。这也提示：M. ulcerans 可能是全球性的，也可能在热带、亚热带特定环境居多，其他地带的特定环境也有此菌存在。

（吴勤学　陈志强）

参 考 文 献

1. Hussain T. Leprosy and tuberculosis：A insight-reviews J. Critical Reviews in Microbiology，2007，33：15-66.

2. 李文忠，张国成，吴勤学. 现代麻风病学. 上海：上海科学技术出版社，2006：1-13.

3. 陈贤义，李文忠，陈家琨. 麻风防治手册. 北京：科学出版社，2002.

4. 端木宏谨. 结核病的流行和防治对策//2005 年南京科技学术委员会组委会. 特邀报告论文集，2005：25-44.

5. 端木宏谨. 结核病流行病学//王陇德//结核病防治. 北京：中国协和医科大学出版社，2004：42-54.

6. Pinsky BA and Banaei N. Multiplex real-time PCR assay for rapid identification of M tuberculosis complex members to the

species level. J Clin Microbiol, 2008, 46（7）：2241-2246.

7. Bravo FG, Gotuzzo E. Cutaneous tuberculosis. J Clin Dermatol, 2007, 25（2）：173-180.

8. 李和莲，陈志强，张良芬，等. 皮肤非结核分枝杆菌感染 2 例报告. 中华皮肤科杂志，2002，18（1）：8-10.

9. 孔庆英，吴勤学，刘训荃，等. 我国首例皮肤瘰疬分枝杆菌病报告. 中华皮肤科杂志，1986，19（6）：337-338.

10. 陶诗沁，张海平，杨莉佳，等. 海分枝杆菌感染 3 例. 中华皮肤科杂志，2004，37（6）：367.

11. 李良成，刘军. 术后龟分枝杆菌脓肿亚种的暴发感染. 中华结核和呼吸杂志，1999，22（7）：393-395.

12. Horsburgh CR Jr. Epidemiology of mycobacterial diseases in AIDS. Res Microliol, 1992, 143（4）：372-377.

13. 王洪生，吴勤学. 非结核分枝杆菌感染与艾滋病. 国外医学皮肤性病学分册，2005，31（3）：166-168.

14. 季江，王洪生，等. 皮肤结核 2 例. 临床皮肤科杂志，2005，382-384.

15. 王洪生，靳培英，吴勤学. 全身播散性脓肿分枝杆菌皮肤感染一例. 中华皮肤科杂志，2007，40（4）：206-209.

16. 王洪生，吴勤学，刘琦. 麻风病患者皮损中分离出的分枝杆菌的分子鉴定. 中国麻风皮肤病杂志，2007，23（5）：371-372.

17. Faber WR. First reported case of mycobacterium ulcerans infection in a patient from china. Trans R Soc Trop Med Hyg, 2000, 94（3）：277-279.

18. 吴勤学. 皮肤非结核分枝杆菌病//皮肤性病学 ［国家继续医学教育项目教材］. 高兴华主编. 北京：中国协和医科大学出版社/北京协和医学音像出版社，2007：77-81.

19. Portaels F. Epidemiology of Mycobacterial Diseases//Mycobacterial infections of the skin, Guest Editor：Schuster M Clinics in Dermatology, 1995, 13（3）：207-222.

20. Jönsson BE, Gilljam M, Linablad A, et al. Molecular epidemiology of mycobacterium abscessus, with focus on cystic fibrosis. J Clinical microbial, 2007：1497-1504.

21. Torgersen J, Dorman SE, Baruch N, et al. Molecular epidemiology of pleural and other extrapul monary tuberculosis：a Maryland state reviw. Clin Infect Dis. 2006, 42（10）：1375-1382.

22. Hamada M, Urabe K, Moroi Y, et al. Epidemiology of cutaneous tuberculosis in Japan：a retrospective study from 1906 ~ 2002. Int J Dermatol, 2004, 43：727-731.

23. Ho CK, Ho MH, Chong Ly. Cutaneous tuberculosis in HongKong：an update. HongKong Med J, 2006, 12（4）：272-277.

24. Elston D. Nontuberculous Mycobacterial skin infections：recognition and management. Am J Clin Dermatol, 2009, 10（5）：281-284.

25. Johansen IS. Rapid diagnosis of mycobacterial diseases, and their implication on clinical management. Dan Med Bull, 2006, 53：28-45.

第二章　分枝杆菌的细菌学

引　言

分枝杆菌是指 Lehmann 和 Neumann 在 1896 年所提出的一类菌。这些菌在营养肉汤中生长时表现为真菌样的薄膜，但实际上分类学上除诺卡杆菌属（Nocardia）外与真菌的关系并不十分密切。迄今已报道的分枝杆菌属（Mycobaterium）菌种有 200 多种，其中一些是人及动物的重要致病菌。例如，导致人类深重灾难的结核病的病原菌——结核分枝杆菌（mycobacterium tuberculosis，MTB）。自有文字记载的历史以来，MTB 所致的结核病是单因所致感染性疾病中死亡率最高及死亡人数最多的。自 1882 年 R Koch 发现 MTB 以来的 100 多年，人类为遏制结核病做出了巨大努力并取得了光辉业绩，在与之有关的领域中有 4 项成果获得了诺贝尔奖。但直到今天，结核病非但没有被有效遏制，而且还有上升之势，仍然是 21 世纪迫切要解决的全球性公共卫生问题。MTB 不仅侵犯肺部，也侵犯包括皮肤在内的全身各器官和系统，尤其多发于艾滋病（AIDS）患者。因此，进一步学习和研究分枝杆菌属是十分必要的。

在微生物学分类上，分枝杆菌划归为原核生物界、厚壁菌门、裂殖菌纲、放线菌目、分枝杆菌科、分枝杆菌属。分枝杆菌属是一个独立的菌属，但在抗酸性和细胞壁的化学组分与结构上，与棒状杆菌属、诺卡杆菌属相似和相同，它们的属间关系密切，有必要加以区分。Klencke（1843）将肺结核病人的痰注入家兔静脉中，26 周剖检发现肺和肝有结核病变。Villemin（1865）发表了家兔感染结核病的论文，此后学者们陆续证明结核病具有传染性。R Koch 在 Pasteur 教授的启示下，发现了 MTB，Lehmann 与 Neumann（1886）将其正式命名为结核分枝杆菌。

自分枝杆菌被发现以来，围绕着新菌种的发现、命名和分类，各国学者做了大量的工作，也有很大的不同和变化。为方便学习和研究，本书采用《伯杰鉴定细菌学手册》（1994 年版）的分类方法。即：基本上分成慢速生长和快速生长分枝杆菌两大类。Hansen（1874）发现的麻风分枝杆菌亦为分枝杆菌属，但由于其体外培养至今尚未成功，暂列为特殊类型。

第一节　总　论

一、分枝杆菌的命名及分类

除结核杆菌和麻风杆菌以外的有关分枝杆菌如何命名及分类，至今尚未完全清楚，其原因是不断有新种从临床标本中分离出来和出现原有种的某些变异株，再加上同一菌种在不同地区为不同人所发现，所以一菌多名、同种异株的现象屡见不鲜。其命名亦有几多变迁，包括非典型的（atypical）、未定名的（anonymous）、结核样的（tuberculoid）和 MOTT（mycobacteria other than typical tubercle）等，19 世纪 90 年代的文献中又有 NTM（nontuberculous mycobacteria）的冠名。从历史上看，1959 年 Runyon 的分类法对分枝杆菌的研究起了一定的促进作用，虽仍有它的局限性。近年来，经抗酸菌分类国际研究会（IWGMI）、国际微生物学协会（IAMS）、国际系统细菌学委员会、抗酸菌部会（SCM）和日本结核病学会抗酸菌分类委员会等研究和确定的分类法，已被有关书刊收录。

目前大多学者认为，按这些菌的致病性和在自然界的分布特征，将其称为环境分枝杆菌为好，本书为了描写和应用方便拟采用环境分枝杆菌（environmental mycobacteria，EM）这一最新命名，以与结核杆菌和麻风杆菌相区别。但当综合性描述泛指结核杆菌、麻风杆菌和 EM 时统称为分枝杆菌。

分枝杆菌的分类方法有：①按分枝菌酸（Mycolic acid）的碳原子数顺序排列分类，凡分枝菌酸中碳原子数在60～88者列入分枝杆菌，称为计数分类法。②按菌种的DNA碱基组成进行分类，分枝杆菌的（G+C）mol%为60%～70%。③应用DNA探针进行种菌分类。④Runyon分群法。除上述4种分类方法之外，在分枝杆菌的分类学上具有重要意义和实际价值的是以分枝杆菌的发育生长速度快慢作为区分菌种的方法。血清学分析、分枝菌酸分析和DNA分析结果支持这种分类法。

现将从1990年以前的相关文献中收集到的菌株列出（个别菌是从1995年前的文献中收集到的）。

（一）慢速生长分枝杆菌

指在营养丰富的培养基上，接种很稀的新鲜培养物，在适宜培养温度条件下，7天以上肉眼可见单个菌落的分枝杆菌，称为慢速生长分枝杆菌（表2-1-1）。

表2-1-1　慢速生长分枝杆菌

中文名	原名	标准菌株号
结核杆菌	M. tuberculosis	ATCC 27294
牛分枝杆菌	M. bovis	ATCC 19210
亚洲分枝杆菌	M. asiaticum	ATCC 25276
田鼠分枝杆菌	M. microti	NCTC 8710
非洲分枝杆菌	M. africanum	ATCC 25420
副结核杆菌	M. paratuberculosis	ATCC 19698
瘰疬分枝杆菌	M. scrofulaceum	ATCC 19981
鸟分枝杆菌	M. avium	ATCC 25291
细胞内分枝杆菌	M. intracellulare	ATCC 13950
溃疡分枝杆菌	M. ulcerans	ATCC 19423
猿猴分枝杆菌	M. simiae	ATCC 25275
蟾蜍分枝杆菌	M. xenopi	NCTC 10042
海分枝杆菌	M. marinum	ATCC 927
堪萨斯分枝杆菌	M. kansasii	ATCC 12478
胃分枝杆菌	M. gastri	ATCC 15754
土地分枝杆菌	M. terrae	ATCC 15755
次要分枝杆菌	M. triviale	ATCC 23392
马尔摩分枝杆菌	M. malmoense	ATCC 29571
石氏分枝杆菌	M. shimoidei	ATCC 27962
戈登分枝杆菌	M. gordonae	ATCC 14470
斯氏分枝杆菌	M. szulgai	NCTC 10831
嗜血分枝杆菌	M. haemophilum	ATCC 29548
产鼻疽分枝杆菌	M. farcinogenes	NCTC 10955
中庸分枝杆菌	M. interjectum	DSM 44064+
麻风杆菌	M. leprae	（体外培养尚未成功）
鼠麻风杆菌	M. lepraemurium	（体外培养尚未成功）

（二）快速生长分枝杆菌

在与上述相同条件下，7天之内肉眼可见单个菌落的分枝杆菌称为快速生长分枝杆菌（表2-1-2）。

表2-1-2　快速生长分枝杆菌

中文名	原名	标准菌株号
龟分枝杆菌龟亚种	M. chelonae subsp. dhelonae	ATCC 946
龟分枝杆菌脓肿亚种	M. chelonae subsp. abscessus	ATCC 19977
偶然分枝杆菌	M. fortuitum	ATCC 6841
副偶然分枝杆菌	M. parafortuitum	ATCC 19686
母牛分枝杆菌	M. vaccae	ATCC 15483
耻垢分枝杆菌	M. smegmatis	ATCC 19420
草分枝杆菌	M. phlei	ATCC 11758
迪氏分枝杆菌	M. diernhoferi	ATCC 19340
塞内加尔分枝杆菌	M. senegalonse	ATCC 10956
田野分枝杆菌	M. atri	ATCC 27406
抗热分枝杆菌	M. thermoresistibile	ATCC 19527
爱知分枝杆菌	M. aichiense	ATCC 27280
金色分枝杆菌	M. aurum	ATCC 23366
楚布分枝杆菌	M. chubuense	ATCC 27278
杜氏分枝杆菌	M. duvalii	NCTC 358
微黄分枝杆菌	M. flavescens	ATCC 14474
加地斯分枝杆菌	M. gadium	ATCC 27726
浅黄分枝杆菌	M. gilvum	NCTC 10742
科莫斯分枝杆菌	M. komossense	ATCC 33013
新金色分枝杆菌	M. neoaurum	ATCC 25795
奥布分枝杆菌	M. obuense	ATCC 27023
罗得岛分枝杆菌	M. rhodesiae	ATCC 27024
泥炭藓分枝杆菌	M. sphagni	ATCC 33027
东海分枝杆菌	M. tokaiense	ATCC 27282
千田分枝杆菌	M. chitae	ATCC19627
诡诈分枝杆菌	M. fallax	CIP 8139
南非分枝杆菌	M. austroafricanum	ATCC 33464
灰尘分枝杆菌	M. pulveris	ATCC35154
猪分枝杆菌	M. porcinum	ATCC 33776

如上所述，分枝杆菌属是独立的一个菌属，但从其抗酸性、细胞壁的化学组分和结构上，与棒状杆菌属、诺卡菌属等有相似或相同之处，但可区分（表2-1-3）。

表2-1-3　分枝杆菌与其他类似菌属的区别

菌属	形态学的性状					抗酸性	分枝菌酸碳原子数	革兰染色	生长速度（d）	对青霉素反应	芳香硫酸酯酶反应
	杆状型	分断菌丝	永久菌丝	气菌丝	孢子						
分枝杆菌属	+	−	−	−	−	+强	60～88	弱	2～60	通常耐药	+
棒状杆菌属	+	−	−	−	−	−	32～36	强	1～3	敏感	−
诺卡菌属	+	+	−	+	−	部分+	46～58	强	1～5	耐药	少见
红球菌属	+	有时+	−	−	−	+弱	34～66	强	1～2	敏感	−

注："+"表示具备和存在；"−"表示不具备与不存在

　　另，为了减少和避免学习与研究中许多不必要的混淆，现将能搜集到的已定名的分枝杆菌菌种的其他命名列出表2-1-4，以供参阅。

表2-1-4　已定名分枝杆菌菌种的其他命名

已定名的分枝杆菌菌种名	文献资料中出现的其他命名
Mycobacterium kansasii	Mycobacterium tuberculosis luciflavum Middlebrook 1959
	Mycobacterium luciflavum Manten 1957
Mycobacterium marinum	Mycobacterium platypoecilus Baker & Hagan 1942
	Mycobacterium balnei Linell & Norden 1952
Mycobacterium simiae	Mycobacterium habana Valdivia 等 1971
Mycobacterium avium	Mycobacterium tuberculosis gallinarum Sternberg 1892
Mycobacterium scrofulaceum	Mycobacterium marianum Suzanne & Penso 1953
	Mycobacterium paraffinicum Davis 等 1956
Mycobacterium gordonae	Mycobacterium aquae Galli-Valerio et Bournard 1972
Mycobacterium terrae	Mycobacterium novum Tsukamura 1962
Mycobacterium paratuberculosis	Mycobacterium Johnei Francis 1943
Mycobacterium fortuitum	Mycobacterium ranae Bergey 等 1923
	Mycobacterium giae Darzins 1950
	Mycobacterium minetti Penso 1952
Mycobacterium chelonei subsp. chelonei	Mycobacterium borstelense Bönicke & Stottmeier 1965
Mycobacterium chelonei subsp. abscessus	Mycobacterium runyonii Bojalil 等 1962
Mycobacterium flavescens	Mycobacterium acapulcensis Bojalil 等 1962
Mycobacterium smegmatis	Mycobacterium lacticola Lehmann & Neumann 1927
	Mycobacterium butyricum Bergey 等 1923

二、分枝杆菌的生物特性

（一）分枝杆菌属的共同特征

　　分枝杆菌属的变动很明显，欲描写出所有分枝杆菌均具有的而对该菌属是共同特有的性状是极不容易的。目前可认为：所有的分枝杆菌抗酸染色和革兰染色为阳性（革兰染色较弱和不规则，但终为阳性）；其形态表现为略弯曲或直杆状，光学显微镜下长为 $1.0 \sim 10\mu m$，宽为 $0.2 \sim 0.7\mu m$；菌无鞭毛，不形成芽胞，不能运动；尽管许多菌产生细胞外的黏质物（slime），但不产生真荚膜。

本菌属细胞壁肽聚糖含内消旋二氨基庚二酸、丙氨酸、谷氨酸、氨基葡糖、胞壁酸、阿拉伯糖和半乳糖。菌体内含有 α 侧链、β 羟基化物脂肪酸，系 $60 \sim 88$ 个碳原子，称为分枝菌酸。DNA 的（G+C）mol% 含量为 $64\% \sim 70\%$。代表菌种是结核分枝杆菌。

分裂方式未做详尽研究，细胞通常表现为二分裂；分枝不常见，但可被改变培养条件所引起；假定有复杂的生命循环，但从未证明过，有显示细胞壁缺陷型（见后）。

（二）分枝杆菌属不同的生物特征

如上所述，分枝杆菌属内变动很明显，有许多不同之处，这将在个体菌种描述时详细阐明，这里仅简述几例。

本菌属培养微需氧，其生长速度除取决于菌种外，还受理化以及细菌生理状态等因素的影响。在固体培养基上，适宜温度条件下，速生长分枝杆菌 7 天内即肉眼可见单个菌落，而慢生长分枝杆菌 $8 \sim 60$ 天才肉眼可见单个菌落。菌落分为粗糙型与光滑型，呈乳白色、米黄色或橙色；色素形成需光照或暗产色。

抗酸染色特性在麻风杆菌可以经吡啶提取而丧失，形态为多形性，其他如致病性、对抗生素抵抗性、成簇性以及至今体外培养尚未成功。分枝杆菌属的生长温度为 $28 \sim 45℃$。它们的基因组组成及多寡不同。

这些差别是正常的。共性使之成为一个独立的属，属间的变动又给我们识别和鉴定它们提供了可能。

（三）分枝杆菌的结构和化学组成

1. 光学显微镜（简称光镜）下　光镜下看不到它们的微细结构，只能见到它们外貌及排列状态：呈多形性，略弯曲或直棒状，短者几乎为球状，某些标本中可见菌体呈长纤细丝，某些特定培养条件下显示分枝。

2. 电子显微镜（简称电镜）下　电镜下可见分枝杆菌的微细结构，现扼要加以分述。

（1）细胞壁：很厚。在细胞膜和细胞壁间有一狭窄的电子透明区（electron translucent zone，ETZ）将两者分隔。ETZ 又称原浆周围间隙（可能为人工产物）。胞壁分 4 层。

最内层（innermost layer）：由壳素（murein）或肽聚糖（peptidoglycan）组成。像在其他菌群一样，起维持细胞形状及韧度的作用。

壳素上层有明显区别的 3 层，分别由索状肽、多糖和类脂复合物组成。

Barksdale 和 Kim（1977）用冷冻刻蚀术（freeze-etthing）显示胞壁 3 层结构化学上不同。最外层主要为缩肽糖脂（peptidoglycolipids）（亦称为分枝菌苷）。

壳素（亦称胞壁质）层主要由 N 乙醇酰胞壁酸（N-glycolyl muramic acid）和 N 乙酰葡萄糖胺（N-acetyl glucosamine）组成（以直线式做侧枝联结），交叉联结由一些短链的氨基酸（如丙氨酸）完成。终成网状结构，可被溶菌酶酶解。酶解后，重要产物是胞壁酰二肽（muramyl dipeptide，MDP），即 N-乙酰-胞壁酰-L-丙氨酰-D-异谷氨酰胺（N-acetyl-muramyl-L-alamyl-D-isoglutamine）。MDP 是一种很强的免疫佐剂。现已人工合成并商品化。

（2）胞膜：是复杂的多层结构。膜显示有反折，成鞘，认为是中体（mesosomes）、噬菌体可在其中繁殖。有人认为这是人工固定时造成的。

（3）胞质：分枝杆菌的胞质的精细结构与其他菌基本上无区别。可看到 DNA、核朊微粒、脂体以及聚磷酸盐组成的颗粒等。

（四）分枝杆菌的生长与代谢

分枝杆菌属中各菌种的生长速度和营养需要变化相当大。如耻垢分枝杆菌在简单的培养基上几天之内即可获得丰富的生长，而溃疡分枝杆菌则需在复杂的培养基上生长几个月才能获得丰富生长，麻风分枝杆菌至今尚不能在体外培养。下面所描述的内容是对大多数分枝杆菌而言。

大多数分枝杆菌在含有一种碳源、一种氮源和必需的金属离子（包括铁和镁）的十分简单的培养基上生长。适宜的碳源，包括糖类（如葡萄糖、甘油、有机酸。特别是丙酮酸）；适宜的氮源为 NH_3，某些胺和氨基酸。在某些情况下需要 NO_3^-，天门冬素（asparagine）是培养基中特别有用的氮源。此外，甘氨酸、丙氨酸对所有的可培养分枝杆菌亦是很好的氮源。但芳香族氨基酸（苯丙氨酸、色氨酸、酪氨酸）不被利用。快速生长分枝杆菌对糖分解的活性比慢速生长分枝杆菌强，对胺类物质的利用不尽相同，这些性质在分类学上有一定意义。

很小量的脂肪酸对分枝杆菌的生长有刺激作用，但高量则显示抑制作用。如常用的杜波油酸琼脂培养基（Dubos oleic acid agar）就是利用这一原理。培养基内加入油酸与 BSA（牛血清蛋白）形成复合物后，油酸则可以缓慢地从复合物中释放而起到生长刺激作用。

铁是分枝杆菌生长的基本需要，可从两种化合物获取。一为脂溶性的分枝杆菌素（mycobactin），一为水溶性的铁外螯素（exochelins）。M. paratuberculosis（在水牛引起 Johne 病）和某些株 M. avium 在普通培养基不生长，就是因为它们不能合成分枝杆菌素。若加入热杀死的分枝杆菌或从分枝杆菌提纯的分枝杆菌素则可培养成功。抗原分析显示 M. paratuberculosis 是 M. avium 的一个变种。有人报告 M. lepraemurium 亦属该复合体内的一个变种，但此菌培养相当困难，生长亦为外源分枝杆菌素所刺激。M. leprae 生长的刺激因子至今尚未见报道。

分枝杆菌生长需要 O_2，M. tuberculosis 比 M. bovis 更需 O_2，在软琼脂培养中生长显示两菌的区别。前者生长于培养基表面，而后者则在表面下数毫米处出现生长带。这一特点可用来鉴别两菌。应提及 BCG 是来源于 M. bovis，但其对 O_2 的需要却与 M. tuberculosis 相似。

分枝杆菌代谢许多研究显示与其他菌一般无较大差别，有些研究揭示亦有不尽相同之处，请参阅相关菌株个体特征描写章节及下篇相关章节。

（五）分枝杆菌脂

分枝杆菌脂的含量很高是一特色，其含量要达菌干重的 40% 以上，多存在于细胞壁。这些脂类与感染株的毒力相关，且能干扰宿主对感染的免疫反应，因其与菌的致病力有重要关系。主要的脂质如下：

1. 分枝菌酸（mycolic acid）　这类脂质为分枝脂肪酸。种间和种内有微小差异。种间差异主要表现在脂肪酸链的长度上。如表 2-1-3 所列，棒状杆菌（Corynebacterium）分枝菌酸的主链脂肪酸含 32～36 个碳原子，而奴卡菌（Nocardia）和分枝杆菌则分别含 50 和 80 个碳原子。在种属水平分类学上有重要意义。

2. 糖脂（glycolipids）　这类脂质有两种（与菌的毒力有关）：成索因子（cord factor）（6，6′ α-dimycolyl trehalose）和磺基脂（sulpholipids）。成索因子是分枝菌酸与海藻糖的复合物。

磺基脂由各种脂肪酸（但不是分枝菌酸）组成。这种脂肪酸与硫酸海藻糖（sulphated trehalose）分子相结合。

3. 分枝菌苷（mycosides）　曾被称为 glycolipids 或 peptidoglycolipids。现已不用此概念。认为分枝菌苷是分枝杆菌属共有的。在决定菌落的形态上有重要作用，在某些情况下可作为噬菌体的受体部位和决定血清凝集型。

4. 其他脂质　在分枝杆菌壁中尚发现有其他脂质。其中可能有些有生物学意义，抑或为细胞壁的重要元素（如，phosphatidylinositol mannosides）。蜡质 D，不是一种脂，而是分枝菌酸和肽糖脂的复合物。

（六）生态学及其病原学意义

1. 生态学

（1）分布：结核杆菌：主要存在于结核病人的痰、唾液及咳出物所致的气态微滴以及含菌的污染物中，一旦吸入或接种则可被感染。

麻风杆菌：麻风病人是至今发现的唯一宿主，其他宿主诸如犰狳、灵长类、苔藓以及环境水、土中等虽有报告，但均未证实。发现麻风杆菌天然菌库尚是重要课题。

环境分枝杆菌（EM）：主要分布于土壤、水、温血和冷血动物等，详见表2-1-5。

表2-1-5　环境分枝杆菌的分离源环境

菌　种	分离环境
尚未定名的分枝杆菌	英格兰松树组织
革登分枝杆菌，鸟分枝杆菌复合体（MAC）	水族池，饮用水
MAC	冲厕水，自来水，淋浴水，浴盆，医院热水供应系统，城市供水系统，水和沼泽地土壤，土壤
偶遇分枝杆菌	污水处理厂，土壤
瘰疬分枝杆菌、MAC、猿分枝杆菌、偶遇分枝杆菌、革登分枝杆菌和施氏分枝杆菌	医院自来水，水表面
黄色分枝杆菌、南非分枝杆菌、M. chloro-phenolicum 和未定名的分枝杆菌	含有土壤的石油醚
M. mucogenicum、MAC、堪萨斯分枝杆菌、革登分枝杆菌、偶遇分枝杆菌、其他分枝杆菌	公共饮水系统，制冰机、水处理厂
土壤分枝杆菌、MAC、瘰疬分枝杆菌	损坏建筑物水
革登分枝杆菌、堪萨斯分枝杆菌、偶遇分枝杆菌、MAC	公共游泳池、旋涡
M. immunogenicum	处理过金属工作液的杀虫剂
龟分枝杆菌	甲紫溶液中
许多分枝杆菌	多种家养和野生动物
蛙分枝杆菌和 M. botniense	天然水流表面
海鱼分枝杆菌、龟分枝杆菌、革登分枝杆菌、偶遇分枝杆菌和其他分枝杆菌	公共游泳池
溃疡分枝杆菌	天然水，土壤，昆虫，野生动物，鱼

（2）生理：EM 的生理生态特征既有鉴别它们自身的意义，也有流行病学的意义。慢生长分枝杆菌的重要特征如表2-1-6所列。

表2-1-6　慢生长分枝杆菌的生态特征及其利弊

特征	利	弊
有单个 rRNA 顺反子	抵抗抗微生物物质，适应性强	生长慢
细胞富集蜡质	抵抗抗微生物物质，碳氢化物的通透，一般张力的耐受	通透性差，转运能力受限，需要脂肪酸生物合成能量
有憎水性表面	抵抗亲水性抗微生物物质，在气水界面处浓集，表面附着	不能通过亲水性营养物质

从表可见，慢生长分枝杆菌具有 1 个（或 2 个）16sr RNA 顺反子，富集蜡质而通透性差的细胞壁，以及合成长链脂肪酸（60~90 个碳原子）能量消耗。这些特征，特别是仅具 1 个 rRNA 顺反子使

分枝杆菌独显慢生长特征，似为弊端，但亦使慢生长分枝杆菌极易产生抵抗核糖体为靶子的抗生物质的突变。且由于生长缓慢，其代谢率低，使得分枝杆菌有较长的时间适应来自环境的各种张力，似乎又是有利的一面。就细胞壁富集蜡质而言，虽然造成通透性差等弊端，但却使慢生分枝杆菌对抗微物剂（如抗生素类，消毒剂）有天然的抵抗能力；当感染动物和原虫时，使其在细胞内成活；此外，这些蜡质赋予分枝杆菌的抗酸染色的特性和具有憎水性的细胞表面，使其在环境中能有特色的分布。EM 能在气水界面处集聚，主要是因为这里大量复杂的憎水性的碳氢物质能被它们利用（代谢），包括氯处理的碳氢污水。研究表明分枝杆菌能利用碳氢，参与脂质代谢的基因组约为 E. colik-12 的 5 倍。憎水性亦是导致 EM 连接的因素和随之形成生水中颗粒物质影响生水的浊度。这种简单地憎水特性的相互作用可能使 EM 在表面连聚作为生物膜的"先驱"。在导管上形成生物膜是城市供水系统中环境分枝杆菌成活的重要因素，而这些憎水的菌很易汽化成气溶胶，从而可以进入动物宿主的肺内。

（3）与原虫的相互作用：许多原虫是分枝杆菌的"放牧人"。为原虫吞噬并且能成活是水生菌（water-borne bacilli）的优越之点。M. avium，M. fortuitum 和 M. marinum 均能侵入棘阿米巴属体内并繁殖，土壤中生活的 M. smegmatis 进入体内则被消灭。M. avium 能抑制被其感染的阿米巴的溶酶体融合，甚至将之致死。M. avium 亦能侵入 dictyostelium discoideum 并在其体内繁殖。与在培养基中生长的 M. avium 相比，在阿米巴中生长的 M. avium 更倾向于侵袭阿米巴、人的上皮细胞、巨噬细胞乃至小鼠的大肠。特别是后者，当经口传播 EM 时原虫则可作为载体。

这些细胞内的菌亦表现出对抗生物质的抵抗。生长在黎状四膜虫（tetrahymena pyriformis）内的 M. avium 对鸡（禽类）的毒力比在实验室培养基上生长的更强。M. avium 也能在多食目棘阿米巴（acanthamoeba polyphaga）释放的化合物上生长；另若用 M. avium 感染 T. pyriformis 细胞则比不感染时生长得更快，这提示两者在共生过程中发生了物质交换。因此，EM 与原虫类间表现有寄生、共生的关系。细胞内 M. avium 在细胞内、外均能成活，这就具备了抵御饥饿和有毒物质的伤害的潜能。选择能感染原虫和能在原虫中成活的分枝杆菌，有可能使之转化为动物的细胞内病原体。嗜肺军团杆菌（legionella pneumophila）就是一例，其具备水生、原虫感染和细胞内致病性的特征，能以高度重叠基因组在人的 Mφ 和棘阿米巴属中繁殖。

（4）人与分枝杆菌生态的重叠：人与分枝杆菌在地理、环境分布方面有许多重叠之处，从而导致人与分枝杆菌的接触。其中水就是最主要的。如饮水、游泳、沐浴。其次，气溶胶的产生亦导致人与分枝杆菌接触。曾有人假设儿童颈淋巴结炎是由于饮水和可能由于土壤污染了入口的东西而造成分枝杆菌感染。水中 EM 的种类与其对消毒剂的抵抗力有关。如在热水浴盆、医用甲紫液中甚至在用于冷却金属加工工具的水（油乳）液均含有 EM。灰尘是 EM 的丰富来源，特别是泥炭尘。食品类、烟卷亦可能是 EM 的来源。

人类的活动似能干扰 EM 的分布与流行。用氯或其他消毒剂（如臭氧）处理城市供水就能导致 EM 的选择性存在。如 M. avium 复合体对氯高度敏感，而其他分枝菌种则不然。M. aurum 对氯的耐受力比 E. coli 高 100 倍以上。

各分枝杆菌对氯的敏感性不同亦影响供水系统中分枝杆菌的选择性存在。例如，1970 年以前在美国儿童的颈淋巴结炎主要是 M. scrofulaceum 引起，但 1975 年后有水中分离的菌株以 M. avium 为主，其原因是 M. scrofulaceum 对氯的敏感性比 M. avium 高 5 倍，恰恰与 1975 年后美国净化供水系统开始增加氯的处理率的举措相吻合。

（5）感染的途径：EM 几乎存在于所有的城市供水源中，而且医院供水中分离出的 M. avium 的基因组模式与 AIDS 患者中分离出的 M. avium 的相似。EM 也遍存于天然水源中。水（除管道系统的）是 M. Kansasii 的来源，以气溶胶的形式传播，M. xenopi 仅在热水系统（特别在循环水）中，M. marinum 亦在水中，通过皮肤擦伤感染，其他如 M. fortuitum、M. chelonae 和 M. abscessus 不但来源于水，也来源于土壤。

至于 M. simiae、M. malmoense 和 M. haemophilum 之来源尚未定论。M. avium 复合体通常感染禽类。

在哺乳动物较少，主要感染途径是口和气溶胶。至于怎样感染的 AIDS 患者尚未明确，推测是通过口和气溶胶传播。

2. 病原意义 分枝杆菌有上述的独特的生态学，因此也与人类（表 2-1-7）及动物疾病相关。

表 2-1-7 与人疾病（含皮肤）相关的若干种分枝杆菌

细菌名称	有关疾病（感染性）	
结核杆菌	肺部	肺外：侵犯所有脏器、组织（含皮肤）
牛分枝杆菌	肺部	肺外：各部位
亚洲分枝杆菌	肺部	肺外：罕见
非洲分枝杆菌	肺部	
鸟分枝杆菌	肺部	肺外：淋巴结炎、脑膜炎，与硅沉着病有关
蟾蜍分枝杆菌	肺部	肺外：擦伤性脓肿、淋巴结炎
细胞内分枝杆菌	肺部	肺外：淋巴结炎、骨关节炎
堪萨斯分枝杆菌	肺部	肺外：淋巴结炎
偶然分枝杆菌	肺部	肺外：皮肤溃疡、角膜溃疡、淋巴结炎等
龟分枝杆菌	肺部	肺外：皮肤溃疡、颈淋巴结炎
脓肿分枝杆菌	皮肤感染	
海分枝杆菌	肺外：皮肤溃疡脓肿、肉芽肿	
瘰疬分枝杆菌	肺部	肺外：淋巴结炎
猿猴分枝杆菌	肺部	
溃疡分枝杆菌	肺外：皮肤感染呈溃疡样	
土地分枝杆菌	肺外：关节炎	
迪氏分枝杆菌	肺外：关节炎	
施氏分枝杆菌	肺部、淋巴结炎	
玛尔摩分枝杆菌	肺部、皮肤感染	
嗜血分枝杆菌	皮肤感染	
抗热分枝杆菌	皮肤感染	
耻垢分枝杆菌	皮肤感染	
革登分枝杆菌	皮肤感染	
中庸分枝杆菌	淋巴结炎	
麻风杆菌	肺外：皮肤和神经受感染、结核性结节	

此外，尚与其他疾病有着待确定的关系（cryptic relationships）。例如：

（1）慢性人肠病（chronic bowel disease）：M. avium subsp. paratuberculosis 引起反刍动物 Johne 病，有报告在人引起 Crohn 病。大多数病人在抗分枝杆菌治疗后显示明显的改善。EM 引起慢性进行性人肠病将被认可。在 SCID 小鼠 M. avium subsp. paratuberculosis 引起大肠炎症和损伤且类似于慢性人大肠病。

M. avium 侵害大肠组织，M. tuberculosis 亦然。

经口感染 M. avium 的免疫正常小鼠引起大肠黏膜炎症反应和坏死。M. genavense 在 AIDS 患者常常引起腹壁增厚、淋巴结炎和溃疡。

（2）结节病（sarcoidosis）：目前尚未从这些病人组织中观察到或分离出抗酸菌，但有报告从患者淋巴结节中检测到结核菌硬脂酸（tuberculostearic acid），这是一种分枝杆菌种属特异性的长链脂肪酸（十八烷）。还有报告在患者的脾中用非种特异的分枝杆菌 DNA 探针检测到与之相结合的 RNA。这均需进一步研究确定。

（3）变应性（allergies）增多：近十年来，变应性和其他 Th2 自身免疫疾病有所增多。有两种解释：其一，是卫生学的假说。即，较清洁的环境和较少的儿童感染引起较高的自身免疫性。其二，是食物性质的改变。Th1 到 Th2 反应的漂移促进了变应性。但 1 型糖尿病和炎症性人大肠病是 Th1 疾病且亦有所增多。因之，单纯用 Th2 反应的增多来解释疾病的流行是不全面的。

有报告减少与 EM 的接触的确能导致较多的变应性。也有报告在 BCG 免疫小鼠诱导（生）Th1 反应，从而降低了空气途径对卵清蛋白的变态反应（减少 IgE、嗜酸性粒细胞、IL-4 和-5）。在小鼠以 M. vaccae 或 BCG 免疫可预防对卵清蛋白哮喘包括支气狭窄（收缩）反应。即使在卵清蛋白致敏后亦有这种作用。在用 BCG 接种的大鼠亦降低了 Th2 反应（包括降低了 IgE、IL-4 水平）。小鼠鼻内给予活的或甚至是热杀死的 BCG，降低嗜伊红细胞数目和对卵清蛋白的 Th2 反应。

在人，BCG 免疫可考虑用作治疗变态反应的一种方法。但是小鼠经口与 M. vaccae 接触既能增强，亦能阻断 BCG 的皮肤致敏作用。产生哪种效应取决于与 M. vaccae 作用的时间或接触方式。在实验室培养基上生长的分枝杆菌在试验细胞系中能引起变态反应。与 EM 接触还能引起超敏性的肺炎（pneumonitis），应注意这种反应是由分枝菌释放的炎症产物引起，而不是感染引起的。上述这些尚待进一步研究澄清。

（4）肺病毒性感染的作用（pulmonary viral infections）：在超敏性肺炎（hypersensitivity pneumonitis）肺免疫力的明显失调是由空气中病毒的持久而恒定的刺激所致。已确定在 M. tuberculosis 与 HIV 共同感染期间相互作用增强。菌刺激病毒的进入和复制从而引起细胞因子模式变化（部分地，由于 TNF-α 参与了 HIV 长末端重复序列的转录作用）。M. avium、M. smegmatis 和 M. bovis 在人的细胞中亦刺激 HIV 的复制作用。口服热杀死的 M. phlei 在鸡能改变抗 newcastle 病毒（影响 CMI）的免疫反应（中和抗体随之降低），但免疫反应的防御效果并不降低。

从 M. avium 分离的糖肽脂（glycopeptidolipid）能抑制淋巴细胞对人 T 淋巴营养相关病毒 I 型的基因分裂反应。相反，口服 Z-100（一种从 M. tuberculosis 分离的阿拉伯甘露聚糖）能减轻脾大并能延长以 LP-BM5 鼠白血病病毒感染的小鼠的成活时间。这些提示分枝杆菌胞壁化合物对病毒的免疫反应有很强的调节作用。

（5）疫苗效果：M. avium、M. scrofulaceum、M. vaccae 在小鼠（2×10^6 CFU，皮下，3 次/2 周）能阻断 BCG 的繁殖，消除了疫苗对 M. tuberculosis 的防御作用。相反，在 Malawi 与快速生长的 EM 接触有防御结核和麻风的作用。如前所述，M. vaccae 感染（经饮水入口）对 BCG 皮肤敏感性产生升高还是抑制作用要取决于 BCG 感染之前的天数（0、24 或 54 天）。已确定 EM 的接触与 PPD 皮试间有严重的交叉反应。这可以解释为什么在印度 Chingelput 的试验中 BCG 的抗结核作用较小，因为在该地区受试者通常接触 EM。

EM 对麻风和结核免疫力的影响增高还是降低目前尚不十分清楚。分枝杆菌，包括 EM 与人之间的作用非常复杂，而对人的免疫作用产生的最终效果取决于时间、剂量、菌的形态以及接触的途径。这是医学的难题，其作用和影响可能比解决诊断问题更难、更重要。

（七）展望

结核病（含皮肤结核）和麻风病已研究颇多，除仍须重视外，未来 EM 的临床病例及相关问题必将不断地增加。其原因在于：①用氯消毒饮水，使分枝杆菌选择性存在；②在医学和工业消毒试验亦将使分枝杆菌选择性存在；③人群中增加患分枝杆菌的条件：如 AIDS、老龄化、器官移植后免疫抑制剂的应用等。EM 能否促进自身免疫疾病尚待进一步确定。其次，重要的 EM 之机会感染将持续地被发现。这至少（部分地）是由于有了较快速和精美的分枝杆菌鉴定方法（如，16s rRNA 基因测序）以及增加了"消灭"EM 住所的消毒剂的应用。从另外的角度看，M. scrofulaceum 被 M. avium 所代替很可能是由于广泛地用氯来处理饮用水所造成的。

进一步研究分枝杆菌生理生态学对人类的影响，这有利于人们在必要时加以干预。还需努力从滋生地除掉分枝杆菌以免人或动物与之接触。例如分枝杆菌存在于生饮水源中，且主要与有颗粒物存在相关，人们可以利用这一特点通过减少水中的颗粒物（降低水的浊度）来降低分枝杆菌数目。

三、L 型

细菌的 L 型（L-form）是由 Klieneberger（1935）首先提出的。她从念珠状链杆菌（streptobacillus）的培养物中发现有一种微小的菌落，并以其工作单位 Lister 研究所的第一个字母而定名。由于细菌 L 型系因细菌胞壁不同程度的缺陷所致，Mattman 等又将之称为细胞壁缺陷菌（cell wall-deficient bacteria，CWDB）。

细菌的 L 型是细菌的一种变异形态，其特点是菌的细胞壁完全或部分丧失。形态的变异引起生物学特性亦发生不同程度的改变。诸如菌体与菌落形态、染色性质、生化反应、抗原变异、产生毒力的功能，乃至对抗生素的敏感性等，特别是在高渗环境内才能生存。往往在临床上症状不典型，给正确地诊断与治疗带来许多困难。

L 型菌可以透过 $0.45\mu m$ 的微孔滤膜，多为革兰染色阴性，其菌落外观基本上为 3 种类型：①油煎蛋样菌落，为典型的 L 型菌；②G 型（granular form）菌落；③F 型（filamentous form）。

分枝杆菌亦有 L 型，体内体外均可诱生，将在结核杆菌一节详细介绍（参考各论）。

四、耐药性及药敏试验

（一）耐药性

众所周知，结核病的现代化疗是以细菌学为基础的抗菌治疗。常用的抗结核药物有异烟肼（INH）、利福平（RFP）、吡嗪酰胺（PZA）、乙胺丁醇（EMB）、链霉素（SM）、对氨柳酸（PAS）、乙硫异烟肼（Th 1314）、卡那霉素（KM）、紫霉素（VM）、卷曲霉素（CPM）以及喹诺酮类药物等。一般说来，结核杆菌野生株对抗结核药物是敏感的，EM 对某些药物易产生耐药性，天然耐药性高。这给 EM 所致疾病的治疗造成困境，也是亟待研究解决的问题。

结核病的化疗主要在于杀死、消灭结核杆菌。一般经合理的化疗方案的治疗，效果大多十分满意。但是，由于不合理、不规则化疗等因素导致耐药性的发生，使治疗失败，也是形成慢性传染源的重要原因。近年来，在皮肤科屡有发现。耐药性的种类有以下 3 种。

1. 原发耐药　受到耐药菌（病人所排出的耐药菌或天然耐药菌）感染所致。可耐一药或多药。

2. 继发耐药　又称获得性耐药。初治病人在治疗前或治疗开始时，菌株对抗结核药物是敏感的，因用药不当（如剂量不足，或治疗不规则），致使产生耐药性。

3. 开始耐药或初期耐药　原发耐药和未查明的继发耐药有时很难区别，甚至也包括天然耐药，因此称为开始耐药。它包括真正的原发耐药和未被查明的获得性耐药。由于体内因素的复杂性，往往体外药敏试验与机体对药物的反应不尽相同。有时试管内试验显示耐药性，而病人用该药治疗还有效。但体外药敏试验的作用仍不可忽视。

接受化疗的病人，分枝杆菌出现耐药性是个严重问题，常是治疗失败的重要原因之一。

耐多种药结核病（multipledrug resistant tuberculosis，MDR-TB）（所谓多种耐药，指的是至少耐利福平和异烟肼）病死率高达 $50.0\% \sim 80.0\%$。病程急，从诊断至死亡仅仅 $4 \sim 16$ 周时间。初治病人多种耐药率为 1.3%，复治病人为 6.5%。值得注意的是艾滋病患者和人类免疫缺陷病毒（HIV）携带者更易感染 MDR-TB。

至于耐药性产生的机制，迄今可综合为：

（1）耐药变异菌的选择性生长：在任何分枝杆菌菌群中，都含有少数天然耐药菌细胞，常见于含数百万结核杆菌的肺结核空洞内。若只用一种药物治疗，绝大部分敏感和被杀死，而天然耐此药的菌借以生长、繁殖，并占优势，就分离出了耐药菌株。例如，结核杆菌菌群自然耐异烟肼率为 10^{-7} ~ 10^{-6}，耐链霉素率为 10^{-7}，耐两药的为 10^{-9}。菌群数量越大，耐药变异菌出现的可能性越高。因此，耐药性是通过消灭敏感的大多数菌，而使不敏感菌被筛选出的一种选择淘汰的过程。细菌耐药性突变是客观存在的自然变化规律。

（2）抗结核药物之编码药物靶基因突变：近几年报道，结核杆菌耐药性是由染色体控制的。由于控制某种药敏感性的基因在某一位点上发生突变而在 DNA 分子上形成耐药基因片段，由于细菌结构性受体（靶位）发生改变，染色体的突变种常出现耐药性。

（3）耐药性传递：细菌耐药性传递是通过耐药性质粒转移来实现的，这个质粒称为 R 因子。结核杆菌的 R 质粒虽有个别报道，但始终未被证实。

（4）新近有报告高度耐药的 E. coli 所产生的吲哚（打开药流泵和提高了对氧胁迫力的防御）能导致菌群耐药范围扩大。

耐利福平结核杆菌是编码 RNA 聚合酶 β 亚单位的 rpoβ（麻风杆菌亦在此处，仅密码位不同）。相关耐药机将分别在有关章节中介绍。

（二）编码药物靶基因突变鉴定和分析的方法

1. PCR-单链 DNA 构象多态性分析（PCR-SSCP）　PCR-SSCP 是一种十分有效的分析核酸（DNA 或 RNA）变异的方法和技术，1989 年 Orita 建立。其基本原理是单链核酸在非变性聚丙烯酰胺凝胶电泳的迁移率与核酸的一级结构密切相关。核酸的一级结构的序列发生变异，甚至单个碱基的改变，都可能使核酸片段序列的构象不同于正常野生型序列，从而改变核酸的迁移率。因此，可以将"变异"的 DNA 与正常 DNA 区别开来。SSCP 方法较方便，具有区分核酸序列微小变化的能力。其方法是首先以目的靶 DNA 作为模板进行 PCR 扩增，用加热变性或碱变性法使扩增产物中的双链 DNA 解链变为单链 DNA，加入变性载样液，然后进行非变性 PAGE，用溴化乙锭染色或银染检测结果。但此法只能识别有否耐药产生，不能确定是怎样的突变，还必须与酶切和（或）测序方法结合才能揭示清楚。

2. 直接测序　PCR 扩增产物或经变性后，在克隆化后提取 DNA 片段直接测序，与标准菌株、敏感菌株的同一片段比较，鉴定碱基突变的位置和分布情况。直接测序能准确了解药物靶编码基因的碱基突变，但这种技术较为复杂，一般适于研究用，难于在广大基层单位推广。

3. PCR-固相反向杂交法　将 PCR 扩增产物与固定在硝酸纤维膜上的寡核苷酸探针杂交，以呈色反应来判定耐药性。近来发展成 PCR-ELISA 法，可半定量。

4. PCR-异源双链分析法　将在相关章节（下篇）介绍。

5. 转化试验　纯化含有突变位点的目的 DNA 片段，与合适的载体构建重组体，将重组体转化进敏感宿主细胞，或者抽取耐药菌株的质粒进行转化，使后者获得耐药标记，以便证实分离菌株耐药性存在与否。

（三）药物敏感性试验

将在下篇第十章详细介绍。

五、菌种鉴定

细菌分类与鉴定的方法很多，主要有以下几类：传统法、数值法、核酸法、化学法、系统发育学分析法等。但分枝杆菌菌种极多，它们的遗传表型、生物学特性十分相似，DNA 同源性又很高，需要综合指标将其鉴定至种的水平。将传统与现代方法结合起来，其鉴定基本原则和程序如下：

1. 首先涂片抗酸染色、镜检，确定是抗酸分枝杆菌，并初步观察细菌形态。

2. 接种对硝基苯甲酸（PNB）、噻吩-2 羧酸肼（TCH）培养基以及耐热触酶试验，对结核杆菌、牛分枝杆菌之间及两菌与环境分枝杆菌之间加以初步筛选。

3. 根据分枝杆菌生长速度、色素形成、生长温度分别按表（参考本书下篇第九章第六节表 9-6-

7）进行系统鉴定。

4. 有条件的实验室可采用气相色谱，以及分子生物学技术快速鉴定。

六、分枝杆菌检测及鉴定新技术

从 20 世纪 70 年代起，新兴的分子生物学技术开始应用于分枝杆菌细菌学研究以及临床实验室检查方面。20 世纪 90 年代以来进展迅速，使分枝杆菌的菌种鉴定、结核病病原学的实验诊断进入了一个新阶段。现作扼要介绍。

1. 聚合酶链反应（polymerase chain reaction，PCR）　PCR 又称 DNA 体外扩增技术。对于体外尚未培养成功的麻风杆菌和生长缓慢的结核杆菌这样一些病原菌的快速、敏感、特异鉴定更加展现出其独特的优点，开辟了新的途径。

PCR 是体外酶促合成特异 DNA 片段的一种分子生物学方法。酶、引物、dNTP 等各种试剂的最适浓度和质量直接影响反应的效果。此技术中的一个关键试剂是耐热 Taq DNA 聚合酶，这是影响 PCR 扩增效果的一个重要环节。目前该酶已国产化，市场上流通的酶的质量差别很大。为保证 PCR 结果的可靠性，其中 Taq DNA 聚合酶的质量应符合以下几点要求：①酶的实际浓度要准确；②酶的活性应符合要求；③酶的特异性良好，没有非特异扩增带；④保存的稳定性及其相应的稀释液。建议在购买和使用酶时应事先进行严格的鉴定，既要扩增标准 DNA 模板，也应扩增临床标本，并作保存试验和批次定量试验。

当前，对 PCR 检测结果的可信度及其临床意义是检验人员与临床医师共同关心而亟待解决的问题。这也是一项新技术应用于临床必然遇到的问题。如何避免因扩增子污染而致的假阳性和因标本中抑制物质存在造成的假阴性，是影响 PCR 结果可信性的关键之一，应深入研究解决。检验人员技术熟练的程度，试剂盒的质量以及方法的标准化也是不容忽视的因素。

总之，PCR 技术在分枝杆菌菌种鉴定及在临床标本检测方面较常规细菌学检验技术有其独特的优点。它为结核病病原菌，尤其是痰菌阴性病例，结核性脑膜炎与胸膜炎的快速、敏感、特异诊断与鉴别诊断提供了依据，对结核病病原菌基因诊断展示了良好的前景。在皮肤分枝杆菌感染诊断方面也是有效手段。

2. 核酸探针（nucleic probe）　核酸探针是由单链 DNA 分子标记而成，能识别与其互补的特异性核苷酸序列。用于标记探针的标记物有放射性元素、光敏生物素、地高辛等，各标记物有其固有的特点，但由于地高辛标记避免了放射物污染，背景低、敏感性高（价较贵），目前用地高辛标记更多些。

DNA 探针在分子生物学研究中，如阳性克隆的筛选、未知 DNA 片段的鉴定、细菌分类与鉴定，以及传染病病原体的诊断方面是一项有用的技术，但其敏感性低于 PCR。研究表明，DNA 探针在检测未培养的临床标本中的分枝杆菌 DNA 时，每毫升少于 10^3 个菌就难于检出，因之，在临床上直接检测未培养标本时受到一定的限制。

3. DNA 限制性片段长度多态性分析（DNA restriction fragment length polymorphism analysis，DNA RFLP）　限制性内切酶是细菌产生的 DNA 消化酶，它可消化双链 DNA。其中，第 2 种类型的限制性内切酶需要高度特异的 DNA 裂解位点。每一种限制性内切酶作用于一种特殊序列和核苷酸形成的识别位点。例如，EcoR Ⅰ内切酶只能识别 GAATTC 序列，Hind Ⅲ识别 AAGCTG 序列。各种酶的消化产物由不同长度的特定 DNA 片段组成，构成了限制性内切酶谱。利用这一技术，可作分枝杆菌 DNA 物理图谱分析和遗传学研究、菌型鉴定和在流行病学中传染源的确定。限制性内切酶谱分析的缺点是琼脂糖凝胶电泳分离不理想时，结果就难于判定。因此，要采用高质量的 methaphor 胶，或聚丙烯酰胺垂直电泳分析。进一步在这个基础上改进并发展为 RFLP 更佳。基本原理是 DNA 限制性片段经 SDS-PAGE 分离后，凝胶上的区带经过 southern 印迹转移到膜上（硝酸纤维膜或尼龙膜上），然后与 DNA 探针杂交。

用于酶切的限制性内切酶种类很多，如 BstE Ⅱ、Hae Ⅲ、EcoR Ⅰ、Pvu Ⅰ、Pvu Ⅱ、Sal Ⅰ、Sna Ⅰ、Xhol、BamH Ⅰ、Bgl Ⅱ等。用不同内切酶消化同一种 DNA，呈现不同的 RFLP。国外研究者用 RFLP 谱

型作分枝杆菌菌种，甚至菌株的鉴定。我们的研究亦表明很有用。

其他鉴定菌种的应用将在本书下篇有关章节详细介绍。

4. 色谱分析技术　近一二十年来，色谱技术已广泛应用于分析微生物学。用于分枝杆菌分类与鉴定和诊断的色谱技术有薄层色谱（TLC）、气相色谱（GC）、裂解气相色谱（PY-GC），以及气相色谱与质谱联用。目前应用较多的是气相色谱，它具有快速、微量、敏感性高等优点，使分枝杆菌的分类、鉴定及临床检验向分析微生物学的方向发展。

这类方法不失其菌种鉴定的价值，但由于分析时需要纯而足量的菌，直接用于临床标本的检测受限。

5. 一式多元化的定量技术　这是一类高通量、具高度特异性，可定量、有的尚可自动化操作的技术，如反向杂交和基因芯片技术将被选择性地建立和应用。本书将在下篇相关章节作介绍。

七、展望

历经一个多世纪的探索研究和反复实践，人们相继分离、鉴定出 200 多种分枝杆菌，并加以命名、分类，以及记载了对其认识的演变过程；对若干重要的致病性分枝杆菌，像结核杆菌、麻风杆菌的各个领域进行了极为详尽、系统的研究，使结核病和麻风病曾经或正在世界许多地区得到有效的控制，特别是后者更是这样。随着 EM 菌种迅速增多，对其生物学特性不断加深认识，一些有临床意义的 EM 已引起各方面的重视：研究制定抗结核药物的敏感性试验、耐药标准及耐药性机制，建立、发展一些快速、敏感、特异的鉴定和检查分枝杆菌的新技术等等都取得了长足的进展。这既是由于分枝杆菌对人类健康影响日趋清晰，也是由于近二三十年来细胞免疫学、分子生物学、分析微生物学的进展十分迅速，并且引入分枝杆菌属的各个领域，引起人们对分枝杆菌许多问题重新加以思考。

已往的成就仅是阶段性的成果，我们必须清醒地看到分枝杆菌属中一个最主要的有代表性的致病菌——结核杆菌所致的结核病在世界范围内疫情回升，迄今仍然是危害人类健康的主要传染病之一。据世界卫生组织统计，全球约有 1/3 人口（17 亿人）感染了结核杆菌，发展中国家和地区疫情尤为严重。估计未来 10 年中，全球将有 3000 多万人死于结核病。结核病过去是传染病中的第一号杀手和最大的死亡原因，今天仍是。我国约有活动性肺结核病人 600 万，每年有 25 万人死于结核病。1993 年世界卫生组织向世界宣布：全球处于结核病紧急状态。本世纪在世界范围内结核病有 3 次回升，近年来发生的第 3 次回升与人类免疫缺陷病毒（HIV）感染、结核病高危人群的流动、移民问题，以及多种耐药病例等客观因素有着密切的关系。因此，结核病对全球仍然是个重大的威胁；结核病及 EM 合并艾滋病或 HIV 携带者则是今后更大的挑战。EM 病，包括皮肤的感染亦属难诊、难治疾病之列。人们面临着认识和解决这些基本课题的艰巨任务。采用细胞免疫学、分子生物学等综合学科，从病原学、免疫学、流行病学及现代临床医学等领域重新认识分枝杆菌的有关基本问题，揭示结核病和 EM 病控制的新途径，是本世纪生物技术时代进一步要解决的重点问题。

1. 分枝杆菌的分类与鉴定　分枝杆菌的分类与鉴定是一个相当重要而又复杂的课题，至今仍无完美的方案。迄今的研究表明，传统和现代的方法均有重要作用。

国外已有报道以 RNA 相关性和 DNA 同源性，以及 RFLP 谱型等分子生物学技术对分枝杆菌进行分类、鉴定研究，以期在基因水平上对分枝杆菌的分类重新认识，改变传统的分类、鉴定法，提出一套新的传统与现代相结合的分类、鉴定方案。

2. 分枝杆菌的变异　分枝杆菌的变异性与其他微生物一样涉及着各个方面。例如，结核杆菌在宿主细胞内的潜留菌或异型菌、L 型菌、耐药突变体等。潜留菌和 L 型都是非正常杆菌形态，它们到底是菌体生理发育的一个阶段还是对不良环境和药物的适应相？潜留菌与 L 型菌又有什么关系等问题有待于用分子生物学技术加以阐明。结核杆菌的耐药性是结核病治疗的棘手问题。耐药性的机制有种种说法，初步认为与染色体药物靶编码基因突变有重要关系。全面揭开耐药性的本质，建立检测耐药性的新技术，既是当前分枝杆菌分子生物学研究的一个热点，也是今后研究的一个重要课题。现已取得一定进展。

3. 分枝杆菌快速诊断和鉴定的新技术　涂片抗酸染色镜检、培养，以及动物试验是分枝杆菌传统但仍然是很有用的诊断、鉴定技术。每项技术有其优点，也有其局限性。涂片镜检敏感性低，特异性差。培养方法对于缓慢生长分枝杆菌十分费时，需 8 ~ 60 天才能判定结果，这对结核病和 EM 病的诊断、治疗是十分不利的。近几年来建立的以 PCR 和 DNA 或 rRNA 探针为代表的基因诊断技术受到广泛的关注。它为结核病和 EM 病的快速、敏感、特异诊断提供了一种有用的手段。但从应用的角度看，一式多元化的诊断方法更需要进一步研建，不仅要求能在鉴定菌种方面和相关研究中应用，更要求能在直接检测临床标本中应用。理论上，PCR 阳性率比涂片镜检和培养高，特异性较强。但国内、外开展时间还不长，作为临床检验常规技术还需要解决已经遇到的问题，主要是解决假阳性、假阴性、试剂质量、操作标准化，以及临床意义的评价等。当今 PCR 等分子诊断技术从实验室走向临床的瓶颈问题是如何解决临床标本的"前处理"。用核酸探针检测分枝杆菌特异性 DNA 或 RNA 碱基序列技术均可在发展中国家被选用。但检测临床标本中分枝杆菌的敏感性不高，尚需进一步研究解决。其他新技术的建立对于缓慢生长分枝杆菌的快速诊断更为重要。任何新提出的新技术判定的准确性必须与标本直接显微镜检查和培养方法相比较，它既应在实验室研究阶段有良好的重现性、准确性，也应经过临床验证、认可，具有实用性。

4. 分枝杆菌的抗原与保护性抗原　分枝杆菌尤其是结核杆菌的抗原据报道多达 100 余种。麻风杆菌的抗原大约为结核杆菌的 1/3。它们的性质和作用尚需进一步弄清，如：①分枝杆菌的抗原既有种的特异性，又有共同性。保护性抗原是种特异性抗原决定簇，还是共同性抗原决定簇，或是两者兼备。②在结核和麻风的免疫应答中，哪一种抗原占主导地位，起主要作用。③分枝杆菌抗原与细胞免疫应答之间的确切关系又是怎样一个反应过程以及保护性抗原与变态反应性抗原的化学本质。这些问题的解决，对于弄清结核病、麻风病、EM 病的免疫应答、新菌苗的设计是十分有益的。

5. 分枝杆菌的毒力　致病性分枝杆菌主要是结核杆菌的毒力、毒力因子、毒力基础的研究已取得了很大的进展，但还未得到满意解决。毒力因子是什么？它的化学本质又是什么？这些问题有望利用基因重组技术分离和鉴定结核杆菌毒力编码基因来探索解决。本章将在第四节介绍有关进展。

6. 分枝杆菌的新菌苗　1921 年 BCG 首次用作人抗结核病菌苗以来，是迄今广泛使用的一种最古老的菌苗，对结核病的控制作出了历史性的贡献。但是，BCG 在不同人群，其保护性差异很大，波动于 0 ~ 80% 之间。对 BCG 的保护效率长期存在着争论。在麻风病方面认为亦有一定的保护作用。但同样还存在着两个不足：①不能防止菌的感染，仅能减少病的发病率；②同时诱发两种反应保护性和病理性变态反应。艾滋病人或 HIV 携带者接种 BCG 发生全身性感染促使人们寻找新的替代菌苗。研制一种新的菌苗成为基础研究的主要目标之一。目前国内、外正在研究基因工程菌苗、活菌苗或死菌苗、多肽抗原菌苗、合成抗原菌苗、核酸疫苗等，但是，还未获得一种真正有用的菌苗，这是今后亟待解决的重点课题。

7. 分枝杆菌与 HIV 感染　如前所述，艾滋病病人和 HIV 携带者更易感染结核杆菌、鸟分枝杆菌、胞内分枝杆菌（其他 EM 感染亦相继发现，与麻风杆菌的关系亦在研究中），尤其是 MDR-TB。从病原学、免疫学探讨它们之间有什么关系？与宿主之间的相互关系又是怎样？这些问题亟待解决，以期揭示两病并发或并存的规律及其行之有效的控制措施。

第二节　各　论

一、麻风分枝杆菌群

（一）人麻风分枝杆菌

人麻风分枝杆菌（mycobacterium leprae，ML）是人麻风病的病原体，简称为麻风杆菌，是挪威学者 Hansen 在 1873 年发现和 1874 年公开发表的。基于临床描述麻风病是最古老的侵害人类的疾病，从古代起普遍认为是一种传染病，所以当中世纪麻风病在欧洲流行时，每个国家都有专门和冷酷的法规隔离病人，以防疾病在社区中传播。然而传染病的科学证据必须首先等待着能显示微生物存在的显微镜的产生。在 19 世纪中叶巴斯德（Pasteur）等的工作支持疾病的"细菌学说"。但是，相反地，在那时以前在欧洲医学界麻风源于遗传的理论占优势。这是 Boeck 和 Danielssen 的观点，他们是挪威两位权威的临床家。据他们在 Bergen 研究麻风的经验，在 19 世纪医学知识中重新规范了麻风的临床、病理和流行学各方面，并为挪威政府所采用，因为当时的挪威不像欧洲的其余部分麻风还流行（在 Bergen 流行率为 2.5%）。

为解救挪威麻风严重的问题，另外一位年轻的内科医生 G H Armauer Hansen 于 1868 年被委派作为 Danielssen 的助手。他留职到 1871 年。在任职期间，虽然不能改变 Danielssen 的观点，但他确信麻风是传染病而不是遗传病。所幸的是在 1871 年 Hansen 被挪威医学会再次聘用研究麻风的病因。在此期间他全力以赴去证明麻风有一种传染的病原体。这样，他终于在 1873 年在麻风结节无染色的制片中用显微镜显示出杆状体的恒定存在。

无疑，麻风的细菌学始于 Hansen。他的文章以《麻风病因》为题在挪威医学会杂志上于 1874 年首次发表。由于他的发现是在 1873 年是以 Hansen 年度报告的一部分向挪威医学会报告的，所以他发现的实际日期应为 1873 年。在以后有关他的生活和工作的报告中就更精确地指出是在 1873 年 2～3 月从一个麻风病人的组织中看到杆状体。麻风杆菌的发现比结核菌早 9 年，而且是第一个被鉴定的引起人类疾病的细菌。但是尽管 Hansen 菌的染色技术很快建立了，简单易行，能用于检测和描述其形态、特征，但以麻风杆菌感染动物或进行体外培养曲折颇多，且均未获成功。Hansen 的挫折是相当大的，因为在当时许多人类病原体不断被确定，所有这些病原体很容易在人工培养基上培养和感染动物成功而 ML 则不能。直至今天 ML 体外培养仍未成功。因此限制了从微生物学方面对它的了解。所幸的是小白鼠足垫模型和犰狳以及裸鼠实验感染的成功，为 ML 的微生物学、免疫学、生化学特征的研究，乃至人工培养的设计等提供了基础条件。特别是近十多年来由于分子生物学技术的发展，促进了我们对 ML 在分子水平上的了解。

在伯杰手册，按照 Runyon 等人的分类，ML 属放线菌目，分枝杆菌科，分枝杆菌属。该菌是目前已知的分枝杆菌中唯一能感染人和动物神经的菌株。

1. ML 的生物学特征

（1）ML 的一般特征：ML 经萋-尼（Ziehl-Neelsen）抗酸染色法（简称 Z-N 法）染色在光学显微镜下可看到菌体被染成红色，呈直或略弯曲的杆菌，长 1～8μm，宽 0.3～0.4μm。ML 无鞭毛，无芽胞，至于有无荚膜的问题，仍有争论。

Draper 等用电子显微镜测量和称重法测得 ML 长（2.1±0.5SD）μm，而一条 ML 重 3.9±1.0（SD）×10^{-14}g（SD=standard deviation，即标准差）。

1）染色特点：ML 对 Z-N、革兰（Gram）法染色均呈阳性。前者称为 ML 的抗酸性（图 2-2-1 和 2-2-2），但这不是指 ML 有抵抗酸性物质的能力，而是指在用 Z-N 法染色时，ML 能被石炭酸复红染成红色，着色后在规定条件下不能被酸性溶液（或酸醇溶液）脱色的现象。这种抗酸性可经新鲜、纯净的吡啶（Pyridine）提取（2 小时）而丧失，也可经过碘酸处理而恢复。Convit 认为这是 ML 独有的性质，是鉴定 ML 的重要标准之一。我国吴勤学的试验支持 Convit 的观点。另，ML 涂片后经过碘酸处理可明显提高 ML 的着染率（我国叶顺章、吴勤学等都证实过这一性质），尽管这不是 ML 所独有的特性。

2）形态特点：形态特点按光学显微镜（光镜）及电子显微镜（电镜）下所见进行描述。

A. 光镜下形态特点：形态上的多形性是 ML 的另一特点。麻风患者组织涂片经 Z-N 法染色后在光镜下能看到杆状的着色均匀的菌，也可看到短杆状、断裂状、串珠状及颗粒状等形态的菌（图 2-2-3）。细菌形态与病人治疗情况有密切的关系。许多细菌学家认为，这种多形性是 ML 生命周期（life cycle）的一部分或是 ML 的芽胞型（Spore form），Rees 等人以光镜或电镜进行对比观察后认为，那些不规则染色的菌是没有活力的，是由于菌死后细胞内含物部分损失所致（图2-2-4）。

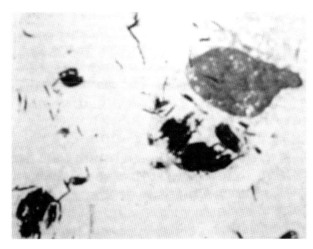

图 2-2-1　ML 对 Z-N 法染色阳性（1）

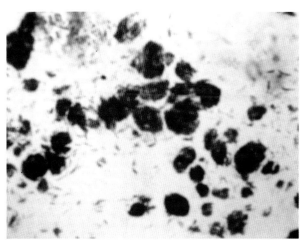

图 2-2-2　ML 对 Z-N 法染色阳性（2）

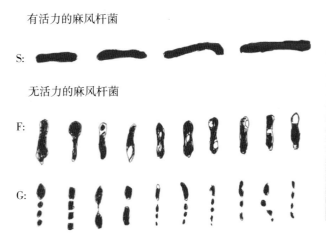

图 2-2-3　ML 用 Z-N 法染色后在光镜下杆状、短杆状（S）、断裂状（F）、串珠状及颗粒状（G）形态示意图

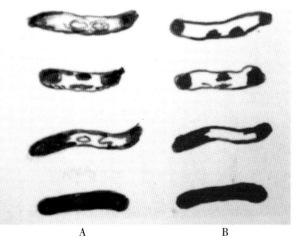

图 2-2-4　菌死后细胞内含物部分损失示意图
A：电镜下，B：光镜下

　　这些研究是迄今所采用的 ML 形态指数（MI）的基础，即认为那些着色均匀的杆菌为完整菌（solid form），而其余的均为不完整菌。前者是有活力的，后者为退行性变菌，但也有一些学者完全不同意上述的观点。

　　有的研究发现在含 ML 的组织中也存在无抗酸性（non-acid fast）的 ML。也有人发现 MI 为零的菌悬液若接种于小鼠足垫仍能生长。而与此相反，亦发现形态完整的菌经小鼠足垫接种后不能生长的现象。

　　除显示多形性特点外，还显示有群簇性排列的特征（图2-2-1和图2-2-2）。涂片中在组织细胞内外都能看到 ML 或平行排列成束状，或成团丛。这种排列现象是其他分枝杆菌少有的，其原因至今尚不清楚。有人认为是由于菌分泌"菌胶质"引起的。有人则认为可能是由于宿主对菌作用的结果。

B. 电镜下的超微结构：电镜观察麻风患者、实验感染小鼠和犰狳的组织超薄切片发现其特征均一致，且类似于其他分枝杆菌（图2-2-5）。

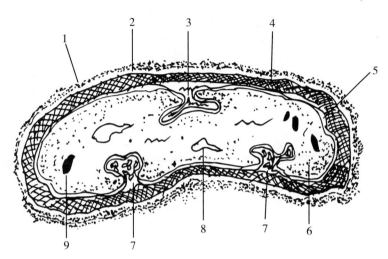

图 2-2-5　超薄切片电镜下麻风杆菌超微结构示意图

1. 弥漫外层，2. 电子透明带，3. 细胞核，4. 细胞壁

5. 细胞膜，6. 细胞质，7. 中体，8. 空泡，9. 多聚磷酸盐颗粒

菌细胞壁厚约20nm，具双层结构，内层为电子致密层、外层为电子透明层。细胞质是特别电子致密的，其超微结构类似于 Gram 阳性菌，含有 DNA、中体和大量颗粒物质，并且在细胞壁的下面有一连续的胞质膜。在 ML 感染的组织切片中能看到菌的周围绕有一层电子透明带（区），据近来许多研究认为可能是由糖脂（glycolipid）组成的。镜下尚可见到菌壁有横向断裂，这是菌分裂的主要方式。与所见完全相反的是看到菌内容物不规则消失，菌胞质膜不完整。这些与光镜下所见到的染色不均一的菌（非完整菌）一致。这支持光镜下用形态指数判定菌的活力的理论。

若用负染技术（negative staining techniques）可显示在 ML 壁表面有成对的纤维结构（paired fibrous structures，是所有分枝杆菌所共有的）和带结构（bands，是围绕菌的嵴，图 2-1-6），Draper 认为这是菌分裂后胞壁分开留下的瘢痕。

（2）麻风杆菌的生物学特征：这些资料均是通过小鼠足垫接种技术获得 ML 实验感染模型而研究得出的。

1）世代时间（generation time）：据 Shepard 的研究结果，在正常小鼠足垫中在对数生长期 ML 世代时间平均是 11～13 天，这种增殖率是相当慢的（结核杆菌的世代时间为 20 小时）。有人分析可能由于正常小鼠在接种后第 6 个月产生了预防免疫而限制了 ML 的生长，但 Rees 用胸腺摘除后加全身 X 线照射的小鼠做试验时发现 ML 世代时间并没有改变。有人报告在热带地区做正常小鼠足垫接种 ML 后的

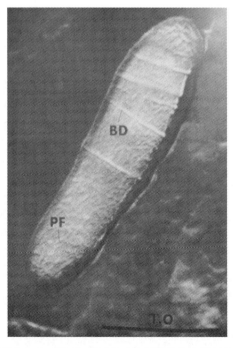

图 2-2-6　ML 壁表面成对的纤维结构和带结构

生长试验发现世代时间反而变得更长。

2）最适生长温度（optimum temperature requirements）：麻风病患者主要是皮肤、鼻黏膜和周围神经，特别是机体的表浅部位受到 ML 的侵犯，这提示 ML 生长温度低于 37℃。犰狳是一种对 ML 易感的动物，它的体温为 30～36℃。小鼠足垫的温度范围为 27～30℃。当小鼠体温低于 25℃或高于 36℃时，ML 在足垫中的生长数量明显减少。

3）最小感染量（minimal infective dose）：若认为均一染色的 ML（即完整菌）是活菌的话，McRae 和 Shepard（1971 年）在小鼠足垫接种试验中发现，最低感染量为 3～40 条菌。

4）活力和致病性（viability and pathogenicity）：ML 于 4℃保存在组织或其匀浆中 7～10 天活力不变。在小鼠或犰狳生长模型中 ML 的致病力不因供菌病人的病型、种族和地理环境的不同而不同。ML 在正常小鼠足垫中连续传代数年也不改变其致病力。来源于免疫抑制小鼠或犰狳的 ML 在正常小鼠足垫中的生长规律和致病力与来自病人的 ML 相同。Shepard 和 Rees 都证实了 ML 有低平顶株（low plateau strain）和高平顶株（high plateau strain）。两者在致病力和麻风临床型别上无差别。但低平顶株的免疫原性比高平顶株为强。

5）ML 在体外的活力及对理化因素的抵抗：这些数据有的来源于临床资料。

A. ML 在体外的活力：有人发现，当温度为 32.5℃和最大湿度为 78% 时，平皿中干燥的 ML 可存活 28 天；当温度为 32℃和最大湿度为 32% 时则菌可存活 14 天；若在盐水中室温情况下可存活 43 天；在土壤中室温情况下可存活 46 天。Davey 实验室结果表明，平均温度为 20.6℃，湿度为 43.7% 时，菌可存活 7 天。Desikan 认为，若平均温度为 36.7℃和湿度为 77.6% 时菌可存活 9 天。这些报告的结果虽颇不一致，但均表明 ML 离体后仍能存活一段时间，且在潮湿环境中存活时间延长。

B. 物理因素对 ML 活力的影响：温度：据已有的实验报告，在 −25℃～−60℃菌可存活数月，在 0℃时经 3～4 周活力显著丧失，在 18～23℃与 30～33℃时可存活 3 周，45℃时迅速丧失活力，60℃时则完全丧失活力。占部亦发现在 5℃时，菌保存 1～3 日其活力无损害，4 日略受损害，7 日受相当损害，14 日活力显著低下；在冻结时，24 小时不受影响，一周时活力丧失 10%，8～12 周与 1～4 周时情况无大差别；若在 −20℃保存时，5 周活力略低下，15 周明显低下。据最近的实验报告，在 −80℃条件下保存 10 个月之菌活力无大变化。若煮沸 1～8 分钟活力受到影响，15 分钟活力则丧失；温度为 60℃，经 5 分钟，活力仍保持，10 分钟活力明显低下，30 分钟时才完全丧失活力。实际工作中，一般均煮沸 20～30 分钟，或高压蒸汽灭菌 15～20 分钟是完全可以杀死 ML 的。

紫外线：经夏日日光照射 1 小时 ML 显著丧失繁殖能力，照射 2～3 小时即完全丧失繁殖能力。中村等还报告，当用波长 253.7nm 紫外线照射时（距离为 15cm），2 小时可使其繁殖力丧失。我国王荷英等报告，当温度为 27～32℃，相对湿度为 30%～37% 时，日光照射 2 小时以上菌丧失活力；用紫外线照射（距离 120～213cm）30 分钟以上菌即丧失活力。

C. 化学因素对 ML 活力的影响：化学试剂：含有活 ML 的悬液在室温与 0.5N NaOH 接触 20 分钟后活力不发生变化。这已成为含菌标本去除杂菌污染非常重要的手段；现已证明 ML 可以贮存在液氮中，10%（v/v）的二甲基亚砜是最好的保护剂。在标本运送中，无论菌悬液还是含菌组织，在 4℃能维持 7 天而菌的活力无明显丧失。

化学药物：实验和临床实践均证明氨苯砜（DDS）、氯苯酚嗪（亦称氯法齐明）（B663）、利福平（RFP）都有杀菌作用，尤其是 RFP 可迅速杀死 ML。

2. ML 的生物化学特性　这些分析所需菌均系实验感染犰狳组织来源。经提纯后用于生物化学、酶学乃至用分子克隆技术鉴定 ML 的个体蛋白的基因编码。

（1）ML 的结构：为了清楚起见从菌细胞表面逐层描写（图 2-2-7）。

图中荚膜脂质与胞壁分枝菌酸相互作用形成一个"外膜"结构。图中所示①～⑨表示麻风杆菌的结构特征分别为：①荚膜 PGL-I 有一种独特的糖残基模式；②麻风杆菌结核菌醇（PDIM）的分枝醇酸部分的链长度与结核菌的不同；③麻风杆菌与其他大多数可培养分枝杆菌之细胞壁分枝菌酸的模式

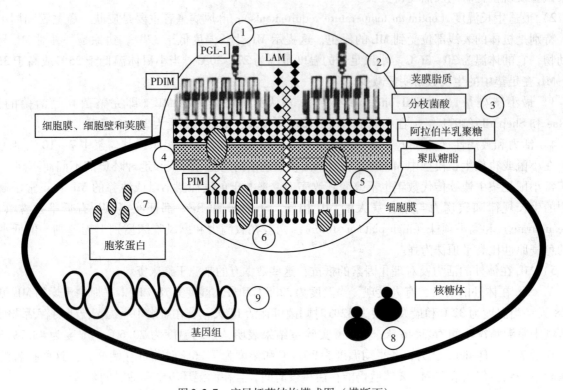

图 2-2-7 麻风杆菌结构模式图（横断面）

引自：Hastings R C. Leprosy［M］. 2nd ed. Edinburgh：Churchill Livingstone，1994，58

不同；④在麻风杆菌中缩肽糖脂中的 L-丙氨酸为甘氨酸所代替；⑤⑥⑦在麻风杆菌细胞壁、膜、胞质成分中鉴别到有独特性质的蛋白质；⑧麻风杆菌的 16SrRNA 分子含有种特异性序列；⑨麻风杆菌基因组中 G+C′含量比其他分枝杆菌低，在麻风杆菌内鉴定到特异 DNA 序列，包括重复元件。

1）"荚膜"（Capsule）：如前所述，ML 的荚膜可能是脂类物质。经分析表明主要为两种。其一是蜡脂（phthiocerol dimycocerosate，PDIM），其化学结构上与其他分枝杆菌的 PDIM 有所不同。第二种为酚糖脂（phenolic glycolipid-I，PGL-I）。PGL-I 的末端糖残基是 ML 特有的，可以诱发特异抗体的产生。Draper 和 Rees 等认为 ML 的脂质荚膜在感染期间有防止宿主 Mϕ 产生的溶酶体酶和反应性氧代谢物对其之伤害作用的功能。

2）细胞壁：成分很复杂。与其他分枝杆菌相似，由交叉联结的肽聚糖（peptidoglycan）与带有分枝菌酸侧链的阿拉伯半乳聚糖多聚物（arabinogalactan polymer）共价键相结合而成。在 ML，肽聚糖中的 L-丙氨酸为甘氨酸所代替，这与大多数分枝杆菌不同；另一种重要的成分是脂化阿拉伯甘露聚糖（Lipoarabinomannan，LAM）。它有免疫调节功能，在发病和分枝杆菌细胞内成活方面发挥重要作用。虽然有报告抗 ML 之 LAM 的单抗能区分 ML 与结核杆菌（MTB），但多数学者仍认为 ML 的 LAM 与其他分枝杆菌相似。

ML 的细胞壁制剂含有相当量的紧密联接的蛋白质，如 17kD、14kD、65kD 等。

3）细胞膜：虽然在 ML 之胞膜中未发现成索因子，但有人发现了小量的海藻糖分枝菌酸单脂（trehalose monomycolate）。此外发现两种主要的多肽（MMP-I，MMP-Ⅱ）。MMP-I 是一种 35kD 的蛋白质；MMP-Ⅱ 是 22kD 的蛋白质。

4）胞质（细胞质）：发现 3 种主要蛋白质。即 28kD、17kD 和与 GroES 相关的热休克蛋白（HSP）。其他像 65kD、70kD、28kD、18kD 等均在胞质中有所发现。

5）基因组：ML 的分子量很小，2.2×10^9 个 ML 为 $2.2 \times 10^9 \sim 4.5 \times 10^9$ 道尔顿。ML 基因组的鸟嘌呤（G）和胞嘧啶（C）的含量相当低。有人测定其 G+C 含量为 54%～58%，而其他分枝杆菌则为 65%～69%。

ML 基因组测序 1991 年开始，2000 年弄清。测序用的 ML 来源于犰狳。ML 基因组为环状，含 3.3Mb（MTB 含 4.4Mb），具 17 000 个开放阅读框架（open reading frames，ORFs）（MTB 具 4000 个 ORFs）。在 ML 功能基因密度比 MTB 低得多。ML 基因组中大量为无编码的或伪基因顺序。令人吃惊的是这种冒牌 DNA（junk DNA）竟被保留下来。立克次体亦是一种真正细胞内寄生物，在基因组内也有 10% 为伪基因。比 MTB 有较多的重复顺序（RLEP、REPLEP，LEPREP）。编码顺序比较表明 ML 与 MTB 或 BCG 间在蛋白质中的氨基酸有 35%～95% 编码顺序相同，这解释了为什么 BCG 疫苗对预防 ML 感染有时有作用。

与其他慢生长分枝杆菌一样，ML 有一个单拷贝的 rRNA 基因，在 16S rRNA 中与 MTB、鸟分枝杆菌（M. avium，Ma）有 95% 的同序性。但序列差别是存在的，基于这些差别，ML 是能够与其他分枝杆菌相区别的。已在 ML 中找到一种特异的元件，在 ML 中存在约 28 个拷贝，有几个已明确序列。ML 基因有否型的差别的问题现已有报告，我国吴勤学、尹跃平等在麻风患者活检中发现我国与在日本、韩国等国家一样 ML 有两种基因型别，但这种基因型的差别和鼠足垫中发现的高平顶株和低平顶株并不相关。

不同株 ML 间差别非常小，基因组序列保守性是社区，国家内特异菌株传播的研究的障碍。ML 的完全基因组序列将使另外的多型性被发现，这将有利于流行病学研究，可用于追踪特异 ML 在人的传播链。

ML 基因组在没有明显作用的情况下经久不变，特别是伪基因排列是最令人吃惊的。这或许与世代时间过长（2 周）和须在吞噬细胞内繁殖有关。这种推想，可用微生物学方法去鉴定特异细胞内的 ML 表达的基因和确定能使 ML 能接近、侵害并成活于 Mφ 和施万细胞中的基因产物。

基于 ML 序列的特异性可应用聚合酶链反应（polymerase chain reaction，PCR）检测 ML，应用于研究及临床工作中（详见本节后附 4）。

6）生理学和遗传学：ML 置 -80℃，然后融化，在鼠足垫中接种发现活力大大减小，用放射标记的棕榈酸盐（palmitate）作试验时也发现代谢活性大大减小。冷冻损伤是否在动物宿主可以修复尚待研究。所以刚从裸鼠收获的新鲜菌为了研究需于 32～33℃ 贮存。在人和鼠中 ML 易侵身体较冷的部位，但在犰狳 33～34℃ 能产生系统的感染（繁殖）。ML 保温在 37℃ 代谢活性明显损伤。贮存在 4℃ 与 32～33℃ 的生理活性相差无几。ML 在正常最适生理条件下能吸收和利用葡萄糖、6-磷酸葡萄糖、甘油（进入脂质）、氨基酸（进入蛋白）、嘌呤［次黄嘌呤（hypoxanthine）和腺嘌呤（adenine）］和嘧啶［胞嘧啶（cytosine）和胸腺嘧啶（thymidine）］（进入核酸）。嘧啶进入核酸不如嘌呤多，无机磷也能合并到大分子。棕榈酸盐除氧化作用外，它还能合并到 PGL-I 和 PDIM（phthiocerol dimycocerosate），但丙酮酸和乙酸合并到大分子非常少。不像立克次体 ML 不吸收已磷酸化的核苷。另一方面，ML 利用核苷比嘌呤和嘧啶碱更充分。ML 具基础三羧酸（TCA）循环和糖酵解（通过 Embden-Meyerhof 和 hexose monophosphate shunt pathways）。ML 生长率很低，由此提示它缺乏 NADH 代谢。

ML 这种缺陷与其仅有一个拷贝的编码 rRNA 基因相联合，可促成一个很长的世代时间。鉴于上述，可以探讨在代谢活性条件下 ML "饲养"（体外培养）的一些问题。

ML 可被噬菌体 AE29 感染加工表达虫荧光素酶（luciferase），可用来追踪动物组织或培养细胞中的 ML。迄今 ML 基因组的分析提示了 ML 生长失能和生长慢的理由。将外源 DNA 引入 ML 将允许研究家们去直接试验各种借助互补 ML 基因或用其他分枝菌基因增补 ML 的假说。这种诱导的遗传（基因）信息能在 1 个噬菌体基因组上合并到染色体或在一个质粒、库斯质粒或质粒复制子上在 ML 细胞内复制。

ML 全部 ORFs 序列的了解与高超的现代蛋白质技术（2-D PAGE，选择性离子监视器，质谱光度计）对预期完整的蛋白体（朊体）（proteome）可以很快确定。施万细胞中相互作用的特异的离子蛋白和一种参与 Th1 和 Th2 免疫反应的节制脂质的补体已通过与 MTB 比较确定。

（2）ML 的代谢和酶：由于 ML 体外尚未培养成功，ML 的代谢研究受到了很大限制。首先是不能获得各种研究所需的高数量级的纯菌，所获结果不能完全排除宿主组织的干扰及制备时对酶的损伤；其次是不同菌的制剂含有的菌量以及死菌与活菌的量不尽相同，这里所描述的仅是初步结果。

1）代谢和能量：研究发现甘油和葡萄糖能被 ML 利用，并且糖无氧酵解代谢途径中的酶活性也达可检测水平；有据表明 ML 能利用 6-磷酸葡萄糖和有六碳糖单磷酸旁路的存在；代谢物示踪和酶试验表明 ML 存在基础三羧酸循环和有编码 ML 枸橼酸合酶的基因并能在大肠埃希菌中表达。这说明 ML 生长失能不是由于缺乏利用碳源的途径所引起的。此外用生物发光试验在有活力的 ML 中能检测到 ATP。

2）脂合成：除将脂降解至释放 CO_2 外，甘油和肉桂酸（palmitate）能被 ML 吸收掺入脂质，有证据表明合并到大量脂质组分和种特异的酚糖脂而掺入醋酸和丙酮酸前体较少。酶活性试验表明适合于预先形成的脂肪酸利用途径的酶比从头合成脂肪酸的酶活跃，提示 ML 可能利用宿主细胞来源的脂肪酸作为在体外合成脂质的前体。为了获得游离的脂肪酸，推测 ML 能分泌水解酶（脂酶、磷脂酶）以消化宿主细胞来源的脂质。

3）嘌呤和嘧啶：腺嘌呤和次黄嘌呤能迅速被 ML 吸收到酸沉淀物质中和个体核苷中，嘧啶类如胞嘧啶和胸腺嘧啶虽然比嘌呤少，但亦能被 ML 所吸收。尽管核苷和游离碱基都能被吸收，但前者要经过去磷酸化作用。外源核苷亦能参与核酸的从头生物合成。

4）酶类：ML 为能在 Mϕ 中存活，具有抵御宿主来源的反应性氧代谢中间产物和显示出参与这个过程的酶类的活性。用犰狳来源的 ML 进行研究部分提纯的超氧化物歧化酶和触酶，显示有镁依赖的超氧化物歧化酶活性，而且编码该酶的基因近来已克隆出来，用单克隆抗体鉴定此酶为 28kD 蛋白质。虽过氧化物酶活性很弱，但未发现有触酶活性。在缺乏触酶的情况下超氧化物歧化酶导致 H_2O_2 的蓄积，这将使防御机制不充分，因此 ML 的热休克蛋白 70kD、65kD、18kD、14kD（浓度高）可能在其于细胞内存活中起重要作用。

5）其他酶活性：有报告 ML 有一种能氧化双酚化合物的酶，特别能氧化 D-二羟基苯丙氨酸（D-DOPA），认为对 ML 是独特的，但用生物化学方法分离此酶或用基因方法均尚未获得证据。另有报告认为 ML 有二氢叶酸合酶，DDS 能抑制此酶活性，从而抑制了 ML 的繁殖，但最近用分子生物学技术没能证实。

总之，虽然 ML 的生化代谢相关研究获得了一些信息，但对它的营养要求特别是体外培养所要求的营养没能澄清。ML 培养系统的建立恐要寄希望于分子遗传学的研究。

6）ML 的分子遗传学：此方面仅有初步结果，请阅本章基因组的介绍。

3. ML 特有的特征及病原学意义

（1）ML 的特有特征：为了体外培养 ML，许多微生物学家用麻风患者皮损来源的菌进行了广泛的培养研究，虽然分离出过抗酸菌和非抗酸菌，但终究因为培养分离物与原来的 ML 间相关性质的矛盾问题（培养后的分离物是保持原来的 ML 的性质呢还是有所改变？）的争论而不能建立一个可靠的描述 ML 和鉴定 ML 的标准。下表（表 2-2-1）综合了与 ML 有关的特有特征，这些特征与患者皮损中及实验动物模型中能传代的 ML 一致。

这些特征应该说对鉴定一种培养分离物是否为 ML 是有价值的，但更精确的方法认为是测定 ML 的 DNA 与其他分枝杆菌 DNA 间的同源性。近年来发展的聚合酶链反应（PCR）既敏感、又精确，若采用此法，当可选取高度保守的种特异部分的基因，如编码 65kD、HSP 以及 16S rRNA 的基因等进行检测。

表 2-2-1　ML 的特有特征

生物学特征

在小白鼠足垫中特有的生长模型

世代时间为 11～13 天

最适生长温度为 27～30℃

对氨苯砜敏感（MIC 0.003μg/ml），对利福平敏感（MIC 0.3μg/ml），和对氯法齐明敏感

超微结构特征

杆状菌，1～8μm 长，0.3μm 宽，倾向成簇或成球，被电子透明区（带）包围

强抗酸性，吡啶提取后，颗粒化染色，失去抗酸性

生物化学特征

细胞壁和"荚膜"

酚糖脂（带有种特异的抗原性寡糖）

其他化学上不同的糖脂（包括 phthioceral dimycocerosate 和

分枝菌酸）

在缩肽糖脂中 L-丙氨酸为甘氨酸所代替

蛋白质

一系列蛋白质带有种特异的抗原决定簇

（65kD、36kD、35kD、28kD、18kD、12kD）

基因组

G+C 含量（58%）比其他分枝杆菌（65%～69%）低

种特异的重复元件

在编码蛋白质抗原和 rRNA 基因中有种特异的序列

（2）ML 的病原学意义：ML 是麻风病的病原体。在人体内主要侵犯皮肤、黏膜、周围神经、淋巴结、网状内皮系统以及横纹肌等器官和组织。根据患者的病理、免疫及临床表现通常分为：瘤型（LL）、界线类偏瘤型（BL）、中间界线类（BB）、界线类偏结核样型（BT）、结核样型（TT）和未定类（I）。LL/BL/BB 又称为多菌型（MB），BT/TT 称为少菌型（PB）。前 5 型通称光谱分型，未定类列于光谱分型之外。在临床上还会出现麻风反应，认为是机体对 ML 抗原发生免疫反应的结果。反应通常为：Ⅰ型麻风反应（ENL），主要发生在 LL、BL 患者；Ⅱ型麻风反应，主要发生在 BB、BT、TT 患者。ML 的来源、传播途径和方式至今尚未定论。当今大多认为人是 ML 的唯一宿主，通过损伤的病变皮肤和黏膜向体外排菌，因之可通过呼吸道及直接（间接）接触而受到感染。近年来有发现犰狳天然感染 ML 的报告，甚至水、苔藓、土壤中亦存在 ML。新近有人通过对南美地区的麻风杆菌（取自病人和犰狳）比较基因组分析发现许多为同株感染，从而提出犰狳是麻风分枝杆菌的天然菌库，在本地区麻风可能是一种动物疾病。这些尚待进一步研究证实。

ML 所引起的麻风病对人类身心健康有很大危害，由于 ML 侵犯末梢神经、患者大多有不同程度的致残，甚至丧失劳动力和生活自理能力。由于外貌丑陋、社会上的偏见、歧视和恐怖尤其加重其心理伤害。在我国虽然 50 年来的防治工作取得重大进展，但麻风依然是一个需要引起重视的疾病，尚需全社会为控制、限制和消灭麻风做不懈的努力。

目前 ML 尚未肯定有否毒力因子，诸多研究表明其致病机制主要是由于机体对 ML 及其抗原成分发生的细胞和体液免疫反应的结果，特别是 ML 是一种真正的细胞内寄生菌，能在吞噬细胞内生长繁殖，从而引起全身播散。机体对 ML 的免疫反应是受宿主遗传控制的，特别表现在 ML 感染后能影响产生何种临床病型方面。ML 由于体外培养尚未成功，其本身的许多病原特性要待其整个基因组被完

全明确后才能有望阐明。

（3）ML 的药物敏感性及耐药特征：ML 药物敏感性在 1960 年前只能依靠临床来评估。虽直至今天也没有非常简单易行的理想方法，但还是有了较大的进展。

1）ML 的药物敏感性特征：迄今为止，所得数据主要是基于小鼠足垫模型（方法详见本节后附 1）。依靠此法能评价抗麻风药物作用的潜力。如最小有效量（minimal effective dose，MED）、最低抑菌浓度（minimal inbibitory concentration，MIC），判别药物的抑菌作用或杀菌作用等。表 2-2-2 是一些抗麻风药物的评估结果。

表 2-2-2 抗麻风药物的作用特征

药物序号	MED （% 在食物中）	MIC （μg/ml 血清）	杀菌活性 （动力法/比例杀菌试验）
1 利福平（RF）	0.003	0.3	高
2 氨苯砜（DDS）	0.0001	0.003	低
3 乙硫异烟胺（ETH）	0.01	0.05	中间
4 丙硫异烟胺（PTH）	0.01	0.05	中间
5 氯法齐明（B663）	0.0003	*	低
6 氧氟沙星（OFLO）	0.025	0.2	高
7 米诺环素（MINO）	0.01	0.2	高
8 克拉霉素（CLARI）	0.01	0.125	高

*药物沉淀在组织中，在血清中没有，所以不能确定

表中各种药物已在临床中得到应用，其中前 5 种药 ML 对其敏感性有 3 个特点：① 对 DDS 的 MIC 为 0.003μg/ml，其浓度仅为接受 100mg/d 治疗的患者血清浓度的 1/500；② RF 有很高的杀菌活性；③ 其余药中有 2 种药（乙硫异胺和丙硫异烟胺，二者均为 thioamide 同系物）和 B663 有杀菌活性。但比 RF 明显为低。

表中最后 3 种药物如今已得到临床证实是有效的抗麻风药物。

2）ML 的耐药性特征：大量临床应用抗麻风药物的过程中发现了耐药现象，而这种现象用鼠足垫技术可以检出和证实。① DDS 抵抗：用小鼠足垫技术证明。抵抗的判断按喂食浓度中药量分为高度（0.01%），中度（0.001%）和低度（0.0001%）抵抗。并证明 DDS 耐药与磺胺类药物"多点突变"（step-wide mutations）。② RF 抵抗：尽管是强有力的杀菌药物，1970 年才用到临床，但 1976 年时就发现 2 株耐药菌。其后报告 41 株。到 1991 年时已发现 43 株耐药菌。RF 耐药是"单点突变"（single-step mutations）。未发现与乙硫异烟胺和 B663 交叉耐药。到目前为止，耐药后平均复发时间为 9 年（1～12 年）。③ ETH 和 PTH 两药为 thioamide 的类似物，有类似的杀菌活性。治愈后 6～7 年即发现临床复发。④ B663：该药蓄积性特点惊人地延迟了耐药的发生，至今仅见 1 例耐药报告。

在小鼠喂食中诊断耐药的浓度标准如表 2-2-3。

（4）ML 的体外药物试验：ML 体外培养尚未

表 2-2-3 在小鼠诊断耐药的标准

药名	食物中的浓度（%）
DDS	0.0001；0.001；0.01
B663	0.0001～0.001
ETH	0.01
PTH	0.01
RF	0.003

成功，有关药物的敏感性试验等均依赖小鼠足垫模型技术，但此技术耗费大，需时长（6~12个月），且需要特殊设备，限制了其在临床实践中的应用。为此，建立体外实验方法非常必要。许多研究表明，虽然 ML 尚不能在体外繁殖，但能在某些培养基中存活相当长的时间，可以观察到药物作用对其存活的影响，因而设计了以下几种方法：

1）细胞内 ATP（腺苷三磷酸）测定系统：ML 细胞内 ATP 测定是用萤虫生物发光法。体外培养时，在抗麻风药物的存在下，其生物发光能力的衰退率加速。方法曾用于 25 种药物的筛选，常用的 4 种抗麻风药物（DDS、B663、RF、ethionamide，ETH）的活性测验，仅 DDS 敏感性不足；在同样试验中　系列药物，包括 CLARI，表现很高活性。同时该法尚可用于 B663 同系物的活性的比较研究。

2）^{14}C 标记的 PGL-I（酚糖脂-I）系统：活的 ML 能合并 ^{14}C 标记的棕榈酸（palmitic acid）到 PGL-I，并且 ^{14}C 标记的 PGL-I 能被提取和定量。这种合并能被抗麻风药物所抑制。由于 PGL-I 对 ML 是特异的成分，所以该法对抗 ML 药的筛选十分重要。在 ATP 系统和 ^{14}C 棕榈酸氧化作用系统中若有杂菌污染可能出现假阳性结果，在 ^{14}C 标记的 PGL-I 系统则不然。用本法试验表明常用抗麻风药物中仅 ETH 不能抑制这种合成过程。RF、B663、DDS、MINO 均能抑制。

3）^{14}C-棕榈酸氧化为 ^{14}CO$_2$ 的系统：方法的原理是基于活的 ML 或其他分枝杆菌能氧化脂肪酸而释放出 CO$_2$。活的 ML 与 ^{14}C 标记的棕榈酸在同一系统中发生氧化作用后释放出 ^{14}C 标记的 CO$_2$。在人工（axenic）培养基中可用放射呼吸仪测定。常用的两种设备是 Buddemeyer-type CO$_2$ 计数系统和 BACTEC460 系统。曾用这些系统对抗麻风药物进行了广泛地试验。有效抗麻风药物都明显地减少了 ML 对棕榈酸的氧化作用。此外还用上述系统作了以下的工作：①系列杀菌药的筛选；②20 种氟喹诺酮（fluoroquinolone）衍生物的筛选，并发现有 7 种活性比 OFLO 强；③衍生物的筛选。

上述 3 种方法比较起来，本法可能更适用于抗麻风药的筛选。虽然需要设备，但操作简单，用菌量为 10^6~10^7/试验，其他方法需菌 10^8/试验。实验两周可得结果。最近报告用 ^{14}C-月桂酸（^{14}C-Lauric acid）代替 ^{14}C 棕榈酸能提高试验敏感度 3~4 倍。

尽管如此，笔者认为，这些方法都不理想，需菌量仍然太多，需时太长，发展分子生物学技术和继续体外培养研究是完全必要的。

（5）ML 的微生物学检验：关于 ML 的微生物学检验，对麻风病的诊断、分型、疗效及复发的判断和防治措施的应用等都是必不可少的工作。但因为 ML 尚不能体外培养，所有菌均取自皮肤和鼻分泌物，最终为了能从中检测和证实 ML 的有无。将分临床细菌学检查、血清抗体测定、麻风菌素试验和分子生物学检测等方面来介绍。限于篇幅，请参阅本书有关部分。

1）ML 的临床细菌学检查：细菌学检查是当今麻风实验室诊断的重要环节。其检查方法请参阅本节后附文。

2）麻风的动物模型：自 1960 年 Shepard 将 ML 接种于免疫正常小白鼠足垫获得成功后，其他学者相继建立了免疫抑制 T/900R 小鼠、新生期摘除胸腺的路易斯大白鼠（NTLR）、裸鼠、犰狳模型，乃至灵长类模型各有其特有的应用价值，但用于 ML 微生物学检验仍常用免疫正常的小白鼠足垫模型，其特点是足垫接种 ML 后，肉眼检查无变化，但 ML 却是在足垫中进行缓慢而有限的增殖。当每足垫接种 ML 量为每 0.03ml（其含菌量为 $5×10^3$~$1×10^4$）时，一般经 6~8 个月后 ML 可增殖至 10^6。其可产生典型的生长曲线：即缓增期（从接种至 3~4 个月）、对数生长期（接种后 5 个月，此期菌数直线上升，比接种时菌量可增加 50~1000 倍）、平顶期（菌数基本稳定或稍有增减）、衰退期（菌数明显下降）。在对数生长期菌之世代时间平均为 12~13 天。世代时间长于此值的谓"慢株"，短于此值的谓"快株"。

麻风动物模型对鉴定 ML，检测持久菌、药物敏感性、耐药菌株，鉴别菌的死活非常有用。也可用于疫苗试验及抗体水平消长等研究中。其模型的建立方法请参阅本节后附 1。

3）麻风菌素试验：麻风菌素是一种由含 ML 及组织或提纯的 ML 制备的皮肤试验制剂，在一定程度上可以估计机体对 ML 的抵抗力。由于其他分枝杆菌的感染会影响人体对麻风菌素的反应性，因此麻风菌素试验无助于麻风病的诊断，也不能表明以往或目前麻风杆菌感染的情况，但可用以对确诊的麻风病人作免疫学评价，有助于麻风病的分类和估计患者的预后。其制备及应用请参阅本节后附2。

4）血清抗 ML 抗体的检测：此法是以 ML 特异抗原酚糖脂-1（PGL-I）之特异二糖决定簇为基础的人工合成产物 ND-O-BSA 作为抗原的 ELISA，可检测到抗 ML 的特异抗体。已有的研究表明该方法可用于早期 ML 感染的检测，以及血清流行学研究；对判断化疗效果、预测疾病（含复发）都有参考价值，作为麻风早期诊断方法的评价在进行中。其试验方法请参阅本节后附3。

5）ML 聚合酶链反应（PCR）：PCR 于 20 世纪 80 年代末就应用于麻风领域，在检测 ML、ML 基因克隆、耐药分子机制、基因分型等方面起着重要作用。有关 PCR 用于麻风患者临床材料中 ML 检测已有许多报道。主要基于编码 65kD、36kD、18kD、LR 蛋白和 16S rRNA 的种特异基因而设计引物建立的。涉及的 PCR 种类有 PCR 和巢式 PCR。众多方法中以我国吴勤学等改良的 Woods 法敏感性最高，特异性最强，最易操作，因之最具应用前景。具体操作请参阅本节后附4。

（6）研究重点指南及展望：麻风依然是一个跨世纪的疾病，本病的诸多问题尚待解决。而这些问题的解决不仅对麻风病的防治，对整个病原学也是重大的突破，将有力地推进相关学科和领域的发展。

1）麻风杆菌的体外培养：ML 至今尚未体外培养成功。这既是麻风细菌学的一个核心问题，也是解决麻风传染及发病机制的瓶颈问题。当今除继续沿袭常规的实验室培养研究外，还应采用分子生物学技术从遗传的角度去探讨其代谢过程，揭示其生长调节（规律）。新近 ML 基因组的研究进展迅速，不仅能有助于产生体外培养的新思路，而且可能解释许多临床上的问题，如有否毒力因子、"持久菌"、"再感染"、遗传免疫、基因型等。

2）药物敏感试验及耐药株的检测：ML 药物敏感性及其耐药菌株的检测至今仍采用小白鼠足垫接种技术（本节后附1）。由于此法要求苛刻、昂贵，特别是实验周期太长，不能及时指导临床而限制了它的常规应用。其后虽然基于脂肪酸氧化作用建立了体外 ML 药物敏感试验（可称一突破），但这仅适于药物初筛试验，而且临床应用之前仍须小鼠足垫接种试验确证，所以新的实用方法尚待开发。在耐药菌株检测方面，目前用相应的 PCR 方法和基因测序技术阐明了 ML 对利福平耐药的分子机制，从而可以用来鉴定耐利福平的 ML 株，但对其他抗麻风药物，特别是作为联合化疗主体的氨苯砜（DDS）和氯法齐明（B663）等的耐药机制尚未明确；至于最近发掘的一些新抗麻风药则更待研究。所以，无论是药物敏感试验还是耐药菌株的检测，除继续探讨采用的常规的可行的体外培养方法外，恐要寄希望于分子生物学工具来加以研究解决。

3）诊断和流行病学：如上所述，PCR 是一种高度敏感与特异的方法，理论上可检测到一条菌。当前已建立了几种以种特异基因编码为基础的 PCR，用以检测活检组织、组织切刮液、血液中的 ML 以及寻找天然 ML 库等方面。此法有从神经中、含持久菌的组织中检出持久菌和进行亚临床感染检测的前景，期望能用于早期麻风的诊断。如果能建成反转录 PCR（RT-PCR），则能测定区别 ML 的死活，区别"晚期反应"和复发。用 PCR 进行 ML 基因分型及其分布研究，能为 ML 的疫源地及其传播提出启示性证据。建立早期麻风诊断方法和分子流行病学研究方法仍是跨世纪的任务。

4）ML 的毒力、亲和神经的特征和与宿主细胞相互作用：ML 是迄今发现的唯一侵犯末梢神经的微生物，其有否毒力因子和为什么会亲和神经的问题尚未阐明。最新研究认为 ML 联结到层粘连蛋白（laminin-2）的 G 区（G domain）上，而 G 区联结到施万细胞表面之 α-dystroglycan 上。这种桥式联结的结果使 ML 与周围神经结合。这是重要的启示，为研究麻风神经损伤开辟了新途径。期望 ML 基因组编码基因的全部搞清会有助于解释 ML 为什么会特异的与层粘连蛋白-2 上的 G 区相结合。此外，ML 被宿主有关吞噬细胞吞噬后，如在施万细胞和巨噬细胞内的存活机制亦是非常重要的研究课题，例如哪些成分参与 ML 进入宿主细胞的机制，哪些成分参与抵抗来自宿主细胞的损伤，可综合采用血清学、分子生物学等有关方法来探讨。

（二）鼠麻风杆菌（Mycobacterium Lepraemurium，MLm）

它是鼠麻风的致病菌，亦有感染猫和狗的报告。有人也以发现者命名为 Stefansky 菌。该菌长 1.5～5.0μm，宽 0.3～0.5μm，与结核杆菌在形态上很难鉴别。与人 ML 借助下列几点初步鉴别：MLm①不呈平行排列，不形成束状；②无菌胶质，故不形成菌球；③抗酸性比人 ML 强，吡啶提取后不丧失抗酸性；④易感染鼠，有典型的发病规律及鼠麻风瘤的形成。

一度认为 MLm 可作为人 ML 的替代研究模型。但近年来的研究表明其与鸟型分枝杆菌关系极为密切，可能是同一菌种。但最新的研究结果显示虽然血清分类和 DNA-DNA 杂交法表明与 MAC 关系密切，但测序表明 hsp65 中的差异很大，故仍提示该菌不属典型的 MAC。该菌与人 ML 有很大差异。但在实验研究中因为 MLm 能感染鼠，有必要与人 ML、结核杆菌等相鉴别。

此菌一般认为体外不能培养。我们的经验和日本某些学者认为是难培养的，但如果采用特殊培养基，予以大量接种，有时可能获得生长。

（三）猫麻风杆菌

1962 年 Brown 首次报告了在 9 只猫上发现的非结核性皮肤肉芽肿。溃疡及非溃疡性结节发生在肘、唇、颈、腹和背部。有的猫产生多发结节，结节局限于皮肤及皮下，类上皮细胞之胞质内含有大量抗酸菌。在罗氏培养基上培养此菌 8 个星期未见生长。以后于 1963 至 1974 年许多学者在其他国家中在猫先后发现了类似的疾病，并对该菌作了进一步的研究。研究结果证明：该菌不能感染豚鼠，如果移植给猫只能在注射的部位或局部淋巴结发生损害，而如感染小鼠及大鼠，则不论感染的途径如何，均能发生全身感染，且能在感染后 6～18 个月后致死。于接种大鼠之皮损切片中发现类上皮细胞（胞质比在猫的丰富），泡沫细胞，相邻的细胞常常融合，典型的朗汉斯巨细胞是罕见的。

Leiker 和 Plelma 1974 年用活的 MLm 和由猫皮损制得的活抗酸杆菌悬液致敏豚鼠，2 个月后，皮内注射用上述两种菌制成的麻风菌素发现显示一致的反应。

综上所述，作者们一致的看法是所谓的猫 ML 与 MLm 是同一菌，猫麻风则是 MLm 感染了的猫所发生的疾病。

此外，奴卡菌属于放线菌目，星形奴氏菌偶尔能产生与人结核样型麻风相类似的感染，但欲将其与 ML 及其他分枝杆菌相鉴别，用沙氏琼脂基和蔡培克培养基培养，再结合形态及染色的观察是容易的。

（四）水牛麻风杆菌

它可引起水牛疾病，为 Kok 和 Roesli 首先描述，该病与牛皮肤类结核病不同，与人麻风极为相似，仅皮肤受累，皮肤发生许多大小不等的坚实结节，可能破溃。

在菌球中，约 10～100 条菌为一组，成捆，成束，像人 ML 一样，在反应区有脂肪物质形成，在空泡和肉芽肿细胞内含有菌，这些细胞很像 Virchow 麻风细胞。到目前为止，菌不能培养，亦不能移植至豚鼠、家兔、鸡、小鼠、大鼠。

与 ML 的主要鉴别点在于标本的来源是水牛。

应提及，除人麻风杆菌外，上面介绍的几种分枝杆菌尚不能肯定属于麻风病菌，之所以写入麻风杆菌群是因为历史上在所发现的宿主有类似于麻风的病变并文献中都把这类菌冠以麻风字样，为了描写系统性和提醒人们注意鉴别它们，而在这里加以描述。至于它们的准确定位，尚待进一步研究解决。

（吴勤学）

附 1. 麻风的小鼠足垫模型

一、取材方法

活检法：此法是最常用的方法。选择麻风病人皮损的活动性部位，用外科手术方法切取活体组织或用皮肤钻孔法取材。

切刮法：选择 BI 和 MI 高的皮损部位一处或几处，先将取材部位的皮肤表面进行消毒，然后用切刮查菌方法刮取组织浆液（或稍带组织碎片），按无菌操作要求立即放入置有 1～2ml 保存液的灭菌小瓶中，然后制备成接种菌悬液。

二、标本的保存和运送

采取标本后应立即放入灭菌的有 Hanks 缓冲液（pH7.0）或生理盐水的小瓶中，如加入 0.1% 牛血清白蛋白或 10% 甘油等保护剂，对保存菌的生活力有利。标本瓶的运送需用冰壶冷藏保存，并尽快运送到实验室做接种，离体时间越短越好。如果暂时接种动物有困难，应将标本放低温保存。

三、接种前标本的处理

先用灭菌的 Hanks 缓冲液或生理盐水将活检组织冲洗 3 次，后在低温（冰浴）下把组织剪碎，研磨成菌悬液（切刮液也应稍加研磨后制成均匀悬液），将菌悬液低速离心（1000～1500r/min），5～10 分钟（除去组织块及菌团）。取上清液作菌计数。

四、接种菌量和途径

经计数后的细菌上清液，用生理盐水或 Hanks 液稀释成每 0.03ml 内含菌 $5.0×10^3$～$1.0×10^4$ 接种液。作单侧或双侧后足垫皮下接种（用载有 4.5 号针头的微量注射器吸取菌液，针头在足垫后部刺入皮下并向趾尖方向进针或从足垫第 1、2 趾尖刺入皮下向跖后部进针后推注菌液）。

五、小鼠足垫菌计数方法

（一）制备鼠足垫匀浆

1. 把要作足垫计数的小鼠处死并使其背朝上放于解剖板上，将接种足的腿部用动物钉固定，足底向上。用液体肥皂擦一遍足底，再用自来水淋净后，用灭菌蒸馏水淋干净（可用吸管或滴管冲洗）。用灭菌纱布将足垫擦干。

2. 左手用止血钳夹起皮肤，右手用解剖刀（15 号刀片）自踝关节（无毛处）向趾尖取下皮肤，放在灭菌平皿中（预先已放有 0.15ml 普通 Hanks 液），此为第一刀。第二刀取下趾浅屈肌及肌腱。第三刀取趾深屈肌，需将刀平持，将刀插入趾骨与肌肉之间，然后向趾间方向分离所有肌肉，再将肌肉向上翻，自踝关节处切下。

3. 用玻璃组织研磨器将足垫组织研磨成匀浆，每足垫加入 1ml Hanks 缓冲溶液或生理盐水。

（二）制备菌计数涂片

取 0.3ml 足垫匀浆加入等量血清酚水（2% 动物血清，用 0.5% 酚水溶液配制），用吸管吹打使之均匀，再吸 0.3ml 于直径为 1.0cm 玻璃凹槽内。用经标定的大头针蘸液点片，点片时需借用腕力，稳而快，方向垂直。自然干燥。

（三）固定及染色

1. 福尔马林固定 3 分钟。

2. 加热 2 分钟。

3. 滴加苯酚复红液后加温至 42℃，开始计算时间。

4. 继续加温至 50～60℃，直至 15 分钟。严防染液干掉，注意随时补充染液。

5. 背水流方向慢慢漂洗。

6. 取出玻片，用 1% 盐酸乙醇脱色，漂洗。

7. 用 1% 亚甲蓝水溶液复染 1 分钟，漂洗。

8. 取出玻片置室温自干。

（四）菌计数

1. 在染过色的涂片上，每片选择 4 个等大（或接近）、圆而厚薄均匀的涂膜作菌计数用。

2. 先用低倍物镜（8×，10×）寻出涂膜的大致中心，并使之符合于视野的中心。

3. 在一侧目镜内放入为该镜校订过的计算方孔。

4. 测定涂膜的直径长度（D）。

5. 记录沿涂膜赤道线方向的总菌数（N）。

6. 根据4个涂膜的检查结果，取其平均值即为张每毫升涂片菌数 ml^{-1}。

7. 计算公式如下

计数液所含菌数 = $D{\times}N{\times}C$（常数）ml^{-1}

$$C = \frac{1.5708}{V{\times}L}$$

式中 V 为针帽的传液量。形态完整的针帽，其直径为 1.66 ~ 1.70mm，其平均传液量为 $4.1{\times}10^{-4}$ ml；L 为规定的显微镜在规定的目镜、物镜等放大倍数的条件下，计数方孔在涂片上的长度为 0.1mm。方孔长度小于 0.1mm 也可使用此计算公式。

因此，$C = \frac{1.5708}{4.1{\times}10^{-4}{\times}10^{-1}} = 38.3{\times}10^{3}$

计数液之菌数 = $D{\times}N{\times}38.3{\times}10^{3}\,ml^{-1}$

（五）动物模型用抗酸染色法染液配制法

1. 瑞得雷苯酚复红染液配方　碱性复红 0.6g，纯乙醇 10.0ml，苯酚 5.0g，蒸馏水加至 100.0ml。

具体配制方法：将苯酚 5g 溶于 90ml 蒸馏水中；将碱性复红 0.6g 在乳钵内边加乙醇边磨，作成乙醇溶液；将上述两液均匀混合。

2. 脱色剂　1% 盐酸乙醇溶液（70% 乙醇 99ml 加浓盐酸 1ml）。

3.1% 亚甲蓝水溶液。

（吴勤学）

附2. 麻风菌素试验

一、完整麻风菌素及其制备

即光田（Mitsuda）麻风菌素或粗制麻风菌素。这是过去及目前使用最广的一种菌素。用含菌多的人麻风瘤制成，因此除含 ML 外，尚有一定量的组织残渣。这种菌素制作方便，缺点是不同批的菌素所含组织量及细菌数有时相差悬殊，细菌结集分布不匀，因此试验结果也不标准。目前标准化的原则为尽量清除组织成分，并确定含菌量的范围。由于麻风瘤来源缺乏，也可用含菌多的其他组织，如用含菌多的淋巴结、肝、脾等制备。自从用 ML 接种的犰狳实验感染模型成功以来，用犰狳 ML 制作麻风菌素取得成功，称为犰狳麻风菌素（lepromin A）；而用人麻风组织制备的称为人麻风菌素（lepromin H）。

二、麻风菌素的使用

可用 1ml 注射器（卡介苗注射器），25 号针头。针筒和针头应脱开刷洗，高压灭菌。如用煮沸消毒，应用蒸馏水或去矿物质的水，煮沸至少 10 分钟。另准备一条有毫米刻度的透明小尺。

麻风菌素应注射于前臂屈侧。如要同时做两种不同的皮试，则应注射于两侧前臂。为避免读数时出现偏性，不同试剂注射的部位（左、右臂）可不作预定，随机进行，但应正确记录。如所用为完整麻风菌素，抽用前应用力振摇容器，使悬液内细菌均匀分布。常规消毒皮肤后，一手顺前臂长轴方向稍压拉皮肤，一手持针筒使针尖斜面朝上，按长轴方向，浅表地刺入皮内（真皮内），为减少组织机械损伤，应缓慢地注入 0.1ml。如注射正确，注射部位产生一扁平高起表面呈橘子皮状的缺血的风团样皮丘，其直径约 7mm。如注射过深，则风团较小，表面呈半球形，而且不呈缺血现象。

三、麻风菌素试验结果

1. 早期麻风反应（Fernandez 反应）　局部表现主要为红斑水肿。48 ~ 72 小时达高峰，在此期间测量红斑浸润的直径。（−）<5mm；（±）5 ~ 9mm；（+）10 ~ 14mm；（++）15 ~ 20mm；（+++）

>20mm。

阳性者的局部病理表现为真皮浅层水肿渗出，毛细血管周围有淋巴细胞浸润，呈非特异性。

2. 晚期反应（光田反应） 阳性反应为结节性浸润，于1周后出现，3~4周时达高峰。WHO 1970年规定注射后21~28天测量局部结节浸润的直径。（-）0；（±）<3mm；（+）3~5mm；（++）6~10mm；（+++）>10mm或有溃破。

阳性者的病理表现为出现上皮样细胞肉芽肿。强阳性者，中心部出现坏死。

四、麻风菌素试验的意义

麻风病人的早、晚期反应较一致。晚期反应与麻风病型别关系密切。在瘤型呈阴性（治疗后仍持续阴性），结核样型呈阳性。大多数健康成人晚期反应也呈阳性。完整麻风菌素对麻风临床分型的作用已如上所述。但由于这种菌素不能特异性地测定感染情况，因此它在流行病学上无甚价值。一般认为它的早期反应是典型的DTH，晚期反应有的认为也是典型的DTH，也有的不认为如此。麻风菌素晚期反应和抵抗力之间的关系尚待进一步研究。

（吴勤学）

附3. 早期ML感染检测的标准方法—间接酶联免疫吸附试验（ELISA）

一、抗原包被

将新糖类合成抗原ND-O-BSA（用挥发缓冲液配制成浓度为0.1μg/ml），按0.1ml包被于国产聚苯乙烯微量滴板之每孔（平底）。置37℃温箱18小时使干。备用。

二、ELISA步骤

1. 用PBS浸泡各抗原包被孔（每孔加0.2ml）20分钟，倾去浸泡液，并用卫生纸敲干。

2. 每孔加0.2ml封闭剂，37℃温箱2小时；甩去封闭剂。

3. 加待检血清，按1:200稀释（稀释液见后），每孔0.1ml。37℃1小时。

4. 甩去血清，用PBS冲洗3次，敲干。

5. 加酶结合物，1:1000稀释（稀释液见后），每孔0.1ml。

6. 甩去酶结合物，用PBS冲洗3次，敲干。

7. 加底物液，每孔0.1ml，37℃30分钟。

8. 加5mol/L H_2SO_4 液，每孔0.1ml。

9. 在 $\lambda=490$nm处，读OD值。用酶结合物对照或PBS对照在ELISA仪上消除背景（本底）OD值（即校零）后再读被检测标本的OD值。试验要求设阳性、阴性和空白对照，取双孔平均值计结果。

三、试验用试剂

1. 挥发缓冲液（NH_4AC：CO_3 缓冲液，pH 8.2） 称取0.2gNH_4AC溶于250ml双蒸水中；称取0.4g（NH_4）$_2CO_3$溶于500ml双蒸水中。将后者缓缓加至前者中，使pH达8.2即成（此液为抗原包被用）。

2. 磷酸盐缓冲液（PBS，pH 7.2） 母液（$Na_2HPO_4 \cdot 12H_2O$ 138.16g溶于772ml双蒸水，$Na_2HPO_4 \cdot 2H_2O$ 20.80g溶于228ml双蒸水，混合均匀）。工作液（母液80ml，NaCl 17g，双蒸水2000ml，溶解，混匀）。

3. 封闭剂（BA）及稀释剂（DA） 称取去脂牛奶粉（SM）5g溶于100ml PBS即为BA（5% SM-PBS）；按实验需要，取BA适量加等量PBS，混匀即成DA（2.5% SM-PBS）。

4. 酶结合物液 HRP-IgM，（美国DAKO或CAPPEL公司产品），依实验要求，用DA按1:1000或1:2000稀释。

5. 枸橼酸-磷酸盐缓冲液（CB，pH 5.0） 0.1mol/L枸橼酸（2.1015g/100ml双蒸水）加至

0.2mol/L 磷酸氢二钠液（$Na_2HPO_4 \cdot 12H_2O$，7.1640g/100ml 双蒸水）25.7ml 中，后再加双蒸水至 100ml。

6. 底物液 邻-苯二胺（OPD）10mg，甲醇 1ml，pH 5.0 的 CB 99ml，溶后加 30% H_2O_2 40μl 混匀，即成底物液（0.01% OPD-0.012% H_2O_2），如欲配成 0.04% OPD-0.012% H_2O_2 底物液，则将 OPD 量改为 40mg。此液现用现配 10 分钟内用完。

7. 硫酸溶液（5mol/L） 浓 H_2SO_4 70ml，双蒸水 930ml。将浓 H_2SO_4 缓缓滴加水中，边加边搅，如产热很剧待冷再加。实际应用时可按比例缩小配方用量。

（李新宁 魏万惠）

附4. ML 聚合酶链反应（PCR）

一、临床标本的采取及模板 DNA 的制备

取患者待检处皮肤（损）活检或皮肤切刮液置已备好的含有 0.5ml 70% 乙醇溶液的青霉素小瓶中，常规方法运送到实验室。活检去脂肪组织后剪碎、匀浆，加适量 PBS（配制方法见本节附3），悬匀，静置 10 分钟，取上清，4℃ 10 000r/min 离心 15 分钟，弃上清留沉淀，用适量 PBS 悬浮，取 100μl 破壁，其程序为液氮 1 分钟→沸水 1 分钟。反复 3~5 次，最后一次煮沸 10 分钟。皮肤切刮液处理方法同上述匀浆后的步骤。

二、PCR 检测

（一）引物序列

LP1：GCACGTAAGCCTGTCGGTGG

LP2：CGGCCGGATCCTCGATGCAC

（二）PCR 程序

1. PCR 产物的获得 取 10μl 经冻融处理制得的 ML DNA 加至 40μl 反应混合物中，其中含有 22μl 无菌双蒸水，10μl 5×反应缓冲液，5μl dNTPs 和引物 LP1、LP2 各 1μl，充分混合后 95℃ 变性 7 分钟，加 1μl FD DNA 聚合酶（购自上海复旦大学），混匀；加 2 滴液状石蜡，短时离心，使分层良好；置 PCT-51B 型 PCR 仪（北京军事医学科学院产品）中进行扩增，程序为 92℃ 60s，61℃ 120s，72℃ 120s，共 30 个循环。最后一次循环 72℃ 10 分钟。

2. PCR 产物的检测 上述 PCR 产物在 1% 琼脂糖凝胶上电泳。溴化乙锭终浓度为 0.5μg/ml，每槽加样 10μl，40mA 稳流电泳 30~60 分钟后，在紫外检测仪上观察结果，拍照，加近摄镜，黄色滤光片，光圈 5.6，曝光 2~4 分钟，用乐凯黑白胶卷可获得满意结果。

电泳时要加标准分子量 Marker，一般选用 φ×174RF DNA/HaeⅢ Fragment。

（李新宁 魏万惠）

附5. 麻风杆菌分子耐药检测方法
［WHO 麻风耐药监测指南（2009）改良法］

一、实验材料

器材与设备：手术剪刀、镊子，研磨器，培养皿，离心管，移液枪，吸头，PCR 扩增仪，电泳仪，凝胶紫外成像仪。

试剂：PBS（pH7.0），去离子水，Tris-HCl（pH8.5），吐温 20，蛋白酶 K，2×Go Taq Green Master Mix（Promega，USA），1×TBE 缓冲液，琼脂糖，溴化乙锭。

引物：Folp 1 上游引物：F CTT gAT CCT gAC gAT gCT gT

下游引物：R CCA CCA gAC ACA TCg TTg AC

gyrA　　上游引物：F　ATg gTC TCA AAC Cgg TAC ATC

　　　　　下游引物：R　TAC CCg gCg AAC CgA AAT Tg

Rpoβ　　上游引物：F　gTC gAg gCg ATC ACg CCg CA

　　　　　下游引物：R　CgA CAA TgA ACC gAT CAg AC

二、实验方法

1. 组织前处理　将新鲜或浸泡于固定液（75%酒精）中的组织取出置于培养皿中，用蒸馏水轻轻冲洗附在组织表面的血液或固定液，去除表皮及皮下脂肪，将剩余组织转入研磨器中，先剪成碎片，再加入去离子水进行充分研磨，一般视组织量多少加入1ml左右的去离子水，制成组织匀浆液，以100μl或200μl分装于冷冻管内，冷冻保存。

2. 洗涤　取一管组织匀浆液，13000r/min离心20分钟，弃上清，余下沉淀加入PBS缓冲液吹打混匀，再以同样转速和时间离心一次，弃上清。

3. 消化　往管内沉淀加至400μl 0.1M Tris-HCl+0.05%吐温20溶液混匀后，视组织量多少加入100mg/ml的蛋白酶K 4~10μl，震荡混匀，置于60℃水浴消化5小时，期间震荡混匀数次。如组织量较多且5小时后不能完全消化，可适当延长消化时间。

4. 洗涤　组织消化完全后，13000r/min离心20分钟，弃上清，沉淀内加至400μl去离子水混匀后离心，洗涤3次，最后加至200μl去离子水混匀。

5. 反复冻融　将上述混匀溶液先置于液氮1分钟，再置于沸水中1分钟进行冻融，如此反复5次，第5次于沸水中煮10分钟后取出，此为麻风杆菌DNA溶液。

6. PCR扩增　引物分别为Folp 1（氨苯砜）、GyrA（氧氟沙星）及Rpoβ（利福平）三者的上游和下游引物。三者均采用如下的PCR反应系统：将2×Go Taq Green Master Mix（含Taq DNA酶，dNTPs，MgCl$_2$及反应缓冲液的混合液）25μl，10μM的上游引物2μl，10μM的下游引物2μl，DNA模板10μl混合，再加入11μl去离子水至总体积为50μl的PCR扩增体系进行扩增。PCR扩增条件为：95℃2分钟，95℃15S、50℃15S、72℃1分钟并重复40个循环，72℃7分钟后4℃保存。

7. 琼脂糖凝胶电泳　用1×TBE缓冲液配制1.5%琼脂糖凝胶，同时加入终浓度为0.005mg/ml的溴化乙锭（EB），室温静置30分钟左右，待凝胶凝固后放入电泳槽，槽内加入1×TBE电泳缓冲液，并于设定的加样孔内加入6μl PCR扩增产物及Marker，120V电压下电泳20分钟左右，后在凝胶紫外成像仪上观察扩增结果。

8. DNA测序　将阳性结果的PCR产物进行DNA测序，与标准耐药DNA序列对比分析其是否耐药。

三、标准耐药DNA序列

Folp 1：cttga tcctgacgat gctgtccagc acggcctggc aatggtcgcg gaaggcgcgg cgattgtcga cgtcggtggc gaatcgaccc ggcccggtgc cattaggacc gatcctcgag ttgaactctc tcgtatcgtt cctgtcgtaa aagaacttgc agcacagggg attacagtaa gtatcgatac tacgcgcgct gatgttgcac gggcggcgct gcaaagcggc gcacggatcg tcaacgatgt gtctggtggg

GyrA：cga tggtctcaaa ccggtacatc gtcgggtctt gtacgcgatg ttagactccg gtttccgccc ggaccgtagc cacgctaagt cagcacggtc agtcgctgag acgatgggca　attaccatcc gcacggcgac gcatcgattt atgacacgtt agtgcgcatg gcgcagccgt ggtcgctgcg gtatcccttg gttgatgggc aaggcaattc cggttcgccgggt

Rpoβ：cgtcgag gcgatcacgc cgcagacgct gatcaatatc cgtccggtgg tcgccgctat　caaggaattc ttcggcacca gccagctgtc gcagttcatg gatcagaaca accctctgtc　gggcctgacc cacaagcgcc ggctgtcggc gctgggcccg ggtggtttgt cgcgtgagcg tgccgggcta gaggtccgtg acgtgcaccc ttcgcactac ggccggatgt gcccgatcga　gactccggag ggcccgaaca taggtctgat cggttcattg tcg

（王洪生）

二、结核分枝杆菌群

（一）结核分枝杆菌（mycobacterium tuberculosis，MTB）

　　结核分枝杆菌是分枝杆菌属的菌种之一，是结核病最主要的致病菌。为描述方便有人简化为结核杆菌抑或结核菌，英文缩写为 MTB。自 1882 年 R. koch 发现，1896 年 Lehmann 和 Neumann 正式命名后，各国学者对结核分枝杆菌及其所致的结核病进行了深入细致的研究。现将主要成果介绍如下。

　　1. 分类　根据伯杰细菌分类手册，结核分枝杆菌属慢生长分枝杆菌。已如概论中所述，有学者把结核分枝杆菌和麻风分枝杆菌以外的分枝杆菌，称为非结核分枝杆菌；近来多认为称环境分枝杆菌（英文缩写为 EM）更合理些，还有学者把分枝杆菌统称为抗酸杆菌（AFB）；也有学者将结核分枝杆菌和牛结核分枝杆菌两种菌共称为结核杆菌。

　　2. 生物学特性　结核分枝杆菌具有分枝杆菌的生物学共性，也有其生物学个性，此外还有非常态的生物学特性。

　　（1）形态特征：结核分枝杆菌典型形态为细长微弯曲或直状、两端呈钝圆的杆菌。大小为 $(0.3 \sim 0.6)$ μm×$(1.0 \sim 4.0)$ μm。无菌丝、无鞭毛、无芽胞，不活动。在痰标本中还可见 10 μm 或更细长的杆菌，也可见到短球杆菌。镜下呈单个散在，也可呈 T、V、Y 形或条索状、短链状等形态排列。抗酸性是分枝杆菌属的一个显著特征，以此作为与其他大多数杆菌相区分的一个指标。结核分枝杆菌 ZN 染色呈强抗酸性，革兰染色不易着色，但通常认为是阳性。在大部分培养基上菌落多呈粗糙型、表面干燥、隆起、厚，呈结节或颗粒状，边缘薄而不规则似菜花状，呈乳灰白色，淡黄色。

　　在不同条件下，形态不尽相同，呈现多形性，组织培养结核杆菌较痰内或人工培养基上为长且更弯曲，明显条索状排列。在陈旧培养物中或药物治疗后可变为 L 型，呈丝状或颗粒状。用过异烟肼的肺内、外结核患者痰等标本中有时可见抗酸阴性而革兰阳性颗粒，以往称为莫赫（Much）颗粒，此颗粒在体内或经培养后可转变为典型的结核分枝杆菌，故亦为 L 型。

　　（2）培养特征：结核分枝杆菌为专性需氧菌，在适宜的营养和湿度条件下，可以发育、分裂、增殖、长出可见的菌落。若空气内加 $5\% \sim 10\%$ CO_2 可刺激生长。在 $35 \sim 40℃$ 均能生长，但 $37℃$ 是其最适生长温度。牛结核分枝杆菌在 $(36\pm1)℃$ 下生长最适宜。最适 pH 为 $6.4 \sim 7.0$。在固体培养基上，本菌增代时间为 $18 \sim 20$ 小时，$2 \sim 4$ 周才可见生长。在液体培养基内，增代时间为 $14 \sim 15$ 小时。因此，一般 $1 \sim 2$ 周即可生长，且由于专性需氧，在液表呈菌膜。结核分枝杆菌生长很缓慢，培养时间需 8 天至 8 周。在大部分培养基上菌落多呈粗糙型，菌落表面干燥、粗糙、隆起、厚，呈结节状颗粒状，边缘薄或颗粒状，边缘薄且不规则似菜花状，乳灰白色、淡黄色，不透明。牛结核杆菌多为光滑型。在液体培养基内，在管底开始生长，稍现颗粒状沉淀，往管壁延伸，直达培养基表面，最后在表面形成厚膜。在液体培养基内加入吐温-80，则可呈均匀分散生长。结核杆菌有毒菌株在液体培养基内呈索状生长，在半流体培养基内形成菌膜，在中段有颗粒状生长。

　　目前，尚无理想的快速培养基。特别是在病人短程化疗的治疗下，由于结核分枝杆菌的自身因素和环境等因素的影响下，即使是同一培养基和相同的培养条件下，结核分枝杆菌的生长状态差别很大，显示出细菌间的生物学功能差异。

　　用于培养分枝杆菌的培养基主要有 3 种：一是固体培养基；二是液体培养基；三是半流体培养基；可根据实验需要选用培养基。临床细菌学实验室均采用固体培养基，进行痰标本的分枝杆菌分离培养。结核分枝杆菌对营养要求较高，对有些营养成分有特殊要求。其特点之一是以甘油作为碳源。天门冬酰胺是结核分枝杆菌的最好氮源，钾、镁、铁、磷能促进其生长。

　　固体培养基以鸡蛋为基础，常用的培养基有改良罗氏培养基、酸性罗氏培养基、小川培养基等。琼脂作为培养基的支持物，制备出合成与半合成培养基。在美国，最常用于结核杆菌研究和诊断目的固体培养基之一是 Middlebrook $7H_{10}$ 或 $7H_{11}$，还有 Proskauer 和 Beck 琼脂培养基。后一类培养基使用简便，但菌落不典型，呈扁平、露滴状，多为光滑型。

　　（3）生化特性：结核杆菌生物活性低。结核杆菌与牛结核分枝杆菌均不发酵糖类。触酶活性很弱，$68℃$ 加热后丧失，借此与非结核杆菌（EM）区分开来。吐温-80 水解试验阴性，耐热磷酸酶试验阴性，尿素酶试验阳性。结核杆菌硝酸还原性强，烟酸试验阳性，烟酰胺酶试验阳性；而牛结核分枝杆菌均为阴性。

（4）菌体成分、抗原结构及免疫性：研究证明，结核分枝杆菌和其他细菌不同，缺乏外毒素、内毒素和侵袭酶作为其病原性的物质基础，其病原性与细胞壁内的某些成分有关。结核分枝杆菌的细胞结构复杂，含有蛋白质、糖类、脂类；其抗原多达 100 多种。

1）蛋白质（protein）：蛋白质在结核分枝杆菌细胞内是以结合形式存在的，具有稳定的生物学活性，是完全抗原。但用沉淀法将结核分枝杆菌培养物内的蛋白质清除后，其对结核菌素的活性效应即消失。另外，在酸性条件下，用胃蛋白酶处理结核分枝杆菌的蛋白质，结核菌素的生物学活性也消失。因此，结核菌素反应的生物学活性物质是蛋白质或多肽类物质。同时实验证明，由结核分枝杆菌引发的结核菌素反应，以及纯蛋白衍生物 PPD 反应的生物活性物质，都不是成分单一的物质成分，是含有许多蛋白质和不同分子量的多肽以及多糖物质所组成的复合物。结核分枝杆菌含有多种蛋白质，其中有的能与蜡质 D 结合而使机体产生迟发型超敏反应，导致组织坏死和全身中毒症状，并参与结核结节的形成。蛋白质有抗原性，能刺激机体产生相应抗体。

至今还没有一种血清学技术能揭示细胞抗原的总数，每种分枝杆菌所含的不同抗原决定因子或决定簇的数目也不清楚。例如，结核杆菌浓缩培养物滤液的免疫电泳显示 14 种不同抗原。菌细胞超声波粉碎物的免疫扩散试验证明抗原数目与前者大致相同，而交叉免疫电泳检测出的抗原数达 100 种之多。许多研究表明，各分枝杆菌之间抗原具有高度共同性，使得血清学试验呈现出明显的交叉反应。Stanford 用免疫扩散试验将可溶性抗原分为 4 组。Ⅰ组：所有分枝杆菌菌种均可检测出的抗原；Ⅱ组：限于缓慢生长分枝杆菌菌种共有的抗原；Ⅲ组：存在于快速生长分枝杆菌的抗原；Ⅳ组：个别菌种特有的抗原，即种特异性抗原。

在许多情况下，一个单分子内存在着一个抗原决定簇。而有些分子，如某些多糖类，由抗原特性相同的亚单位重复构成；另一些分子，特别是蛋白质，带有许多不同的抗原决定簇。所以一个单一的蛋白质分子具有种特异性和共同的抗原决定簇。国外有人用电泳证实结核杆菌有 11 种主要抗原。抗原 1、2 和 3 是多糖类，经鉴定为阿拉伯甘露聚糖、阿拉伯半乳糖和大分子的葡聚糖。这些抗原是所有分枝杆菌共有的。抗原 6、7 和 8 也是共有的。抗原 5 是一种明显限于结核杆菌的具抗原特异性的糖蛋白。亦有人从结核杆菌培养滤液中精制出蛋白质 A、B、C，以及 PPD、PPDS，进一步证明结核菌素是蛋白质成分。用交叉免疫电泳研究 BCG 浓缩培养物滤液的抗原成分，显示有 31 条清晰、稳定的沉淀线，其中有许多抗原可被其他分枝杆菌抗血清所吸附，说明是分枝杆菌共同性抗原。因此，抗原分析和纯化技术是结核杆菌抗原结构研究的重要课题。我国王洪海等用结核杆菌单克隆抗体亲和层析和蛋白质印迹分析技术分离结核杆菌培养滤液中 $35×10^3$ 和 $17.5×10^3$ 蛋白质抗原决定簇，显示了血清学反应的特异性。

2）多糖类（polysaccharide）：多糖类物质是结核分枝杆菌细胞中的重要组成物质。其在结核分枝杆菌的细胞壁中含量为 30%~40%，大部分与磷脂、蜡质、蛋白质和核酸相结合而存在，并与其组合而起作用。例如，与分枝菌酸和阿拉伯糖半乳聚糖相结合，它们组合成分枝菌酸糖酯而起作用。结核分枝杆菌菌体的多糖是 4 种无结核菌素样活性的聚糖，它们是阿拉伯半乳聚糖（arabinogalactan）、阿拉伯甘露聚糖（arabinomannan）、甘露聚糖和葡聚糖。多糖类物质是结核分枝杆菌菌体完全抗原的重要组成成分，具有佐剂活性作用，使机体引起中性粒细胞的化学性趋向反应，并增强骨髓内嗜酸性粒细胞的增殖反应。

3）脂质（lipid）：脂质的成分复杂，主要包括磷脂、脂肪酸和蜡质，它们大多与蛋白质或多糖结合成复合物而存在于细菌的细胞壁中。脂质是结核分枝杆菌菌体成分中具有生物学活性的物质，其含量在所有细菌中最高，为菌体细胞壁干重的 60%，而其他细菌中脂质含量最高的革兰阳性菌，含量仅为 20%。脂质经过有机溶剂处理后，提取物中可区分出磷脂和蜡质复合物，其中具有生物活性的物质有分枝菌酸（mycolic acid）、索状因子（cord factor）与硫脂。

磷脂（phosphatide）在结核分枝杆菌菌体内，酶的烷基转化反应中起重要作用。磷脂主要以与磷酰肌醇甘露醇、磷脂酰乙烷胺、磷脂酰肌醇等结合的形式存在于分枝杆菌的细胞壁中。磷脂具有半抗原活性，不能刺激机体产生抗体，但能刺激单核细胞增生，并能使病灶形成结核结节及干酪样坏死。

4）抗肿瘤活性物质：结核分枝杆菌细胞壁的主要成分是糖酯和肽聚糖，这一物质能使免疫者的组织细胞产生特异性反应。其抗肿瘤活性源于分枝杆菌（卡介苗）是单核巨噬细胞系统的一种强刺激剂，使其具有抑制肿瘤细胞生长的作用。目前应用卡介苗治疗黑色素瘤、皮肤肿瘤、淋巴肉瘤、肉状细胞瘤等肿瘤均取得了较好效果。

5）佐剂活性物质：除结核分枝杆菌菌体具有完全佐剂活性外，其细胞壁及其提取物、肽聚糖酯、蜡质 D（wax-D）、索状因子等组分都具有与结核分枝杆菌菌体相同的完全佐剂活性。Wax-D 是分枝菌酸与肽糖脂的复合物，除具佐剂活性外尚能引起动物迟发型超敏反应。

（5）变异性：结核分枝杆菌可发生形态、菌落、毒力及耐药性等变异。

1）卡介苗（bacilli calmette-guèrin，BCG）：BCG 系毒力变异株，是将有毒的牛型结核分枝杆菌培养于含甘油、胆汁、马铃薯的培养基中，经13 年230 次传代而获得的减毒活菌株，现广泛用于人类结核病的预防。

2）L 型（L-form）：分枝杆菌与其他微生物一样，在不利的体内、外环境中，受物理、化学（包括药物）及免疫因素的影响，细菌的生物学性状发生改变，遗传表型有别于野生型菌株。例如菌细胞的形态，结核杆菌变成球形或短链排列，携带多个浓染颗粒，甚至丧失抗酸性。菌落由 R 型变为 S 型。人工培养多次传代，以及抗结核药物的作用，可使结核杆菌毒力减弱等等。分枝杆菌 L 型的发生及其临床、流行病学的意义也逐渐引起人们的重视。

结核分枝杆菌对异烟肼、链霉素、利福平等药物较易产生耐药性。其耐药机制可能是长期用一种药后，耐药变异株选择性生长，或由于染色体控制药敏性基因突变而形成耐药性基因所致。耐药菌株的毒力有所减弱，可能是由于药物诱导结核分枝杆菌而形成 L 型。但 L 型有回复的特性，未经彻底治疗可导致复发。结核分枝杆菌耐药菌株往往只对某一药物耐药，而对其他抗结核药物仍敏感，故主张多种药物联合使用，增强疗效。但近年多重（至少两种）耐药结核病（Multiple drug resistant tuberculosis，MDR TB）呈增多趋势，甚至有暴发流行。

鉴于 L 型在分枝杆菌感染与治疗中有其实际意义，现略加介绍相关内容：

自1935 年 Klienberger 发表念珠状链杆菌 L 型以来，大量的临床与实验资料表明，许多种细菌性传染病因免疫缺陷或药物治疗不当等因素可诱致 L 型的产生。L 型菌实际上是细菌细胞壁缺陷型，因上述作者的工作单位是英国 Lister 医学研究院，故以该院第一字母命名。这种细胞壁缺陷的变异，是使传染病病程慢性化、复发以及难治的重要原因。在体内、外均可诱导 L 型。

A. L 型体外的诱导：国内、外研究者报道，在体外，在适宜于 L 型生长的培养基内加入抗结核药物、酶类与某些氨基酸等可使结核杆菌、堪萨斯分枝杆菌以及耻垢分枝杆菌诱导出 L 型。此外，链霉素、青霉素等也是这样。如 Sato 等应用甘氨酸加溶菌酶对无毒快速生长分枝杆菌进行诱导，获得 L 型。庄玉辉等报道用苄青霉素、环丝氨酸诱导出结核杆菌、堪萨斯分枝杆菌、胞内分枝杆菌及耻垢分枝杆菌 L 型。苄青霉素的浓度为 2000U/ml，环丝氨酸 50μg/ml 较适宜。马筱玲等分别用环丝氨酸 50μg/ml 和异烟肼 1μg/ml 均诱导出耻垢分枝杆菌 L 型。

用于分枝杆菌 L 型的培养基有 PPLO 琼脂、巯基醋酸盐培养基，以及营养琼脂等。20 世纪70 年代日本高桥报道的胰胨大豆蛋白胨琼脂培养基（TSA-L）是培养分枝杆菌 L 型的一种较适宜的培养基，但其配制手续较繁杂。庄玉辉等进行改进，研制出改良 TSA-L 培养基。

L 型菌落的形态：在含有 50μg/ml D-环丝氨酸的改良 TSA-L 培养基内，结核杆菌 $H_{37}Ra$ 株培养1 周，可见幼小菌落，大小约 0.01mm，位于琼脂内，由十几个或几十个直径为 0.8～2.5μm 的球状体组成。培养2 周，多数仍为幼小菌落，但有少数成熟的 L 型菌落。培养3 周，幼小菌落与成熟菌落各占一半。培养4 周，有各种形态的 L 型菌落，多数系成熟的，呈典型的"荷包蛋"样菌落，0.02～0.045mm 大小。菌落的中心与周边分界较清楚。中心由密度较高的小颗粒或小球状体组成，位于琼脂内；周边由直径为 1.0~4.5μm 的球状体组成，透亮似花边，在琼脂表面。经电子显微镜证明为缺细胞壁的球状体，与高桥报道的 3A 型菌落相似。但不是所有的 L 型菌落都是这样典型的，还有不典型或幼小菌落。这一特点对于在临床检验实际工作中识别 L 型菌落形态有实用价值。可经回复试验和抗酸染色加以鉴定。

B. L 型体内的诱导：L 型在体内如何形成没有实验证据，可以通过动物实验证明。以豚鼠为实验结核模型，结核杆菌经腹腔内或鼻腔途径感染豚鼠，观察体内结核杆菌 L 型诱导的规律，并用肺组织超薄切片电子显微镜检查绝大多数 L 型菌在巨噬细胞内，少数在细胞间隙。

C. L 型的分离培养和鉴定：

a. 结核性脑膜炎脑脊液分枝杆菌 L 型的检查：庄玉辉等报道，53 例结核性脑膜炎患者经抗结核药物治疗 1~2 个月后，采集脑脊液检查。有 9 例分离出 L 型菌，阳性率为 17.0%。在改良的 TSA-L 培养基上孵育 1 个月，在显微镜下检查均为幼小的 L 型菌落，由十几个或几十个球状体组成，推算每毫升脑脊液含 100~400 个 L 型菌落。从琼脂培养基上切下带有 L 型菌落的琼脂块，涂抹于改良罗氏培养基斜面上，37℃培养 14 天，可见灰白色、光滑型菌落。于 21 天挑取菌落涂片进行抗酸染色，呈抗酸性短杆菌。较多的资料说明，脑脊液结核杆菌培养阳性率极低而且培养时间长，传统的细菌学诊断方法难达到早期诊断的目的。开展 L 型菌的检测对于本病的诊断与治疗是十分有益的。

b. 结核性痰标本 L 型的检验：国外资料表明，有相当一部分肺结核病人痰标本常规培养结核杆菌阴性，实际上存在着 L 型菌。痰标本的前处理和培养方法对 L 型的分离培养十分重要。庄玉辉等研究比较了过滤法和酸碱中和离心法两种前处理，在 0.25%TSA-L 半流体培养基和 TSA-L 斜面上对痰标本中 L 型分离培养的影响。34 例经临床诊断的肺结核病人痰标本，在半流体培养基中，过滤法和中和法对 L 型分离率分别为 20.5% 和 17.6%（P>0.05）；在固体培养基上，过滤法和中和离心法处理对 L 型的分离率分别为 17.6% 和 14.7%（P>0.05）。上述两种培养基，两种前处理之间均无显著性差异。以半流体培养基，过滤法前处理检查 77 例痰菌培养阴性的肺结核病人痰标本，L 型阳性 14 例，阳性分离率为 18.2%。

（6）抵抗力：结核分枝杆菌因细胞壁中含大量脂质，故对某些理化因素的作用均较一般致病菌的抵抗力强（含有芽胞的细菌除外）。在干燥痰中可存活 6~8 个月，在空气的尘埃中，其传染性可保持 8~10 天。

1）对物理因素的抵抗力

A. 温度：菌悬液中的结核杆菌，60℃ 10~30 分钟，80℃以上 5 分钟以内死亡。痰标本中的结核杆菌煮沸 5 分钟才能完全杀死。所以，一般含有结核杆菌的物品，煮沸 10 分钟以上均可灭菌。凡是痰纸、废纸、痰等均可用火焚烧灭菌。结核杆菌有耐低温的特点，低温不能灭菌而能保存细菌，3℃可活存 6~12 个月。培养物维持在 37℃，存放 12 年后，曾发现活力与毒性两者不变。

B. 光线：结核杆菌对太阳光线中的紫外线抵抗力弱，在直射日光下，2~7 小时死亡。培养物直接暴露在阳光下 2 小时即死亡，痰中的结核杆菌暴露在阳光下需要 20~30 小时方被杀死。当痰中的结核杆菌不在直接阳光照射下能活几个月。用紫外线 10W 50cm 的距离，5mm 厚度的菌悬液 0.1mg/ml 照射 3 分钟，未见菌落生长。结核病人的衣物、被褥等可进行日光消毒。

C. 干燥及其他：结核杆菌对干燥或干热的抵抗力特别强。干燥痰中的结核杆菌在暗处可存活数周。染菌的图书虽经 3 个月亦能存活。粪便中所含的结核杆菌在盛夏存活 2~3 天，在冬季 18 天以上才能死亡。

2）对化学因素的抵抗力

A. 乙醇和碘酊：75% 乙醇 5 分钟杀死结核杆菌，可用于手的消毒。笔者的实验表明 75% 乙醇和 2.5% 碘酊 20 分钟能杀死结核杆菌。由于乙醇能凝固蛋白质，不能用于痰的消毒。

B. 升汞液：升汞是一种可溶性盐类，其作用是与细菌体内酶中的半胱氨酸的 SH 基相结合形成硫醇盐，从而抑制酶的活性，呈现杀菌作用。对菌悬液有较强的消毒力，一般用 0.1% 升汞液 10 分钟左右就能杀死结核杆菌。由于升汞液能将痰表面的蛋白质凝固，即使将 1%~5% 的升汞液和等量痰液混合后 8 小时，其液体经培养仍有结核分枝杆菌生长，所以不能用于痰的消毒。

C. 苯酚液：1%~2% 溶液 5 分钟，5% 溶液 30 秒~1 分钟杀死结核杆菌。对于痰中的结核杆菌，用 5% 苯酚与等量痰混合，需 24 小时才能将其杀死。常用 5% 苯酚液。玻璃器材用苯酚消毒。

D. 甲酚皂溶液：菌悬液内加入 0.5% 甲酚皂溶液需 60 分钟，1% 需 45 分钟，2% 需 5 分钟。常用 5%~10% 苯酚液等量混入。多用于带菌标本与动物尸体的浸泡消毒。

E. 过氧乙酸：0.1%~1.0% 过氧乙酸 1 分钟~2 小时均可杀死尿内、痰内及纯培养的结核杆菌。

F. 甲醛：以 1% 甲醛处理结核分枝杆菌 5 分钟，可以使细菌死亡。而用 5% 浓度的甲醛和等量痰液混合后，在室温下处理 12~24 小时，才能达到杀菌效果。笔者实验表明，5% 或 10% 的甲醛与纯培养结核杆菌悬液（10^9 个菌/ml）作用 20 分钟后培养仍能生长。因此其作用效果尚须精心设计进一步研究。特别是甲醛有致癌作用，现均多不主张应用。

G. 新洁尔灭：新洁尔灭对结核分枝杆菌的消毒效果差或无效果。笔者的研究支持这个结论。

H. 其他：在 6% H_2SO_4 或 4% NaOH 中 30 分钟仍有活力，故常用酸碱处理标本以消化标本中的黏稠物质并杀死杂菌；对 1：13 000 孔雀绿或 1：75 000 结晶紫等染料有抵抗力，加在培养基中可抑制杂菌生长。近来有报告过氧化氢雾有效，但尚需进一步证实。

I. 抗结核药物：结核分枝杆菌对链霉素、异烟肼、利福平、环丝氨酸、乙胺丁醇、卡那霉素、对氨基水杨酸等抗结核药物敏感，但长期用药易出现耐药性。选择相应的药物进行联合化疗可减少耐药性产生的机会。

应提及尽管上述各种理化因素对结核杆菌的活力有影响，但有的试验尚有不完全一致的结果，特别是在带菌器材、物品或废弃物较多时，处理实验动物尸体时，高压灭菌 121℃ 20~60 分钟是最彻底的灭菌措施。实验室终末处理用甲醛熏蒸。

3. 致病性和免疫性　结核分枝杆菌不含内毒素，也不产生外毒素和侵袭性酶类。其致病性主要与菌体成分、代谢产物的毒性以及造成机体的免疫病理损伤有关。

（1）致病物质：主要是菌体成分，包括脂质、蛋白质和多糖。

1）毒力因子：结核杆菌不像许多细菌有内毒素、外毒素，不存在能防止吞噬作用的荚膜，以及与致病能力相关联的细胞外侵性酶类。其毒力基础不十分清楚，有各种说法。1947 年 Middlebrook 等发现了索状因子，有毒菌株与索状生长的能力之间有高度相互关系。1950 年 Bloch 从有毒分枝杆菌的石油醚提取物中分离出一种类脂质的成分——"索状因子"，经鉴定是 6，6'双分枝菌酸海藻糖（一种糖脂）。小剂量（0.02mg）反复注射入小鼠腹腔内，则出现明显的毒性作用。与分枝杆菌毒力有关的因子还有其他类脂质，如硫脂质。它不仅增加了索状因子的毒性，且也抑制溶酶体-吞噬体的融合，促进有毒结核杆菌在巨噬细胞内的生长、繁殖，显示了结核杆菌的毒力作用。当然，结核杆菌的毒力因子还要考虑其他因素，如，磷脂、蜡质等。后者能引起动物迟发型超敏反应，并具佐剂作用；又如细菌成分及其代谢产物引起机体组织学上的变化，菌体蛋白引起的病理性免疫应答，即变态反应等。毒力因子相关的进一步研究的分子生物学结果发现很多有研究前景的毒力因子，详见本书下篇相关章节。

2）毒力测定：有两种，一为组织培养法（用巨噬细胞或树状突细胞及 pneumocyte），二为动物试验法。组织培养法易操作和获得结果迅速，但仅适于感染的早期，而动物试验则更完美。现简述用动物测定结核杆菌毒性的方法：首先是选择敏感的实验动物。对结核杆菌敏感的实验动物有小鼠、豚鼠、家兔、禽类，大动物有狗、猴等。豚鼠、小鼠对结核杆菌最为敏感。牛分枝杆菌实际上对家兔更敏感。选择体重 250~400g 的健康豚鼠，试验前作旧结核菌素（OT）或 PPD 试验，呈阴性反应者方可应用。小鼠体重 18~20g，感染途径最理想的是气溶胶吸入（能较自然地反映菌株的毒力）。这种方式不适用于临床检验。常用的感染途径是腹股沟皮下、腹腔、肌肉，小鼠可注入尾静脉。判定毒力强弱的标准，一是观察局部淋巴结，解剖后观察肝、脾、肺的病理变化；二是童小玫等推荐用观察小鼠的半数死亡时间和平均生存时间两种指标，综合判定结果较为准确、可靠，使用小鼠经济。

3）致病性：结核杆菌是毒力最强的引起人类发生结核病的细菌。牛分枝杆菌是引起牛发生结核病的细菌，亦可感染人。这两种细菌对鸟类不致病，可使其他动物致病。人的结核病有些时候传给牛、猴和狗，可能使豚鼠感染而不使兔、鼹鼠或鸡感染。

（2）所致疾病：传染源主要是排菌的肺结核（即开放性肺结核）患者。结核分枝杆菌经呼吸道引起肺结核，这是主要门户，也可经消化道、破损的皮肤黏膜等其他途径进入机体，侵犯多种组织器官，引起相应部位的结核。其致病机制主要与细菌在组织细胞内大量增殖引起的炎症反应、菌体成分的毒性作用以及机体产生的超敏反应有关。

1）肺部感染：通过飞沫或尘埃，结核分枝杆菌（气溶胶颗粒直径 5μm 之下者）经呼吸道极易进入肺泡，故肺部感染最多见。肺结核可分为原发性和继发性感染两大类。①原发感染：结核分枝杆菌初次感染在肺内形成病灶，称为原发性肺结核，常见于儿童。当结核分枝杆菌侵入肺泡后被巨噬细胞吞噬，由于菌体含有大量的脂质，能抵抗巨噬细胞的杀菌作用而大量繁殖，导致巨噬细胞裂解，释出大量细菌而引起肺泡渗出性炎症，形成原发灶。原发灶多见于肺上叶下部和下叶上部。初次感染由于机体缺乏对结核分枝杆菌的特异性免疫，故原发灶内的结核分枝杆菌常沿淋巴管扩散到肺门淋巴结，引起肺门淋巴结肿大。原发灶、淋巴管炎和肿大的肺门淋巴结称为原发综合征。随着特异性免疫的建立，原发感染大多可经纤维和钙化而自愈。但病灶内常有细菌潜伏，不但能刺激机体产生免疫，也可成为结核复发、内源性感染的来源。②继发感染：多发生于成年人。感染多为原发病灶引起的内源性感染，当人体抵抗力下降时，残存于原发灶的结核分枝杆菌再度大量繁殖而发病；也可由外源结核分枝杆菌再次侵入而发病。继发感染时机体已有特异性细胞免疫，因此病灶多局限，一般不累及邻近淋巴结，也不易全身播散。但容易发生干酪样坏死和空洞形成，菌可随痰排出，称为开放性肺结核。

2）肺外感染：部分患者，结核分枝杆菌可经血液、淋巴液扩散侵入肺外组织器官，引起相应的脏器结核，如脑、肾、骨、关节、生殖器官等结核。艾滋病等免疫力极度低下者，严重时可造成全身播散性结核。痰菌被咽入消化道也可引起肠结核、结核性腹膜炎等。通过破损皮肤感染结核分枝杆菌可导致皮肤结核。近年有许多报道，肺外结核标本中结核分枝杆菌 L 型的检出率比较高，应引起足够重视。

（3）免疫性：感染结核分枝杆菌或接种卡介苗后，机体可产生对该菌的特异性免疫力。由于此种免疫力随结核分枝杆菌或其成分在体内存在而存在，故被称为感染免疫（infection immunity），或称有菌免疫，一旦体内结核分枝杆菌或其成分全部消失，免疫力也随之消失。

结核分枝杆菌为胞内寄生菌，故机体抗结核免疫主要依赖细胞免疫。当致敏的 T 淋巴细胞再次接触结核分枝杆菌抗原时，可释放多种淋巴因子，如 TNF-α、IFN-γ、IL-2、IL-6 等，不仅能吸引 NK 细胞、T 细胞、巨噬细胞等聚集炎症部位，并能增强这类细胞的直接或间接的杀菌活性。

机体感染结核分枝杆菌可产生菌体蛋白的特异性抗体，但仅能对细胞外的细菌发挥一定作用，对细胞内细菌不起作用。

（4）超敏反应：在结核分枝杆菌感染时，迟发型超敏反应伴随细胞免疫存在而存在。此种情况可用柯赫现象（Koch phenomenon）说明，即将一定量的结核分枝杆菌初次注入健康豚鼠皮下，10～14 天后局部发生坏死性溃疡而不易愈合，附近淋巴结肿大，细菌扩散至全身；若以等量相同的结核分枝杆菌对已感染过的豚鼠进行再次皮下注射时，则迅速在 1～2 天内局部发生溃疡，但溃疡较浅易愈合，附近淋巴结不肿大，菌亦很少扩散。柯赫（有人亦称郭霍）现象表明，再感染时，机体对结核分枝杆菌已有一定免疫力，表现为病灶局限、表浅而易愈合，至于炎症反应迅速，溃疡迅速形成，则是机体同时又产生超敏反应的表现。

研究表明，结核分枝杆菌诱导机体产生免疫和发生超敏反应的物质不同。如结核分枝杆菌的核糖体 RNA（rRNA）主要引起免疫反应，而迟发型超敏反应则是由结核菌素蛋白与蜡质 D 共同刺激产生的。

在自然感染过程中，细胞免疫与迟发型超敏反应同时存在。因此，通过测定机体对结核分枝杆菌有无超敏反应即可判定对结核有无免疫力，常用结核菌素试验进行测定。

（5）结核菌素试验：是用结核菌素来测定机体能否引起皮肤迟发型超敏反应的一种试验，以判断机体对结核分枝杆菌有无免疫力。

1）结核菌素试剂：有两种，一种为旧结核菌素（old tuberculin，OT），为含有结核分枝杆菌的甘油肉汤培养物之加热过滤液，含有结核分枝杆菌蛋白。另一种为纯蛋白衍生物（purified protein，PPD），是 OT 经三氯醋酸沉淀后的纯化物。PPD 有两种，即 PPD-C 和 BCG-PPD，前者是由人结核分枝杆菌提取，后者由卡介苗制成，每 0.1ml 含 5 单位。

2）方法：目前采用 PPD 法。规范试验方法是取 PPD-C 和 BCG-PPD 各 5 单位分别注入两前臂皮内（目前仍有沿用单侧注射 PPD 的方法），48~72 小时后，红肿硬结超过 5mm 者为阳性，≥15mm 为强阳性，对临床诊断有意义。两侧红肿中，若 PPD-C 侧大于 BCG-PPD 侧时为感染，反之则可能为卡介苗接种所致。小于 5mm 者为阴性反应。

3）结果分析：阳性反应表明机体已感染过结核分枝杆菌或卡介苗接种成功，对结核分枝杆菌有迟发型超敏反应，并说明有特异性免疫力。强阳性反应则表明可能有活动性结核病。

阴性反应表明受试者可能未感染过结核分枝杆菌或未接种过卡介苗。细胞免疫功能低下者，如艾滋病患者或肿瘤等用过免疫抑制剂者也可能出现阴性反应。

4. 微生物学检查　结核病在临床上常可借助 X 线摄片诊断，但微生物学检查仍是确诊的主要依据。

结核分枝杆菌是结核病的病原菌，结核病中肺结核最多见，故查痰是结核分枝杆菌的主要检查手段。痰的检查方法有直接涂片法、浓缩集菌法、培养法、动物试验和药物敏感性测定（其标本的采集与检查可参阅本书下篇第九章）。直接涂片法操作简单、易于掌握，用普通设备即可进行，在结核分枝杆菌的临床微生物检查中具有重要作用。

除传统方法外，近年来随着分子生物学的发展，临床标本用分子生物学方法进行检测与鉴定的研究亦有了很大的进展。下面分别加以描述。

（1）传统检查方法

1）临床标本的采集与处理：不管用什么方法进行微生物学检查，标本的采集会直接影响检验结果，因此，合格标本的采集必须受到医护人员和检验人员的重视。涂片和浓缩法检查用内壁涂蜡的专用纸盒。用于培养的标本必须用消毒过的专用容器，标本采集后立即送检。

痰的采集，晨起清水漱口后，用力咳嗽出痰液，取 3~5ml。可通过支气管镜取下呼吸道的分泌物。如果痰来自支气管，可发现炎性细胞和纤毛的支气管上皮细胞。

无痰患者采用支气管洗涤液与喉拭子方式采集标本。

胸腔积液、腹腔积液和体腔内体液，无菌法采集后即送检。

尿，用灭菌容器留取晨起首次全部尿液，静置 4 小时，取沉淀部分 20~30ml 送检。

脓液或伤口分泌物，用无菌程序采集后置灭菌试管内送检。

粪，便出后取黏液或脓性部分 3~5ml 送检。

病灶组织，取 1~3g 放入灭菌试管内，将其放入组织磨碎器内研磨至乳状，可直接涂片。如需培养可按痰标本培养法进行。

2）涂片检查：严格地讲，在结核分枝杆菌的微生物检验中，涂片法是检查抗酸菌。其方法如下。

A. 直接涂片法：用于 ZN（Ziehl-Neelsen）染色的涂片按以下方法制备：痰液：用折断的竹签毛茬端挑取干酪样或脓性痰部分 0.05~0.1ml，涂于载物玻片后均匀涂片，每张玻片只涂一份标本。待自然干燥，微火焰固定后染色镜检。脓液：方法同痰液。病灶组织或干酪块：先用组织研磨器磨碎后再行涂片。尿液：留全部夜尿，静置 4~5 小时，弃上清液，取沉淀部分尿液 10ml，3000 r/min，离心 30 分钟，取沉渣涂片。胸、腹腔积液标本：参照尿液方法涂片。脑脊液：无菌程序收集脑脊液，置

4℃冰箱或室温24小时,待薄膜形成后涂片,也可将胸脊液离心,3000 r/min,离心30分钟,弃上清液取沉淀物涂片。

荧光染色的涂片制备方法是以白金耳或竹签挑选干酪样、脓性或有颗粒部分痰液,均匀涂布于载玻片上,制成适当的厚度(似痰液0.05ml)之涂片,待自然干燥后,用火焰固定后作荧光染色。

B. 集菌涂片法:用漂浮集菌法进行,取晨痰或12~24小时痰,经121℃高压灭菌15分钟,待冷后取5~10ml盛于体积为100ml口径为2cm玻璃容器中,加灭菌蒸馏水20~30ml,总体积不超过容器的1/3,加二甲苯0.3ml,放入振荡器振荡10分钟后取出,然后加蒸馏水满于瓶口,将编号的载物玻片盖于瓶口上,静置20分钟,其后取下玻片,自然干燥后火焰固定,染色镜检。

(2)染色法及检验:具体染色方法请参阅本书下篇第九章第四节。

1)姜-尼(Ziehl-Neelsen, ZN)抗酸染色检验:染色后用油镜(100倍物镜)在淡蓝色背景下观察,抗酸杆菌呈红色。其他细菌和细胞呈蓝色。我国报告方式如表2-2-4所示。

表2-2-4　姜-尼染色抗酸杆菌镜检及结果报告方式

镜检结果	报告方式
0/300 视野	-
1~2 条/300 视野	±
3~9 条/100 视野	+
1~9 条/10 视野	++
1~9 条/1 视野	+++
≥10 条/1 视野	++++

2)荧光(金胺O)染色检验:染色后在暗色背景下镜检,抗酸杆菌呈黄绿色或橙色荧光,必须用40倍物镜确认菌体形态,人员应具有姜-尼抗酸染色镜检经验,方可应用荧光染色法。荧光染色后涂片应在24小时内检查,遇需隔夜时,置4℃条件下保存,次日完成镜检。

物镜20倍检查结果按表2-2-5标准报告,用物镜40倍检查细菌细胞形态。

表2-2-5　荧光染色抗酸杆菌报告标准

荧光染色抗酸杆菌报告方式	镜检结果
-	0 条/50 视野
±	1~3 条/50 视野
+	10~99 条/50 视野
++	1~9 条/1 视野
+++	10~99 条/1 视野
++++	≥100 条/1 视野

(3)结核分枝杆菌培养检查法:结核分枝杆菌培养检查不仅用于确诊、选择化疗方案,而且可作为考核疗效、传染源的发现、病人分组管理和进行分枝杆菌菌种鉴定。

1)培养基的制备:国内外广泛使用的固体培养基有 Löwenstein-Jensen(L-J)培养基、小川培养基等鸡蛋培养基和 Middlebrook 7H10、7H11 等琼脂培养基。液体培养基有 Middlebrook 7H9、Sauton 等

（详见下篇第九章第三节）。L-J 培养基最常用于分枝杆菌初次分离培养、传代培养、活性计数、保存菌种、药物敏感性测定及菌种鉴定。

2）标本的前处理：标本前的处理目的是杀灭或抑制非抗酸菌的生长，溶解痰液使结核分枝杆菌释放出来。通常前处理的试剂分 3 类，一是 2%～4% 硫酸；二是 2%～4% 氢氧化钠；三是消化酶类，如胰蛋白酶；前处理举例如下：取标本数毫升于无菌离心管内，根据黏稠度加入等量或几倍量的 2% 氢氧化钠，消化 0.5 小时，其间振荡数次，混匀，接种培养。

3）培养及观察：培养基接种标本后，送入 37℃ 孵育箱进行孵育，头 2 周每 2～3 天观察 1 次，2 周以后每周观察 1 次，一般至 8 周后无菌落生长即可报告为阴性，但若空间允许或特殊需要时可再延长观察 4 周。

4）结果报告方法：培养基斜面上生长的菌落 20 个以内者写明菌落数；超过 20 个菌落，生长相当于斜面 1/4 者报告（+），1/2 者报告（++），3/4 者报告（+++），布满全部斜面者报告（++++）。同时写明第一次发现菌落生长的天数。如无菌落生长，则可报告分枝杆菌培养阴性。

（4）结核分枝杆菌药物敏感性试验：化疗是结核病治疗与控制的基本手段，药物敏感性实验（简称敏感实验）系化疗的重要依据之一。其主要目的有三：一是提供选择药物的信息，当治疗不能如意时，正是耐药性出现，借以进一步指导治疗药物的选择；二是制定大规模群体治疗战略规划；三是测定耐药性的情况。药敏实验测定方法有 3 种：一是绝对浓度法（间接或直接法），以"无生长"标准或为最低抑菌浓度（MIC）；二是比例法，以特定生长比例为标准；三是放射性快速结核杆菌药敏试验。国外更多的是采用比例法。

总之，使用的方法，加药浓度、判定方法多种多样，关键是标准化问题。各方法之间尚无可比性。将在下篇第十章专门介绍。

（5）血清学及分子生物学检查方法：见分枝杆菌分离与鉴定章节。

5. 治疗

（1）化疗：目前常用的药物有利福平、异烟肼、对氨基水杨酸、乙胺丁醇、链霉素等。如联合应用，不仅有协同作用，还能降低耐药性的产生，如利福平和异烟肼联合用就可减少耐药性。鉴于目前耐药菌株日益增多，在治疗过程中应定期作结核分枝杆菌药物敏感试验，以期选用敏感药物进行治疗。

具体治疗方案请参阅相关章节和相关疾病中的描述。

（2）免疫学防治：自从证明了结核病的病原菌是结核分枝杆菌之后，学者试图找出一种预防结核病的有效疫苗。1920 年法国 A. Calmette 和 C. Guerin 总结了前人的经验，在 Pasture 理论指导下研究出卡介苗。

调查表明，新中国成立后我国由于广泛接种卡介苗，结核病病死率逐年下降，但 1979 年后，下降缓慢，有反复趋势，目前病死率仍为 19/10 万。卡介苗是减毒活疫苗，因此剂型及苗内活菌数会直接影响免疫效果。今后仍需研制安全、高效的新型疫苗。目前许多新型疫苗，如 DNA 疫苗、重组疫苗、蛋白质亚单位疫苗和新型减毒活疫苗等正在研究中。

1）免疫学预防的实施

A. 疫苗：1907 年法国卡默德（A. Calmette）和介兰（C. Guerin）将 Nocard 从牛乳中分离出来的一株毒力很强的牛型结核杆菌，在甘油中胆汁马铃薯培养基上移植培养，每 2～3 周接种 1 代，以逐渐降低毒性。这样移植、培养，直到 230 余代，历时 13 年。1920 年，将这株减去毒力但又能产生特异性细胞免疫的结核分枝杆菌，命名为卡介苗（BCG）。

B. 对象：对结核病的免疫不存在从胎盘传递给胎儿的被动免疫，故 BCG 是预防结核最有效的措施。接种对象主要是新生儿和结核菌素试验阴性的儿童。在接种 6～8 周后结核菌素试验转为阳性者，表示接种者对结核已获得免疫力，而阴性者未获得免疫力需再次接种。接种后获得的免疫力可维持 3～5 年。一般在出生后 24 小时内进行初种，7 岁、12 岁对结核菌素试验阴性者再进行复种。

C. 方法：皮内注射法，用冻干疫苗，浓度为 0.5～1.0mg/ml，每人皮内注射 0.1ml，严禁皮下注射。

D. 反应：卡介苗接种后一般无全身反应。局部反应为接种后 3 周左右，接种部位出现红肿硬结，中间逐渐软化成白色小脓肿，脓肿穿破结痂，痂脱落后留下一个瘢痕，这是正常过程，一般持续约 3 个月。

E. 禁忌：无绝对禁忌证，除伴有免疫缺陷病者，或因恶性疾病而致免疫应答反应抑制或者使用皮质激素者。相对禁忌证有：早产、难产或伴有明显先天性畸形的新生儿；发热（37.5℃）、腹泻、急性传染病，心、肝、肾等慢性疾病，严重皮肤病，神经系统疾病及对预防有过敏反应者；卡介苗与其他计划免疫疫苗及乙肝疫苗可同时不同臂接种，若接种除上述以外的其他生物制品，则半个月后再接种卡介苗为宜。

2）免疫学治疗

近年来各国研究母牛分枝杆菌（Mycobacterium vaccae，M. vaccae）。WHO（1991）对 M. vaccae 进行推荐，我国已开展了研究，M. vaccae 是结核病治疗的重要生物制品之一。

A. M. vaccae 概述：M. vaccae 是被 Bönicke 发现的非结核分枝杆菌，1964 年首次从母牛乳脓中分离得到。1968 年证实是速生菌，广泛分布于自然界，对人及动物无致病性或罕见致病。

1978 年，Stanford 开始将 M. vaccae 用于临床，与卡介苗共同预防麻风病，其后用于麻风病的免疫治疗。20 世纪 80 年代中期，应用于结核病的免疫治疗。中国药品生物制品检定所等机构，于 20 世纪 90 年代开始作基础研究，1996 年进行临床研究，1999 年获新药证书及生产文号。

B. 适应证：一是耐多药结核病：M. vaccae 列为耐多药结核病的综合治疗之一，为绝对适应证；二是有合并症或并发症的难治性质结核病，例如结核病患者同时患有糖尿病、硅沉着病、HIV 感染或艾滋病、肝炎、肿瘤等；三是初治细菌检查阳性肺结核和复治细菌检查阳性肺结核，据观察，能缩短化学疗法的疗程；四是浆膜结核，在关键指标明确无疑的情况下，在化疗基础上辅以 M. vaccae；五是支气管哮喘和慢性支气管炎。

6. 研究重点指南与展望　20 世纪以来，全球结核病流行经历了 3 次回升，前两次分别在第一、第二次世界大战期间，第三次在 20 世纪 80 年代中期至 90 年代。主要原因是由于来自结核病流行严重地区的大量移民、HIV 感染、耐多药性结核分枝杆菌感染。另外与政府对结核病的回升控制不力和控制工作面不全造成。

因此，结核病似将是 21 世纪严重危及人类健康的疾病。移民、HIV 感染和耐药是 21 世纪全球结核病控制面临的三大难题。超短程化疗的研究与应用，在 21 世纪将进一步降低继发耐药率和原发耐药率，通过个体化化疗方案的制订，将提高 MDR-TB 患者的疾菌阴转率，降低远期细菌检查阳性复发率，并有望筛选出新的有效用于 MDR-TB 患者治疗的化疗药物和免疫佐剂。

分子生物学发展促进结核病的控制，在结核病的分子发病机制、分子生物学诊断、易感个体的基因治疗、新型抗结核药物和疫苗的研制、耐药的分子机制等方面，都将得益于分子生物的发展。有关结核杆菌的分子遗传学请参阅本书下篇相关章节。

（二）非洲分枝杆菌（Mycobacterium africanum）

为 Castets 等（1969）首先描述。非洲分枝杆菌居于人型与牛型之间，产生烟酸较牛型多。本菌是从塞内加尔的达喀尔肺结核病人的痰标本分离的热带非洲人结核病的病原体。杆菌，平均长 3μm。在改良罗氏培养基上，37℃生长的菌落平坦，粗糙，色暗淡，生长缓慢，与牛结核杆菌相似，丙酮酸钠刺激生长。在加吐温-80 的 Dubos 培养基内生长均匀，在加牛血清的 Youman 培养基内生长呈颗粒状。烟酸试验检查牛结核杆菌为阴性，而非洲分枝杆菌为阳性，其他性状难于区别。束村指出，非洲分枝杆菌是牛分枝杆菌的烟酸试验阳性变异株，在 25μg/ml 的吡嗪酰胺中生长受到抑制，硝酸盐还原试验阳性。对豚鼠具有毒力。在非洲发现的非洲分枝杆菌可引起人患肺结核病。

（三）牛结核杆菌（Mycobacterium bovis）

Theobald Smith（1896）将牛结核杆菌与人结核杆菌加以鉴别，本菌通常较人结核杆菌短而丰满，最初的分离很困难。牛结核杆菌是引起牛患结核病的病原，亦可传染给人、猴、猪和家养动物，系较人结核杆菌更有致病性的动物病原体。牛结核杆菌生长困难。在 Löwenstein-Jensen（L-J）培养基上生长不太好，成小扁平菌落。如果在培养基中加入丙酮酸钠（0.5%），牛结核杆菌菌落增加增大。如果培养中加入噻吩-2-羧酸酰肼［thiophene-2-carbonic acid hydrazide（浓度为 10mg/L）］，本菌则不生长，而结核杆菌生长，可区别两者。

（四）亚洲分枝杆菌（Mycobacterium asiaticum）

1971 年发现。该种是从猿猴分枝杆菌划分出来的，后一种 18 株菌中有 4 株归亚洲分枝杆菌。抗酸类似球菌细胞，光产色阳性。在 37℃培养 15～21 天形成可见菌落，室温下生长缓慢。硝酸盐还原试验阳性。实际上其性状与瘰病分枝杆菌相似。静脉注射小鼠，在肺内引起病灶病变，罕见引起人类肺部感染。归属于结核杆菌群。

（五）卡介苗（bacilli calmette-guèrin，BCG）

1908 年法国医务工作者 Calmette 和 Guèrin 从牛型结核杆菌分离变异而来，在甘油胆汁马铃薯培养基上连续培养减弱毒性，维持连续培养原来的牛型菌株成为卡介苗，用于对结核病的免疫。虽然被视为很安全的菌苗，偶然也有局部脓肿的病例或蔓延的感染，包括新生儿接种后的骨炎。在 HIV 感染蔓延后，BCG 引起全身播散感染的报告增多。

（六）鼷鼠分枝杆菌（Mycobacterium microti）

鼷鼠分枝杆菌由 Reed（1957）描述。是鼷鼠结核病的病原，通常叫做鼷鼠杆菌，此菌较人型或牛型菌生长更慢，菌体较细长（2.5～3.6μm，亦有报告长 10μm），最初生长于不含甘油的培养基上，也在不含甘油培养基的继续培养中增加。

鼷鼠分枝杆菌与人型和牛型结核杆菌有密切的免疫学的关系，因此与用卡介苗免疫人类预防结核病作小规模比较研究，经 7.5～10 年观察显示所提供的保护力实际上与卡介苗所提供的相同。

此菌对人类的毒力比 M. tuberculosis 低，常常因此而作为较安全株在实验室应用。

（七）"坎奈迪"分枝杆菌（Mycobacterium Canettii）

坎奈迪分枝杆菌长期以来认为是罕见的 M. tuberculosis（MTB）的光滑型菌株，近来发现与普通的粗糙型在脂化寡糖（Lipooligosaccharides）含量上（高于粗糙型）有所不同。在 1993 年从索马里的儿童颈淋巴结分离而得。本菌生长较快，6 天内即可生成肉眼可见菌落，其生化特性为：烟酸试验（-）、硝酸盐还原试验（+）、脲酶试验（+）、吐温水解试验（+）、触酶试验（+）（22℃）。研究表明光滑型变为粗糙型之比例为 1/500，而粗糙型无一能变为光滑型。在人很少分离出来，多认为动物是其主要菌库。

三、环境分枝杆菌（Environmental Mycobacteria，EM）

如本章总论中所述，除结核杆菌和麻风杆菌以外的分枝杆菌过去统称为非典型结核杆菌。但无论从细菌学还是临床特点看，"非典型"的命名是不合理的，因为每一种分枝杆菌都有其固有的生物学特征。近年来，国外多称之为"非结核杆菌"，虽有别于结核杆菌，但却忽略了麻风杆菌。国际上近来又倾向于将这类菌统称为环境分枝杆菌。随着科学发展人们认识提高可能还会有所变动，但为了描述方便和尽量符合现阶段的实际情况，本书采用环境分枝杆菌（EM）这一命名，借以与结核杆菌和麻风杆菌相区别。在我国 20 世纪 80 年代发表交流的部分相关资料统计分析，分离出分枝杆菌中 EM 分离率约为 4.6%。从临床标本中分离的致病性 EM 包括堪萨斯分枝杆菌、胞内分枝杆菌（或鸟-胞复合体）、偶然分枝杆菌、瘰病分枝杆菌、蟾蜍分枝杆菌、海分枝杆菌、龟分枝杆菌；非致病性的 EM 有戈登分枝杆菌、胃分枝杆菌、微黄分枝杆菌、不产色分枝杆菌、淡黄分枝杆菌、母牛分枝杆菌、草分枝杆菌以及耻垢分枝杆菌等。在美国和欧洲一些国家，由于艾滋病患者和 HIV 感染者并发感染 EM 和结核杆菌有上升的趋势；也由于 EM 对人体免疫功能的可能干扰作用；又由于有些致病性 EM，如胞内分枝杆菌、堪萨斯分枝杆菌等是引起的肺部疾病酷似肺结核，在临床上难以鉴别。所以，对 EM

的研究备受流行病学和细菌学工作者及临床医师的关注。

（一）EM 的致病特点

1. 一般说来，EM 对人类的致病性比结核杆菌要低。在若干种菌，如堪萨斯分枝杆菌等是潜在性病原菌，若在病变组织中分离出该菌，肯定是病原菌。它可独立引起原发性疾病，但病灶范围较小，进展缓慢。

2. EM 病多半发生在机体免疫功能低下，作为继发性或伴随性疾病。感染具有明显的机会性是其致病性的一个显著特点。往往在肺慢性阻塞性疾病、老年病、恶性肿瘤、肾透析、脏器移植时给予免疫抑制剂，以及应用肾上腺皮质激素等医源性因素使本病的发病率增加。因此，多年来，人们称其为机会（或条件）分枝杆菌。

3. 艾滋病病人和 HIV 感染者易并发结核和 EM 感染。这已引起各国研究者的高度重视。在美洲和欧洲，艾滋病病人中，发现 50% 感染分枝杆菌，其中鸟-胞内复合体分枝杆菌占 10% ~ 15%。在 HIV 感染晚期，在 CD4$^+$T 细胞数低时，鸟-胞内复合体分枝杆菌感染播散，主要是血清型 4、8 型最有致病性。少数病人感染堪萨斯分枝杆菌、瘰疬分枝杆菌、苏加分枝杆菌、偶然分枝杆菌等。在艾滋病发病的进程中，分枝杆菌感染起着协同因子的作用，但麻风杆菌的作用不是十分明显，推测是因麻风杆菌世代时间过长之故。并发肺结核是艾滋病临床第 3 阶段分类的标志，而感染 EM 和肺外结核是艾滋病第 4 阶段的诊断标准。在非洲，90% 结核新病例 HIV 阳性。本病毒感染者在早期为何对结核杆菌敏感，而在晚期对鸟-胞内复合体分枝杆菌敏感，为何在艾滋病晚期发生的各种机会感染中，鸟-胞内复合体分枝杆菌居多？这些问题涉及今后对 EM、HIV 与宿主免疫系统之间相互关系的研究。

4. 与结核杆菌发生混合感染者，主要是鸟-胞内复合体分枝杆菌。也可继发于空洞性肺结核病人，如果空洞闭合，EM 的感染可能在临床上占优势。

5. 对抗结核药物多呈天然耐药，因此 EM 病往往迁延多年，成为慢性难治之症。

在临床标本中能分离出的 EM 达 25 种以上，但更多的是从自然环境中分离出来的腐生菌。大部分 EM（绝大多数系快速生长分枝杆菌）的分离并无临床意义，仅仅为菌种鉴定的需要。

（二）环境分枝杆菌（EM）

1. 致病性慢生长 EM

（1）溃疡分枝杆菌（M. ulcerans）：溃疡分枝杆菌为 MacCallume 等（1948）年发现，其后 Clancey（1964）又称之为 M. buruli。首次从澳大利亚病人皮肤病变分离出。形态同结核杆菌。菌宽 0.5μm，长 1.5 ~ 3.0μm，通常较大并有小球。在改良罗氏培养基上仅 28 ~ 33℃ 才能生长，而且十分缓慢（约 12 周）。菌落细小、透明、光滑。小圆隆起的菌落可略带奶油色或浅黄色。在油酸卵蛋白琼脂培养基上，菌落粗糙型。25℃生长少，37℃不生长。耐热触酶和烟酸试验为阳性。硝酸盐还原试验、吐温-80 水解试验和尿素酶试验均为阴性。本菌引起人的皮肤溃疡，是慢性进行性皮肤溃疡病的致病原因。几乎均发生于成年人，大部分是溃疡、脓肿；一部分可见肉芽肿，多发于热带居住者的四肢。

迄今，溃疡分枝杆菌的感染不断增加，仅次于结核杆菌和麻风杆菌的感染。

注射此杆菌于小鼠足垫可以感染，若静脉接种，在接种后 4 ~ 7 周溃疡损害在尾部出现。腹膜腔注射 3 ~ 6 个月后发生全身皮下组织肿胀，偶发阴囊溃疡。但许多实验室动物能抵抗溃疡分枝杆菌的感染。

（2）海分枝杆菌（M. marinum）：系从病鱼结核结节和鱼池分离出来的。Linell 和 Norden（1952）首次从人皮肤溃疡中分离出本菌。Kubica（1978）曾对 3 种相似的分枝杆菌加以描述（即 M. balnei，M. marinum 和 M. platypoccillus），并统一称为海分枝杆菌。本菌中等大小，长至长杆状，多形性呈链状或索状排列。生长温度为 30 ~ 33℃，25℃能生长。37℃通常不生长，多次传代也可能适应 37℃生长。在改良罗氏培养基上，30℃培养 7 天或更长时间，菌落多数呈光滑型，也有粗糙型的。暗生长不产色，光照下或短时间受光照后再培养时，菌落可产黄色。在油酸卵蛋白琼脂培养基上，菌落中央隆起，边缘整齐或不规则。耐热触酶试验阴性，硝酸盐还原试验阴性，吐温-80 水解试验阳性。可引起人皮肤病变，通常在肋部，也可见膝部、脚、手指引起皮肤肉芽肿（游泳池肉芽肿），溃疡，坏死。未见肺部感染的报道。能感染蛙。腹腔大量注射小鼠可发病，足垫注射可出现明显的局部肿胀，甚至溃疡，但不波及全身。亦有报告在部分小鼠能产生肺部损害。豚鼠不发病。

（3）瘰疬分枝杆菌（M. scrofuloceum）：此菌系 Prissick 和 Masson（1956）发现。从儿童颈淋巴结病变中分离此菌。偶可于痰中分离。菌体小，短至长杆菌，呈球状。在改良罗氏培养基上，25～42℃可生长，37℃培养 7 天或更长时间可见菌落，通常为光滑型，黄色至橙色。在油酸卵蛋白琼脂培养基上菌落光滑，暗处或光照均可产生黄色，中央隆起，边缘整齐或不规则，少见粗糙型菌落。耐热触酶试验、尿素酶试验（3 天）阳性。硝酸盐还原和吐温-80 水解试验均为阴性。本菌多侵犯儿童颈部、下颚及腹股沟淋巴结。人的分泌物最常见，也见于人的痰和胃洗液，偶见于土壤。偶与肺病有关。对实验动物只有轻微致病性。

（4）堪萨斯分枝杆菌（M. Kansasii）：Buhler（1953）从美国堪萨斯城的病人标本中分离出，Hauduroy（1955）予以命名。中等大小，长杆菌，长 5～8μm，多成双排列。最适生长温度为 32℃，在 22℃以下，44℃以上均不能生长。37℃培养 7 天或更长时间，菌落呈粗糙型。光产色菌（产生黄色或橘黄色）。在油酸卵蛋白琼脂培养基上，菌落扁平，表面光滑或有些颗粒状，边缘规则或不整齐，中心致密。大部分菌株触酶试验强阳性；少数弱毒株则呈弱阳性，68℃ 2 分钟失去活性。这些菌株对人类致病性低。硝酸盐还原试验和吐温-80 水解试验均为阳性。本菌毒力强，引起酷似结核病的慢性肉芽肿病，还可引起皮肤、尿道、关节、淋巴结的感染。原发感染型多（占 59%），继发感染发生于原有肺疾病。均与人型结核杆菌引起的疾病难以鉴别。豚鼠皮下注射引起局部病变。腹腔注射，有的小鼠死亡，大多数是肝、脾和淋巴结的轻度肉芽肿。大鼠则很少有病变。

本菌广泛存在于水和土壤中，与海分枝杆菌有些相似，但后者在 25℃生长快，堪萨斯分枝杆菌生长慢。

（5）猿猴分枝杆菌（M. simiae）：本菌为 Karassova 等（1965）发现。首先从猿分离出本菌，以后又从患者痰中分离出。形态与结核杆菌相同，光产色菌，有黄色色素。28～37℃均可生长，光滑型菌落。烟酸阴性，触酶和过氧化酶阳性。硝酸盐还原、酯酶、酰胺酶阴性。本菌是在 0.2% 苦味酸琼脂培养基上唯一能生长的细菌。对许多抗结核药物呈耐药性。曾试验过吡嗪酰胺、环丝氨酸、卷曲霉素、卡那霉素、四环素、红霉素，均有耐受性。可引起肺部感染，尤其是动物管理人员发病率高。

（6）鸟分枝杆菌（M. avium）：1891 年发现。分离自家禽结核。短或长杆菌，有些呈丝状体。25～45℃间培养温度均能生长。在改有罗氏培养基上 37℃培养 7 天或更长时间，可见光滑无色菌落。在油酸卵蛋白琼脂培养基上，菌落光滑、透明，偶有粗糙。本菌与胞内分枝杆菌在形态上、生化反应、培养特性及耐药性等方面极为相似，有的将两者称为鸟-胞内复合体分枝杆菌。惟有鸟分枝杆菌对家兔致病力强，在谷氨酸钠葡萄糖琼脂培养基上不能生长，借此可与胞内分枝杆菌区别。鸟分枝杆菌有 28 个血清型，其中 4、8 两型是主要的，可引起肺部感染和支气管淋巴结炎；偶见全身性播散。肺外感染为脑膜炎、眼炎，与硅沉着病（矽肺）有关。对现用之大多数抗结核药耐药。作为鸟类结核病原菌而广泛分布，较少见于牛、猪和其他动物的病变。

（7）细胞内分枝杆菌（M. intracellulare）：1949 年发现。分离自患全身性疾病的儿童。短至长杆菌，球杆菌。25℃能生长。在改良罗氏培养基上，37℃培养 7 天或更长时间，菌落光滑、无色。在油酸卵蛋白琼脂培养基上，菌落光滑、透明、无色，中心时常变厚，很少有粗糙型菌落。可引起人的严重慢性肺病，多为继发性感染。还可发生全身性淋巴结炎、骨关节炎。本菌毒力低，对豚鼠及鸡无致病性。耐热触酶试验阳性，亚硝酸还原试验（3 天）为阳性，硝酸盐还原及吐温-80 水解试验阴性。

在对抗结核药物敏感性上与鸟分枝杆菌有区别。如在含利福平（RFP）和氟嗪酸（氧氟沙星）培养基上（10r/ml），本菌不生长，而鸟分枝杆菌生长。

（8）蟾蜍分枝杆菌（M. xenopi）：由 Schwabacher（1959）首次描述。从蟾蜍肉芽肿分离出。曾从水和猪的肉芽肿中分离到。对异烟肼比较敏感。长杆菌，呈丝状，长 5～6μm，抗酸染色着色不良。

生长温度为 40～45℃，42℃生长快。在改良罗氏培养基上，37℃培养 14 天或更长时间产生光滑型无色素菌落。培养时间长，大部分菌落变为黄色。暗处生长产生黄色，光照试验有时也呈黄色。耐热触酶试验阳性。硝酸盐还原试验和吐温-80 水解试验均为阴性。42℃培养 5～7 天，产生大量芳香硫酸酯酶。在 PNB 培养基上不生长。可引起人肺部感染。

(9) 苏加分枝杆菌（M. szulgai）：有人亦称之为施氏分枝杆菌或小萝卜分枝杆菌。系苏加医师通过薄层色谱分析细胞壁脂类发现本菌脂质有明显的特征而用苏加命名。形态同结核杆菌。37℃培养时呈暗产色，而在 24～26℃培养时却显示光产色。触酶阳性，触酶耐 68℃ 20 分钟，硝酸盐还原试验、尿素酶、芳香硫酸酯酶均为阳性。吐温-80 水解试验多为阴性。本菌与人类感染有关，是临床上一种很重要的分枝杆菌。多为原发感染，肺空洞率较高，也可引起腱鞘炎。

(10) 嗜血分枝杆菌（M. haemophilum）：1978 年发现，本菌感染人群后，可引起皮肤感染，偶有病例发生溃疡。培养 4～8 周方可肉眼见光滑菌落。硝酸盐还原试验阴性。

(11) 戈登分枝杆菌（M. gordonae）：1962 年发现，本菌从下水道污水中分离培养得到。菌落湿润、光滑型、橙黄色；无致病性。

在 HIV 感染或有严重免疫缺陷者，本菌可感染肺、血液、骨髓和其他器官。

(12) 玛尔摩分枝杆菌（M. malmoense）：1977 年发现。本菌感染人类后可引起肺部感染性疾病。菌落呈光滑型。硝酸盐还原试验阳性，吐温-80 水解试验阳性。可在含乙胺丁醇（EMB，5r/ml 药物）培养基上生长。

2. 非致病性慢生长 EM

(1) 土分枝杆菌（M. terrae）：1950 年发现，本属无色粗糙型菌落。25℃生长。尿素酶试验阳性。

(2) 次要分枝杆菌（M. triviale）：1970 年发现，本属无色光滑型菌落。25℃生长，可在 5% 氯化钠培养基上生长。尿素酶试验阳性。

(3) 无色分枝杆菌（M. nonchromogenicum）：1965 年发现，本菌为无色光滑型菌落；25℃生长。偶可引发人类肺部感染和关节炎。

(4) 胃分枝杆菌（M. gastri）：1966 年发现，本菌为无色湿润光滑型菌落。尿素酶试验阳性，耐热触酶试验阴性。PNB 培养基上不生长。

3. 致病性速生长 EM

(1) 偶然分枝杆菌（M. fortuitum）：1938 年发现。菌之形态呈多形性：球杆状、丝状、颗粒状。28℃培养 5 天，10%～100% 细胞抗酸。在 25～37℃生长，大部分菌株在 22℃和 42℃均能生长，25～37℃培养 3 天可见菌落呈粗糙型，白色至乳白色。在油酸卵蛋白琼脂培养基上，菌落呈光滑型，中央暗色，边缘整齐。耐热触酶、硝酸盐还原试验、尿素酶试验均为阳性。多数菌株不水解吐温-80。在含抗结核药 EMB（5r/ml）培养基上生长，在含 OFLX（5r/ml）培养基上不生长。主要引起皮肤感染，脓肿形成，肺部感染少见。对小鼠有致病性，对豚鼠和家兔无病原性。分离自人的寒性脓肿，见于土壤、人、牛和冷血动物的感染。

(2) 龟分枝杆菌（M. chelonei）：Bergey 等首次（1923）发现。Kubica 等 1972 亦有报告。形态多形性，长而细或短粗杆菌，也有球形，（0.2～0.5）μm×（1～6）μm。幼龄培养物抗酸性强，培养时间长的菌细胞不抗酸。在改良罗氏培养基上培养 3～4 天后，菌落光滑、湿润、有光泽，不产色或呈乳脂淡黄色。在油酸卵蛋白琼脂培养基上，菌落光滑，有光泽，下面粗糙。22～40℃生长，42℃不生长。

龟分枝杆菌与偶然分枝杆菌在生物学特性，以及引起人类疾病方面相似，Youmans 称此两种菌为偶然-龟复合分枝杆菌。但偶然分枝杆菌硝酸还原试验阳性，在玉米粉琼脂培养基上，小菌落周围伸延出广泛丝状体网状物，菌落光滑，有光泽，细颗粒状；而龟分枝杆菌均呈阴性。

本菌种可分为两个亚种：①龟分枝杆菌龟亚种（M. chelonei subsp. chelonei）：100℃时失去磷酸酯酶活性。不能以烟酰胺或亚硝酸盐作为唯一氮源。在 0.2% 苦味酸或含 5% 氯化钠鸡蛋培养基上不生长；②龟分枝杆菌脓肿亚种（M. chelonei subsp. abscessus）：此菌上述特性与龟亚种则相反，以此可将这两菌区别开。

龟分枝杆菌可引起肺部和皮肤感染，小鼠、大田鼠、豚鼠和家兔轻度病变。分离自痰，也见于土壤中。

新近研究把脓肿分枝杆菌从龟分枝杆菌亚种划分出来，成为一独立的菌种（在临床疾病相关章节将详细介绍）。

（3）猪分枝杆菌（M. porcinum）：1983年发现，本菌可引起猪淋巴结炎。为无色湿润光滑型菌落，性状和龟分枝杆菌类似。硝酸盐还原试验阴性，琥珀酰胺酶试验阳性。

（4）抗热分枝杆菌（M. thermoresistible）：1966年发现，本菌感染人类后可引起肺部疾病。在37℃时培养5天可见菌落；在42～45℃时，3天可见菌落。芳香硫酸酯酶试验阴性。

4. 非致病性速生长分枝杆菌

（1）副偶然分枝杆菌（M. parafortuitum）：1966年发现，25℃时可生长，在37℃的适宜温度下，3天可见无色湿润光滑型菌落。其他性状与偶然分枝杆菌相似，故称为副偶然分枝杆菌，但为非致病菌。

（2）耻垢分枝杆菌（M. smegmatis）：1885年发现，本菌25℃生长，适宜温度37℃，45℃也能生长，菌落呈无色粗糙型。广泛分布于自然界。实际上本菌已发现有致病性。

（3）草分枝杆菌（M. phlei）：1893年发现，本菌25℃生长，适宜温度37℃，45℃也能生长，菌落呈黄色粗糙型，不能在5%氯化钠培养基和RFP药物培养基上生长。广泛分布于自然界。

（4）微黄分枝杆菌（M. flavescens）：1962年发现，本菌菌落呈黄色粗糙型。能在5%氯化钠培养基和RFP药物培养基上生长。广泛分布于自然界。

（5）母牛分枝杆菌（M. vaccae）：1964年发现，本菌25℃生长，适宜温度37℃，菌落呈黄色湿润光滑型。

应提及，所谓非致病性的慢生长及快生长分枝杆菌并不是严格绝对的定义。换言之，这些过去认为非致病性的EM，近来不断出现有引起对人类致病的报告。如M. smegmatis归入皮肤感染之列。

（吴勤学）

附：结核及非结核杆菌实验感染的动物模型

鉴于一个合理的动物模型是对分枝杆菌病因、发病机制、机体的免疫状态、相关药物反应及以疫苗等进行更深入研究的至关重要的工具，特将其进展做一下简介。

一、非人灵长类动物模型

非人灵长类动物与人的亲缘关系最近，是理想的动物模型。它拥有与人相似的生理生化特征，能够通过与人相同的传播途径和方式、相同的毒株、相似的菌量导致感染，并出现与人相似的疾病特征、病理变化和免疫学改变等。实验室常用的猕猴和短尾猴感染MTB后形成的结核肉芽肿可见中心干酪样坏死，周围上皮样细胞和多核巨细胞的浸润。有些肺部发展为空洞，然后钙化或纤维化；有些在肠内可发生溃疡。Dutta等人通过气溶胶方式使恒河猴感染突变的MTB，模拟人肺部结核病，以研究MTB在肺部存活所必需的基因组成。非灵长类动物是研究结核合并艾滋病的最佳模型。Shen等证实了对猴免疫缺陷病毒（simian immunodeficiency virus, SIV）感染的猕猴静脉注射BCG，能够发展成结核病，并在此基础上成功地建立艾滋病和结核病共同感染的动物模型。Chen等用该模型研究免疫缺陷病毒（HIV）和MTB在同一宿主内的相互作用。Flynn等人通过在结核分枝杆菌感染之前在猕猴应用抗体中和的方法研究肿瘤坏死因子在结核感染中的作用。

非人灵长类动物存在的缺点是成本比较高，操作复杂，疾病控制条件难以达到等。但在免疫致病机制和疫苗有效性的研究及药物研发临床前的实验中，非人灵长动物仍具有不可替代的地位。

二、小鼠模型

小鼠由于价格低廉、遗传及免疫背景清楚、相关试剂易得、T细胞在MTB感染免疫应答中的作用和人类一致、有相对成熟的定向基因敲出技术等优点，成为制备结核病模型最常用的动物。例如通过基因敲出的方法，可以得到CD4$^+$T细胞缺陷的小鼠以研究其在结核肉芽肿形成过程中的作用，相似的模型还有TNF-γ、INF-γ、IL-27、IL-10缺陷的小鼠模型。Vallerskog等选择C57BL/6小鼠通过腹腔注射STZ，建立糖尿病模型（血糖>200mg/dl），再以气溶胶吸入的方式使这些小鼠感染MTB Erdman株，从而建立糖尿病小鼠模型。

小鼠结核模型的缺点在于它有两点不同于人：首先，人初次感染MTB时，疾病通常被控制，无明显症状。小鼠尽管疾病被控制，细菌量仍保持较高水平，细菌在肺内的持续存在加重了其病变，所有小鼠疾病呈慢性进行性过程。其次，小鼠和人形成的肉芽肿完全不同，虽然也由淋巴细胞和巨噬细胞组成，但细胞排列不像人肉芽肿典型，很少发展为坏死、液化及空洞。此外小鼠肺组织出现坏死性改变时间较长、肺部荷菌量改变幅度较小，不利于对治疗和保护作用进行评价等缺点，限制了小鼠在结核病研究中的应用。

三、豚鼠模型

豚鼠对人型及牛型MTB都极为敏感。剂量稍大就会引起豚鼠模型早期死亡。Palanisamy等用低剂量不同的MTB毒株气溶胶感染豚鼠，发现Erdman K01，CSU93/CDC1551和HN878系MTB毒株和实验室常用毒株H$_{37}$Rv相比，豚鼠的存活时间更短。豚鼠另一个特点是可以形成与人感染结核时相似的肉芽肿，并可发展为坏死，但一般不容易发生空洞，可以通过皮肤诱导迟发超敏反应监测病程进展，因此豚鼠大量用于结核病发病机制、病理和免疫的研究中。

由于豚鼠对结核杆菌十分敏感，豚鼠的潜伏感染模型也比较难建立。Kashinoss等用人结核杆菌链霉素营养缺陷型突变株（streptomycin auxotrophic mutant of Mycobacterium tuberculosis），成功建立了豚鼠的潜伏感染模型。Li等用低菌量（500 CFU）H37Rv菌株感染豚鼠后给予异烟肼（10mg/kg）和吡嗪酰胺（40mg/kg）分别治疗4周、8周、12周，停药或者应用地塞米松可使结核复发，从而建立了豚鼠结核潜伏感染的另一途径。

豚鼠相关细胞因子的免疫试剂难获得，加之，豚鼠价格昂贵，感染装置和饲养环境要求高等原因，而使其应用受到限制。

四、兔模型

家兔也是结核杆菌研究常用的实验动物。家兔对结核杆菌敏感性差，需要用强毒力结核杆菌感染，但家兔对牛结核杆菌很敏感。家兔感染结核杆菌后能够形成与人类似的肉芽肿，其肺部结核杆菌感染能够发生坏死和液化，并可以形成空洞，是结核病病理研究的理想动物模型。Nedeltchev等人通过反复5次皮下注射热处死的牛结核分枝杆菌（10^7 CFU）和不完全弗氏佐剂使家兔致敏，然后经食管镜向家兔肺叶注入牛分枝杆菌混悬液（10^3 ~ 10^{4}CFU），发现其临床表现、组织病理，与人结核病相似，并通过对脾、肝、肾、淋巴结、肾上腺、卵巢、骨髓、肠道及粪便等进行细菌计数以研究结核分枝杆菌在肺外的分布。

Jassal等，将牛分枝杆菌通过支气管镜的途径感染致敏和未致敏的家兔，对照观察之后制定并完善了一套评价家兔大体标本的评分系统（gross scoring systerm）。Zhang等通过对家兔皮内注射不同剂量、不同种类的分枝杆菌（BCG、H37Ra、耻垢分枝杆菌），建立了家兔皮肤分枝杆菌模型，用来模拟人肺部的干酪样坏死和液化，并用于不同分枝杆菌毒力的比较。该模型不但简单易操作、直观、快速，还有利于节约成本，扩大家兔的使用范围。此外，Tsenova等建立了兔结核性脑膜炎模型并应用此模型研究了结核杆菌对中枢系统损坏及BCG对此的保护作用。

家兔的潜伏感染比较少，Yukari与Manabe等用H37Rv通过气溶胶途径感染家兔，疾病控制后用糖皮质激素诱导，导致结核复发的方法，建立了免疫重建炎症综合征（immune reconstitution inflammatory syndrome，IRIS）的兔模型，属于潜伏感染模型，可以用于研究免疫发病机制及阶段诊断，对后来的研究影响很大。

五、大鼠模型

另一种常用的实验动物是大鼠，虽然大鼠对结核杆菌不敏感，但它有价格低廉、抵抗力强、血标本容易采集、免疫试剂易得等优点，更能适应大批量科研的需要。MTB 对大鼠的肺组织具有相对较高的亲和力，相对于小鼠、豚鼠等动物模型，这是大鼠一个优势。

六、牛模型

牛也是结核分枝杆菌研究中常用的动物模型。它对牛分枝杆菌天然易感，在研究 BCG 疫苗和细胞免疫方面有着不可替代的作用。但是牛体型大，操作相当复杂，成本高，限制了它的应用。

七、果蝇模型

果蝇是经典的遗传学研究的模式生物，最近也应用感染免疫研究中。动物进化中固有免疫是高度保守的，果蝇有类似脊椎动物的吞噬细胞和固有免疫信号途径如 Toll 和 Imd 途径，这为果蝇作为结核病模型提供了可能。果蝇模型的优点是：①繁殖快、培养容易、成本低、操作简单适合进行高通量筛选；②遗传研究工具齐全，全基因组序列已知，易于进行正向遗传学和反向遗传学分析。因此果蝇是研究人对结核的固有免疫反应比较好的模型。但是目前还不能直接用结核杆菌感染果蝇，只有海分枝杆菌、偶发分枝杆菌和耻垢分枝杆菌等个别分枝杆菌才能感染果蝇。该模型的缺点是果蝇缺乏 T、B 细胞，只能用于研究固有免疫，而且得到的结果需要在哺乳动物中验证。

八、斑马鱼模型

斑马鱼（Danio rerio, zebra fish）在遗传学、免疫学、分子生物学等研究中应用已经比较广泛。但作为 MTB 感染模型的应用还处于初级阶段。斑马鱼的优点：个体小、繁殖力强，易饲养，成本低，便于开展大规模研究；体外受精，胚胎发育快，胚体早期透明；有较完善的遗传操作技术，已经应用了 Whole-Mount 原位杂交技术（全胚原位杂交），转基因技术、反义寡核苷酸沉默基因表达技术、基因过量表达技术等。

已经报道的能够感染斑马鱼的分枝杆菌：脓肿分枝杆菌、外来分枝杆菌（Mycobacterium peregrinum）、龟分枝杆菌、海鱼分枝杆菌、偶发分枝杆菌、嗜血分枝杆菌。其中海鱼分枝杆菌对斑马鱼具有较高致病性，感染后可形成与人结核病相似的感染过程和症状：巨噬细胞吞噬菌体，菌体在巨噬细胞内生长繁殖，并随巨噬细胞的运动而转移传播，海分枝杆菌的生长也可能受到巨噬细胞的限制，最后形成肉芽肿。Davis JM 利用实时成像技术检测出，斑马鱼胚胎被感染后，巨噬细胞很快聚集到感染位点并且吞噬海鱼分枝杆菌。Clay H 等采用巨噬细胞标记和粒细胞标记证明巨噬细胞是吞噬海分枝杆菌的主要细胞。Lam JT 等将高毒力 MTB 的相关突变基因片段，重组到海鱼分枝杆菌内，然后感染斑马鱼，发现斑马鱼出现早期死亡。

斑马鱼模型的缺点：当前还没有合适的靶基因缺失技术，缺少免疫细胞表面标记，尚未获得针对免疫系统细胞表面标记的单克隆抗体，更重要的是斑马鱼与人体生理相差较大，所得的结果也需要再次验证后才有说服力。

小结：近几年来结核等分枝杆菌的研究得到了人们的重视，现在人们对结核病的研究已经不仅仅是从整体水平、细胞水平，而转向从分子水平、基因水平的研究，结核病的研究已经进入一个更细致的时代，对实验动物的要求更高。

理想动物模型的经典评价标准是：①少量分枝杆菌感染可致病；②对 MTB 感染而言组织中单核巨噬细胞浸润出现较早，有干酪样坏死、液化、空洞等病理改变出现；③能观察到原发感染征，并且通过血行感染其他部位；④激发的免疫应答与人类感染类似；⑤具有与人类分枝杆菌相似的临床症状和病程转归，并对临床常用的化疗方案有效。但是迄今为止，还没有一个动物模型能够解决所有结核相关的问题。研究者可从不同角度出发，根据实际情况，选择合适的敏感动物、细菌毒力、感染菌量、感染途径及部位，建立满足实验需要的模型。

（王洪生）

第三节　新鉴定的分枝杆菌

所谓新鉴定的分枝杆菌主要是指 20 世纪 90 年代以来所鉴定的分枝杆菌。参照 Tortoli 的描述，鉴定既包括传统地生物表型，也包括现代基因型。产色素与否虽然不是鉴定的特异指标，但仍有一定意义，所以新菌的鉴定仍考虑了色素形成这一因素。限于篇幅不做详细描写。

鉴于这些新菌尚未有系统的中文译名，为便于国人研究和应用，笔者先初步予以命名（若菌外文名同作者名，即按作者命名；若来源独特，即按来源命名；若为其他情况，则按外文译音命名）。待国际或我国有关法定机构统一命名后，再按章更名。本节除表 2-3-1 注有笔者所做之中文名外，其余描写均写外文原名。

表 2-3-1 列出新分枝杆菌的清单，现按慢生和速生分枝杆菌两大类分别加以介绍。

表 2-3-1　20 世纪 90 年代后鉴定的新分枝杆菌

暂用中文名	原名	描述者	年代
慢生菌（产色素）			
中庸分枝杆菌	M. interjetum	Springer 等	1993
中间分枝杆菌	M. intermedium	Meier 等	1993
隐藏分枝杆菌	M. celatum	Butler 等	1993
显著分枝杆菌	M. conspicuum	Springer 等	1995
苍黄分枝杆菌	M. lentiflavum	Springer 等	1996
波希米亚分枝杆菌	M. bohemicum	Reischl 等	1998
赫克雄分枝杆菌	M. heckeshornense	Roth 等	2000
库必克分枝杆菌	M. kubicae	Floyd 等	2000
多利安分枝杆菌	M. doricum	Tortoli 等	2001
派鲁斯分枝杆菌	M. palustre	Torkko 等	2002
慢生菌（不产色素）			
布氏分枝杆菌	M. branderi	Koukila-Kähkölä 等	1995
坎奈迪分枝杆菌	M. canettii	Van Soolingen 等	1997
几那温分枝杆菌	M. genavense	Böttger 等	1993
三重分枝杆菌	M. triplex	Floyd 等	1996（1997）*
海德尔贝格分枝杆菌	M. heidelbergense	Haas 等	1997（1998）*
湖月分枝杆菌	M. lacus	Turenne 等	2002
肖特分枝杆菌	M. shottsii	Rhodes 等	2001
速生菌（产色素）			
黑斯分枝杆菌	M. hassiacum	Schröder 等	1997
象源分枝杆菌	M. elephantis	Shojaei 等	2000
诺沃卡斯分枝杆菌	M. novocastrense	Shojaei 等	1997

续　表

暂用中文名	原名	描述者	年代
速生菌（不产色素）			
脓疡分枝杆菌	M. abscessus	Kusunaki 等	1992
蜂房分枝杆菌	M. alvei	Ausina 等	1992
冬天分枝杆菌	M. brumae	Luguin 等	1993
黏合分枝杆菌	M. congluentis	Kirschner 等	1992
黏性分枝杆菌	M. mucogenicum	Springer 等	1995
外源分枝杆菌	M. peregrinum	Walace 等	1994
拟龟型分枝杆菌	M. mageritense	Domenech 等	1997
古迪分枝杆菌	M. goodie	Brown 等	1999
郝尔沙替分枝杆菌	M. holsaticum	Richter 等	2002
免疫原分枝杆菌	M. immunogenum	Wilson 等	2001
腐败分枝杆菌	M. septicum	Schinsky 等	2000
沃林斯基分枝杆菌	M. wolinskyi	Brown 等	1999
仅环境来源的菌种			
包特分枝杆菌	M. botniense	Torkko 等	2000
氯酚红分枝杆菌	M. chlorophenolicum	Häggblom 等	1994
库克分枝杆菌	M. cookii	Kazda 等	1990
费瑞德里克思分枝杆菌	M. frederiksbergense	Willumsen 等	2001
爱尔兰分枝杆菌	M. hiberniae	Kazda 等	1993
霍氏分枝杆菌	M. hodleri	Kleespies 等	1996
马达加斯加分枝杆菌	M. madagascariense	Kazda 等	1992
墙壁分枝杆菌	M. murale	Vuorio 等	1999
万巴艾林分枝杆菌	M. vanbaalenii	Khan 等	2002
"虚幻"分枝杆菌	"virtual" mycobacteria		
"可见"分枝杆菌	M. visibilis	Appleyard 等	2002
新亚种			
鸟分枝杆菌鸟亚种	M. avium subsp. avium	Thorel	1990
鸟分枝杆菌副结核亚种	M. avium subsp. paratuberculosis	Thorel	1990
鸟分枝杆菌森林土壤亚种	M. avium subsp. silvaticum	Thorel	1990
鸟分枝杆菌人猪型亚种	M. avium subsp. hominissuis	Mijs	2002
牛分枝杆菌山羊亚种	M. bovis subsp. caprae	Niemann	2002

＊ 有的文献记载的不同描述年度

表 2-3-2 和表 2-3-3 分别列出慢生长分枝杆菌的生物特性和药物敏感性。

表 2-3-2　慢生长分枝杆菌的主要培养和生化特性[a]

受试菌种	试验结果						
	硫酸芳香酯酶（3 日）	触酶半定量（mm）	触酶68℃	硝酸盐还原	吐温-80水解	尿酶水解	色素
M. bohemicum	–	<45	+	–	–	+/–	+
M. botniense	–[b]	<45	–	–	–	–	+
M. branderi	+[c]	<45	+[c]	–	–	–	–
M. canettii	ND	ND		+	–	ND	–
M. celatum	+	<45	+	–	–	–	+
M. conspicuum	+	<45[c]	+	–	+	–	+
M. cookii	+	ND	ND	–	–	–	+
M. doricum	–	<45	+[c]	+	–	+	+
M. genavense	–	>45	+	–	–	+	–
M. heckeshomense	–	<45	+	–	–	–	+
M. heidelbergense	–	ND	+	–	+	–	
M. hiberniae	–[d]	>45[c]	+[c]	+	v	–	+[e]
M. interjectum	–	<45[c]	+	–	–	+	+
M. intermedium	+	>45[c]	+	–	+	+	+
M. kubicae	–	>45	ND	+	–	–	+
M. lacus	±	<45	ND	+	±	+	–
M. lentiflavum	–	<45	±	–	–	–	+
M. palustre	–[d]	<45	+[c]	+/–	+	+	+
M. shottsii	–	ND	v	–	–	+	
M. triplex	–[b]	>45	+	+	–	+	
M. tusciae	–[b]	<45	+	+	+	+	+

注：a. +：阳性；–：阴性；+/–：阳性为主；±：弱阳；ND：未做；V：变化不定；

　　b. 在 14 天试验阳性；

　　c. 未发表资料；

　　d. 试验在 10 天变化；

　　e. 粉红色色素

表 2-3-3　慢生长分枝杆菌的抗生素敏感性[a,b]

受试菌种	试验结果				
	试验菌株号	乙胺丁醇	异烟肼	利福平	链霉素
M. bohemicum[c]	3	R	R	v	I
M. branderi	9	S	R	R	S
M. canettii	2	S	S	S	v
M. celatum	24	V	R	R	S
M. conspicuum	2	S	R	I	I
M. cookii	17	S	S	S	S
M. doricum	1	S	S	S	S
M. genavense	8	R	R	S	S
M. heckeshomense	1	S	R	v	S
M. heidelbergense[c]	2	v	v	v	v
M. hiberniae	13	S	R	R	R
M. interjectum[c]	4	R	R	S	v
M. intermedium	1	S	R	S	R
M. kubicae	15	S	R	R	R
M. lacus	1	S	S	S	I
M. lentiflavum[c]	3	R	R	R	R
M. palustre[c]	1	S	R	S	S
M. shottsii	21	S	R	S	S
M. triplex	10	S	R	R	R
M. tusciae	1	I	ND	S	S

注：a. 无有用数据：M. botniense；

　　b. R：抵抗；S：敏感；I：中度敏感；v：变动；ND：未做；

　　c. 其文献的数据

表 2-3-4 和表 2-3-5 分别列出快生长分枝杆菌的生物特性和药物敏感性。

表 2-3-4　快生菌的主要培养和生化特性

受试菌种	试验结果									
	硫酸芳香酯酶（3日）	触酶半定量（mm）	68℃触酶	硝酸盐还原	吐温-80水解	脲酶水解	色素	≥42℃生长	5%NaCl耐受	马克康凯琼脂上生长
M. abscessus	+	>45	v	-	-	+	-	-	+	+
M. alvei	+	ND	+	+	+	+	-	-	-	-
M. brumae	-	ND	+	+	+	+	-	-	-	-
M. chlorophenolicum	+	ND	ND	-	ND	ND	+	-	+[b]	ND
M. confluentis	-	>45	+	+	+	+	-	-[c]	-	-[d]
M. elephantis	-	>45	+	+	+	+	+	+	+	-
M. frederiksbergense	ND	ND	ND		+		+	-	ND	-
M. goodii	-	<45	-	+	ND	ND	-	+	+	+
M. hassiacum	-	>45	+	-	-	+	+	+	+	-[d]
M. holdleri	ND	ND	ND	-	+	+	+	-	ND	ND
M. holsaticm	-	ND	-	+	v	+	-	-	+	-
M. immunogenum	+	ND	ND	-	ND	ND	-	-	-	+
M. madagascariense	+	ND	ND		+	+	+	-	-	
M. mageritense	+	ND	-	+	-	+	+	+	+	+
M. mucogenicum	+	<45	-	v	+	+	-	-	-	+
M. murale	+	ND	±				+	-		
M. novocastrense	+[d]	>45	+[d]	+	+	+[d]	+	+	+	+/-
M. peregrinum	+	>45	+	+	v	+	-	-	+	-
M. septicum	ND[e]	ND	ND	+	ND	ND	-	-	+	+
M. vanbaalenii	+	ND	ND	+	+	+	+	-	ND	ND
M. wolinskyi	-	<45	+	+	ND	ND	-	-	+	+

注：a. +：阳性，-：阴性，+/-：主要为阳性，v：变动，±：弱阳性，ND：未做；

　　b. 3%NaCl 耐受试验；

　　c. 在 41℃阳性；

　　d. 未发表资料；

　　e. 在 14 天试验阳性

表 2-3-5　快生长分枝杆菌的抗生素敏感性

菌名	检测数	试验结果								
		乙胺丁醇	异烟肼	利福平	链霉素	阿米卡星	头孢噻酚	环丙沙星	克拉霉素	妥布霉素
M. abscessus	99	R	R	R	R	S	R	R	S	I
M. alvei	6	S	R	R	R	ND	ND	ND	ND	ND
M. brumae	11	S	R	R	R	ND	ND	ND	ND	ND
M. confluentis	1	S	S	ND	S	ND	ND	ND	ND	ND
M. elephantis	5	S	S	v	S	S	ND	S	v	ND
M. goodie	8	S	R	R	ND	S	v	I	v	I
M. hassiacum	2	S	R	R	S	S	ND	S	S	S
M. holsaticum	9	S	R	R	S	ND	ND	ND	ND	ND
M. immunogenum	12	ND	ND	ND	ND	S	R	v	S	R
M. mageritense	11	R	R	ND	ND	S	R	S	R	R
M. mucogenicum	84	ND	ND	ND	ND	v	S	S	S	ND
M. murale	2	S	S	S	S	S	ND	S	S	ND
M. novocastrense	1	S	ND	R	S	ND	ND	S	ND	ND
M. peregrinum	8	R	R	R	R	S	R	S	S	S
M. septicum	1	ND	ND	ND	R	S	ND	S	ND	S
M. volinskyi	3	ND	R	R	ND	S	v	I	v	R

注：对 M. chlorophenolicum，M. frederiksbergense，M. hodlere，M. madagascariense 和 M. vanbaalenii 尚未有报道数据；R：抵抗，S：敏感，I：中度敏感，v：变动，ND：未做

（吴勤学　李新宇）

第四节　分枝杆菌毒力因子的分子决定簇研究

用不同方法可以测定巨噬细胞和动物感染模型中分枝杆菌的毒力，而且已经有许多方法可以用于诱导 MTB 基因突变。将这些方法联合起来，研究者就能鉴定出一些与 MTB 致病性相关的重要基因，本节参照 Collins 等（2000）和 Smith（2003）相关描述将主要讨论这些基因中的一部分以及它们所编码的细胞成分。应提及在 DNA 序列测定基础上，根据这些蛋白已知的或预测的功能，可以对它们进行分组。同时也发现感染过程中一部分基因表达上调。在大多数情况下，基因失活研究方法还不能证明它们对毒力的必要性。

一、细胞分泌作用和细胞膜的功能

主要涉及编码暴露于 MTB 生长环境培养基中或噬菌体内蛋白的各种基因。其中包括在合成各种细胞表面分子过程中起重要作用的分泌蛋白和酶。

1. 培养滤液蛋白　MTB 培养滤液蛋白（culture filtrate protein，CFP）发现于 MTB 生长后的培养基中。所有这些蛋白的分泌机制还不清楚，大约共有 200 种（部分蛋白质与细胞相关）。应指出 CFP 的定义是一个操作性定义。已经确认结核病人血清中有多种此类蛋白质的存在。推测 MTB 的减毒活

疫苗优于加热灭活细胞制成的疫苗是因为 MTB 在宿主体内生长时，可释放 CFP，从而激发宿主免疫反应。有趣的是，在培养滤液中发现的能降解 ROIs 的 KatG（过氧化氢酶–过氧化物酶）和 SodA（超氧化物歧化酶）有利于 MTB 生存（以后会讨论）。据推测它们的存在可能使宿主噬菌体产生的有害分子得到更有效降解。培养滤液中发现的许多蛋白质，如 SodA，KatG 和 GlnA（谷氨酰胺合酶），没有蛋白质分泌时常见的先导序列，但事实上它们在生长早期就从细胞中被释放出来，说明这是一个生理性过程，不依赖于细胞溶解。但是，更多近期实验表明只有在结核分枝杆菌中高表达的也是非常稳定的蛋白，如 GlnAt 和 SodA，能在早期培养滤液中发现，而相对量少的细胞内蛋白或不稳定的蛋白没能在细胞外发现。这些结果有力表明培养滤液中的许多蛋白，尤其是那些缺少先导序列的蛋白质的存在，是通过细胞渗漏或溶解产生的。

（1）HspX（Rv2031c，hspX）：也称为 Acr，为 α 结晶蛋白同系物或 16-kDa 蛋白，是一种被大量结核病人血清检测所确认的主要结核分枝杆菌抗原，在缺氧条件下诱导产生。人类 THP-1 巨噬细胞中也可诱导生成这种基因，而 hspX 基因失活突变体体内的巨噬细胞 MTB 活力严重减弱。推测伴侣蛋白样 HspX 是 MTB 潜伏或持续存在的重要控制因素，因蛋白的过度表达能抑制 MTB 的生长。在缺氧状况下诱导产生 hspX 需要应答调节基因 Rv3133c 的参与。

（2）Esat6/CF-10（Rv3875，Rv3874）：两者是 MTB 培养滤液中发现的相关小分泌蛋白 Esat6 家族成员。这两种蛋白都是经大多数结核病人血清检测所确认的免疫优势抗原。Rv3874 和 Rv3875 位于 RD1 缺失区。RD1 包含 9 种蛋白的结构基因，Rv3971 至 Rv23979。研究发现所有的毒力型 MTB 和牛分枝杆菌中均可找到这个区域，而只在所有的 BCG 中发现缺失，首次表明这个区域的一些基因对于毒力形成很重要。用基因敲除术使 MTB H37Rv 中的 RD1 区域缺失，产生的变种具有与经典 BCG 相同的减毒基因型。当用基因敲入术，将 RD1 区域插入 BCG 染色体中时，发现合成的品系比它的减毒母体毒力明显增强。虽尚不清楚是否 RD1 区域的其他任何一种基因对毒力都是必需的，但用作活疫苗的无毒田鼠分枝杆菌，使用基因敲入方法将 MTB 的 RD1 区域导入（也包含 RD1 缺失）时，其毒力增强，是有意义的提示。

（3）19-kD 蛋白（Rv3763，lpqH）：是一种被结核病人血清和 T 细胞检测所确认的免疫显性抗原。初始认为 19-kD 蛋白是毒力产生所必需的。但后来的实验却不能得出绝对的结论。

（4）谷氨酰胺合酶（Rv2220，glnA1）：毒力因子中包括谷氨酰胺合酶。L-蛋氨酸-SR-硫酸铵（MSO），可体外以及在人类和豚鼠 MDMs 内抑制 MTB 生长，MSO 抑制试验表明结核分枝杆菌谷氨酰胺合酶参与合成致病性分枝杆菌中一种叫做多-L-谷氨酸–谷氨酰胺的细胞壁成分。表明这种酶是发展新药的一个很好靶位，对哺乳动物宿主的毒性比 MSO 低。

2. 细胞表面成分　分枝杆菌细胞壁和细胞膜是包含多种蛋白、脂质和碳水化合物的复杂结构，其中部分蛋白、脂质和碳水化合物仅在这些细菌中被发现。这些成分的亚型若惟为致病性分枝杆菌所具有，则将成为 MTB 毒力研究很好的靶位。

（1）Erp（Rv3810，erp）：最初使用 phoA 融合方法，学者认为 Erp 是一种用来鉴定分泌型 MTB 蛋白的细胞表面蛋白。此蛋白与麻风分枝杆菌中的输出性 28-kD 抗原（PLGTS 抗原）相似，在非致病性分枝杆菌中未被发现。与麻风分枝杆菌蛋白相似，MTB 蛋白有 6 个 LTS 序列（PA/G）成串排列。MTB erp 基因失活后该基因突变体在鼠原始巨噬细胞内生长毒力、感染小鼠的肺和脾内毒力均减弱，显示 SGIV（severe growth in vivo）表型特征。BCG 也有相似的 erp 突变体，小鼠中这种突变体显示 PER（persistance）减毒表型特征。该蛋白功能尚未知。

（2）Mas（Rv2940c，mas）：mas 编码结核蜡酸合酶，这是一种催化长链多甲基脂酸（即蜡酸）合成的酶，仅在致病性分枝杆菌中发现。

（3）FadD26（Rv2930，fadD26）：最初作为参与脂肪酸降解的脂酰辅酶 A（acyl-CoA）合酶而被报道。fadD26 和 PMID（包括 mas）合成基因间的紧密联系，表明 FadD26 可能具有合成功能，而不是如最初报道的降解功能。

（4）FadD28（Rv2941，*fadD28*）：是在鉴定*fadD26*的一个 STM 寻找过程中被发现的。亦作为脂肪酸辅酶 A 合酶被报道。鼠中*fadD28*突变体显示相似的 GIV（growth in vivo）表型特征。*fadD28* 位于*mas* 区域，其突变体也不形成 PDIM。

（5）MmpL7（Rv2942，*mmpL7*）：STM 转座子研究中，认为 MmpL7 对 MTB 毒力形成很重要。这种蛋白是一大组相关蛋白中的一个成员。该突变体在鼠中生长力减弱，显示 GIV 表型。

（6）FbpA（Rv3804c，*fbpA*）：MTB 有 3 种分枝酰基转移酶，分别由 3 种基因编码，*fbpA*，*fbpB* 和*fbpC*，其转移长链分枝菌酸至海藻糖衍生物，这些蛋白也可与细胞基质蛋白纤维连接蛋白结合。Fbp 蛋白也可在培养滤液中发现，也已知可作为 85A，85B 和 85C 抗原复合物或 30～32kD 蛋白。这 3 种*fbp* 基因被分别失活，在人类和鼠类巨噬细胞中显示生长力严重减弱表型。观察到这些蛋白属免疫优势，若将*fbpB* 基因导入 BCG 有望创建一种新的活疫苗。

（7）MmaA4（Rv0642c，*mmaA4*）：认为 MTB 中的一个基因群可编码 4 种紧密相关的甲基转移酶，甲基转移酶的功能是形成部分分枝菌酸链的甲氧基和酮基衍生物，分枝菌酸链对 MTB 复合体成员具有专一性。据推测，由*mmaA4* 等编码的甲基转移酶催化的反应，即双键甲基化，是部分分枝菌酸所有后继衍生化的初始步骤。MTB *mmaA4* 基因失活后突变体正常生长，在小鼠中突变体的毒力减弱，显示 GIV 表型。

（8）PcaA（Rv0470c，*pcaA*）：为一种甲基转移酶，可形成分枝菌酸环丙烷残基。分析 PcaA 在 MTB 生理和毒力中的作用，其结构基因失活后突变体的生长速度与野生型基本相似。MTB*pcaA* 突变体毒力更弱。

（9）OmpA（Rv0899，*ompA*）：系一种细胞外膜孔道蛋白样蛋白，OmpA，在 MTB H37Rv 中发现，它可在脂质体上形成小孔，这是细胞外膜孔道蛋白家庭的特性。低 pH 和在巨噬细胞内生长过程中，可诱导*ompA* 表达。*ompA* 突变体在人类和鼠类巨噬细胞中生长活力减弱；小鼠肺和脾内显示 GIV 表型特征。

（10）HbhA（Rv0475，*hbhA*）：是一种肝素结合抗凝集素蛋白，位于毒性分枝杆菌表面。MTB 103 内 *hbhA* 失活后，突变体显示能被吞噬和能在鼠及人巨噬细胞内生长的野生型能力。但被肺细胞吞噬的能力差，尽管细胞内细菌增殖时间是正常的。感染小鼠肺内突变体生长正常，但与野生型合成突变菌株相比，增殖时间延长，脾内细菌接种量降低。这种突变体的唯一特性表明 HbhA 在 MTB 与肺细胞相互作用中有重要地位，而且这种相互作用可能与肺外播散有关。

（11）LAM：LAM 之所以列为毒力因子，是因为与上述 19-kD 蛋白相似的实验鉴定其作为免疫调节剂的重要性。LAM，一种包含阿拉伯糖-甘露糖双糖亚单位重复序列的复合糖脂，是 MTB 细胞壁的主要成分。将 LAM 加至鼠巨噬细胞抑制 IFN-γ 产生，随后又能阻止 IFN-γ 诱导基因的表达。LAM 也能体外清除氧自由基，抑制宿主蛋白激酶 C。这多种表型表明 LAM 可下调宿主对结核分枝杆菌感染的反应，从潜在的致死机制如呼吸暴发环节保护细菌。

二、参与一般细胞代谢的酶

感染过程中，许多病原体会因缺少一些必需的营养和辅助因子，如碳源、氨基酸、嘌呤、嘧啶和二价金属如镁离子和亚铁离子而死亡。

1. 脂质和脂肪酸代谢　基因组测序发现超过 200 种基因参与脂肪酸代谢。

（1）Icl（Rv0467，*icl* 或 *aceA*）：Icl（异枸橼酸裂解酶）是一种在乙醛酸旁路中将异枸橼酸转化成琥珀酸酯的酶。细菌和植物能将醋酸盐或脂肪酸作为生长的唯一碳源，系因乙醛酸旁路提供了一种可进入 Krebs 循环的碳源。

（2）LipF（Rv3487c，*lipF*）：LipF 被认为是在脂质降解中起作用的脂酶。它在一项发现*fadD26*（上面已讨论）的 STM 实验中被鉴定，在小鼠内具有相似的毒力减弱表型。这种蛋白的功能和为什么它是体内细菌生存所必需的原因还不很清楚。

（3）FadD33（Rv1345，*fadD33*）：MTB 基因组中有 36 种基因被认为与大肠杆菌 *fadD* 同源。FadD

是一种将 CoA 加至自由脂肪酸的酰基 CoA 合酶，这是脂肪酸 β 氧化的第一步。与无毒 H37Ra 菌株相比，MTB H37Rv 中 fadD33 表达较高。对 FadD33 蛋白真正的功能尚不清楚。

其他脂肪酸代谢基因（fadA4，fadA5 和 echA19）认为在系人类巨噬细胞中被启动子陷阱选择所诱导生成，但只有 fadA4 结果经 mRNA 检测和证实。

（4）磷脂酶 C（Rv2351c，Rv2350c，Rv2349c，Rv1755c，plcA，plcB，plcC，plcD）：结核分枝杆菌基因组有 4 种 ORF，被认为能编码磷脂酶 C 型酶。其中 3 种，plcA，plcB，plcC，彼此联系紧密，但 plcD 不是如此。许多 MTB 菌株包括 H37Rv 中 plcD 缺失或破坏，牛分枝杆菌及 BCG 衍生物中不存在 plcABC 群。通过两步质粒法制备一些突变体。与野生型 MTB 103 相比，检测那些有单个或增殖的 plcC 突变基因的菌株的磷脂酶 C 活性，结果所有单个突变体的酶活性降低。三倍体（plcABC）和四倍体（plcABCD）突变体具有可忽略的酶活性，作为个体 plcC 基因受体的 plcABC 突变体菌株能恢复一些活性。MTB H37Rv 中的 plcABC 由人类巨噬细胞（THP-1）诱导产生，但结核分枝杆菌 103 的 plc 三倍体和四倍体突变体在这些细胞中生长正常。然而，小鼠中这两种增殖 plc 突变体均毒力减弱，显示 GIV 表型。

（5）PanC/PanD（Rv3602c，Rv3601c，panC，panD）：泛酸是合成 CoA 和其他参与脂肪酸生物合成、降解的重要分子，亦为中间代谢和其他细胞过程所必需的。MTB H37Rv 的 panC 和 panD 基因，分别编码参与泛酸生物合成的泛酸合酶和天冬氨酸 1-脱羧酶，可经专门的转导方法删除。通过检测 SCID 和免疫活性小鼠的存活时间和免疫活性动物中的细菌负荷，鉴定这种突变体毒力减弱。细菌负荷检测表明，突变体在肺内为 PER 表型，脾和肝内为 SGIV 表型。而且，感染突变体的小鼠肺内组织病理改变比那些感染野生型的少。MTB panCD 基因突变体的互补作用将所有毒力表型恢复至正常。当突变体注射至小鼠，也能抵抗毒力型 MTB 的气雾挑战，表明其保护作用与 BCG 相似。

2. 氨基酸和嘌呤生物合成基因

（1）LeuD（Rv2987c，leuD）：leuD，编码异丙基苹果酸异构酶，这种酶在亮氨酸生物合成过程中起作用。该基因在 MTB H37Rv 中经两步质粒法失活，且发现该基因突变体在小鼠原始巨噬细胞内不能生长，或不能杀死 SCID 小鼠。LeuD 营养缺陷体也能使野生型小鼠免受毒力型 MTB 感染，其保护程度约与牛分枝杆菌卡介苗相当。早期在 BCG 中也制成了 leuD 突变体，这种突变体在小鼠中也不能生长，显示 SGIV 表型，在人类巨噬细胞中也不能生长。

（2）TrpD（Rv2192c，trpD）：TrpD 是一种邻氨基苯甲酸磷酸核糖基转移酶，参与色氨酸生物合成途径。MTB 基因可经两步质粒法失活，但最初的 DNA 变性法却能增加其同源重组的频率。在鼠巨噬细胞中该突变体毒力严重减弱，在 SCID 小鼠中几乎不能生长（显示 SGIV 表型），且不能杀死任何一只 SCID 小鼠。

（3）ProC（Rv0500，proC）：ProC 是一种二氢吡咯-5-羧酸还原酶，参与脯氨酸生物合成，MTB 基因经与上述 trpD 基因相同方法失活。它的毒力表型介于野生型 MTB H37 原体与 trpD 突变体之间。在小鼠巨噬细胞中被杀死，但速度没有 trpD 快，它杀死 SCID 小鼠的平均时间为 130 天，而野生型感染后所有的小鼠均在 29 天内被杀死。

（4）PurC（Rv0780，purC）：PurC 是一种 1-磷酸核糖酰胺咪唑琥珀酸甲酰胺合酶，参与嘌呤合成。在 BCG 和 MTB 103 中经两步质粒法失活。两种突变体在失活小鼠巨噬细胞中生长活力减弱，BCG 突变体显示细菌数量大大降低，而 MTB 突变体则不生长，维持其初始细菌数量。小鼠内两种突变体均毒力明显减弱，显示 SGIV 表型。

3. 金属摄入　镁和铁是生命必需的，这些元素的摄入功能减退常会降低细菌病原体的毒力。根据这个原理，在 MTB 中已制备成两种突变体，据报道其可影响这些金属的摄取，导致毒力减弱。

（1）MgtC（Rv1811，mgtC）：沙门菌 MgtC 是一种载体，参与 Mg^{2+} 摄取。MTB 基因组中含 mgtC 同源体，此突变体在低 Mg^{2+} 培养基和人类 MDMs 中生长状态不佳，表明 MTB MgtC 与沙门菌 PhoP 功能相同，分枝杆菌吞噬体也限制 Mg^{2+} 摄取。这种突变体在小鼠中生长活力也明显减弱，显示 SGIV 表型。但是，MTB H37Rv 中制备的相似的 *mgtC* 突变体在 THP-1 人类巨噬细胞中不显示减毒表型，在低 Mg^{2+} 培养基中能生长。两个实验室间结果不一致的原因尚不明确。

（2）IdeR（Rv2711，*ideR*）：IdeR 是一种 DNA 结合蛋白，其与保守 DNA 序列相互作用需要结合 Fe^{2+} 或相关二价阳离子，它是白喉杆菌 DtxR（*C. diphtheriae* DtxR）的结构和功能同源体。IdeR 是主要调节分枝杆菌铁摄取和储存基因的，抑制前者，活化后者。*IdeR* 是 MTB 的必需基因。有报道显示铁独立抑制的 DtxR 突变体的存在，可降低小鼠中 MTB 的生长力。尽管体外或感染过程中没有直接证明，但推测细菌在小鼠体内生长时，突变的 DtxR 抑制 MTB 铁摄取基因。这个有趣的发现表明铁摄取是小鼠 MTB 生长所必需的，提示可能成为治疗干预的靶点。

（3）MbtB（Rv2383c，*mtbB*）：*mbt* 操纵子，包含 *mbtA* 至 *mbtJ*，编码合成分枝菌素和羧基分枝菌素的酶。这种调节子在高铁状况下被 IdeR 抑制。①过量的铁加重人类和动物模型中 TB 的病程；②MTB 感染小鼠肺内细菌 mRNA 测定表明，与 MTB 在肉汤培养基中生长水平相比，其 *mbtB* 被大量诱导生成；③MTB 的一个突变体可阻止其在低铁培养基中生长，被认为可影响高亲和力铁摄取系统中的一个成分，又因突变体不能复制等原因，其在小鼠中的生长力明显减弱，显示 SGIV 表型。这种基因的鉴定目前仍在实验中，一旦找到，应该是一个重要的研究 MTB 毒力的工具。后述部分中将谈及另一个原因，其表明小鼠感染过程中，铁可限制 MTB 生长。

4. 厌氧呼吸和氧化应激蛋白　最初认为 MTB 是专性需氧菌，更多资料表明，在感染后期如肺肉芽肿中，它会遇到微需氧环境。另一方面，大多数需氧器官（包括细菌）有降解过氧化物和过氧化氢（H_2O_2）的酶，过氧化物和 H_2O_2 是有氧呼吸中的正常副产物，如果允许累积，可能生成毒性氧化产物（ROIs）。这些酶，一般指超氧化物歧化酶和过氧化氢酶，以及相关的酶，对于不同体外氧化应激反应也很重要。因为吞噬细胞可产生 ROIs 杀死侵犯细菌，所以这些酶对 MTB 毒力很重要。

（1）硝酸盐还原酶（Rv1161，*narG*）：NarG 是原核呼吸（厌氧的）硝酸盐还原酶的一个亚单位，该酶在无氧呼吸中发挥重要作用，当 MTB 变得微需氧后，厌氧硝酸盐还原酶活性增加。MTB 基因组有一些开放读架（ORF），与编码硝酸盐还原酶亚单位相类似的基因，包括一个命名为 *narGHIJ* 的基因群，是原核细胞中通常编码硝酸盐还原酶的基因结构。MTB *narGHIJ* 基因群编码厌氧硝酸盐还原酶蛋白，经两步质粒法可制备 BCG *narG* 突变体。该突变体没有厌氧硝酸盐还原酶活性，但在有氧或无氧条件下生长情况不受影响。当用 BCG *narG* 突变体感染小鼠时，发现了一个有意义的毒力表型。当 SCID 小鼠感染后，野生型原体生长良好而突变体无复制却也不被清除。正常小鼠中，野生型卡介苗株不可复制，但突变体很快从肺、肝和肾被清除，显示 SGIV 表型。这些结果还不能肯定，但表明在感染过程中，厌氧或微需氧生长是 MTB 生理方面的一个重要特征。

（2）KatG（Rv1908c，*katG*）：KatG 是一种过氧化氢酶：过氧化物酶，可降解 H_2O_2 和过氧化物。它是结核分枝杆菌中唯一具有过氧化氢酶活性的酶，也能降解 ROIs，它活化 INH 药物前体，形成抑制分枝菌酸生物合成的活性种。INH 抵抗的自发突变体常发现于 *katG* 中，牛分枝杆菌制备的这种类型的突变体在豚鼠脾脏发病率测定中毒力减弱。另外，结核分枝杆菌 H37Rv *katG* 突变体，也是基于 INH 抵抗被分离出来，在感染小鼠肺和脾内毒力减弱，最初正常生长后很快被清除，显示 PER 表型。另一种 MTB H37Rv *katG* 突变体显示与小鼠 PER 表型相似，豚鼠中毒力亦减弱。与野生型 *katG* 互补可保存酶活性和毒力。FurA 蛋白的结构基因可直接上调 *katG*，但在耻垢分枝杆菌和 MTB 中，*katG* 不能被 FurA 蛋白调节。FurA 在毒力中的作用尚不明确。

（3）AhpC（Rv2428，*ahpC*）：AhpC 是一种烷基氢氧化物还原酶，这种类型的酶的功能是将器官的氢氧化物解毒。在结核分枝杆菌中尝试将这种基因失活但尚未成功，一种反义方法用来降低牛分枝杆菌中 *ahpC* 基因的表型表达。产生的表型突变体生成的 AhpC 比野生型少，对 H_2O_2 和氢过氧化枯烯更敏感。该突变体在豚鼠模型中毒力亦减退，比野生型少 3 个的 CFU。据推测 AhpC 可以补偿结核分枝杆菌 *katG* 突变体中过氧化氢酶：过氧化物酶活性缺失，因为已有在一些 *katG* 突变体中 *ahpC* 表达增加的报道。但是，AhpC 水平与 *katG* 突变体毒力无相关性。

（4）SodA（Rv3846，*sodA*）：SodA 是一种降解超氧化物的铁作用超氧化物歧化酶，超氧化物是正常有氧呼吸的正常副产物，也可经吞噬细胞呼吸暴发酶产生。因此它对于感染过程中细胞内病原体的存活具有重要作用。*SodA* 是 MTB 中主要的具有这种活性的酶，进行这种基因失活的尝试尚未成功，而耻垢分枝杆菌中可以将 *sodA* 失活。如上述讨论的 *ahpC* 基因的方法一样，为了防止这个问题的发生，一种反义方法用来制备 MTB H37Rv *sodA* 表型突变体。该表型突变体产生 SodA 蛋白的量明显减少，小鼠中毒力明显减弱，在肺和脾脏中，比野生型降低 5 个的 CFU，且很快被清除，显示 SGIV 表型。最近结果表明，结核分枝杆菌 SodA 抑制巨噬细胞的氧化还原反应信号链，提出这将影响感染后初始细胞免疫反应。

（5）SodC（Rv0342，*sodC*）：SodC 是一种铜、锌作用的超氧化物歧化酶，对结核分枝杆菌整个 Sod 活性中的一小部分起作用。两个实验室可将 MTB 中这种基因失活，但毒力值结果不同。其中一项研究中，MTBErdman 中 *sodC* 经线状 DNA 构建失活，产生的突变体对超氧化物的敏感性比野生型高，在活化原始（腹膜）小鼠巨噬细胞中比野生型原体更能被有效杀死。在小鼠失活巨噬细胞或呼吸暴发缺陷小鼠活化巨噬细胞中不受影响。另一项研究中，MTB H37Rv *sodC* 经两步质粒法失活，这种突变体也显示对超氧化物和 H_2O_2 敏感性增加，在活化原始（骨髓）鼠巨噬细胞和豚鼠中显示野生型生长。产生矛盾结果的原因还不清楚，但这两个实验室使用的结核分枝杆菌菌株和巨噬细胞均不相同。

三、转录调节子

因为转录调节子控制许多基因的转录，一种使转录基因失活的直接突变策略将有希望找到一些对 MTB 毒力重要的因子（如在其他病原体中已证明的鼠伤寒沙门菌毒力因子选择性 sigma 因子 RpoS 和反应调节子 PhoP）。

1. Sigma 因子　原核生物用来根据环境改变而彻底改变自己生活方式的主要策略之一包括使用具有不同启动子特性的 RNA 聚合酶全酶。这可以通过形成新的聚合酶包括不同的 sigma 因子来实现，sigma 因子允许新环境所需的基因进行转录。病原体，包括 MTB，也通过这种方式来实现毒力重要基因的转录。

（1）Sigma A（Rv2703，*sigA*）：sigma A 是分枝杆菌首要的必需 sigma 因子，推测是大多数分枝杆菌管家基因转录所必需的。通过减毒牛分枝杆菌菌株（ATCC 35721）与 MTB 粘粒库互补所致的豚鼠致死率测定，Sigma A 被确定为一种毒力因子。减毒突变体是将定位于碳末端的蛋白的氨基酸残基 515（R515H）的精氨酸换成组氨酸。

（2）Sigma F（Rv3286c，*sigF*）：MTB sigma F 的衍生氨基酸序列与天蓝色链霉菌和枯草芽胞杆菌的 sigma F 蛋白的衍生氨基酸序列相似，天蓝色链霉菌和枯草芽胞杆菌中衍生氨基酸序列是孢子形成所必需的。MTB sigma F 的衍生氨基酸序列与枯草芽胞杆菌 sigma B 衍生氨基酸序列也相似，可控制环境应激的反应。据推测人结核中 MTB 的潜伏期可能与细菌孢子形成时间相似。尚不清楚哪一种经含 sigma F 的 RNA 聚合酶（RNAP-sigma F）转录的基因对这种毒力表型重要。

（3）Sigma E（Rv1221，*sigE*）：sigma E 是 sigma 因子 ECF 组（胞质外功能）的成员之一，当 MTB 暴露于不同的环境应激如高温和消毒剂应激时，sigma E 控制对外界 sigE 转录刺激物的细菌反应。因为这些应激可能会在 MTB 感染过程中出现，而且杂交法表明 MTB 在人类巨噬细胞中生长时，*sigE* mRNA 水平上升，所以 sigma E 有可能是毒力所必需的。RseA 在毒力中的可能作用尚不明确，也正在研究中。

（4）Sigma H（Rv3223c，*sigH*）：和 sigma E 一样，sigma H 是 sigma 因子 ECF 家族的另一个成员，与链霉菌属 sigma R 非常相似。sigma R 对一些类型的氧化应激如二酰胺治疗起反应，二酰胺治疗可氧化蛋白质的 SH 基团，形成分子内二硫键。它的启动子确认活性被与一种抗 sigma 因子（RsrA）结合而阻止，RsrA 被与 sigR 毗邻的基因编码。在氧化应激（二酰胺）中，RsrA 中的关键 SH 基团被氧化，它与 sigma R 的连接被破坏。然后 sigma R 能转录一些基因如它自己的结构基因 *sigR* 和 trx 操纵子，trx 操纵子可编码硫氧还蛋白和硫氧还蛋白还原酶，减少被二酰胺治疗所氧化的蛋白。许多结核分枝杆菌基因有一个与链霉菌 RNAP-sigma R 相似的启动子序列，也与被 MTB RNAP-sigma E 确认的相似。转录测定已经表明这些基因中的一些被 MTB RNAP-sigma H 转录。*SigB* 是其中之一，也被 MTB RNAP-sigma E 转录。*SigH* 突变体的毒力表型是微弱的，表现在巨噬细胞和小鼠内生长时，细菌接种量正常，但肺内病变有不同，包括微量肉芽肿和一般迟发肺部炎症反应。与链霉菌一样，MTB 有一个抗 sigma H 因子。

2. 反应调节子　细菌有多个双组分系统，每一个对不同的刺激物反应，一些实验室已经制备出结核分枝杆菌双组分基因的突变体来验证其毒力效应。

（1）PhoP（Rv0757，*phoP*）：PhoP 显示与鼠伤寒沙门菌 PhoP 反应调节子高度相似性，它能感受 Mg^{2+} 饥饿，控制毒力基因表达。在这个基础上，临床 MTB 分离株，MTB103 菌株中，*phoP* 被两步质粒法破坏，毒力表型被鉴定。该突变体在鼠巨噬细胞中生长差，在鼠器官中毒力严重减弱，显示 SGIV 表型。MTB H37Rv 中 *phoP* 被两步质粒法破坏进一步证实和外延了这些结果，这种突变体在人和鼠巨噬细胞以及小鼠体内亦毒力减弱，显示 SGIV 表型。体外实验表明，结核分枝杆菌 H37Rv *phoP* 突变体在低 Mg^{2+} 培养基中生长差，现在认为结核分枝杆菌 PhoP 与鼠伤寒沙门菌 PhoP 一样，能感受 Mg^{2+} 饥饿。被 PhoP 控制的基因，包括那些对毒力重要的基因，尚不清楚，目前仍在研究中。

（2）PrrA（Rv0903c，*prrA*）：PrrA 是结核分枝杆菌基因组中 13 个已知的反应调节子之一。以前已经发现在结核分枝杆菌感染人类巨噬细胞过程中这种基因表达上调，而且检测突变体的有序转座子诱变库时发现了一个在编码 PrrA 序列的起始部位附近插入的基因。根据微弱的减毒表型，PrrA 对毒力的意义尚不明确。

（3）Rv0981（Rv0981，*mprA*）：Rv0981 是另一种结核分枝杆菌双组分反应调节子，在结核分枝杆菌 H37Rv 中不能被两步质粒法失活。该突变体具有不一般的表型。

其他双组分基因突变体的毒力表型也已被检测，如在反应调节子 RegX3（Rv0491）和组氨酸激酶 TrcS（Rv1032c）中。没有观察到巨噬细胞表型，在巨噬细胞内这些基因也不能被诱导。与这些结果一致，MTB 中 13 个双组分反应调节子中的 10 个被失活，只有人类巨噬细胞中 *phoP* 突变体有毒力表型。这组诱导的是 *regX* 和 *trcS* 被破坏的突变体。编码同源组胺酸激酶和 *hspX* 的与 Rv3133c（*dosR*）和 Rv3132c 相对应的耻垢分枝杆菌基因，也在无氧条件下被诱导生成。因此，DosR 对各种环境应激的分枝杆菌反应很重要，最近的报道表明，MTB 持久性研究的体外模型中，BCG *dosR* 破坏导致长期缺氧过程中生存能力缺失，而结核分枝杆菌 Rv3133c 的突变体对人类巨噬细胞内 MTB 生长无影响，根据它对体外细菌生存的影响，有望制成小鼠减毒表型。

3. 其他转录调节子　除了 sigma 因子和反应调节子，细菌使用其他类型的转录调节子来控制大量基因的表达。

（1）HspR（Rv0353，*hspR*）：HspR 是关键热休克基因如 *hsp*70 的抑制剂，它与特异性 DNA 序列结合，即天蓝色链霉菌和幽门螺杆菌中 *hsp*70 启动子区域的 HAIR 成分（供 "HspR 辅助插入循环"）。抑制发生在允许温度 37℃，45℃时升高。结核分枝杆菌也有这种 ORF 的同源体。感染后 MTB 热休克蛋白的合成增加，其中一部分热休克是免疫显性抗原。但认为突变体内更高水平的 HSP 可能导致宿主免疫监视增强，更有效杀灭病原体。

除了潜在的免疫监视作用外，MTBHSP 可能在毒力中起着更直接的作用。GroES 是一种高度保守 HSP，有伴侣素活性，也被称为 *cpn*10。MTBGroES（Rv3418c）被发现是 MTB 生长的培养滤液或培养基中的主要成分，表明它将直接暴露于吞噬小体内环境。重组 MTB GroES 是骨重吸收刺激剂，在骨组织培养基中诱导破骨细胞募集，也抑制成骨细胞骨形成细胞线增殖。最近发现 MTB GroES 与钙结合。这表明 GroES 在 Pott 病中起作用，结核的肺外形成以脊椎骨减弱和重吸收为特征。这种作用可能与长期 MTB 感染过程中骨内钙的物理清除和（或）宿主细胞钙信号通路被 GroES 破坏有关。

（2）WhiB3（Rv3416，*whiB*3）：WhiB 最初在天蓝色链霉菌中被叙述，它的结构基因和 WhiD（一种相近蛋白）的破坏，阻止了细菌中孢子形成和细胞分隔。MTB H37Rv WhiB 家族有 7 个成员，据推测，MTB 的持久性或潜伏状态与细菌孢子形成相似。为此，已开展 MTB WhiB 同源体的研究，最初用耻垢分枝杆菌。发现 WhmD（耻垢分枝杆菌中 WhiB2 同系物）是细胞分裂和分隔所需要的，但耻垢分枝杆菌中 WhiB3 同系物的破坏对细胞生长或静止期生存无影响。MTB 与牛分枝杆菌基因组比较显示，前一个菌种有 61 个 ORF，而后一个菌种一个也没有，但大多数这些蛋白在毒力中的作用或它们的表达对 sigma A 和 WhiB3 的依赖性尚不清楚。MTBWhiB 家族其他成员在毒力中的作用也不清楚。如前所讨论，所有的牛分枝杆菌卡介苗株有一个常见缺失，RD1，导致其减毒表型。在缺失区域的 9 个基因中，只有编码 Esat6 的 Rv3875 与毒力有关，因为这种基因破坏的突变体毒力减弱。尚不清楚是否 RD1 区域的任何一种其他基因也对 MTB 致病性很重要，用基因敲除技术可以相对容易地回答这个问题，这对于制备一种卡介苗样的活细胞疫苗很有意义。

除 MTB 复合体外在其他分枝杆菌中亦发现毒力因子。如溃疡分枝杆菌中大环内酯衍生的多聚乙酰［polyketide-derived macrolide（George 等鉴定，1999）］为一种引起皮肤严重溃疡的毒素。Cole 等（1998）曾在 MTB 基因中发现有该物质。20 世纪 90 年代末 Plum 曾在鸟型分枝杆菌鉴定到 mig 基因（Mφ 诱导基因）等。但麻风杆菌中的毒力因子尚未明确。

（张彩萍　李新宇　王洪生）

附：副结核分枝杆菌（Mycobacerium paratuberculosis）

本菌为 Johne 于 1981 年首先描述，故又名 Johne's bacillus。20 世纪 90 年代初鉴定为 M. avium subsp. paratuberculosis。

一、生物学特征

1. 形态与染色　本菌为短杆菌，其大小为（0.5～1.5）μm×（0.2～0.5）μm。无运动性，不形成荚膜和芽胞，在病损或培养基上生长物常成丛排列。革兰染色和抗酸染色均为阳性。

2. 培养特性　培养最适温度为 37℃，需氧，最适 pH 为 6.8～7.2。初次分离极为困难，需要在培养基中加入分枝杆菌素，否则很难生长。初代培养，一般需要 6～8 周。

Löwenstain-Jensen 培养基、Doubes 培养基、Herralds 培养基及小川培养基可用于本菌的初代分离。从粪便中分离副结核分枝杆菌必须进行预处理，可采用 4% 硫酸或 2% 氢氧化钠。

3. 抵抗力　本菌对热和化学药品的抵抗力与结核杆菌大致相同。对湿热敏感，65℃ 30 分钟、70℃ 分钟、80℃ 1～5 分钟均可将其杀死。对酸碱有较强的抵抗力，在 15% 安替比林、5% 草酸、4% NaOH、5% H_2SO_4 溶液中 30 分钟仍保持其活力，因而分离该菌时常采用酸碱处理以杀死杂菌。5% NaOH 溶液需 2 小时，3% 甲酚皂溶液 30 分钟，3% 甲醛液 20 分钟可将其杀死。

本菌在自然环境中能存活较长的时间，在河水中可存活 163 天，在池塘水中存活 270 天，在牛粪和土壤中存活 11 个月，在 -14℃ 的冷冻条件下至少能存活 1 年。在尿中只能存活 7 天，因此牛粪和尿液混合堆放有助于对本病原体的杀灭。对紫外线和光敏感。本菌对链霉素和利福平敏感。

4. 抗原性　除了有与一些分枝杆菌的相同抗原外，还有自身的特异性抗原成分，这种特异的抗原成分很难与鸟 II 型分枝杆菌相区分，这支持副结核分枝杆菌是鸟分枝杆菌的变种。

由于本菌是细胞内生长菌，在机体内，刺激机体首先产生细胞免疫，然后出现体液免疫。人工感染试验证明，新生犊牛在人工感染后，两个月后就可出现变态反应阳性。细胞免疫是随着病程的进展而逐渐降低，而体液免疫则相反，随着病程的发展而增高。因此，在整个检测过程中，同时采用细胞免疫和体液免疫的检测方法，可提高该病的检出率。

二、病原学意义

除了牛、绵羊、山羊易感外，其他反刍动物、野生动物均可感染。在牛中，奶牛、黄牛、水牛、野牛等都可感染，但以奶牛和肉用黄牛最为敏感。感染牛呈间歇性腹泻病状，肠道特别是回肠和空肠呈明显的增生性肠炎。羊感染副结核则呈结核样的干酪样坏死病灶。

Cihiodini 等（1985）曾报道一群猴患大肠肉芽肿而出现间歇性慢性下痢，最后导致消瘦死亡。死后分离病原体为抗酸分枝杆菌，该病原菌在菌落、生化特性上均与副结核分枝杆菌一致。以后（1989）他又报道了人的克罗恩病（Crohn disease）的病原体很可能就是副结核分枝杆菌。该病原体与副结核分枝杆菌的相似值为89%，而与其他分枝杆菌的相似值均在50%以下。

三、机体的免疫反应

动物机体感染副结核分枝杆菌后，并不是所有的羊只均出现我们目前所采用的检测手段所能检测到的免疫反应。细胞免疫反应出现在前（在接种后6~8周出现）；体液免疫反应出现在后（接种后第18周出现）。细胞免疫反应和体液免疫反应是相互消长的。8~18周以细胞免疫反应为主；18~28周以体液免疫反应为主；30~46周又以细胞免疫反应为主；48~54周又转以体液免疫反应为主。当机体抵抗力强时，常表现为细胞免疫反应占优势，当机体抵抗力弱时，则以体液免疫反应占优势。机体出现腹泻，消瘦，甚至衰竭时，抗体水平很高，而细胞免疫反应往往测不到。

变态反应是检测细胞免疫反应的手段，补体结合反应和 ELISA 是检测体液免疫反应的手段。二者的重合率不高。ELISA 抗体出现比补体抗体早1~3个月。

四、诊断

1. 临床与病理　副结核菌的感染是一个很慢的过程，潜伏期通常为3~5年，最早的4个月犊牛就表现出临床症状，长的可达15年。人工感染则需较大剂量才能成功，Rankin 采用每头犊牛注射100mg 活菌，才有70%感染成功，口服则需200mg 以上的更大剂量。

临床症状的出现与否，进展的快慢以及表现的程度在很大程度上取决于饲养管理。副结核病的死亡率通常为3%~10%。

最初的临床症状是腹泻，常常是通过某些应激因素如分娩、高产奶牛的氮平衡失调、寄生虫感染、矿物质及维生素的缺乏等而诱发。腹泻呈持续性，改善饲养管理或进行简单的治疗症状可以缓解，但经过一段时间，又发生腹泻，严重时呈喷射状。伴随腹泻可出现消瘦、短暂的发热，产奶量下降等。病程可持续半年或更长一段时间，最后水肿、消瘦、极度衰竭而死。就临床上看无特异性症状，所以只凭临床是难以做出诊断的。

剖检的病理变化主要是消化道，特别是小肠黏膜，呈脑回样皱襞。肠壁明显增厚，可达正常的几倍或十几倍，病理组织学变化是肠黏膜层有大量的淋巴样细胞、上皮样细胞和多核巨噬细胞的增生，这种增生是导致肠壁增厚、皱襞和水肿的原因。肠系膜淋巴结呈非坏死性增生性炎症变化，但副结核病羊的肠淋巴结却呈结核样的干酪样坏死。根据临床症状和剖检变化，可以对本病做出初步诊断。如果在肠道的组织中镜检测到成丛的副结核杆菌即可确诊。

2. 微生物学

（1）细菌镜检和分离培养：病原体分离与检查是诊断副结核病的一种可靠的方法。目前国外对该病的各种诊断方法都以病原体的分离和检查来比较其符合率，确定其方法的应用价值。副结核分枝杆菌在人工培养基上生长繁殖缓慢。需1~2个月才能生长出针尖大小的菌落，阴性结果的排除需培养3~6个月。培养6个月还不生长才能否定。人工培养一般采用 Herriold 卵黄培养基、小川培养基、Dubos 培养基、土豆汤培养基以及 Waston Reid 培养基等。初次分离时，必须在培养基内加分枝杆菌素（mycobactin），否则不能生长。Mycobactin 是从 M. phlei 提取的，现今用 mycobactin J（从一株 M. avium 提取的）代替。其原因可能与副结核杆菌对铁的吸收有关。借此，也可与其他分枝杆菌相区别。

由于副结核病也偶引起菌血症，所以取其他诸如肝、肠外淋巴结、胎儿、子宫、精液等也可分离出病原体。

由于培养技术的限制，并不是所有的副结核菌感染者都能培养出阳性结果，粪便培养阳性必须在粪便标本进行分离培养，特别是腹泻开始时采取的粪便，其含菌量较高。将标本进行浓缩集菌也是提高分离率的好办法。直接采集病变肠段和相应的淋巴结进行分离培养，其检出率也较高。受检标本必须加以处理才可用。其处理方法为：

1) 离心沉淀法：取粪便 15~20g，加 3 倍量的 0.5% NaOH 溶液，搅拌均匀，55℃水浴 30 分钟，4 层纱布过滤，滤液离心，1000r/min 离心 5 分钟。再取上层液 3000r/min 离心 30 分钟，取沉淀接种，同时涂片、染色、镜检。

2) 浮集法：取上述低速（1000r/min）离心的上清液，倒入 250~300ml 的细颈三角烧瓶内，加蒸馏水 100ml 和汽油（或二甲苯）3ml，充分振摇 5 分钟，再补加蒸馏水至瓶颈部，吸取油水交界处的白色环进行涂片、染色、镜检，同时进行接种、培养。镜检发现有成丛的两端钝圆的中小抗酸性杆菌，即可确诊。置 37℃培养约 7 周左右方能生长。细菌培养阳性具有肯定意义，但阴性结果不具有否定意义。

(2) 变态反应

1) 皮试法：用提纯副结核菌素或提纯禽结核菌素进行皮内注射，剂量均为 0.1ml，72 小时后观察注射部位有无发热等炎性反应，并用卡尺测量皮肤肿胀的厚度，如局部有炎性反应，皮厚差值大于 4mm 者，则为阳性；如炎性反应不明显，皮厚差在 2.1~3.9mm 者，为可疑，其他情况为阴性。可疑反应者，在 3 个月后于对侧颈部皮肤相应部位再注射一次，如仍为可疑者，则判为阳性。局部无任何反应者或炎性反应不明显者，皮厚差≤2.0mm 为阴性。羊在尾根皱褶部皮内注射，剂量同牛，72 小时后判定结果，无任何反应者为阴性，有反应者均判为阳性。

2) 静脉注射试验：静脉注射副结核菌素，一次量需 2~4ml，注后 6 小时测直肠温度，超过 4.5℃者判为阳性。此法的检测出率为 50%~60%。

应提及，由于副结核菌与其他抗酸菌具有类属抗原，因此在变态反应过程中，常出现交叉反应而造成假阳性。日本有从副结核阳性反应牛中分离出胞内分枝杆菌的报道，一般认为变态反应的假阳性率为 20% 左右。

在注射副结核菌素的同时，可进行白细胞分类比值的计算，如中性粒细胞与淋巴细胞之比>2 时，则认为是阳性。该法的阳性检出率为 50% 左右。

(3) 补体结合反应：抗原为用酚水抽提的禽结核菌的脂多糖或副结核菌的脂多糖，以常规的补体结合反应试验方法进行，判定标准我国采用被检血清 1:10 稀释，50% 以上抑制溶血时判为阳性，30%~50% 抑制溶血判为可疑，30% 以下抑制溶血判为阴性。

(4) 酶联免疫吸附试验（ELISA）：ELISA 是目前诊断副结核最敏感的方法，其特异性也好。目前世界各国予以陆续采用。但值得注意的是机体在受到副结核分枝杆菌刺激时，首先产生细胞免疫反应，尔后才是体液免疫反应，前者随病情的加重而降低，后者随着病情的加重而增加。因此细胞免疫检测和体液免疫检测在阳性检出率上不可能一致，它们之间的符合率也是过低的。所以在实际检测中，同时采用两种检测手段，可以明显地提高检出率。

(5) 琼脂扩散试验：该法操作简便，结果与临床症状符合率高，适合于基层检测应用。

(6) γ 干扰素检测：SD Neill 等报道，用 γ 干扰素检测试验对牛血液检样进行检测，牛（纯化结核菌素）PPD 激活的培养物比用禽 PPD 激活的培养物的光密度读数超过 100 或 100 以上者，判为 γ 干扰素试验阳性。结果同皮内试验比较，98 头干扰素阳性牛的皮内试验均为阴性。

γ 干扰素阳性牛往往缺乏可测抗体。据 Riccato 等（1991）证明，结核牛可表现出免疫应答。在早期由少量细菌感染时，细胞介导常起主导作用。此外，在测出淋巴细胞增殖之前，通常可测出 γ 干扰素阳性。Hanna 等（1989、1992）发现，结核牛产生抗体时，抗磷脂抗原的抗体比抗 PPD 抗原的抗体产生得早。了解 PPD 的各种抗原激发的早期免疫过程，有助于理解试验结果的不一致性，特别是对细胞试验出现的结果。

虽然 γ 干扰素可早期检测出牛结核病，但是，在实际应用之前，必须在现地牛群中先测出其敏感性和特异性。

(7) 核酸探针技术：目前的检测主要是细菌学和免疫学检验技术。但细菌学方法需花费 1~2 个月来培养细菌，况且还需要复杂的营养成分以及实验室操作存在潜在的危险性；免疫学方法在发病地区的畜群中有一定比例假阳性血清反应。因此，引进新技术和新方法就成为诊断该病的必然要求。国外开展了大量工作用分子生物学技术诊断副结核病，目前报道的副结核菌基因探针除了与鸟结核分枝杆菌Ⅱ型有交叉外，与其他分枝杆菌均能区别开来。核酸探针技术的出现为副结核病的诊断提供了一种快速、敏感、特异的诊断方法，它能从编码 DNA 分子水平上做出诊断，目前已试用于传染病的检测。

副结核核酸探针包括克隆的 DNA 探针、PCR 探针、RNA 探针和全 DNA 探针等 4 种，现分述于下：

1）克隆的 DNA 探针：副结核分枝杆菌的总 DNA 以限制性内切酶消化后，应用基因工程技术进行连接、重组、克隆，建立 DNA 基因文库，从中筛选出特异 DNA 片段标记成 DNA 探针。Murray 等通过克隆方法获得的 DNA 探针 PAM，大小为 0.45kb，用放射性元素标记后能够将与副结核菌密切相关的草分枝杆菌，鸟分枝杆菌2、3型区别开，这在诊断副结核上具有重要意义。因为常规的血清学方法无法鉴别副结核分枝杆菌和鸟分枝杆菌，鸟分枝杆菌只是环境中的机会致病菌，而副结核分枝杆菌却是引起人和动物副结核的致病菌。Collins 等克隆到高度特异的 DNA 探针，该探针长度为 0.22kb，与 19 种副结核分枝杆菌以外的分枝杆菌的 DNA 进行杂交试验时均不杂交，有很好的特异性。

2）RNA 探针：rRNA 的某些基因组存在于所有的分枝杆菌中，即在分枝杆菌属中同源性很高，呈现交叉杂交反应，而某些基因组则随分枝杆菌属内种的不同而不同，因此，具有种的特异性，将能够体现副结核分枝杆菌特性的 rRNA 探针，可以用于副结核分枝杆菌的检测。

3）总 DNA 探针：副结核分枝杆菌总 DNA 被标记作为探针。但由于大多数不同种分枝杆菌 DNA 有 30% 以上的序列不同，因此，应用该探针可以鉴别与副结核 DNA 同源性低的分枝杆菌。

4）PCR 探针：在副结核分枝杆菌中存在一个插入序列 IS900，这个序列在副结核分枝杆菌中有 15~20 个拷贝，而且，这个插入序列具有特异性，即只存在于副结核分枝杆菌中。因而将插入序列 IS900 标记成 DNA 探针，可以很好地检测副结核分枝杆菌。

Whittington 等报道对副结核分枝杆菌 IS900 和 IS1311 进行限制性片段多态性（RFLP）分析，可以作为亚种的鉴别依据。地高辛标记 IS900 作为探针，通过原位杂交对病原进行检测，敏感性、特异性均较好。

副结核核酸探针绝大多数还处在实验室研究阶段。目前，只有美国形成了商品化的副结核核酸探针的诊断试剂盒。影响副结核核酸探针推广应用的主要原因：①核酸探针直接检测样品时，敏感性不够理想；②核酸探针的使用费用偏高，需要特殊的设备。

笔者认为，在满足特异性的基础上，提高方法的敏感性是研究的方向，DNA 探针反向杂交 ELISA 可能有助于实现这一目标。PCR 标本的前处理至为重要。

五、防治

到目前为止，尚无有效的治疗方法，对于该病的防治主要是采取综合性的防治措施。综合性防治措施的关键又在于检出须隔离和淘汰的病牛，同时培育出健康畜群。世界的大多数国家，如美、日、加拿大、澳大利亚等均采取检出和扑杀的办法，同时采取严格的消毒和隔离制度。

1. 注射疫苗　目前已有副结核菌弱毒苗和灭活苗两种，局部地区试验应用，效果尚可。但人工免疫后，变态反应检测出现阳性，不能与病牛区别开，影响正常的动物检疫工作，因而在应用受到了限制。目前仅仅在少数国家的部分地区使用。

2. 综合防治　首先诊断是防治该病的主要手段。对污染牛群可每年采用变态反应、补体结合反应、ELISA 进行两次以上的检疫。对出现临床症状的可进行粪便直接检菌及培养。检出的阳性牛应隔离，开放性的病畜应扑杀。污染的场地应进行消毒处理。动物的粪便、尿液一起堆放发酵是自然杀灭该病原的好方法。

3. 治疗　目前对副结核病尚无有效的治疗方法。链霉素和异烟肼等治疗效果均不理想。主要采取检疫、隔离或淘汰病畜。笔者认为，对现有应用的抗分枝杆菌药进行药敏试验，或许有指导治疗用药作用。

（吴勤学）

参 考 文 献

1. Cole ST. Mycobacterium leprae genome project. Int J Lepr, 1998, 66（4）：590-591.

2. Diana Lockwood and Scollard DM. Report of workshop on nerve damage and reactions. Int J Lepr. 1998, 66（4）：598-599.

3. Freedman VH, Weinstein DE, Kaplan G. How Mycobacterium leprae infects peripheral nerves. Lepr Rev, 1999, 70：136-139.

4. Gillis TP. Potential application of molecular biology to leprosy research. Int J Lepr, 1998, 66（4）：591-592.

5. Gillis TP, Shang-Naecho. Report of workshop on new tools for diagnosis and epidemiology. Int J Lepr, 1998, 66（4）：594-595.

6. Hasting RC. Leprosy. 2nd ed. Edinburgh：Churchill Livingstone, 1994：49-78.

7. Krahenbuhl JL. Summary of causative organism and host response workshop reports. Int J Lepr, 1998, 66（4）：593.

8. 李涛，吴勤学. 以编码麻风杆菌65kD蛋白的基因为基础的基因扩增试验的建立. 中国麻风杂志, 1995, 11（1）：12-14.

9. 李涛，吴勤学. 麻风杆菌基因扩增试验条件的优化及其影响因素. 中国麻风杂志, 1995, 11（3）：124-126.

10. 马海德主编. 麻风防治手册. 江苏科技出版社, 1989：169-183.

11. 马海德主编. 麻风病实验室工作手册. 北京科学普及出版社, 1990：1-56.

12. Noordeen SK. Plenary session on the needs and opportunities for prevention of leprosy：Discussion, conclusions and recommendations. Int J Lepr, 1999, 67（4）：S72-S80.

13. 吴勤学，尹跃平，张良芬，等. 中国部分地区麻风杆菌的基因分型初探. 中华皮肤科杂志, 2000, 33：60-62.

14. 吴勤学，尹跃平，张良芬，等. 石蜡包埋组织中麻风杆菌基因扩增试验初探. 中华皮肤科杂志, 2000, 33：63-64.

15. Wu Qinxue, et al. Serological activity of ND-O-BSA in sera from patients with leprosy, tuberculosis and normal controls. Int J Lepr, 1988, 56（1）：50-55.

16. Truman, Singh and Sharma. Probable zoonotic leprosy in the Southern United States. N Engl J Med, 2011, 364：1626-1633.

17. Smith I. Mycobacterium tuberculosis pathogenesis and molecular determinants of virulence. Clinical Microbiology Reviews, 2003, （7）：463-496.

18. Colliins DM, Gicquel B. Genetics of mycobacterial virulence//Molecular genetics of mycobacteria（ed by Hatfull GF and Jacobs, J$_R$.），© 2000 ASM Press, Washington D. C, 2000：265-274.

19. Primm TP, Lucero CA, Falkinham Ⅲ JO. Health impacts of environmental Mycobacteria. Clin Microbiol Rev, 2004：98-106.

20. 斋藤肇. 非定型抗酸菌の分类·结核. 1982, 9（1）：35-43.

21. Rees RJW, Young DB. The microbiology of Leprosy. Hasting RC ed. 2nd ed. Edinburgh：Churchill Livingstone, 1994.

22. Grance JM. Enviromental mycobacteria and human disease. Lepr Rev, 1991, 62：353-361.

23. Katoch VM, Lavania M, Chauhan DS, et al. Recent advances in molecular biology of leprosy. Indian J Lepr, 2007, 79（2&3）：151-160.

24. Scollard DM, Adams LB, Gillis TP, et al. The continuing challenges of leprosy. Clinical Microbiol Rev, 2006, （Apr）338-381.

25. ［美］MT马迪根，JM马丁克，J帕克，著. 杨文博等译. 分枝杆菌属. 微生物生物学. 北京：科学出版社, 2000：923-925.

26. 闻玉梅. 现代医学微生物学. 上海：上海医科大学出版社, 1999：504-525.

27. 杨正时，房海. 人及动物病原细菌学. 石家庄：河北科学技术出版社, 2002：996-997、1010-1016.

28. Schuster M. Mycobacterial disease：a historical and epidemiologic perspective. Clinics in dermatology. 1995：13（3）：191.

29. Primm T, Lucero CA, Falkinham Ⅲ JO. Health impacts of environmental mycobacteria. Clinic Microbiol Rev, 2004, 17（1）：98-106.

30. Mark J Pallen. The immunological and epidemiological significance of environmental mycobacteria on leprosy and tuberculosis control. Int J Lepr, 1984, 52（2）：231-245.

31. 吴勤学，刘琦，周礼林. 常用消毒剂对致病分枝杆菌活力影响的研究. 上海畜牧兽医通讯, 1984, 5：9-11.

32. Cole ST. Mycobacterium leprae genome project. Int J Lepr, 1998, 66（4）：590-591.

33. Diana Lockwood, Scollard DM. Report of workshop on nerve damage and reaction. Int J Lepr, 1998, 66（4）：598-599.

34. Freedman VH, Weinstein DE, Kaplan G. How Mycobacterium leprae infects peripheral nerves. Lepr Rev, 1999, 70：136-139.

35. Gillis TP. Potential application of molecular biology to leprosy research. Int J Lepr, 1998, 66（4）：591-592.

36. Gillis TP, Shang-Naecho. Report of workshop on new tools for diagnosis and epidemiology. Int J Lepr, 1998, 66（4）：594-596.

37. Hasting RC. Leprosy. 2nd ed. Edinburgh：Churchill Livingstone, 1994：49-78.

38. Krahenbuhl JL. Summary of causative organism and host response workshop reports. Int J Lepr, 1998, 66（4）：593.

39. 李涛，吴勤学. 以编码麻风杆菌65kD蛋白的基因为基础的基因扩增试验的建立. 中国麻风杂志, 1995, 11（1）：12-14.

40. 李涛，吴勤学. 麻风杆菌基因扩增试验试验条件的优化及其影响因素. 中国麻风杂志, 1995, 11（3）：124-126.

41. 马海德. 麻风防治手册. 南京：江苏科技出版社, 1989：169-183.

42. 马海德. 麻风病实验室工作手册. 北京：北京科学普及出版社, 1990：1-56.

43. Noordeen SK. Plenary session on the needs and opportunities for prevention of leprosy：Discussion, conclusions and recommendations. Int J Lepr, 1999, 67（4）：s72-s80.

44. 吴勤学，尹跃平，张良芬，等. 中国部分地区麻风杆菌的基因分型初探. 中华皮肤科杂志, 2000, 33：60-62.

45. 吴勤学，尹跃平，张良芬，等. 石蜡包埋组织中麻风杆菌基因扩增试验初探. 中华皮肤科杂志, 2000, 33：63-64.

46. Wu Qinxue, et al. Serological activity of ND-O-BSA in sera from patients with leprosy, tuberculosis and normal controls. Int J Lepr, 1988, 56（1）：50-55.

47. 吴勤学. 麻风分子生物学最新进展. 国外医学皮肤性病学分册, 1994, 20（4）：195-198.

48. 吴勤学，宋顺鹏，吕成志，等. 麻风分子生物学研究新进展. 中国麻风皮肤病杂志, 2010, 26（2）：121-122.

49. CY, Cook VJ and Burdz TV, et al. Mycobacterium parascrofulaceum sp nov, novel slowly growing, scotochromogenic clinical isolates related to Mycobacterium simiae. International Jounal of Systimatic and Evolutional Microbiology, 2004, 54：1543-1551.

50. Tortoli E, Chianura L, Fabbro L, et al. Infections due to the newly described species Mycobacterium parascrofulaceum. Jounal of Clinical Microbiology, 2005：4286-4287.

51. Santos R, Fernandez J, Fernandes N, et al. Mycobacterium parascrofulaceum in acidic hot springs in Yellowstone National Park. Applied and Enviromental Microbiology, 2007：5071-5073.

52. Grare M, Daitloux M, Simon L, et al. Efficacy of dry mist of hydrogen peroxide（DMHP）against Mycobacterim tuberculosis and use of DMHP for routine decotamination of biosafety level 3 laboratories. J Clin Microbiol, 2008, 46（9）：2955-2958.

53. Lee HH, Molia MN, Cator CR, et al. Bacterial charily work leads to population-wide resistance. Nature, 2010, 467：82-85.

54. Tortoli E. Impact of genetypic sudies on mycobacterium taxonomy：the new mycobacterium of the 1990s. Clincal Microbilogy Reviews, 2003, 16（2）：322-325.

55. 赵玺龙，李锋，赵万秋，等. 实验猴主要细菌性感染疾病的病理特点分析. 中国比较医学杂志, 2010, 20（2）：75-77.

56. Dutta N K, Mehra S, Didier PJ, et al. Genetic requirements for the survival of tubercle bacilli in primates. J Infect Dis, 2010, 201（11）：1743-1752.

57. Shen Y, Zhou D, Chalifoux L, et al. Induction of an AIDS virus related tuberculosis-1ike disease in macaques：a model of simian immunodeficiency virus-mycobacterium coinfection. Infect Immun, 2002, 70（2）：869-877.

58. Chen ZW. Immunology of AIDS virus and myeobacterial coinfection. Curr HIV Res, 2004, 2（4）2：351-355.

59. Lin PL, Myers A, Smith L, et al. Tumor necrosis factor neutralization results in disseminated disease in acute and latent

Mycobacterium tuberculosis infection with normal granuloma structure in a cynomolgus macaque model. Arthritis Rheum, 2010, 62 (2): 340-350.

60. Sasindran SJ, Torrelles JB. Mycobacterium Tuberculosis Infection and Inflammation: what is Beneficial for the Host and for the Bacterium?. Front Microbiol, 2011, 2 (2): 1-16.

61. Vallerskog T, Martens GW, Kornfeld H. Diabetic mice display a delayed adaptive immune response to Mycobacterium tuberculosis. J Immunol, 2010, 184 (11): 6275-6282.

62. Palanisamy GS, Smith EE, Shanley CA, et al. Dissenimated disease severity as a measure of virulence of M ycobacterium tuberculosis in the guinea pig model. Tuberculosis, 2008, 88 (4): 295-306.

63. Kashino SS, Napolitano DR, Skobe Z, et al. Guinea pig model of Mycobacterium tuberculosis latent/dormant infection. Microbes Infect, 2008, 10 (14-15): 1469-1476.

64. 黎友伦, 陈保文, 徐苗, 等. 结核分枝杆菌潜伏感染豚鼠模型的建立, 中华结核和呼吸杂志, 2010, 33 (9): 684-687.

65. Nedeltchev GG, et al. Extrapulmonary dissemination of Mycobacterium bovis but not Mycobacterium tuberculosis in a bronchoscopic rabbit model of cavitary tuberculosis. Infect Immun, 2009, 77 (2): 598-603.

66. Jassal MS, Nedeltchev GG, Osborne J, et al. A modified scoring to describe gross pathology in the rabbit model of tuberculosis. BMC Microbiol, 2011, 11 (49): 1-8.

67. Zhang G, Zhu B, Shi W, et al. Evaluation of mycobacterialvirulence using rabbit skin liquefaction model. Virulence, 2010, 1 (3): 156-163.

68. Tsenova L, Harbacheuski R, Sung N, et al. BCG vaccination confers poor protection against M. tuberculosis HN878-induced central nervous system disease. Vaccine, 2007, 25 (28): 5126-5132.

69. Yukari C, Manabe, Anup K, et al. The aerosol rabbit model of TB latency, reactivation and immune reconstitution inflammatory syndrome. Tuberculosis, 2008, 88 (3): 187-196.

70. Romeo Y, Lemaitre B. Drosophila immunity: methods for monitoring the activity of Toll and Imd signaling pathways. Methods Mol Biol, 2008, 415: 379-394.

71. Adams MD, Celniker SE, Holt RA. The genome sequence of Drosophila melanogaster. Science, 2000, 5 (461): 2185-2195.

72. Philips JA, Porto MC, Wang H, et al. ESCRT factors restrict mycobacterial growth. Proc Natl Acad Sci USA, 2008, 105 (8): 3070-3075.

73. Sullivan C, CH Kim. Zebrafish as a model for infectious disease and immune function. Fish Shellfish Immunol, 2008, 25 (4): 341-350.

74. Robin L, Lalita R. Insight into early mycobacterial pathogenes is from the zebrafish. Curr Opin Microbiol, 2008, 11 (3): 277-283.

75. Clay H, Davis J M, Beery D, et al. Dichotomous role of the macrophage in early Mycobacterium marinum infection of the zebrafish. Cell Host Microbe, 2007, 2 (1): 29-39.

76. Davis JM, Clay H, Lewis JL, et al. Real-time visualization of mycobacterium-macrophage interaction leading to initia tion of granuloma formation in zebrafish embryos. Immunity, 2002, 17 (6): 693-702.

77. Meijer AH, van der Sar AM, Cunha C, et al. Identification and real-time imagine of a myc-expressing neutrophil population involved in inflammation and mycobacterial granuloma formation in zebra fish. Dev Comp Immunol, 2008, 32 (1): 36-49.

78. Lam JT, Yuen KY, Ho PL, et al. Truncated Rv2820c enhances mycobacterial virulence ex vivo and in vivo. Microb Pathog, 2011, 50 (6): 331-335.

79. Astrid MS, Ben JA. A star with stripes: zebra fish as an infection model. Trends Microbiology, 2004, 12 (10): 451-457.

80. Dunn PL, North RJ. Persistent infection with virulent but not avirulent mycobacterium tuberculosis in the lungs of mice causes progressive pathology. J Med Microbiol, 1996, 45: 103-109.

81. Tortoli E. Impact of genotypic studies on Mycobacterial taxonomy: the new Mycobacteria of the 1990s. Clin Microbiol Rev, 2003, (4): 322-346.

第三章　分枝杆菌病的免疫学

所谓免疫（immunity，衍生自拉丁语 immunitas），意为免除兵役和赋税，在医学中最早意指免除疾病，特别是传染性疾病。随着人们对机体免疫系统和免疫应答机制认识的加深，免疫便具有了更广泛的含义，即机体对外来物质，包括病原体以及大分子物质如蛋白质、多糖和脂质等的反应。免疫防御是机体免疫系统的主要生理功能之一，可保护机体免受病原体（pathogen）如细菌、真菌、病毒和寄生虫的侵入和损害。

感染（infection）是病原体和宿主间相互作用的过程。它包括病原体进入或侵入机体、在宿主组织定植（colonization），逃避宿主免疫系统的识别与攻击，造成细胞与组织损伤和功能障碍。有些病原体虽然不能在宿主组织中广泛定植，但可以通过释放毒素而导致疾病。病原体的致病能力称作毒力（virulence）。病原体的毒力不仅取决于病原体本身许多生物学特性，也受宿主因素的影响。虽然不同病原体导致疾病的机制千差万别，但是它们与宿主免疫系统相互作用的过程却有些共同点。如：机体的抗感染免疫包括天然免疫和获得免疫；不同的病原体可能刺激不同的淋巴细胞应答和效应机制；病原体在宿主体内的生存和致病能力取决于它们能否逃避和抵抗机体的抗感染免疫；感染造成的组织损伤和疾病不但与病原体有关，而且与机体的免疫应答有密切联系；感染的结局取决于病原体和宿主相互作用的结果。

一般而言，造成人类感染的病原体包括细菌、真菌、病毒和寄生虫。

细菌是一种形体微小、结构简单的单细胞微生物。分类学上归属原核细胞型微生物。广义的细菌泛指各类原核细胞型微生物，包括细菌、放线菌、衣原体、支原体、立克次体和螺旋体。狭义的细菌专指其中种类最多、数量最大、具有典型代表性的一类微生物。细菌大小不一，一般在 $0.2 \sim 10 \mu m$，只有借助显微镜才能观察到。根据细菌的形态，可以分为球菌（coccus）、杆菌（bacillus）和螺形菌（spiral bacterium）。细菌的基本结构包括：细胞壁、细胞膜、细胞质、核质、核糖体和质粒。细菌的特殊结构为荚膜、鞭毛、菌毛和芽胞等，仅某些细菌才具有。根据革兰染色法（Gram stain）的结果，可将细菌分为两大类：革兰阳性（G^+）菌和革兰阴性（G^-）菌。

细菌的蛋白质、糖类和脂类是构成细菌抗原（antigen，Ag）的重要物质。某些细菌的代谢产物（毒素、侵袭酶类等）在致病中起重要作用。

人类的体表和与外界相通的腔道（口腔、鼻腔、消化道、泌尿生殖道）内通常都定植着不同种类和数量的微生物。在机体免疫功能正常的情况下，这些定植的微生物对宿主无害［称作正常菌群（normal flora）］，并对维持机体完整地抗感染免疫有重要意义。但这种微生态的平衡在某种条件下被破坏时这些正常菌群中的某些就可能成为致病菌［称为条件致病菌（conditioned pathogen）或机会致病菌（opportunistic pathogen）］。

病原菌的致病作用与其侵入机体的部位、数量和毒力密切相关。

宿主与病原体之间发生相互作用主要靠其免疫器官、免疫细胞和免疫分子构成的复杂免疫系统（immune system）的相互协调来完成免疫防御、免疫自稳和免疫监视的功能。

宿主（机体）对病原体和其他外来物质的识别以及随之发生的清除作用谓之免疫应答（immune response）。广义上分为先天（innate）免疫应答和适应性（adaptive）免疫应答两大类。后者又称为获得性（aquired）免疫应答。适应性免疫应答具有对针某种特殊病原体的高度特异性和记忆往往多使机体获得终生保护。

麻风杆菌、结核杆菌和环境分枝杆菌均属广义的细菌范畴，但免疫方面各有其特殊性，尤其是麻风杆菌。鉴于环境分枝杆菌的免疫方面目前尚缺乏系统研究，这里不做专门介绍，仅重点介绍结核杆菌和麻风杆菌的免疫学，尤因麻风杆菌的免疫学方面极具特殊性，特作详细描述。

第一节 麻风病的免疫学

尽管麻风是一种慢性传染病，但其在很大程度上是一种免疫性疾病。

众所周知，免疫反应在感染的防御中是至关重要的。如在感染后产生一种适当的免疫反应，即能在相当早的阶段使入侵的菌的繁殖受阻抑，并能防止任何临床感染症状的发生。像在结核病一样，感染后可能绝大多数的个体都会有这种适当的免疫反应的。但不是所有个体都有相同的免疫力的，免疫力差别决定菌继续繁殖与否，因而发生各种型的临床疾病。

麻风的致病菌是麻风分枝杆菌。实际上无毒力，可在组织中大量繁殖而不引起临床症状。本病的大多数临床症状和重要的合并症大多为机体对麻风杆菌释放出的抗原成分的免疫反应所引起。在逆向反应（reversal reaction，RR）时诱发的各种神经损伤是由机体对神经中的麻风杆菌抗原产生迟发型超敏反应（delayed type hypersensitivity，DTH）所致，而麻风结节性红斑（erythema nodosum leprosum，ENL）则认为是人免疫复合物病的一个经典的例子。人们愈来愈认识到麻风病为人们研究慢性传染病中宿主与寄生物之间关系，特别是研究由菌体释放的抗原物质免疫反应引起的临床症状，提供了独有的机遇。当今由于分子生物学技术的发展和免疫学的发现的相互促进揭示了麻风是观察和探查细胞免疫最完美的模型，成为洞察免疫系统的窗口。

麻风杆菌感染后的免疫反应是复杂的。因为麻风杆菌是一种真性（专一）的细胞内寄生菌，通常认为体液免疫反应与对麻风杆菌感染的抵抗力无明显关系。细胞免疫反应引起巨噬细胞激活认为与增加限制细菌繁殖或直接杀死微生物的能力有关。因之主要与保护性免疫和对感染的抵抗力有关。但细胞免疫反应也是高度复杂的，它涉及有各种功能的 T 细胞亚群的繁衍。其中某些诱生抵抗能力，而相当范围的另一些能引起抑制作用，而且这是发展成多菌型麻风的一种重要原因。本节目的在于描述对麻风杆菌基本免疫学特征和感染后宿主和寄生物间的免疫反应的现代状态的了解。其中包括遗传免疫、麻风抗原、巨噬细胞功能、细胞免疫、免疫诊断方法以及疾病之免疫治疗和预防的可能性。

一、麻风杆菌免疫总况

天然感染和实验免疫后，麻风杆菌引起复杂的体液和细胞免疫反应。这些免疫原成分曾用实验动物的免疫及其随后产生之抗体并与之反应的特异性和反应性来成功地加以鉴别。为此目的，在麻风血清中产生的抗体，特别是在瘤型麻风，亦是非常有用的试剂。关于诱发细胞免疫反应的麻风杆菌的抗原成分或决定簇知之甚少。细胞免疫反应亦可能是直接针对菌的各种免疫成分的决定簇的。分枝杆菌的多糖（polysaccharide）成分认为主要（或唯有）是引起体液免疫反应。分枝杆菌的蛋白组分可能既能引起体液免疫反应，亦能引起细胞免疫反应。但这两类反应可能（至少部分地）是直接抗单个抗原不同的抗原决定簇的。

（一）麻风杆菌的抗原结构及体液免疫

1. 免疫原组分的分离及命名 在犰狳模型未建立之前，仅发现几种麻风杆菌的抗原。它们是多糖抗原、Gothenburg 小组的 β 和 γ 抗原以及 Abe 等的"结节提取物蛋白"（nodule extract protein）——NEPR 抗原。较近的观察强烈地表明 NEPR 不是麻风杆菌本身的成分，而是由肉芽肿处理产生的一种宿主来源的抗原。

麻风杆菌感染的犰狳模型建立后，犰狳来源的麻风杆菌从而提供了研究用量的菌，导致对麻风杆菌免疫原成分进行深入的研究。

（1）免疫原组分的分离：用对流免疫电泳（crossed immunoelectrophoresis，CIE）分析抗原的结果：用 CIE 分析 Sauton 培养基中培养了 M. bovis BCG 后的浓缩培养液显示 BCG 培养液含有许多不同的免疫原成分，其中组分 89 是一种含有阿拉伯甘露聚糖（arabinomannan）和阿拉伯半乳聚糖

（arabinogalactan）的多糖抗原。组分60是一种主要的细胞壁联结成分，广泛与其他分枝杆菌存在交叉反应，而且是 tuberculin PPD 的主要沉淀成分。在各种组分进行活性酶性鉴定表明组分56含触酶活性，组分62是超氧歧化酶（superoxide dismutase），除组分89是一种多糖和组分60是一种复杂的胞壁联结蛋白外，其他抗原几乎都是蛋白性质。

用 CIE 分析的麻风杆菌超声波处理产物与兔抗麻风杆菌血清反应可获得7种明显不同的麻风杆菌抗原组分，这是 Harboe 等首次进行鉴定和编码（号）的。组分7是一种复杂的胞壁联结蛋白，其广泛地与包括 BCG 抗原60在内的其他分枝杆菌抗原交叉反应。组分6是一种与 BCG 抗原89交叉反应的多糖。其他组分是蛋白质，且组分4为超氧歧化酶。所有这7种抗原组分均参与麻风的体液免疫反应，尽管特异性的个体病人有变动。抗麻风杆菌抗原2、5和7的抗体出现频次最高。

用从感染鼠肝分离之鼠麻风杆菌（M. lepraemurium，MLM）的 CIE 揭示30多种不同的抗原组分，并且与体外培养做抗该种组分抗体的放免试验。抗 ML 抗原7的抗体在麻风中高频次的产生。这种制剂在淋巴细胞刺激试验（用 TT 麻风病人外周血单核细胞）中证明同样的 ML 组分可引起体液和细胞免疫反应。

（2）免疫原组分的命名的原则：由于以往本领域中曾用过许多命名（术语）："ML 的特异组分"，"ML 的特异抗原"，"ML 特异抗原决定簇或表位"。很有必要予以准确的定义（名）。显示和分离"ML 特异抗原"是重要的而且对发展麻风的诊断试剂和方法是有利的。因此，应建立严格的 ML 特异抗原诊断的标准。

1）应将抗原限定为分枝杆菌来源的。为证明这种情况建立适宜对照可能很困难。因为 ML 体外培养还未成功。疾病过程诱发的宿主来源的抗原可能被误认为是 ML 的成分。

2）应该确定反应是否由 ML 特异组分或在一种交叉反应成分上 ML 的特异抗原决定簇。在命名上要能明显区别两者，并且"ML 特异抗原"的术语应代替"ML 特异组分"一词。一种 ML 特异抗原应与实验或从麻风病人产生的抗 ML 抗体反应，而不与抗其他分枝杆菌之抗体反应，抗这种抗原的抗血清应与 ML 反应，而不与其他分枝杆菌反应。

2. 现今已获得的麻风杆菌抗原　除上述初始的抗原研究工作外，Hunter 等进一步研究揭示麻风杆菌许多抗原，其后多用 DNA 重组法获得重组抗原。这里扼要介绍整个抗原结构情况及其初步的功能。

（1）麻风杆菌的蛋白及糖类抗原

1）胞壁联结抗原：为分泌蛋白，包括85复合体与纤维结合素家族（30~31kD），与 T 细胞反应，有保护作用。

2）胞膜抗原：可溶性糖类抗原：包括酯化阿拉伯甘露聚糖（LAM），酯化甘露糖苷（LM）和磷酯酰肌醇甘露糖苷（PIMs），均为 B 细胞刺激原；膜蛋白（MMP）抗原：MMP-Ⅰ（一种35kD蛋白）和 MMP-Ⅱ（细菌转铁蛋白）。

3）胞质蛋白抗原：包括10.8kD 和14kD 可溶性蛋白、菌转铁蛋白（18kD）和超氧化物歧化酶。

4）核糖体蛋白抗原：一种 L-12 核糖体蛋白相似物。

5）热休克蛋白（HSP）：其中 HSP70，65，18，10能被 T 细胞识别；HSP10为麻风杆菌苗候选对象；36kD，28kD 及45kD 能与 T 细胞发生反应。

（2）ML 的脂质抗原：糖脂（Glycolipids）是分枝杆菌重要的表面抗原。

在鸟型-细胞内-瘰疬分枝杆菌复合体（M. avium-M. intracelulare-M. scrofulaceum，MAIS）它们由一种不变的分枝菌苷 C 主链（Mycoside C deposition）之脂酰基肽（fattycayl peptide）与一种种属或型特异的寡糖副链（oligosacchacide appendage）组成。一种特异的酚糖脂（phenolic glycolipid-Ⅰ，PGL-Ⅰ）是分枝菌苷 A（mycoside A）族糖脂中的一个成员。既存在于 ML 内，也大量存在于 ML 感染的犰狳组织中。系由 3-O-甲基-鼠李糖（3-O-Me-rhamnose），2,3-二-O-甲基-鼠李糖（2,3-di-O-Me-rhamnose）和 3,6-二-O-甲基-葡萄糖（3,6-di-O-Me-glucose）组成的一种固定的三糖。其结构已完全

确定。

虽然 PGL-Ⅰ 与来源于 M. kansansii 的 mycoside A 有密切关系，但其寡糖成分和薄层层析迁移率明显不同。所以 PGL-Ⅰ 是 ML 的一种高度有价值的标志。在瘤型麻风患者的活检和体液中已检测到。在 ML 感染犰狳组织中尽管含量较低，亦能检测到。PGL-Ⅱ 和 PGL-Ⅲ 的结构也部分地检测出来了。现 PGL-Ⅰ 已能人工合成。将纯化的糖脂合并到脂质体（liposomes）在琼脂糖胶中进行双向弥散试验，对瘤型麻风病人和感染犰狳的抗血清能形成沉淀线。但与结核病人，M. avium 感染或正常犰狳的血清无反应。放免试验，瘤型麻风血清 80% 阳性，而且抗 PGL-Ⅰ 的抗体水平在 LL 和 BL 患者明显为高。其应用价值将在本节有关部分详细叙述。

3. 抗 ML 单克隆抗体（McAb）　产生单克隆抗体的杂交瘤技术（hybridoma technique）的发展对基础和应用免疫学几是一场革命。当产生抗体的细胞在体外（试管内）与一种选择性的恶性浆细胞瘤细胞融合即可获得杂交瘤细胞，这种细胞保持着双亲细胞的基本特性。它们能合成并分泌单克隆抗体到培养基中，而且细胞在培养基中能长期的持续生长和繁殖。经成功地杂交、克隆和选择适宜的克隆、从而可在体外获得恒定成分的单克隆抗体（McAb）。靠这种方法产生的 McAb，严格地讲，每种抗体都是直接抗 ML 表面或内部的大分子物质上的一种抗原决定簇（表位）的。

在数个实验室（含我国吴勤学研究组）产生了抗 ML 和其他分枝杆菌的 McAb。期望能为各种目的而应用。例如：

（1）在亲和层析过程中 McAb 可作为一种特异的免疫制剂来捕捉和纯化预期抗原。

（2）用各种特异性的 McAb 进一步研究 ML 的抗原结构及其与其他分枝杆菌的免疫学关系。

（3）完全稳定的针对 ML 的特异抗原决定簇的 McAb 更有用，可作为试剂鉴定活检和其他人类、实验动物、培养试验中来源的 AFB 是否为 ML。确定这种特异性必须在同条件下显示对 ML 有反应与其他分枝杆菌无反应（为最大可能的保证在特异性实验材料中含有足够抗原成分，用整菌超声物和浓缩的培养液做实验为好）。亦可用于显示 ML 来源的抗原在组织中的精确定位。

（4）在天然感染期间特异表位的免疫原性如果足够的话，我们就能用以 McAb 为基础的血清学抑制试验显示感染后引起菌明显繁殖而未发展为临床症状的单个个体血清中同样特异性的抗体的存在。这是一个很大的进步，而且与 ML 特异的细胞免疫研究相结合，在麻风流行学中我们将不再仅仅研究麻风病的流行学，而且能研究 ML 感染的流行学，以及能研究疾病从传播感染到发病的重要因素。

4. 组织中 ML 成分的免疫学鉴定　在许多麻风损害中，特别在 BT，尽管推测明显的炎症反应是由局部抗 ML 抗原的超敏反应所引起，但几乎或无菌可以显示出来。

用荧光色素或过氧化酶标记抗体的免疫技术能在当形态学上未看到杆菌的情况下精确定位组织中的分枝杆菌抗原。这些技术的潜力目前尚未大力开展。由于广泛的交叉反应，抗 BCG 抗体为上述目的是很有价值的试剂，用过氧化酶抗过氧化酶（PAP）技术（Mshana 等，1983）为检测组织中分枝杆菌抗原提供了一个非常敏感的系统。

下一代的试验预计采用 McAb 与 ML 特异表位起反应。这些方法中仅少量将可能优于现在应用的有活力的多克隆抗体试剂。仔细选择适宜的抗体特别是组织固定方法有助于充分保留敏感性和获得高度特异性。

（二）麻风杆菌感染后的机体免疫学表现

麻风杆菌感染后在人体内的过程是高度多变的，如图 3-1-1 所示，现分述如下。

1. 亚临床感染（subclinical infection）　麻风杆菌感染后的早期情况，包括感染途径和感染剂量的影响，以及麻风杆菌在这个阶段的习性等均不完全了解。不同临床类型的确定与不同类型的免疫反应相关。

在体内麻风杆菌是一种真正细胞内寄生物，主要在巨噬细胞和施万细胞内。感染后有一段时间无可见的损害。这是一种亚临床感染，这种亚临床感染可成为以后临床发病的亚临床感染，亦可为最终无临床症状的亚临床感染。各种观察表明，后一种亚临床感染构成感染个体的大多数。在不同人群中

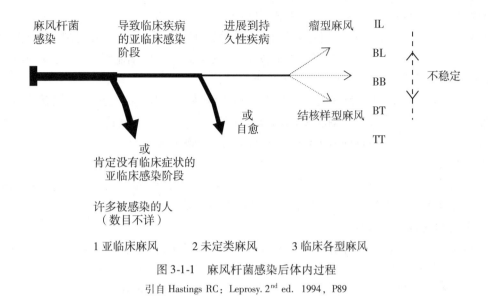

图 3-1-1　麻风杆菌感染后体内过程

引自 Hastings RC：Leprosy. 2nd ed. 1994，P89

以后发展为临床疾病的频率有所不同，这与现在尚不知道的许多因素有关。流行病学研究表明社会经济条件、卫生、营养的改善都有助于提高亚临床感染个体不发生临床疾病的比例。所以在这个阶段能否有效控制感染取决于非免疫系统的抵抗因子和免疫系统的特异性免疫反应。

发展一种能区别将出现临床疾病和不出现临床疾病者的指标（标志）特别重要。目前大多数据表明淋巴细胞刺激试验（lymphocyte stimulation test，LST）不能区别这两方面。

晚期麻风杆菌素反应表明个体发展抗 ML 抗原的细胞免疫能力，在多菌的瘤型麻风病人缺乏这种特征性的能力。数个人群的研究表明在麻风流行区长期晚期麻风杆菌素反应阴性明显地增加了发展成瘤型麻风的危险性。晚期麻风素反应阴性是存在于感染之前的发展为瘤型麻风的素质，还是由于这些个体已经有了感染而随之引起了细胞免疫缺陷导致发展为瘤型麻风的还不清楚。抗体试验可能有重要作用，因为许多观察表明抗原负荷（即菌的繁殖）与抗体活性间相关。如果能发展一种足够特异和敏感的试验，可将阳性抗体试验与阴性细胞免疫力试验相结合预测多菌型麻风发生的危险性。

2. 未定类麻风（indeterminate leprosy）　曾认为未定类麻风这种不典型症状是由于缺乏对 ML 抗原的细胞介导的超敏反应。在临床上和病理上诊断为未定类麻风的病人对 ML 的细胞免疫反应表现十分相同。它们在体外细胞免疫试验和早期麻风杆菌素反应中显示无反应或非常弱的反应。这些病人的血清未发现抗分枝杆菌抗原的沉淀抗体，但较敏感的试验发现抗体形成增加。说明在未定类麻风体液免疫反应已被激发。

其后的过程是可变的。未定类损害可以保留长时间，也可进展为临床上任何一种谱型的疾病，或自然消退，完全自愈。

用抗 BCG 抗体和敏感的过氧化酶抗过氧化酶（peroxidase-antiperoxidase，PAP）做免疫组化表明在按临床及组织学标准诊断的未定类病人皮损中有分枝杆菌抗原。用抗 ML 单克隆抗体和聚合酶链反应等精确方法研究活检标本将使该型疾病的诊断提到病原体的高度，诊断将能更准确。为了研究感染后早期的各种免疫反应模式的重要性，正确诊断未定类麻风患者并长期地仔细地免疫学和临床发现的前瞻性研究是值得推荐的。

3. 持久的定类疾病：各型麻风　有许多用来分类这些定类性疾病的方法，但获得公认的是两极型［结核样型（TT）和瘤型（LL）］麻风及其中间型。Ridley 和 Jopling（1966）按免疫力把麻风分为5 类（以临床、组织学和细菌学谱为序加以分类）。因为是免疫反应决定了临床谱型和病人的预后，所以用这个标准可以表达病人的免疫能力。

所谓极型指临床上稳定和免疫学上有明显不同的特征的麻风病型。

在结核样型（tuberculoid，TT）麻风是以产生少量损害为特征。且界限清楚，损害内含菌很少。表明有明显的抵抗力。有一种致密的肉芽肿性炎症，主要由类上皮细胞组成（周围为淋巴细胞所环绕）。通常有多核朗汉斯巨细胞存在，并且表皮下区被侵袭。

在瘤型（lepromatous，LL）麻风是以产生多个皮损为特征。由于细胞免疫力缺乏，皮损内菌的繁殖没有限制。表皮下区不受损害，细胞浸润以巨噬细胞为主，巨噬细胞内含菌和常常含大量的脂质。当切片用苏木素–伊红染色（hematoxylin-eosin）时可看到泡沫细胞。

界线类是很复杂的一大类。基本上是不稳定的，而且病人的分类对个体而言常是随时可变的。假如未治疗许多可降级至瘤型极（端）。免疫学上，界线类病人对 ML 或从含 ML 细胞释放出的抗原发生不同程度的（细胞免疫）DTH 反应。临床上与之相关的基本上是逆向反应（reversal reaction，RR），症状为皮肤炎症和（或）神经损伤。

界线类包括一组病人，它们有明显不同的特征，特别是在保护性免疫力和对感染的抵抗方面。BT（borderline tuberculoid）麻风患者抵抗力相当高，在其皮损中菌含量很低。BL（borderline lepromatous）患者抵抗力低，有许多皮损，其含菌量亦高。BB（mid-borderline leprosy，borderline borderline leprosy）是罕见的。并且某些时间后可向结核样型或瘤型端转变。据免疫学关于免疫力的观点，界线类和整个麻风倾向于分成两型，即多菌型和少菌型，以便流行学和治疗上应用。

疾病的谱型（spectrum）常被描写成"连续的"（当各种变化的参数在个体组内平均考虑时是这样的）。实际上，相似临床表现的组内、如 BT 组、个体病人间有明显的波动。尽管在 LL 端皮损中之淋巴细胞比在 TT 端少，但在全谱之损害中未看到淋巴细胞逐渐减少。肉芽肿细胞型倾向于分成两类，TT 和 BT 部分为类上皮细胞，在 BL 和 LL 部分为巨噬细胞，所以那种从 TT 到 LL 细胞免疫和体液免疫力间有连续的倒转性转变的观点似须修正。

近年来发展了用膜标志技术鉴定单核细胞。靠显示膜联结免疫球蛋白可将 B 淋巴细胞与其他淋巴细胞相区别。用单克隆抗体技术可鉴别 T 淋巴细胞各亚群。CD3 抗原是所有外周淋巴样组织和血液中 T 淋巴细胞上的一种标志。CD4 和 CD8 标志不能用做个体 T 细胞功能活性的可靠指标，但 CD4$^+$ 群主要含有 T 辅助/诱导细胞，而 CD8$^+$ 细胞是细胞毒性和抑制性 T 细胞。损害中总淋巴细胞细胞含量 TT 明显高于 LL，CD4$^+$/CD8$^+$ 细胞比例从 TT→LL 逐降。由于总 T 细胞数下降。T 抑制细胞含量在 LL 相对上升的意义难以评价。在肉芽肿中 CD4 和 CD8 细胞定位的明显差别可能较有意义。

在 TT，T 辅助/诱导细胞的生物表型在肉芽肿内出现，弥漫性地分布在聚集的类上皮细胞中及其周边分布，而 T 抑制细胞的生物表型主要限定在围绕淋巴细胞的幔罩区。T 细胞与类上皮细胞的亲密混合可能是这些细胞在促进一种有效保护性免疫反应中的形态学上的表达。相反，在 LL 肉芽肿内未显示 CD4 和 CD8 淋巴细胞的分离。T 辅助/诱导细胞生物表型和抑制细胞的生物表型均完全分布在其中。这种 T 辅助和抑制细胞的排列可反映一种无效的宿主反应允许菌无抑制的繁殖。周围幔罩区 T 抑制细胞的缺乏也可促使肉芽肿反应的播散。

4. 决定光谱分型定位的因子　个体固有一种限制 ML 感染后菌繁殖的免疫反应的能力以及是否疾病本身将表现为 TT 或 LL 的能力，有许多不同的因子参与之，但它们的性质及其相应的作用还不清楚。

流行病学和其他研究表明各种环境因素如营养状况，一般健康卫生标准以及以往所接触的环境分枝杆菌的种类和程度都很重要。感染后干扰疾病过程的机制可能部分是免疫性的，部分是非免疫性的。

曾从麻风损害中培养出各种微生物。它们可归属为其他分枝杆菌种（如 M. duvalii），但大多为非抗酸性的革兰阳性菌，称为麻风来源的棒状杆菌（leprosy derived corynetacteria，LDC）。因为 ML 不能在体外培养，很难在损害中获得有关 ML 和其他相关微生物的定量信息。应用各种型的吸收抗血清为基础的免疫技术将能显示活检和涂片中相关 ML 和有关微生物。这些相关菌（微生物）的免疫学意义尚未确定。

感染后什么时候开始免疫反应是很重要的。一个合适的感染剂量或一个适合部位的感染引起一个早期免疫反应，如这种免疫反应能充分控制菌的繁殖，则使被感染者最终产生亚临床感染或少菌型的持续性疾病。

在免疫学上特殊的部位，如在神经，ML 可产生免疫逃逸导致 ML 长期的无限制的繁殖而招致个体发展成为多菌型疾病。ML 栖居在施万（Schwann）细胞内，我们对这些细胞与免疫系统相关的特征特别是关于它们作为抗原呈递细胞的能力知之甚少。深入地了解它们的生理学对了解 ML 感染后的早期事件有潜在的价值，这些早期事件对导致后来一系列在亚临床感染状态自愈或临床疾病是相当重要的。

曾认为不同程度的细胞免疫反应的抑制是产生不同临床谱型的一种主要机制。即菌的识别引起初始免疫反应逃逸，仅在菌的长期繁殖后才可有继发的免疫作用，因之容许主要抑制细胞的形成，从而诱导一种格外的因素致使保护性免疫缺陷和持续性的多菌型疾病。

遗传方面的影响将在本章和下篇有关章节讨论。其他分枝杆菌感染的实验模型显示遗传因素对标准感染过程（例如在正常鼠的 ML 感染）有明显的影响。在人的研究显示遗传因素明显干扰感染后临床疾病发展成 LL 或 TT。

（三）与麻风临床谱型相关的细胞免疫力试验

有数种体内和体外细胞免疫力试验，曾被用于诊断麻风亚临床感染，试探讨发生多菌或少菌型麻风的相关危险性以及评价有临床症状的麻风病人。

1. 可溶性抗原体皮肤试验　结核菌素反应（tuberculin reaction）是迟发型超敏感性（DTH）皮肤试验一个典型的例子，皮内注射"tuberculin"（在人工合成培养基培养结核菌后的经高压的培养液）或 tuberculin "纯蛋白衍化物"（PPD）（从高压的结核菌培养液制备的部分提纯的蛋白）。Tuberculin PPD 广泛与从其他种分枝杆菌制备的类似制剂发生交叉反应。在热带国家 tuberculin 皮试（反应呈中度，难划分"阳性"或"阴性"反应者）特异度低。

为改进（善）特异性，需制"new tuberculin"。即将分枝菌离心除去不溶物质，冲洗后超声、过滤除菌。这些制剂在皮试中引起类似的 DTH 反应。一种从单一种（例如由 M. duvalii 制的 duvalin）制得的制剂含有一组不同的抗原组分，但不知其中那一种诱导或惹起迟发超敏反应性。用同样方法从 ML 制得的皮试制剂谓之 leprosin。

2. 早期和晚期麻风杆菌素反应（early and late lepromin reaction）

（1）早期反应 [the early（Fernandez）reaction]：早期反应具迟发型超敏反应的特征。在结核样型病人阳性。在逆向反应（reversal reaction，RR）反应期间皮肤和（或）神经损害中炎症活动性增加，反应强度最强，而在极型和亚极型瘤型麻风为阴性。在界线类（borderline lepromatous leprosy）反应性是变化的。在皮损静止时反应为阴性，当逆向反应性时变为阳性。由于 ML 和其他分枝杆菌间有交叉反应性。不能作为麻风的诊断试验。

（2）晚期麻风杆菌素反应 [the late（Mitsuda）lepromin reaction]：晚期反应的动力学和免疫机制都是不同的。在 TT 和 BT 阳性，在 LL 阴性，在 BL 通常为阴性但在反应期间应记录 72 小时和 4 周间的定期信息。晚期反应也不能用来诊断麻风，因为在麻风流行区和非流行区的大多健康人为阳性。Fernandez 反应是对 ML 的迟发超敏性（由活动的麻风性的或交叉反应感染引起）的一个测量，而晚期麻风杆菌素反应是对免疫剂量的 ML 所产生的一种细胞免疫反应能力的测量。

Mitsuda 反应性与抵抗力之间的关系尚未完全确定。数个人群的研究表明在麻风流行区长而持续的晚期麻风杆菌素反应阴性明显增加了发展为瘤型麻风的危险性。虽然许多学者认为晚期麻风杆菌素反应比早期反应在宿主抵抗力方面显示一种较好的联系。但不知这种迟发麻风杆菌素阴性反应性是在感染前就有，还是感染后由于对缺陷性细胞免疫性的诱导而引发发展至瘤型麻风的。Mitruda 反应对肉芽肿性超敏感性也是一种测量尺度。仔细观察往往能发现 Mitsuda 阳性与自然感染后的抵抗力相关，但它亦可认为是一种超敏反应的表现而不是获得保护性免疫。在各种免疫学干预后（如注射杀死的 ML）这种偏离现象可更增加。

3. 淋巴细胞转化及刺激试验（lymphocyte transformation and stimulation tests） 这些试验用于测定外周血中单核细胞悬液中淋巴细胞当与有丝分裂原和抗原作为刺激物体外共同培养时的反应能力。

在麻风中的许多基本观察是在记录淋巴样细胞中形态学向母细胞转化的实验中进行的，因此命名为淋巴细胞转化试验（lymphocyte transformation test，LTT）。该实验在记录和解释形态学改变上有许多困难，进一步简化和微量化，仅用较少数目淋巴细胞即可进行试验。即记录标记的胸腺嘧啶掺入新合成的 DNA 的量作为刺激作用的一种测量指标。逻辑上命名为淋巴细胞刺激试验（lymphocyte stimulation test，LST）。

这些试验的反应相当复杂，受特异性抗原反应性、淋巴细胞数目及其他因素影响（如巨噬细胞对抗原的摄取和呈递，各种白细胞介素的可用性，血清因子的干扰，以及不同淋巴细胞亚群的反应等）。

LST 反应与 DTH 的相关性比在麻风保护性免疫力方面相关性强，也类似于在其他分枝杆菌感染的情况。这提出了发展保护性免疫试验的重要性和困难。

4. 免疫抵抗机制（mechanisms of resistance in immunologic terms） ML 是一种真正的细胞内寄生菌。所以保护性免疫完全依赖于细胞免疫的发生。ML 在体内和巨噬细胞体外培养中生长很慢，精确地弄清菌生长的数目既费时间又难做到。所以关于直接抵抗菌繁殖机制的实验证据是有限的。关于免疫力的机制的观察和数据很大程度上依赖于其他分枝菌感染的研究。在某种意义上讲有些不肯定，但下列的因素和事件的链序有重要参考价值。

巨噬细胞摄取 ML 后，随之发生细胞内繁殖，某些 ML 的抗原必定被处理为肽类并被呈递至巨噬细胞表面的 HLA-Ⅱ类分子的套内，使诱导 T 细胞激活。在一个特殊的部位 T 淋巴细胞繁殖和蓄积之后，ML 的抗原再次接触（暴露）使激活的淋巴细胞释放信号物质；在局部位置的巨噬细胞被激活，从而限制细胞内分枝杆菌的繁殖，或杀死这些分枝杆菌。ML 或其他分枝杆菌的一定的抗原是否形成保护性免疫性，这一点尚未确定。诱导各种 T 细胞亚群增殖的机制和调控机制以及怎样获得有效保护性免疫各亚群的平衡尚完全不知。

曾确定从激活的 T 细胞释放白细胞介素（作为一种巨噬细胞激活的重要机制）增加了对这些细胞内各种活的和具有繁殖能力的微生物感染的抵抗。在含 ML 的 Schwann 细胞内这种机制是否有效尚不肯定。尚无证据说明这种或其他一些免疫学机制在 ML 寄居的其他型细胞内是否有效。这可能是在长期化疗后在细胞内（如横纹肌细胞）仍容许 ML 以持久菌（persisting bacilli）的形式长期存活的一种重要因素。

最近，受到关注的是细胞毒细胞作为一种抗 ML 的保护性免疫的介导细胞。这可能依赖于巨噬细胞激活信号同细胞毒细胞间最适宜的相互作用。

（四）瘤型麻风的免疫缺陷（immunodeficiency of lepromatous leprosy）

众所周知，瘤型麻风病人对 ML 不能产生充分的细胞免疫反应。在体内早期和晚期麻风杆菌素反应恒为阴性，在体外用冲洗的 ML 整菌，ML 全部超声物以及数种分离的 ML 抗原组分做刺激物在 LTT 和 LST 都没有反应发生支持这种观点。尚不知这种免疫缺陷是怎样事先决定的。这种免疫缺陷被认为是 ML 在瘤型麻风患者体内大量生长的原因。这种特异免疫缺陷在长期化疗后依然持续存在，因之也认为这些病人有易复发的危险。

这种形式的细胞免疫缺陷不是麻风患者所独有，在数种由在巨噬细胞中生存和繁殖的微生物感染引起的慢性病中亦曾见过。像在瘤型麻风一样，有这种细胞免疫缺陷的患者经历一种特殊的细菌无抑制性生长的疾病过程和在损害中有大量的菌。

一些 LL 病人对 tuberculin PPD 或 BCG 在人体内和体外的 CMI 试验中显示很强的反应。

曾假设各种机制来解释这种特异的免疫缺陷。Gadal 等认为在 LL 病人缺乏在 LTT 中对 ML 有反应能力的淋巴细胞。并提出免疫学耐受（"中心失能"，central failure）是 LL 宿主缺乏抵抗能力的原因的证据。这个假设仅限于细胞免疫力，但很难想象在缺乏 ML 反应性 T 细胞时各种抗 ML 抗体的形成。

另一种假说是巨噬细胞功能异常，把 ML 抗原缺陷地呈递给免疫系统，以及 CMI 被抑制细胞抑制。

特异的细胞免疫能力在体内的活动受抑以及在体外 T 细胞对刺激的反应受抑是一种主导性的现代假说。

尽管抑制机制可能解释各种不同的临床观察，但现有发表的数据明显矛盾，难提供一个一致的抑制细胞假设的观点。其差别的原因可能是因用了不同的试验系统，抗原特异和非特异抑制机制间的差别未能充分地考虑。某些系统十分复杂，因此增加了详细评价的难度。

在某些研究中，显示抗原特异性的抑制是 CD8$^+$细胞（显示 T 抑制细胞生物表型特征的淋巴细胞）参与。溶解或去除 CD8$^+$细胞，在某些（而不是全部）LL 患者 ML 的刺激的反应能恢复。

在 LL 患者淋巴细胞靠加入 IL-2 再复增殖反应和产生 r-IFN 在许多情况下是惊人的。在一些情况下 IL-2 作用是明显的，但为中度，并且有些病人不能完全逆转缺陷。这些观察强调 LL 是异质性的。事实上提示在 LL 个体产生特异性免疫缺陷的机制可能是不同的。在实验模型看到这种类似的异质性。

（五）体液免疫及抗体在麻风病的意义（humaral immunity and significance of antibodies in leprosy）

在 LL 血清中免疫球蛋白的浓度有所增高。这种增加影响着几类免疫球蛋白并且是多克隆型的。在这种研究中仔细地选择对照是非常重要的，其种族及社会经济背景应与麻风病人相同。

1. 非特异性抗体反应　在麻风患者血清中一般能检测到不同量级的 IgA、IgG、IgE 和 IgM 类抗体。有许多报告麻风患者，特别是 LL 患者，血中存在很多自身抗体，如抗核抗体、红斑狼疮因子、类风湿因子和甲状腺球蛋白抗体，与梅毒存在血清学假阳性，新近在银屑病患者中发现抗 LAM-B 的抗体；抗睾丸内生发细胞抗体和抗神经抗体也有报告。其意义和机制有待进一步阐明。

2. 特异性抗体反应

（1）与麻风杆菌整菌的反应：在麻风患者血清中能检测到相当高水平的抗麻风杆菌整菌抗体（主要为 IgG 和 IgM 类），效价在 LL 端高于 TT 端，与病情密切相关。特别将病人血清经 BCG、心拟脂和磷脂酰胆碱吸收后，用 FLA-ABS 试验和 ELISA 可检出麻风患者血清中特异的 IgG 和 IgM 类抗体，基本上检不到 IgA 类抗体，但在 TT 鼻腔分泌液中有 IgA 类抗体。

（2）与酚糖脂（PGL-I）的反应：这是特异性反应，反应的规律与整菌抗原一致，但抗 PGL-I 的抗体主要为 IgM 类，其详情将在麻风免疫诊断方法中描述。

（3）免疫复合物与补体反应：曾有报告用 CIq 沉淀反应和^{125}I-CIq 结合活性测定法显示血中免疫复合物（CIC）水平很低，用抗 PGL-I 单抗亦能检测到抗 PGL-I 的免疫复合物。

3. 抗体的意义　曾用各种方法显示麻风病人血清中有抗分枝杆菌抗原的抗体。一般认为在 LL 端病人产生抗体量高和多数病人存在抗体。而在结核样型端病人抗体量低，出现的频次亦低。

用放射免疫检测在各型麻风病人抗 ML 抗原抗体的结果表明：平均的抗体活性从 LL→TT 降低，但在相同的临床分型中个体病人的抗体含量变动相当大，在 BT 病人尤为明显。这种抗体波动的原因尚不清楚。推测与损害中菌含量和抗原释放条件不同（波动）有关。在 BT 病人平均抗体效价在新诊断的病人比有活动皮损、新皮损和神经炎的病人低。

对 LL 进行有效化疗期间，抗体活性出现逐渐降低。这与对菌不同成分的抗体的变动有关，对 PGL-I IgM 抗体的降低特别明显。

对于 TT，当化疗时，对 ML 抗原 7 的抗体下降。某些病人在化疗时有一个早期的明显的一过性的抗体升高，这与临床逆向反应症状明显相关。可能是由于从巨噬细胞中释放出分枝菌抗原所致。类似的观察也曾在结核病进行过。

从流行病学角度（观点）和控制麻风的需要。MB 的真正早期检测，在亚临床阶段为佳，因为这些病人缺乏细胞免疫，为此需要抗体检测。为能在个体水平上应用，方法需要有很高的特异性，但当为了保持足够的敏感性，常会造成特异性降低。

抗体形成的历时过程也是重要的。在接种的犰狳描述了感染后的模型。抗体的形成表现与感染后的抗原负荷量特别密切相关。这对了解 MB 的进行性，特别是感染在社会上的播散有意义。在 PB 抗原负荷量小，在亚临床感染阶段可能提供这方面信息较少。

（六）麻风免疫性合并症（immunologically mediated complications in leprosy）

1. 逆向反应（reversal reaction，RR）　在麻风临床谱型的界线类（BT、BB、BL），逆向反应是皮损，周围神经，或在两者同时增高的炎症活动的表现。RR 是与一种突然地对分枝菌抗原的细胞免疫反应增加相关的反应。LTT、LST 可显示。

组织学上，损害均显示一种迟发超敏反应（delayed type hypersensitivity reaction，DTHR）。在麻风肉芽肿内仅为轻度细胞外水肿伴有某些成纤维细胞（fibroblasts）浸润，可见到淋巴细胞数目增多。之后，在类上皮细胞肉芽肿内和周围水肿进一步增加，细胞成分亦改变，淋巴细胞主要是 CD4 亚型，特别是 Th1 类。用检测 mRNA 的方法显示除 INF-γ 外，IL-2 和 TNF-a 增加。可能由于这种偏移，在 RR 期间体液免疫力降低。但在反应过程中也可产生一种向 Th2 的偏移，因为在某些损害中有 IL-4 的 mRNA 增加。在反应期间和反应平息时 CD8$^+$（抑制性/细胞毒性）细胞相对数增加。尚不知是哪些抗原或抗原决定簇引起 RR。

当最大 CMI 反应从一种抗原到另一种抗原发生改变时，在不同病人间，甚至在同一病人的不同时间段也会看到反应的不同（不均一性）。

因为在 PB 麻风患者，特别在伴有 RR 的 PB 患者很难发现 ML，自身免疫现象在反应过程中可能起一定作用。有人报告人神经和皮肤有相当量的抗原决定簇与 ML 是共同的。这些决定簇有许多是热休克蛋白（有人显示 ML 的 HSP65 与人 HSP60 有共同抗原决定簇）。这些能在肉芽肿性疾病的巨噬细胞和类上皮细胞中显示。在动物模型显示 ML 接触过的巨噬细胞在有 ML 和无 ML 的情况下都能侵犯 Schwann 细胞。体内看到与 ML 反应的 T 细胞亦能与 Schwann 细胞成分起反应。血清学上曾显示大多数麻风病人有抗神经成分的抗体。

2. 麻风结节性红斑（erythema nodosum leprosum，ENL）　ENL 侵害 MB（BL、LL）病人，有突发的葡萄状的小而硬的皮下结节，可持续几天尔后平息。新的损害可发生数周，病人伴有无数的 ENL 损害通常伴有全身不适，发热症状和虹膜睫状体炎。

在初起的 ENL 损害中基础为 BL 或 LL 的组织病理学，其中淋巴细胞数目略有增加，特别是在脉管周围。浸润细胞绝大多数为 CD4$^+$Th2 细胞。如果反应持续这些细胞数进一步增加，并超过 CD8$^+$ 细胞数（正常情况下大多在 LL 损害中）。这种偏移能用 IL-4、IL-5、IL-13，也许 IL-10 的 mRNA 的升高来显示这些细胞因子表明 Th2 型反应。

早期 ENL 在瘤型肉芽肿中在泡沫细胞间有报告较小的细胞（大概是单核细胞转化成活化的年轻的巨噬细胞）。

亦显示在损害内浆细胞（能被 IL-4 产生细胞刺激）能产生抗体。抗体与存在的抗原结合形成复合物。IgG、IgM、补体、IL-4mRNA 在损害中均存在。IL-4 是一种 B 细胞刺激物，增加 HLA-DR 的表达，且是一种肥大细胞生长因子。

当 ENL 反应充分发生时，多形核颗粒细胞呈现优势，若干 leu7 阳性（天然杀伤者）细胞也能看到，肥大细胞数目亦增多。

ENL 中有免疫复合物和细胞免疫的参加在外周血中亦能看到。ENL 期间外周血中白细胞对有丝分裂原的反应升高，表明 CMI 的总体升高，补体因子 C3d 在外周血中增加，表明补体的活化作用，或许是从组织中溢出的，不是一种典型的 Arthus 现象。

细胞因子 IL-4、IL-5 和 TNF-α 与 INF-γ 最多是一起出现的。TNF-α 已知是一种热原（pyrogen），在 ENL 时可能负责体温的升高和促进组织的进一步损伤。

有某些指征，在 ENL 时自身免疫在组织损伤中也起作用。在 ENL 的组织病理学中可看到神经细胞黏附分子（neural cell adhesion molecules，N-CAM）并且 N-CAM 阳性 CD8$^+$ 细胞能从组织（特别神经）中分离出来，在体外，显示在活动性 ENL，外周血单核细胞（PBMC）与 ML 接触时，在 CD8$^+$N-CAM 阳性细胞的作用下，N-CAM 表达的 Schwann 细胞的胞溶作用（cytolysis）增加。重要的是，IL-15 能诱导 N-CAM 表达和 IL-15mRNA 在麻风组织中升高。

3. 神经损伤　神经损伤可在 3 种水平上产生：皮肤水平、N 末梢受侵，皮下 N 水平和 N 干水平。

反应性结核样型麻风显示肉芽肿皮肤和皮肤乳头。有时肉芽肿浸润物似达表皮，明显损毁各乳头中的神经末梢。可能控制这种反应的是在表皮内和周围神经末梢中与 ML 抗原有相似的抗原决定簇。这种反应可能是一种自身免疫现象。

在界线类，低位皮肤神经，特别是围绕附属器的神经最常受侵犯。在神经束衣内和周围伴有施万细胞增殖，有肉芽肿形成。损伤可能由于上皮样细胞肉芽肿的压迫和神经纤维的损毁造成。反应期间免疫功能细胞进一步流入伴发水肿形成和肉芽肿的扩大。这些进一步促进了神经损伤，特别是细胞外水肿潴留于增厚的神经束膜鞘，使之变为坚硬的压力管，损伤轴突内部。

神经干和较大皮下神经的损伤机制是较复杂的。在 TT 端其过程与皮肤中的相似，伴有巨肉芽肿形成，偶有液化变性和脓疡形成。在进入界线类，这些特征通常不显著和往往甚至不存在，仅常常能看到水肿。

由皮肤和皮下神经损伤引起侵犯区内感觉丧失和自主神经功能丧失（如出汗和脉管张度调节作用）。但对外周神经干的损伤主要是 RR 的后果。损伤部分除由免疫反应引起外，机械性因素亦起很大作用。

RR 期间，炎症和继之而来的水肿在神经中产生，像在皮肤一样，反应导致神经内衣和神经束衣间质组织内水肿。但不像在皮肤神经，不能无限制的膨大。神经束衣形成一个坚硬的不能穿透的压迫管环绕着膨大的神经内衣。结果增加神经内部的压力，并且神经内衣中的轴突受损。最终使传导神经纤维丧失，因而肌肉强度和外周感觉丧失。轴突内流质（从细胞携带营养到神经末梢）也被阻断，很快或稍后（不久）外周 N 纤维销毁。

当神经束衣内张力增加，通过神经束衣的血管受损，而小静脉的管壁相当薄和腔内压低比小动脉（腔内压较高）更易受损。神经内衣的毛细血管的压力因此随之增加，开始"渗漏"和增加了神经内衣的压力。这种"静脉静力性水肿"（"venostalic oedema"）甚至维持到在免疫学作用平息之后。在 ENL，导致组织消毁的机制（即颗粒细胞激活）也能促使神经纤维和神经末梢的损伤。TNF-α 似为参与 ENL 的一种主要细胞因子，能使神经纤维脱髓。神经传导研究显示脱髓作用在 ENL 的神经损伤中似为一种主要因子。较近，ENL 时在 CD8$^+$ 细胞上 N-CAM 表达增加。这是一种能促使 N-CAM 表达的神经纤维和 Schwann 细胞的溶解的特征。况且在大神经，免疫学过程引起静脉静力学性的水肿并伴有像在 RR 中的轴突损伤。

总之，麻风患者神经损伤的免疫机制不清，有的认为是麻风杆菌在神经内造成的原发疾病，神经炎是感染疾病的一种演化型，但大多认为与自身免疫、神经抗原与麻风杆菌抗原交叉，抑或细胞因子造成的组织损伤随之造成神经损伤。也有认为是施万细胞呈递抗原（如麻风杆菌 HSP70）引起 Th1 细胞亚群激活使巨噬细胞激活引起神经损害。最新认为是层粘连蛋白（laminin-2）捕了麻风杆菌，施万细胞的 laminin 受体又与 laminin 结合造成麻风杆菌亲和神经而致其受损之故。

4. 露西奥反应（Lucio reaction）　这种并发症主要发生在墨西哥和中美的弥漫性 LL 病人。除反应期外，其免疫学特征宛如规则的 LL 病人。没有抗 ML 的细胞免疫能力。大多数病人在血清中有抗 ML 抗体的沉淀，尽管数量和特异性在个体病人间有非常明显的波动。Lucio 反应是一种急性过敏性脉管炎。损害的组织学提示在脉管壁有免疫复合物的形成和沉积，继发覆盖上皮梗塞。这可考虑做 ENL 的一种特殊种类在其中抗原主要是从感染的内皮细胞释放。

（七）实验模型的免疫（Immunological aspects of experimental models）

1. 正常小鼠（the normal mouse）　Shepard 显示 ML 在正常小鼠足垫中局部有限繁殖，在麻风是十分重要的。特别是试验药物治疗的效果，筛选新药和显示耐药方面有应用价值。

在这种模型 ML 的繁殖是严格在局部和有限的。每足垫达平顶期约为 10^6 条 ML。在一只足垫接种 ML 之后，对相对的另一足垫做第二次接种时反应不同，有一个较早的菌繁殖的限制产生。菌在足垫中的有限繁殖取决于 T 细胞。再者，从免疫学的观点，ML 不是鼠的天然病原体。改变足垫局部感染过程的各种试验的解释时要慎重。要问一个严肃的问题：在这种情况下正常小鼠能提供关于获得性免疫的信息吗？那就是在免疫学上能诱导增加对 ML 有限繁殖的能力吗？

2. T 细胞缺陷小鼠（the T cell deficient mouse） Rees 介绍了一种早期胸腺切除小鼠用于麻风研究。在胸腺切除小鼠伴有严重的 T 细胞缺陷。早期 ML 的繁殖世代时间与在正常小鼠相同，但菌增长超过 1000 倍，最终导致系统感染。此模型清楚的显示对 ML 抵抗依赖 T 细胞。

转同基因之正常淋巴样细胞到胸腺切除小鼠（伴有系统感染的），则导致免疫重建和对 ML 一个快速的免疫攻击，并伴有一种猛烈地反应引起组织损伤，丧失 N 功能，这类似于人之严重逆向反应的临床症状。因之，此模型提供了有关逆向反应的免疫学机制的重要信息。

用胸腺摘除小鼠能显示长期治疗后和 LL 临床治疗后的各种组织中持续存在的活 ML 及确定其数目。

在先天无胸腺裸鼠（nu/nu mice）有一种明显的细胞免疫缺陷。ML 在此种鼠比在胸腺摘除鼠更多。在裸鼠中繁殖的 ML 量相当多，可用于作体外培养研究用。在犰狳模型不方便的地方推荐用此模型。在裸鼠生长的 ML 特别适于免疫小鼠使其产生抗体产生细胞。用杂交瘤技术将这种细胞与瘤细胞融合而产生抗 ML 的单克隆抗体。含 ML 的裸鼠匀浆组织能被用于免疫作用研究，但纯化的 ML 有部分抗原丢失的危险。

突变的 BALB/C 鼠株〔显示为一种严重的联合免疫缺陷（SCID）小鼠〕是一种研究 T 细胞缺陷对 ML 繁殖影响的特别重要模型。其特别的优点在于用人淋巴样细胞（能提供免疫能力）重建免疫能力已有广泛的经验。在麻风，从正常人，各型接触者来源的细胞以及从 TT 和 LL 外周血及损害中来源的细胞对 ML 繁殖的影响均可研究。

3. 九带犰狳（the nine-banded armadillo） Kirchheimer 和 Storrs 把犰狳引到麻风研究，使 ML 的产生和应用（供应）产生了全新状态。从此，在免疫学详细地 ML 抗原研究以及发展麻风疫苗（菌苗）的研究变为可能。

在犰狳，其组织学特征，在 LL，在数种组织无淋巴细胞浸润但伴有含大量 ML 的巨噬细胞。抗 ML 的细胞免疫试验在建立了实验系统感染的犰狳是阴性。对 ML 抗原 7 的抗体试验，在感染的犰狳来源的系列标本（从一开始）试图获得对下列问题的证据：抗体活性水平多高才是真正 ML 感染的指标？与其他抗酸菌感染标准相比，这种感染证据是否是早期出现？

结果显示：在某些犰狳无抗体形成；在另一些开始有平缓的低抗体活性，随之抗体活性明显上升。接种后抗体阳性与发生系统分枝菌感染间有密切的关系。但抗体的动力学在不同的动物有点变（波）动。在接种部位出现的第一个结节通常是动物发生系统分枝菌感染的证据。往往略早于阳性抗体试验出现之前，而阳性抗体试验通常出现在另一结节出现之前。抗体阳性亦出现早于其他些分枝菌系统感染的证据（如外周血、耳垂、鼻冲洗物出现 AFB）。用 ML 其他限定的免疫成分进行的抗体试验也有相类似的发现，尽管抗体活动出现之前的时间因抗原不同而有所变动。这些观察表明，在发展系统分枝菌感染期间抗体的形成与动物抗原负荷间有十分密切的关系。

用免疫的（致敏的）犰狳所做的各种试验，引起对实验感染抵抗能力的增加。但由于对犰狳免疫系统尚不完全了解以及其与人的远缘关系，这些结果不一定全能应用于人。

4. 猴（Monkeys） 在 Mangabey 猴，Rhesus 猴和非洲绿猴实验接种 ML 后亦获得系统感染。组织学上与人的 LL 密切相关，而且这些动物抗体活性的增高与动物系统感染关系密切。这些模型的免疫学证据需要特别考虑。这些模型所产生的系统感染在种属上与人的关系比犰狳更密切，而且对麻风天然感染，对研究对 ML 的获得性免疫特别有价值，并且可以用来试验各种菌苗程序的效果。

（八）免疫学干预（immunologic intervention）

起初，当世界卫生组织（WHO）明确规定在 20 世纪末用各种 MDT 方案将麻风控制为一非公共卫生问题时，涉及麻风的免疫治疗和免疫预防是否仍有必要进行的问题。诚然用流行率来作为指标易于评价和获得结果。但在实施 MDT 后显示降低麻风流行率结果的同时，新病例的检测率（rate of detection of new case of the disease）并未减少，甚至在某些地区还升高了。再加之麻风有"亚临床传播"之说和麻风杆菌的来源问题至今尚未解决，走向一个没有麻风的世界还将是一个相当任重而道远的事实。从一感染性疾病的彻底治愈角度而言，单靠化疗是不可能的（因为感染的微物是不能清除的）。一些疫苗试验和有关研究已取得进展。总之，麻风的防治需要麻风疫苗，现有研究和将要深入进行的研究有可能产生麻风疫苗，现将有关资料综合如下：

1. 基本概念　所谓免疫预防（immunoprophylaxis），严格地说来系指在未感染的个体诱生保护性免疫力而言。即诱生一种增强的能力去限制菌的繁殖并因此而减少 ML 感染后发展成临床疾病的频率（次）。这个定义也指由免疫反应引起的那种作用。在流行条件下，遭受 ML 感染者中的绝大多数不发展为临床疾病，这是麻风的特征。目前我们对 ML 感染后决定易感性的因素尚知之甚少。它们可能在不同人群中的波动很大，这与体质、与环境分枝杆菌暴露的程度以及其他菌和寄生物的荷量、营养因素等有关。因之，尚难预测何种方法对减少发展临床疾病的倾向性是最有效的。免疫预防也可包括在感染后的个体增强免疫反应防止疾病发生的措施。

至于免疫治疗（immunotherapy）系指在已发生临床疾病的患者的免疫干预。例如，在治疗的 LL 病人诱生免疫力以减少高传染力的多菌型疾病的复发。

对于麻风，免疫预防和免疫治疗的方法往往是相似的，所以，两种情况时常一起考虑。迄今有关研究基本按下列麻风疫苗设计原则进行研究的。即对第一代麻风疫苗主要依据：①活 ML；②灭活的 ML；③灭活的 ML 加佐剂；④1 种灭活的交叉反应的分枝杆菌 4 个原则进行的。而发展第二代疫苗主要以采用 DNA 技术为原则。实际上一种疫苗主要的是要求安全、有效、廉价易操作。卡介苗（bacille calmette-guerin，BCG）是一种减毒的非致病性的牛分枝杆菌（M. bovis），实际上成第一代疫苗的核心。

2. 免疫预防

（1）卡介苗：BCG 之所以用来预防麻风是因为：结核与麻风似呈倒转现象；麻风杆菌素反应阴性者接种 BCG 后可发生阳转（阳转率达 90% 以上）；实验证明麻风杆菌与结核菌有交叉抗原；BCG 安全、可靠易操作。预防试验表明，在美国南部及波多里显示低度保护作用，在美国北部和加拿大显示高度保护作用。1998 年在北京举行的第 15 届国际麻风会议上印度报告应用 0.1mg 的 BCG 抗原的保护率为 24.4%，0.01mg 的 BCG 保护率为 17.45%，两种剂量的 BCG 都能阻止多菌型麻风的产生。BCG 的保护作用随时间延长而下降。最新报道是在委内瑞拉和马拉维所进行的试验，两处结果一致，支持 BCG 有保护作用。但印度南部研究的结果认为 BCG 单独用保护作用很小，若与一种热杀死的 ICRC 菌联用效力很高。概括起来讲，BCG 对麻风的预防作用现持肯定态度，但由于在 HIV 感染者有引起 BCG 播散的可能，在 HIV 感染高的地区不提倡应用。

（2）其他菌苗：曾考虑过死麻风杆菌加活 BCG；其他可培养的无致病性的菌（如 M. W 和 M. ICRC）；新近考虑麻风杆菌的特种蛋白、亚单位、多肽、热休克蛋白等，但都不能肯定；有人认为重新用基因工程重组 BCG（rBCG）较为现实，而"裸"DNA（"Naked"DNA）菌苗亦颇具潜在远景。

总之，菌苗在控制传染病方面有很大作用，但麻风的免疫预防尚不成熟。此外，DTH 反应在麻风不一定产生有效的保护作用，反而能引起神经损伤，而且对麻风的考核十分困难（患病率低，潜伏期长），即使有好的菌苗也要 10~15 年才能得出初步的结论。

3. 免疫治疗　LL 和 BL 麻风经联合化疗后，尽管致病菌很快失活，但积聚在组织内的大量死菌多年不能清除，仍可作为一种抗原而致发生病变，如 ENL 反应等。即使查菌阴转后患者对麻风杆菌细胞免疫反应的失能状态仍不能逆转，表现为对麻风杆菌素早晚期反应呈持续阴性，这类患者体内仍然存在着相当数量（小于 10^6 条）的处于"休眠状态"的菌（亦称持久菌）和（或）耐药菌，成为日后麻风复发的根源。所以用免疫手段-免疫治疗来改变 MB 麻风患者的麻风杆菌细胞免疫缺陷则是消除体内这类"休眠状态"菌的有效途径，对麻风的控制和消灭有重要意义。

免疫治疗的设想受启于麻风动物模型的发现。在免疫缺陷的胸腺摘除小鼠接种活 ML 导致大范围的系统感染表明 ML 在 T 细胞缺陷鼠生长好。免疫能力在静脉注射成年同近亲鼠来源的正常淋巴样细胞所迅速重建。从而使含菌组织产生迅速而猛烈地炎症反应。ML 染色由完整变成颗粒化（表明被杀死），和出现了大范围的淋巴细胞浸润。由于局部超敏反应周围的组织严重损伤。反应的主要后果是严重的周围神经炎，并伴有神经功能的丧失。这些启迪人们对早期损害中检测到 ML、体内有明显抗原负荷的个体进行免疫治疗。

据我们前述的麻风免疫的知识，科学家们曾尝试用上述菌苗和其他方法联合治疗 MB 患者，取得了一些数据，但仍不成熟。如：①Convit 报告，在麻风杆菌素试验阴性的未定类（I）和健康接触者注射死麻风杆菌加活 BCG，注射部位出现典型的细胞介导的免疫反应性肉芽肿，活 BCG 和死麻风杆菌同时被很快地清除；他在另一个试验中发现被治疗的麻风杆菌素阴性的 LL 患者，治疗后麻风杆菌素阳转率达 83.3%，其临床表现为由 LL 向 BL～BT 转变的达 11%；BL 组麻风杆菌素阳转程度及病情向高抵抗力麻风型别演变更为显著；在未定类临床症状消失很快，但效果不如 LL 患者；②用 M. ICRC 和 M. W 治疗也看到麻风杆菌素阳转现象。除此以外，亦有不少报道用转移因子、猪胸腺素、胸腺移植、人血细胞输注以及左旋咪唑等治疗 LL 的报道。最近看到有人用 IL-2 局部注射到 LL 患者皮损中治疗，获得菌的抑制和清除的报告。

总之，麻风特异性免疫缺陷机制的研究取得了较大的进展，但仍未彻底弄清。免疫治疗剂（菌苗、药物及细胞因子等）尚处于研究阶段，并无成熟方案，因之开展免疫治疗试验应慎重。

二、麻风免疫反应的发生

（一）麻风天然免疫反应的发生

所谓天然免疫（natural immunity）是生物体在长期的种系发育和进化过程中逐步建立起来的一系列的防卫功能。由于作用特点的不同往往冠以不同的名称。如，由于其作用比较广泛，不是针对某一特定抗原，而又称之为非特异性免疫（nonspecific immunity）；由于其同种系的不同个体都有，代代遗传，较为稳定，因之又称天生或先天免疫（native or innate immunity）。其作用与生俱来，对体外抗原应答迅速（在感染早期，即 96 小时内起作用），为第一道防线；如果再次接触相同抗原也发生作用的增减。主要由组织屏障（皮肤-黏膜、血-胎盘屏障、血-脑屏障）、某些免疫细胞（中性粒细胞、单核/巨噬细胞、自然杀伤细胞）和正常免疫因子（补体、溶菌酶、急性期蛋白）等所组成。

1. 抗原呈递细胞（APC）和树突状细胞（DC）的作用 DC 在对 ML 先天免疫早期免疫调节中似有作用。在 ML 侵入部位，如鼻黏膜或皮肤擦伤处，DC 则可能是第 1 个遇到 ML 的细胞，当 ML 被 DC 吞食后，在局部产生的细胞因子和趋化因子能起到调节炎症和使对 ML 的适应性细胞免疫过程进入 Th1 或 Th2 反应。曾发现单核细胞来源的 DC 是非常有效的 ML 抗原呈递细胞。MHC-I 类和-II 类在 ML 感染的单核细胞来源的 DC 中是下调的。但在 ML 抗原刺激的 DC 中则显示上调 MHC-II 和 CD40 配体（与 IL-12 产生相关）。这提示，整 ML 可能抑制 DC 和 T 细胞间的相互作用。

实验表明以 ML 感染 DC，则在细胞表面表达 PGL-I（PGL-I 表现有免疫抑制的特性），若以特异的抗体封盖表达 PGL-I 的 DC，则以 ML 感染 DC 刺激 T 细胞时，T 细胞的增殖反应和 IFN-γ 产生均被上调。

DC 产生 IL-12 和 IL-10，有报告 IL-10 和抗-IL-12 能抑制 DC 呈递 ML 后所发生的淋巴细胞增殖反应。Mφ 来源的 DC 是更有效的 APC，而且对 ML 膜蛋白特异的 CD8+细胞毒 T 细胞的杀伤作用高度敏感。在 TT 损害中，CD1+DC 水平比在 LL 损害中高。

朗格汉斯细胞（langerhans cells, LC）是 DC 的一个亚群，在皮肤启动免疫反应。其数量在 LL 患者，无论是无损害或有损害的标本中都明显低于正常人和 TT 患者。相反，在 TT 患者皮损中 LC 却有所升高，提示这些细胞积极地浸润到这些损害部位。麻风损害表皮中的 LC 能共表达高水平的 CD1a 和 Langerin（CD207），并且 ML 反应性的、CD1a 限制的 T 细胞克隆（来自麻风病人）对 LC 样的 DC 呈递的抗原有反应。所呈递的抗原很像阿拉伯分枝菌酯（arabinomycolate）（分枝杆菌细胞壁的一种糖酯成分）。皮损若给予重组的细胞因子如粒细胞–巨噬细胞克隆刺激因子和 IL-2 则能诱导 LC 浸润到这个部位。

检查麻风活检标本看到单核细胞（monocyte）和 DC 能表达 Toll 样受体（TLR_1 和 TLR_2），且在 TT 损害中比 LL 损害中的水平高得多。体外培养研究中显示 ML 的 19kD 和 33kD 脂蛋白能活化单核细胞和单核细胞来源的 DC（通过 TLR_2）。在损害中出现的细胞因子模式亦与 TLR 功能相符：Th1 细胞因子一般与 TLR_1 和 TLR_2 的活化作用相关，Th2 细胞因子则与 TLR_1 和 TLR_2 活化作用的抑制相关。重要的是，在体外，特异的细胞因子能通过两种独立的机制（即通过 TLR 表达的调节或靠影响 TLR 激化作用）调节 TLR。

2. 模式识别受体（Pattern recognition recepters）及其作用　在天然免疫反应，在许多微生物展示的与病原相关的分子模式主要靠开始暴露的部位的免疫细胞所表达的模式识别受体来鉴别。其中，一类模式识别受体含有钙依赖或 C 型植物凝集素（lectin），其与病原体上的特异的炭水化物组分联结，为抗原的呈递和处理的内在化作用创造条件。另一类模式识别受体则是由 Toll 样受体组成。这些受体击发抗菌产物的释放，从而这些抗菌产物能对病原体产生一种初步的攻击，以及刺激分子信号的表达和产生诱导后天免疫系统的细胞因子。第 3 类受体（对分枝杆菌摄取很重要）含有补体受体。现分别予以介绍。

（1）C 型植物凝集素受体（C-type lectin recepter）

1）甘露糖受体（亦称 CD206）：属于一种 C 型植物凝集素超家族受体，能联结各种病原体上的炭水化物组分。它尽管不在单核细胞表达，但主要在骨髓细胞系表达，特别在成熟的 Mφ，而且亦在某些 DC 亚群表达。Mφ 在摄取有毒力的分枝杆菌中起作用。主要的分枝杆菌配体以为脂化阿拉伯甘露聚糖（这在有毒力的 MTB 和 ML 均含有），其在阿拉伯糖分子侧链上含有末端甘露糖罩。甘露糖罩覆盖的脂化阿拉伯甘露聚糖能调节单核吞噬细胞上数种效应物质（包括 TNF-α、前列腺素 E2、亚硝酸盐氮产物），具有微生物杀灭能力的 Mφ 激活作用的功能。亦有报告分枝杆菌通过甘露糖受体摄取不能引起呼吸暴发（respiratory burst）。

2）摄取性非整合素（grabbing nonintegrin）（DC-SIGN，亦称 CD209）：是另一种 C 型植物凝集素，系 DC 特异的细胞间黏附因子 DC-SIGN 在 DC 表达，并能通过与含甘露糖的结构结合的方式识别病原体。用 MTB 进行的研究显示在 DC 上 DC-SIGN 是 MTB 的主要受体，补体受体和甘露糖受体作用不是主要的。分枝杆菌对 DC-SIGN 主要配体是甘露糖罩覆盖的脂化阿拉伯甘露聚糖。某些研究者设想分枝杆菌用抑制 DC 成熟的方式来干扰 DC 通过 DC-SIGN 所产生的作用。如，通过抑制 IL-12 产生和刺激 IL-10 的诱生等。DC-SIGN 亦可抑制 TLR 信号。

3）Langerin（CD207）：系一种由 LC 表达的 C 型模式识别受体。它在细胞表面以三聚体的形式存在并具有一种单一钙依赖炭水化物识别区，对甘露糖、果糖、N-乙酰葡糖受有特异性。

Langerin 对形成 Birbeck 颗粒是必需的。这种 5 层核内小体结构（pentalaminar endosomal structures）主要在 LC 中。外源性的炭水化物配体通过 langerin 实现细胞吞饮并转到 Birbeck 颗粒待处理。Langerin 在非肽类分枝杆菌抗原的摄取中可能起作用。

（2）Toll 样受体：在哺乳类动物天然免疫中，Toll 样受体（TLRs）对 Mφ 和 DC 识别微生物病原体非常重要。TLRs 在系统发育上是保守的跨膜蛋白质，在其细胞外区含有重复的富集亮氨酸（leucine）组分。其细胞质信号区与 IL-1 受体相关的激酶（kinase）连结，可以激活诸如 NF-kB 等转录因子诱生细胞因子产物。曾发现有 10 种 TLR，它们的 TLR_2-TLR_1 异二聚体，TLR_2 同二聚体和 TLR_4 对识别分枝杆菌有明显的作用。TLRs 对产生 IL-12 是必不可少的。IL-12 是一种前炎症因子，诱生 Th1

型免因子，TNF-α（在细胞激活，肉芽肿形成中起重要作用，但不涉及与麻风反应相关的组织损伤）。

最近研究显示 TLRs 在识别 ML 和产生免疫反应方面有重要作用。特别是通过 DC 实现。Kang 和 Chae 首先报告了在 TLR$_2$ 的核苷酸 2029 上 C 到 T 替换与瘤型麻风的相关性（其引起在氨基酸残基 667 Arg 到 Trp 的改变）。

ML 或 ML 的抗原刺激表达这种突变的细胞与野生型细胞相比，表现出 NF-κB 激活作用减效以及 IL-12、IL-2、IFN-γ 和 TNF-α 产物降低，但 IL-10 产物却有所增加。

（3）C 受体：Shlesinger 和 Horwitz 确定单核细胞表面上的补体受体 1 和 3 以及 Mφ 表面上的 CR$_1$，CR$_2$ 和 CR$_4$ 是 ML 被吞噬的主要媒介。此外，ML 的主要表面抗原（PGL-1）的摄取是依靠补体 C$_3$ 来构建。通过补体受体的摄取不引起呼吸暴发，从而使病原性分枝杆菌能够逃逸毒氧残基的作用并能在吞噬细胞中繁衍。

（二）麻风适应性免疫的发生

获得性免疫（acqiured immunity）是指生物个体出生后，在生活过程中与抗原物质接触后产生的一系列防卫功能。所以亦称适应性免疫（adaptive immunity）。鉴于其作用针对性强，只对引发免疫力的同一抗原有作用，对其他抗原无效，故亦称特异性免疫（specific immunity）。这种功能不能传给后代，需个体自身接触抗原后形成，因而消除抗原物质慢，一般需 10 ~ 14 天。与先天免疫不同，如再次接触相同抗原其免疫强度增加。系由多种免疫细胞（T 细胞、B 细胞、抗原呈递细胞）及某些免疫分子（抗体、细胞因子、黏附分子、MHC 分子等）参与而发生的免疫反应。天然免疫为获得性免疫的基础，特异性免疫继天然免疫之后发生（早期感染 96 小时后）。两种免疫相互作用，相辅相成，共同完成免疫效应。

在麻风，T 细胞家族的细胞在对 ML 的抵抗中起重要作用。ML 在新生胸腺摘除和先天无胸腺小鼠足垫大量的生长即证明了这一点。但值得提出的是：瘤型麻风（LL）病人不是免疫力降低的宿主，亦未证明因这样的免疫缺陷（失能）而致癌症和机会感染。与 LL 相关的免疫失能对 ML 抗原是特异的。

已有评估 95% 以上的人对麻风是抵抗的。当暴露于病人时，早期可能由于产生了抵抗力而不发病。现今尚没有方法肯定检测与 ML 接触或诊断临床前感染。有临床麻风的个体，即使是 PB 病人（有高度的细胞免疫力，限制细菌的繁殖）在其组织内仍有活菌。应提及，免疫力是能限制细菌的繁殖的，但细胞免疫力产生的肉芽肿性炎症有长期严重的后果，如周围神经的损伤。所以，在麻风病人发生的细胞免疫既有保护作用亦有破坏作用。现将有关进展简介于下。

1. T 淋巴细胞群

（1）MHC 限制的 CD4$^+$ 和 CD8$^+$T 细胞（MHC-restricted CD4$^+$ and CD8$^+$ cells）：用免疫组织学染色显示 TT 损害中大多为 CD4$^+$ 辅助细胞，CD4$^+$/CD8$^+$ 的比率是 1.9 : 1，与在正常人外周血中 CD4$^+$/CD8$^+$ 比率为 2 : 1 接近，但在各型麻风中有明显的选择性倾向性变动。在 TT 损害中 T 辅助/记忆生物型超过幼稚型 14 倍。在 TT 损害中 T 细胞毒细胞多（可能参与 Mφ 的定位，激活和成熟，使之对病原体有限制作用）。重要的是 CD4$^+$T 细胞在损害中全面分布，CD8$^+$T 细胞则排列在周边。相反，在 LL 损害中 CD4$^+$/CD8$^+$ 之比率为 0.6 : 1，CD8$^+$T 细胞遍布损害中而不是像在 TT 损害中那样分布在周边。用能鉴别 T 细胞亚群的单克隆抗体发现 CD4$^+$T 细胞主要以幼稚型存在，CD8$^+$T 细胞则主要是抑制性的亚群。据此推测 CD8$^+$ 抑制性 T 细胞可能下调 Mφ 的激活作用和抑制细胞免疫力。但是最近描述一种 Foxp3 表达的 CD4$^+$、CD25$^+$ 调节性 T 细胞在各型麻风中都存在。其作用尚未确定，但可能在 LL 的发生（展）中有作用。

（2）CD1 限制性 T 细胞（CD1-restricted T cells）：CD1 分子联结配体是在一种结构独特的、深的抗原联结袋（适于容纳脂质的炭氢链）中通过憎水性相互作用来实现的。有两组 CD1 分子：Ⅰ 组由 CD1s a、b 和 c 组成，发现在人，而不在啮齿类。Ⅱ 组含 CD1d（在人）和 CD1（在啮齿类）。所有 CD1 分子均参与脂类和糖脂抗原的呈递，但不呈递肽类抗原。人 CD1 分子呈递分枝杆菌的非肽成分到特异的 CD1 限制性 T 细胞。

体外和体内的研究均表明分枝杆菌脂质抗原呈递的 CD1 系统在对 ML 的免疫力方面起重要作用。取自麻风病人皮损的分枝杆菌反应性双阴性 T 细胞系在表达 CD1 的抗原呈递细胞存在下与分枝杆菌的亚细胞组分反应。去除脂化阿拉伯甘露聚糖（LAM）的可溶性细胞壁成分则不能诱导可检测到的 T 细胞的增生。从 ML 提纯的 LAM 是受 CD1b 限制的并且 T 细胞以一种 CD1b 限制的方式裂解 LAM 调节的单核细胞。LAM 亦诱导这些 T 细胞大量分泌 IFN-γ。检查麻风病人发现在 LL 损害中没有 CD1⁺ 细胞，相反在 TT 或逆向反应的肉芽肿损害中 CD1⁺ 细胞明显上调。这些细胞也显示为 CD83⁺ 阳性。CD83⁺ 是树突状细胞的一种标志。这表明在麻风 CD1 表达与细胞免疫力间强相关。重要的是给 LL 病人以颗粒细胞 Mφ 集落刺激因子（系一种能促进树突状细胞激活作用的细胞因子）能诱发 CD1⁺ 细胞浸润到 LL 损害中。

2. 细胞毒细胞（cytotoxic cells）

（1）CD8⁺ 和 CD4⁺T 细胞：分别起 Ⅰ 类和 Ⅱ 限制的细胞毒 T 细胞作用，并且两者均能溶解感染了 ML 的 Mφ。

Granzyme B 是一种丝氨酸蛋白酶，在细胞毒 T 细胞和 NK 细胞内均有之。当与靶细胞接触时细胞毒 T 细胞释放穿孔素并在靶细胞膜上形成孔，使 granzyme B 进入细胞，之后在细胞内激活天门冬氨酸特异性半胱氨酸蛋白酶（caspase）从而导致靶细胞死亡。粒溶素（granulysin）是另一种 T 淋巴细胞使用的防御性的抗微生物蛋白，其在结核病和麻风病均表达。麻风损害中 granulysin 的存在与病的极型相关，在 TT 损害中比在 LL 损害常见。Perforin 则在各型病人中均可见，且在细胞中分布量相当。NK、Mφ 和 DC 中均不表达 granulysin。

ML 感染的 Mφ 的溶解在麻风是一种保护作用。据小鼠体内外的实验数据，Mφ 中活 ML 的长期存在损伤了 Mφ 的传出和传入功能，特别是 IFN-γ 刺激激活功能，ML 从重度感染的 Mφ 中由于 Mφ 溶解而释放出来，之后可被新的有活力的 Mφ 吞噬，这样 ML 可再轮受到这些有活力的 Mφ 的有力的抗微生物的攻击。

（2）天然杀伤细胞（natural killer cells，NK）：NK 细胞是一种非 MHC 限制的细胞毒性细胞。其功能为对抗各种含多种赘生物（肿瘤）和病原体的靶细胞。尽管 CD3⁻，但其具有许多 CD3⁺T 细胞的细胞毒特征。在各型麻风患者血中 NK 细胞的数目相似。有报告当在 ENL 反应期血中 NK 细胞数明显降低。当 ENL 反应缓解时这种状态发生逆转。当注射 IL-2 时 NK 细胞回归到 LL 损害，并起到对 ML 的局部清除作用。NK 细胞这种细胞毒性及 IL-2 刺激的淋巴素活化杀伤细胞（lymphokine-activated killer cell，LAKC），虽不具抗原特异性，但在麻风能直接作用 ML 感染的 Mφ 和施万细胞（Schwann cells，SC）。

3. 巨噬细胞（Macrophages，Mφ） Mφ 是 ML 的主要宿主细胞。在缺乏有效的后天免疫反应时，ML 能在 Mφ 内繁殖，且可达 100 条菌/Mφ 以上。若在体外培养中增补 IL-10 和置 33℃，ML 能在 Mφ 内维持活泼代谢达数周。Mφ 对宿主抵抗 ML 起重要作用。在免疫反应的传入和传出（弧）中 Mφ 起关键性作用。抗原的处理、抗原呈递和单核因子（monokine）的分泌是 Mφ 在传入（弧）阶段的 3 个主要的功能。Mφ 的主要传出（弧）功能是杀灭细胞内的病原体。最近报告，TLRs 在单核吞噬细胞分化为有抗微生物能力的 Mφ 抑或初级抗原呈递的 DC 中起重要作用。用分枝杆菌激活的 TLR₂ 作用于从 TT 病人分离的单核吞噬细胞可诱导分化生成（DC-SIGN⁺）Mφ，和 CD1b⁺DC。相反，若是用上述同样方式作用于从 LL 病人外周血分离出来的单核吞噬细胞则仅能诱导分化生成 DC-SIGN⁺ Mφ，而不生成 CDb1⁺DC。这种表达模式同样见于麻风损害中。这些发现提示开始 ML 通过 TLRs 对单核吞噬细胞的刺激作用，在 TT 和 LL 病人均能对 ML 产生类似的天然免疫反应。但在 LL 病人则不能产生像在 TT 病人那样的后天免疫反应。如果确认这一结果和加以拓展，可涉及人麻风中免疫光谱的机制。Mφ 的杀灭 ML 的机制：尽管 ML 能在正常小鼠 Mφ 中维持活力，但 IFN-γ 激活的 Mφ 在体外试验中能强烈地抑制或杀死 ML。这表明在正常的 Mφ，吞噬体和溶酶体的融合是被活 ML（不是死的！）所阻断（封闭），并且更重要的是，在激活的 Mφ，含 ML 的吞噬体与次级溶酶体（secondary lysosomes）融合，从而诱生两个重要的抗微生物途径：即产生反应性氧和反应性氮中间产物。

Mφ 吞噬微生物的过程可产生呼吸暴发（respiratory burst），这时 NADPH 酶催化作用使氧大量蓄积和生成超氧化物。其他反应性氧中间产物包括 H_2O_2，羟基残基和单生态氧（singlet oxygen）等随之亦会产生。这些有毒性的氧产物是吞噬细胞的重要抗微生物（特别是抗细胞外病原体）防御机制。ML 对 Mφ 氧暴发仅产生弱刺激（可能是由于 PGL-1 下调超氧产物产生所致），但用 RT-PCR 证实 ML 亦俱一种超氧化物歧化酶和表达 Sod C 和 Sod A。因此，ML 能很好地控制 Mφ 所产生的抗微生物反应性氧中间产物。

反应性氮中间产物主要为一氧化氮。当 Mφ 被激活后即可诱生一种高能量的一氧化氮合酶（iNOS），在该酶催化下含有胍基氮末端的 L-精氨酸可产生一氧化氮。激活的小鼠 Mφ 能抑制 ML 的代谢活性，其原因在于：激活的小鼠 Mφ 能产生这种反应性氮的中间产物。当有酶的竞争性抑制如 L-单甲基精氨酸（L-monomethyl-arginine）或氨基胍（aminoguanidine）存在时培养激活的 Mφ 对菌的代谢没有不利的影响。NOS2 敲除小鼠的激活 Mφ 不能杀死 ML。

反应性氮中间产物作为 Mφ 的效应机制在人的作用不像在小鼠那样稳定，主要原因是其细胞体外培养分泌的一氧化氮中间产物水平低。但有几个研究显示，在细胞内病原体感染的病人的患病部位 iNOS 的表达水平可以用免疫组化法检测到。麻风病人也是这样。Khanolkar-Young 等用抗 iNOS 抗体发现在 TT 病人损害中 iNOS 高度表达，在逆向反应时增至较高水平。在 prednisone 治疗全程中 iNOS 降低。

由于免疫组化检测 iNOS 不一定能精确反映损害中的反应性氮中间产物的产生，亦曾用硝基酪氨酸（nitrotyrosine）染色，因为蛋白质中的色氨酸残基受过氧亚硝酸盐（peroxynitrite）之亚硝基化后（nitrosylation）的终产物稳定。在 BB 患者不论有没有逆向麻风反应都发现有 nitrotyrosine 表达。此外，在有逆向反麻风反应患者的尿中可检测到硝酸盐（nitrates）的水平升高，高剂量的泼尼松（prenisolone）治疗其水平则降低。

最近建立了从 ML 感染的小鼠足垫分离肉芽肿 Mφ 的方法。用此法能研究实验麻风精确的感染部位的 Mφ。用之能测定培养特征、细胞因子的产生，以及用流式细胞仪可测表面表现型标志等。最初用 nu/nu 无胸腺小鼠进行研究表明，取自 ML 感染部位的肉芽肿 Mφ 除了含数不清的 ML 外与正常的腹膜腔 Mφ 无区别。在功能上除了被 IFN-γ 激活的能力（杀灭微生物和肿瘤活性）外，亦与正常的腹膜腔 Mφ 功能相似。另外，在 ML 感染的肉芽肿中 Mφ 没有诱导 MHC-Ⅱ 类表达的增加抑或佛波醇肉豆蔻乙酸酯（phorbol myristate acetate）诱导的超氧化物产物的增加。这些结果进一步表明 ML 是一种 Mφ 效应功能的潜在调节剂（物），其作用大大地限制了肉芽肿微环境。应进一步将研究扩展到用基因敲除小鼠来做。

美国麻风中心实验室将上述的 ML 感染的 nu/nu 足垫肉芽肿靶 Mφ 与新鲜的未感染的效应 Mφ 体外共培养提示 Mφ 在麻风损害中的细胞毒性中起作用。当正常的 Mφ 与靶 Mφ 相遇，效应 Mφ 则从感染的靶 Mφ 获取 ML。如果这种效应 Mφ 用 IFN-γ 激活，则能将这些靶 Mφ 来源的 ML 杀死。但这个过程不是很快，在最适的共培养条件下，需 3 ~ 5 天。进而，这是靠细胞与细胞的接触和反应性氮中间产物的产生，而不需要伴随的 IFN-γ 或 IFN-α 产生的作用。效应 Mφ 从靶 Mφ 获取 ML 的准确机制尚不清楚。

4. 麻风中的细胞因子　所谓的 Th1/Th2 模式，是据 T 辅助细胞产生的细胞子模式的功能划分的。Th1 促进细胞免疫反应，Th2 促进体液免疫反应（图 3-1-2）。这种功能的分化提供一个假说，可以用来解释 TT 和 LL 对

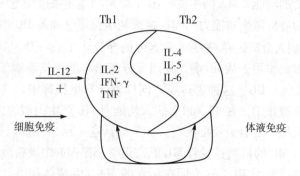

图 3-1-2　Th1 和 Th2 细胞因子模式图（示意）

ML 免疫反应的差别。

有数个研究麻风皮损中的局部免疫反应，但很难比较，因为其研究设计不同，定量方法不同，表达结果方式不同。但均有其参考价值（表3-1-1）。

表3-1-1　麻风患者的细胞因子模式

	模式	IL-1	-2	-3	-4	-5	-6	-10	-12	IFN-γ	TNF-α	TGF	GM-CSF	功能
	Th0	+	+	+	+	+				+	+		+	Th1、Th2 前身
正常	Th1	+	+							+	+		+	细胞免疫
	Th2			+	+	+	+	+					+	抗体生成
TT	Th1	++					−	++	−	++		++	++	
LL	Th2	−			++	+	+	++		−		+	+	

+：表示能检测到；−：表示未检测到；++：表示超过正常范围

从表3-1-1 比较可看出 LL 和 TT 有不同的细胞因子模式。近来的研究是用基因表达的方式来探知的，特别分别对皮损、外周血同时进行研究。研究揭示：在 TT 皮损，IL-2、TNF-α、IFN-γ 表达为主。在 LL 皮损，IL-4 和 IFN-γ 表达为主。基因表达模式亦与 Th1 和 Th2 模式一致。从 TT 皮损分离的 CD4⁺克隆主要分泌 IFN-γ，而从 LL 皮损分离的 CD4⁺克隆产生大量 IL-4。

进一步研究表明 IL-12 和 IL-18 促进对 ML 的抵抗，并且在 TT 皮损中高度表达。但绝大多数研究把病人分组为 TT 或 LL，所以还不清楚是否在界限类有变化以及随着麻风光谱分型是否细胞因子的产生亦有程度不同。为期 2 年内的早期皮损组织学上与 TT 或 BT 一致，亦显示 Th1 样的细胞因子表达。

从 TT 患者取得的循环白细胞和 T 细胞系在体外用 ML 刺激亦产生 Th1 细胞因子模式。从 LL 患者取得的循环白细胞和 T 细胞则产生 Th2 细胞因子模式。但从所有病人中的一部分（约40%）取的循环白细胞则产生 Th0 模式，即：产生 IFN-γ、IL-2 和 IL-4。推测这可能是某些病人产生 Th0 模式，实际上是界线类病人（BL 或 BT）。另外，人对 ML 的免疫反应可能不完全符合于 Th1/Th2 模式。分段分离的 ML 抗原在体外刺激 TT 来源的白细胞产生 IFN-γ。

皮内接种细胞因子实验性治疗有助于对麻风皮损中免疫事件的了解。短期或长期皮内注射 IFN-γ 可引起单核细胞汇集和增高损害中 CD4⁺/CD8⁺ 比率，但不能逆转循环白细胞对 ML 的特异的无反应性。在体外试验中，ML 刺激在 LL 的循环单核细胞不能诱生 IFN-γ。加 IL-2 在绝大多数（不是全部）这些病人的外周血单核细胞可逆转这种现象。在 LL 病人，皮内注射 IL-2 能明显增加皮损的细胞免疫力，还能引起抗 ML 抗原的抗体水平的升高，但这却不能增高对 ML 的系统细胞免疫力。

总之，这些细胞因子基因表达的研究确认和支持 TT 损害是迟发超敏反应和细胞免疫而在 LL 损害当免疫识别发生时虽然可产生抗体但不能对 ML 发生细胞免疫的概念。但这些研究尚不能揭示为什么靠这些方式不能在各型麻风都产生免疫，细胞因子产生和抑制的复杂的免疫调节机制，或许有些机制要靠遗传学上的研究去解释。

三、遗传对人麻风病的影响

Hansen 发现 ML（1974 年）之前，普遍认为麻风是一种遗传性疾病。其证据主要来自孪生麻风和麻风家内集簇性研究。尔后研究显示，免疫力在不同型麻风患者及其病理学上表现各异，以及免疫学领域有许多相关发现，从而基因可能影响人对麻风的易感性的问题引起人们的关注。

相关研究表明人遗传对 ML 的免疫能力表现为二级基本免疫反应。在一级免疫反应，遗传决定全部对 ML 的易感性和抵抗力。这是单核细胞系所参与的天然的先天的抵抗力的表现；假如天然免疫的抵抗不充分（不足）而使感染成功，则遗传干扰变为第二级免疫反应。即取决于被感染的个体所产生的特异细胞免疫力和迟发超敏性的程度。这种后天获得的性免疫力主要通过专职淋巴细胞协同抗原呈递细胞来实现。现分述如下：

1. 遗传对 ML 先天性抵抗的影响

（1）PARK2/PACRG：这是麻风认识中非常进展之一，为 Mira 等鉴定，与所有人群对麻风杆菌易感性有关联。将 PARK2 命名为 Parkin 是因为早期 Parkinson 病与这个基因有关联。所鉴定的位点在功能上调节 Mφ 内蛋白抗原的处理，因而影响抗原呈递到淋巴细胞和引起的免疫反应。该基因影响整个对 ML 的易感性的精确机制尚待进一步探讨。

（2）NRAMP1：Skamene 等首次证明该基因与麻风易感/抵抗可能有关，该基因与麻风的整个易感性相关。在小鼠表明此基因能控制对细胞内病原体的易感/抵抗，系在小鼠染色体 1 上的一个单个位点，起初该基因命名为 BCG。据其在小鼠的功能而命名为天然抵抗相关巨噬细胞蛋白 1（natual resistance-associated macrophage protein 1，NRAMP1），现称为 SLCIIA1。在小鼠其功能表现为借助于输送铁和其他二价阳离子跨过吞噬体膜（phagosomal membrane）来干扰 Mφ 内病原体的活力或复制能力。尽管 NRAMP1 在人的精确功能尚未最后敲定，但在人基因位于染色体上的 2q35 与小鼠的有高度同源性。

2. 遗传对麻风后天（获得性）免疫反应的影响

（1）HLA：早期血清分型方法研究表明 HLA-DR$_2$ 和-DR$_3$ 与 PB 相关，而-DQ$_1$ 与 MB 相关。有的研究认为 HLA-DR$_2$ 与 PB 和 MB 均相关，但无证据显示。其后的分子遗传技术研究证明许多早期研究的 HLA 位点在决定对 ML 反应中起重要作用。

（2）染色体 10p13：用全基因组链锁扫描 244 个南印度的家庭在 10p13 染色上发现一系列分子卫星标识与麻风易感性相关。但在这些家庭中大多为 PB，所以尚不知这些位点是仅与 PB 相关呢，还是也与 MB 相关。

（3）TAP：为一种转运子（transporter）。与抗原处理相关。由两个多肽（TAP$_1$ 和 TAP$_2$）组成的蛋白质。其各自位于 HLA-DP 和 HLA-DQ 之间的 MHC-Ⅱ 内的染色体 6p21 上。其功能是转运肽到抗原呈递细胞的内质网，并在那里参与 MHC-Ⅰ 分子的抗原呈递。TAP$_2$ 基因与 PB 相关，但此基因与其他 HLA 基因位置非常靠近，结果解释起来很困难，尚待进一步研究确定。

（4）TNFA：为肿瘤坏死因子 α。主要由 Mφ 产生，并对 Mφ 和 T 细胞起激活作用。在非特异性炎症和先天免疫抵抗中起主要作用，也是细胞免疫力最有力的刺激因子。在麻风，总体上与抵抗力相关。例如：在 PB 和 Ⅰ 型反应中其血清水平升高。在麻风皮损中细胞因子的表达也增加。

TNFA 基因位于染色体 6p21 的 MHC-Ⅲ 区。基因有多型性，特别是在启动子区。由于 TNFA 对细胞免疫力有广泛的干扰，所以这种启动子多型性则对宿主反应程度的调节以及临床麻风型是至为重要的。有几个报告显示 TNFA 等位基因与不同型的麻风相关。

（5）TLRs：即人 Toll 样受体（TLRs）。是一种细胞表面分子，在识别病原体方面起重要作用。TLRs 的激活可释放出数种调节免疫力的化学物质，TLR 基因也表现对早期出现的特异性免疫反应有重要影响。麻风研究表明 TLR$_2$ 控制细胞因子、细胞信号和其他些方面对 ML 抵抗力的产生。

（6）VDR：早期研究提示人维生素 D 受体基因的多形性与对 MTB 的易感性相关。麻风研究显示这些基因的不同等位基因与 PB 和 MB 相关。VDR 基因位于染色体 12q12 上，编码一种细胞内受体蛋白，它联结维生素 D 代谢物，1α，25（OH)$_2$D$_3$ 与该受体联结导致单核细胞的激活和干扰 CD4$^+$ 和 CD8$^+$T 细胞的功能。

据这些研究结果，可提出遗传干扰麻风的两级免疫反应模式（图 3-1-3）。

我国学者张福仁等研究亦发现 6 个麻风易感基因和一个可能易感基因。

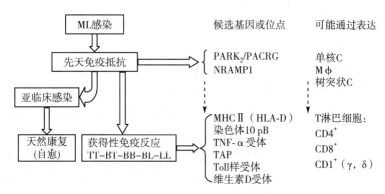

图 3-1-3　遗传干扰麻风的两级免疫反应模式

四、麻风的免疫诊断

麻风早期诊断是麻风防治工作的重要环节。众所周知，由于麻风潜伏期长，大多数患者无明显接触史，发病后的状态又与患者免疫状态相关，表现复杂多样，临床早期诊断困难。且从流行病学角度看，病人在确诊之前就已经是一个传染源，实际上与其周围人群已早有接触。早诊早治对切断传染源至关重要。所以若能借助于免疫学手段建立起快速早期诊断方法，将对麻风防治工作起到很大的促进作用。这方面国内外均有不少不报告，也有了很大的进展。

（一）皮肤试验抗原

这方面尚无成熟的方法。仅简介几种有一定用途的抗原及其研究进展情况。

1. 麻风杆菌素试验（Lepromin test）

本试验于 1916 年为日本光田（Mitsuda）所建立。后为 Hanks 等所标准化，每毫升中含 ML1.6× 10^8。皮内注射 0.1ml 后能引起早期（24 小时）和晚期（3～4 周）反应（附件）。其后也推荐采用每毫升含 ML $4×10^7$ 条的 lepromin。1942 年印度 Dharmendra 将富含 ML 的麻风瘤用氯仿和乙醚提取获得去脂的 ML 制剂。将之 10mg 混匀于 0.5% 苯酚盐水中，注射此材料 0.1ml 后，仅引起早期反应（24～48 小时）。但结果波动。待进一步标准化后（每毫升含菌 10^7 条）则既能引起早期反应也能引起晚期反应。由于人麻风瘤来源不易，后用感染的犰狳来源的 ML 代替。为区别起见，前者称为 lepromin H，后者称为 lepromin A。经多年广泛应用表明 lepromin 不能做麻风的诊断试剂，但它可用来检测病人的细胞免疫状态，预后和临床分型，也可作为治疗和麻风疫苗试验期免疫状态评估的指标。换言之，在瘤型麻风患者麻风杆菌素试验为阴性，在结核样型患者为阳性，麻风杆菌素试验阳性者抵抗力强，预后好。正常人麻风杆菌素反应阴性者感染后发展为麻风的危险性高，且瘤型麻风多为持续阴性的个体。

2. Rees 和 Convit 抗原　自犰狳感染来源的 ML 供应充足后，Rees 将之提纯，放射杀死，并从其超声物中制得可溶性抗原，标化后每毫升含蛋白 1μg，称为 Rees 抗原；Convit 将犰狳来源之 ML 用 French press 裂解过滤除去细胞壁，高压，校正到每毫升含 0.5mg 蛋白命名为 Convit 抗原。此两种抗原均能引起早期反应。但由于在正常人也引起反应，其阈值很难划分（定），特异性不强，而无实用意义。

3. MLSA-LAM 和 MLCwA　用去垢剂将 Rees 抗原去脂质处理即获得 MLSA-LAM。MLCwA 抗原系一种 ML 细胞壁抗原。这两种抗原认为是有潜力的抗原。在豚鼠试验获得有意义结果。在 FDA 批准后将进入一期临床试验。

（二）麻风的血清学诊断

1. 血清中抗 ML 抗体的检测　20 世纪初，Eller 就用 LL 患者皮肤结节做抗原进行过补体结合试验，证明 LL 患者血清中有高效价的 ML 抗体。其后血凝试验，和双向琼脂免疫扩散试验等都曾被研究用于麻风诊断。但都难以消除与其他分枝杆菌的交叉反应。但20世纪70年代以后，许多更进一步的试验，包括特异性的诊断试验应运而生（表3-1-2）。

（1）整菌抗原及表面抗原试验

1）荧光麻风抗体吸收试验（FLA-ABS. T）。此试验由日本阿部正英（Abe）于1980年建立的。方法的原理是依据梅毒间接荧光抗体吸收试验（FTA-ABS）改进的。在受检血清滴加至ML涂布之前，先加BCG，牡牛分枝杆菌，心拟脂和磷脂酰胆碱等抗原吸收除掉血清中的交叉反应抗体以保留识别ML的特异抗体。这是一种用整菌做抗原的试验，起作用的可能为表面抗原。用该法检测LL患者血清，试验阳性率几达100%，在BT-TT达80%，但家内接触者的阳性率亦高达80%。结果提示人群中被ML感染者百分率远远高于发病率，也提示单用此法尚不能作为麻风的诊断手段，但若与麻风杆菌素试验相结合，有助于发现麻风高危人群。这一方法的建立对继续开发特异麻风血清试验有很大促进作用。

2）间接酶联免疫吸附试验（ELISA）：为我国学者吴勤学等于1985年首次建立。方法原理参照FLA-ABS。方法敏感，特异，比Abe的方法简便易行，适用于大量标本的研究，特别是用耳垂血代替静脉血的改进，不因标本的采、运、贮而限制国内外的交流，尤其是能长期地保持标本抗体的效价，使研究能按应用者的计划大规模地进行。

3）MAb竞争ELISA和ELISA：ML表面被一种脂化阿拉伯甘露聚糖（lipoarabinomannan，LAM）所包围。其表位用单克隆抗体（MAb）竞争ELISA可以检测，Mwatha首次进行这个试验，其后Gelber等直接用LAM包被微量滴盘建立了ELISA。

（2）酚糖脂抗原试验：ML含有一种独特的酚糖脂。主要成分为PGL-I（phenolic glycolipid-I），其末端免疫优势三糖为ML所独有。引起众多学者去研究相关方法。有人用PGL-I整个分子，有人将PGL-I与脂体相联，亦有人将PGL-1去乙酰，旨在增加其可溶性及方法的敏感性，但均不十分理想（详见表3-1-2，这里不一一介绍作者），仅当用PGL-I半合成抗原表位时方有明显进步。

现将3种截然不同的方法简介如下：

1）ND-O-BSA-ELISA：方法所用抗原系PGL-I的半合成二糖表位（ND）与小牛血清蛋白（BSA）相联。最早由Cho等初试ELISA，后为我国吴勤学等将方法评价和标化，吴氏等用去脂牛奶粉做新封闭剂稳定了正常值，并认为ND比NT（三糖表位）的敏感性高，特异性强。在多菌型麻风患者检测阳性率为96%~100%，在少菌型麻风患者检测阳性率为60%，有者达80%。上述结果已证实并得到肯定，是目前应用最广的方法。

2）胶乳凝集试验（Latex agglutination test，LAT）：这是我国吴勤学等（1990）首报的。其原理是将ND-O-BSA包被在胶颗上，当这种抗原致敏颗粒与含有相应抗体的血清相遇时能发生迅速的凝集作用。反应在5分钟内完成，其敏感性和特异与ND-O-BSA-ELISA相似。实验不需特殊设备，可在玻片上进行。

3）明胶颗粒凝集试验（Gelatin gnanular agglutination）是日本和泉真藏等建立的。原理与胶乳凝集试验相似。实验要在有U形底的微量滴盘上进行，2小时可得结果，其敏感性和特异性与ND-O-SA-ELISA相近似。

（3）用蛋白抗原的试验：这类试验均未能优于上述试验，除ELISA外，方法更为繁琐不适临床应用，所以不一一介绍。新近前田百美报道麻风杆菌MMP-Ⅱ抗原ELISA有研究前景（详见表3-1-2）。

2. 血清和尿中中ML PGL-I抗原的检测　血清中特异抗体阳性揭示被检者曾被ML致敏或正处亚临床感染状态。如在血、尿中或其他标本中能检测ML特异抗原，其意义似细菌学上检测出菌阳性。能对临床的早期诊断提供依据。

Cho等首先创立Dot-ELISA（免疫斑点ELISA）。其原理是将患者血清中ML含有的PGL-I用适宜有机溶剂提取纯化，点于硝酸纤维膜上，加抗PGL-I的抗体与之反应，再加酶标记的相应抗抗体及加底物显色。结果可目测。研究表明未经治疗的LL和BL患者血中ML抗原的最高浓度达8μg/ml，Dot-

ELISA 检测下限为 $0.25\mu g/ml$，这一浓度达不到早期诊断的要求，但该法可以用来检测化疗效果，患者经 $1 \sim 3$ 个月化疗后，血清检不到 PGL-I。为了对早期诊断有用，McNeil 和我国李伏田等曾采用气相色谱/电子检测器法和气相色谱/质谱仪检测 PGL-I 中糖分子的庚氟丁酰和醋酐衍化物，对提纯的 PGL-I 的检测灵敏度得以明显提高，上柱样质量仅需 6×10^{-11} g。患者尿中也含一定量的 PGL-I，可用 Dot-ELISA 检出，血和尿中 PGL-I 消退情况一致。为了提高 Dot-ELISA 的敏感度，我国曹元华和日本和泉真藏对 Dot-ELISA 进行了改进，提高敏感度 100 倍。

（三）免疫诊断方法的运用及其未来方向

从表 3-1-2 可以看到国内外对麻风的免疫诊断的研究是相当广泛的，建立了当今各种血清学技术，但所憾的是至今仍无完美的可用方法，其根本原因在于麻风病固有的特性（存在低菌和低抗体的 PB 患者）。使得现有的方法达不到敏感度要求，以上最有研究前景的 ND-O-BSA-ELISA 虽在 MB 检测率达 $96\% \sim 100\%$，但在 PB 则为 $30\% \sim 60\%$，虽然我国吴勤学等建立了酶联增敏试验，在所试 PB 标本达 100% 检测率，其检测值在多数标本仅在阈值边缘，尚须进一步评价，其他类似的方法均不超过 ND-O-BSA-ELISA。但上述所列各法均有其独特的用途，例如，明胶颗粒凝集试验颇适于现场应用，最近，报告"蘸棒"试验（未列出）就更简单易行。现有的方法虽然敏感性使应用受到限制，但有其重要研究和应用价值。

表 3-1-2 国内外麻风血清诊断方法研究总况

抗体识别的 ML 抗原	试验种类	作者
整菌表面和表面下抗原	FLA-ABS	Abe 等 1980
整菌	ELISA	吴勤学等 1985
脂化阿拉伯甘露聚糖	单抗竞争 ELISA	Mwatha 等 1988
	ELISA	Gelber 等 1989
酚糖脂-I（PGL-I）整分子	ELISA	Cho S-N 等 1983
酚糖脂-I（PGL-I）整分子	ELISA	Brett 等 1983
酚糖脂-I（PGL-I）整分子	ELISA	Baumgart 等 1987
酚糖脂-I（PGL-I）整分子	SACT	吴勤学等 1996
PGL-I 加脂体	ELISA	Schweter 等 1989
PGL-I 乙酰分子	ELISA	Yang 和 Buchanan 1983
PGL-I 加脂体去乙酰分子	ELISA	吴勤学等 1986
合成单糖	ELISA	Douglas 等 1988
合成贰糖	ELISA	Cho 等 1983
合成贰糖	ELISA	Brett 等 1983
合成贰糖	ELISA	吴勤学等 1988
合成贰糖	ELISA	Agis 等 1988
合成贰糖	被动血凝	Retchlai 等 1988
合成贰糖	胶乳凝集试验	吴勤学等 1990
合成贰糖	酶联增敏试验	吴勤学等 1991
合成贰糖	Dot-ELISA	侯伟等 1991
合成叁糖	ELISA	Chan teau 等 1988

续　表

抗体识别的 ML 抗原	试验种类	作者
合成叁糖	明胶颗粒凝集试验	Izumi 等 1990
合成叁糖低糖	ELISA	吴勤学等 1991
蛋白抗原		
12kD	SGIP	Klatser 等 1984
15～16kD	放射免疫沉淀	Britton 等 1988
	单抗竞争放免试验	Britton 等 1985
18kD	放免沉淀	Britton1988
12kD	放免沉淀	Britton1988
27，28kD	SGIP	Klatser1984
28/30kD doublet（BCG）	免疫印迹	Pessolani 等 1989
29/33kD doublet（M. tbc）	免疫印迹	Das 等 1990
30/31/32kD（M. tbc）	免疫印迹	Rumschlag 等 1988
33kD	SGIP	Klatser 等 1984
	放免沉淀	Britton1988
35kD	单抗竞争放免	Sinha 等 1983
36kD	单抗竞争放免	Klatser 等 1985
45～48kD	放免沉淀	Britton 等 1988
	免疫印迹	Satish 等 1990
65kD	ELISA	Meeker 等 1989
70kD	放免沉淀	Britton 等 1988
重组 α_1、α_2 蛋白	ELISA	尹跃平等 1999
MMP-Ⅱ	ELISA	前田百美 2006
PGL-1 抗原	Dot-ELISA	Cho 等 1986
	Dot-ELISA	曹元华等 1993
其他：CIC PGL-I	CIC	吴勤学等 1989

1. 诊断与预测临床发病与复发　国内外学者许多研究表明（含在犰狳的结果）：在出现临床查菌阳性前 1～2 年血中抗 PGL-I 抗体升高，且与发病后的病型无关。这提示一次检测抗体阳性不足以诊断，若结合临床定期监测会提高诊断和预测发病及复发的价值（现已公认可以用来预测早期复发）。检测 IgM 抗体与临床查体相结合有一定的诊断价值，特别是对疑似麻风病例的排除以及高抗体的临床体征尚不明显者。

2. 评价化疗效果　在允许范围内，抗原检测方法最好。抗体检测虽然缓慢，但研究表明有效化疗后抗体含量是逐渐降低的。

3. 血清流行学及临床感染的研究　用疾病筛检指标评价 ND-O-BSA-ELISA，其正确指数，阳性和阴性预测值均大 90%，表明它疾病筛检有用。可用之来研究 ML 感染的流行状况及趋势，病型间的差别，与暴露程度，年龄、分布等的关系，有助于阐明流行规律，且能发现高危人群（可作为筛选的化学预防人群），对麻风防治效果，流行程度都有评估意义。

今后的发展方向除应集中力量去寻找敏感性和特异性更高的方法外，同时应把现有的方法加以改进，评价，探讨血清学方法间的联合以及与分子生物学方法（如PCR）联合使用的前景。一旦理想的皮肤试验制剂研制成功，将实现更美好的前景。此外，寻找在PGL-I之外的抗原、或细胞免疫学的方法似应引起研究者的考虑。

第二节 结核病的免疫学

麻风杆菌是真性细胞内寄生菌。巨噬细胞（macrophage，Mφ）和施万细胞是其摇篮。结核菌（MTB）一般寄生于宿主单核吞噬细胞系统（mononuclear phagocyte system，MPS）。这类细胞在静止状态下不能清除寄居其中的结核菌，因结核菌胞壁的结构组成以及活菌分泌的代谢产物能帮助细菌逃避或抵抗MPS细胞内杀菌机制的作用。其所诱发迟发型超敏反应（delayed-type hypersensitivity，DTH），加重组织损伤，刺激巨噬细胞分泌抑制性细胞因子抑制细胞免疫应答。

结核菌胞壁结构及其代谢产物新近亦有较好的研究，其毒力因子的基因基础研究已在本书上篇相关章节介绍。

一、结核菌的致病物质

结核菌的致病物质在细菌学章已有描述，为介绍免疫作用，相关内容仍须重提。

（一）类脂

类脂（lipids）存在于细胞壁，主要包括磷脂、脂肪酸和蜡质，大多为与蛋白质及多糖相结合。胞壁中类脂的含量与细菌毒力密切相关，含量越高毒力越强。据研究，MTB内有250个基因参与脂肪酸的代谢。

1. 磷脂（phosphatide） 能刺激单核细胞增殖，抑制蛋白酶对组织的分解，使病灶溶解不完全而形成干酪样坏死。

2. 分枝菌酸（mycolic acid） 系分枝脂肪酸，为结核菌胞壁支架的主要组分，排列致密坚固。与分枝杆菌的抗酸性有关。其代谢衍生物能抵抗宿主细胞产生之H_2O_2对分枝杆菌的杀伤作用。

3. 索状因子（cord factor） 为6，6-二分枝菌酸海藻糖（trehalose-6，6-dimycolate，TDM），系糖脂的一种，存在于细胞壁外层。可抑制粒细胞游走，引起炎性肉芽肿形成；破坏机体细胞线粒体膜，损伤线粒体酶类，影响细胞呼吸。与有毒力的分枝杆菌之菌落索状结构有关。多数研究肯定TDM是结核杆菌的重要毒力因素，但也有报道，某些分枝杆菌如耻垢杆菌含大量TDM却无毒力。

4. 蜡质D 文献中常常乐称其名，实质乃是一种肽糖脂与长链脂肪酸（分枝菌酸）的复合物，能引起DTH反应并具佐剂活性。

5. 脑硫脂（sulfatide） 能明显增强TDM的毒性作用，抑制Mφ溶酶体与吞噬体融合，使结核菌逃避溶酶体内水解酶以及活性氧、活性氮介质的杀灭作用，从而在胞内存活繁殖。

（二）多糖

细菌多糖主要分布于胞壁，常与类脂结合。主要的多糖有阿拉伯半乳聚糖和阿拉伯甘露聚糖。体外实验证实，阿拉伯甘露聚糖脂（lipoarabinomanan，LAM）能抑制Mφ蛋白激酶（protein kinase C，PKC）活化，形成Mφ失活状态。所谓失活是指Mφ对于活化刺激剂的一种部分或完全无反应性。失活后的Mφ降低其内的IFN-γ基因及HLA-DR-A基因的表达和杀微生物能力。最近研究表明LAM还能诱导单核/巨噬细胞产生免疫抑制性细胞因子——转化生长因子β（transforming growth factor-β，TGFβ），该物质能抑制机体的细胞免疫。

Simons等（2007）研究表明，细胞壁来源的LAM，分枝菌酰阿拉伯半乳聚糖缩肽糖酯复合物（mycolyl arabinogalactan-peptidoglycan complex）、triton X-114溶性蛋白组以及分枝杆菌DNA是中性核释放TRAIL（tumor necrosis factor-related apoptosis-inducing ligand）的激活剂，而纯化的抗原85 ABC复合体和α-crystalin［（HSPX）（两种溶于Triton114的主要细胞壁抗原）］有诱导作用。研究提示这些作用

是通过 Toll 样受体（TLR_2 和 TLR_4）识别多种分枝杆菌组分来实现的。

（三）蛋白质

1. 结核菌素类蛋白　系存在于细菌胞质、菌体内以及分泌到菌体外的蛋白。其中相当多的组分能引起强烈的 DTH 反应，造成病灶局部坏死液化、空洞形成，使局限病灶广泛转移。另有报告，一种分子量为 25kD 的菌体蛋白能抑制 γ 干扰素（interferon-γ，IFN-γ）对 Mφ 的激活作用。

2. 细菌酶　结核菌超氧歧化酶可保护细菌免受宿主细胞产生的毒性氧基团的损伤。尿素酶能催化尿素转变为氨，提高 Mφ 吞噬体内 pH，避免酸性环境对细菌的抑制作用。而且氨在体内转化成氯化铵还能抑制吞噬体与溶酶体的融合。

3. 膜蛋白　MmpL（膜蛋白）既影响 MTB 在细胞内的活力，亦影响其与宿主之间的相互作用。基因组测序表明 MTB 有 12 种膜蛋白有传输脂质的功能，插入失活作用（insertional inactivation）显示仅 MmpL3 表现对活力是主要的。其中有 5 种在 ML 亦存在。在小鼠模型中 MmpL4、7、8、11 均显示有毒力作用。

（四）外螯素（exochelin）与分枝杆菌生长素（mycobactin）

铁是结核菌必需的微量元素。结核菌能通过外螯素、分枝杆菌生长素的协同与宿主竞争利用铁。首先，外螯素结合宿主内环境中的 Fe^{3+}，并将其转运到细菌胞膜上，然后由分枝杆菌生长素再将铁转移到细菌体内。因其能与宿主机体竞争铁，故亦认为是一种毒力因子。

二、MTB 感染及致病过程

结核病对人类是个灾难。世界上有 1/3 的人口被 MTB 感染，其中 10% 左右的人发病，如不予治疗，50% 左右死亡。一个原发感染患者年感染达 15 人左右，造成恶性循环。原发感染一般在感染后 1~2 年发生，原发后感染在 2 年后发生。MTB 感染后其发病按 Lurie 在家兔的基础研究可划分为 4 个阶段：

第一阶段从 MTB 吸入开始。当 MTB 吸入时肺泡 Mφ 便将之吞噬、消化，往往消毁（能否消毁主要取决于宿主吞噬细胞固有的杀菌能力和分枝杆菌本身的毒力因子）。若 MTB 未被消毁，则将繁殖并导致 Mφ 破裂。从而血源单个核细胞和其他炎症细胞界时趋集至肺，即为第二阶段。这些趋至的单个核细胞分化成 Mφ，再将 MTB 吞噬之，但不能将之消毁，两者共存，MTB 在此阶段对数生长，并且血源 Mφ 蓄积且产生组织些许损伤。感染 2~3 周后伴有抗原特异性的 T 细胞免疫力产生，这些 T 细胞到达，并在早期损害或结核结节中增殖，然后激活 Mφ 使杀灭细胞内的 MTB。继之早期对数生长的 MTB 生长被阻止谓之第三阶段。在原发损害中心固化性的坏死抑制了细胞外的 MTB 的生长，从而感染可变为静止或休眠。原发感染后，如果免疫作用不强，数月或数年后疾病可能为进行性的，且可发生血源性播散，可再发 TB，谓之原发后结核。液化的干酪性灶为 MTB 提供了极好的细胞外生长条件。空洞形成可导致附近支气管的破裂，使 MTB 通过气道扩散到肺的其他部分和外环境。总之，MTB 进入人肺后遇到宿主不同的抵抗作用，作用的最终结果取决于菌的生长和被杀灭间的平衡，以及组织坏死、纤维化和再生的程度。图 3-2-1 示意了 MTB 入肺后进程。

MTB 微滴吸入肺后可有下列进程：①肺泡 Mφ 立即将之杀灭，真正的感染不发生；②MTB 可不被杀灭，产生所谓原发复合体（由小的浸润和周围感染的淋巴结组成）。在放射线检查时可看到小钙化点，且 PPD 试验（可测定 MTB 特异的 T 细胞反应）变为阳性。绝大多数感染稳定在这个阶段。大多活动性病例发生（原发 TB），有的在肺，如果发生血源播散则任何部分均可发生。数月或数年后，在免疫力低下时潜伏的感染可再发（原发后 TB）。

在人活动性肺结核患者能排出含 MTB 的小微滴，可通过呼吸道（以气溶胶微粒的方式）、消化道或破损的皮肤黏膜侵入易感机体，能侵犯全身多种组织器官，引起结核病。其中以肺结核病最常见，肺外结核病约占 10% 左右。

肺结核病有如下两类表现。

（一）原发感染

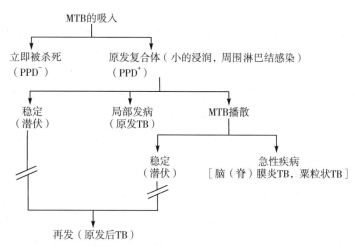

图 3-2-1 MTB 吸入肺后的进程

原发感染多见于儿童，亦见于其他免疫力低下的个体（如老年人、HIV 感染的患者），为首次感染结核杆菌引起。带有细菌的微粒吸入肺泡后，首先被肺泡 Mφ 吞噬，但亦可能进入肺泡上皮 II 型细胞（在肺泡中这种细胞比 Mφ 多），并在其中很快地生长。Mφ 的吞噬作用起初是通过甘露糖（mannose）和（或）补体受体来实现的，表面蛋白 A9（肺泡表面的一种糖蛋白）有助于对 MTB 的联结和吸入。表面蛋白 D 能抑制这种吞噬作用，胞膜中的胆固醇和人的 Toll 样受体-2（TLR_2）亦可能有一定的作用。当 MTB 进入 Mφ 后，最初居于吞噬体内，若吞噬体和溶酶体能完成融合过程则 MTB 将处于下列不利的环境：如酸性 pH，反应性中间产物（ROI），溶酶体酶和活性肽。Ca^{2+} 的升高有助于吞噬溶酶体的形成，从而刺激宿主对感染的反应：如呼吸暴发，NO 和细胞因子的产生等。另有研究表明 Rab_5（Rab 蛋白，属一类小 GTP 酶）与早期内吞小体相关。MTB 经上述过程如不被杀灭则存活下来引起感染。在以后 2～3 周里，细菌在胞内繁殖并将宿主 Mφ 杀死，然后释放出来再感染其他的宿主细胞。循环中的单核细胞、淋巴细胞、中性粒细胞由于受到感染局部释放的趋化因子（chemotactic factor，CF）的吸引向病灶集中，但它们并不能有效地杀灭 MTB。这时，感染部位在 Mφ 衍生的上皮样巨细胞和淋巴细胞的包裹下，形成细小的结核性肉芽肿。肉芽肿形成的作用是宿主容纳细菌，阻止其连续生长和扩散。而它能否顺利形成则取决于感染部位 Mφ 与 MTB 毒株数量的对比。虽然肉芽肿反应是机体抵抗 MTB 感染的一种有效机制，但它并不能将 MTB 完全杀灭。

在感染发生的最初一段时间里，强烈的肉芽肿反应甚为重要，但并非抗原特异性反应。3 周以后，特异性防御机制逐渐成为控制感染的主要途径。随 DTH 反应的出现，肉芽肿内感染严重的 Mφ 被杀死，其周边出现干酪样坏死和纤维样变。感染进行 4～5 周后，一些微小的肉芽肿扩大并融合形成结核结节。结节的中心含较多坏死组织，其四周则由成纤维细胞、淋巴细胞、血源性单核细胞紧密包裹。在坏死区域，MTB 由于缺氧、酸性 pH 以及毒性脂肪酸等因素的作用不能增殖。尽管 MTB 在干酪性组织内认为是不能繁殖的，但一些细菌可转入休眠状态不被杀死，保持休眠状态成活十余年。至此，感染是停滞还是继续发展取决于宿主细胞介导的免疫（cell mediated immunity，CMI）能力的强弱。

如果有良好的 CMI，感染可能就此终结，肉芽肿逐渐消退，留下细小的纤维钙化瘢点。但是当 CMI 反应不足时（如服用了免疫抑制性药物、HIV 感染、营养不良、年老或其他因素所造成），在 DTH 或不明原因作用下，干酪病灶变软液化，肺部正常组织结构受到损坏变成 MTB 培养基，使 MTB

可获得丰富的氧气、养料，为其在细胞外增殖提供了条件。此时，肉芽肿增大，并为细胞性结构。含氧量低的中心细胞死亡导致坏死，如果肉芽肿靠近肺的表面，坏死造成的组织损伤则能突破黏膜表面，出现 MTB 典型症状（持续性咳嗽，痰中带血，出现空洞）。Mφ 内的 MTB 可从肉芽肿组织逃脱，引起淋巴或血源性扩散。此期间病人有高度的传染性，借助于气溶胶，MTB 得以播散。

（二）原发后感染

原发后感染指 MTB 在原发患者肺部引起的再发或反复感染。它可由两种途径产生，一是吸入外源性 MTB，另一个是肺部休眠原发灶内 MTB 再发（reactivation）。

外源途径引起的原发后感染常出现明显的 DTH 反应伴有病灶干酪样坏死和组织损伤。病灶多局限，一般不累及邻近的淋巴结。多数情况下，干酪坏死病灶经过一段时间后，干涸缩小最后钙化愈合。但如果病灶修复无法顺利进行，扩大的病灶将侵犯邻近支气管形成空洞。在空洞里，大量 MTB 活跃增殖，并可漏入支气管造成痰中带菌状态。也可再感染肺部其他部位，导致结核性肺炎。若侵袭静脉管壁，则随血流播散、造成粟粒状病变或肺外结核。MTB 能以休眠状态存在于肉芽肿许多年，这些潜伏病灶多位于肺尖，即使在那些感染得到有效控制的原发病灶中，潜伏细菌仍可能再燃。再燃病灶呈局限坏死，但也能进一步发展为空洞。由于空洞供氧充足，MTB 的繁殖几乎不受限制，能增殖到极大的数量，因而为 MTB 强毒株和耐药突变株的产生提供了条件。

MTB 生长能引起宿主炎症反应，这种反应是双刃剑，既能控制感染，亦能引起广泛的组织损伤。其中蛋白水解酶类如 Cathepsin D 是主要的肉芽肿液化因子。另，MTB 的摄入能引起 Mφ 凋亡，使邻近组织（adjacent tissue）损伤。

TNF-α 既是重要的炎症因子，也是细胞免疫系统 Th1 反应的重要因子，在控制感染中非常重要。相关之 MTB 与宿主相互作用属免疫病理性质，其关节点在于宿主和病原体，两者均为自身的存活而"战"。谁胜谁负最终要视作用的结果而定其转归。

三、机体对 MTB 感染的免疫应答

和其他病原微生物抗原一样，MTB 抗原亦能刺激机体产生免疫应答。首先发生的是天然免疫机制的限制，其后转而产生特异性的免疫应答。而完成免疫作用的主要成员是免疫细胞。所谓的免疫细胞泛指所有参与免疫应答抑或与免疫应答有关的细胞及其前体。造血干细胞、淋巴细胞、单核/巨噬细胞及其他抗原呈递细胞、粒细胞、肥大细胞乃至红细胞为主要参与细胞，而淋巴细胞又是构成免疫系统的主要细胞，其本身又表现为功能不同的群体，如 T 细胞、B 细胞、NK 细胞等，T 和 B 细胞又可进一步分为若干亚群。这在基础医学免疫学中均有详细描述，本书仅在必要处作相关介绍。

（一）MTB 天然免疫的发生

据临床和实验研究支持结核与天然免疫力有关，下面简介其相关元件及进程。

1. MTB 被吞噬的机制　肺泡定居的 Mφ 首先将 MTB 吞噬，其后树突状细胞，单个核细胞来源的 Mφ 亦参与这个吞噬过程。这些吞噬细胞表面的不同受体起很大作用。它们能直接连结非调理化的 MTB，也能通过识别 MTB 表面上的调理素而与之连结。以后种方式为例，在补体因子 C3 调理〔通过补体受体 CR_1、CR_3 和 CR_4（CRs）〕之后，MTB 才侵入宿主 Mφ。

对非调理化的 MTB 的吞噬是靠 Mφ 甘露糖受体（mannose receptor，MR）完成的。该受体识别 MTB 上的末端甘露糖残基。当依靠 CRs 和 MR 吸入 MTB 的机制被封闭（阻断）时，Mφ 能通过 A 型清除剂受体内在化 MTB。Fc-γ 受体（能驾驭 IgG 类抗体包盖的颗粒的吞噬作用）似亦起些许作用。

增加 MTB 连结到上皮细胞或肺泡细胞可能是发展临床 TB 的一种危险因子。胶原凝集素为一种结构上相关的蛋白质〔包括表面活性蛋白、甘露糖连结植物凝集素（MBLs）、C1q〕在这方面似有重要作用。表面活性蛋白 A（Sp-A）通过连结 Mφ，Ⅱ型肺细胞或中性核吸入 MTB。更有意义的是 HIV 感染个体在肺中 Sp-A 水平升高引起 MTB 侵犯肺泡 Mφ 的菌量增加了 3 倍。相反，另一种 Sp-D 能阻断这种作用。从而推测不同表面活性蛋白的浓度与 MTB 感染危险相关。

Collectin 家族另一个成员——血浆因子 MBL 也参与吞噬细胞对 MTB 的摄入作用。MBL 能识别病

原体上广范围的糖类构型，直接通过一种获得性的无限制受体（yet-undefined receptor）或补体系统间接激活作用来诱导（引起）吞噬作用。但 MBL 在不同人群中遗传多形性明显。有报告在 TB 患者血清中浓度升高。

尽管 MTB 对吞噬细胞有一种向性（tropism），但它与非专职性吞噬细胞，如肺泡上皮细胞亦可能有相互作用。这种连结可涉及纤维连结蛋白（血浆中一种糖蛋白，存在于许多细胞的外层面上）。与 M. leprae（ML）相似，MTB 可与上皮细胞连结（因为菌能产生和分泌 30~31kD 抗原 85 复合体。该复合体属于纤维连结蛋白连结蛋白家族）。此外，28kD 肝素连结吸附素（heparin-binding adhesin）由 MTB 产生，并能连结宿主细胞上的硫酸酯化的糖结合物。

总之，MTB 吸入（吞噬）细胞的机制是多种多样的，这个过程涉及宿主的许多不同细胞受体。目前这些研究结果多为体外研究结果，尚须体内进一步确证。MTB 不同的进入途径会导致不同的信号传导，免疫激活和 MTB 在细胞内的成活。例如，Fc-γ 受体介导的吞噬作用是直接与炎症反有关的，而不是与 CR 相连；与 CR_1 连结后的 MTB 其存活就比与 CR_3 或 CR_4 连结后的 MTB 好；再者，Sp-A 调理的 MTB 的吞噬作用则有助于 MTB 被杀灭；通过 MR、MTB 有毒株被吞噬而减毒株则不然。这提示这种进入途径对 MTB 有利。因为这个途径（MR）不能激发 O^{2-} 的产生，而且 MTB 通过 MR 产生一种抗炎信号。在体内 MTB 这些免疫逃逸的可能作用尚须测定之。

最近在印度在麻风的研究中发现，在染色体 $10p^{13}$ 有数个标志与之有强关联，MR 基因在其中定位。

2. Toll 样受体在 MTB 的识别中的作用　除吞噬作用外，在宿主有效反应中 MTB 及其产物的识别亦是一个非常关键的步骤。MTB 主要细胞壁成分脂化阿拉伯甘露聚糖（lipoarabinomannan，LAM）的识别类似于 G^- 菌脂多糖（lipopdysaccharide，LPS）。有数种体液因子和受体参与此过程。血浆 LPS 连结蛋白增强 Mφ 对 LPS 的反应，是靠传输这些分枝杆菌产物到细胞表面受体 CD14 来完成的。类似地，在 CD14 阴性细胞，可溶性 CD14 授予其对 LSP 和 LAM 的反应性。尤为有意义的是 CD14 和 LPS 连结蛋白在 TB 病人血清中升高。

Toll 样受体（TLRs）在系统发育上属天然免疫保守性的介质，其主要是在 Mφ 和 DC 识别微生物中起作用。TLRs 家族成员是一种跨膜蛋白，与其他的天然免疫系统的模式识别蛋白相似，在其细胞外部分含有重复的富含亮氨酸的组分。在 TLRs 细胞质部分与 IL-I 受体（IL-IR）的信号区相同，并且与 IRAK（IL-1R 相关激酶，一种丝氨酸激酶，其能激活转录因子，如 NF-κB，使为细胞因子产生信号）相连。

现今，至少有 10 种 TLRs 被鉴定，其中 TLR_2、TLR_4 和 TLR_9，分别承担对肽糖脂（peptidoglycan）和菌脂化肽（lipopeptides）、G^- 菌的内毒素以及菌的 DNA 的细胞反应。

TLRs 亦参与分枝杆菌的细胞识别作用。通过 TLRs，MTB 的胞溶产物或可溶性胞壁相关脂蛋白引起 IL-12（一种强前炎症细胞因子）的产生。MyD88（类髓细胞分化蛋白 D88）（myeloid differentiation prolein 88）（系连结全部 TLRs 到 IRAK 的一种共信号成分）对 MTB 诱导 Mφ 激活有作用。TLR_2 的突变作用能特异性地抑制诱导的 TNF-α 的产生。但这种抑制作用并不完全，提示除 TLR_2 外，其他 TLRs 亦可能参与该作用。用中国田鼠卵细胞（CHO）（这种 CHO 明显缺乏 TLR）转染模型研究显示当 TLR_2 或 TLR_4 表达时均能授予对毒株 MTB 和减毒株 MTB 的反应性。TLR_2 为分枝杆菌 LPS LAM 和 MTB 的 19kD 脂蛋白信号所必需，TLR_4 则能把一种未界定的热不稳定性细胞相关的分枝杆菌因子作为配体（ligand）。重要的是分枝杆菌感染和前炎症细胞因子增加了 TLR_2 的表面表达。除 TLR_2 和 TLR_4 外，其他 TLRs 亦参与 MTB 的免疫识别作用。TLR_2 与 TLR_6 或 TLR_1 的立体二聚体是信号转移所必需的，且 TLR_9 在细胞 DNA 中连结 CpG 二核苷。

从数种证据的线串可清楚地看到：在缺乏功能性 TLRs 时吞噬作用不能导致免疫激活作用。即使在吞噬期间 TLR_2 循环到吞噬体，细胞因子的产生仍受一种突变 TLR_2 的表达所限制，但颗粒连结和内在化作用不受影响。进而 CD14 和 TLRs 的表达在体外研究中不变动对 MTB 的吸入。显然，TLRs 在分枝杆菌天然识别中起重要作用。这对人亦很重要。最近体外研究发现肺泡 Mφ 中 MTB 直接被杀死是 TLR_2 的激活作用所产生的。这点颇为重要。预料，在相关 TLRs 或其下游信号蛋白的基因多型性，或许突变影响宿主对分枝杆菌天然免疫的进程。

3. MTB 作用下产生的细胞因子　吞噬细胞识别 MTB 后导致细胞激活和细胞因子的产生。通过自身诱导进一步激活和产生细胞因子，这是一个复杂的过程和能引起交叉调节作用。该细胞因子网络在炎症反应和分枝杆菌感染的结果起着非常重要而有决定性的作用。

（1）前炎症性细胞因子：TNF-α：系一种原型前炎症性细胞因子。能被分枝杆菌或其产物刺激单个核细胞、Mφ、DC 产生之。其在肉芽肿形成中起关键性作用。诱导 Mφ 激活和具免疫调节特性。在小鼠，对肉芽肿中潜伏感染的遏制（消除）亦起重要作用。在 TB 病人，TNF-α 存在于发病部位。但在人结核病，未发现 TNF-α 基因突变，尚未确定 TNF-α 基因多形性与结核病易感性间有正相关。

IL-1β：系第二位的参与宿主与 MTB 反应的前炎症性细胞因子。像 TNF-α 一样，IL-1β 亦主要由单个核细胞、Mφ、DC 产生。在 TB 患者，IL-1β 在疾病部位表达。用小鼠的研究提示其在 TB 中的作用：在 IL-1α 和-1β 都敲除（double-KO）小鼠与 IL-IR 型 1 缺乏的小鼠（不对 IL-I 起反应）在 MTB 感染后均表现增加了分枝杆菌的过度生长，缺乏肉芽肿的形成。另，在伦敦 90 例印度 TB 病人中，IL-1β 和 IL-IR 拮抗剂（IL-IRa）（一种天然产生的 IL-1 拮抗剂）的单倍型大多数分布不平衡。一种"前炎症性单倍型"在胸膜炎 TB 明显比其他型 TB 中为常见，提示 IL-1β 产物对 IL-IRa 产物之比率增加。因胸膜炎 TB 通常为一种自愈型的原发型 TB，人们可以推测 IL-1β/IL-IRa 比率的增加可能能预防一种更严重 TB 的发生。

IL-6：既具前炎症性，亦具抗炎特征。在分枝杆菌感染的早期在感染的部位产生。因其抑制 TNF-α 和 IL-1β 的产生和体外促进 M. avium 生长，可能在分枝杆菌感染中有害。另些报告支持 IL-6 有保护作用：IL-6 缺乏在获得性 T 细胞免疫发生之前对 MTB 感染易感性增加，这似乎与在感染早期 IFN-γ 产生不足有关。

IL-12：系宿主对 MTB 防御中一种起关键作用的物质。主要由吞噬细胞产生，对 MTB 的吞噬作用似为必需的。其在诱生 IFN-γ 产生中有严格的作用。在 TB 患者肺浸润物中，在胸膜炎中，在肉芽肿中以及在淋巴结炎中都能检测到 IL-12。在疾病部位 IL-12 受体的表达亦增加。在 IL-12 敲除小鼠（KO 小鼠）看到对 MTB 高度易感则可说明 IL-12 的防御（保护）作用。在复发的非结核分枝杆菌感染的病人编码 IL-12p4O 和 IL-12R 基因的严重突变，产生 IFN-γ 的能力亦降低。最近，在腹结核患者也看到 IL-12R 的缺乏。显然，IL-12 是一种调节性的细胞因子，其连结宿主对分枝杆菌天然与获得性的反应，且这种保护效力主要是通过诱生 IFN-γ 来实现的。

IL-18：和 IL-15 为两种除 IL-12 以外的 IFN-γ 诱导生因子。IL-18 是重要的抗炎细胞因子，其有许多特征与 IL-1 相同，最初是作为一种 IFN-γ 导生因子被发现的。其与 IL-12 有协同作用。亦有刺激其他前炎症性细胞因子、趋化因子、反转录因子的作用。有据表明在分枝杆菌感染期间 IL-18 的防御作用。如，IL-18 敲除小鼠（KO mice）对 BCG 和 MTB 高度易感。在用 M. leprae（ML）感染的小鼠，其抵抗力与 IL-18 高表达相关。在该模型中，其主要的作用是引起 IFN-γ 的产生。的确，在患者 IL-18 和 IFN-γ 浓度均升高。在 TB 患者 IL-18（为外周血单个核细胞产生的）水平降低，这可能引起了 IFN-γ 水平的降低。IL-15 在生物学活性上类似于 IL-2。刺激 T 细胞和 NK 细胞增殖和激活，但不像 IL-2，它主要由单个核细胞和 Mφ 合成。IL-15 mRNA 在结核样型麻风（免疫力强）比在瘤型麻风（免疫无反应性）表达明显为高。迄今尚无有关于 IL-15 在 TB 的报道。

IFN-γ：IFN-γ 在 TB 的保护作用已确定。主要在抗原特异性的 T 细胞免疫方面。在体外，分枝杆菌抗原特异性的 IFN-γ 的产生作为 MTB 感染的标志。结核菌素试验阴性的个体，在体外试验中用 PPD 刺激基本不产生 IFN-γ。但在 PPD 阳性和 PPD 阴性的个体，MTB 感染的单个核细胞刺激淋巴细胞在体外试验中能产生 IFN-γ。PPD（分枝杆菌的一种恒定蛋白质）选择性地在 PPD 阳个体诱生 IFN-γ，而

MTB 的超声波产物（含有分枝杆菌多聚糖和磷脂）则在 PPD 阳性和阴性个体似无选择地的诱生 IFN-γ。这种 MTB 超声波产物刺激单个核细胞来源的细胞因子（TNF-α 和 IL-1β）的产生。而这些因子及 IL-12 和 IL-18 可能作为共刺激物使产生非抗原依赖性 IFN-γ 的产生。在早期感染阶段，γδT 细胞和 CD₁ 限制的 T 细胞可产生 IFN-γ。在缺乏抗原呈递分子时，γδT 细胞可直接识别分子量小的分枝杆菌蛋白和非蛋白配体。在小鼠 MTB 一个单信号启动就能增加附近淋巴结中 γδT 细胞的数目。而不增加 αβT 细胞（CD4⁺ 和 CD8⁺T 细胞）的数目。在 MTB 感染的小鼠，γδT 细胞在发病部位蓄积，且似为分枝杆菌的早期感染所必需。像 γδT 细胞一样，CD₁ 限制 T 细胞在 MHC-Ⅰ 或 MHC-Ⅱ 类分子不与分枝杆菌蛋白抗原反应，而与连结分枝杆菌脂质抗原和抗原呈递细胞表面 CD₁ 上的糖脂抗反应。CD₁ 分子与 MHC-Ⅰ 类分子结构上有相似性，但明显地无多形性。在分枝杆菌感染，数种不同的 T 细胞亚群〔包括 CD4⁻、CD8⁻（双阴性）T 细胞，CD4⁺ 和 CD8⁺（单阳性）T 细胞以及 γδT 细胞〕与 CD₁ 相互作用。CD₁ 限制 T 细胞表现细胞毒活性和能够产生 IFN-γ。

（2）抗炎细胞因子（Anti-inflammatory Cytokines）：被 MTB 启动的前炎症反应受抗炎症机制控制。可溶性细胞因子受体（如溶性 TNF-α 受体Ⅰ和Ⅱ）阻止细胞因子与细胞受体连结，进而阻断了下一步的信号。如上所述，IL-1β 被一种特异拮抗剂（IL-IRa）所阻遏。另外，在 TB 3 种抗炎细胞因子（IL-4、IL-10 和 TGFβ）可抑制前炎症性因子的产生及其作用的发挥。

IL-10：在 Mφ 吞噬 MTB 与 LAM 连结后产生。T 淋巴细胞包括 MTB 反应性 T 细胞亦能产生 IL-10。在 TB 患者发病部位的胸膜液、肺泡洗液中，循环单个核细胞中显示 IL-10mRNA 表达。某些作者发现 TB 患者 IL-10 产生是上调的。其抗炎作用主要表现为下调 IFN-γ、TNF-α、IL-12 的产生。IL-10 转基因小鼠，分枝杆菌感染严重。IL-10 缺陷小鼠则分枝杆菌感染后早期菌量显示较少。人 TB 在成功治疗前后，抵抗力低者 IL-10 均表达较高，这些提示 MTB 诱导的 IL-10 对一种有效的免疫反应产生抑制。

TGFβ：在 TB，亦为对抗保护性免疫作用的物质。分枝杆菌产物诱导单个核细胞和 DC 产生 TGF-β。重要的是从有毒分枝杆菌得来的 LAM 能选择性地诱生 TGF-β 的产生。IL-10、TGF-β 在 TB 期间在发病部位过度表达。TGF-β 能抵制抗原呈递、前炎症性因子的产生以及细胞的激活作用。此外，当其促进 Mφ 胶原酶和胶原基质的产生和沉积时在 TB 期间能造成组织损伤和纤维化。在 TB 患者的单个核细胞上和以 MTB 感染的 Mφ 内的 TGF-β 的抑制作用可被天然产生的 TGF-β 抑制因子所限制。在抗炎方面，IL-10 和 TGF-β 的作用是协同的：TGF-β 选择性地诱导 IL-10 产生，且两种细胞因子在抑制 IFN-γ 产生上有协同作用。TGF-β 亦可与 IL-4 相互作用。但矛盾的是：在两种细胞因子存在下，T 细胞可能直接转向一种保护性 Th1 模式。

IL-4：IL-4 对细胞内感染（含 MTB 感染）的有害效果是抑制 IFN-γ 的产生和 Mφ 激活。在小鼠，以 MTB 感染后疾病的进行性及潜伏感染的再发，均与 IL-4 的水平升高相关。在实验性感染中 IL-4 的过度表达加重组织损伤。IL-4 敲除鼠通过空气感染后显示增加肉芽肿的大小和分枝杆菌的过快生长。与对照小鼠相比，在这些动物前炎症性细胞因子水平升高了并伴有过度的组织损伤。在 TB 患者，IL-4 水平升高，特别是有空洞病变者。但不是恒定的发现，因之需确定 IL-4 是否是引起或者很少能反映人 TB 的活动程度。因之，IL-4 在人 TB 的易感性中的作用尚待完全弄清。可溶性细胞因子受体的产生和抗炎细胞因子可能有助于调节 TB 期间的炎症反应。一个无限制的炎症反应可能引起组织的过度损伤（像在 IL-4 敲除小鼠那样），然而一个好的抗炎效果又有助于 MTB 的过快生长。MTB 可借助于选择性地诱生抗炎细胞因子来逃逸宿主的保护性免疫机制。

（3）趋化因子（chemotactic cytokines，chemokines）：主要作用是使炎症性细胞归巢（集聚）到感染部位。现已发现约 40 种趋化因子和 16 种趋化因子受体。

IL-8：有数个报告描写了 IL-8 的作用，其亲和中性核，T 淋巴细胞，可能还有单个核细胞。MTB 的吞噬作用或 LAM 的可刺激 Mφ 产生 IL-8。这种作用可被 TNF-α 和 IL-1β 的中和作用所封闭（阻断）。在对 MTB 反应中肺上皮细胞亦产生 IL-8。在 TB 患者，曾在其支气管肺泡冲洗液、淋巴结和血浆中发现 IL-8。死于 TB 的患者 IL-8 水平较高。特别是抗 TB 治疗之后，其 IL-8 水平在肺泡冲洗液、血清中仍持续高水平达数月。尚须弄清是什么物质使这种 IL-8 的延长产生；和为什么 IL-8 是一种潜力型中性核趋向剂和一种中性核反应在已确立的 TB 中不明显。

单个核细胞趋化和蛋白 I（monocyte chemoattractant protein I，MCP-I）：其为单个核细胞和 Mφ 主动和被动分泌的。MTB 倾向诱导单个核细胞分泌 MCP-I。在 TB 患者肺泡冲洗液、血清和胸膜液中 MCP-I 浓度升高。在鼠模型，MCP-I 缺乏抑制了肉芽肿形成。再者，C-C 趋化因子受体 2 缺乏小鼠，因不能对 MCP-I 反应，显示降低了肉芽肿的形成和抑制了 Th1 型细胞因子的产生，而且以 MTB 感染后死亡早。

RANTES：其为多种细胞所产生，能不加区别地与多种趋化因子受体连结。在人 TB，在肺泡冲洗液中检测到。除 IL-8、MCP-I 和 RANTES 之外，在 TB 中其他趋化因子可能参与细胞通路。趋化因子的产生受阻可能导致一种适当的局部组织反应。但由于趋化因子系统冗繁，其个体分布很难评价，至今在分枝杆菌感染者，尚未能清楚界定。在鼠模型，该因子的表达与 M. bovis 引起之肺肉芽肿的发展相伴发生。

4. 杀灭 MTB 的有效机制　Mφ 是主要的有效细胞。为杀灭 MTB，Mφ 首先需要被激活。在体外模型中这种作用似颇为人工化，所以其激活的确切最佳条件尚不清楚。但淋巴细胞产物，主要是 IFN-γ 和前炎症性细胞因子（如 TNF-α）是重要的这一点是清楚的。此外，Vit D 似亦参与 Mφ 的激活。

活化型的 Vit D 中间产物（1,25-二羟基维生素 D）（1,25-dihydroxy vitamin D）有助于 Mφ 抑制 MTB 的生长。有报告某些人群，TB 患者血清中 Vit D 浓度较低。显示 Vit D 缺乏是患 TB 的一个危险因素。而且 Vit D 受体的 3 种多型性亦与 TB 易感性相关。对另外一种 Vit D 受体变型（TT 基因型）的研究提示这种多态性抗现症 TB 的作用。但必须注意，这可能是影响 Mφ 的激活的结果。在 TB 尚未确定 Vit D 受体多态性与 TB 的关联。

推测激活的 Mφ 的吞噬溶酶体内的 MTB 杀灭机制包括反应态氧中间产物（ROI）或反应态氮中间产物（RNI）的产生。但这种机制的研究一直存在小鼠模型（用分枝杆菌感染的最重要的模型）和人之间差异的缺陷。

许多研究结果尚存在着矛盾：

在体外试验，MTB 似对 ROI（如超氧化物和 H_2O_2）的杀伤有抵抗力。一个可能的解释是多种分枝杆菌产物（硫苷脂，LAM 等）能清除 ROI。在体内发现 p47phox^{-1} 小鼠［此鼠缺陷一种功能性 NADPH 氧化酶的 p47 单位（这是产生超氧化酶所需要的）］在实验感染早期分枝杆菌过度生长。这支持 ROI 有杀伤 MTB 的作用。另，有慢性肉芽肿的病人，其缺乏 ROI 的产生，但却未见增加对 TB 的易感性。

RNI 在 TB 的作用亦有矛盾之处。在体外，用 BCG 感染的肺泡 Mφ 表现增加了一氧化氮合酶（nitric oxide synthase，iNos）之 mRNA 诱生性和在分枝杆菌过度生长后 iNos 的抑制作用。在 TB 患者肺泡 Mφ 也显示增加了 iNos 的产生。但是否 iNos 基因表达导致体内 NO 的产生尚不清楚，因为在 iNos 翻译后的修饰对功能活性是必需的。所以 RNI 的准确分布，在人 TB 尚待阐明。

MTB 细胞内实质性生长依赖于其逃避溶酶体酶、ROI、RNI 消毁的能力。当被 Mφ 吞噬菌典型地进入专门溶酶体并与之融合随之受到酸化作用。但 MTB 延迟或抑制溶酶体和溶酶体的融合。另，MTB 阻止溶酶体的成熟和溶酶体的酸化作用，因之封闭（阻断）了酸性水解酶的消化活性。

Nramp1［其编码天然抵抗相关巨噬细胞蛋白（Nramp）］是参与 Mφ 激活与分枝杆菌杀伤的一个重要的基因。该蛋白是一种整合膜蛋白，属于金属离子转输家族。这些金属离子，特别是 Fe^{2+} 是参与 Mφ 激活作用和有毒抗菌残基产生的。随着吞噬，Nramp1 变成溶酶体部分。Nramp1 突变小鼠显示溶酶体成熟减退和酸化作用不足。吃惊的是分枝杆菌过度生长在这种动物无影响。在人，在 Nramp1 启动子区功能多态性，伴有基因表达减少，据西非地区的研究与对 TB 的易感性有关。因之，在 Nramp1 中的基因变动可影响 MTB 感染后的结果。至于在人 TB 的作用，尚须流行学和机制上进一步研究证实。

凋亡是被感染宿主限制 TB 过度生长的另一有效机制。吞噬细胞的凋亡可防止感染的播散。另，感染了的细胞的凋亡可减少分枝杆菌在细胞内的活力，但感染了的细胞的坏死则不然。TNF-α 是诱导感染了 MTB 的细胞凋亡所必需的。值得注意的是，致病性 MTB 株与相关减毒株相比明显地能使诱导宿主细胞凋亡的能力减弱。原因是致病株能选择性地诱导和释放中和性的可溶性的 TNF-α 受体。而 TNF-α 受体的释放又受 IL-10 调节。从而就减少了 TNF-α 的活性和减少了 MTB 感染的细胞的凋亡。

不依赖细胞因子的产生，LAM 在体外以一种 Ca^{2+} 依赖机制可以防止 MTB 感染的细胞的凋亡。另，Fas 配体在感染的 Mφ 中表达的增加亦可促进减少 Mφ 的凋亡。

其他各型细胞的作用（简述）：

尽管精确的机制不清，但中性核促进 MTB 的杀伤，但在中性核紊乱的患者未见增加对 MTB 的易感性。许多临床现象可能同细胞毒性 T 细胞相关，特别是颗粒细胞毒 T 细胞和含有人颗粒溶素（直接改变分枝杆菌膜结构完整的一种分子）的 NK 细胞，能杀伤 MTB。

5. 获得性的对 MTB 的免疫力的启动　显然，天然免疫和获得性免疫是密切相联的。Mφ、DC 初始细胞型参与对分枝杆菌的天然免疫，在启动获得免疫方面亦起重要作用。其主要步骤为：抗原呈递，共刺激和细胞因子产生。TB 患者可失能或 T 细胞无反应性。这可能引起上述 3 个过程中的固有缺乏或抑制。

（1）抗原呈递：Mφ 和 DC 呈递分枝杆菌抗原涉及明显不同的机制。第一，MHC-Ⅱ类分子呈递分枝杆菌蛋白至抗原特异的 CD4$^+$T 细胞。这些抗原在吞噬溶酶体小室中必须经过专职抗原呈递细胞处理。第二，MHC-Ⅰ类分子（在所有有核细胞上表达）呈递分枝杆菌蛋白至抗原特异的 CD8$^+$T 细胞。此机制允许呈递胞溶性抗原，这对某些分枝杆菌抗原逃逸吞噬小体（原因不明）是很重要的。在鼠模型和 TB 病人显示 MHC-Ⅰ类分子介导的抗原呈递是重要的。第三，非多形性的 MHC-Ⅰ类分子，如Ⅰ型 CD1（-a，-b，-c）分子（在 Mφ 和 DC 表达）能呈递分枝杆菌脂蛋白至 CD1 限制的 T 细胞。这种抗原呈递机制使在感染的较早的时段，较大部分的 T 细胞被激活，而先于抗原特异的发生。第四，非多形性的 MHC-Ⅰ类分子可能亦参与。

在一个个体中特别的Ⅰ和Ⅱ类 MHC 等位基因的表达决定个体对特别的（分枝杆菌）抗原及其决定簇的反应能力。某些等位的人类白细胞抗原（HLA）变异与 TB 相关。HLA 的多形性可以解释某些孤立人群（如 Amazonian Indians 仅最近才揭示有 TB）的易感性。这与麻风的情况有相似之处。抗原呈递分子的表达亦是一个动态的过程，亦被细胞因子调节。当前炎症性细胞因子（主要为 IFN-γ）刺激 MHC 表达时，抗炎细胞因子抑制其表达。分枝杆菌可调节抗原呈递功能，但在体外用 Mφ 和 DC 试验获得不同结果。分枝杆菌下调（似更像通过抗炎细胞因子的产生来实现的）抗原呈递分子在 Mφ 的表达。另一方面，在 DC 则随着 MTB 的感染而上调 MHC 的表达。

（2）共刺激：众所周知，在特殊共刺激信号存在下抗原呈递仅导致 T 细胞刺激作用。众所悉知的对 T 细胞刺激信号是 B-7.1（CD80）和 B-7.2（CD86）。这些分子在 Mφ 和 DC 表达并与 T 细胞上 CD28 和 CTLA-4 连结。值得注意的是，在体外用 MTB 感染的单个核细胞导致 B-7.1 低的表达。而以 MTB 感染的 DC 则导致 B-7.1、CD40 和 ICAM-1 的表达。当缺乏固有的共刺激信号时，抗原呈递可导致 T 细胞凋亡的增加。

（3）细胞因子的产生：激活的 Mφ 和 DC 所分泌的数种细胞因子是刺激淋巴细胞所必需的。Mφ 和 DC 产生Ⅰ型细胞因子 IL-12、IL-18 和 IL-23。在复发或致死性非结核分枝杆菌感染，于编码 IL-12P40、IL-12Rβ1、IFN-γ 受体 1 和 IFN-γ 受体 2 基因中发现功能性遗传突变。所有这些在 Mφ 和 DC 可都参与 IFN-γ 受体信号。另，前炎症细胞因子如 IL-1 和 TNF-α 有重要的 T 细胞刺激特性。降低Ⅰ型或前炎症性细胞因子的产生可延迟或降低 T 细胞刺激以及抗原呈递特异 T 细胞免疫力的启动。抗炎细胞因子的产生亦可能与之相关。例如，在一个失能 TB 患者，最近显示 IL-10 的产生是构成性存在和 T 细胞受体介导的刺激引起不足信号的传导。TGF-β 可能有相似的拮抗作用。

综上所述，感染后 MTB 与人宿主间相互作用决定结果。关于人宿主天然和获得性免疫均能参与。肺泡 Mφ 吞入 MTB 后可发生许多事件。MTB 可被在没有发生获得性免疫的情况下立即消毁。但当感染确定后，局部非特异性炎症反应随之而来。这种反应是被前炎症性细胞因子、抗炎细胞因子和趋化因子调节的。在此时段，绝大多数介质是来源于 Mφ 和 DC，但 IFN-γ 却来源于包括 NK 细胞的 T 细胞、CD1 限制 T 细胞在内的多种细胞。这种初始反应决定 MTB 的过度生长（有时播散）或感染的遏止与否。吞噬细胞在抗原呈递和随之发生的 T 细胞免疫的启动中亦有重要作用。在宿主反应的许多阶段，MTB 能产生遏止或拮抗保护性免疫的机制。

MTB 感染后的个体差异可用各宿主天然免疫机制的不同缺陷来解释。吞噬作用、免疫识别、细胞因子产生和效应机制可全部归因于天然免疫力。不同基因的多型性可能亦与增加对 TB 的易感性和严重性相关。这些多型性是功能性的，但有些尚没有功能（免疫上的）改变被显示出来。所以尚须对这些相关性作进一步的确证和研究。

最需要确定的是 MTB 与人之间的相互作用怎样能被调节的。在许多方面，最有效途径是改善病人的医疗设施，加强诊断和治疗。但全球性地耐药严重地妨碍了成功的抗菌治疗。所以有效的疫苗和新的治疗战略（如免疫治疗）迫切需要的。预期增加对疾病过程（发病机制）的了解将有助于这和联合化疗的设计，它将无疑地有益于个体病人的后果和限制 MTB 全球的播散。

（二）MTB 获得性免疫

1. 体液免疫　受 MTB 抗原刺激，机体亦产生体液免疫应答。但一般认为，像在麻风病患者一样，在结核病患者体液免疫亦无保护作用。其原因在于 MTB 常寄生于单核/巨噬细胞内，体液中的特异性抗体和其他抗菌物质难以接近。但体液免疫在结核病血清学诊断方面有重要意义，相关内容见本节结核病血清诊断部分。

2. 获得性细胞免疫　体液免疫在结核病人无保护作用，MTB 刺激机体产生的获得性细胞免疫（即细胞介导免疫，CMI）是机体抵抗 MTB 感染的主要防御机制。表现为抗原激活效应 T 细胞释放细胞因子，从而激活 Mφ 将入侵的 MTB 杀灭清除。实际上，获得性细胞免疫力的建立是一个复杂的过程，为多种免疫细胞共同参与和相互作用的结果。免疫结果还伴有炎性细胞浸润，病灶干酪坏死和组织损伤等不利于机体的病理改变。

多数研究表明，T 细胞在抗 MTB 感染中均有作用。即机体抗结核免疫主要由专职性抗原特异性 CD4⁺T 细胞（TCRαβ⁺CD4⁺T 细胞）介导，CD8⁺T 细胞（TCRαβ⁺CD8⁺T 细胞）和非专职性 γδT 细胞（TCRγδ⁺T 细胞）以及双阴性或 CD4/CD8 单阳性 T 细胞（能以 CD1 形式识别抗原）和 Mφ 亦发挥一定作用。现将有关内容作扼要介绍。

（1）T 细胞

1）T 细胞表面受体：T 细胞表面有多种受体，其中 T 细胞抗原受体（T cell antigen receptor，TCR），既是 T 细胞特异性识别抗原的受体，也是所有 T 细胞的特征性的表面标志。TCR 系由 α、β 或 γ、δ 两条糖蛋白以双硫键连接组成的异二聚体。所以有两种形式：即 TCRαβ 和 TCRγδ。其功能亦不相同。

2）T 细胞表面抗原：参与 T 细胞抗原识别、信号传导及激活的抗原主要有 MHC 抗原和白细胞分化抗原。所有的 T 细胞均表达 MHC I 类分子，人的 T 细胞被激活可表达 MHC II 类分子，亦是 T 细胞活化的标志。

3）T 细胞的功能

A. CD4⁺T 细胞（TCRαβ⁺CD4⁺T 细胞）：识别抗原受 MHC II 类分子限制。据其分泌细胞因子的种类和对各种细胞因子反应性以及介导的免疫效应不同可分为 CD4⁺ Th1（CD4⁺T 细胞在 Toll 样受体诱导下产生的 IL-12、IL-18 和共刺激分子刺激下分化为 Th1）和 CD4⁺Th2。前者主要分泌 IL-2、IL-12、IFN-γ 和 TNF-β/α 等，介导与细胞毒各局部炎症有关的免疫应答，参与细胞免疫及迟发超敏性炎症形成，故有炎症性 T 细胞之称，亦可视为相当于 TDTH 细胞；后者主要分泌 IL-4、IL-5、IL-6 和 IL-10。

主要与体液免疫相关。

B. CD8⁺T 细胞（TCRαβ⁺CD8⁺T 细胞）：主要指细胞毒性 T 细胞（Tc）亚群，至于抑制性细胞（Ts）亚群尚未建立稳的克隆。识别作用受 MHC I 类分子限制，主要通过分泌穿孔素、颗粒酶、淋巴毒素发挥直接杀伤靶细胞的作用，也可通过高表达 FasL 导致 Fas 阳性靶细胞凋亡。

C. NK 细胞：亦系一类 T 细胞，其识别作用不受 MHC 限制。表现非特异性杀伤效果。能分泌 IL-4，在 IL-12 诱导下可分泌 IFN-γ。

（2）CD4⁺T 细胞介导的细胞免疫

1）MTB 抗原提呈的 MHC II 类途径　MTB 被 Mφ 摄入后，并不直接进入胞质，而暂留在吞噬体中。含有 MTB 的吞噬体可与宿主细胞的核内吞小体（endosome）发生融合。内吞小体富含 MHC II 类分子及一些酶类，由于 MTB 分泌性蛋白容易被加工处理，所以常优先结合 MHC II 类抗原，并运送到细胞表面呈递给相应的 CD4⁺T 细胞。含菌的吞噬体也可与溶酶体融合形成吞噬溶酶体。激活的 Mφ 能在吞噬溶酶体中将 MTB 杀死并充分降解，此时除分泌性蛋白外，菌体蛋白和胞质蛋白都可与 MHC II 类分子结合并呈递至 CD4⁺T 细胞。Mφ 对 MTB 抗原的呈递方式不仅限于 MHC II 类途径，但以 MHC II 类途径为主。

2）CD4⁺T 细胞介导的效应机制　目前认为机体清除入侵的 MTB 主要依赖 Mφ 的杀菌效应。在细胞免疫应答过程中，CD4⁺T 细胞可通过不同的方式与 Mφ 发生相互作用，直接或间接地增强其杀菌效应。

A. 分泌细胞因子：CD4⁺T 细胞经抗原识别、活化和克隆增殖分化，可以合成分泌多种细胞因子。在实验小鼠和结核病人体内均发现，这些细胞因子由两种不同的 CD4⁺T 细胞亚群产生。即由 Th1 细胞分泌 Th1 型细胞因子，由 Th2 细胞分泌 Th2 型细胞因子。在抗结核免疫中起作用的是 Th1 型细胞因子（如上述）。一方面它们能吸引、聚集并激活单核/巨噬细胞，极大地增强其杀 MTB 效应，并促进保护性肉芽肿形成，另一方面也引起以单个核细胞浸润为主的炎症，造成组织损伤。这些细胞因子主要包括各种趋化因子，巨噬细胞移动抑制因子（macrophage migration inhibition factor，MIF），IFN-γ，白介素 2（interleukin-2，IL-2），肿瘤坏死因子（tumor necrosis factor，TNF）以及粒细胞和巨噬细胞集落刺激因子（granulocyte-macrophage colony-stimulating factor，GM-CSF）。其中，以 IFN-γ 和 IL-2 最为重要。上述各因子的作用分别简介于下：

MIF：聚集单核细胞到病变区。在实验小鼠中发现 MIF 能诱导 Mφ 吞噬体与溶酶体融合。

IL-2：能引起抗原活化 T 细胞的自分泌性和旁分泌性增强，放大 CD4⁺T 细胞合成 IL-2、IFN-γ、TNF 等细胞因子，支持细胞免疫应答。

IFN-γ：IFN-γ 能激活 Mφ 的杀菌功能，是结核免疫中心因子中重要的保护性因子。现已明确，IFN-γ 对激活小鼠 Mφ 杀灭 MTB 是关键和必需的中心因子。如，剔除 IFN-γ 基因（IFN-γ gene knock out，IFN-γ gko）小鼠常死于 MTB 感染，而以重组 IFN-γ 治疗则能在一定程度上延长其生存时间。但是对人单核/巨噬细胞，IFN-γ 能否增强其杀菌力目前还存在争议。一些研究表明，IFN-γ 与其他细胞因子如 MIF、GM-CSF、TNF 协同作用可显示更强的杀 MTB 效应。除激活细胞杀菌力，IFN-γ 还能增强 Mφ MHC II 类分子表达，提高抗原呈递效率，放大 CMI 效应。

TNF-α：TNF 家族有 5 个成员对结核肉芽肿的形成和维持起重要作用。在细胞免疫系统的炎症或 Th1 反应中是重要的细胞因子，有激活 Mφ 杀 MTB 效应，可诱导 Mφ 增加合成活性氮中间产物（RNI）如 NO 和活性氧中间产物（ROI）、α 淋巴毒素-3 等。如体内 TNF 缺乏则不能形成保护性肉芽组织，MTB 可在肉芽肿中大量存活。此外，TNF 还是引起病灶组织炎性损伤的重要因子。

多数资料表明在 MTB 感染过程中有早期 Th1 型反应占优势，而晚期 Th2 型反应占优势的现象存在。Th1 型反应由 Th1 型细胞因子（主要是 IFN-γ 和 IL-2）引起，它们能诱导 CD4⁺T 细胞（Th0 细胞）向效应性 T 细胞（Th1 细胞）分化，支持细胞免疫的发生发展。Th2 型反应由 Th2 型细胞因子（主要是 IL-4、IL-5、IL-10）引起，它们使 Th0 细胞向辅助性 T 细胞（Th2 细胞）分化，从而促进体液免疫。此两类细胞因子的作用是互相拮抗的。Th1 型细胞因子中的 IFN-γ 抑制 CD4⁺T 细胞产生 IL-4，从而抑制体液应答维持细胞应答。反之，IL-4 也能抑制 IFN-γ 产生，从而抑制细胞免疫维持体液免疫。在 Th1 型反应占优势时表现为 Mφ 杀菌力增强，保护性肉芽肿形成从而控制感染发生发展。当应答代之以 Th2 型反应占优势时，体内产生高水平抗体，由于细胞免疫被抑制，所以机体处于免疫抑制状态，常见于病情严重者。

B. 细胞毒作用：MTB 抗原激活的 CD4⁺T 细胞有相当部分表现出细胞毒效应。它们在识别 MHC Ⅱ 类分子的基础上能特异性溶解表达 MTB 抗原的单核/巨噬细胞，并分泌 IFN-γ 等 Th1 类细胞因子。其识别的抗原不仅有分泌蛋白还包括与人及多种动物有交叉反应的胞质蛋白，如热休克蛋白（heat shock protein，HSP）。动物实验模型显示，CD4⁺ Tc 细胞出现于结核肉芽肿形成之后，因此在靶细胞（感染的 Mφ）溶解后，释放出的 MTB 仍难以逃离，反而可被附近激活的 Mφ 吞入杀灭。但如果病灶持菌量很大，CD4⁺ Tc 细胞将导致组织细胞大量溶解，引起严重的组织损伤，甚至使 MTB 播散。

C. 机体对 MTB 应答的免疫记忆：机体对 MTB 的免疫记忆最早提出于 20 世纪 60 年代。现在实验小鼠体内已获证实，在人体中也有相似状况的报道。它由 CD4⁺T 细胞介导，且含有保护性成分，小鼠记忆性 T 细胞的特征有：在初次应答中出现较晚，生存期长（超过 5 个月），出现后处于静止状态，细胞膜表面 IL-2 受体极低表达，在再次感染前不分裂增殖。Andersen 在小鼠体内发现一组能被低分子量 MTB 分泌性蛋白激活的 CD4⁺T 细胞，初次免疫 22 周后仍可将其从体内检出。以相同抗原再次刺激，能使这些细胞马上转入活化增殖状态，并分泌 IFN-γ。将其过继给 T 细胞缺陷鼠能特异性增强受体鼠对 MTB 的抵抗力。

3）CD8⁺T 细胞介导的细胞免疫：在结核性肉芽肿中，不仅有 CD4⁺T 细胞也有 CD8⁺T 细胞浸润。在受 MHC Ⅰ 类分子限制下，CD8⁺T 细胞能特异性杀伤表达 MTB 菌体蛋白或胞质蛋白的靶细胞。在某些情况下，还能产生少量 IFN-γ。虽然 CD4⁺T 细胞和 CD8⁺T 细胞都能溶解 MTB 严重感染的 Mφ，使 MTB 失去有利的生长环境，但抗原特异性 T 细胞对感染的 Mφ 的杀伤多通过凋亡机制。凋亡能引起 MTB 的生长抑制。最近研究显示，人的 CD8⁺ T 细胞能表达颗粒溶素（granulysin）和穿孔素（perforin）能直接杀伤 MTB。

4）γδT 细胞介导的细胞免疫：T 细胞表达一种 γδTCR 亦参与抗 MTB 的免疫反应。在小鼠这些 T 细胞参与抗高接种量 MTB 的防御作用（低接种量不行）和调节肉芽肿的形成。人的 γδT 细胞（与小鼠不一样）能被一种独特的非蛋白性质的抗原（含磷，且不依赖任何限制性元件）所刺激，这些磷脂配体（phospholigand）包括不同的异戊二烯基（prenyl pyrophosphate）和核苷酸结合物（nucleotide conjugate），这些物质在分枝杆菌中均很丰富。磷脂配体刺激 γδT 细胞表达 Vγ2δ2 链。Vγ2δ2 T 细胞组成 γδT 细胞群是很重要的，占成人外周血中全部 T 细胞含量的 5%。在磷脂配体刺激后这个大的细胞群即产生 IFN-γ 和表现出颗粒（granule）依赖性的杀分枝杆菌活性。

γδT 细胞 CD4⁻CD8⁻ 双阴性细胞，少数为 CD8⁺T 细胞。外周血中很少，主要在皮肤、肠道、呼吸道及泌尿生殖道的黏膜和皮下组织，某些胸腺内早期 T 细胞亦为 γδT 细胞。

γδT 细胞能识别 MTB 抗原。体外以活菌刺激健康人外周血细胞能选择诱导 γδT 细胞增殖，使其在外周血 T 细胞中的水平从 1%～10% 上升到 20%～30%。抗原激活 T 细胞须经抗原呈递细胞（antigen presenting cell，APC）加工、呈递，但不受 MHC-Ⅰ 和 MHC-Ⅱ 类分子限制。活化的 γδT 细胞同 CD4⁺T 细胞一样具有细胞毒性，能溶解表达 MTB 抗原的 APC（主要是单核/巨噬细胞），而且分泌 Th1 型细胞因子（IFN-γ、TNF、GM-CSF），增强 Mφ 的杀 MTB 效应。

γδT 细胞识别的 MTB 抗原既有肽类抗原也有非肽类抗原。其中一些成分能激活交叉反应性 γδT 细胞，这些 T 细胞不仅对 MTB 而且对大肠杆菌、单核细胞增多性李氏菌等都具反应性。据此推测 MTB 中存在一定数量的细菌超抗原，这些抗原可激活 γδT 细胞，从而在 MTB 感染早期发挥重要作用，γδT 细胞也是今后发展 MTB 菌苗的重要靶子。

3. 获得性细胞免疫与迟发型超敏反应 在 MTB 感染时 CMI 与 DTH 反应常同时存在。两者皆为 T

细胞介导的结果。Koch 现象（Koch phenomenon）可证明这一事实。当将一定量的 MTB 注入健康豚鼠皮下后，经 10～14 天局部将发生坏死溃疡且深而不易愈合，附近淋巴结肿大，细菌扩散全身。若用同样量的 MTB 对曾感染过 MTB 的豚鼠进行皮下注射，则在 1～2 天内局部发生坏死溃疡，但较浅且易愈合。附近淋巴结不肿大，细菌也很少扩散。这种溃疡浅而易愈合，细菌不易扩散，现象表明机体对 MTB 已有一定免疫力；但溃疡迅速形成，说明在 CMI 产生的同时有 DTH 存在。

　　近来研究表明 MTB 诱导机体产生 CMI 和 DTH 反应的物质有所不同。例如将 MTB 的核糖体 RNA（γRNA）注入动物，可使之获得对 MTB 的免疫力而不发生 DTH 反应；应用结核菌素与蜡质 D 的混合物注射动物，则只能诱导 DTH 反应而不产生特异性保护力。对死、活卡介苗的免疫效果进行比较研究发现，接种死卡介苗仅使机体产生 DTH 反应，并不诱导结核特异性 CMI，而活卡介苗则能产生明显的 CMI 效应。上述结果提示是由于不同抗原成分激活不同的 T 细胞分泌不同的细胞因子，从而使 Mφ 产生不同的效应。其确切的机制尚待进一步研究。在感染过程中，由于是完整的菌体侵入机体，各种抗原并存，故 CMI 与 DTH 同时存在。因此通过测定机体对 MTB 有无 DTH 反应可判定对之有无免疫力。

　　4. MTB 肉芽肿形成和维持机制　近年来，随着分子生物学、细胞生物学和实验动物学等技术的高速发展，MTB 全基因组的成功测定、基因芯片和基因敲除技术的日臻成熟，分枝杆菌肉芽肿形成和维持机制的研究取得了令人鼓舞的进展。

　　Co 等将 MTB 感染引起的宿主反应、形成和维持结核肉芽肿过程分为 4 期，即起始期、T 细胞反应期、共生期以及细胞外增殖和播散期。

　　(1) 起始期：是巨噬细胞对分枝杆菌的最初吞噬、巨噬细胞聚集并形成原始肉芽肿的阶段，此阶段细菌不断增殖。

　　1) 巨噬细胞吞噬结核菌：在此阶段，分枝杆菌通过与巨噬细胞上的多种受体（如免疫球蛋白 Fc 受体、补体受体和 Toll 样受体等）结合进入巨噬细胞的吞噬小体，其中免疫球蛋白 Fc 受体和 Toll 样受体介导宿主的防御机制，而补体受体则起到有利于结核菌生存的作用。如 Philips 等发现的清道夫受体中的 CD36 家族中一个成员是巨噬细胞分枝杆菌吞噬受体的重要一员；另外，Souza 等发现以胆固醇依赖性的补体受体 3（CR3）也是重要的巨噬细胞分枝杆菌的吞噬受体，分枝杆菌通过此类种受体进入吞噬细胞时，巨噬细胞不被激活。

　　2) 分枝杆菌进入巨噬细胞后，菌与细胞的相互作用：许多研究显示，分枝杆菌进入巨噬细胞后形成吞噬小体，但其可通过一系列分子水平上的调控阻碍吞噬小体成熟以及吞噬小体与溶酶体的融合，成功逃逸巨噬细胞溶酶体对其杀伤的作用。分枝杆菌在分子水平上的调控包括：通过酸性磷酸酯酶删除吞噬小膜上的 3-磷酸磷脂酰肌糖，使得吞噬小体成熟及其与溶酶体融合不能实现、通过抑制鞘氨醇激酶产生 1-磷酸鞘氨醇以及通过丝氨酸/苏氨酸激酶、蛋白激酶 G（PknG）、ATP 酶依赖的空泡氢离子质子泵、糖基化的磷脂酰肌糖脂质阿拉伯甘露聚糖（ManLAM）等的作用阻碍吞噬小体成熟等；分枝杆菌也可通过其脂蛋白等分子刺激不同的 Toll 样受体家族成员，阻碍吞噬小体成熟及其与溶酶体融合；另外，当周围环境不利于生存时，分枝杆菌还可启动"休眠"机制，减少代谢，以长久维持生存。而 IFN-γ 则通过激活巨噬细胞，刺激吞噬小体成熟以及吞噬小体和溶酶体的融合。

　　(2) T 细胞反应期：由 T 淋巴细胞介导的细胞免疫反应和迟发性变态反应在此期形成，并逐渐形成分枝杆菌肉芽肿，此时细菌的增殖达到一个高峰。研究显示，结核肉芽肿形成的 T 细胞反应期中，相关的 T 细胞包括：表达 αβTcR CD4$^+$T 细胞和 CD8$^+$T 细胞、表达 γδTcR T 细胞以及受 CD1 限制的 CD4/CD8 双阴性的 T 细胞。这些 T 细胞的缺失（无论是联合缺失还是单独缺失）或活化不全（如 IL-12、IL-23 及其相应受体的缺失导致 CD4$^+$T 细胞产生 IFN-γ 的能力下降）都会导致宿主对分枝杆菌的易感性的增加。分枝杆菌感染的树突状细胞，可产生 IL-12、IL-23、IL-27 等细胞因子并呈递抗原激活的 CD4$^+$细胞，活化的 CD4$^+$T 细胞趋聚到感染区域，产生 IL-2、IFN-γ 和淋巴毒素 α（LTa）；IFN-γ 通过激活巨噬细胞内的氧化酶、氮合酶，促进细胞内氧和氮的代谢，上调 GTP 酶等，从而刺激吞噬小体和溶酶体的融合，达到杀伤细胞内分枝杆菌的效果。此外，TNF 家族的 5 个成员（可溶性 TNF，膜结合 TNF，Lta，TNFRI 和 CD40）以及 IL-1b、ICAM 和 LFA-1 对结核肉芽肿形成和维持具有极其重要的作用。研究表明，结核患者血清中趋化因子 MCP-1、MIP-1a、RANTES、IL-8、IP-10、MIP-1b、MCP-3 等水平升高，但每个趋化因子及其配体在结核病形成过程中的功能和作用尚未完全清楚。IL-10、细胞因子信号抑制子-1（SOCS-1）、淋巴抗原-64、肌质球蛋白-X 则对结核肉芽肿形成和维持起负向调控的作用，IL-10 不但可抑制 IL-12 的产生，还能影响 IFN-γ 对巨噬细胞活化的作用。但分枝杆菌肉芽肿形成的 T 细胞反应期非常复杂，其由免疫细胞、免疫分子和分枝杆菌等构成一网络结构，现在的研究已逐渐勾画出此网络的基本框架，但细节尚不太清楚。

（3）共生期：此期分枝杆菌与构成肉芽肿的免疫细胞和分子"攻守"平衡、相对稳定，此时细菌数目下降并持续保持一个比较低的数值和。

（4）增殖和播散期：分枝杆菌大量增殖并突破局部的免疫防御机制，引起播散（大多数分枝杆菌感染者无此期，而处于潜伏感染状态）。

数个研究表明在共生期及细菌的增殖和播散期，受分枝杆菌感染的巨噬细胞在 IL-4 和 GM-CSF 等细胞因子的长期刺激下逐渐形成上皮样细胞，多个上皮样细胞融合形成多核巨细胞，而上皮样细胞周边绕以淋巴细胞。上皮样细胞在由 TNFRI、Fas 和周边受体 P2X7 等所介导的信号的干预下，以及在来源于 T 细胞的穿孔素和巨噬细胞的氮氧代谢产物等的作用下，可发生凋亡、坏死及形成位于肉芽肿中心的干酪样坏死。如果保持 CD4$^+$T 细胞数目、IFN-γ 和 TNF 家族分子等水平的相对稳定，肉芽肿中的结核菌其周围细胞处于共生期，结核菌可潜伏数十年，干酪样坏死区可纤维化和钙化；如果患者具有结核等分枝杆菌病发病的基因易感性（如基因多态性导致的维生素 D3 及其受体的缺乏）、CD4$^+$T 细胞数目下降（如 AIDS 病患者或化疗患者）、IFN-γ 和 TNF 家族分子的水平低下（如抗肿瘤坏死因子抗体治疗类风湿性关节炎等）等因素，则患者肉芽肿中的结核菌和其周围细胞的平衡就会被打破，出现结核等分枝杆菌菌的增殖和播散。

四、免疫诊断

结核病的诊断过去主要依赖 X 线及细菌学检查，免疫学的 OT（old tuberculin，旧结核菌素）试验虽可作辅助诊断但价值有限。近 20 年来，由于结核病基础与临床研究的不断进展以及现代免疫技术的迅速应用，结核病新的免疫诊断方法不断推出，其诊断价值越来越受到重视。目前应用较多的免疫诊断方法主要包括各种血清学试验以及检测细胞免疫功能的结核菌素试验。但这些方法不是最终的突破，应用在有限范围，尚需进一步的研究与评价。仅简介于下。

（一）血清学试验

血清学试验包括检测 MTB 抗原、抗 MTB 抗体、MTB 特异性免疫复合物 3 类。

1. MTB 抗原的检测

（1）双抗体夹心 ELISA（enzyme linked immunosorbent assay sandwich method，"三明治"法酶联免疫吸附试验）：用 MTB 单克隆抗体（monoclonal antibody，McAb）包被酶标板孔，加入待测抗原标本，作用一定时间后，再加入兔抗 MTB 多抗，最后加入酶标记抗兔抗体作用后，加底物（H_2O_2）及显色剂显色。根据显色深浅读取吸收值（A）判定结果。

痰液、脑脊液、胸腹腔积液均可作为该法的检测标本。我国刘君炎等用此法检测 100 例结核病人和 100 例非结核病人痰液，阳性率为 73%，特异性达 97%。以 PCR（polymerase chain reaction，聚合酶链反应）同步检测，两者结果几乎一致。

（2）亲和素-生物素酶联免疫吸附试验（avidin-biotin-peroxidase-complex-ELISA，ABC-ELISA）：将待测抗原标本包被于酶标板孔，以封闭液封闭。加鼠抗 MTB 血清，然后加入生物素化羊抗鼠 IgG 抗体，最后加酶标记亲和素，以底物（H_2O_2）及显色剂显色，读取 A 值判定结果。

该法也用于痰液、脑脊液、胸腹腔积液标本的抗原检测。它省去了 MTB McAb，易于推广。敏感性比双抗夹心 ELISA 法稍高，但特异性较双抗夹心 ELISA 法稍差。

（3）胶乳颗粒凝集试验（latex particle agglutination，LPA）：该法以胶乳颗粒作载体，将兔抗 MTB 胞质膜抗原的抗体吸附于胶乳颗粒，再与含 MTB 抗原的标本直接作用，观察胶乳颗粒的凝集状态，判断检测结果。国外报道用于脑脊液检测，阳性率可达 100%，特异性达 97.3%。此法观察结果很迅速。

2. 抗 MTB 特异性 IgG 和 IgM 类抗体的检测　MTB 感染机体后，可刺激机体产生 IgM、IgG、IgA 类抗体。大量研究表明活动性肺结核患者抗 MTB IgG 抗体水平明显增高并与病变活动程度存在平行关系，因而目前多以检测各种体液（血清、脑脊液、胸腔积液、腹腔积液、尿液）中抗 MTB IgG 水平协助诊断活动性结核病。由于 IgG 水平与结核病情进展仅呈相对平行关系，故其诊断价值只具相对性。检测的敏感性、特异性与所用方法以及所用 MTB 抗原的特异程度有关。常用的抗原试剂有纯蛋白衍化物 PPD（purified protein derivative）、聚合 OT、胞质膜抗原、Ag5、MTB LAM 等。现认为 LAM 抗原较特异。但以上抗原均与其他分枝杆菌成分存在不同程度的血清学交叉。常用检测方法有间接 ELISA 法，ABC-ELISA 法和抑制 ELISA 法。

（1）间接 ELISA（indirect ELISA）：将一定量的已知抗原包被酶标板孔，再加入待测标本，然后加酶标记抗人 IgG 抗体，最后加相应底物及显色剂显色，读取 A 值判定结果。

国内以聚合 OT 为抗原，用此法检测结核病人血清 IgG 抗体，活动性肺结核病人敏感性及特异性均达 90%。检测泌尿系结核患者尿液 IgG 抗体，敏感性及特异性与活动性肺结核患者相近。

我们实验室侯伟等用新发现的 MTB 硫脂抗原二酰基海藻糖-2-硫酸酯（简称 SL IV）为抗原检测了 120 例肺结核病人和 112 名健康人血清中抗 SL IV 的 IgG 和 IgM 抗体，并与纯制的蛋白衍生物（PPD）抗原作了比较，结果表明：SL IV-IgG-ELISA 的特异性和敏感性分别为 96% 和 52%，SL IV-IgM-ELISA 的特异性和敏感性分别为 95% 和 33%，与 PPD-IgG-ELISA 相比具相同的特性，且敏感性更高。

国外亦有结核 IgA EIA 试盒［检对分枝杆菌 kp90 免疫交叉反应抗原复合物（ImCRAC 的 IgA 抗体）］和 Pathozyme-TB 复合试盒（检对 MTB 重组 38KD 蛋白之 IgG 抗体）的报告。前者在活动性结核阳性率为 57%，特异性为 62%。

另，有报告个体化的 Pathozyme-Myco IgG、IgA、IgM 试剂盒能分别单独检测 IgG、IgA 和 IgM 抗体。所针对的抗原为 LAM（lipoarabinomannan）和重组 38kD 抗原。相关评价将于后述。

（2）ABC-ELISA：将抗原包被于酶标板孔，继加待测标本，再加生物素化抗人 IgG，然后加入酶标生物素与亲和素形成的复合物，最后加底物及显色剂显色，测定 A 值判定检测结果。该法敏感性比间接 ELISA 法高，但非特异反应也相应有所提高。

（3）ELISA 抑制试验：将结核抗原包被酶标板孔，然后将不同浓度的待测标本与一定量的酶标结核 McAb 同时加入相应板孔，最后加底物及显色剂显色，根据显色深浅判定结果。待测标本的结核抗体含量与显色深度呈反比。此法特异性好，敏感性稍低。由于酶标 McAb 难以得到，推广受到一定限制。

（4）免疫色层试验：这方面国外有两个报告。一为免疫色层试验（ICT）试盒：包括 5 种高纯度 MTB 分泌抗原（含 38kD）、测 IgG 抗体。二为快速结核试验（Rapid test TB）试盒：是一种一步显色的免疫色层试验，检测抗 MTB 重组 38kD 抗原的抗体。

3. 特异性免疫复合物的检测　活动性结核病人体内特异性 IgG 类免疫复合物明显增加，故检测其血清、脑脊液、胸腹腔积液中的结核特异性免疫复合物对活动性结核的诊断也有重要意义，且优于特异性 IgG 的检测。最简便的方法为酶标法。介绍如下：

将鼠源性结核 McAb 包被酶板孔，再加待测标本，标本内免疫复合物的抗原部分与 McAb 结合，抗体部分依然暴露，再加酶标记的抗人 IgG，此酶标抗体可与复合物中的仍暴露的 IgG 抗体结合，加底物和显色剂显色后，根据颜色深浅判定检测结果。该法对活动性结核病的诊断价值优于抗体检测法，但不如抗原检测法。

4. 血清学诊断的相关研究与评价　血清学诊断方法由于快速、易操作、适于大规模应用而备受欢迎，但以 38kD 抗原为基础的试验敏感性仅为 16%～80%，其他如 α 晶体蛋白 [α-crystalin (HspX)]，MTB48、MTB81、ESAT6 和 CFP10 等亦都评价过，包括上述的诸多方法，均为无商业性价值的血清学试验，尚待进一步研究改进。新近 Pottumarthy 等（2008）对上述之国外报告的 7 个试剂盒进行统一评价认为虽然其敏感性和特异性均未达到理想程度，但阴性结果有助于排除 TB，阳性结果有助于对有症状的患者作出临床决断。Weldingh 等（2005）从 MTB 中鉴定出 4 种重要抗原，其中 TB16.3（敏感性 48%～55%，特异性 100%）和 TB9.7（敏感性 34%，特异性 100%）最具前景，特别在 HIV+ 的 TB 患者，其检出率为 85% 以上。目前皮肤等其他肺外结核的血清学诊断方法的研究尚属少见，我们实验室用耻垢分枝杆菌整菌抗原 ELISA 初试检测分枝杆菌皮肤感染，显示有值得深入研究的价值。

总之，结核病血清学诊断方法尚须进一步研究，除力争研究出单独应用的方法外，尚可考虑与 PCR 联用的前景。

（二）结核菌素试验

结核菌素试验是应用结核菌素进行皮肤试验来测定机体对结核杆菌是否能引起变态反应的一种皮肤试验。使用的结核菌素有两种（OT 和 PPD）。目前以 PPD 较常用。常规试验取 OT 或 PPD 5 单位注射前臂皮内，48～72 小时产生红肿硬结大于 5mm 者为阳性。疑有活动性结核者可作分级试验，从 1 单位开始，结果阴性者改用 5 单位，5 单位仍阴性，再加 100 单位。若仍阴性，一般表明未感染过 MTB。

结核菌素试验局部反应的大小、强弱，不能绝对代表 MTB 感染的轻重程度及结核病的活动程度。3 岁以下婴儿，且未接种过卡介苗者结核菌素阳性表示体内有活动性结核病灶。较大年龄儿童，结核菌素试验阳性而无临床症状和体征者，只说明受 MTB 感染，不表明有活动性病灶。如果原为阴性转为阳性者，提示可能近期感染了 MTB。成人阳性反应表明曾感染过 MTB，但不表明有病，强阳性反应提示可能有活动病灶，应进一步检查证实。阴性反应表明未感染过 MTB，但应考虑以下情况：①感染初期；②老年人；③严重结核患者或由于正患传染病而致细胞免疫力低下者；④肿瘤患者；⑤免疫抑制剂使用者抑或 HIV+ 者。

五、免疫防治

（一）结核病的免疫预防

结核病的免疫预防措施是接种卡介苗（BCG）。接种对象是儿童。多数国家接种采用皮内法。BCG 是 Calmette 和 Guerin 将牛型结核杆菌在含甘油、胆汁、马铃薯的培养基中经 230 次传代所获的减毒活菌苗。它基本保留了 MTB 原有的抗原性，但不引起正常人群致病。接种后，对机体产生类似隐性感染的反应，由于机体已受到结核抗原刺激，因此能产生特异性免疫力。此免疫力的产生属人工主动免疫。由于是活菌接种，BCG 在体内能维持一定的繁殖力，可不断刺激机体免疫系统，所以免疫力较持久。

BCG 是目前世界各国用以预防结核病的唯一菌苗。接种后，人群免疫力得以普遍提高。尤其对儿童重症结核病的预防有明显效果。但是接种能使少数人发生较严重的并发症，如：接种局部溃疡，区域性化脓性淋巴结炎等。亦有报道细胞免疫力低下的婴儿如 HIV（人类免疫缺陷病毒）感染者接种 BCG 后，发生播散性感染而致死，应予以注意。

人群对结核病的免疫力虽随 BCG 的广泛接种而提高，但 BCG 还存在一些不足有待改进。一是在实际运用中，BCG 的保护效率不够稳定，不同地区、不同菌株，其保护力在 0～80% 之间波动；二是不能防止 MTB 感染，仅能减少重症结核病的发生率；三是同时诱发广泛的免疫活性，既有对机体有利的 CMI 又有不利的 DTH。因此发展一个更好的菌苗已成为基础研究的主要目标。

正在研制中的结核新疫苗主要有亚单位疫苗、基因重组疫苗与核酸疫苗。其中结核亚单位疫苗的研究较深入，已进入大规模动物保护试验阶段。结核亚单位疫苗的主要组分是数种细胞外蛋白（包括分泌性蛋白）。它们都能强烈诱导 T 细胞产生 IFN-γ 等 Th1 型细胞因子，而且其中一些成分还能诱生保护性免疫记忆。由于不需接种完整的活菌，从理论上说，亚单位疫苗能避免某些影响 BCG 效率稳定性的因素，从而产生更稳定的保护效率。未来结综合 MTB 天然感染、BCG 免疫、MTB 基因组的揭秘、蛋白组学等诸多研究信息，有望研发更有效的结核菌菌苗。新的疫苗能否比 BCG 更有效，最终将由人群保护试验做出评判。

（二）结核病的免疫治疗

化疗是控制结核病的主要手段，但是应用化疗为杀灭病灶内少量残留的 MTB 仍需维持数月，代价很大。因此免疫治疗就成为杀灭持留菌的理想途径。免疫治疗通常从两方面考虑。一是运用免疫调控药物和细胞因子。临床曾报道严重细胞免疫功能低下的肺结核病人，在化疗无效时用转移因子治疗取得良好效果。刘君炎等研制的猪脾结核特异性转移因子对感染动物疗效确切，用于难治性结核病人也显示较好疗效，但还需大批量长期观察。国外用干扰素和 IL-2 进行实验治疗也取得一定的效果。但细胞因子往往具有双重调控作用，因此在临床应用时应慎重。二是应用分枝杆菌免疫制剂。利用具有免疫保护作用的分枝杆菌菌苗，恢复机体对共同性保护抗原的识别，减少组织损伤坏死反应是另一较为可行的途径。20 世纪 90 年代初，Stanford 等将牡牛分枝杆菌（很少引起人类感染）死菌悬液作为免疫治疗剂，具有共同保护性抗原，可调节免疫反应，提高肺部病变周围的免疫细胞活性，有利于空洞封闭，显示了一些有价值的初步结果，其实验与临床效果正在验证中。

（三）结核病免疫预防治疗的实验研究

Andersen 等（2007）在雌 $C_{57}BL/6$ 小鼠模型研究显示经鼻黏膜摄入融合蛋白 Ag85B-ESAT-6 和 CTA1-DD/ISCOM（一种佐剂）混合物能强烈地刺激肺产生对 MTB 的特异性保护性免疫力。

Ryan 等（2007）研究表明重组构建的能高度分泌功能鼠单核细胞趋化蛋白 3 的 BCG（BCG_{MCP-3}）与通用 BCG 等效，但对免疫缺陷鼠用两者免疫时发现，BCG_{MCP-3} 免疫缺陷鼠成活期比通用 BCG 免疫缺陷鼠明显为长，提示在免疫缺陷个体用 BCG_{MCP-3} 免疫比通用 BCG 可能更安全。

Radosevich 等（2007）比较了副结核分枝杆菌 K-10 株（实验保留株）和 187 株（临床分离株）的蛋白质组学。发现在 187 株中 AtpC、RpoA 和数种参与脂肪酸合成的蛋白表达水平明显高于 K-10 株，而相反 AhpC 和数种参与氮代谢的蛋白则在 K-10 株表达明显高于 187 株。这提示 187 株中的蛋白在天然感染中的重要性和 K-10 株对培养的适应性。研究的前景在于可能有助于诊断试剂和疫苗的研发。

（吴勤学　王洪生）

参 考 文 献

1. 唐军，刘君炎. 结核杆菌感染与免疫感染免疫学. 武汉：湖北科学技术出版社，1998：113-121.

2. Crevel RV, Ottenhoff Tom HM, Vander Meer Tos WM. Innate immunity to mycobacterium tuberculosis CMR Apr, 2002：294-309.

3. Kaufmmar Stefan HE. How can immunology contribute to the control of tuberculosis? Nature Rev Immun, 2001, 1：20-30.

4. Doherty TM, Anderson P. Vaccines for tuberculosis：Novel concepts and recent progress. Clinical Microbil Rev, 2005：687-702.

5. Pottumarthy S, Wells VC, Morris AJ. A comparison of seven test：for serological diagnosis of tuberculosis. J Clin Microbiol, 2000（June）：2227-2231.

6. Anderson BL, Wolch RJ, Litwin CM. Assessment of three commercially available serologic assays for detection of antibodies to mycobacterium tuberculosis and identification of active tuberculosis. CVI, 2008, 15：1644-1649.

7. Steigart KR, Henry M, Laal S, et al. A systematic veview of commercial serological antibody detection tests for the diagnosis of extrapulmonary tuberculosis. Pastgrad Med J, 2007, 83：705-712.

8. Scollard DM, Adams LB, Gillis TP, et al. Continuting challenges of leprosy. Clinical Microbiol Rev, 2006, 19（2）：338-381.

9. Modlin RL. Th1-Th2 paradigm：insights from leprosy. J Invest Dermatol，1994，102（6）：828-831.

10. Naafs B. Bangkik workshop on leprosy research：treatment of reactions and nerve damage. Int J Lepr，1996，64（4）：S21-S28.

11. Liu H，Liu ZH，Chen ZH，et al. Triptolide：a potent in hibitor of NF-κB in T-lymphocytes. Acta Pharmacol Sin，2000，21（9）：782-786.

12. Maeda Y. Diagnosis of leprosy-serological aspects. Jpn J leprosy 2006，75：285-289.

13. 吴勤学. 麻风反应. 中国麻风皮肤病杂志，2008，24（1）：54-56.

14. 吴勤学. 麻风病中的免疫反应. 中国麻风皮肤病杂志，2008，24（4）：295-298.

第四章　抗分枝杆菌药物

第一节　常用的抗分枝杆菌药物

一、头孢甲氧霉素（cefoxitin）

1. 别名　甲氧头孢噻吩、噻吩甲氧头孢菌素、美福仙、先锋美吩、头孢甲氧噻吩、头孢甲氧霉素、头霉噻吩、头霉甲氧噻吩。

2. 作用与用途　本品为半合成第二代头孢菌素，特点为对革兰阴性菌有较强的抗菌作用，具有高度抗β内酰胺酶性质。对大肠杆菌、克雷伯杆菌、流感嗜血杆菌、淋球菌、奇异变形杆菌等有抗菌作用。对非结核分枝杆菌中的快生菌群，可通过药敏试验作筛选使用。本品还对消化球菌、消化链球菌、梭状芽胞杆菌、拟杆菌等一些厌氧菌有良好的作用。临床主要用于敏感菌所致的呼吸道感染、心内膜炎、腹膜炎、肾盂肾炎、尿路感染、败血症以及骨、关节、皮肤和软组织等感染。

3. 剂量与用法　成人1～2g/次，3～4次/日，重症1日量可达12g；儿童（2岁以上）每日80～160mg/kg，3～4次/日。肌内注射可用0.5%利多卡因注射液作溶剂。静脉注射可将本品1g用10ml注射用水或生理盐水溶解，缓慢推注。如需静滴，可用生理盐水、葡萄糖注射液或0.167mol/L乳酸钠注射液溶解释。

4. 不良反应　①过敏反应皮疹发生率约2%，有时有胃肠道反应、白细胞减少、氮血症及转氨酶升高等；②主要由肾排泄，偶可引起肾功能损害，对肾功能不全者应减量；③与青霉素有时有交叉变态反应，对青霉素过敏者应慎用。对头孢菌素类过敏者应禁用。

5. 药物相互作用　本品与多数头孢菌素均有拮抗作用，配伍应用可抗菌疗效减弱。

二、亚胺培南-西司他丁钠（imipenem-cilastatin sodium）

1. 别名　雅安硫霉素-西司他丁钠，依米配能-西司他丁，泰能，Tienam.

2. 作用与用途　亚胺培南是广谱β内酰胺类抗生素，抗菌作用极强，对革兰阳性菌、阴性菌及厌氧菌，其中包括对其他抗生素不敏感或易耐药的铜绿假单胞菌（绿脓杆菌）、金黄色葡萄球菌、粪链球菌和脆弱拟杆菌均有强大的抗菌作用。由于亚胺培南可被肾内存在的肾肽酶破坏，因此临床应用制剂中加入了特异性酶抑制剂西司他丁钠，阻断亚胺培南在肾内的代谢，保证药物的有效性。本品对β内酰胺酶极稳定，8μg/ml的浓度几乎可杀灭所有临床常见致病菌。对常见的临床致病菌的MIC90小于1μg/ml。链球菌属、金葡萄（产酶、不产酶）、大肠杆菌、肺炎杆菌、流感杆菌、变形杆菌、沙雷杆菌、产气杆菌、阴沟肠杆菌、铜绿假单胞菌、不动杆菌及脆弱拟杆菌等均对本产品高度敏感，对非结核分枝杆菌中的快生菌群，可通过药敏试验作筛选使用。本品用于治疗各种常见致病菌引起的各系统严重感染，如腹腔内感染、呼吸道感染、败血症、骨关节感染、皮肤软组织感染。

3. 用法与用量　静脉滴注，成人每次0.25～0.5g，每日2～3次，重度感染可每次1g，每日2次。静滴速度以500mg/30min为宜。儿童每日3岁以下60mg/kg，3岁以上100mg/kg，分2～3次用药。

4. 不良反应　常见的不良反应主要有①恶心、呕吐、腹泻、药疹；②偶见SGPT升高；③血小板升高及嗜酸性粒细胞增加；④用量过大（大于4g/d）可诱发癫痫发作。

5. 制剂　粉针剂：每瓶500mg，1000mg（两种成分各半）。

三、阿米卡星（amikacin）

1. 别名　丁胺卡那霉素

2. 作用与用途　丁胺卡那霉素系卡那霉素的半合成衍生物，具有广谱抗菌活性。对常见的革兰阴性菌（包括铜绿假单胞菌）、某些革兰阳性菌及部分分枝杆菌具有很强的抗菌活性。对于多数革兰阴性杆菌 MIC_{90} 为 $2 \sim 16 \mu g / ml$。本品对耐药菌产生的氨基苷类活酶有很好的耐受性，目前已知的十余种灭活酶中仅有少数酶可破坏丁胺卡那霉素，因此革兰阴性菌对本品有很高的敏感性。链球菌对本品不敏感，厌氧菌对本品耐药。

肌内注射本品 $0.5g$，1 小时的高峰血清药物浓度达 $20 \mu g / ml$ 以上，1 小时内静脉滴注丁胺卡那霉素 $400mg$，峰浓度可达 $40 \mu g / ml$。本品在体内只分布在细胞外液中，不易透过血脑屏障，生物半衰期为 2 小时。本品主要经肾小球滤过排出体外，24 小时尿中排出药量可达 90% 以上。

本品用于治疗各种需氧革兰阴性杆菌引起的多种系统感染，疗效优于庆大霉素。

3. 用法与用量　肌内注射或静脉滴注。成人每日 $0.8g$，分 2 次肌内注射。治疗严重感染可用静脉滴注滴速以 $0.4g /（0.5 \sim 1）$ 小时为宜。

4. 不良反应　①本品可产生耳毒性，主要表现为对耳蜗的毒性影响听力，一般剂量对前庭的影响较小。肾毒性较卡那霉素低；②腹腔或大剂量用药可能引起神经肌肉阻滞作用；③个别病人可有一过性转氨酶升高、胃肠道反映。

5. 注意事项　①对本品过敏者禁用；②肾功能不良、老年人及应用强利尿剂者慎用。

6. 制剂　硫酸丁胺卡那霉素，粉针剂：每瓶 $400mg$。

四、克拉霉素（clarithromycin）

1. 别名　甲红霉素。

2. 作用于用途　甲红霉素是 20 世纪 80 年代研制的一种红霉素衍生物，其体外抗菌谱与红霉素相似，抗菌活性除对产酶的流感杆菌作用更强外，对于其他细菌的抗菌活性甲红霉素基本与红霉素相仿，对于耐红霉素的金葡萄，大部分对克拉霉素耐药。

克拉霉素与红霉素之间的重要区别在其药代动力学上的区别。本品的生物利用度比红霉素高，单次空腹口服加红霉素 $1g$，服药后半小时血清药物浓度即可达 $1.46 \mu g / ml$，2 小时的高峰药物浓度可达 $4.88 \mu g / ml$，远较红霉素高。本品可在血管外、细胞内液、外液中广泛分布并且出现一个很高的浓度。其半衰期较红霉素延长近一倍，达 $4 \sim 5$ 小时，24 小时尿中排出的活性物质达用药量的 35%。本品的肝部分代谢衍生物仍有抗菌活性，与母体物质具有协同抗菌作用。由于本品半衰期延长、组织分布能力增强，因而可以降低或减少给药次数，减少不良反应，提高疗效。

本品用于治疗敏感菌引起的呼吸系统感染，其中包括急性咽峡炎、鼻窦炎、气管炎、肺炎等院外获得性感染，也用于皮肤软组织感染的治疗，特别是对海鱼分枝杆菌和鸟细胞内复合体感染具有良好的治疗效果。

3. 用法与用量　成人每次口服 $0.25 \sim 0.5kg$，每日 2 次，儿童每日 $10 \sim 20mg / kg$，分 2 次口服。静脉滴注每次 $500mg$，每日 2 次。

4. 不良反应　本品不良反应少见，偶可发生的不良反应主要是胃肠不适、恶心及食欲不佳，但不影响治疗。

5. 制剂　片剂：每片 $250mg$；注射剂：每支 $500mg$。

五、阿奇霉素（azithromycin）

1. 作用与用途　是一个比较新的大环内酯类抗生素，其抗菌谱与克拉霉素、罗红霉素相同，体外抗菌活性与克拉霉素、罗红霉素相似或稍强。

本品的药代动力学特点保证了其疗效优于其他任何大环内酯类药物。该药浓度高、持续时间长，药物在体内广泛分布于组织内及细胞内。组织内的药物浓度可以是血清药物浓度的 $10 \sim 100$ 倍，药物在组织中的半衰期长达 24 天。药物大量集中在巨噬细胞中，在感染组织缓慢释放，对感染组织的治疗十分有利。

阿奇霉素口服吸入的生物利用可达37%，远远高于其他大环内酯类药物。口服本品500mg血清中的药物迅速分布到组织中，血清浓度仅为0.4μg/ml。食物影响药物的吸收。血清生物半衰期超过60小时。本品部分在肝代谢成活性物质。1周内约有6%~15%的用药量从尿中排出体外。

本品主要用于敏感菌引起的呼吸系统、泌尿生殖系统、皮肤软组织感染（特别是对海鱼分枝杆菌和鸟细胞内复合体感染具有良好的治疗效果）。

2. 用法与用量　口服，成人每天1次，每次500mg，连用3天。或第1天服500mg，第2天至第4天每日服250mg。

3. 不良反应　不良反应轻微，反应率低，主要为胃肠道不适，恶心、呕吐，偶见皮肤过敏反应。

4. 注意事项　①肝功能严重不良者慎用或禁用；②对本品过敏者禁用。

5. 制剂　片剂：每片250mg，500mg；胶囊：每粒250mg。

六、米诺环素（minocycline）

1. 别名　二甲胺四环素，美满霉素，Minocin。

2. 作用与用途　本品抗菌谱与抗菌作用机制同四环素，抗菌活性较强力霉素强2~4倍。对耐四环素的金葡萄有效。

本品的特点是口服吸收较四环素强，成人口服150mg，2小时的血清药物浓度可达2.19μg/ml，生物半衰期为11~17小时。本品主要在肝代谢由胆汁排出体外，24小时尿中排出量约占用药量的5%~10%。

主要用于耐四环素的金葡萄及敏感菌引起的呼吸系统、皮肤软组织感染；对海鱼分枝杆菌、偶遇分枝杆菌等快生菌以及耐传统抗结核药的结核菌都有一定的疗效。

3. 用法与用量　成人每次口服100mg，每日2次，首次量加倍。

4. 不良反应　同四环素，以胃肠道反应为主，对前庭的毒性作用已引起了人们的注意。

5. 制剂　胶囊剂：每粒50mg，100mg。

七、环丙沙星（ciprofloxacin）

1. 别名　环丙氟哌酸，Cifran。

2. 作用与用途　本品抗菌谱与诺氟沙星相似，但其抗菌强度是诺氟沙星的4~8倍，为一高效广谱抗菌药对革兰阴性菌的作用远远强于对阳性菌的作用。绝大多数阴性杆菌对本品高度敏感，铜绿假单胞菌、假单胞菌属、不动杆菌、溶血性链球菌、肺炎双球菌、支原体、衣原体等对本品的敏感性稍差，厌氧菌对本品不敏感。

用于治疗由敏感菌引起的个系统感染及局部感染，如呼吸系统、泌尿系统、胃肠道等各种感染及败血症；对于结核和非结核分枝杆菌可先行药敏试验，根据药敏试验的结果选择使用。

3. 用法与用量　口服，成人每次250~500mg，每日2~3次。静脉缓慢滴注，每次20mg，每日2次。

4. 不良反应　人体对本品有良好的耐受性，不良反应发生率低，主要为恶心、呕吐、腹痛、头痛、失眠及皮疹等。偶见用药过程中SGPT升高，基本不影响用药，停药后症状消失。

5. 注意事项　①对喹诺酮类药物过敏者禁用；②婴幼儿、孕妇及哺乳期妇女禁用。

6. 制剂　片剂：每片250mg，500mg。
注射剂：注射用环丙氟哌酸乳酸盐，每瓶200mg（100ml）。

八、氧氟沙星（ofloxacin）

1. 别名　氟嗪酸，泰利必妥，奥复星。

2. 作用与用途　本品为广谱抗菌药，其体外菌作用与氟哌酸相似或稍强，对阴性杆菌的作用远远大于阳性菌的作用。多数阴性杆菌及部分阳性菌如金葡萄及淋球菌、军团菌对本品高度敏感。铜绿假单胞菌、链球菌对本品的敏感性稍差。厌氧菌对本品不敏感或耐药。

本品口服吸收迅速完全，生物利用度高，空腹口服本品 400mg，Cmax 可达 5～8μg/ml，用药 12 小时后血清中仍有有效的药物存在。本品在体内广泛分布于各组织液及组织中，很少在体内代谢，80% 的药物以原型经肾排出体外，其生物半衰期为 6～8 小时，药代动力学特点明显优于现在应用于临床的其他喹诺酮类药品。氧氟沙星有在巨噬细胞内聚积的趋势，在巨噬细胞中具有与细胞外十分相近的 MIC，与 PZA 在巨噬细胞中产生协同作用。OFLX 与其他抗结核药之间既无协同作用也无拮抗作用，可能为相加作用。

主要用于治疗由敏感菌引起的各系统感染和局部感染；对于结核和非结核分枝杆菌可先行药敏试验，根据药敏试验的结果选择使用。氧氟沙星的临床应用已有若干报道，尽管人体耐受量仅有中等程度抗结核作用，但不论对鼠实验结核或人结核病治疗均有肯定疗效。

3. 用法与用量　口服，成人每次 200～400mg，每日 1～2 次。静脉缓慢滴注，每次 100mg，每日 2 次。

4. 不良反应　同环丙沙星。

5. 注意事项　①婴幼儿、孕妇及哺乳期妇女禁用；②诺酮类药物过敏禁用；③不宜静脉快速给药

6. 制剂　片剂：每片 100mg，200mg；注射液：每瓶 100mg（100ml）。

九、左氧氟沙星（levofloxacin）

1. 别名　可乐必妥，来立信，利复星，Cravit。

2. 作用与用途　本品为氧氟沙星（消旋）的左旋体。其体外抗菌活性为氧氟沙星的 2 倍，主要作用机制为抑制细胞 DNA 旋转酶活性，从而抑制细胞 DNA 的复制和转录，达到杀菌作用。左氧氟沙星对包括厌氧菌在内的革兰阳性菌和阴性菌具有很强的广谱抗后服用 50mg、100mg 和 200mg，Camx 分别为 0.6、1.2、2.0μg/ml，生物半衰期分别为 4.3、4.0 及 6.0 小时。药物在体内有广泛的分布，组织于体液内的药物浓度相当或高于血清药物浓度。本品在体内几乎不被代谢，约 85% 的药物原型尿中排出。临床应用同氧氟沙星。可用于敏感菌引起的各系统感染。对于结核和非结核分枝杆菌可先行药敏试验，根据药敏试验的结果选择使用。与氧氟沙星一样，LVFX 亦好聚集于巨噬细胞内，其 MIC 为 0.5 μg/ml（MBC 是 2 μg/ml），抗结核分枝杆菌的活性也是 OFLX 的 2 倍。两者之间之所以产生这样的差异，可能与它们抗 DNA 旋转酶的活性不同有关。

3. 用法与用量　成人，口服每次 0.1～0.2g，每日 2～3 次。静脉滴注每次 0.1～0.2g，每日 1～2 次。重症者可适当增加剂量，每日最大用量 0.6g。

4. 不良反应　与氧氟沙星相似，主要表现为胃肠道反应，如胃肠不适、恶心、呕吐、食欲缺乏等；偶见焦虑、失眠、头晕、头痛等神经系统反应；皮肤过敏反应及肝氨酶升高等。

5. 相互作用　①与苯乙酸类或芬布芬等非甾体类抗炎药合用，又引起痉挛的可能；②与抗酸及或其他含多价金属离子药物（如雷尼替丁、氧化镁、氧化铝、碳酸钙和硫酸亚铁等）合用，可减少左氧氟沙星的吸收及降低血浆浓度；③本品若与氨茶碱合并静脉滴注时，应检测茶碱的血药浓度，因为静脉滴注后的 Cmax 较口服后 Cmax 高。

6. 制剂　片剂：每片 100mg。

甲磺酸左氧氟沙星注射液（利复星）：每瓶 100ml（含左氧氟沙星 200mg）。

十、司巴沙星（sparfloxacin，SPFS）

1. 别名　司帕沙星，司巴乐，司氟沙星，spara。

2. 作用与用途　本品为广谱抗菌药，对革兰阴性杆菌的抗菌活性与环丙沙星相似，比环丙沙星、氧氟沙星、依诺沙星强。对革兰阳性菌的抗菌活动性要比环丙沙星、氧氟沙星、依诺沙星强高 2～32 倍。司帕沙星是现行氟喹诺酮类中抗结核和非结核分枝杆菌活性较高的品种，SPFX 的对结核菌的 MIC 为 0.25 μg/ml，MBC 0.5 μg/ml，较左氧氟沙星强。本品对多种耐药菌有强大的活性。正常人空

腹单次口服200mg，服药后约4小时左右血浆药物浓度达峰值，组织内的分布能力高于其他同类药，约为环丙沙星的4~8倍。消除半衰期较长，约为16小时，为一中效抗菌药。本品血浆蛋白结合率为42%~44%。主要经胆道及尿道排出体外，正常人服药后72小时尿中排出药量的24%~41%。本品抗菌谱广，对各种常见致病菌、厌氧菌、支原体及衣原体引起的各种感染均有很高的疗效。

3. 用法和用量　口服，成人每日200~300mg，分1~2次服用，疗程一般为7~14天。可根据病种及病情适当增减用量。

4. 不良反应　具有喹诺酮类药物所具有的不良反应，但一般不重，如消化道反应：恶心、呕吐、食欲缺乏、上腹部不适、便秘或腹泻等；过敏反应：如皮疹、瘙痒、红斑等；中枢神经反应：头痛、头晕、失眠、痉挛、震颤等；偶见肝肾功能检查异常，也可致嗜酸性粒细胞增多及白细胞、红细胞、血红蛋白和血小板降低等。

5. 相互作用　①本品与非甾体抗炎药（如芬布芬、丙酸衍生物等）合用时，有引起痉挛的罕见报告；②与含有铝、镁、铁的抗酸制剂合用的时，可降低本品的吸收，从而降低疗效。

6. 制剂　片剂：每片100mg。

十一、磺胺甲噁唑（sulfamethoxazole）

1. 别名　新诺明，SMZ。

2. 作用与用途　抗菌谱与磺胺嘧啶相同，但抗菌作用较磺胺嘧啶强。

口服吸收良好，单次口服1g，4小时血清游离型药物浓度为38.0μg/ml。本品在脑脊液中有分布，脑脊液中有较高的浓度。血清生物半衰期约为12小时，与抗菌增效剂TMP的半衰期12~16小时相近。

本品主要用于治疗呼吸、消化、泌尿系统常见感染疾患。对于分枝杆菌感染方面，在治疗鸟细胞内复合体分枝杆菌和海鱼分枝杆菌感染有较好疗效。

3. 用法与用量　口服，成人每次1g（复方新诺明伟800mgSMZ+160mgTMP），每日2次，儿童每日40mg/kg，分2次服用。

4. 不良反应　①本品可产生肾毒性；②过敏反应主要为皮疹、药物热，严重者为剥脱性皮炎；③偶见粒细胞少及再生障碍性贫血。

5. 注意事项　①磺胺药过敏禁用；②肾功能不良者禁用。

6. 制剂　片剂：每片0.5g。复方新诺明片：每片0.48g（含SMZ 400及TMP800mg）。

十二、异烟肼（isoniazid）

1. 别名　雷米封，Rimifon。

2. 作用与用途　本品对结核分枝杆菌有特异性抗菌活性，小于0.1μg/ml的药物浓度即可将结核杆菌杀死，是一细胞内外结核杆菌全效杀菌药，其细胞内的抗结核杆菌作用是链霉素的500倍。本品对静止期的结核菌作用差，在连续用药的过程中细菌易产生耐药性，本品与其他抗结核药之间无交叉耐药，联合用药可减缓细菌对本品的耐药速度。

本品口服生物利用度高，单次剂量3~4mg/kg，口服后1~2小时的高峰血清药物浓度为0.5~1.5μg/ml，药物易分布到脑脊液中，其浓度与血液浓度相仿。本品在肝代谢成无活性的物质，由于人体代谢速率的差异，其生物半衰期分为快代谢型（1.1小时）及慢代谢型（3.1小时）。

本品用于治疗初发结核病人，适合全身各类型结核病，一般需与其他抗结核药物联合用药。

3. 用法与用量　口服，成人，每日4~6mg/kg，1次顿服或分2~3次服用，儿童每日5~10mg/kg，每日不超过300mg。

4. 不良反应　一般治疗剂量很少引起不良反应。剂量增大时，①可引起肝损害，偶见肝损害严重致死者；②神经系统毒性反应，周围神经炎、感觉异常，严重者肌肉萎缩及共济失调。部分病人有中枢神经兴奋作用。

5. 注意事项 肝功能不良、精神病及癫痫病患者禁用。

6. 制剂 片剂：每片 0.1g；注射液：0.1g（2ml）。

十三、乙胺丁醇（ethambutol）

1. 别名 EMB。

2. 作用与用途 本品对各型结核杆菌均有抗菌作用，最低抑菌药物浓度为 $1 \sim 5\mu g/ml$。对异烟肼、链霉素等其他抗结核药耐药的结核菌对本品仍敏感。本品主要是干扰 RNA 的生成，抑制细菌生长。

口服本品 $15 \sim 25mg/kg$，2 小时的高峰血清药物浓度为 $3 \sim 5\mu g/ml$，本品易进入细胞内，胞内浓度是血药浓度的 3 倍，脑膜炎时脑脊液中的药物浓度为血药浓度的 $15\% \sim 50\%$，生物半衰期为 $3 \sim 4$ 小时，24 小时期间 50% 的用药量随尿排出体外。

本品适用于各种类型结核病的治疗，是一安全有效地药物，与其他药物联合应用疗效更佳。

3. 用法与用量 口服，成人每日 $750 \sim 1000mg$，儿童每日 $15mg/kg$，1 次顿服，可酌情加大剂量，但每日总量不能超过 1500mg。

4. 不良反应 ①胃肠道不适感；②偶有皮疹、肝功能损害、粒细胞减少、周围神经炎等；③大剂量有视神经毒性发生的可能。

5. 注意事项 肾功能严重不良禁用。

6. 制剂 片剂：每片 0.25g。

十四、利福平（rifampicin）

1. 别名 甲哌力复霉素，Rifampin。

2. 作用与用途 本品为一广谱抗生素，高浓度下对衣原体及某些病毒有抑制作用，对多种分枝杆菌有很强的抗菌作用。本品对活动期、静止期的结核菌均有杀灭作用，也是一个全校杀菌药。

单次口服本品 600mg，$2 \sim 4$ 小时出现的高峰血清药物浓度为 $7 \sim 25\mu g/ml$，脑脊液中的药物浓度约为血清药物浓度的 20%。本品在肝代谢，代谢物有相当于母体药的抗菌活性。利福平对肝微粒体药酶有诱导作用，用药过程中生物半衰期由正常的 3.5 小时可下降到更低水平。约有 $18\% \sim 30\%$ 的药物随尿排出体外。

本品用于治疗各种类型的结核病，与其他药物联合应用可提高对本品的耐受性，缩短疗程，减少不良反应，减缓耐药菌的产生。本品对肺外结核也有较好的疗效。

3. 用法与用量 口服治疗成人结核每日 $10mg/kg$，1 次顿服，儿童每日 $10 \sim 20mg/kg$ 顿服。

4. 不良反应 本品不良反应轻微，主要有①肝毒性，肝大，血 SGPT 升高；②消化道反应，恶心、呕吐、腹痛，偶见血小板减少、出血、呼吸困难、过敏性休克等；③服药后尿、粪便、汗、泪水红染。

5. 注意事项 ①肝功不良禁用；②妊娠初期禁用；③胆道梗阻病人禁用；4. 应空腹服药。

6. 制药 片剂（胶囊）：每片（粒）0.12g。

十五、利福定（rifandin）

1. 作用与用途 本品与利福平有相同的抗菌谱，对结核杆菌、麻风杆菌有良好的抗菌作用，金葡萄对本品敏感，对沙眼病毒也有抑制作用。

本品口服吸收好，在体内肝、肾、脾、肺、心脏等脏器官有良好的药物分布，口服相同剂量的利福定和利福平，前者的血清药物浓度高于利福平。生物半衰期为 5.5 小时药物在体内代谢，24 小时随粪便排出的药物约占用药量的 $80\% \sim 90\%$。

本品主要用于结核病的治疗，也用于皮肤软组织的感染，对于眼结膜炎、沙眼的防治也有很好的效果。

2. 用法与用量 口服成人每日 $150 \sim 200mg$，儿童每日 $3 \sim 4mg/kg$，1 次顿服。

3．不良反应 ①肝毒性，肝大，血清 SGPT 升高；②恶心、呕吐等胃肠道反应；③可能有过敏反应；④有体液黄染现象。

4．注意事项 ①与利福平有交叉耐药；②肝功能不良者慎用；③孕妇慎用。

5．制剂 胶囊剂：每粒 150mg，75mg。

十六、其他抗结核、抗麻风药物

见表 4-1-1。

表 4-1-1 其他抗结核、抗麻风药物

药物	制剂	作用与用途	用法	注意
对氨基水杨酸	片剂：每片 0.5g 注射剂：每瓶 4g	仅对结核杆菌有抗菌作用，常与异烟肼、链霉素联合应用治疗各种结核	口服每次 2～3g，每日 3～4 次。儿童每日 0.2～0.3g/kg，分 3～4 次用药	肝功不良者禁用
吡嗪酰胺（PAS）	片剂：每片 0.25g，每片 0.5g	仅对人型结核菌有杀灭作用，与利福平、异烟肼联用有明显的协同作用，用于对一线抗结核药耐受性差的病人的治疗	口服，成人每日 20～30mg/kg，分 3～4 次服用。儿童每日 20～25mg/kg，分 3～4 次服用	肝功不良者、痛风病人、3 岁以下儿童禁用
利福喷汀	片剂（胶囊）：每片（粒）150mg，每片（粒）300mg	抗菌作用与利福平相似，抗结核作用较利福平强 2～10 倍。用于结核病的治疗	口服，成人每周 1 次，1 次 600mg	①空腹服药；②肝功不良者、孕妇禁用；③有过敏反应者禁用
氨苯砜	片剂：每片 50mg，每片 100mg	对麻风杆菌有抑制作用。半衰期在 10～50 小时，主要用于治疗各型麻风病	口服，成人开始每天 12.5～25mg，逐渐加至每日 100mg，第 7 天停药 1 天。每服药 10 周，停药 2 周	①有胃、肠道反应；②可能对血液系统有影响；③偶可见引发"麻风样反应"；④严重肝、肾能不良者禁用
氯法齐明	胶囊：每粒 50mg	对麻风杆菌及其他一些分枝杆菌有抑制作用，生物半衰期约 7 天，用于各型麻风病的治疗	口服，每日 100mg（用于麻风病），或每次 100mg 每日 3 次（用于麻风反应），然后减量至每日 100mg	①皮肤及体液红染；②有胃肠道反应
丙硫异烟胺	片剂：每片 0.1g	对结核杆菌有抑制作用，但抗菌活性较异烟肼，单独应用少，常与其他抗结核药联合应用以增强疗效和避免细胞产生耐药性	口服，成人每次 0.1～0.2g，每日 3 次。儿童每日 10～15mg/kg	①常见恶心、呕吐、畏食等，长期应用可致肝功能损伤，偶见发生末梢神经炎；②肝功能不良、糖尿病患者、酗酒者慎用，孕妇及 12 岁以下儿童禁用
醋氨苯砜	注射剂：0.225g/1.5ml，0.45g/3ml，0.9g/6ml	作用同氨苯砜，在体内缓慢分解成氨苯砜而起抗麻风杆菌作用。本品具长效作用，注射一次可维持 60～75 天，用于各型麻风病	肌注，1 次 0.225g，隔 60～75 天注射 1 次（每年 5～6 次）。为防止细菌产生耐药性，可在用药期间加服氨苯砜 0.1～0.15g，每周 2 次	注射局部有疼痛感，余同氨苯砜

第二节　分枝杆菌病的药物治疗概述

一、非结核分枝杆菌病（NTM）的药物治疗

传统抗结核药物对大多数 NTM 很少或没有活性，目前尚无特异高效的抗 NTM 药物，所以 NTM 病治疗困难，预后不佳。

NTM 细胞表面的高疏水性及细胞壁通透屏障是其广谱耐药的生理基础，是有效化疗的障碍。为了克服 NTM 细胞壁的屏障，主张应用破坏细胞壁的药物如乙胺丁醇（EMB）与其他机制不同的药物如链霉素（SM）、利福平（RFP）、环丙沙星（CIP）等联用。目前已研制新的药物运输方法，以克服细胞壁通透障碍，如将抗结核药加入脂质体等。抗结核新药不断出现，其中一些对 NTM 病有效，如氟喹诺酮类（FQS）：如环丙沙星（CIP）、氧氟沙星（OFLX）、左氧氟沙星（LOFX）、司氟沙星（sparfloxacin，SFX）和莫西沙星（moxifloxacin，MFX）等；新大环内酯类：如克拉霉素（clarithromycin，CTM）、罗红霉素（roxithromycin，RTM）、阿奇霉素（azithromycin，ATM）；利福平类的利福喷汀（rifapentine，RPT）、利福吉拉（rifalazil，KRM，1648，苯恶嗪利福霉素）；另外还有头霉素类的头孢西丁（cefoxitin，CXT）、头孢美唑（cefmifazal，CMZ）；碳青霉烯类的亚胺培南/西司他丁（imipenem，IPM）等。许多治疗方案除采用上述新的抗生素药物外，也包括那些新发现对 NTM 有活性的老的抗菌药物，如磺胺类中的磺胺甲噁唑（sulfamethozole，SMZ）及其加增效剂的复方磺胺甲噁唑（TMP/SMZ，SMZco），四环素类的多西环素（又称强力霉素 deoxycycline，DCC），氨基糖苷类的妥布霉素（tobramycin，TOB）和阿米卡星（amikacin，AMK）等。必须评估所有应用药物可能存在的药物毒性和药物的相互作用。因为几个原因，药敏试验不能督导化疗，但 NTM 菌的耐药模式在种内的不同亚群中可有不同，所以对于治疗前对从个体分离到的菌株作药物敏感试验，仍是十分重要的。目前对 NTM 病的合理化疗方案和疗程还没有一致标准，多主张 4～5 种药联合治疗，在抗酸杆菌阴转后继续治疗 18～24 月，至少 12 月。治疗中避免单一用药，注意药物不良反应。

1. 鸟-胞内复合体（*Mycobacterium avium complex*，MAC）病　MAC 病的治疗方案是建立在 AIDS 病人播散型 MAC 病治疗试验的基础上。这些规范可用于那些患有肺部播散型疾患或不患 AIDS 的病人。治疗方案至少包括两种药，每个方案必须包括 ATM（600mg qd）或 CTM（500 mg bid），而 EMB（750mg qd）作为次选药物。以下 1 种或几种药物可以作为第二、三或第四线药物加入：氯法齐明（clofazimine，氯苯吩嗪，CLO，100 mg qd）、RFP（600 mg qd）、CIP（750 mg bid）、RFB（300 mg qd）、RPE 对 MAC 体外试验效果较好。对肺部或播散型病变还没有很好的特定方案和最佳疗程。对有免疫力无异常的患者疗程应该不少于 18～24 个月的治疗。AIDS 患者如观察到临床症状并检测到细菌常需终身服药。

2. 堪萨斯分枝杆菌（M. Kansasii）病　堪萨斯分枝杆菌在体外试验绝大多数对 RFP 敏感，对 INH，EMB，SM 轻度耐药，惟独对 PZA 完全耐药。治疗方法案是：INH（300mg qd）、RFP（600 mg qd）、EMB（15mg/kg qd）治疗，疗程 18 月。对不能耐受 INH 的病人，应用 RFP 和 EMB 治疗，最初 3 月加或不加 SM（0.75g qd）治疗。如分离菌株对 RFP 耐药，可用 INH（900 mg qd）加维生素 B（500 mg/d）、EMB（750 mg qd）和磺胺甲噁唑（SMZ 3.0 g/d）18～24 月，该治疗方案可和 SM 或 AMK 联用。

3. 快速生长分枝杆菌病　偶然分枝杆菌（M. fortuitum），龟分枝杆菌（M. chelonae），脓肿分枝杆菌（M. abscessus）均为快速生长分枝杆菌。多数感染由意外创伤后，预防接种，外科手术或注射而获得。因耐药模式在不同亚群中不同，所以对从不同个体分离的菌株需做药敏试验筛选敏感性药物。

（1）偶然分枝杆菌病：偶然分枝杆菌在体外对 DCC、米诺环素（MOC）、CXT、IMP、SM、TMP/SMZ、CIP、OFLX、ATM、CTM 敏感。目前尚无理想方案，外科清除感染部位和联合药物化疗是比较好的选择。药物化疗可用 AMK+CXT+丙磺舒 2～6 周，然后口服 TMP/SMZ 或 DCC 2～6 个月。新大环

内酯类药物可试用。

（2）龟分枝杆菌病：龟分枝杆菌对 AMK、CTM、ATM 敏感，CXT、FQS 耐药。治疗：外科清除可能有助于 CTM 对皮下脓肿的治疗。应用 CTM（500mg bid 口服），6 月疗程。

（3）脓肿分枝杆菌病：脓肿分枝杆菌对 AMK、CTM、CXT、CMZ 敏感，有时对红霉素（ETM）敏感。治疗：任何治疗方案必须包括对感染伤口的外科清创术或异物切除。起始治疗可应用 AMK 合并 CXT（12 g/d），可根据临床好转情况和药物敏感试验结果，改口服药，应考虑两药联合治疗，如 CTM 和 FQS。治疗疗程，严重病例应该至少 3 月，骨骼感染至少 6 月。

4. 其他非结核分枝杆菌病

（1）海分枝杆菌（marinum）病：皮肤感染通常发生于水栖有关的接触，表现为肢体皮损，尤其在肘、膝以及手足背部，可能发展至浅溃疡和瘢痕形成。也有肺部感染的报告。治疗：外科清创，微小损伤可单纯观察。可接受的治疗方案：DCC（100mg bid，口服），SMZco（TMP 160mg/SMZ 800 mg bid）；或 RFP（600 mg qd）加 EMB（750 mg qd）至少应用 3 月。最近研究表明 CTM（500 mg/d）可能作为单药治疗有效。

（2）瘰疬分枝杆菌（scrofulaceum）病：瘰疬分枝杆菌体外对 INH、RFP、EMB、PZA、AMK、CIP 耐药。对 CTM、SM、ETM 敏感。治疗：局部病变手术切除，很少建议化疗。对本病的治疗，尽管方案未定，有用 CTM 加 CLO 伴或不伴 EMB 治疗，甚至亦有用 INH、RFP、SM 加环丝氨酸（cycloserine）治疗的报道。

（3）溃疡分枝杆菌（M. ulcerans）病：溃疡分枝杆菌体外对 RFP、SM、CLO 敏感。治疗：RFP 加 AMK（7.5 mg/kg，ql2h）或 EMB 加 SMZco，疗程 4～6 周，必要时加手术清创。

二、结核病的药物治疗

化疗方案需早期、联合、适量、规律和全程的执行才能达到治愈结核病的目标。早期：对结核病一定要早诊断、早治疗，首先早期治疗可以避免组织破坏、造成修复困难，其次早期细菌繁殖旺盛，体内吞噬细胞活跃，而且抗结核药物对代谢活跃、生长繁殖旺盛的细菌最能发挥抑制和杀灭作用。联合：临床上治疗失败的原因往往是单一用药造成难治病人，联合用药必须要联合两种或两种以上的药物治疗，这样可避免或延缓耐药性的产生，又能提高杀菌效果；既有细胞内杀菌药物和细胞外杀菌药物，又有适合酸性环境内的杀菌药，从而使化疗方案取得最佳疗效，并能缩短疗程，减少不必要的经济浪费。适量：药物对任何疾病治疗都必须有一个适当的剂量，这样才能达到治疗的目的，又不给人体带来不良反应。结核病的治疗一定要采用适当的剂量，且在专科医生的指导下用药。规律：在治疗上必须规则用药，如果用药不当，症状缓解就停用，必然导致耐药的发生，造成治疗失败，日后治疗更加困难。全程：所谓全程用药就是医生根据患者的病情判定化疗方案，完成化疗方案所需要的时间，一个疗程 3 个月。全疗程一年或一年半。短程化疗需不少于 6 个月。

1991 年我国卫生部防疫司推荐短程化疗方案，强化期 2S（或 E）HRZ，强化期：异烟肼、利福平、吡嗪酰胺、链霉素（或乙胺丁醇）每日 1 次，共 2 个月。用药 60 次。巩固期：①4HR，巩固期：异烟肼、利福平每日 1 次，共 4 个月，用药 120 次；②4H3R3，巩固期：异烟肼、利福平隔日 1 次，共 4 个月，用药 120 次。其中重要的是 INH、RFP、PZA3 种药能完全发挥各自作用的协同作用，三药合用可大大缩短治疗时间，现已被广泛使用。但近年来，多重耐药性（MDR）结核病病例的增多，造成了治疗上的极大困难。

1. 新药研制 为满足对结核治疗的需要，已相继开发出一些新药，主要有利福霉素类衍生物，喹诺酮类，氨基糖苷类等，部分已用于临床。

利福霉素类衍生物：利福喷丁为长效制剂，每周用药一次，每次 60mg，可与其他抗结核药联用，效果与 RFP 每日治疗相当，不良反应较少。利福布汀（RBU）：是螺哌啶利福霉素的衍生物，口服吸收快，在人体组织分布良好。在肺组织的浓度比血浆浓度高 5～10 倍，尿液浓度比血浆浓度高 100 倍。它对鸟-胞内分枝杆菌和非结核分枝杆菌也有较好的治疗效果。苯恶嗪利福霉素-1648（KRM-1648）：

是苯恶嗪利福霉素 5 种衍生物之一。与异烟肼和乙胺丁醇联用，疗效优于利福平与异烟肼和乙胺丁醇联用。

喹诺酮类药：氟嗪酸（泰利必妥，ofloxacin）对结核杆菌的 MIC 为 1.25mg/L，对结核病有肯定疗效，特别是慢性空洞型结核。但其疗程长，价格昂贵杀菌效果不如 RFP、INH、PZA，故不作首选。司帕沙星（Sparfloxacin）在体内的 MIC 比氟嗪酸低 1～2 级稀释度。单用效果与 INH 相似，联用效果相当于 RFP，有望成为未来用于多重耐药结核病的首选，但该药疗程超过一周时，其不良反应发生率上升。莫西沙星（moxifloxacin，MXF）是一种氟喹诺酮类新药，其半衰期为 11～15 小时，对利福平（RFP）耐药株和多重耐药菌株等均具有体外杀菌活性，最低抑菌浓度（MIC90）值为 0.125 μg/ml。MXF 具有半衰期长、早期杀菌活性强、患者长期使用耐受性好及可与其他抗结核药联合使用等特点，因而最先成为缩短疗程的一线抗结核药。洛美沙星是一种二氟喹诺酸，组织穿透性良好，支气管黏膜的药物浓度高于血药浓度，耐受性良好，主要经肾排泄。加替沙星是第四代喹诺酮类药物，是萘啶酸哌嗪环上置换甲基的一种合成衍生物，此药物半衰期长达 8 小时。无光毒性及肝毒性，与茶碱无相互作用，无酶诱导作用，且有抗厌氧菌活性，加强对革兰阳性菌的抗菌活性。

β 内酰胺抗生素与 β 内酰胺酶抑制剂的联合制剂：鉴于分枝杆菌（包括结核菌）有较强的 β 内酰胺酶可破坏药物活性导致耐药。现利用 β 内酰胺酶抑制剂先抑制结核菌的 β 内酰胺酶使之不能发挥作用，继而 β 内酰胺抗生素发挥杀菌和抑菌作用。这些药物包括阿莫西林+克拉维酸（安美汀），替卡西林+克拉维酸（特美汀），氨苄西林+克拉维酸（优立新），头孢哌酮+舒巴坦（舒普深、瑞普欣），哌拉西林+他唑巴坦（海他欣、康得力、特治星）。

氨基苷类：阿米卡星是卡那霉素引入氨基羟丁酰链的半合成品，目前已逐渐取代卡那霉素。异帕米星（ISM）是庆大霉素 B 和卡那霉素 A 的结合物，对耐阿米卡星的结核菌株有效。巴龙霉素（PRM）是一种新的氨基苷类药物，对耐药结核杆菌有效。

新大环内酯类药物：罗红霉素、阿奇霉素、克拉霉素。此类药中罗红霉素抗结核杆菌作用最强，与利福平、异烟肼有治疗协同作用。共同特点为：对酸稳定，口服易吸收，组织穿透性好，组织细胞内浓度高于血药浓度，并有中等长的半衰期。GI-448（一种新型大环内酯类药）处于临床前研究。

多肽类药物：卷曲霉素，恩维霉素（TUM-N）。卷曲霉素对耐链霉素、卡那霉素或阿米卡星的细菌有效。恩维霉素对肾和听力的毒性反应较轻。

吩嗪类药物：曾用于治疗麻风病，近年开始用于治疗耐多药结核病，以氯苯吩嗪活性最强，与 β 干扰素合用可以恢复吞噬细胞的吞噬作用；三氟拉嗪（TFP）对结核菌有一定的抗菌活性。

其他新药：小诺霉素是新一代氨基糖苷类抗生素，MIC 与 SM 相近，对耐 SM 菌株有较强的抗菌活性，与 INH 有协同作用。结核放线菌素 N（enviomycin）是紫霉素类药，对听力和肾的损害比紫霉素和卡那霉素低，抗结核作用相当于卡那霉素的一半，对耐 SM 或耐 KM 菌株有效。

2. 免疫学治疗 早期基于对巨噬细胞吞噬并消灭结核菌重要性的深入认识，不少学者曾试图用 VitD、左旋咪唑、γ 干扰素、白介素 2、结核菌素等免疫增强剂加强巨噬细胞活性治疗结核病，但未获成功。原因是巨噬细胞活化后吞噬作用加强的同时，释放出更多的细胞因子，加重了 IV 型变态反应。

三、麻风病药物治疗

麻风病在我国流行已久。由于该病可致畸残和难以治愈，因此社会偏见十分严重。自 1982 年世界卫生组织（WHO）研究组推荐麻风联合化疗（MDT）方案以来，目前全球几乎所有登记治疗的患者均在用 MDT 治疗。至 1998 年初全球累计 MDT 治愈患者数为 1070 万例，报告的 MDT 覆盖率为 99.4%。

（一）目前可用于麻风 MDT 的药物及其抗菌活力和不良反应

氨苯砜（DDS）：DDS 每日 100mg 口服相对无毒性，且价格低廉。上述剂量所致血清峰浓度为其抗麻风杆菌最低抑菌浓度（MIC）的 500 倍左右，有弱的杀菌作用。由于该药在体内排泄缓慢，半衰期平均为 28 小时，1 次口服 100mg 后对完全敏感的菌株，其抑制作用可持续 10 天左右。近年来裸鼠实验证明，每日用 DDS 加氯苯吩嗪（B663）联合给药 12 周，可杀灭≥99.999% 的活菌，其活性程度比预期的强得多。DDS 的不良反应包括：迟发性超敏反应和较少见的粒细胞缺乏症；另外，DDS 治疗后常见轻度溶血性贫血，除伴有葡萄糖-6-磷酸脱氢酶缺乏的患者外，严重的溶血性贫血极少见。

利福平（RFP）：RFP 是迄今对麻风杆菌最有效的杀菌性药物，其活性比任何单一抗麻风药物或其他抗麻风药物联合应用的作用要强，在麻风病的治疗中发挥关键性作用。RFP 600mg 每月一次给药对麻风杆菌有高度杀菌作用，几乎与 RFP 每日给药一样有效。其毒性与给药剂量及频率有关。在 MDT 方案中，600mg 每月一次的标准剂量证明相对无毒性，尽管偶有报告发生肾衰竭、血小板减少、流感样综合征和肝炎者。

氯法齐明（clofazimine，B663）：在 MDT 方案中治疗多菌型麻风的剂量实际上没有毒性。近来的研究发现 B663 1200mg 每月 1 次服用，其抗麻风杆菌效果相当于 MDT 方案中 B663 标准剂量（300mg 每月 1 次和 50mg/d）的疗效，提示 B663 总量可减少，且可予每月 1 次给药。每月 1 次大剂量服用时，其潜在的胃肠道不良反应令人关注。

氧氟沙星（ofloxacin，OFLO）：在已开发的许多氟喹诺酮类药物中，OFLO 是令人最感兴趣的一个药物。临床试验结果表明，治疗麻风病的最适剂量是 400mg/d。虽然 OFLO 一次剂量对麻风杆菌即有中度杀菌作用，但治疗 22 天则可杀灭瘤型患者体内 99.99% 的活菌。

米诺环素（minocycline，MINO）：属于四环素类抗生素，有显著的杀麻风杆菌活性。其对麻风杆菌的杀菌活性比甲红霉素强，但比 RFP 低得多。标准剂量是 100mg/d，其血清峰浓度超过其抗麻风杆菌 MIC 的 10 倍，已证明对瘤型麻风有显著杀菌活性。不良反应包括牙齿变色，因此妊娠妇女、婴儿、儿童不宜使用。其他不良反应包括少见的皮肤、黏膜的色素沉着，各种消化道症状和中枢神经系统症状，如眩晕、行走不稳。该药最常用于痤疮的长期治疗，表明通常人对该药的耐受良好。然而，近来报告也可见有少而严重的不良反应如自身免疫性肝炎、红斑狼疮样综合征。

甲红霉素（亦称克拉霉素，clarithromycin，CTM）：CTM 属于大环内酯类抗生素，在小鼠和人体内对麻风杆菌有显著的杀菌作用。瘤型患者以 CTM 500mg/d 口服，在治疗 28 天和 56 天内可分别杀灭 99% 和>99.9% 的活菌。最常见的不良反应是胃肠道刺激，包括恶心、呕吐和腹泻。

（二）WHO 标准 MDT 方案及疗效

1982 年 WHO 化疗研究组推荐采用 MDT，少菌型麻风 MDT 的疗期为 6 个月，多菌型麻风 MDT 的疗期至少两年。近年来，WHO 推荐多菌型疗程为 1 年，然而，我国仍规定 2 年。

MDT 方案：

1. 推荐治疗多菌型麻风的标准方案（成人） RFP 600mg 每月 1 次，监服；DDS 100mg/d，自服；B663 300mg 每月一次监服和 50mg/d 自服。疗期 12 个月（我国 24 月）。

2. 推荐治疗少菌型麻风的标准方案（成人） RFP 600mg 每月 1 次，监服；DDS 100mg/d 自服。疗期 6 个月。

（三）WHO 推荐用于特殊的情况的 MDT 方案

由于变态反应或肝病不能服 RFP，或对 RFP 耐药者：B663 50mg/d 加下列药物（OFLO 400mg/d、MINO 100mg/d、CTM 500mg/d）中的两个药物治疗 6 个月，继之以 B663 50mg/d 加 MINO 100mg/d 或 OFLO 400mg/d，至少再治疗 18 个月。因皮肤色素沉着而完全不能接受 B663 者：以 OFLO 400mg/d 或 MINO 100mg/d 代替 WHO 标准多菌型 MDT 方案中的 B663；或用 RFP 600mg、OFLO 400mg 和 MINO 100mg 3 种药物的联合方案（ROM），每月服药一次，治疗 24 个月。

（四）单皮损少菌型麻风的治疗方案

有一些证据提示单皮损少菌型麻风是一种临床类型，可予有限剂量的化疗治愈。所谓单皮损少菌型麻风即只有一块皮损，伴有感觉障碍，无周围神经受累，皮肤涂片查菌阴性。用 RFP 600mg、OFLO 400mg 和 MINO 100mg 组成的 ROM 方案服药一次的方案对单皮损少菌型麻风的治疗是一可接受且价廉有效的替代方案。由于我国单皮损的少菌型麻风很少，似无必要做出以 ROM 方案来代替原 WHO 少菌型治疗方案的决定。

（王洪生）

参 考 文 献

1. Zumla A, Hafner R, Lienhardt C, et al. Advancing the development of tuberculosis therapy. Nat Rev Drug Discov, 2012, 11 (3): 171-172.

2. Bamberger D, Jantzer N, Leidner K, et al. Fighting mycobacterial infections by antibiotics, phytochemicals and vaccines. Microbes Infect, 2011, 13 (7): 613-623.

3. Amaral L, Viveiros M. Why thioridazine in combination with antibiotics cures extensively drug-resistant Mycobacterium tuberculosis infections. Int J Antimicrob Agents, 2012, 39 (5): 376-380.

4. Nessar R, Cambau E, Reyrat JM, et al. Mycobacterium abscessus: a new antibiotic nightmare. J Antimicrob Chemother, 2012, 67 (4): 810-818.

5. Kaneko T, Cooper C, Mdluli K. Challenges and opportunities in developing novel drugs for TB. Future Med Chem, 2011, 3 (11): 1373-1400.

6. Latshang TD, Lo Cascio CM, Russi EW. Nontuberculous mycobacterial infections of the lung. Ther Umsch, 2011, 68 (7): 402-406.

7. Lockwood DN. The different aspects of leprosy chemotherapy. Lepr Rev, 2011, 82 (1): 1-2.

中 篇

分枝杆菌病的临床

第五章　麻　风

麻风（Leprosy，Lepra）亦称汉森病（Hansen's disease）是由麻风分枝杆菌（mycobacterium leprae，ML，以下简称为麻风杆菌）引起的一种慢性传染性皮肤病，可侵犯皮肤、黏膜、神经及淋巴结，也可侵犯骨骼及内脏等器官，晚期常可致肢体残疾和畸形，丧失劳动力。中医称本病为"大麻风"、"大风病"、"乌白癞"、"疬风"等。

此病流行范围甚广，病人人数较多，曾与结核、梅毒并称为世界三大慢性传染病。据新近资料估计，全世界现有麻风病人约1000万。主要分布在亚洲、非洲和拉丁美洲，是危害第三世界广大人民健康的严重传染病之一。我国防治工作取得了显著成绩，但目前在云南、贵州、四川、西藏等省、自治区依然流行，其他如湘、鄂、陕乃至许多县级水平都不断有新病例发现。值得注意的是：在麻风患者中有相当一部分是儿童，有关其在麻风患者中所占比例，国内外各家报道不等，在3%～12%。我国早期调查报告为3%～12%，近年来调查显示一直稳定在4%左右。儿童既是一个麻风病防治工作中不可忽视的群体，又是一个延滞实现麻风病控制与消灭目标的重要因素。加上尚有相当数量的成人麻风患者，因而控制与消除麻风是一项长期的艰巨任务。

鉴于儿童麻风与成人麻风大致相同，但又有其特殊性，本章拟先介绍成人麻风与儿童麻风之共同的部分，尔后单列一节儿童麻风，以突出其不同的部分。

第一节　病因及发病机制

一、病原学

麻风杆菌是麻风病的致病菌。1873年由挪威麻风病学家汉森（Hansen）在麻风病人的结节中发现。在光学显微镜下，抗酸染色后可见其完整菌，一般为短小直棒状，或略有弯曲。长1～8μm，宽0.3～0.4μm，无鞭毛、芽胞或荚膜。菌往往聚簇存在，形成球团样或束状排列。此菌抗酸染色、革兰染色和荧光染色均为阳性。

麻风杆菌呈多形性，除上述完整菌外，尚可见到短杆状、双球状、念珠状、颗粒状等形态，有人认为抗酸染色均匀的完整杆菌是活菌，其他形态的为死菌。此结论尚未完全被证明，仅有一定的参考意义。

麻风杆菌的生活力很弱，小鼠足垫接种法研究表明其离体后平均存活率仅为1.75天，有报道7天后仍有1%的菌保持活力。麻风杆菌在60℃煮1小时或紫外线照射2小时即丧失活力，夏日日光直射2～3小时可使其失去繁殖力。消毒灭菌可参照对结核杆菌所常用的煮沸、高压蒸汽、石炭酸、漂白粉、甲醛（福尔马林）熏蒸、紫外线照射法进行。麻风杆菌为真性细胞内寄生菌，体外人工培养至今尚未成功，接种小鼠足垫仅获有限繁殖。若接种胸腺摘除加全身X线照射鼠，菌的繁殖数量可增加100～1000倍。犰狳接种后能获得全身播散性感染，是一个较为理想的麻风动物模型。近年来研究表明裸小鼠（即先天无胸腺小鼠）能产生全身播散性感染；非洲黑长尾猴、黑猩猩等亦是较好的麻风动物模型。

麻风杆菌主要侵犯皮肤、黏膜、外周神经、淋巴结和单核巨噬系统的器官内。在皮肤主要分布于神经末梢、巨噬细胞、立毛肌、毛囊、血管壁。在黏膜最常见于鼻黏膜。在神经，主要见于神经鞘及神经束内。淋巴结、脾脏、肝、骨髓、睾丸、肌肉及眼的前部都可见有麻风杆菌存在，在瘤型和部分界线类病人的血液中亦可找到。麻风杆菌可通过鼻喉黏膜、破溃皮肤排出体外，瘤型麻风病人鼻分泌物和皮肤结节溃疡可排出大量麻风杆菌，其他如乳汁、汗液、泪液、黏液等分泌物乃至大小便中也可排出少量麻风杆菌。

二、传染方式

构成麻风的传染有传染源、传染途径和易感者 3 个必备的环节。迄今为止尚未证明有动物宿主的存在，所以麻风病人是本病唯一的传染源。目前公认瘤型、界线类麻风病人带菌多并可向体外排菌是本病的主要传染源。如前述主要排菌途径为鼻黏膜和破溃的皮损。结核样型反应期细菌检测阳性和未定类细菌检测阳性的病人也具传染性。所以传染性与病型、病情活动与否、有无经过治疗相关。即与菌的数量、活力相关。应提及，结核样型病人导致传染的机会和频率虽然较低，也不应忽视。

关于麻风病的传播方式至今尚未完全明确。一般认为有 3 种可能：①直接传播：过去长期认为密切接触是麻风病的主要传播方式，但有不少病人只是偶尔与病人接触，甚至有的没与病人接触也发生了麻风病。目前认为吸入鼻分泌物悬滴中的麻风杆菌是病原体侵入人体的主要途径。若破溃皮肤排出菌或含菌悬滴附着于健康人皮肤，通过搔抓、外伤、昆虫叮咬使麻风杆菌侵入真皮层，亦能导致传播；②间接传播：因麻风杆菌能在体外存活数日，所以穿着、使用排菌病人的衣物、日用品，甚至使用带有麻风杆菌的针头进行注射或文身时也可间接传播麻风病，但此种方式是很少见的；③其他传播方式：在多菌型病人的乳汁、精液、脐带、胎盘中以及某些昆虫体内有查到麻风杆菌的报道，但尚无足够证据说明可能造成麻风病的传播，消化道传播麻风病的可能性亦尚未证实。

三、免疫、遗传与麻风易感性及发病的关系

麻风病在临床上存在着两种迥然不同的"极型"即结核样型和瘤型。随着研究的深入，据临床、细菌、病理、免疫反应等方面的表现和特点，确立了以免疫为基础的"光谱"概念。即以典型的结核样型（TT）和典型的瘤型（LL）作为两个"极型"，在两"极型"之间存在广阔的中间类型，包括界限类偏结核样型（BT），中间界线类（BB）和界限类偏瘤型（BL）等，宛如一个连续的光谱状，因而称之为麻风临床光谱分型。有证据表明，这种在临床上的类型差异不是由于麻风杆菌的差异所引起，而是由于人的个体免疫状态的不同所决定的。在麻风病人体液免疫在各型表现没有严重损伤，特别在瘤型麻风病人，抗体产生机制不但没有缺陷，反而有所增强，血清抗体的效价从 TT→LL，呈逐渐升高之势。抗体升高不但没显示保护作用，反而显示抵抗力随抗体含量升高而下降，病情随抗体升高而加重。在瘤型麻风病人发生的结节性红斑反应与抗体的水平升高有关，现认为是一种免疫复合物疾病。在麻风病人细胞免疫状况与体液免疫相反，从 TT→LL 逐渐降低。细胞免疫显示对疾病有防御作用，在结核样型麻风细胞免疫状态基本与正常人相似，所以能限制麻风杆菌在体内的生长繁殖。在瘤型麻风细胞免疫有缺陷，所以麻风杆菌在体内的繁殖不受限。应提及细胞免疫的抑制有特异性和非特异性两个方面，治疗仅能改善非特异性方面，而特异性方面则治疗多年仍保持不变，其本质如何至今尚不清楚。虽有人认为与免疫耐受性，免疫偏离或免疫增强作用有关，但仍有许多矛盾现象。新近研究显示 Th1 和 Th2 模型在解释麻风细胞免疫和体液免疫的特异差别上有一定的价值。

数个研究结果表明人类主要组织相容性复合物（MHC）基因（人类白细胞抗原，即为 HLA）对决定麻风型别上有重要作用，在研究多病例家系时发现某些 HLA 基因与患 TT 麻风的后代相关联，尽管 MHC 复合物及其调节的免疫反应在决定麻风的型别和产生保护性免疫力中有主要作用，但尚无足够证据说明麻风是一种遗传决定的疾病。

中医认为，患麻风病有 3 个原因：①因风土所生，中国少有此证，惟烟瘴地面多有之；②因传染或遇患麻风之人或父母、夫妻、家人递相传染或在外不谨或粪坑、房屋、床铺、衣被不洁；③因自调摄，洗浴乘凉……毒风袭入血脉，或风邪客于经络，久而不去，与空气相干，则使荣卫不和，淫邪散溢，故面色败、皮肤伤、鼻柱坏、须眉落。有的中医认为：内由体虚、元气不和、脏腑痞塞。其表现在外，心受邪则损目，肝受邪则面发紫泡，脾受邪则遍身如癣，肺受邪则眉毛先脱，肾受邪则足底溃烂。

第二节　临床表现

麻风的临床表现复杂多变，其分型亦为适应研究及临床需要几经演变修正。1953 年在马德里的第六次国际麻风会议将麻风分为两型（瘤型、结核样型）和两类（未定类、界线类）。1962 年 Ridley 和 Jopling 提出 5 级分类法：①结核样型（TT）；②界线类偏结核样型（BT）；③中间界线类（BB）；④界线类偏瘤型（BL）；⑤瘤型（LL）和未定类麻风（I）。其中 TT 免疫力最强，LL 免疫力最弱，两者之间为逐步移行的界线类（BT、BB、BL）。1982 年 WHO 麻风化疗组出于麻风现场工作的需要，将 I、TT、BT 归为少菌型（Paucibacillary，PB），细菌指数<2+，BB、BL 和 LL 归为多菌型（multibacillary，MB）细菌指数≥2+。1988 年又修正为凡皮肤查菌阳性的或皮损大于等于 6 块或神经损害大于等于 2 条的病例均归为 MB。现分述于下。

一、结核样型（tuberculoid leprosy，TT）

此型麻风病人机体抵抗力较强，病情稳定，发展缓慢，不侵犯内脏和黏膜，检菌阴性。主要是皮肤和外周神经的损害。主要临床表现如下。

（一）皮肤损害

数目较少（1~3 块），分布常不对称，损害较大而高起，边缘较清，损害大多伴有感觉减退和消失。损害的形态有斑状和斑块两种。

1. 斑状损害　有红色斑，浅色斑、色沉斑、环状斑。斑的边缘较清，斑内或斑附近的皮神经可见粗大。

2. 斑块损害　亦称高起损害。有大、小两种。小的斑块损害由大小不等的丘疹组成，大多聚集成堆，可呈苔藓样、斑状、半环状、条索状等排列，颜色为淡红、红色、紫红色。感觉障碍较早发生。大的斑块损害表面光滑而光亮，陈旧者表面有大小不等的白色鳞屑，类似寻常性银屑病，或称银屑病样损害，边缘特别清楚，有时可见中央消退凹陷、边缘高起呈环状、半环状。损害表面毳毛脱落，排汗和感觉障碍明显。有时可见附近皮神经粗大或附近淋巴结肿大。

（二）神经损害

外周神经受累比瘤型的早而且严重，常不对称，此为本型的特点之一。皮肤损害附近的皮神经变粗后常常伸入损害内，临床上具有重要意义，常受累的神经与瘤型相同。

受累神经明显粗大，有的呈梭形，结节状或念球状，质较硬而有敏感性触痛，发生神经反应时神经更为肿大，疼痛剧烈，有时可发生干酪样坏死，形成神经脓肿或瘘管，排出干酪样物质，长期不能愈合，发生脓肿的神经，不仅功能破坏明显，而且造成的畸形也很严重。

神经受累后，引起肌肉萎缩（如鱼际肌、小鱼际肌、骨间肌、小腿肌、前臂肌等），造成各种畸形，如鸟爪手、铲状手、垂足、垂腕，指（趾）骨萎缩吸收，以及面瘫（面斜、口歪、眼睑闭合不全）足底穿孔性溃疡等。有的病人仅有原发神经症状，而无皮肤症状，其表现可单神经受累，也可多神经受累，称为纯神经炎。

（三）毛发

眉睫一般不脱落，眉毛外 1/3 可以脱落。皮肤损害内的毳毛亦常早脱落，除损害发生于头发部者，可使头发稀疏外，一般不发生脱发。

（四）其他症状

黏膜和淋巴结有时受累，个别病人肝可受累，但无临床表现。

（五）麻风杆菌检查

通常不易查出，但在反应期为阳性，菌量较少，阳性持续时间较短。用 PCR 检测能使查菌的阳性率提高。

（六）免疫试验

麻风菌素试验晚期反应多为强阳性（+++），细胞免疫试验正常或接近正常。血清 ND-ELISA 检测 IgG、IgM 类抗体多为阴性，仅少部分病人为阳性。

（七）组织病理

表皮萎缩变薄，真皮中的浸润紧靠表皮，浸润内有淋巴细胞、上皮样细胞及巨细胞，颇似结核病的病理改变，用抗酸染色法一般不能检测到麻风杆菌。

（八）预后

少数病人可不经治疗而愈。经治疗后消退快，一般预后好，但应注意神经功能障碍。

（九）辨证分析

面色及耳垂发紫，臀部、腰部或下肢有不规则非对称性斑状损害，境界清楚，颜色淡红或暗红色，上覆少许鳞屑，感觉消退或消失，汗闭，耳大神经及尺神经可粗硬，舌质绛或边有瘀斑。苔薄白或白腻。脉涩或沉细。中医辨证属腠理不密，外感风毒之邪，正邪交争。经络阻隔，气滞血瘀。

二、界线类偏结核样型（borderline tuberculoid leprosy，BT）

主要临床表现如下：

（一）皮肤损害

皮损形式多样，大小不一，常见者有淡红色或褐黄色斑疹或略高起的斑块，边缘境界清楚，损害中心常消退，残留外观正常皮肤（称为免疫区或打洞区、空白区），形成环状，表面覆有细薄鳞屑（图 5-2-1），皮损数目较多，分布广泛而不对称，有时可中心为一大损害，四周有多数的小损害，排列呈"卫星"状，好发于面部、躯干和四肢。

（二）神经损害

多数浅神经早期即出现粗大、较硬，但不如结核样型明显。

（三）毛发

不脱落，除非局部有皮损。

（四）麻风杆菌检查

阳性（1+～3+）。PCR 检测阳性率比 TT 的明显提高。

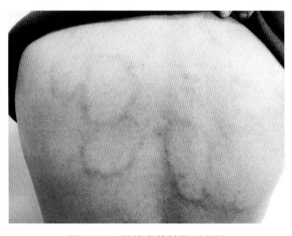

图 5-2-1　界线类偏结核型麻风

（五）免疫试验

麻风菌素反应为弱阳性，可疑或阴性，细胞免疫试验较正常人低，血清 ND-ELISA 检测 IgG、IgM 类抗体，30%～60% 病人为阳性。

（六）组织病理

与结核样型类似，但在表皮下有狭窄的"无浸润带"抗酸染色阳性。

（七）预后

一般较好，但不如结核样型麻风。"降级反应"可变为 BB，"升级反应"则向 T 型一端演变。发生麻风反应易产生畸形残疾。

（八）辨证分析

参照结核样型。

三、中间界线类（mid-borderline leprosy，　borderline borderline leprosy，BB）

主要临床表现如下：

（一）皮肤损害

皮损较复杂多样，有斑疹、斑块、结节或浸润，数目多，分布广而不对称，可在同一病人不同部位，同时发现瘤型或结核样型两种损害，或在一个皮损上同时具有瘤型或结核样型特点，皮损内缘清楚，外缘常模糊。形状颜色不一。

斑状损害呈圆形、椭圆形或不整形，有的中心为浅色斑，周围呈红白或淡黄色、淡红层层相间围绕的多环状，特称为靶形斑或者徽章样斑，为本型特点之一。亦有排列成卫星状，发生于面部者可呈蝴蝶状或展翅的蝙蝠状，颜色褐灰，称为"双型面孔"或"蝙蝠状面孔"。

斑块形者表面浸润柔软光滑，呈淡红、紫红、黄、褐等色，大小不一，中央高起向四周倾斜，形如倒碟，或边缘一侧浸润明显，一侧模糊，由清楚的一侧向模糊一侧倾斜，部分病人的斑块可分布于肘部及臀部等处。皮损部毳毛一般不受累，眉毛可脱落，但不对称，闭汗不显著。

（二）神经损害

中等度粗大均匀而较软，多发但不对称，感觉障碍出现较迟较轻，有轻度麻木。

（三）毛发

有的脱落，治疗后易复生。

（四）其他

可有黏膜及内脏损害，但较瘤型为轻。

（五）麻风杆菌检查

皮损查菌阳性（2+ ~ 4+）。PCR 检测阳性率很高。

（六）免疫试验

麻风菌素反应阴性，细胞免疫试验介于两极型之间。血清 ND-ELISA 检测 IgG、IgM 类抗体绝大部分病人为阳性（90% ~ 100%）。

（七）组织病理

表皮下有明显的无浸润带，真皮内可同时见瘤型和结核样型改变。

（八）预后

介于结核样型和瘤型之间，本型不稳定，"升级反应"可向 BT 方向变化，"降级反应"可向 BL 方面转变。

（九）辨证分析

参见结核样型或瘤型。

四、界线类偏瘤型（borderline lepromatous leprosy，BL）

主要临床表现如下。

（一）皮肤损害

有斑疹、丘疹、斑块、结节和弥漫性浸润等损害。皮损形态大多似瘤型麻风，多弥漫不清，呈淡红或棕褐色，表面光滑，但不及瘤型光亮。有时损害中央部可见圆形空白区，形成环状，内缘清楚，外缘模糊损害分布广泛，不完全对称。浸润性损害多见于耳垂及颜面，结节损害可呈黄褐色、紫红色，大小不一，数目多少不等，分散或聚集。晚期面部深在性浸润亦可形成狮面。损害部毳毛及出汗大多正常。近年来有人报道发生在皮肤上的结节，组织病理上极似皮肤纤维瘤的结构，称为组织样麻风瘤。

（二）神经损害

出现较迟较轻，轻度粗大均匀而软，多发，倾向对称。

（三）毛发

眉毛脱落，不对称。睫毛也可脱落，头发晚期可脱落。

（四）其他

黏膜及内脏均可受累，可出现鞍鼻，鼻黏膜可出现溃疡，淋巴结肿大。

（五）麻风杆菌检查

皮损查菌 4+～5+。鼻黏膜查菌阳性，淋巴结查菌亦可为阳性，亦可为阴性。PCR 检测阳性率与之平行。

（六）免疫试验

麻风菌素反应阴性，细胞免疫试验显示缺陷。血清 ND-ELISA 检测 IgG、IgM 类抗体 90%～100% 为阳性。

（七）组织病理

有两种。一为以组织细胞为主的肉芽肿，有的组织细胞有上皮样细胞发展趋势；一为带菌的泡沫组织细胞，但无大的麻风杆菌球形成。与典型瘤型麻风不同之处是在肉芽肿内有成堆的淋巴细胞浸润，有时在神经束膜周围亦可有袖口状的此种淋巴细胞浸润。

（八）预后

不稳定。比瘤型好，比结核样型差。"升级反应"，可向 BB 变化，"降级反应"可向瘤型转变。

（九）辨证分析。

参照瘤型。

五、瘤型（lepromatous leprosy，LL）

此型麻风病人的机体抵抗力弱，除皮肤及黏膜有广泛的损害外，晚期常侵犯多种组织和器官，传染性较大。主要临床表现如下（图 5-2-2～图 5-2-3）。

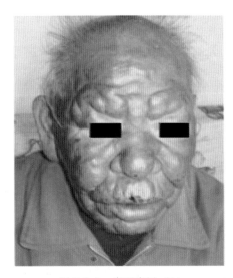

图 5-2-2　瘤型麻风（1）

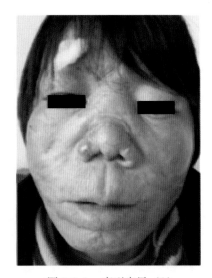

图 5-2-3　瘤型麻风（2）

（一）皮肤损害

早期 LL，皮损多为浅色斑或淡红色斑，小而多，分布广泛对称，边缘模糊不清，多见于躯干、四肢、表面光亮，局部浅感觉障碍及闭汗不明显，有时仅有蚁行感，微痒或轻度感觉异常。有的病例面部浸润很不明显，仅见两眉外 1/3 稀疏，这时应注意查菌。

中期 LL，皮损逐渐增多，浸润逐渐加深，有的形成结节，皮损边缘不清，表面光亮多汁，分布广泛对称，可出现轻度浅感觉障碍，因面部有弥漫性浸润及眼结合膜充血，故似"酒醉状"外貌。四肢因皮损血循环障碍，肢端常有明显肿胀。

晚期 LL，皮损更加明显，浸润甚至遍及全身，面部浸润加深，形成结节（或）斑块，口唇肥厚，耳垂肿大，形成"狮面"（图 5-2-2 和图 5-2-3）。四肢和躯干由于深在性弥漫性浸润及血液和淋巴循环障碍而肿胀显著。下肢水肿，小腿皮肤变硬，呈蜡样发亮。有的病人发生鱼鳞病样变化或躯干四肢皮肤萎缩，伴有明显的感觉障碍及闭汗。肢端溃疡较为常见。

（二）神经损害

早期神经受累粗大不明显。至中、晚期则可出现广泛，对称的浅神经干均匀粗大、质软，可产生严重的肌肉萎缩、畸残和功能障碍。

（三）毛发

早期两眉外侧开始呈对称性脱落，随着病情发展，眉毛、睫毛均可脱光。头发脱落先从发际开始，以致大部脱落，腋毛、阴毛也可稀少。

（四）其他

早期 LL 鼻黏膜常有损害，发生鼻塞、鼻出血。中晚期病人鼻黏膜可以肥厚、糜烂、发生溃疡，产生鼻中隔穿孔，形成鞍鼻。

淋巴结、睾丸、眼、骨及内脏损害，中晚期病人，淋巴结可明显肿大，但不溃破，无明显压痛。睾丸萎缩，经常引起不育、阳痿和乳房肿大。有人报道，早期 LL 便可产生眼损害。中晚期病人眼可产生麻风瘤，甚至失明。骨的变化很明显，骨质吸收，指节变粗呈典型的"毛尖状指"。LL 内脏受累，有肝、脾大。晚期 LL 虽可侵害全身许多器官，但很少直接造成死亡。

（五）麻风杆菌检查

各种损害中皆可查见大量麻风杆菌 5+ ~ 6+，PCR 检测阳性率与之平行。

（六）免疫试验

麻风菌素试验 90% 左右为阴性反应，极少数病人呈可疑阳性或弱阳性反应。细胞免疫试验显示明显缺陷。血清 ND-ELISA 检测 IgG、IgM 类抗体，90% ~ 100% 为阳性。

（七）组织病理

真皮浸润区与表皮之间有"无浸润带"。浸润的主要特征为麻风细胞。麻风细胞可分组织细胞样、梭形细胞样、泡沫细胞样（又分早、中、后期泡沫状细胞）。此外抗酸染色可查见大量聚集或分散的麻风杆菌。

（八）预后

早期发现，早期治疗，预后较好，细菌阴转较快，畸残发生也少，如果讳疾忌医，延至中、晚期，往往造成难以恢复的残疾和丑陋面容。

此外，在瘤型及界线类偏瘤型麻风可以出现组织麻风瘤皮损，其临床特点为：在面部、四肢或躯干发生突起的棕褐色质地坚实的大小不等的结节，严重者可以破溃。细菌检查可见大量的麻风杆菌，有些细菌较细较长，有人认为此种损害可能与耐药有关。

（九）辨证分析

皮肤颜色灰暗无光，表面粗糙干燥，颜面有大小不同的结节、斑块，晚期可形成"狮面"外观。鼻梁崩塌，眼眶断裂，皮肤割切不痛，手如"鸟爪"，耳大神经、尺神经等均粗大如绳索，全身无力、口干、唇燥、颧红、舌质红、苔灰黄。脉细数无力或沉细。中医辨证属正气不足，外感虫毒，正虚邪实，阴虚内热，致使气血不和经络阴隔，发于皮毛，侵于脏腑。

六、未定类麻风（indeterminate leprosy，I）

未定类麻风是各期麻风的早期表现，有向其他类型演变的特点。主要侵犯皮肤及神经，不累及体内器官，皮肤损害为单一形态，临床症状较轻，经过及预后较其他各型良好，因其临床症状和组织病理均无特点，故称为未定类麻风。主要表现如下：

（一）皮肤损害

仅有单纯斑状损害，好发于四肢伸侧面、躯干及臀部等处。有淡红斑、红斑及浅色斑。常单个发生，表面平滑不高起，边缘有的清楚，有的不清，有的一边清楚，一边不清。早期不麻木，数月后可有部分感觉障碍。早期出汗，较晚不出汗。若斑的边缘呈浸润性弥漫状，数目增多，则系向瘤型和界线类演进；若斑的边缘高起而清楚，则系向结核样型演进。有的斑损在临床上长时无明显变化。有的斑损可自然消退。红斑变淡以至消失，浅色斑色素新生，恢复正常。

（二）神经症状

通常较轻，可见浅神经轻度粗大，硬度较结核样型为轻，一般无明显的功能障碍。

（三）毛发

一般不脱落。

（四）其他

个别病人鼻黏膜轻度充血，有的毛细血管扩张。

（五）麻风杆菌检查

大多数病人不易查出，少数可出现弱阳性。有部分病人 PCR 检测为阳性。

（六）免疫试验

麻风菌素试验阳性反应（弱阳性到中等阳性）多于阴性反应。细胞免疫试验有的正常，有的接近正常，有的有明显缺陷。血清 ND-ELISA 检测 IgG、IgM 类抗体部分为阳性。

（七）组织病理

为非特异性慢性单纯炎症性改变。真皮中有由淋巴细胞及组织细胞组成的浸润，主要围绕神经血管发生，也可见于皮肤附属器区域。

（八）辨证分析

长期稳定的未定类麻风参照结核样型。

附 1. 各型麻风的演变

在"光谱"分型中最稳定的为 TT 和 LL 两极型，其他各型在许多内在或外在因素影响下，由于病人机体免疫力的变化，在其自然经过中，少数人可发生病型变化，由一型演变为他型。

1. 未定类麻风，可演变为光谱中的任何一型，大多数可演变为结核样型麻风，少数演变成界线类或瘤型麻风。亦可自愈。

2. 界线类麻风其稳定性能较差，常向瘤型麻风演变。部分病人经治疗后，可"升级"向结核型样麻风演变。

附 2. 几种少见的麻风病临床类型

1. 单皮损麻风病　病人仅有一块浅色斑或红斑，有人感觉丧失，有人无明确的感觉丧失，无周围神经受累。诊断这类病人要严格按照临床诊断标准进行（要求做皮损病理活检和皮肤细菌检查），否则会造成过度诊断。

2. 纯神经炎麻风病（pure neural leprosy）　这是 Wade（1952 年）首次报告的。迄今已作为麻风临床分型中的一个独立型。此型麻风病并无皮损出现，只有周围神经粗大及其相应部位功能障碍。病人逐渐出现手脚肌无力，抑或突然出现足下垂，肢体麻木，常常可因不明外伤导致溃疡、烧伤、蜂窝织炎和骨髓炎时才能得以发现，临床检查发现有周围神经粗大。若有反应则可有神经触痛，或自发疼痛，除尺神经、正中神经和腓总神经最常受累外，腓浅神经、桡浅神经和耳大神经也可受累。如有脓肿形成提示为结样型麻风组织像。

有人报告纯神经炎患者多见于成年男性和儿童。本型诊断较为困难，麻风菌素试验，受累神经数目和神经针吸物查菌对诊断有很大帮助。

3. 组织样麻风瘤麻风病（"histoid" leprosy）　亦为 Wade（1963 年）首次描述。它是 LL 麻风的特殊形态。其组织学类似于假囊性肿瘤细胞。一般见于 BL 或 LL 病人。最常见于砜类药物单疗愈后复发或恶化的病例。皮肤损害主要为结节，好发于臀部、股、手臂、面部和背下部。腰下方、腹股沟、腋部、胸或颈部亦可偶发。在弥漫性浸润的基础上出现大量结节、呈孤立、散在或簇集分布。结节小的如绿豆，大的如鸽蛋，呈半球状隆起，硬如橡皮。可为铜红色、棕褐色或珍珠色。有的顶端发亮，蜡样光滑，有的因炎症浸润强烈而出现局部区域坏死。中央可软化破溃，形成溃疡，排出大量麻风杆菌，愈后形成瘢痕。还有的结节质硬，色黑，表面可有细小鳞屑。有的转到皮下成皮下结节，有的转至表皮呈无蒂或有蒂结节。结节中央的细菌指数（BI）及形态指数（MI）均很高。

4. 无痛性神经炎麻风病　粗大的神经干无急性神经炎表现而不知不觉地麻痹并逐渐出现肌肉萎缩无力，随之渐而出现畸残。损伤呈隐袭性，病人无明显主诉，肌力减退也可被忽视。此病可发生在疾病的任何阶段（包括完成 MDT 治疗后的监测期），应引起防治工作者的重视，目前对其发生率预防处理的研究报告尚少，还无完善的方案，有报告在神经完全麻痹之前予以及时治疗，可预防神经干的麻痹。

5. 反应状态麻风病　在麻风病过程中，当遇到不良因素，如感染、劳累、精神压力、妊娠、分娩、接种等可诱发麻风病反应。在许多病人常因出现反应而初诊。

6. 露西奥麻风病（Lucio leprosy）　由 Lucio（1842 年）描述，有人称为 Lucio 现象，临床上属于 LL 麻风病。常见于墨西哥和中美洲，在巴西亦能见到少数报告。初期表现为全身弥漫性浸润，无结节和斑块。

随着病情的发展，眼睑有睡眠样或悲伤样外貌，手足有麻木。鼻充血、鼻出血，声音嘶哑，手足水肿，眉毛脱落等亦可见到。如果长期未获治疗，面部可呈黏液性水肿外貌。Lucio 麻风病在反应时皮肤表现为出现小的淡红斑、边界模糊，有触痛。数日后，皮损中出现青紫，炎症明显，可产生水疱，破后形成深溃疡，边缘不齐，呈三角形，或多角形。愈合缓慢，临床上称为坏死性皮肤红斑。继发的蜂窝织炎可使临床表现更为复杂化。Lucio 现象（Lucio phenomenon）是一种反应（为 Lucio 麻风长期未治的特征），有血管坏死，血管内皮被麻风杆菌广泛侵犯，系机体对麻风杆菌的一种超敏反应。

第三节　麻风反应

在麻风病的慢性过程中突然发生症状活跃，出现急性或亚急性的病变，原有的皮损或浅神经干炎症加剧，或出现新的皮损或神经损害，或伴有恶寒、发热、疲乏、全身不适及食欲减退等症状，这种现象称为麻风反应（leprosy reaction）。

一、病因及发病机制

学说很多，有人认为是麻风杆菌繁殖的结果，有人认为是体内组胺增高所致，也有人认为是类脂质代谢紊乱或者缺少某种酶，故病因尚不十分明确。一般认为是一种变态反应。根据免疫学原理，麻风反应可分为Ⅰ型麻风反应、Ⅱ型麻风反应和混合型麻风反应（两型同时存在）。

1. Ⅰ型麻风反应　是一种细胞免疫力发生改变的迟发超敏反应（DTH），即Ⅳ型超敏反应，主要发生于一部分 TT 麻风和免疫状态不稳定的界线类（BT、BB、BL）麻风患者。根据细胞免疫的增强或减弱又分为"升级"反应亦称"逆向"反应（RR）和"降级"反应。"升级"反应时病变向结核样型端变化，"降级"反应时则向瘤型端变化，RR 常发生在麻风治疗的早期阶段，伴有细胞免疫能力一时性的增强和 ML 荷量一过性减少。在 RR 细胞因子模式具 Th1 特征，与麻风结节性红斑中看到的相反。表现为 IL-1β，TNF-α，IL-2，IFN-γ 产量增加，并伴有 IL-4，IL-5，IL-10 分泌的下调。有研究显示似与特殊的 HLA 限制有关。如 HLA-DR$_3$（亚型 HLA-DR$_{15}$，HLA-DR$_{17}$）。

2. Ⅱ型麻风反应（麻风结节性红斑，ENL）　是抗原-抗体复合物（或免疫复合物）型变态反应（血管炎型变态反应），即体液超敏反应。属Ⅲ型超敏反应。主要发生于一部分瘤型麻风和偏瘤型界线类麻风。结核样型则不发生。未经治疗、治疗中甚至治疗后的患者均可发生，且随着抗麻风治疗的推移，其发病率逐增，尤其在治疗 7 至 12 个月后。在 ENL 细胞因子模式表现为 Th2 特征，显示 IL-6、

IL-8，IL-10 高表达，且 IL-4，IL-5 表达特别持久，和 IL-6，TNF-α 特别升高。有研究显示等位基因 C4B（C4B*QO）与 ENL 正相关。

3. 混合型麻风反应　是由细胞免疫反应和体液免疫同时存在的一种反应。即同时有 DTH 反应和免疫复合物反应。多见于 BL 麻风病人。

二、诱因

1. 药物　抗麻风药物，特别是砜类药物剂量太大往往引起麻风反应。其他药物如碘化物也可诱发麻风反应。化疗诱发麻风反应是最常见的诱因之一。

2. 精神因素　过度紧张，精神创伤、悲伤、抑郁等。

3. 气候　有人报道春季、夏季或气候骤然变化时麻风反应发生较多。

4. 预防接种或注射　如注射伤寒疫苗、接种卡介苗、牛痘等。

5. 合并症　如感冒、扁桃体炎等。

6. 内分泌　月经不调、妊娠、分娩、哺乳等。

7. 酗酒、暴饮暴食、过度疲劳。

8. 贫血、营养不良。

9. 外伤、外科手术。

三、临床表现

（一）Ⅰ型麻风反应

本型常见的临床表现如下。

1. 皮肤症状　主要发生于 BB 和一部分 TT 病人，全身症状轻微，可见原有的皮损部分或全部变红、水肿并高起，可向周围扩大，有时类似丹毒，严重时可出现坏死，有的甚至形成溃疡。在原有皮损附近或其他部位出现新的皮损，常见的有红斑、斑块或者结节。颜色淡红或鲜红。数目多少和大小不定，分布常不对称。

2. 神经症状　多侵犯尺神经、腓神经、正中神经、耳大神经或眶上神经等，神经干可发生粗大和疼痛。疼痛为病人最痛苦的症状，难以忍受，检查可见受累神经干变粗、呈梭状或结节状，有明显的触痛。

3. 其他　黏膜症状较轻、淋巴结轻度肿大。

4. 麻风杆菌检查　常为阴性，极少病例能查出小量或中等量麻风杆菌，此型反应若为"降级"反应，则麻风杆菌比反应前明显增多。若为"升级"反应者则相反。

5. 免疫试验　在 RR 麻风菌素试验晚期反应可为阳性，在降级反应晚期反应一般为阴性，淋巴细胞转化试验降低。

6. 组织病理　RR 皮肤浅层及肉芽肿内、外可见不同程度的水肿。肉芽肿内淋巴细胞，上皮样细胞以及巨细胞增多，抗酸菌（AFB）减少。降级反应时肉芽肿内原有淋巴细胞，上皮样细胞和巨细胞由巨噬细胞取代，AFB 数增多。

应提及逆向反应 RR，在 BT、BB 患者在首次治疗的较早时期（6 个月左右）发生，而在 BL 患者可在治疗更长的时间后发生。有的患者在就诊时即可见有此反应发生。在短程 MDT 的界线类麻风患者，在其治疗期间，特别是首次治疗的早期发生的 RR，皮损和神经的损害均较为明显，80% 的神经损伤，在治疗的 3 个月内发生，随疗程的增加，反应病例可见逐减，症状亦逐渐减轻；有的患者在完成 MDT 后 3～5 年抑或更长的时间也可出现 RR，但症状较轻，且主要表现为皮肤损害，神经炎症状则较轻。

当在 BT、BB、BL 发生 RR 时，如不及时治疗可发生永久性的神经损害，降级反应多发生在未治疗或治疗不规则的患者，临床上少见。未经治疗者反应可持续数周乃至数月，且易反复发生。随反应次数的增加和 BI 的升高，损害更具 LL 的特征。

7. 病程及预后　病程较长，一般在 6～12 个月，或更长的时间。若无神经损害或较轻者一般在 1～3 个月。如免疫力增强发生的 RR 向 TT 端渐变，反之，则向 LL 端渐变。反应若不及时治疗都可发生神经损害和引起畸残，及时恰当的治疗可减少神经损害和畸残的发生率。

（二）Ⅱ型麻风反应

本型主要发生于 LL 和某些 BL，主要临床表现如下。

1. 全身症状　病人在发生反应前有全身不适、乏力、畏寒、食欲缺乏、淋巴结肿痛等前驱症状，并可出现高热、头晕头痛、全身酸痛以及畏食、恶心、呕吐、腹痛、便秘或腹泻等消化道症状。

2. 皮肤症状　最多见的是麻风结节性红斑（ENL），其次是多形红斑、坏死性红斑等。

3. 神经症状　有神经痛。神经干支配的部位有灼热、酸麻、刺痛。原有的麻木区可以扩大。

4. 黏膜症状　有的表现较为突出，除鼻、咽喉的黏膜充血、肿胀、糜烂、破溃外，严重时声带水肿、可致窒息，危及生命。

5. 其他　淋巴结肿大和疼痛，但不破溃，可出现胫前骨膜炎。眼部损害有急性虹膜睫状体炎，严重时可失明。亦可出现急性睾丸炎、附睾炎、精索炎、月经不调等。反应严重者肾受累，尿中出现蛋白和红细胞。

6. 实验室检查　白细胞增多，中性粒细胞增高，血沉加快，血浆总蛋白降低，丙种球蛋白增高，抗"O"增高。红斑狼疮细胞、抗核因子、类风湿因子、甲状腺球蛋白抗体、冷沉淀球蛋白，组胺样肌收缩原等阳性。麻风菌素反应无变化，有人报告血中抗 PGL-I 抗体水平降低。麻风杆菌检查在反应前无明显变化，但不完整菌较多。组织病理上可见组织水肿，血管周围淋巴细胞浸润以及退化性的泡沫细胞灶，显示中性粒细胞急性炎症浸润，亦可见急性变应性血管炎或增殖性血管炎改变。AFB 比无反应部位少些，且多呈颗粒状，甚至检测不出病原菌。

7. 病程及预后　病程一般为 1～2 周，病情轻者容易消退，重者皮损"彼伏此起"，迁延至数月乃至数年，呈慢性反复性发作，但不发生型类改变。另，Ⅱ型反应之眼病发生率高。可出现神经炎所致的畸残。

（三）混合型麻风反应

主要发生于界线类麻风。其临床表现兼有Ⅰ型和Ⅱ型麻风反应的特点。在躯干和四肢出现大的斑块，边缘境界清楚，充血水肿明显。神经粗大、疼痛、触痛显著。同时可伴有附睾炎、淋巴结炎或虹膜睫状体炎。实验室检查不如Ⅱ型麻风反应显著。

第四节　诊断及鉴别诊断

麻风病的诊断必须十分慎重。无论是把麻风误认为非麻风，或把非麻风误诊为麻风，都会带来不良后果。

一、诊断要点

诊断麻风病的主要依据如下。

（一）感觉障碍

伴有皮损或仅有麻木区。感觉障碍是麻风病常见而出现较早的一种表现，检查时应注意以下几点。

1. 早期麻风有时只有轻度温度觉迟钝，而痛觉及触觉正常。

2. 一般无深感觉障碍。

3. 注意麻木区皮肤的色泽，是否闭汗，毳毛有无脱落。

4. 认真检查麻木区周围及其附近有无粗大的皮神经。触诊时如果麻木区发生疼痛，常常提示附近有发炎的神经。

（二）神经粗大

神经粗大是麻风病的特征，但神经鞘瘤、多发性神经纤维瘤、进行性增殖性间质性神经炎也伴有神经粗大。有人报道神经粗大还偶见于原发性淀粉样变、肢端肥大症、糖尿病、梅毒等；但是，也有些麻风病人仅有皮损而无神经粗大。

（三）实验室检查

1. 查到麻风杆菌 这是诊断麻风病的有力证据，早期瘤型麻风皮损不典型，感觉障碍及神经粗大均不明显，故查菌尤为重要。应注意单纯鼻黏膜查菌的结果有时不能作为诊断依据，因为鼻腔内有其他抗酸杆菌污染。有人发现正常皮肤和其他皮肤病也有带抗酸杆菌的现象。因此，应仔细检查，全面分析，不可误诊。必要时要用 PCR 检测鉴别麻风杆菌与其他抗酸杆菌。

2. 组织病埋变化 有下列之一者可诊断为麻风病。

（1）病变中有典型的麻风菌和麻风细胞。

（2）神经组织内有结核样肉芽组织变化。

（3）神经内查见麻风杆菌。

组织病理检查对麻风病的诊断有重要意义，但梅毒、结核、结节病等都可以产生和结核样型麻风相似的病变。因此，应结合临床进行分析。

3. ND-ELISA 检测 IgM 类抗体也可辅助诊断。

二、鉴别诊断

一般首先根据感觉试验（多数皮肤有痒感，无麻木闭汗），外周神经是否粗大（一般其他皮肤病神经不粗大）加以鉴别、然后再根据需要进行查菌、活组织检查及其他麻风有关试验和被鉴别的特殊试验检查，加以鉴别。以下列举应与各型麻风鉴别的皮肤病名称供参考，各病临床特点可参阅有关专著。

1. 应与结核样型鉴别的皮肤病 体癣、寻常性银屑病、肉样瘤、环状肉芽肿、扁平苔藓、梅毒、多形红斑、盘状红斑狼疮、面部肉芽肿、寻常性狼疮、固定性红斑、硬红斑及结节性红斑、股外侧皮神经炎、脊髓空洞症、进行性脊髓性肌萎缩等。

2. 应与界线类鉴别者 白色糠疹、变色糠疹、脂溢性皮炎、黄褐斑、持久性色素缺乏、陪拉格病、皮肤利什曼病、蕈样肉芽肿、肉样瘤。

3. 应与瘤型麻风鉴别者 蕈样肉芽肿、皮肤黑热病、囊肿性痤疮、Kaposi 类肉瘤、神经纤维瘤、寻常性狼疮、原发性淀粉样变、痛风、雅司、脊髓空洞症、结节性黄色瘤、白癜风、鱼鳞病、变色糠疹、脂溢性皮炎、斑秃（普秃）。

4. 应与未定类鉴别者 白癜风、皮肤黑热病（白斑型）、单纯糠疹、固定性红斑、贫血痣。

5. 应与皮肤非结核杆菌病、某些病毒感染性皮肤病（如带状疱疹）等相鉴别。

第五节 治 疗

治疗分为对麻风本病、麻风反应和畸残的治疗。现分述于下。

一、麻风本病的治疗

（一）西医治疗

1. 一般治疗 避免劳累、紧张和忧虑，克服悲观急躁情绪、树立麻风病可治疗的信心，服从医嘱，坚持规则服药。如伴有其他疾病或有干扰本病治疗的因素时要予以及时纠正和合理治疗。如纠正胃肠紊乱、感染病灶等。在妊娠、结核病乃至 HIV（人类免疫缺陷病毒）感染的麻风病人均可继续实施麻风的治疗方案。惟在联合化疗（MDT）方案中利福平的剂量改成治疗结核病所需剂量。

2. 全身治疗 分单药化学疗法和联合化疗法。

（1）单药化学疗法

1）氨苯砜（dapsone，diamino-diphenyl sulfone，简称 DDS），化学名为 4，4′-二氨基二苯砜（4，4′-diamino-diphenyl sulfone）。鼠足垫模型研究表明对麻风杆菌有抑制作用，在剂量较大时显示有杀菌作用，血清中浓度与组织与浓度基本一致，人一次口服 100mg 后，血清中峰浓度为最低抑菌浓度的 500 倍，且能维持超过最低抑菌浓度达 10 天之久。

作用机制：DDS 对麻风杆菌的抗菌作用机制尚不清楚，某些研究认为可能是由于其化学结构与对氨基苯甲酸相似而干扰了麻风杆菌的叶酸代谢和某些酶的功能，进而使菌的 DNA 合成受阻所致。

剂量及用法：DDS 的常规剂量为 100mg/d。现多采用口服法。国产每片含量为 50mg。每周服药 6 天，停药 1 天，开始剂量成人 25mg/d，以后每 2~4 周增量一次，每次增加 25mg，增至 100mg/d 时达到足量，不再增加，作为维持量继续。一般连服 3 个月后可停药 2 周。停药后继续使用时从维持量开始。对瘤型麻风及界线类偏瘤型麻风病人现多主张一开始就用足量治疗。儿童用量酌减。足量时为每公斤体重 2mg/d。

临床疗效：DDS 疗效肯定，近期疗效明显且相当迅速。远期疗效仍能继续但进步较慢。因此疗程很长。一般达临床治愈的治疗期，瘤型麻风平均约 5~6 年，界线类麻风平均约为 3~4 年，结核样型麻风平均约为 2~3 年，未定类麻风平均约为 2 年。有一小部分病人（特别是中晚期的瘤型麻风）虽经长期治疗仍不能达到临床治疗标准。有的瘤型麻风病人即使经过 10~12 年的 DDS 单疗，仍能在体内分离出残存的有活力的麻风杆菌。尤其近来耐 DDS 的病例越来越多，这说明 DDS 还不是很理想的抗麻风药物。

不良反应：DDS 在治疗量是安全的，不良反应较少。剂量增大（>200mg/d）主要的不良反应为贫血（红细胞降至 300 万/mm^3，血红蛋白降至<8g 时应停药）、药物性皮炎（多发于服药后 5~6 周）、粒细胞减少症（一般在连续服药 2~8 周发生）、急性中毒（DDS 在血中浓度>20μg/ml 时）、精神障碍（发于服药剂量较大者，服药 6 个月内发生）。其他不良反应为：引起肝、肾损害、胃肠道反应及外周神经病。对 DDS 不耐受的麻风病人尚可出现结节性红斑、神经痛和关节痛等麻风反应症状。为了保证抗麻风治疗的安全进行，对有下列情况的麻风病人麻禁用或缓用 DDS：①对砜类药物过敏者；②严重肝、肾功能障碍者；③一般情况极度衰弱者，尤其是严重贫血者；④有精神病的麻风病人应十分慎重。

2）氯法齐明（氯苯吩嗪，克风敏，clofazimine，B663，Lamprene）：是一种亚氨基吩嗪染料。为吩嗪类衍生物。不但对麻风杆菌有抑菌作用，而且尚有抗炎作用。故对麻风本病及麻风反应的控制均有效果。疗效与 DDS 相近，但起效稍慢。对 DDS 耐药的麻风病人用 B663 治疗也有肯定疗效。

作用机制：B663 的抗菌作用机制尚不清楚。可能是由于抑制 DNA 依赖的 RNA 聚合酶而阻止了 RNA 的合成，使菌体蛋白质的合成受抑。B663 的抗炎作用，可能与稳定溶酶体膜的作用有关。

剂量与用法：一般采用口服法。治疗麻风本病时，每日服 100mg，每周服药 6 天，停药 1 天。亦可每周服药 2~3 次，每次 100mg。有人主张采用间歇服药法，即每周服药 1 天，每次 300mg。

用 B663 治疗麻风反应时应从较大剂量开始（200~400mg/d），反应控制后缓慢减量。由于用 B663 治疗麻风反应作用出现较迟，因此，对于严重的麻风反应病人，在开始阶段应配合皮质类固醇激素治疗，例如 B663 300mg/d，配合泼尼松 20~30mg/d，连服 2~4 周，直到急性症状被控制后，再逐渐减少乃至撤掉泼尼松。

临床疗效：B663 无论治疗本病还是麻风反应疗效已被肯定。

不良反应：在临床应用中常见的不良反应为：①皮肤红染及色素沉着：有的病人在服药 1 周后即可出现皮肤红染，但多在 2~4 周时出现。6~12 个月时最明显。始现于眼眶及鼻部周围的部位，以后全身皮肤均现红紫。②皮肤干燥及鱼鳞病样变：一般在服药 2~3 个月后出现。③消化道反应：少数病人可出现恶心、呕吐、畏食腹痛、便秘、腹泻等，一般不影响服药，可自然好转。腹痛严重者可停药。④其他不良反应：如嗜睡、眩晕、失眠、四肢水肿、Meniere 综合征等。一般症状轻微，为时短暂，不影响继续治疗。

3）利福平（rifampicin，rifampin，RFP）：为一种半合成的抗生素。抗菌谱较广，对革兰阳性细菌、结核菌、麻风杆菌等均有较强的抗菌作用。小鼠足垫模型试验证实对麻风杆菌有快速杀菌作用。

作用机制：推测是抑制了 DNA 依赖的 RNA 转录酶的作用，通过阻止转录过程而阻断菌体的蛋白质生物合成。

剂量和用法：一般采用口服法。清晨空腹时一次顿服，利于吸收。用量主张口服量为 450～600mg/d（或每公斤体重 10mg/d），也有主张小剂量 150mg/d。此药不宜单独长期应用，最好与 DDS 或其他抗麻风药物联合应用，以免产生耐药性。

临床疗效：临床证明近期疗效显著，且对 DDS 耐药的病例亦有效。6 个月以内疗效较好，远期疗效不一定优于 DDS，有用 B663 治疗麻风报道用利福平治疗 5 年之久的瘤型麻风病人中，有的仍可分离出残存的活麻风杆菌。

不良反应：利福平的毒性甚小，很少发生明显的不良反应。有些病人服药后可出现食欲减退、恶心、呕吐、腹泻等胃肠道症状，有的还出现一过性的血清转氨酶升高或血小板减少现象，有肝及慢性乙醇中毒的麻风病人一般不宜使用。大剂量可能致畸胎，孕妇不宜应用。

4）硫脲类药物：主要为氨硫脲（氨苯硫脲，thioacetazone，thionsemicarbazone，TB1）和硫安布新（丁氨苯硫脲，二苯硫脲，diphenylthiourea，thiambutozone，DPT，Ciba 1960）对麻风杆菌有抑制作用，机制不清楚，国内均有生产，但这两种药物疗效均不很理想，且易产生耐药性，不宜单独长期应用。

5）其他药物：诸如乙硫异烟胺（ethionamide）、丙硫异烟胺（prothionamide）、长效磺胺、链霉素、乙胺丁醇（ethambutol）、大枫子油等都曾有人报道过有不同程度的疗效，但由于疗效不显著和（或）不良反应较大，目前已很少应用。

6）新的抗麻风药物：近年来有报道氟喹诺酮类药物如氧氟沙星（ofloxacin，OFLO）、司巴沙星（sparfloxacin）有一定疗效。米诺环素（美满霉素，minocycline，MINO）更具远景，小鼠足垫模型实验证明具有稳定的杀菌作用，且有服道 MINO 同 DDS 和利福平联用协同作用。其他也有关于红霉素、利福平和吩嗪衍生物抗麻风杆菌活性的报道，这些均仍须进一步研究证实。

（2）联合化疗（MDT）：麻风病是一种细菌性疾病，而且疗程相当长，如果只用一种药物长期治疗，细菌有可能产生耐药性，以致病情重新活跃，达不到治疗的目的。事实上，上述各种药物在单独长期应用后，都有耐药性发生，近年来这方面的报道逐渐增多。为了提高疗效，防止耐药，特别强调以杀菌型药物为主的多种药物联合治疗方案应运而生。

联合化疗是指采用两种或两种以上作用机制不同的有效杀菌性化学药物治疗。在目前麻风的联合化疗方案中，必须包括强力杀菌性药物利福平。

WHO 麻风控制规划化疗研究组 1981 年推荐的麻风联合化疗方案如下。

少菌型麻风（PB）（包括 I、TT、BT），或所有查菌部位皮肤查菌细菌密度指数（B1）都<2+者。利福平（RFP）600mg，每月 1 次，监服；氨苯砜（DDS）100mg，每日一次，自服、疗程 6 个月。

多菌型麻风（MB）（包括 BB、BL、LL），或任何一个查菌部位都 BI≥2+，RFP 600mg，每月 1 次，监服；DDS 100mg，每日一次，自服；B663 50mg，每日一次，自服。疗程至少 2 年或直至皮肤查菌阴转。

按 1987 年 WHO 第 6 次麻风专家委员会建议，为适应现场工作需要，凡皮肤涂片查菌阳性的麻风病例，以及少菌型麻风尽管各位部皮肤查菌均为阴性，但皮损>5 块或有>3 条神经干受累者，均按多菌麻风的联合化疗方案治疗。各年龄组药物剂量见表 5-5-1。

表 5-5-1 麻风联合化疗各年龄组剂量（mg）表

药物	服法	<5 岁	5~9 岁	10~14	≥15 岁
利福平（RFP）	每月1次（监服）	150	300	450	600
氯法齐明（B663）	每月1次（监服）	50	100	200	300
氯法齐明（B663）	每日1次（自服）	50（隔日）	50	50	50
氨苯砜（DDS）	每日1次（自服）	25（隔日）	25	50	100

1995 年推荐的方案略有变动，可综合简表（5-5-2）于下。

表 5-5-2 简化的麻风联合化疗方案（WHO，1995）

病型	药名	剂量（mg）和用法		
		>14 岁	10~14 岁	<10 岁
多菌型（MB）		每月第1日服	每月第1日服	每月第1日服
	利福平（RFP）	600	450	300
	氯法齐明（B663）	300	150	100
	氨苯砜（DDS）	100	50	25
		每月的第2~28日	每月的第2~28日	每月的第2~28日
	氯法齐明（B663）	50（每日服）	50（隔日服）	50（每周2次）
	氨苯砜（DDS）	100（每日服）	50（每日服）	50（每周2次）
		每月第1日服	每月第1日服	每月第1日服
少菌型（PB）	利福平（RFP）	600	450	300
	氨苯砜（DDS）	100	50	50
		每月的第2~28日	每月的第2~28日	每月的第2~28日
	氨苯砜（DDS）	100（每日服）	50（每日服）	25（每日服）

注：每月按4周计。

联合化疗的对象：①新病例、复发病例和耐药病例；②凡经任何其他方案治疗，病情仍然活动的病例。

联合化疗的疗程：多菌型麻风用 RFP、B663 和 DDS 治疗，疗程至少 24 个月。每月自服药物不得少于 20 天，否则此月不计入疗程。年中至少服药 8 个月，连续中断治疗>4 个月者必须重新计算疗程开始治疗。24 个月疗程可在 24 个月至 36 个月完成。每年服药时间<8 个月者为治疗不规则。

少菌型麻风用 RFP 和 DDS 联合化疗，疗程为 6 个月。每月自服药物不得少于 20 天；否则此月不计入疗程。6 个月疗程可在 9 个月内完成。连续中断治疗 3 个月以上者，须重新计算疗程开始治疗。

联合化疗是当前防治麻风病的主要措施之一。要向病人解释清楚，保证正规与足量服药才能获得满意治疗效果。疗前应查血、尿、粪常规及肝肾功能。疗程中，要密切观察病情变化及全身情况，定期或根据需要随时进行有关项目的检查。出现麻风反应时，一般不应中断治疗，而应给予对症处理。如果出现严重麻风反应，特别是有明显的神经痛和神经功能障碍，皮肤炎症显著有破溃趋势者，可短期停用氨苯砜和利福平，但氯法齐明仍可继续服用。

关于联合化疗的疗程国内专家多倾向在多菌型病人皮肤查菌阴转后停止。

附：几种特殊状况下的麻风治疗方法

1. 单皮损麻风疗法（此型我国少见），疗法见表5-5-3。

表5-5-3　单皮损少菌型（SLPB）麻风

SLPB患者	利福平	氧氟沙星	米诺环素
成人（50~70公斤）[a]	600mg	400mg	100mg
儿童（5~14岁）[b]	300mg	200mg	50mg

注：a. 3种药一次服用；b. 5岁以下儿童及孕妇不推荐上述方案

2. 当麻风患者因对利福平过敏，或者有慢性肝炎，或ML对利福平耐药而不能服用利福平时，可对成人MB采用表5-5-4所列法治疗（24个月疗法）。

表5-5-4　不能服用利福平的麻风患者的疗法

治疗时间	药物	剂量
6个月	氯法齐明	50mg/d
	氧氟沙星	400mg/d
	米诺环素	100mg/d
随后18个月	氯法齐明	50mg/d
	加服	
	氧氟沙星	400mg/d
	或米诺环素	100mg/d

WHO麻风化疗研究组（1994）的研究认为在头6个月治疗中每日口服500mg克拉霉素（clarithromycin）可代替氧氟沙星或米诺环素。

3. 倘若成年MB患者因服氯法齐明后皮肤产生颜色而不能服用氯法齐明，可用下列方案（麻风专家组推荐，1997年）治疗。

利福平600mg/每月1次，24个月。

氧氟沙星400mg/每月1次，24个月。

米诺环素100mg/每月1次，24个月。

4. 如果氨苯砜在MB或PB患者有严重的不良反应产生，必须立即停药。没有理想的办法解决这一难题。但对PB患者可用B663或RFP之一治疗6个月，方案如下（表5-5-5）。

表5-5-5　服DDS有不良反应的PB患者疗法

PB患者	利福平（RFP）	氯法齐明（B663）
成人（50~70kg）	600mg每月1次，监服	50mg每日1次，以及300mg每月1次，监服
儿童（10~14岁）	450mg每月1次，监服	50mg隔日1次，以及150mg每月1次，监服

5. 其他特殊情况 在实施联合化疗后，麻风患者可能产生麻风反应（Ⅰ型或Ⅱ型）或产生神经炎。在MDT期间一旦发生反应，将用prednisonlone予以治疗。

由于皮质类固醇类药物能导致休眠部位ML的繁殖，引起播散及复发的危险，因此，若估计用皮质类固醇治疗期间可能超过4个月的话，推荐氯法齐明（50mg/d）作为一种预防措施。且服药要坚持到停止用皮质类固醇治疗时。

（二）中医治疗

中医治疗报道颇多，在多年的治疗实践中表明其疗效不如化疗，特别是不如联合化疗那样肯定，但为发扬祖国医学，挖掘祖国医学宝库，列出数种方法供参考。

1. 辨证施治 古代中医根据祖国医学的理论体系，对麻风病进行辨证施治，有按八纲分辨虚实而施治者，有按脏腑六经分证者。治疗原则方面有攻毒与扶正等不同的措施。近年来有人提出以八纲辨证的"虚实"作为总的分型依据，而将麻风分为实证、虚证和虚实夹杂3型，如表5-5-6所示。

表5-5-6 麻风病辨证分型总表

型别	表里	病机	虚实	邪正
实证型	病在经络表里的经络	经络受损，出现气滞血瘀	实证为主，虽可实中夹虚，但虚证不显	正盛邪实
虚证型	病在脏腑（里证）	脏腑受损，出现各脏之阴虚、气虚、阳虚等	虚证为主，虽可虚中夹实，但实证不显	正虚邪恋
虚实夹杂型	经络脏腑同病	兼有两者之表现	虚证实证都较明显	正虚邪实

在施治原则方面，概括如下。

（1）扶正：目的是消除虚像，增强体质，提高抗病力。阴虚者滋阴（如玄参、何首乌、枸杞子等），气虚者益气（如党参、黄芪、黄精等），阳虚者壮阳（如菟丝子、仙灵脾等）。

（2）祛邪：采用对麻风杆菌可能有作用的中草药如苦参、穿心莲、三桠苦、萆草、大枫子、苍耳、蟾蜍、蛇类药等。

（3）活血通络：由于麻风病人普遍存在经络气滞血瘀的情况，故应重视理气、活血、化瘀、软坚、通络的治疗，常用白花蛇舌草、水蛭、鸡血藤、红藤、紫丹参、皂刺、伸筋草等。对于各型病人的治疗原则：实证型以祛邪及活血通络为主，佐以扶正；虚实夹杂则祛邪活血扶正并重；虚证型扶正为主，待虚像消除体质增强后，逐渐增加祛邪药的比重（表5-5-7）。

表5-5-7 中医辨证各型的治疗原则

证别	扶正	祛邪	活血通络
实证型	少用	多用	多用
阴虚内热型	养阴为主	不用辛温之祛邪药	少用
气阴两虚型	益气养阴	不用苦寒之祛邪药	较少用
阴阳两虚型	阴阳气血并补	不用苦寒之祛邪药	较多用
虚实夹杂型	攻补	并用	多用

亦有记载，中医治则根据临床类型可分以下3型。

1）正虚邪实型：法宜扶正祛邪，养阴益气，解毒杀虫，活血通络，再配以砜类药物。方药：黄芪30g，党参15g，黑元参10g，苦参10g，苍耳10g，白花蛇舌草10g，赤芍10g，红花10g，鸡血藤15g，石斛10g，伸筋草10g。

2）正邪交争型：法宜解毒杀虫，扶正祛邪，活血化瘀，配合砜类药物。方药：苦参10g，苍耳10g，百部10g，蛇床子10g，鸡血藤10g，丹参10g，红花10g，三棱10g，莪术10g，伸筋草10g，夏枯草10g，黄芪10g。

3）虚实夹杂型：法宜祛邪，活血通络，配合砜类药物。方药：黄芪15g，党参10g，何首乌10g，苦参10g，苍耳10g，白花蛇舌草10g，百部10g，蛇床子10g，赤芍10g，红花10g，三棱10g，莪术10g。

2. 中药单、验方 治疗麻风的中药成方报道主要的有万灵丹，换肌散，神應消风散，醉仙散，通天再造丸，白花蛇散，蝮蛇酒，苍耳子膏，诸风丸，苦参散，何首乌酒，祛风换肌丸，补气泻荣汤，扫风丸，麻风丸，五经丸，苍耳丸，皂刺丸，驱风丸等。在中草药单方中主要有穿心莲、三合素、三桠苦等。但疗效尚不能肯定，有待进一步研究。

（三）中西医结合治疗

应用砜类药物的同时，配合选用扫风丸，苦参散，皂刺丸等有一定的效果。对中医辨证分型为正虚邪实型者可采用中药配以砜类药物治疗（详见本节辨证施治部分的介绍）。

附：麻风临床治愈标准

由于普遍推广多种药物联合化疗方案，WHO规定，在完成规定疗程且达到规定的停药标准者，可停止联合化疗，但仍需按规定进行临床和细菌学监测。我国卫生部主管部门规定：完成联合化疗的患者要监测至临床活动症状完全消失，且皮肤涂片查菌阳性者待阴转后每3个月查菌1次，连续2次仍为阴性者及皮肤涂片查菌阴性在临床活动性症状完全消失后皮肤涂片查菌仍为阴性者，方判为临床治愈。

二、麻风反应的治疗

（一）西医治疗

在麻风病过程中，麻风反应发生率是很高的，WHO有报告中表明其发生在PB患者可高达25%，在MB患者则可高达40%。而且临床上主要表现为神经痛，感觉丧失和功能丧失。医生应该遵循下列原则给予有效治疗。

1. 麻风反应治疗的基本原则

（1）尽可能查明麻风反应的诱因，如妊娠、分娩、手术、并发感染、酗酒、精神创伤、过度疲劳、接种疫苗等，并作好相应的处理。

（2）积极处理急性神经炎、虹膜睫状体炎，以防止肢体畸残及失明。

（3）发生反应时，在及时进行抗反应治疗的同时，应继续或加用抗麻风治疗。

（4）一旦发现喉头黏膜水肿引起呼吸困难和食管上段麻痹病例，应及时报告专业医师进行处理或转至综合性医院及时治疗。

2. 治疗麻风反应的主要药物及用法

（1）沙利度胺（反应停、肽咪哌啶酮，thalidomide）：该药是谷氨酸衍生物，属于免疫抑制剂，有镇静作用，是治疗Ⅱ型反应的首选药物，对Ⅰ型反应治疗无效。对长期使用皮质类固醇治疗的Ⅱ型反应病例，在皮质类固醇减量的同时，可用沙利度胺治疗。开始剂量为400mg/d，待症状控制后逐渐减量至25～50mg/d为维持量。不良反应有白细胞减少、心动过缓、头晕、视物模糊、嗜睡、口干、疲乏等。应用该药总量在40～50g时，偶可出现中毒性神经炎。此药能引起畸胎，育龄妇女慎用，孕妇禁用。

（2）雷公藤：去皮块根20g/d煎汤内服。片剂每片相当于生药4.5克。成人日口服3次，每次2

片。对细胞免疫和体液免疫都有明显抑制作用，也有明显抗炎作用。此药对各型麻风反应的红斑和神经炎都有一定疗效，可在皮质类固醇减量的同时服用，从而逐渐减少或撤除皮质类固醇治疗。其不良反应有恶心、胃肠不适、白细胞和（或）血小板减少等。每日剂量超过 30g 时，不良反应可能增多，因此，在使用该药的过程中要注意加强临床观察，定期查白细胞和血小板计数，一旦出现异常反应即停药并作相应处理。

（3）氯法齐明（B-663）：该药是一种红色的亚胺基吩嗪染料，兼有抗麻风和抗炎的作用。实验结果表明它可能与稳定溶酶体膜有关，用于治疗Ⅱ型麻风反应有效，但作用较缓，一般在服药 4～6 周才逐渐显示出来。该药适用于对皮质类固醇有依赖性或 ENL 持续反复发作和忌用沙利度胺治疗的患者，其用法为每日口服 200～400mg，连续用 3 个月，待症状控制后逐渐减量至 50mg/d 为维持量。该药有预防Ⅱ型麻风反应的作用，在 MDT 广泛使用后，ENL 反应发生的频率较过去 DDS 单疗时明显减少，可能是 B-663 的抗炎作用的效果。不良反应是皮肤红染，尤以麻风损害更为明显；皮肤干燥，特别是四肢伸侧可呈鱼鳞病样改变；还可引起消化不良、腹痛、腹泻，但症状都较轻微。

（4）泼尼松：该药具有抗炎、抗过敏、抗毒素和免疫抑制作用，对Ⅰ型和Ⅱ型麻风反应都有较好的疗效。

主要适应证：Ⅰ型反应所引起的神经损害；急性或亚急性眼炎（尤其是虹膜睫状体炎）；睾丸炎；严重 ENL 反应伴有急性发热；急性喉头水肿；食管上段麻痹。

剂量：每日口服 40～60mg，待反应症状控制后逐渐减量到停药。Ⅰ型反应伴有神经炎者，一般疗程需 4～6 个月，BL 患者疗程可长达一年或一年以上，BT、BB 患者一般治疗时间 4～6 月。病情严重者，可用氢化可的松 100～300mg 或地塞米松 5～10mg 和维生素 C 1g，加入 5%～10% 葡萄糖液 500～1000ml 内静脉滴注，每日一次，3～5 天后神经疼痛症状缓解，可改用泼尼松每日 40～60mg 口服，剂量随病情好转而逐渐减量。在泼尼松治疗的同时继续或加用 MDT。Ⅰ型反应伴有神经炎的患者，在泼尼松治疗后，可消除神经的炎症水肿，从而减神经内的压力，防止畸残的发生。

皮质类固醇治疗的注意事项：凡患有高血压、糖尿病、结核、精神病、消化道溃疡及病毒性感染疾病的患者，应慎用或禁用；治疗麻风反应尤其Ⅰ型反应伴有神经损害者，使用皮质类固醇治疗的剂量要大，症状缓解后逐渐减量至停药，疗程要长，同时要继续或加用 MDT；长期使用皮质类固醇治疗的患者，应给予低盐饮食，适当补充钾盐、钙盐，并注意观察皮质类固醇长期应用的不良反应。

3. 麻风反应的治疗措施

（1）一般治疗：发现麻风反应应迅速处理，减轻病人疼痛，防止畸形和失明。严重反应者要注意营养和休息，尽可能地去除麻风反应的诱因。确实和抗麻风药物有密切关系者可以减少剂量和暂停用抗麻风药物，一般不要随便停止抗麻风治疗。

（2）全身治疗：可酌情选用下列各药。

1）沙利度胺：此药对Ⅱ型麻风反应疗效可达 99%，但对Ⅰ型麻风反应无效。200～400mg/d，症状控制后即可逐渐减到 50～100mg/d 作为维持量。服用时间可长达 2～3 年。

2）氯法齐明：100～400mg/d。适用于瘤型麻风结节性红斑反应。本药用于治疗麻风反应，同时也能控制麻风反应发生。

3）皮质类固醇激素：常用泼尼松、氢化可的松、地塞米松等。这类药对两型麻风反应均有效，但久用可以引起病人肾上腺皮质功能减退，降低细胞免疫反应，故一般不赞成轻易地用以治疗 ENL。神经炎、急性虹膜睫状体炎、睾丸炎等用其他药物治疗无效者可用皮质类固醇激素控制，否则易发生畸形或视力障碍。皮质类固醇激素治疗麻风反应的剂量，以泼尼松为例，初用剂量一般 30～40mg/d 口服，反应缓解后逐渐减量直至停药。在减量过程中或停药后常出现症状反跳现象，有的病人甚至长期不能撤减皮质类固醇素，以致产生严重的不良反应，故不可滥用。

4）锑剂：对皮肤反应及神经反应均有效，一般用 1% 酒石酸锑钾注射液，每次 3～6ml，每周静脉注射 2～3 次，连用 6 次，无效时停用。亦可加入 5% 葡萄糖溶液 500ml 内，静脉滴注。

葡萄糖酸锑钠（斯锑黑克，sodium　stibogluconate）：本药系五价锑剂，毒性较小。

锑剂对麻风反应疗效好，但须注意其不良反应，心、肝功能不好者禁用。

5）普鲁卡因封闭疗法：适用于各型轻、中等度麻风反应，可作静脉注射或滴注，也可作神经周围封闭。

6）其他：可选用抗组胺类药物，如马来酸氯苯那敏（扑尔敏）、苯海拉明内服或注射，抗疟药（氯喹或米帕明）、硫酸镁、钙剂、非激素类抗炎药（保泰松、吲哚美辛等）、砷剂和少量输血等均可用以治疗麻风反应。

国内学者主张治疗麻风反应的药物根据患者反应的类型及病情而定：

对中度或重度Ⅰ型反应，首选皮质类固醇治疗，泼尼松每日40～60mg口服，待病情缓解后，逐渐减量，一般持续治疗每月将每日剂量减少5～10mg，治疗持续的时间4～6个月。但伴有神经炎的中度或重度Ⅰ型反应，治疗时间可延至12个月左右。雷公藤对轻、中度Ⅰ型反应治疗有效，可以选用。沙利度胺、B-663对Ⅰ型反应治疗无效。

对Ⅱ型反应可选用沙利度胺、雷公藤、皮质类固醇或B-663治疗，根据反应的轻、重程度采用单用或两种药物联合使用。B-663有预防和治疗ENL的疗效，但须服用4～6周才显示效果，因此对皮质类固醇依赖的ENL患者用泼尼松治疗的同时，应继续或加用抗麻风治疗。

（3）物理疗法：超声波或蜡疗等均适用神经痛。

（4）手术疗法：适用于神经痛。

1）神经鞘及神经鞘膜剥离术：对神经痛剧烈难忍，应用其他方法不能解除时，可以施行，有暂时缓解之效。

2）尺神经移位术：当尺神经痛时，应用其他处理不能解除，或尺神经痛反复发作时，可应用本法。

（二）中医治疗

1. 雷公藤（Tripterygium wilfordii Hook F. ）　15～30g/d生药，文火水煎2次，每次1小时，合并两次煎汁，分上下午2次内服。雷公藤对两型麻风反应，特别是第Ⅱ型麻风反应效果好。ENL一般服药后第2日可见效，5～7天症状消退。如上述此药常见不良反应为白细胞减少和胃肠道反应，故服药期间应定期检查血象。必要时应减少剂量或暂停用药。一般停药后或对症治疗不良反应均可消失。

2. 二黄散　黄芩、黄柏等量为末，2～3次/天，每次3～9g，开水送下。用于红斑结节型反应。

3. 二味拔毒散　处方：雄黄、枯矾各等量为末，茶叶、生姜适量。配法：先将生姜捣烂，用纱布包裹，涂擦神经痛部位的皮肤，待局部皮肤充血潮红，病人觉有灼热，再将浓茶煎冲调雄黄及枯矾为糊状，摊于5～6层纱布上，敷于患部，加以包扎，勿过紧。

4. 针刺疗法　对尺、桡神经痛，取穴曲池、外关、肩贞、通里；对胫腓神经痛，取穴委中、阴陵泉、风市、昆仑；对坐骨神经痛，取穴环跳、阳陵泉、绝骨。手法可根据病人身体强弱及反应时间长短，采用适当的补泄方法。进针后留针15～30分钟，在留针期中可行针2～3次。

三、足底溃疡与畸形的治疗

麻风足底溃疡的防治要紧抓3个环节：溃疡前期经常检查，坏死水疱期卧床休息，足底溃疡期积极治疗。治疗方法如下。

（一）一般治疗

单纯性溃疡可用生理盐水、1∶5000高锰酸钾溶液清洁局部，以消毒凡士林纱布保护创面，用无菌纱布包扎，每隔2～3天换一次；感染性溃疡，如有淋巴结炎或全身症状首先应用抗生素控制感染，局部用1∶5000高锰酸钾溶液泡洗后，清除分泌物及坏死组织，外用抗感染药物无菌纱布包扎，每日换药1次。

（二）扩创

复杂性溃疡需在感染控制后用无菌方法进行扩创，以促进创面的愈合。

（三）手术治疗

久治不愈或经常复发的顽固性足底溃疡，在查明与足的畸形有关时，可考虑外科手术治疗。

（四）普鲁卡因封闭疗法

单纯性溃疡或复杂性溃疡经扩创后，可用肾囊封闭、股动脉封闭、骨膜封闭、四肢环状封闭等。此外，血管扩张剂（如血管舒缓素）的应用，可改善局部血管循环，有助于溃疡的愈合。

畸形是麻风病的一种常见症状和后遗症，发生率可达60%，严重者可使病人丧失劳动力，甚至造成终身残疾，对社会影响很大，故应积极防治。可进行外科手术矫治或非手术疗法如按摩、电疗、体疗、职疗、牵引和针灸等。

第六节　复发及处理

尽管采用 MDT 治疗后麻风复发率很低，但实际上，单靠化学疗法不可能完全避免复发，加上有一大批 DDS 单疗治愈的病人其复发可能性就更大些。病人复发后往往导致患者畸残发生或发展，给病人带来肉体和精神上的痛苦，也给社会带来对麻风病的恐惧和歧视。麻风病复发后还在社区内形成一个传染源，引起感染扩散，影响麻风病防治的结局和策略，因此了解麻风病复发的原因、规律、表现及处理十分重要。

一、复发定义

各型麻风病患者在完成规定抗麻风病疗程后，显示正常疗效，并达到临床治愈或病情静止后，又出现下列情况之一者考虑为复发。

1. 出现新麻风病皮损和（或）原有皮损数量增多、浸润加剧、面积扩大、无明显触痛。

2. 皮肤查菌阴性后又呈阳性，且 BI 达 2.0 以上，或原来 BI 未阴转，当前的 BI 较前增加达 2.0 以上，并出现完整染色菌。

3. 组织病理学检查有典型麻风病特异性变化或看到抗酸染色阳性杆菌数量较前明显增加，且组织水肿不明显。

4. 病人皮损活检匀浆接种正常小鼠足垫抗酸菌生长并呈特征性生长曲线。

二、复发的原因

麻风病的复发可由耐药菌、持久菌（persister）引起。由于目前临床和实验上尚无有确切地鉴别复发与再感染的方法，临床上亦将再感染列入引起复发的原因。一般 MDT 后由耐药菌引起复发的可能性不大。尽管目前，实验室报告发现有 RFP、DDS、B663 三重耐药菌株，但临床上该病例用标准 WHO/MDT/MB 方案仍然能治愈，目前麻风病复发主要是由持久菌引起。世界卫生组织报告，经过 WHO/MDT 方案治疗的病人中有 9% 的病人体内可测出持久菌，但由于机体免疫因素的限制作用，这些持久菌引起复发的可能性不大。也是为何 MDT 后复发率低的原因。目前推测复发与体内持久菌的数量和不明了的持久菌激活，并出现"暴发"繁殖有关。

体内持久菌的数量与病人疗前细菌负荷量以及治疗方案有关。疗前 BI≥4.0 以上者，经过治疗后体内残留的持久菌数量可能要比低 BI 的患者要多。疗程长的病人由于长期化疗，一部分复活的持久菌受到药物持续性杀伤而数量减少，这就是为何要足够疗程才能避免复发的原因。持久菌数量亦可能与化疗方案有关：若一开始用抑菌药物治疗病人，由于药物不是快速杀菌，可使较多麻风杆菌在不良生存环境下转为低代谢的持久菌。而联合化疗内含利福平，快速杀菌可使麻风杆菌突然快速大量杀伤，从而减少了转变为持久菌的数量，这就可解释为何 DDS 必须疗程长和终生服药才能减少复发，而 MDT 复发率低的原因。因此主张治疗麻风病时应早期给予杀菌药物，减少持久菌数量。如果先上抑菌药后，再用 MDT，有可能使 MDT 疗效打折扣。众所周知 MDT 对持久菌无作用，只对激活的持久菌有效。许多先经过 DDS 单疗一段时间再转为 MDT 的病人复发率高或许与这一原因有关。DDS 单疗治愈后的病人在停药多年后，再给予 MDT 复治半年，复发率低。很可能是因为 MDT 杀灭了少量激活的持久菌从而亦减少了复发。

麻风病复发的另一个原因是治疗不足，这一现象主要见于过去 DDS 单疗时期的 BT 或 BB 型患者，以及 MDT 时期的分型错误，将 MB 患者错分为 PB 患者，而使疗程过短，治疗不足，未能有效杀灭对治疗敏感的麻风杆菌和激活的持久菌。目前把 2 根以上神经受累和 6 块以上皮损的病人按 MB 方案治疗，就是为避免治疗不足引起的复发。

麻风病复发的诱因有劳累、妊娠、精神创伤、营养不良等，这些因素可能与引起持久菌"暴发"繁殖有关。

由于再感染引起"复发"在理论上是可能存在的，特别是在高流行区频繁接触传染性病人可发生再感染。但证实为再感染非常困难，即使目前用分子生物学方法已能对麻风杆菌株进行基因分型（世界上已发现有不同基因型麻风杆菌，如果一个病人在复发前后经测定是 2 种不同基因型麻风杆菌，那可考虑是再感染引起"复发"），但亦不能识别由同一种基因型麻风杆菌引起的再感染。

三、麻风病复发的临床表现和诊断

MDT 后的复发一般潜伏期较长，均为晚期复发（一般在停药 3 年以上），DDS 单疗复发潜伏期短，但也有长达一二十年者，或者更长。

麻风病复发临床上主要表现为新皮疹的发生和（或）原有皮损加剧，或者是皮损查菌阴性后再呈现阳性，或菌量明显增加。少数病人的复发是伴随反应而出现的。MB 病人复发绝大多数是临床症状和细菌同时出现，极少数病人临床症状明显而查菌阴性，仅查菌阳性而无临床症状者更为罕见。对临床不活动病例，皮损查菌重新呈阳性时，必须认真核实。不少文献报告 MB 麻风复发有表现为查菌阳性而无临床表现者。但既然皮损查菌阳性，必定会有组织学上的病理变化，也一定会有临床的表现，可能是早期浅在性弥漫性浸润，不易被肉眼觉察而已。

各型麻风病复发的临床表现，除发生型别演变者外，基本损害与原发时相似。LL 及 BL 型患者复发时，少数病人可表现为组织样麻风瘤样损害。大部分复发病人身上混有新老两种皮损，老皮损逐渐消退，新皮损相继出现。往往还发生于常见的部位。如：腹部、前臂内侧和腘窝等处。有些消退后的萎缩斑上也可发生新的损害。原 MB 麻风患者复发皮疹通常较广泛、对称、皮疹境界较原发皮损明显，出现较快，经有效治疗后，皮损消退也相对迅速。

原 PB 患者复发后，可有皮疹，主要是部分原损害出现浸润，也可见有新发皮损，神经变粗，压痛和新的畸残。各型原麻风病患者复发后，神经症状与初发多无明显差异。

原 MB 患者复发后，原皮损查菌阴性后再呈阳性，且菌量明显增加。特别是新发损害部位，BI 和 MI 均较常规部位和老皮损高，血清学检查，其特异性抗体效价也相对升高，这也有助于复发的预测和诊断。

麻风病的复发，首先是细菌的复发，细菌繁殖到一定程度后激起机体免疫反应，引起临床表现，故临床表现要晚于细菌复发。早期复发损害不易察觉。有时复发皮损与麻风病反应皮损鉴别困难，因而复发诊断主要地根据病史，细菌学检查，临床检查和组织病理学检查。抗麻风杆菌特异性抗原之抗体效价的测定亦有帮助。

诊断麻风复发时应注意：

1. 仔细检查皮损　不要放过任何一处可疑皮损，有时复发可以是很小的损害像芝麻大小，表面光滑发亮的小丘疹。这是发生在弥漫性浸润基础上的小丘疹损害，较浅在性浸润难察觉。有时可看到一些小的淡红斑。

2. 遇到可疑皮损应查菌　因复发皮损常夹杂于消退性皮损中，取材部位一定要选准，宜多取几处部位，不应少于 6 处部位。

3. 皮损的查菌取材一定要符合标准　特别是取材深度要达到 2~3mm，长度为 5mm。取材刀尖上一定要见到少量不带血的组织液，然后再涂片。抗酸染色时加石炭酸复红的时间要足够，特别是在冬天寒冷气候，时间太短，麻风杆菌染色效果差，加上盐酸脱色（盐酸脱色时间不宜太长），很可能使麻风杆菌的红色不明显，不易辨认。应用不加热法，滴加石炭酸复红后在室温下保持30分钟再脱色，一般在冬季、夏季都可保证染色质量。

4. 皮损涂片镜检要仔细查找完整染色菌　一些颗粒状菌对诊断复发意义不大。一般只要是复发，如查菌阳性则一定有完整染色菌。找到完整染色菌对诊断复发有价值。如无完整染色菌，则应询问病人近期有无自行服用抗麻风药和其他抗生素史，不要轻易排除复发，要综合考虑。

5. 对复发可疑皮损应取活检　组织病理学检查能为复发提供有价值的线索。活检取材组织要够大，一般为0.5cm×1cm，固定时间勿超过48小时。组织制片质量好，能提供有价值的线索。麻风病复发时，各种新、老皮损组织学表现的程度可不一致。其浸润图像一部分呈组织样麻风瘤，其余同各型麻风病。复发初期活检中麻风杆菌不多，多在神经末梢内，但组织学的活动性病变明显，尔后菌增多。LL端多可见大量AFB，但TT端则否，此时组织病理的变化更为显著。

6. 复发的型别变化　少数界线类病人复发后，可发生型别的变化，特异性免疫力功能低下者多向LL端演变；否则可往TT端发展。但以前者较多见。

7. 确诊性诊断　如有条件可取皮损活检接种鼠足垫，如呈现特异的麻风杆菌生长曲线可确诊复发。

8. 区别麻风反应与复发　麻风病的复发和麻风病反应（尤其是Ⅰ型麻风反应，Ⅰ型麻风病反应和麻风病复发间之区别见表5-6-1）两者间之关联，各家争论不一，有待进一步研究。但其机制、症状和处理等，迥然不同，不可混淆。将反应误为复发，或将复发误认为反应，除会人为的扩大与缩小复发率，影响流行病学的统计外，更重要的是影响对患者的正确处理。

9. 检测抗麻风杆菌特异抗原的抗体效价有参考价值。

表5-6-1　Ⅰ型麻风反应和麻风病复发之主要区别

	Ⅰ型麻风反应	麻风病复发
机制	机体对麻风杆菌抗原迟发性超敏反应	耐药变异菌和（或）"持久菌"繁殖的结果
麻风病类型	主要发生于BT、BB及少数BL型，不见于TT及LL型患者	主要见于LL及BL型等多菌型患者
皮肤涂片查菌	皮肤涂片阴性或弱阳性	多为阳性或菌量较前增多
临床主要表现	治愈者发生新的充血水肿性皮损，未愈者原有皮损部分或全部和（或）出现充血水肿新皮损。损害可破溃，常伴有周围神经痛及功能障碍，手足肿胀，低热或全身不适	患者病情达治愈或静止后，又出现新皮损，或病情趋向进步时，原有皮损恶化和（或）出现新的损害，皮损有浸润，但水肿不显，罕有破溃，周围神经痛及功能障碍也较少见，多无全身症状
组织学检查	为麻风反应图像，组织水肿明显，抗酸染色多为阴性	为麻风病特异性病变，抗酸染色多为阳性
发生和发展	通常在数天内发生，进展较快，即使不治疗，半年左右多可消退，反应消退时皮损有脱屑	发生和进展均缓慢，不予治疗，病情持续加剧，治疗时皮损消退缓慢，无脱屑
发生频率与抗麻风病治疗的关系	约占界线类病人1/4，常在有效的抗麻风病治疗期间，也可在停药后多年内发生	氨苯砜单疗者累计约5%～10%，联合化疗者可望在1%左右，因耐药菌繁殖所致复发，多在停药后不久，如系持久菌引起的复发往往在终止疗程24个月后
对糖皮质激素的疗效	足量治疗，见效显著	疗效不明显，甚至使病情加剧

四、麻风病复发的处理

凡疑诊为复发的病例，基层医务人员应及时向上级专业机构汇报，经上级机构两名有经验的医生作临床和（或）细菌检查，必要时做病理检查，综合判断后以确定是否复发，否则严格定期随访。诊断为复发者应报省级皮肤病防治机构。

各型麻风病患者一旦确定复发后，应尽可能详细了解以往发病和治疗情况，分析其复发原因。如发病时间、治愈时间、复发时间和何种药物治疗、用药是否正规、足量和可能的诱因，并认真进行全面临床和有关检查，做好患者的思想工作，增强其信心，使之积极配合治疗。

原 MB 患者复发后，均应毫不迟疑地采用 RFP 加 DDS 加 B663 组成的 MDT。PR 患者如经 MDT 后复发，应按 MB 麻风病治疗。复发者又成为现症病人，其家属应按要求做定期检查。从流行病学、经济效益和社会影响的观点来考虑，预防耐药菌、持久菌的产生及其引起的麻风病复发，比治疗由已产生的耐药菌和持久菌引起的麻风病复发更为重要。

第七节 预防及护理

目前尚缺乏对麻风的有效预防措施，但以下介绍的几点如能做到早期、及时和规则进行，亦能使本病得到控制。

一、预防

（一）发现病人

主要方法是：①经常工作发现（门诊检查、入学体检、定期检查病人家属等）；②突击调查发现（专业普查、滤过性普查、线索调查）。可根据麻风流行的程度的分布的特点因地制宜地进行。两法结合和进行反复调查能最大限度地最早发现病人。对基层医务人员普及麻风防治知识和加强麻风宣传的力度，使群众主动配合必不可少。另外，把调查麻风与调查其他疾病相结合也是一项可行的方法。对麻风病人的家属及密切接触者进行定期检查十分重要。对被检者取一滴耳垂血或指尖血做抗麻风杆菌特异性抗体的检测或监测，结合体检和相关检查对早期发现新病人和复发病人也有一定价值。早发现、早确诊、早治疗至关重要。

（二）普遍治疗

由于人是麻风杆菌唯一宿主，所以对麻风病人，特别是多菌型病人的治疗，对消灭传染源和切断传播途径十分重要。因为有效的治疗能导致麻风杆菌活力降低和死亡，从而使其传染性减少乃至消失，所以治疗不仅恢复了病人健康，而且起到了防病的作用，成为一项重要的预防措施。而今，主张不论院内院外病人，均应采用联合化疗，旨在提高疗效，缩短疗程，迅速消除传染源和传染性，以及防止耐药麻风杆菌的产生和持久菌的形成。

总之，因为未治或未愈各型麻风病人包括新、老病人和复发的病人都可能传染他人，所以均应及时实施普遍、有效、正规的治疗，以达治病防病的目的。

（三）化学预防

又称预防性治疗。小鼠足垫模型和某些临床研究的结果表明：预防性治疗可阻止麻风杆菌的繁殖和使发病者明显减少，认为预防治疗有一定的预防价值。具体方法是：口服 DDS，成人 50mg/d，或按每公斤体重 1mg 计算，服药期限为 2~3 年。若用二乙酰胺苯砜（ace-dapsone）进行预防治疗，则肌内注射，每 75 天一次，≥6 岁者每次注射 225mg，6 个月~5 岁者每次注射 150 mg，共 15 次。但鉴于麻风杆菌对 DDS 广泛耐药，其预防作用仍值得怀疑。且由于管理和后期问题，大规模地口服 DDS 预防也是不实际的。新近的研究表明麻风的发病有簇集性的特点，而家内接触者是主要的对象，如果对这一群体加以化学预防似为重要和可行。有人建议用 ROM 方案（rifampicin 600mg，ofloxacin 400mg，minocycline 100mg）一次服药即可，亦有人认为 Rifampicin 600mg 一次服药，效果相同。设如对家内 ND-ELISA 检 IgM 抗体阳性者给予化学预防似更为可取。这些研究尚待证实。

（四）免疫预防

据 WHO 估计，目前全世界约 1000 万～1200 万麻风病人，有近 16 亿人生活在麻风流行国家，所以目前正在研制有效的、可接受的、费用合理的疫苗。

1. 卡介苗接种　虽各国试验结果不完全一致，但目前倾向对预防麻风的作用是适中的。

2. 其他在研疫苗　①热杀死的麻风杆菌加活卡介苗；②"W"分枝杆菌；③ICRC 分枝杆菌等，但预期至少仍需 10～15 年才能广泛应用疫苗预防麻风。所以目前唯一实用的方法是二级预防，即全球性应用联合化疗普遍治疗麻风病人。

（五）隔离

这是过去最常用的方法。从公共卫生的观点出发，无疑有助于切断一般人群的传染源。但目前由于麻风联合化疗能在很短时间内消除传染性，世界各国大多已废除了对麻风病人的人身隔离制度，而代之以"化学隔离"（病人在家里或门诊接受化疗）。这样不但有利于消除社会上对麻风的恐惧，还有利于解决许多有关社会问题和家庭困难，还能促进病人主动配合达到早发现，早治疗的目的。我国现在也是提倡开展院外治疗。病情严重者（参见护理部分）仍可收入医院治疗。

麻风护理是麻风防治工作的一个重要组成部分，贯穿于宣传、预防、诊断、治疗、康复、教学及科研等所有的工作中。麻风护理主要包括门诊护理、病房护理、心理护理、康复护理、家庭护理和责任制护理等许多方面。显然，除需具一般疾病的护理要求外，尚有其特殊性。由于联合化疗方案的广泛推行，麻风由隔离治疗大多转变为家庭治疗，麻风护理的重点也由病房护理转变为指导病人进行自我护理。因此，目前除那些耐药病例，严重的 I 型和 II 型麻风反应、虹膜睫状体炎、有重度的药物不良反应、有足底溃疡、需做矫形外科手术等病例需短期住院外，其他大部分病人均可在院外治疗。但无论住院治疗还是院外（在家治疗）做好心理护理和教会病人自我护理都是非常重要的。

二、护理

（一）心理护理

指了解病人对疾病及其所处环境的心理反应，加以分析判断，找出症结所在，将病人的心理尽可能调到最佳状态，以利早日恢复健康。

1）最常用的方法　①解释清楚疾病的性质、原因、发展规律、使病人消除顾虑、安心治疗；②鼓励病人主动与疾病作斗争的信心、并积极进行自我锻炼；③安慰病人和家属消除恐惧及紧张心理，克服孤独和自卑心理，感受到生活中的友情和欢乐；④保证麻风已不是不治之症，使病人信心十足地服药，接受治疗和指导；⑤暗示诱导病人保持乐观情绪，有益于治疗效果。

2）个别深入心理护理的 3 个阶段　①耐心倾听病人的讲述，包括病情、家庭、婚姻、职业、生活来源乃至性格和期望，设法为之解决，建立良好关系；②提高病人的认识，分析疾病因素，指导他们采取适当措施自我控制情绪。自觉坚持规则治疗以及自我防护和锻炼；③帮助病人安排有规律的生活，参加力所能及的劳动和个人喜爱的文娱活动，以丰富生活内容和增加生活乐趣。

在实施心理护理中，要注意针对病人，住院病人、术后和出院病人的不同心理特点进行。

（二）自我护理

指病人为维持生命、保持健康而自己按科学方法进行的护理活动。在麻风除治好本病外，防止畸残是最重要的。从诊断为麻风时起就要指导病人进行自我护理，防止畸残，其主要内容和方法如下。

1. 宣传麻风知识　让病人知道麻风可致神经损害，引起手足和眼干燥、感觉障碍和肌肉萎缩，可出现爪形手、猿掌、垂腕、垂足、足底溃疡、手指短缩、关节挛缩和兔眼等，并让他们知道自我护理要长期坚持，能有效地保护手足和眼的功能。要告诉病人在家治疗中，若出现外周神经损伤、麻风反应或药物有不良反应时，应随时到医院检查治疗。

2. 进行教育的方法　参照心理护理做法。要与病人建立良好的关系，取得他们的信任，坚持不懈地鼓励其耐心进行自我护理。在病人来取药、检查或对病人进行家访时，通过发放小册子，看图片和录像、讨论、讲课和个别交谈等形式宣传麻风知识及护理方法。还要通过现场示教,让病人自己做。要为病人制订一个周详的自我护理计划并填写畸残登记表。

3. 麻风反应神经痛的自我护理　应告诉病人麻风反应和神经炎的症状,以及神经的检查方法,若有异常马上到医院治疗。有麻风反应神经炎时应卧床休息,减少患肢的活动并注意保暖。

4. 手足的自我护理　①采取措施防止手足被烫伤、烧伤、刺伤或被粗糙的工具摩擦引起损害,为此可戴防护手套,使用保护性工具,或穿防护鞋并避免长期受压;②皮肤干燥、皲裂者,每日用温水泡20分钟,然后涂上凡士林或油脂,保持皮肤水分;有皮肤角化者,浸泡后要用瓦片、小刀等轻轻刮去角化层,不要刮到出血,不可横过皲裂处刮;刮后涂油揉之,以促进愈合;③手足的功能锻炼,手足肌瘫痪及关节僵硬的病人,要尽量鼓励他们每日做2~3次适当的运动。先要有油剂润滑皮肤,使之不致因运动而受损伤。手部可做指间和掌指关节的屈伸,以及拇指和小指的内收和外展等,足部运动可做背伸、背屈、内旋和外旋。每次每个动作做10~20次;④足底溃疡的自我护理:首先是制动,卧床,避免负重,用拐杖或轮椅,或者穿硬底软垫的保护鞋,少走路。局部处理包括清洁创面、刮去硬皮、包扎。

5. 眼部的自我护理　眼部的感觉和运动障碍,包括眨眼减少,角膜干燥麻木、兔眼。易发生外伤和炎症。要嘱病人每天对镜子检查眼睛,如发现眼红、角膜浑浊、怕光、视力减退等,就立即到医院治疗。嘱病人经常有意地眨眼,以使角膜保持湿润清洁;外出时戴防护眼镜,戴有边的帽子;睡觉时涂眼膏,挂帐子;避免到灰尘多的地方去。眼部不适时切勿用不净的手,尤其是粗糙的东西擦眼。

(三) 家庭护理

指对适于在院外家中治疗的麻风病人的护理。

1. 家庭心理护理　详见心理护理。主要使病人及其家属、单位领导和邻居树立麻风可防可治的信念。

2. 联合化疗的护理　①指出联合化疗疗效好,疗程短,可防耐药乃至减少麻风所致畸残的发生。同时指出早治疗和规律治疗(足量按时)是实现上述目的的保证;②指导病人自我观察:如服药后身体可能出现的何种不适,皮肤颜色、感觉、外观可能出现的改变以及麻风反应症状等告诉病人,让其自我观察,及时告诉医师处理;③联合化疗的管理:疗前、疗中协助医师检查、化验。发药时询问服药情况、不良反应、麻风反应以及认真检查有无畸残发生等。完成疗程后做全面的临床,细菌和病理检查,作出疗效判定和完成监测工作。并将复发的诱因告诉治愈者,一旦发现有疑点,应及时入院检查。

3. 畸残的预防　认识和指出畸残不是麻风的必然结果。早诊早治就是最好的预防方法。注意观察外周神经功能,填写好"麻风畸残基础记录",及时管理、及时处理,并指导病人进行自我护理(详见自我护理)。

第八节　儿童麻风

儿童麻风与成人麻风大致相同,但在流行病学或临床方面尚有其特点。

在麻风高流行区,儿童中有较高的发病率,且倾向多发于贫穷阶层的儿童。据 Nousstiou 报告,在高流行区的病例中儿童约占2%;Virendra 等报告印度城市麻风中心在1981~1985年发现的1460例新病人中0~14岁的有55例,占3.8%。

我国福建1989年累积麻风病人27 506例,其中0~14岁的儿童病人有3299例,占病人数的12%。云南文山报告1983~1992年,1384例麻风病人中儿童占6.55%。2002年云南在58个麻风高发乡镇中开展LEC发现儿童麻风仍占病人数的8.86%。迄今为止,综合有关报告儿童病人占麻风病人的3%~7%不等,像上述有些地区还要更高一些。近年来,调查表明,我国儿童麻风一直稳定在4%左右,所以麻风病在我国短期内很难控制与消灭。

对由儿童麻风牵涉到的家内传染问题至今仍无统一认识，1987 年 Ashamlla 提出密切接触不是麻风传染的主要原因；Shielde 认为患麻风的母亲对其后代没多大影响。Nadkarni 等报告在儿童病例中，其家庭有病人者占 1/3 以上；Thangaraj 等 1988 年提到新生儿出生后同患病的父母分开通常可免于患病，若患者在婴儿出生前服药控制其传染性，效果会更好。Nousstiou 提到儿童麻风患病率取决于他们与传染性病例接触的程度，而接触后发生感染与否则决定于患者的传染性和接触者的易感性，若传染性及易感性都高，即使偶然接触也可足以造成感染。接触 L 型患者比接触 T 型者的感染机会高 4 倍。根据对家属和孪生子的调查，病型与遗传有关，目前有足够证据表明和 HLA 相关的基因与 T 型麻风有关，但对 L 型麻风还须进一步寻找控制其发病的基因。HLA 对是否会感染麻风似乎不是绝对的因素，但对感染后麻风的型别有一定影响。

最新的研究有较多的证据支持麻风的传播与接触的密切程度有关，其传染方式较多认为是接触排菌病损或吸入含菌飞沫为主，而部分染色体区域和基因位点如：HLA、MICA、TAP_2、$CTLA_4$、VDR、$NRAMP_1$、TLR_2、HSP70、TNF-α 和 MRC_1 等，可能与麻风易感性相关。这些结果是在不同国家不同人群获得，尚需大量人群的研究证实。

在发病年龄问题上，Rao 等发现接触者在 4 岁后发病较多，5～9 岁最高（11/1000、年），次为 10～14 岁组，15 岁以下儿童接触者较成年接触者发病率明显地高（P<0.01）。最小发病年龄有报告 2 个月、3 个月、9 个月和 17 个月的。

我国相关研究表明，10～14 岁儿童麻风发病最多，占 76.8%，5～9 岁次之，占 21.3%，0～4 岁仅占 1.95%，最小发病年龄 7 个月。

有人报道年龄发病率和年龄患病专率的曲线具双峰性，在 15 岁达第一高峰，这仅限于少菌型病例，并认为此高峰代表儿童感染的自愈性损害，但未充分证实。Lechat 指出，麻风发病率具有时间倾向性，年龄发病专率在时间上的推移可反映疾病传染动力上的改变。有人报告患病率下降则平均发病年龄升高。夏威夷卡劳巴巴麻风院 1890～1899 年住院者平均发病年龄为 10～19 岁，患病率下降后发病年龄向较高年龄组推移，在年龄–性别–型别专率方面，男性患者总是多于女性，但在儿童期此差别不甚明显，我国资料表明儿童麻风亦是男性多于女性，男女之比为 2.33∶1。Lechat 认为年龄发病专率的分布可有男女差别，但总的人口组成也有性别的差异。此外两性中病人发现的彻底性也有区别，故性别发病专率的意义不大。Rao 等报告男孩以 5～14 岁组发病最多，女孩则以 5～9 岁组最多。青春期前男女患 L 型者均不多见，而 T 型和 I 类较多，多数学者认为可能是 L 型患者潜伏期稍长。Brubaker 等翻阅世界有关医学文献发现麻风患者的最小年龄为 2.5 个月。为何女孩发病比男孩早，以及儿童期 L 型病例其少而 T 型和 I 类较多等问题至今未完全明了。海阳县皮防所分析 8154 例麻风患者的发病年龄，认为有一个倾向，即女性发病早于男性，T（I）发病早于 L（B）。有关儿童麻风发病学上的若干问题仍需进一步研究。

免疫学检查可见在麻风流行区亚临床感染的不少，但大多数有抵抗力而不发病，儿童期发病者临床上也有一些特点，一般来说皮疹数目少，多数是单发斑疹或浸润性斑片，以色素减退斑最常见。早期 L 型病例常为单个的浸润损害，直径 1～2cm，查菌阳性。年幼患者的周围神经明显的损害不常见，尺、腓总、耳大等浅神经粗大及其分布区的感觉丧失或神经干痛、触痛具有诊断价值。儿童的 I 类麻风早期仅见斑疹，不少为均匀的色素减退斑，皮肤查菌通常阴性，能查到的菌数也很少，Thangaraj 等指出，在染色良好的连续切片上，常可于真皮神经的淋巴细胞浸润中找到抗酸菌，Bechelli 在缅甸观察 255 例儿童 I 类患者，仅 4.3% 麻风菌素反应为阴性，2/3 在 1 年内变为 T 型。

我国研究表明，初发部位以下肢最多见（34.7%），其次为上肢（25.1%），多菌型以头面部多见，初发损害性质以浸润或红斑为多；少菌型以红斑、色素减退斑或斑块多见。

此外，少菌型儿童麻风被发现时，有单个皮损者占 32.5%，病期在 2 年以内的占 42.95%，两者都高于成年麻风。儿童麻风的畸形残率（17.4%）低于成年麻风。这些均表明儿童麻风较成年麻风易早发现。在没有推广 MDT 时，儿童麻风的复发率约为 1.8%。

　　应强调指出，在儿童麻风虽然麻风反应较少见，但不可忽视。其次，组织学查菌敏感性（91.6%）明显高于皮损切刮液查菌（16.6%）。另外，注意麻风皮肤浅色斑与白色糠疹、变色糠疹和白癜风的区别。

　　在治疗方面，除药物剂量外，应注意喹诺酮类、四环素类等不宜在儿童应用的药物中使用。

（吴勤学）

参 考 文 献

1. 沈建平，张国成. 麻风和其他分枝杆感菌感染. 南京：凤凰出版传媒集团/江苏科学技术出版社，2005：185-230.

2. 李文忠. 现代麻风病学. 上海：上海科学技术出版社，2006：162-255.

3. 林元珠. 现代儿童皮肤病学. 北京：学苑出版社，2008：211-242.

第六章 皮 肤 结 核

第一节 总 论

结核病是由结核分枝杆菌（Mycobacterium tuberculosis，M.tuberculosis，MTB，Mtb，简称结核杆菌）引起的慢性传染病。皮肤结核是结核病在皮肤上的表现。由于发病年龄和健康状况、机体的免疫力和变态反应、感染的方式和途径、感染菌的毒力和数量、有无伴发其他结核病等有所不同，在临床呈现的皮损形态也有所不同。

一、病因及发病机制

1. 结核分枝杆菌 属分枝杆菌属，简称结核杆菌或结核菌。生长缓慢，在改良罗氏培养基上培养需4~6周才能繁殖成明显的菌落。分为人型、牛型、鸟型、鼠型、冷血动物型和非洲型。对人类有致病性者为人型、牛型及非洲型。皮肤结核大多由人型所致，其次为牛型。

结核杆菌的组成很复杂，除少量矿物质和水分外，主要是多糖类、类脂质和蛋白质。多糖类导致结核菌素的立即型皮肤反应；蛋白质是结核杆菌最重要的抗原，它们是结核菌素的活性成分，引起T淋巴细胞性免疫和变态反应，如迟发型结核菌素反应；类脂质引起单核细胞增多，上皮样细胞和淋巴细胞浸润，组成结核结节。

皮肤结核病灶处分离的结核杆菌大多毒力减弱，同一病人不同病灶处所培养出的结核杆菌的毒性强弱不一。大多数类型的皮损中，细菌数量很少，在原发性综合性皮肤结核和全身粟粒性皮肤结核中可见大量细菌。病灶中的菌群常呈不同生长速度。A群菌：代谢旺盛，不断繁殖、致病力强，传染性大，易为抗结核药物所杀灭；B群菌：在吞噬细胞内的酸性环境中受抑制；C群菌：偶然繁殖，只对少数药物敏感，可为日后复发的根源；D群菌：休眠菌，一般耐药，但可逐渐被吞噬细胞所消灭。

2. 感染途径

（1）自我感染：为大多数皮肤结核的感染途径。包括以下途径：①经血液循环传播到皮肤：如丘疹坏死性结核和硬红斑；②经淋巴液传播到皮肤：如瘰疬性皮肤结核；③由邻近的局部病灶连续直接传播到皮肤：如寻常狼疮；④由自然腔道将结核杆菌自我接种到腔口附近皮肤或黏膜：如肺结核病人感染口腔黏膜、肠结核病人感染肛周皮肤黏膜。

（2）外来感染：少数病例由于皮肤本身有轻微损伤、擦破或裂隙，结核杆菌或其污染物可直接由患处侵入皮肤产生原发生性感染。大多数病人早已受结核杆菌感染，这种外来感染系再感染，如疣状皮肤结核。

二、组织病理

早期为非特异性炎症反应，主要为中性粒细胞和淋巴细胞浸润，并可找到结核杆菌。典型的组织病变在损害较成熟时才能见到。表皮肥厚或萎缩均为继发性改变。各型皮肤结核的病理变化稍有不同。皮肤结核一般为结核性肉芽肿改变，由上皮样细胞和多核巨细胞组成，中心可有干酪样坏死，外周绕以淋巴细胞浸润，组织中可查到结核杆菌（疣状皮肤结核表皮的继发性变化明显，有角化过度和乳头瘤样改变）。

图 6-1-1 结核性结节

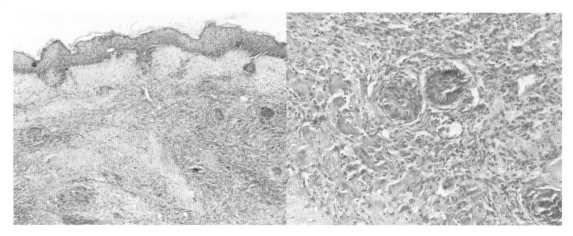

图 6-1-2 结核样结节和多核巨细胞

三、分型

Beyt 等根据发病机制、病理生理、临床表现和预后将皮肤结核分为 3 型。

1. 外源型皮肤结核　过去称原发性综合性皮肤结核、疣状皮肤结核。

2. 内源型皮肤结核

（1）接触蔓延。

（2）自我接种，过去称溃疡性皮肤结核。

3. 血行播散型皮肤结核

（1）寻常狼疮。

（2）急性血行播散（过去称全身粟粒性皮肤结核）。

（3）结节或脓肿（过去称结核性树胶肿）。

结核疹，顾名思义，是结核菌素试验呈强阳性的个体，其内脏结核播散至皮肤上的表现。属于结核疹的疾病有：丘疹坏死性结核疹、硬红斑（Bazin 病）、瘰疬性苔藓、酒渣鼻样结核疹、颜面播散性粟粒性狼疮、苔藓样结核疹和结节性结核性静脉炎等。迄今为止，几乎没有证据表明结核疹是一种结核病的皮肤表现形式。严格说来，结核疹不是皮肤结核。它们可能代表机体对感染的潜在病灶所释放出的结核杆菌组分有超敏反应。为与本书统一起见，仍将丘疹坏死性结核、结节性结核性静脉炎、苔藓样结核疹和硬红斑在皮肤结核中加以介绍。

四、临床表现

各型皮肤结核间的临床表现相差很大，但有其共同特点。

1. 皮肤损害

（1）狼疮结节：为红褐色、质地柔软、粟粒至豌豆大小。玻片压诊呈棕黄色，用探针轻压易刺入。见于寻常狼疮。但非皮肤结核特有，凡真皮内形成肉芽肿的疾病，如结节病、麻风、梅毒、深部真菌病菌等，皆有类似损害。

（2）溃疡、瘢痕：结核性溃疡为苍白易出血的肉芽组织，边缘呈潜行性。见于瘰疬性皮肤结核、寻常狼疮、溃疡性皮肤结核、硬红斑、原发性综合性皮肤结核等。

（3）脓疱、小瘢痕：见于丘疹坏死性结核。

（4）丘疹：见于丘疹坏死性结核、瘰疬性苔藓、全身性粟粒性皮肤结核。

2. 好发部位

（1）颜面：寻常狼疮。

（2）颈部：瘰疬性皮肤结核。

（3）躯干：瘰疬性苔藓、全身性粟粒性皮肤结核。

（4）四肢：丘疹坏死性结核、疣状皮肤结核、硬红斑、原发性综合性皮肤结核。

（5）皮肤黏膜交界处：寻常狼疮、溃疡性皮肤结核。

3. 经过　慢性，可迁延至数处或数十年之久。

4. 全身症状　可有发热、倦怠、关节痛等全身症状。见于原发性综合性皮肤结核、全身性粟粒性皮肤结核、溃疡性皮肤结核、丘疹坏死性皮肤结核、硬红斑等。

五、实验室和其他检查

1. 结核杆菌检查

（1）直接涂片和组织切片：原发性综合性皮肤结核，全身性粟粒性皮肤结核、溃疡性皮肤结核。

（2）细菌培养：瘰疬性皮肤结核、疣状皮肤结核和寻常狼疮。

（3）聚合酶链反应：可快速检测结核杆菌DNA，具有高度敏感性和特异性。含有极少量结核杆菌即可测出。

2. 病理改变

（1）有结核性肉芽肿的皮肤结核：原发性综合性皮肤结核、寻常狼疮、疣状皮肤结核、瘰疬性皮肤结核、硬红斑。

（2）呈非特异性炎症反应的皮肤结核：原发性综合性皮肤结核（早期）、溃疡性皮肤结核、全身粟粒性皮肤结核、丘疹坏死性结核。

3. 皮肤结核菌素试验（tuberculin skin test）是判断过去和现在有无结核杆菌感染的传统方法。结核菌素是结核杆菌培养基提取物中的混合蛋白质。旧结核菌素（old tuberculin，OT）是郭霍在19世纪将培养于甘油肉汤中的结核杆菌浓缩、加热杀死并过滤而首次获得。现在应用的是去除非特异性物质的仅含免疫活性的结核蛋白，即结核菌纯蛋白衍生物（purified protein derivative，PPD）。最常采用的皮肤结核菌素试验方法为皮内注射法，又称Mantoux试验。在前臂屈侧皮内注射2TU PPD，48~72小时后测量皮肤硬结直径。其判定标准为：<5mm−，5~10mm+，11~20mm++，>20mm+++，局部发生水泡或坏死++++。

六、诊断

根据临床表现、实验室及其他检查结合有无伴发内脏结核及对抗结核治疗的反应等进行。皮肤结核伴有其人脏器结核者约占1/3，其中肺结核最为多见，大多为非活动性。在肺结核病人中也很少有皮肤结核，这可能与免疫有关。

七、治疗

对各种结核病最恰当的处理包括迅速准确诊断、系统化学治疗以及经治个体定期随诊 1～3 年，可使治愈率达 95%。不远的将来，由于结核病发病率的持续增长（尤其在西半球）、多药耐药结核病增多（尤其见于 HIV 病人）以及偶尔却是现实的抗结核药物的短缺将使治疗问题更棘手。

1. 一般治疗　适当休息、加强营养、合理运动、提高机体抵抗力、治疗伴发疾病等。

2. 抗结核药物化学治疗（简称化疗）　化疗方法如下：

（1）标准化疗：结核病的标准化疗方案是应用异烟肼和利福平 6 个月，最初 2 个月合并应用吡嗪酰胺。当有细菌耐药可能时，应加用第 4 种药物乙胺丁醇或链霉素，直至获得良好疗效。6 个月的方案对任何部位的结核来说都已足够。但是在患结核性脑膜炎者利福平和异烟肼的治疗应持续到 1 年，另外，HIV 感染的病人对治疗反应慢时，有必要延长疗程。

各种类型的皮肤结核应选择同样的联合药物治疗，至少联用两种药物，平均疗程 9 个月，至少持续 6 个月。从未接受过抗结核药物治疗者、无耐药性结核病接触史者及来自低耐药性地区者，一些作者提倡仅应用异烟肼和利福平两种药 6 个月的方案，效果一样。

（2）预防接种：是将活的无毒力牛型结核杆菌苗——卡介苗（BCG）接种于人体以产生对结核杆菌的获得性免疫力。接种对象是未受感染的人，主要是新生儿、儿童和青少年。已受结核杆菌感染的人（结核菌素试验阳性）就不必接种，否则有时会产生某种程度的反应（Koch 现象）。接种对象的年龄越小，发生 Koch 反应的机会越少，越安全。多年来的大量实践证明，对感染率很低人群（婴幼儿）不做结核菌素试验而直接接种卡介苗是可行的。

卡介苗接种不能预防感染，但能减轻感染后的发病和病情。新生儿和婴幼儿接种卡介苗后，此没有接种过的同龄人群结核病发率减少 80% 左右，其保护力可维持 5～10 年。卡介苗的免疫是"活菌免疫"。接种后，随活菌在人体内逐渐减少，免疫力也随之减低，故隔数年对结核菌素反应阴性者还须复种。卡介苗预防效果不比对照组的显著。

3. 外科治疗　皮肤结核早期皮肤损害较小时，彻底的手术切除治疗是对化疗必要而有效的辅助，一定要在损害外 0.5mm 的正常皮肤切开，深度宜切至筋膜。

4. 外用抗结核药物　如应用异烟肼粉末或用 0.5%～1.0% 异烟肼软膏或 15%～20% 对氨基水杨酸软膏外敷等。

第二节　各　论

一、原发性综合性皮肤结核

原发性综合性皮肤结核（tuberculous chancre），又称结核性下疳。

（一）病因与发病机制

本病系皮肤初次感染结核菌所致的皮肤结核。结核菌多通过皮肤轻微外伤直接接种于皮肤。

（二）临床表现

1. 发病年龄　多见于儿童，但亦可发生于成人。

2. 好发部位　颜面及四肢，大约 1/3 的病人发生于黏膜，部分病人并发结节性红斑、皮肤粟粒性结核、丘疹坏死性结核核疹、瘰疬性苔藓等。

3. 皮损特征　结核杆菌侵入破损的皮肤 2 周后，在感染部位发生一红褐色丘疹，以后发展为结节或斑块。继而结节或斑块破溃形成浅溃疡，覆有痂皮，但易剥离，溃疡基底呈颗粒状，暗红色，易出血，边缘呈潜行性，无自觉症状。此时结核菌素试验阴性。经 3～6 周或数月，附近淋巴结肿大，并可发生干酪样坏死而形成脓肿，最后破溃形成瘘管，此时结核菌素试验阳性。原接种处溃疡逐渐愈合，留下暗红色瘢痕，但四周出现狼疮结节样丘疹、假寻常狼疮或疣状皮肤结核。在皮肤损害及淋巴结的溃疡处可找到结核杆菌（图 6-2-1）。

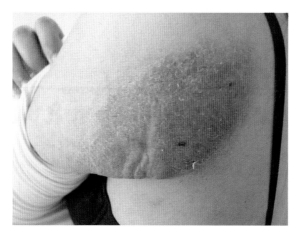

图 6-2-1   原发性皮肤结核

4. 组织病理   早期为中性粒细胞浸润，伴坏死区，有大量结核杆菌，2 周后单核细胞及巨噬细胞增多。3～6 周出现上皮细胞和巨细胞，干酪样坏死逐渐减少，结核杆菌也明显减少。

5. 结核菌素试验   3～6 周后呈阳性反应。

（三）诊断及鉴别诊断

1. 诊断要点

（1）既往无结核病史。

（2）典型的皮损及附近淋巴结肿大。

（3）结核菌素试验早期阴性，3～6 周转为阳性。

（4）典型的病理变化。

（5）皮损及淋巴结的溃疡处找到结核杆菌。

2. 鉴别诊断

（1）梅毒性硬下疳：有性病接触史，损害发生于生殖器部位，梅毒血清反应阳性，皮损表面可找到梅毒螺旋体。附近淋巴结可肿大，但不破溃。病理改变主要为血管内膜炎和浆细胞浸润。

（2）孢子丝菌病：损害常沿淋巴管排列成串状，淋巴结常不肿大，可培养出孢子丝菌。典型的病理改变常显示特殊的 3 层结构：中央是化脓层，为中性粒细胞；其外为结节层，为上皮样细胞及多核巨细胞；最外层为淋巴细胞和浆细胞。

（四）治疗

抗结核药物治疗。

二、全身性粟粒性皮肤结核

全身性粟粒性皮肤结核又称播散性粟粒性皮肤结核（tuberculosis miliaris disseminata）。

（一）病因及发病机制

是全身性粟粒性结核病在皮肤的表现，是少见而严重的结核菌感染，在机体抵抗力低下时发病。

（二）临床表现

1. 发病年龄   主要发生于儿童，常继发于麻疹或猩红热等急性传染病之后。

2. 皮损部位   全身散在性广泛分布。

3. 皮损特征   可为淡红色至暗红色斑疹、丘疹、紫癜、水疱或脓疱，针头至米粒大小。以后有的可以消退，有的可以发展成狼疮结节或不整形溃疡，表面覆以痂皮，分泌物中可查见结核杆菌。

4. 组织病理　早期为特异性炎症，真皮内有中性粒细胞浸润，小血管炎症、栓塞及坏死，有大量结核杆菌。晚期组织内可见结核性浸润。

5. 结核菌素试验　早期为阴性，晚期可呈阳性。

（三）诊断及鉴别诊断

1. 诊为要点

（1）病人既往有结核病史。

（2）全身散在广泛分布针头至米粒大小的淡红色至暗红色斑疹、紫癜、水疱或脓疱。

（3）结核菌素试验晚期为阳性。

（4）皮肤组织病理变化可见结核性浸润。

2. 鉴别诊断　急性组织细胞增生症：皮损为出血性小丘疹，常伴脂溢性皮炎，X线检查扁平骨可缺损，皮损处病理检查可见较为一致的巨大、圆形、不含脂质的组织细胞及网状细胞，亦可见到少数含有脂质的泡沫样网状细胞。

（四）治疗

抗结核药物治疗

三、寻常狼疮

寻常狼疮（Lupus vulgaris，tuberculosis cutis luposa）为最常见的皮肤结核病，占所有皮肤结核病的50%～75%。

（一）病因及发病机制

本病为先前感染过结核且已致敏者身上的一种继发性皮肤结核。结核杆菌可经皮肤损伤处侵入皮肤，也可由破溃的淋巴结、骨关节结核病灶直接或经淋巴管蔓延至皮肤，也可由内脏结核病灶经血液播散至皮肤。

（二）临床表现

1. 发病年龄　任何年龄均可发病，以儿童及青少年为多。

2. 好发部位　好发于面部，颊部最常见，其次是臀部及四肢，躯干较少见，可累及黏膜。

3. 皮损特征　基本损害为粟粒至豌豆大的狼疮结节，红褐色，呈半透明状，触之柔软，微隆起于皮面，结节表面薄嫩，用探针探查时，稍用力即可刺入，容易贯通及出血（探针贯通现象）。如用玻片压诊，减少局部充血时，结节更明显呈淡黄色或黄褐色，如苹果酱颜色，故亦称"苹果酱结节"。有时许多结节互相融合构成大片红褐色浸润性损害，直径可达10～20cm，表面高低不平，触之柔软，覆有大片叶状鳞屑。在长期的过程中，有的损害自愈形成瘢痕，有的结节破溃形成溃疡，溃疡开始时也仅见于损害的一部分，以后可致整个损害全部溃烂。溃疡多浅表，呈圆形或不规则形，溃疡表面为红褐色肉芽组织，有少量稀薄脓液，脓液干燥后结污褐色厚痂。溃疡边缘不整齐，质柔软，暗红色，边缘呈潜行性。在发展过程中，溃疡中央或一侧结疤自愈，但边缘或另一侧不断向外扩展，可形成大片损害。组织毁坏性大，愈合形成高低不平的条索状瘢痕，瘢痕收缩可造成畸形或功能障碍。寻常狼疮结节，再破溃形成溃疡，故本病常迁延数10年不愈。根据损害的大小、高低、多少、分布、溃破与否，临床上有多种名称，如扁平狼疮、结节性狼疮、疣状狼疮、肥大性狼疮、匐行性狼疮、残毁性狼疮和播散性狼疮等（图6-2-2～图6-2-6）。

4. 自觉症状　不明显。伴继发感染时可有疼痛，如不伴发其他结核病，全身症状轻微。此类再感染性结核病，一般不累及局部淋巴结。

5. 并发症　可并发继发性感染，如脓疱疮、疖、丹毒等，象皮肿，其他结核病，癌变等。

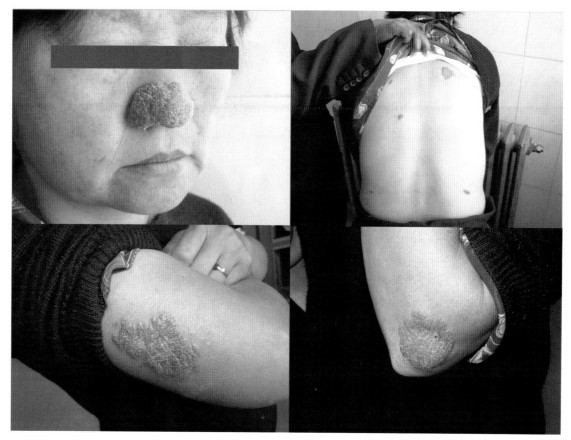

图 6-2-2 寻常狼疮（1）

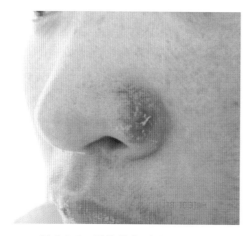

图 6-2-3 寻常狼疮（2）

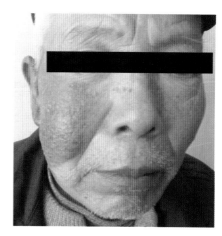

图 6-2-4 寻常狼疮（3）

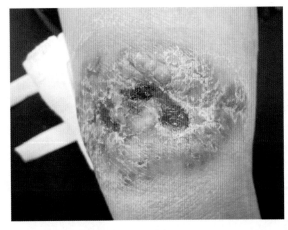

图 6-2-5 寻常狼疮（4）

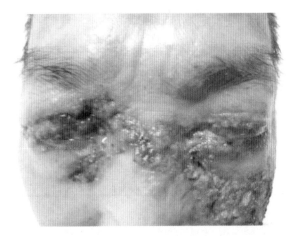

图 6-2-6 寻常狼疮（5）

6. 组织病理 结核样结节位于真皮的中、上部，有一片上皮样细胞，内有 1 个或数个朗汉斯巨细胞，外围为淋巴细胞。干酪样坏死极少见。损害越早，淋巴细胞浸润越多，损害越久，则上皮样细胞、巨细胞越占优势。在发展过程中，皮肤正常组织萎缩或破坏，汗腺、皮脂腺、毛囊、胶原纤维、弹力纤维均消失。表皮变化为继发性，可表现为表皮萎缩、棘层肥厚、角化过度、角化不全、偶有假性上皮瘤样增生。

7. 结核菌素试验 阳性。

（三）诊断及鉴别诊断

1. 诊断要点

（1）曾患过结核，常自幼年发病。

（2）基本损害为苹果酱样狼疮结节，破溃后结疤，瘢痕上可再生新结节，边破溃，边愈合。

（3）病理检查呈结核样浸润或结核性浸润。

（4）结核菌素试验阳性。

2. 鉴别诊断

（1）结节病：其结节较狼疮结节坚实，有浸润感，一般不破溃，结核菌素试验阴性。

（2）盘状红斑狼疮：红斑呈蝶状，常对称分布于鼻及两颊部，无狼疮结节及溃疡，红斑上有黏着性鳞屑，底面附有毛囊角质栓。

（3）深部真菌病：结节常破溃、结疤，真菌培养阳性。组织病理学可查到病原菌。

（4）结核样型麻风：结节较狼疮结节稍硬，患处感觉障碍，有周围神经粗大及肢体麻木畸形，可出现营养性溃疡。

（四）治疗

抗结核药物治疗

四、疣状皮肤结核（tuberculosis cutis verrucosa）

（一）病因及发病机制

本病系典型接种性皮肤结核，为结核杆菌外源性再感染于一有免疫力的机体，使其产生局限性疣状皮肤结核。医务人员为结核病人手术、尸体解剖、接触其痰液、接触患有结核病的动物的屠夫或兽医等人员，可在手指、手背等处发病。

（二）临床表现

1. 好发部位 多单侧发于手臂、手指、踝部及臀部等暴露部位。

2. 皮损特征　初起为黄豆大小紫红色丘疹，质硬，逐渐向周围扩大，变成斑块，质仍硬。损害数目大多为单个，少数可2～3个，但也有众多的。中央角质层增厚，变粗糙不平，以后呈疣状增生（图6-2-7和图6-2-8），有较深的沟纹相互分开，加压时常有脓液从缝中流出。疣状增生的外周为浸润带，呈暗紫色，上覆以结痂和鳞屑，在外周为平滑红晕区。痊愈时损害中央先好，留有光滑柔软而表浅的瘢痕。

3. 病程　极端缓慢，可数年或数十年不愈，有长久停止后又蔓延扩大者。一般无自觉症状。

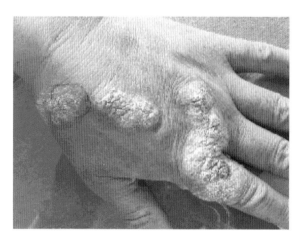

图6-2-7　疣状皮肤结核（1）

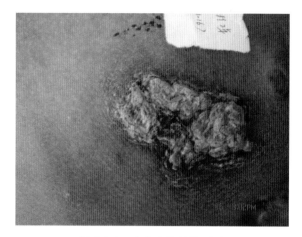

图6-2-8　疣状皮肤结核（2）

4. 组织病理　真皮内早期有结核样结构，伴有中度干酪样坏死，以后在结核结构周围有非特异性浸润。弹力纤维和胶原纤维毁损。表皮呈假性上皮瘤样增殖，有极显著的棘层肥厚，角化过度和角化不全。表皮深层有许多中性粒细胞并有微脓肿形成。在组织切片中不易找到结核杆菌。

5. 结核菌素试验　弱阳性

（三）诊断有鉴别诊断

1. 诊断要点

（1）发生于暴露部位的疣状结节，呈环状排列，四周有红晕，消退后有萎缩性瘢痕，挤压有少量脓液渗出。

（2）慢性经过。

（3）典型的组织病理变化。

（4）结核菌素试验呈弱阳性。

2. 鉴别诊断

（1）疣状寻常狼疮：有特殊的狼疮结节，质软，有"探针贯通现象"，玻片压诊有"苹果酱结节"，无中性粒细胞浸润及脓肿形成。

（2）着色真菌病：损害为斑块疣状增生，炎症明显，真菌或组织病理学检查均可查到真菌。

（四）治疗

抗结核病药物治疗。

五、瘰疬性皮肤结核

瘰疬性皮肤结核（scrofuloderma），又称液化性皮肤结核（tuberculosis cutis colliquativa）或皮腺病（cutis scrofulosorum）。

（一）病因及发病机制

为皮肤下方的淋巴结、骨或关节等的结核病灶，直接扩展或经淋巴道蔓延至皮肤而致。

（二）临床表现

1. 发病年龄 多发生在儿童或青年期，尤其多见于青年女性。

2. 好发部位 以颈部两侧及胸上部最为多见，其次为腋下、腹股沟等处，四肢、颜面等偶有发现。

3. 皮损特征 初起为一坚硬结节，以后结节增大，粘连，皮肤变紫，疮顶变软，穿破溃烂或形成瘘管，含有干酪样物质的稀薄脓液或自瘘管中不断排出。溃疡边缘呈潜行性，质软，有明显为压痛，其基底较深，表面为不新鲜的肉芽组织，高低不平。溃疡愈合时，留有凹凸不平的索条状瘢痕，因瘢痕挛缩可造成畸形而影响功能。邻近发生的结节，经过同样病程，且相连接作带状分布，形如"鼠瘘"。

4. 病程 慢性经过，常迁延多年不愈。但病人无全身症状。

5. 组织病理 表皮棘层肥厚，细胞水肿，有空泡形成，基底细胞内色素增加。真皮深层或皮下组织有结核样浸润或结核浸润，有明显干酪样坏死，可查见结核杆菌。真皮中、上部毛细血管扩张，有弥漫性淋巴细胞浸润，可见朗汉斯巨细胞。胶原纤维肿胀、变性，有明显水肿。表皮及真皮上部常破溃形成溃疡。愈合时肉芽组织增生、纤维化而形成瘢痕。

6. 结核菌素试验 常为阳性。

（三）诊断及鉴别诊断

1. 诊断要点 根据病人淋巴结结核或骨关节结核向皮肤穿破而形成溃疡及瘘管，慢性经过，结核菌素试验阳性，溃疡部位脓液或组织内查见结核杆菌及典型的病理变化，即可诊断。

2. 鉴别诊断

（1）放线菌病：患部坚硬，为一片大而深的浸润块，破溃后流出带有"硫磺颗粒"的脓液，真菌培养阳性。病理改变为非特异性细胞浸润，可找到菌丝。

（2）化脓性汗腺炎：有腋窝部红色痛性结节，破溃后形成瘘管。病理组织为非特异性肉芽肿，无结核样浸润，可找到化脓球菌。

（四）治疗

抗结核病药物治疗

六、溃疡性皮肤结核

溃疡性皮肤结核（tuberculosis cutis ulcerosa），又称腔口部皮肤结核（tuberculosis cutis orificialis）或溃疡性粟粒性结核病（tuberculosis miliaris ulcerosa）。

（一）病因及发病机制

内脏有活动性结核病，同时病人对结核菌抵抗力低下，当机体排泄物中含有结核杆菌时，可接种于腔口部黏膜而形成溃疡。

（二）临床表现

1. 好发部位 口腔、外生殖器及肛门等处黏膜。

2. 皮损特点 初起时为红色丘疹，以后发展为一群小溃疡，继而融合成卵圆形的成不整形的大溃疡，边缘为潜行性，基底为高低不平的苍白色肉芽组织，并可见黄色小颗粒状结核结节，有脓性分泌物或苔膜，并有结核杆菌。有时溃疡附近的黏膜上可见到初起的丘疹（图6-2-9和图6-2-10）。

3. 病程 慢性，有自发痛及触痛，间有发热等全身症状。

4. 组织病理 在真皮深层或皮下组织可有结核样浸润，有明显的干酪坏死，可查到结核杆菌，真皮上部有明显的非特异性炎症细胞浸润。表皮和真皮上部常形成溃疡，溃疡边缘的表皮增生肥厚。

5. 结核菌素试验 常为弱阳性或阴性。

（三）诊断及鉴别诊断

1. 诊断要点

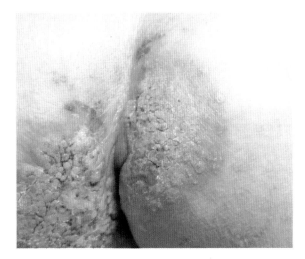

图 6-2-9　腔口皮肤结核（1）

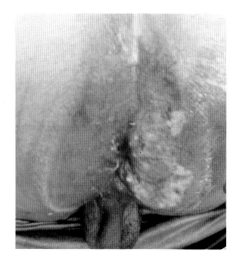

图 6-2-10　腔口皮肤结核（2）

（1）腔口部溃疡，有自发痛或触痛。

（2）伴有内脏的活动性结核。

（3）分泌物可查到结核杆菌。

（4）结核菌素试验为弱阳性或阴性。

2．鉴别诊断

（1）急性女阴溃疡：病程短而急，溃疡较大，但基底光滑平整，疼痛剧烈，溃疡分泌物中可查到粗大杆菌，可自愈，无内脏结核。

（2）Behcet 综合征：病人有阿弗他口腔炎、眼病及阴部溃疡，并发结节红斑，反复发作，无内脏结核。病理改变为淋巴细胞、单核细胞及中性粒细胞形成非特异性溃疡。

（四）治疗

抗结核病药物治疗。

七、丘疹坏死性结核

丘疹坏死性结核（papulonecrotic tuberculosis），又称丘疹坏死性结核疹（papulonecrotic tuberculide）。

（一）病因及发病机制

一般认为本病为体内结核杆菌经血行播散至皮肤，并在皮肤迅速被消灭所致，是一种结核疹。Lever 认为诊断结核疹的条件是结核菌素试验阳性，同时有结核病存在，抗结核治疗效果佳。但近来有人根据血管变化的程度推测，本病很可能是脉管炎的一种类型。

（二）临床表现

1．发病年龄　多见于儿童及青年，多于春秋季节发病。病人常伴有肺结核或其他体内结核病灶，或并发其他皮肤结核。

2．好发部位　皮损好发于四肢伸侧，特别在肘、膝关节附近更多见，可延及手背、足背、面部和躯干。损害对称分布、散发或群集。

3．皮损特征　初发损害为红褐色或紫红色质硬的散在丘疹，常发生在毛囊处，绕以狭窄的红晕，经过数周可逐渐消退自愈，留有一时性色素沉着。但多数丘疹 1～2 周后顶端发生针头大小脓疱，逐渐扩大成小脓肿，干涸后覆褐色厚痂，痂下为火山口状小溃疡。经数周或数月自愈后留有凹陷性萎缩性瘢痕及色素沉着。皮疹反复发生，分批出现，常丘疹、结痂、溃疡、瘢痕同时并存。不痛不痒。

4. 病程 迁延,长期不愈。

5. 组织病理 真皮上部早期为白细胞碎裂性血管炎,继而单核细胞在血管周围浸润,以后出现楔状坏死区。真皮中下层血管受累明显,为动、静脉内膜炎及血栓形成。皮下组织受累时,可发生脂膜炎和纤维化等改变。

6. 结核菌素试验 强阳性。但皮损中找不到结核杆菌。

7. 丘疹坏死性结核的变型

(1)痤疮炎:为发生于面部的深型结核疹。呈暗红色,顶端有脓疱坏死的丘疹,散发于颧部、鼻唇沟、前额及耳轮等处。损害较顽固,长期难愈,愈后留有凹陷性瘢痕,伴色素沉着。

(2)毛囊疹:是一种浅表型的结核疹。在手背、足背、前臂及踝部发生丘疱疹,以后可变为脓疱或结节,质硬无自觉症状。

(3)阴茎结核疹:为发生于龟头和包皮的坏死性丘疹,轻度浸润,破溃后形成浅溃疡,表现结痂,慢性经过,约经数月或数年留萎缩性瘢痕而自愈。好发于青年,无自觉症状,常伴发其他结核。

(4)腺病性痤疮:为发生于小腿及臀部的痤疮样损害,慢性经过。

(三)诊断及鉴别诊断

1. 诊断要点

(1)本病好发于青年人,有结核病史。

(2)四肢对称分布的多形性皮损。皮损中找不到结核杆菌。

(3)无自觉症状,病程迁延。

(4)结核菌素试验为强阳性。

(5)典型病理改变。

2. 鉴别诊断

(1)毛囊炎:皮损为无中心坏死的炎性毛囊性脓疱。病理变化为毛囊上部有以中性粒细胞为主的急性炎症浸润。

(2)痘疮样痤疮:为沿前额发际发生的无痛性无囊性丘疹及脓疱。病理改变为毛囊周围的急性炎症浸润,可形成脓肿及小片坏死区。

(四)治疗

抗结核病药物治疗。

八、瘰疬性苔藓

瘰疬性苔藓(lichen scrofulosorum),又称苔藓样皮肤结核(tuberculosis cutis lichenoides)播散性毛囊性皮肤结核病(tuberculosis cutis follicularis disseminata)或腺性苔藓。

(一)病因及发病机制

本病常有其他部位的结核,皮损中往往找不到结核杆菌,结核菌素试验阳性,故认为是一种结核疹。

(二)临床表现

1. 发病年龄 多发于儿童及青年。

2. 好发部位 对称分布于躯干或四肢伸侧,尤以肩、腰、臀部较为多见。

3. 皮损特征 为毛囊性小丘疹,圆形,针头至谷粒大,表面略尖或扁平,有时有角质小棘,可密集成片呈苔藓样,常有少许糠状鳞屑(图6-2-11和图6-2-12)。消退后不留痕迹或有暂时性色素沉着。

4. 组织病理 真皮上部毛囊或汗腺周围有上皮样细胞为主及一些朗汉斯巨细胞组成的结核样浸润,通常无干酪样坏死。毛囊上皮变性,毛囊口可因角化过度而有角质栓。

5. 结核菌素试验 阳性。

(三)诊断及鉴别诊断

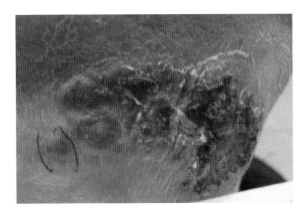
图 6-2-11　瘰疬性皮肤结核（1）

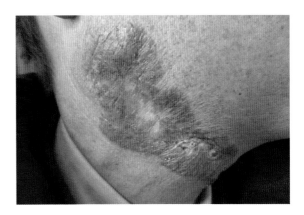
图 6-2-12　瘰疬性皮肤结核（2）

1. 诊断要点　据既往有结核病史，损害为对称发生于躯干部的苔藓样丘疹，无自觉症状，病理改变为无干酪样坏死的结核样浸润，诊断不难。

2. 鉴别诊断

（1）毛发红糠疹：为毛囊口发生红色角化过度的丘疹，可融合成鳞屑性斑块。病理改变为毛囊性角化过度，有点状角化栓，无结核样浸润。

（2）光泽苔藓：为发生于臀部或腹部的群集性扁平丘疹，正常皮色，无自觉症状。病理改变与本病相似，但与毛囊没有关系。

（四）治疗

抗结核病药物治疗。

九、结节性结核性静脉炎

结节性结核性静脉炎（phlebitis tuberculosa nodosa），首先由日本学者土肥、桥本提出，欧洲学者将其称之为 Bazin 硬红斑。

（一）临床表现

1. 好发部位　好发于四肢，在皮下发生与静脉走向一致的结节。常伴发其他皮肤结核。

2. 皮损特征　初起为黄豆大至蚕豆大结节，微隆起于皮面，色正常或轻度潮红，沿浅静脉排列成线状，结节发作后常自行吸收。皮损稍有压痛。

3. 病程　慢性。发疹前可有发热、不适等全身症状。

4. 组织病理　在皮下脂肪内的大静脉有闭塞性结核性肉芽肿性静脉炎。

5. 结核菌素试验　阳性。

（二）治疗

抗结核病药物治疗。

十、苔藓样结核疹

苔藓样结核疹（lichenoid tuberculide），较为少见，由 Ockuly 及 Montgomery 于 1950 年首先报道。

（一）临床表现

1. 好发部位　急剧发疹，多发于四肢，对称分布。多数病人不伴有其他部位结核。

2. 皮损特征　为豌豆大小棕紫色扁平痘疹，有时其顶端有细小脱屑，有时可排列成环状或集簇状。消退后留棕色素沉着，不留瘢痕。

3. 组织病理　真皮上部有较多的结核结节，偶有干酪样坏死。

4. 结核菌素试验　阴性。

（二）诊断

据病人四肢突然发生对称分布的苔藓样皮损及典型的病理改变，诊断不难。

（三）治疗

抗结核病药物治疗。

十一、硬红斑

目前文献认为硬红斑（erythema induratum）有两种：一为硬红斑（Bazin 病），系一种结核疹，另一种为 Whitfield 硬红斑，认为是一种血管炎（见本章第三节）。

（一）病因与发病机制

硬红斑病人常伴肺结核、淋巴结核或其他结核病灶，但不能找到结核杆菌，结核菌素试验强阳性，故认为是结核疹的一种。Whitfield 硬红斑病人常伴循环不良，认为是血液郁滞和小血管血栓形成等引起的结节性血管炎。

（二）临床表现

1. 发病特点

（1）硬红斑好发于青年女性，冬季病人较多，可伴手足发绀。

（2）Whitfield 硬红斑好发于中年女性，偶可见于患有深部静脉栓塞的男性，多有循环不良，卧床休息好转。

（3）病程慢性。

2. 皮损特点

（1）好发于小腿屈侧，尤以中下部为甚。

（2）为樱桃大或更大的皮下结节，初起皮肤表面颜色无改变，以后呈暗红或紫色。

（3）结节位置较深，不高出皮面，数目不多，2~3 个至十余个。

（4）有局部酸痛、烧灼等自觉症状，并可有轻度压痛。结节偶可破溃，形成溃疡。

3. 组织病理

（1）硬红斑表皮萎缩：真皮深层和皮下组织有明显的血管炎改变，血管内皮细胞肿胀、变性或增生，血栓形成，管腔闭塞。血管周围最初有淋巴细胞浸润，浸润灶内有明显的干酪样坏死，形成结核结构。时久脂肪细胞有明显的干酪样坏死，周围绕以增生的巨噬细胞、成纤维细胞和异物巨细胞，病灶最后由纤维组织代替而形成瘢痕。

（2）Whitfield 硬红斑：病理上无特异性改变，早期结节变化与血管炎相似；慢性病损可见有血管炎的各种病理改变。

4. 结核菌素试验　硬红斑呈强阳性。

（三）诊断及鉴别诊断

1. 诊断要点

（1）硬红斑：据冬季患病，多见于青年女性；皮损为对称分布于小腿屈面的炎症性结节、溃疡，局部压痛，无全身症状；结核菌素试验强阳性，病灶内找不到结核杆菌即可诊断。

（2）Whitfiel 硬红斑：据中年妇女在小腿发生不规则结节及斑块，有自发痛及压痛，病程慢等特点进行诊断。

2. 鉴别诊断

（1）硬红斑与结节性红斑鉴别：后者为发生于小腿伸侧的红色坚实结节，局部疼痛与压痛明显，不破溃，可有关节痛等全身症状，病程较短。病理为小灶性淋巴细胞浸润。无干酪样坏死，很少见结核样浸润。

（2）Whitfiel 硬红斑与特发性血栓性静脉炎鉴别：后者可见条索状静脉炎症性损害，但无红绀症现象。

（四）治疗

抗结核病药物治疗。

（王洪生 张良芬）

第三节 可能与分枝杆菌相关的疾病

一、皮肤结节病

结节病（sarcoidosis）于 1875 由 Jonathan Hutchinson 首先报道。1889 年 Besnier 报道皮肤结节病（冻疮样狼疮型）。结节病是慢性炎症性疾病，累及多个器官。目前病因未明，非干酪性坏死性肉芽肿是其组织病理特征。该病可发生于所有种族、年龄及性别，但好发生于 25～35 岁及 45～65 岁两个年龄段的女性，好发年龄呈双峰分布。有报道称冬季与春季新发病例数量更多。

1. 发病机制 结节病是以细胞免疫为特点的多系统肉芽肿性疾病。首先抗原呈递细胞提呈抗原，刺激 CD4$^+$辅助性 T 细胞的 Th1 亚型，使得包括 TNF-α、IL-12 和 IFN-γ 在内的 Th1 细胞因子产生增加，并通过趋化因子，将循环中的单核细胞、巨噬细胞和淋巴细胞引至周围组织，形成肉芽肿结构。

导致结节病患者体内发生肉芽肿形成的触发因素仍不清楚。有研究发现：在结节病患者肺组织、外周血、皮肤、脑脊液中，均可检测出分枝杆菌 DNA 序列，但在病变组织中并未培养出分枝杆菌。此外，也有学者提出痤疮棒状杆菌、人疱疹病毒-8（HHV-8）等感染学说，但尚未证实。然而，结节病患者应用免疫抑制剂时，并不会出现暴发性感染症状，这也与单纯的感染病因学说相矛盾。结节病的遗传易感性与 HLA-1、HLA-B7、HLA-8 及 HLA-DR3 等位基因相关联。另外，已确定结节病患者的血管紧张素（ACE）编码基因存在多态性。

2. 临床表现 约 1/3 的系统性结节病患者出现皮肤损害。皮肤结节病大多合并系统性损害，但也可单独存在，皮肤结节病根据临床可分为急性、亚急性和慢性。急性期以结节性红斑为主，可伴有不同程度的全身症状，亚急性期是以丘疹、结节、溃疡性病变为主，慢性期则以冻疮样狼疮为主。皮肤结节病常表现为红褐色丘疹、斑块，皮损常对称分布于面、唇、颈、躯干上部及四肢，好发于瘢痕或既往有外伤史部位，少见皮肤表现包括：色素减退、皮下结节、鱼鳞病、秃发、溃疡、红皮病及多形红斑。

皮肤结节病根据临床表现可分为以下型别：

（1）Darier-Roussy 型（又称皮下结节型结节病）：表现为无痛、坚实的结节，可移动，无表皮改变，病变局限于皮下组织，常伴系统损害。冻疮样狼疮型特征性损害为丘疹结节和斑块，主要分布在鼻、耳、面颊等手冷部位，常沿鼻缘分布呈串珠样外观，冻疮样狼疮型结节病常与发生于肺部（约75% 患者）及上呼吸道（约 50% 患者）的慢性结节病相关。

（2）Lofgren 综合征：结节病伴结节性红斑、肺门淋巴结肿大、发热、游走性多关节炎、急性虹膜炎时，称 Lofgren 综合征。

（3）斑块型：由 Hutchinson 首先报道，好发于四肢、肩胛、臀部和股，病变为浅表大小不等的高起、浸润性紫色斑块，其上有数量不等的结节，有时斑块呈半月形或匐行性。此型病程多为慢性。

（4）丘疹型或小结节型：为片状针头大小苔藓样丘疹或孤立性小结节，数个到数百个不等，早期为橙色，后期呈棕红色，多无自觉症状。以面部和四肢伸侧为多见，玻片压迫见黄灰色狼疮样浸润，色泽比狼疮苍白，且探针试验阴性。病程缓慢，病变消退后，留下黄白色瘢痕，伴有毛细血管扩张。

（5）大结节型：单发性或少数散发结节，比豌豆大，初为黄红色，后呈紫红色，质地多较坚实。分布于面部、躯干和四肢的近端。病程较长，随着皮损扩大，中央萎缩或纤维化，表面有毛细血管扩张。

（6）瘢痕型：发生于瘢痕部位，如文身、手术后瘢痕、卡介苗或结核菌素注射的部位，使原有的陈旧瘢痕隆起，扩大呈紫色、青紫色的结节状或条状瘢痕疙瘩，表面光滑，外形规则。瘢痕型结节病多为晚期病情恶化的表现，此型组织病理学上可见活动性的结节病样改变。

（7）冻疮样狼疮型：在各型结节病中最具特点，多见于中年女性，女性发病率为男性的 3 倍。皮损为慢性、持续性的紫红色斑块，好发于身体的末端，如鼻尖、面颊部及耳郭，有时可发生于指、趾、手背等处，常对称分布。斑块边缘有时可见孤立的结节，表面光滑，可见扩大的皮脂腺开口和毛细血管扩张。鼻背肿胀，可形成溃疡及结痂，鼻骨破坏致使鼻毁形。手指受累后形成梭形肿大、骨囊肿及甲营养不良等。

（8）环状型：多见于前额、面部和颈部。早期常为斑块或结节，结节向四周扩大而中心消退时形成环状损害，中央色素减退或瘢痕形成，边缘高起，呈黄红色，有时环不完整或环的邻近有小的结节。此型临床上与头皮环状渐进性坏死很相似，组织病理学改变不同可帮助鉴别。

（9）血管扩张性狼疮样型：较少见，女性多见，多发生在鼻的两侧和眼角处，皮损具有特征性，一般不超过 2 个，质软，呈半球状。由于毛细血管丰富而使病变成红棕色或橘红色，很少自行消退。

（10）红斑型：为弥漫性分布的片状紫红斑，边缘一般不清楚，触之可有轻微浸润感及脱屑。

（11）其他型：除上述类型外，临床上皮损也可出现皮下钙质沉着、痒疹、银屑病、红斑狼疮、多形性日光疹和毛囊周围炎，有的表现为角化过度、皮肤萎缩、溃疡形成等。黏膜病变也不少见，颊、咽和舌部可见到结节状皮损。结节病也可出现甲改变，包括甲下角化过度及甲松离。口腔结节病可累及黏膜、牙龈组织、舌、硬腭及大涎腺。

结节病的系统表现较为复杂。约 90% 患者出现肺部病变，表现为肺泡炎至肺部组织（包括肺泡、血管、细支气管、胸膜、纤维间隔）的肉芽性浸润。肺结节病晚期损害为肺纤维化伴细支气管扩张及肺实质的"蜂窝样变"。90% 患者出现肺门和（或）气管旁淋巴结肿大，除伴发肺实质病变外，通常并无症状。患者的肝、脾和骨骼以及肾、上下消化道和周围淋巴结、中枢和外周神经系统、肌肉、心脏、内分泌腺（如垂体、甲状腺）和骨骼也可都可罹患结节病。此外，偶可累及耳、乳房和生殖系统。眼结节病变表现为眼部组织（包括虹膜、睫状体、脉络膜、视网膜、视神经、结膜和泪腺）的肉芽肿性炎症。高钙血症患者至少发生于 10% 的患者，与结节病的组织细胞合成骨化三醇增加有关，继发高钙尿症和肾钙化可导致肾衰竭。淋巴细胞减少、白细胞减少、红细胞沉降率增快可见于多至 40% 的患者。

儿童结节病罕见，通常表现为关节炎、葡萄膜炎及皮肤损害三联征，并伴发全身症状。周围淋巴结肿大常见，但肺部病变较成人患者少见。对出现关节炎的儿童患者进行鉴别诊断时，均应考虑结节病，伴眼部症状时尤应注意。

3. 病理学　结节病的组织病理学标志是真皮浅、深层的很少或无淋巴细胞及浆细胞浸润（"裸结节"）的上皮样细胞肉芽肿。结节中央通常无干酪样变性。多核组织细胞（"巨细胞"）通常为 Langhans 型，其胞核呈弧形或环形排列在细胞周边。

4. 治疗　糖皮质激素是系统性结节病的主要治疗方法。根据疾病的严重程度和进展情况决定治疗。系统性病变通常口服泼尼松每日 1mg/kg，应用 4～6 周，数月至数年内缓慢减量维持，具体治疗时间取决于肺部病变、上呼吸道损害、眼部病变或其他内脏表现。包括隔日疗法在内的小剂量泼尼松治疗对皮肤结节病有效，可避免其造成毁容。羟氯喹（200～400mg/d）可有效控制结节病（特别是慢性结节病）的皮肤损害。皮肤结节病有效的治疗药物包括：甲氨蝶呤（每周 10～25mg）、沙利度胺（50～300mg/d，用此药要注意引起胎儿畸形的不良反应）、异维 A 酸（每日 1mg/kg，连用 3～8 个月）、米诺环素（200mg/d）、别嘌呤醇（100～300mg/d）。有报道英夫利昔单抗、阿达木单抗及依那西普均可减轻系统性和皮肤性结节病，但后者的一项 II 期临床试验因发生严重不良事件（淋巴增生性疾病等）而提前结束。有报道来氟米特对治疗本病有效，但需要进一步论证。

二、结节性血管炎

结节性血管炎是慢性复发性小叶脂膜炎伴有脂肪间隔的血管炎，又称 Whitfield 硬红斑（erythema induratum of Whitfield）。其特征是由皮下脂肪的动脉和静脉的血管炎，造成皮下组织的局部缺血。常发生于中年女性，表现为小腿的触痛性结节或斑块，以后可发生溃疡。本病临床和病理上均与硬红斑（结核感染所致）相似，是否为一独立疾病尚有不同看法，有人认为其为硬红斑的早期表现。

1. 病因及发病机制　病因及发病机制尚不完全清楚，一般认为系多种抗原性触发因子包括感染（分枝杆菌、链球菌和病毒等）和药物等引起超敏反应，导致皮下组织的血管炎和小叶脂膜炎，尤其是分枝杆菌感染是否为其致病因子一直引起争论。发病机制可能与变应性皮肤血管炎相似，所不同的是侵及的血管为脂肪间隔的血管。

2. 临床表现　多发生于中年（30~60岁），略肥胖或有静脉淤积、小腿粗的妇女，伴有红绀。偶发于男性。皮损为略暗红色的皮下结节至较大的浸润块。好发于下肢，特别是小腿后外侧，亦可发生于小腿及股伸面和其他部位。结节单侧发生或一侧多于另一侧，常不对称，有的结节排列呈线状。有自发痛或压痛，但较结节性红斑轻。发展慢，但有时呈急性经过，表面皮肤红热。结节可破溃，发生溃疡，有时留下萎缩性瘢痕。皮损愈合缓慢，2~4周消失，遗留的纤维性结节，则消失很慢。在一个阶段内可反复发作。慢性经过，反复发作长达数年。不侵犯其他器官，预后好。

3. 实验室检测　无特殊发现，除急性期外，血沉很少增快，少数病例抗链"O"高或γ球蛋白增高。但需排除分枝杆菌感染，这与治疗密切相关。

4. 组织病理　主要侵犯脂肪间隔的小、中等大小的动脉，有时可累及大动脉，甚至相应管径的静脉。早期病变可有血管的白细胞碎裂性血管炎，导致局部缺血性改变，随之发生炎症和脂肪细胞的损伤；血管阻塞，导致大片的化脓性的脂肪小叶的坏死（内有中性粒细胞脂肪浸润及核碎裂），随着皮损的发展，脂肪坏死增多，形成脂肪囊（fatcysts）或微囊（microcysts），脂肪囊的边缘为细小的颗粒性的嗜酸性物质伴有脂肪细胞核的固缩。化脓性改变随着往表皮穿透的路径向皮肤表面发展，形成溃疡。以后在坏死脂肪组织附近形成肉芽肿性炎症，混合的炎细胞，其中包括多核巨细胞、类上皮细胞，甚至结核样肉芽肿改变。最终纤维化。

5. 诊断及鉴别诊断　结节性血管炎是临床病理性诊断。应与硬红斑区别，鉴别点是有结核感染证据的，即为硬红斑。故应进行结核菌素试验及胸部 X 线检查，如仍阴性，则进行皮损结核杆菌的DNA 检测。其他的评估同皮肤变应性血管炎。

6. 治疗　用支持性治疗如穿弹力袜、卧床休息和非甾体抗炎药，糖皮质激素可使症状暂时缓解。有报道抗生素如磺胺类药物及氨苯砜有效。碘化钾是有效的治疗方法。也有用秋水仙碱治疗的报道。其他治疗同皮肤变应性血管炎。

三、其他

以往的文献中有在局限性硬皮病、红斑狼疮皮损中检出抗酸菌的报道。新近我们在各型银屑病患者血清中检测到抗分枝杆菌抗体。这些结果尚须进一步扩大样本研究证实。

（王洪生　吴勤学）

参 考 文 献

1. Iannuzzi MC. Advances in the genetics of sarcoidosis. Proc Am Thorac Soc, 2007, 4（5）：457-460.

2. Grunewald J, Eklund A, Olerup O. Human leukocyte antigen class I alleles and the disease course in sarcoidosis patients. Am J Respir Crit Care Med, 2004, 169（6）：696-702.

3. Hiramatsu J, Kataoka M, Nakata Y. Propionibacterium acnes DNA detected in bronchoalveolar lavage cells from patients with sarcoidosis. Sarcoidosis Vasc Diffuse Lung Dis, 2003, 20（3）：197-203.

4. Inoue Y, Suga M. Granulomatous diseases and pathogenic microorganism. Kekkaku, 2008, 83（2）：115-130.

5. Gupta D, Agarwal R, Aggarwal AN, et al. Molecular evidence for the role of mycobacteria in sarcoidosis: a meta-analysis. Eur Respir J, 2008, 30（3）：508-516.

6. Padilla ML, Schilero GJ, Teirstein AS. Donor-acquired sarcoidosis. Sarcoidosis Vasc Diffuse Lung Dis, 2002, 19（1）：18-24.

7. Barbour GL, Coburn JW, Slatopolsky E, et al. Hypercalcemia in an anephric patient with sarcoidosis: evidence for extrarenal generation of 1, 25-dihydroxyvitamin D. N Engl J Med, 1981, 305 (8): 440-443.

8. Gilchrist H, Patterson JW. Erythema nodosum and erythema induratum (nodular vasculitis): diagnosis and management. Dermatol Ther, 2010, 23 (4): 320-327.

9. Chen KR. The misdiagnosis of superficial thrombophlebitis as cutaneous polyarteritis nodosa: features of the internal elastic lamina and the compact concentric muscular layer as diagnostic pitfalls. Am J Dermatopathol, 2010, 32 (7): 688-693.

10. Kawakami T. New algorithm (KAWAKAMI algorithm) to diagnose primary cutaneous vasculitis. J Dermatol, 2010, 37 (2): 113-124.

11. Fernandes SS, Carvalho J, Leite S, et al. Erythema induratum and chronic hepatitis C infection. J Clin Virol, 2009, 44 (4): 333-336.

12. Daoud L, El Euch D, Ben Tekaya N, et al. Erythema nodosum: profile in a Tunisian teaching hospital. Tunis Med, 2007, 85 (12): 1020-1024.

13. Barbagallo J, Tager P, Ingleton R, et al. Cutaneous tuberculosis: diagnosis and treatment. Am J Clin Dermatol, 2002, 3 (5): 319-328.

14. Aguilar I, Granados E, Palacios R, et al. Fatal case of tuberculous chancre in a patient with AIDS. J Infect, 2007, 54 (3): e137-139.

15. Marcoval J. Lupus vulgaris. Med Clin (Barc) J, 2012, 138 (5): 227-228.

16. Rajan J, Mathai AT, Prasad PV. Multifocal tuberculosis verrucosa cutis. Indian J Dermatol, 2011, 56 (3): 332-334.

17. Srivastava N, Solanki LS, Singh SP, et al. Papulonecrotic tuberculid of the glans: worm-eaten appearance. Int J Dermatol, 2007, 46 (12): 1324-1325.

18. Kumar U, Sethuraman G, Verma P, et al. Psoriasiform type of lichen scrofulosorum: clue to disseminated tuberculosis. Pediatr Dermatol J, 2011, 28 (5): 532-534.

19. Nirmala C, Nagarajappa AH. Erythema induratum-a type of cutaneous tuberculosis. Indian J Tuberc, 2010, 57 (3): 160-164.

第七章　环境分枝杆菌的皮肤感染

除结核菌和麻风杆菌外的所谓环境分枝杆菌〔EM，亦称非结核分枝杆菌（NTM）〕存在许多年，但作为人病原体的重要性直到19世纪50年代才被重视。这类菌已如上篇相关部分所描述，由于生长要求复杂而特殊和缺乏适当的分类系统而命名不统一，有学者称非典型结核杆菌、非典型分枝杆菌，有学者称未定名分枝杆菌；又因为这类菌多易感染损伤的组织或免疫缺陷的宿主而称"机会"分枝杆菌；由于这类菌遍存于环境中，其病原性曾被否定，而被列为"污染菌"。

对这一类菌，相当长的一段时间，普遍应用Runyon等的分类法分类，迄今的研究表明Runyon分类法有其一定意义，但已不足以描述这类菌的特征，新的分类系统在研建中，而且对这类分枝杆菌的病原意义已愈加肯定。结核菌、麻风杆菌、速生分枝杆菌及其他一些慢生分枝杆菌以及20世纪90年代鉴定一些新分枝杆菌的感染在本篇其他章节将分别介绍。

第一节　特殊分枝杆菌皮肤感染

本节仅分别介绍一类特殊的分枝杆菌的皮肤感染，包括：M. kansasii、M. ulcerans、M. hemophilum、M. szulgai 和 M. gordonae。

一、溃疡分枝杆菌感染

溃疡分枝杆菌（M. ulcerans）是一种慢生长的不产色的分枝杆菌，最适生长温度为32℃，有强触酶反应，其他生化试验多为阴性。本菌产生的毒素是临床上皮肤病症状的主因，此毒素注射到荷兰猪皮肤时，引起的症状与人皮肤症状相似。本菌主要引起人类皮肤溃疡，即所谓的 Buruli 溃疡（Buruli ulcer，BU）是继结核菌和麻风杆菌后第3个常见分枝杆菌感染。

1. 病原学　溃疡分枝杆菌是引起 Buruli 溃疡的病原体。本菌感染主要流行于热带雨林国家，在西非国家过去十余年中有过大量病人。有证据表明感染通过外伤皮肤接触污染的水、土或植物而感染。有报告提示昆虫可能作为媒介。1980年以来本菌感染做为人类皮肤溃疡的主要原因。细菌破坏皮肤和皮下组织，引起畸残，损害主要发生在下肢。溃疡分枝杆菌被认为是一种腐物寄生菌，可从多汁的植物中分离出来。该菌首次被发现于1948年，但1987年乌干达才对该菌作出描述。患者多为生活在河流和潮湿地带的农村妇女。在许多热带国家引起小范围感染流行，特别是在乌干达。流行地区病人的分布与水的 pH 有关。该菌通常存在于围绕湖泊或河流的多汁植物中。患者四肢特别是腿部为好发接种部位，常发生于外伤后。溃疡分枝杆菌有几个特征。即该菌可在24~32℃生长。有群集倾向，对纤维素有嗜好。该菌是引起小鼠死亡的少数分枝杆菌之一。

2. 流行病学　主要在中非和西非流行。在澳洲、墨西哥、西太平洋的巴布亚岛、新几内亚亦有报告。实际上本病为世界性的，特别在热带和亚热带国家的潮湿土壤地区。易侵15岁以下儿童和免疫力低下者。流行病学研究提示沼泽地、缓流水系菌的来源，而水生性昆虫类参与本病的传播。溃疡分枝杆菌感染所致皮肤病之所以称为 Buruli 溃疡，就是以乌干达的一个地区而命名的。该地区在19世纪60年代有许多病例。据1978年统计，该病在象牙海岸约有15 000例报告。有些村庄，约有16%的人口被感染。1989年以来，贝宁报告有4 000例患者。Amofah 报告在加纳 Amansie 西部地区有90例 Buruli 溃疡患者，其中19%的患者为15岁以下儿童，20%在50岁以上。在儿童患者中，男性居多，在成人组则相反。疾病高发时间为9~10月，接种 BCG 的患者病期短于未接种者，但 BCG 接种与发病年龄无关。1999年在加纳全国调查 Buruli 溃疡时，发现有6 332例不同阶段的皮肤溃疡病人，其中

5 619 例证实为 Buruli 溃疡，患病率为 20.7/10 万。最流行的地区患病率高达 150.8/10 万，一些地区 22% 的村民被感染。研究结果表明，疾病流行广泛，还有漏报病例。在非洲、亚洲、拉丁美洲和西太平洋的热带和亚热带沼泽地区都有病例报告。在国家水平上，本病无患病率资料。但初步资料表明，一些地区患病率在 2%~22% 之间。许多人溃疡分枝杆菌素（burulin）皮试阳性，提示亚临床感染常见。感染可突然暴发，在尼日利亚校园中建人工湖时，就有暴发病例。该病在种族、性别上发病无差异，可侵犯所有年龄组，但儿童患者多见。目前病例数仍然在上升。在我国广西、山东、陕西都发现过病例，广西报告居多。

世界卫生组织充分认识到 BU 作为一个新出现的公共卫生问题，已经建立了全球 BU 倡议机构（Global Buruli Ulcer initiative，GBUI），来协调全球的疾病控制和研究。作为该机构的一部分 1998 年又建立了一个 GBUI 委员会来指导防治。同年，WHO 在象牙海岸召开了全球学术会议，分享信息和进一步制定全球 BU 控制和研究战略。在学术会议上，有 20 多个国家的代表在大会宣言上签名，承诺控制该疾病。从而，流行国家、NGO 及研究单位受到极大鼓舞。

3. 临床表现　为一慢性隐袭性皮肤坏死疾病。病前常有外伤史。水中昆虫叮咬后而感染也可能是传染方式。接触传播及飞沫传播未被证实。一般在皮肤外伤后 7~14 天后发病，皮损位于外伤部位。70% 的患者在 15 岁以下。最初损害常见于腿和手臂，初始表现为单一、坚实、无痛性皮肤和皮下脂肪组织结节，1~2cm 大小，可移动。亦可见丘疹斑块或界限不清的水肿、无痛性瘢痕，偶有瘙痒。偶尔可见卫星状损害。一些病例可不再发展。但结节通常会破溃，形成浅溃疡，扩展迅速，直径可达 25cm 以上，甚至可达全身皮肤面积的 15%。感染可破坏神经、附件、血管，偶尔侵犯骨髓。溃疡特征为形成一个扇形有深部潜行的破坏边缘，边缘不规则，有色素加深。溃疡有时很难估计真实大小。溃疡基底充满坏死的脂肪组织，损害周围或整个肢体可发生肿胀。溃疡可保持较小范围或自愈，但一般逐渐发展到大面积破坏性溃疡，愈合缓慢。系统症状少见，偶尔可引起脓毒血症和破伤风等继发感染而死亡。尽管局部损害严重，病人只有轻微或无全身不适。偶见有弥漫性蜂窝织炎伴广泛水肿。Lavalla 报告在墨西哥发现的 4 例由溃疡分枝杆菌引起的皮肤溃疡患者，4 例患者均为男性，1 例成人，3 例儿童，职业为农民、学生和出售马饲料者。临床表现为初期皮肤出现红斑水肿，以后出现坏死渗出，形成崩蚀性溃疡，表面暗黑色痂皮，有弯曲的溃疡边缘。其中有一例病人在踝部外侧、膝部弯曲部和面部有 3 个分离的皮肤溃疡。病程为 1 个月~3 年不等。活检示损害中心坏死组织内有大量抗酸分枝杆菌，边缘部则很少或无。有肉芽肿或炎症坏死。在 33℃ 培养时 3 例阳性，1 例阴性。在 37℃ 培养均阴性。4 例患者 PPD 试验均阳性，麻风菌素试验 3 例阳性，1 例未做。

病程变化大，通常迁延。发病 6~9 个月开始愈合，死亡少见。但愈后广泛瘢痕导致肢体关节挛缩，并因淋巴回流障碍引起肢体淋巴水肿，眼部损害导致失明，乳房、生殖器受累可致这些器官丧失或毁形，大片溃疡有时需要截肢，偶尔长期溃疡可引起皮肤癌变，种种严重后果可形成巨大医疗和经济负担。

溃疡分枝杆菌可产生一种可溶性多肽毒素，破坏组织，抑制机体 T 细胞反应。该病一个重要特征是尽管病人皮肤广泛受累，但症状并不严重，病人无明显发热，疼痛轻微，因而患者往往没有尽早就医。

4. 诊断　在流行区，应想到本病可能发生。散发病例或不典型病例可与皮肤结核、深部真菌病混淆。坏死组织基底部组织液涂片可查到抗酸杆菌。将溃疡渗出液或新鲜组织在 30~35℃ 培养可有分枝杆菌生长，培养 6~8 周可见到菌落。

评估 BU 血清学诊断的应用价值（即患者对溃疡分枝杆菌的体液免疫反应）显示：39 例 BU 患者中，有 28 例（71.8%）对 Burulin 皮试阳性，而 21 例健康人中只有 3 例（4%）阳性。但患者的阳性反应见于疾病活动期或愈合期。早期病人很少阳性，对早期诊断价值似乎不大。作者还将溃疡分枝杆菌培养滤出物作为抗原检测 BU 病人血清内抗体。61 例患者中有 43 例（70.5%）存在特异性抗体，27 例健康人中只有 10 例（37.0%）及 13 例结核病患者中只有 4 例（30.8%）存在特异性抗体。不同疾病阶段与抗体反应效价无关。作者认为血清学试验对 BU 诊断及监测似有一定价值。

迄今认为，注意流行区、发病史、组织病理检查、培养和 PCR 检测（含菌种鉴别）是确诊本病的有效方法。

5. 组织病理学 最早的病理改变是真皮和皮下组织急性坏死，皮神经、血管及附件破坏，可见到群集的抗酸杆菌黏附在皮下纤维上。脂肪可发生坏死和钙化。坏死超过溃疡边缘。尽管可看到白细胞血管炎或小血管血栓形成，但急性炎症浸润少见或缺如。在愈合期可见到肉芽肿反应。由于未见到有毒素产生，组织坏死的原因至今尚不清楚。在这一阶段，免疫学状态是无反应性的。炎症反应只在轻度~中度之间，肌肉不受累，可能与肌肉温度较高有关。细菌只选择性地破坏适宜自身繁殖温度范围内的组织。在澳大利亚病例中见到上皮样细胞和细胞反应，但在非洲病例中少见。

皮损在数月后开始愈合，伴淋巴细胞和粒细胞反应。皮损组织纤维化和瘢痕形成导致肢体挛缩畸形为最终结果。

所谓溃疡分枝杆菌素则是指用培养的该菌经超声裂解后的产物制取的皮试试剂。患者及亚临床感染者对此试剂皮试呈阳性反应。

6. 治疗 该菌体外试验时对 RFP、链霉素、氯法齐明敏感。通过外科手术，局部处理及给予抗生素有效。在感染早期通过简单切除结节可达到早期治愈并能预防许多合并症。因此早期切除受累组织，保持深部组织完整性是一个很好的选择。使用针对分枝杆菌的药物治疗 BU，尚无满意疗法。有人报告 RFP 600 mg/d 治疗 6~9 个月，儿童 10~20mg/（kg·d）（勿超过 600 mg/d）对早期损害及术后有效，但对大溃疡无效。大的损害切除后需要植皮，皮肤移植手术的时间取决于经验。有人推荐切除损害后合用 RFP 加 B663 治疗有效。目前发现氨基糖苷类（阿米卡星或链霉素）与利福平联合治疗可治愈小鼠 BU，患者可以应用这一方案。但这种治疗方法费用昂贵且充满风险。有用 RFP、米诺环素和复方磺胺甲噁唑等治疗成功的报告。Lavalla 报告 4 例患者中 3 例用 DDS 治疗，1 例有效，另 2 例无效。用 RFP 治愈 1 例，用 B663 也治愈 1 例。有 1 例做皮肤移植。在治疗中，用硫酸铜液清洗局部很重要，可促临床改善。

引起皮肤软组织感染可选用 RFP+AMK+EMB+磺胺甲噁唑/甲氧苄啶（复方磺胺甲噁唑）治疗。疗程为 4~6 周，并结合手术清除。但应注意药物不良反应。

局部用苯妥英钠治疗有效，其治疗溃疡机制不明。由于溃疡分枝杆菌生长的适宜温度是 31~33℃，因此使用局部热疗，如利用 40℃ 以上循环水浴对患处加热超过细菌活力耐受程度的治疗方法有前途，可抑制细菌生长。但苯妥英钠和热疗的疗效需要进一步评价。

有提倡使用高压氧治疗者，但疗效有限。

虽然目前尚无最满意的治疗方法，但为了更有针对性和有效地治疗应在参照药敏试验结果的情况下实施个体化的治疗方案。

在流行地区，许多病人常就诊较迟，初诊时常伴大片溃疡。唯一的方法是广泛切除，并在伤口干燥时植皮。外科治疗需要输血和长期住院，平均住院时间为 130 天，经济负担和社会影响很大，在加纳每例患者平均治疗费用为 780 美元；而早期只需要短期住院，仅花费 20~30 美元。在一些地区，有 20%~25% 的患者因病致残。随着本病患者和合并症增加，农村人群因 BU 带来的经济损失和社会影响越来越严重。Asiedu 报告 1994~1996 年在加纳 Amansie 西部地区一家医院治疗本病溃疡情况。102 例住院患者中，70% 是小于 15 岁儿童，无性别差异。

在 1994 年、1995 年和 1996 年平均住院分别为 186 天、103 天和 102 天。其中 10 例病人截肢，12 例病人出院时有肢体挛缩畸形，1 例病人 1 只眼失明，2 例病人死于脓毒血症和破伤风。1994 年、1995 年和 1996 年每例病人平均治疗费用分别为 967 美元、706 美元和 658 美元。

7. 预防 溃疡分枝杆菌引起的感染在热带和亚热带已成为主要公共卫生问题，特别是在中非和西非。由于 BU 无特异疫苗，目前预防措施主要为健康教育和 BCG 接种。健康教育主要是包括适当处理伤口，避免沼泽地区，早期就诊，建立社区疾病监测规划。有报告 BCG 对 BU 有交叉保护作用。

BCG 疫苗抗原与溃疡分枝杆菌有 84.1% 的氨基酸序列同源性。这一同源性抗原足以允许产生交叉保护作用。动物试验中，接种 BCG 或 DNA 基因编码的特异抗原，能促进对溃疡分枝杆菌的免疫反应，显著减少小鼠足垫内溃疡分枝杆菌的数量。因而在高危人群中接种 BCG 可预防 BU，特别是对婴儿有保护作用。由于其保护作用比较短暂，应多次接种。目前主要在高发地区应用。尽管 BCG 接种有一些预防效果，但更需要针对细菌毒素的新疫苗，受累人群是穷人，经济负担很重，需多方努力，加强预防、治疗和控制等方面的科学研究。

二、堪萨斯分枝杆菌感染

1. 病原学　堪萨斯分枝杆菌（M. kansasii）是一种慢生长，对光产色分枝杆菌。最适生长温度为 37℃，触酶反应强阳性，烟酸试验为阴性，吐温-80 水解能力很强。其抗原与 MTB 密切相关，有报告本菌感染能增强对 MTB 的免疫力。1953 年 Buhler 和 Pollak 首次报告分离到此菌。该菌在光照下产生黄色色素，在光镜下形态细长，壁厚有分叉。生物学测定显示该菌有 5 种基因型，临床上常分离到 I 型和 II 型，其他型从环境标本中也可分离到。I 型可能是从人类分离的最流行的堪萨斯分枝杆菌。该菌存在于灰尘和水中（水可能是其真正的天然菌库），但不太容易从环境中分离。在高流行地区少部分水源中已经分离出该菌，但该菌通过自来水传播证据不足，很可能通过呼吸或局部接种而感染，但人与人之间传染缺乏证据。该菌与其他机会分枝杆菌一样，也可以感染而不发病，直到宿主由于免疫机制出现缺陷时发病。

2. 流行病学　本菌在人的感染在全世界都可见到，主要在温带地区流行。在牛和猪曾分离到本菌。美国、英国、法国北部和比利时都有病例报告。在艾滋病大量发生之前是一个少见的致病菌。但随着 HIV 感染增多，在 HIV 感染者中发病报告有增加（目前本病是艾滋病患者第 2 个常见分枝杆菌感染），在全美国都有发病报告，但在中西部和南部发病率最高。在北加利福尼亚的 3 个镇，1992～1996 年报告有 270 例患者，其中 69.3% 者 HIV 抗体阳性，发病率为 2.4/10 万，HIV 抗体阳性者中发病率为 11.5/10 万，艾滋病患者中发病率为 647/10 万，远高于 1982～1983 年全美国实验室监测资料统计的数字（0.3/10 万）。在低收入者中发病率高，35.5% 的患者住所不稳定，94% 的患者从呼吸道分离出此菌，87.5% 有临床发病证据。

在堪萨斯分枝杆菌感染者中，伴有 HIV 感染者中有 41.2% 者在呼吸道分泌物涂片查到本菌，在不伴 HIV 感染者中 20.7% 者涂片阳性。提示 HIV 抗体阳性者中分离到本菌常见，大多数堪萨斯分枝杆菌感染的病人，即使不考虑 HIV 感染状态，亦有临床和放射学证据。在种族上发病率无差别。男性和女性患者之比为 3：1。成人多于儿童。老年患者多见，发病年龄与 HIV 感染有关。

3. 临床表现　肺、生殖器、泌尿道、肌腱、关节和皮肤均可受累，有局限或播散性皮肤受累。皮损损害可与孢子丝菌病相似，有丘疹、疣状丘疹、脓疱、结节、红色斑块、脓肿和溃疡等，也可有结痂或丘疹坏死表现。从局部向周围扩散，引起淋巴结炎、皮下组织感染。

在免疫抑制的病人及 HIV 感染晚期可出现本病感染。甚至出现弥散性蜂窝织炎。肺是最常受累器官，常见症状为发热、畏寒、盗汗、伴或不伴咳嗽、体重减轻、疲劳、胸痛和呼吸困难。皮肤损害可以不典型，有蜂窝织炎、浆膜瘤，组织病理上缺乏肉芽肿典型改变，可延误诊断。在肺部感染者，由于鼻内分泌物可导致口周面部皮肤损害。进而，病人还能出现皮肤免疫介导的损害，诸如多形性红斑和结节性红斑。HIV 抗体阳性的病人感染本菌后有 20% 者可发生疾病播散损害。可出现与结核性脑膜炎相似的脑膜炎，有较高的死亡率。在 HIV 感染病人中报告有菌血症、心外膜炎、口腔溃疡、慢性鼻窦炎和头皮脓肿。在其他免疫抑制病人中（骨髓移植、血液透析患者）报告有播散性感染。有报告 8 例患者中 4 例是免疫抑制的病人，2 例腿部损害像蜂窝织炎。

本菌感染常发生于右肺，可见到空洞，但胸膜渗出、多发支气管狭窄少见。在 16 例伴本菌感染的 HIV 感染患者中，X 线检查示，肺泡部透明、空洞、胸淋巴结肿大、胸膜渗出和间质不透明。

全身症状有发热、淋巴结肿大、胸部有胸膜捻发音和喘鸣音。伴 HIV 感染的 49 例病人在感染本菌后，出现发热（45%）、胸部捻发音（40%）、淋巴结肿大（25%）、喘鸣音（20%）、肝脾大

（5%）。在播散性感染中，出现发热（50%）、肝脾大（40%）、肺部捻发音（25%）、淋巴结肿大（10%）、皮损（10%）、喘鸣音（5%）。皮肤感染多源自微小的皮肤损伤。在皮肤感染时有结节、脓疱、疣状损害、红色斑块、脓肿、溃疡。其他体征取决于感染或播散的位置。

根据一项研究，在英国47例肺部感染患者中，常见症状为咳嗽（91%）、痰多（85%）、体重减轻（53%）、呼吸不畅（51%）、胸痛（34%）、咯血（32%）和发热（17%）。本菌感染与结核病相比，症状更轻，病程呈慢性，也可发生隐性感染。

感染的诱发因素有硅沉着病、结核、真菌感染、慢性阻塞性肺疾病、支气管扩张。另外的因素有肿瘤、糖尿病、长期应用糖皮质激素和饮酒过度等。

4. 死亡率　南非金矿回顾性研究中，在 HIV 抗体阴性者中死亡率为2%。在 HIV 抗体阳性者中为9%。50%以上的病人如不治疗，肺部损害可加剧，导致死亡。

5. 诊断与鉴别诊断　本病诊断比较困难。需要分离出病原菌，至少检查3次，将痰标本（支气管插管时从无菌部位或组织的吸出物）作抗酸染色和培养。血液培养对检测菌血症，诊断播散性感染有价值。感染本菌的 HIV 抗体阳性病人中有11%者血培养阳性。

基因探针（核酸探针）及 PCR 对鉴定生长的菌落有价值。试验高度敏感、特异，在 2~4 小时利用培养物可作出鉴定。本菌的分离一般提示临床疾病，与环境污染无关。现有皮试对诊断无帮助。

大约有90%本菌感染的病人肺部有空洞损害。在无肺空洞损害的患者中，临床症状和 CT 扫描是诊断肺部损害的辅助手段。

有本菌感染时应做 HIV 抗体检测，如 HIV 抗体阳性，应做全面 HIV 感染和免疫功能评估。

支气管镜、组织活检、胸腔穿刺或心包穿刺可揭示病原体和确定诊断。在确定播散性感染时，骨髓、肝、皮损活检或针刺吸出物对诊断有价值。

本菌感染需与组织胞浆菌、细菌性肺炎、孢子丝菌病、细菌性蜂窝织炎和其他分枝杆菌感染鉴别。从一些病人分离到本菌的意义难以确定，呼吸道一次吸出物或活检组织经适当染色可初步怀疑本病。经培养和鉴定试验可证实为该菌所致。随着将来器官移植患者增加，这一传染途径可能越来越常见。

1997 年美国肺病协会推荐，对于 HIV 抗体阳性或阴性的非结核杆菌肺部感染患者，在伴结节和空洞浸润，胸片上有多发性支气管扩张和多发结节时：①若在12小时前有3次痰或3次支气管洗出液分枝杆菌涂片均阴性，但3次培养均阳性时，可确诊；如1次涂片阳性，则有2次培养阳性可确诊。②如果1次支气管洗出液培养即阳性，涂片示细菌密度很高（2+~4+），或在固体培养基上有高度生长（2+~4+）可确诊。③如痰或支气管洗出液不能确诊，同时排除了其他疾病，需在经支气管检测到病原菌或活检示一致组织病理改变（肉芽肿或抗酸杆菌）时才可确诊。

6. 组织病理学　在疣状或孢子丝菌样损害中，主要病理改变是结核样肉芽肿。但可有不同组织病理表现，可有真皮坏死、局限脓肿、非坏死性结节、干酪样坏死、剧烈的混合炎症细胞反应。一般与结核病组织学相似。但皮损内也可无典型肉芽肿改变。肺、淋巴结活检可见干酪样坏死，肺和淋巴结常显示分枝杆菌，而其他部位少见。在艾滋病病人或其他免疫抑制病人中可缺乏典型特征。

通常可检出细长的不均匀染色的抗酸菌。该菌在 37℃ 培养能生长。用适当生化试验和 PCR 可鉴定本菌。

7. 治疗　如未治疗，分离到本菌的病人需要给予严格随访。但许多专家劝告从肺部或其他部位分离到本菌，应立即开始治疗，特别是艾滋病患者。在 3 个研究中，对 180 例患者用 RFP 治疗 4 个月，痰阴转率达到100%。RFP 加乙硫异烟胺和乙胺丁醇的联合治疗有满意的疗效。有报告应用卡那霉素有效。米诺环素从每日200mg 逐渐减少到每日100mg 的治疗也获得成功。对于那些接受抗反转录病毒治疗的 HIV 抗体阳性患者也有效。要根据培养和药物敏感试验来调整药物，应注意对 INH 敏感性分析，本菌大多对1mg/ml 浓度的 INH 耐受，但在5mg/ml 浓度时敏感。本菌对 PZA 耐药。大多数对 RFP 和 EMB 敏感。

原则上，引起肺部疾病可选用 INH+RFP+EMB 治疗 18 个月，如菌对其耐药可改用利福布汀（或利福喷汀）+AMK+磺胺甲噁唑/甲氧苄啶（复方磺胺甲噁唑）治疗 18 个月。若为 AIDS 合并本菌感染，则可用利福布汀（或利福喷汀）+AMK+磺胺甲噁唑/甲氧苄啶（复方磺胺甲噁唑）+阿奇霉素（或克拉霉素）治疗 18~24 个月。

关于治疗当前各家报道尚无一致意见：英国胸科学会主张用 RF+EMB，疗程 9 个月。我国则据药敏高低顺序，选择下列方案：①RF+EMB+INH；②RF+1321Th+EMB+INH；③INH+SM+EMB。疗程为 12 个月。

目前推荐的方案有：对本菌引起的肺部感染，用 RFP 600mg/d 加上 EMB［25mg/（kg·d）治疗 2 个月后减为 15 mg/（kg·d）］，INH 和维生素 B_6 50mg/d，共 4 种药，每日治疗。疗程 18 个月。由于 RFP 显著增加蛋白酶抑制剂药物代谢，在应用 HIV 蛋白酶抑制剂时，不能同时用 RFP，可用低剂量利福布汀。一些专家推荐在伴严重感染时，如空洞或播散性感染时，先用氨基糖苷类药物，给予链霉素 15mg/kg 或 1.0g/d，每周治疗 3~5 天，直到痰培养阴性。但需关注药物的不良反应。

如病人不能耐受 RFP，乙胺丁醇和 INH 中的某种药物，可用克拉霉素替代，但该药疗效尚未完全确定。其他抗堪萨斯分枝杆菌药物有喹诺酮类药、氨基糖苷（链霉素和阿米卡星）和 SMZ。

短期和间隙治疗尚未进行充分研究，因而不推荐。肺外疾病治疗与肺疾病治疗相同。美国肺病协会推荐疗程为 18 个月，比结核 6~9 个月疗程要长。这一方案也适用鸟分枝杆菌复合体感染。

对儿童淋巴结炎，推荐切除所有可触及的淋巴结，并做活检检测分枝杆菌。

8. 护理 院内病人不需要隔离，院外病人做临床随访，包括胸片和每月痰检。同时监测药物毒性，包括周期检查乙胺丁醇的视力敏感性和色觉，利福布汀的眼色素层炎，INH、RFP、利福布汀和克拉霉素的肝毒性。向病人解释药物治疗的不良反应和注意事项，如 RFP 可减少口服避孕药的效果，乙胺丁醇可致失明，RFP 等引起肝毒性等。妊娠时禁用氨基糖苷类药，可用 INH、乙胺丁醇和 RFP，且无需减少剂量。

9. 预后及预防 病程长，起伏性大，可累全身各器官，预后较差。若免疫抑制患者，特别是 HIV 感染者当血中 $CD4^+T$ 细胞数≤50 个/ml 时可考虑单用或联用阿奇霉素和利福喷汀以防 EM 感染（当>50 个/ml 时停止预防服药），尤其防止医院感染的发生。

三、斯氏分枝杆菌感染

1. 病原学 斯氏分枝杆菌（M. szulgai）又称苏加分枝杆菌，属于暗处产色分枝杆菌，在 1972 年被鉴定为人类的致病菌。本菌触酶试验强阳性，硝酸盐还原及脲酶试验亦为阳性，吐温-80 水解试验出现阳性较晚。病菌已经从肺感染的病人中分离出来，也从感染的尺骨鹰嘴滑囊中分离出来。英文文献已经有 24 例该分枝杆菌感染的报告。在 1 例糖皮质激素治疗的女性患者中引起弥散性蜂窝织炎。

2. 流行病学 本菌感染全世界都有报告。虽然曾从蜗牛及热带鱼分离出本菌，但其天然宿主尚不清楚。有报告，于 1999 年在美国休斯敦 Veteran Affairs 医疗中心分离到多株不产色分枝杆菌。通过 DNA 基因测序，证实是斯氏分枝杆菌。以后从 1999~2000 年又从不同病人身上分离到 37 株。比较 37 株生物学特性，31 株为不产色，所有菌株在生长率、生化特性方面相似，但发现 3 种基因型。基因 I 型不产色，在 37 株中有 27 株。基因 II 型产色，有 5 株。基因 III 型也产色，只有 1 株。其余 4 株未检测。扩增 DNA 片段在所有非产色菌株中相同。作者发现这些菌株基因序列与医院用的水箱中假流行株相同，认为所分离到菌株可能最初来自医院水中，暂时接种于病人身上。

就目前资料，本病男多于女。

3. 临床表现 有 2/3 的报告显示本菌主要侵犯肺，临床表现与肺结核相似。亦有数例引起矿工鹰嘴黏液囊炎的报告。皮肤感染者多见于免疫抑制者（如系统类固醇治疗者），曾有报告一例 6 个月龄的婴儿和一例结节病患者由于类固醇治疗而致 M. szulgai 顽固皮肤感染，亦有报告 2 例产生播散性感染而且并发骨髓炎。有报告 27 例患者中有 18 例有肺部疾病，很难与结核感染区别。3 例有尺骨鹰嘴黏液。在 3 例免疫抑制的病人中见到播散性损害。

4. 组织学及诊断　皮肤和内脏损害显示有典型的不含干酪样坏死肉芽肿。可见到许多抗酸杆菌。从病损活检或渗出液中培养分离到 M. szulgai 则可确诊。

5. 治疗　体外试验显示本菌对抗结核药物包括链霉素、INH、利福平等均很敏感，适当联合（2 种或 2 种以上）应用可望获临床治愈，但对乙胺丁醇和吡嗪酰胺已产生耐药。治疗时应考虑病人的免疫状态。治疗应在药物敏感试验指导下制定个体化的方案。尺骨鹰嘴滑囊炎需考虑加手术治疗。目前尚无足够资料确定治疗时间。定期临床和细菌学的检查很重要。

四、革登分枝杆菌感染

1. 病原学　革登分枝杆菌（M. gordonae）是一种常见分枝杆菌。以美国细菌学家 Ruth E Gordon 命名。为一种暗处产色菌，缓慢生长，菌落表面光滑，黄色。因常可从自来水中分离到此菌（每升水中细菌浓度可达 1000 条），有人称其为自来水杆菌。其实细菌到处生长，主要见于土壤、地面水、自来水、未消毒牛奶、健康人黏膜、人尿和胃液中。

由于能从许多标本中分离到本菌，可能是污染而不代表真正疾病。因此对阳性培养结果要慎重评价。在 HIV 感染或有严重免疫缺陷时该菌可感染肺、血液、骨髓和其他器官。但也有特殊情况，有报告 1 例 40 岁家庭主妇，主诉腰部疼痛、尿频、排尿困难、尿液有脓细胞，常规细菌培养阴性。广谱抗生素治疗无效。多次从尿中分离到革登分枝杆菌，病人对标准抗结核药反应好。但病人治疗不规则，在停止治疗 3 个月后复发，症状重现，尿中再次培养出革登分枝杆菌，未分离到结核菌和其他致病菌，病人也无体液和细胞免疫低下及 HIV 感染证据。

在少数发表的病例报告中，因本菌感染与其他分枝杆菌感染的临床特征相似，以及缺乏实验室依据而高度怀疑本病。近年来，报告多例皮肤感染。

2. 流行病学　在美国本菌感染少见。尽管有 100 多例报告，但大多数是污染，而不是真正疾病。医源性假性暴发起因于自来水、制冰机械、实验室溶液、仪器光纤支气管镜、结肠镜、雾化设备和腹膜透析液的污染，与环境未适当消毒有关。

本菌可能是全球分布，死亡率小于 0.1%。革登分枝杆菌感染是 HIV 感染病人严重免疫抑制的标志。有报告 1 例 HIV 感染病人发生严重免疫抑制伴急性呼吸道窘迫症，分离到革登分枝杆菌，最终死亡。

该菌感染在种族、性别和年龄上差异尚不清楚。

3. 临床症状　发热，长达 2 周以上，对有效抗分枝杆菌药物治疗有反应（胸部浸润缓慢消退）。在不伴有 HIV 感染者，当皮肤外伤暴露于污染本菌的土壤后（常见于园林工人），特别在四肢多发。可发生结节或皮肤肉芽肿。如在眼角膜有外伤，接触后可发生角膜炎。肺部可有浸润或结节，可形成薄壁空洞。可发生肝或腹膜后感染、尿路感染。在伴有 HIV 感染的患者中有肺部浸润、角膜感染、腹膜后感染、脓毒血症、尿路感染或滑膜囊感染。可发生呼吸窘迫症（ARDS），呼吸道标本重复培养产生大量本菌菌落，常在 CD4$^+$T 细胞少于 50/μl 时发生。有报告 1 例 HIV 感染者出现皮肤假性纺锤体细胞瘤（culaneuos spindle cell pseudotumor）。

4. 诊断　每次培养有大量本菌菌落，且 2 次以上培养阳性。一般血培养阳性可基本确定是本菌感染。

一旦出现培养阳性，要临床综合考虑，并注意与偶遇分枝杆菌、嗜血分枝杆菌、堪萨斯分枝杆菌、海鱼分枝杆菌、结核杆菌、龟分枝杆菌感染区别。其他要考虑艾滋病、寄居、污染、假性暴发的可能性。检查有呼吸道症状时应做胸片，怀疑感染播散时应做肺和腹部 CT 扫描。支气管镜可评价浸润情况，骨髓活检可诊断可疑的播散感染。

5. 治疗　目前尚无最有效的统一治疗方案。体外药敏试验提示克拉霉素、阿奇霉素、喹诺酮类药（特别是左旋氧氟沙星）和乙胺丁醇可作为治疗选择。有报告皮肤感染肉芽肿用利福平加外科手术治疗获得成功。宜治疗到培养阴性。细菌培养阴性后继续延长治疗是否可预防复发尚不清楚。本菌对

INH、PZA 和链霉素耐药。多西环素和 SMZ-TMP 抗本菌效果尚不清楚。

可预防复发的疗程未定，有治疗 3、6 和 12 个月者。客观体征的改善如胸片改善对确定疗程有帮助。疗程太短可复发。疗程太长可发生药物不良反应。单疗可发生耐药。对多种药物间歇治疗尚无明确评价资料。

6. 护理 病人无需隔离。需每月观察临床表现和监测药物不良反应。病人治疗一般预后好，除非有免疫抑制，病人一般很少死亡。

五、嗜血分枝杆菌感染

1. 病原学 嗜血分枝杆菌（M. hemophilum）是一短而略弯曲的杆菌，成单个或索状排列。本菌生长慢、不产色。需要特殊培养条件，即需在培养基内加血或高价铁复合物，并在 30～35℃ 培养。在固体培养基上需要 2～3 周。革兰染色不着色。烟酸、触酶、脲酶试验和吐温-80 水解试验均为阴性，但 pyrazinamidase 和 nicotinamidase 试验为阳性。本菌不是一种腐生菌，也不是实验室污染菌。在免疫抑制病人中引起皮肤、关节、骨骼和肺部的感染和儿童淋巴结炎。本菌首次从 1 例霍奇金淋巴瘤患者皮下脓肿内分离。近年来在艾滋病患者和移植受体中发生感染较多，引起多发皮肤结节、脓肿和溃疡。最近在以色列和澳大利亚也得到分离，分离到细菌的大多数病例为伴有免疫抑制的肾移植或淋巴瘤患者。

本菌在自然界分布和人类如何感染的机制尚不清楚。在免疫抑制的病人通常表现为皮损，脓毒性关节炎，也可发生骨髓炎。在以糖皮质激素治疗的小鼠皮内注入嗜血分枝杆菌可引起与人类相似的皮损，而健康小鼠则不发病。肺部损害通常在皮损后出现。偶尔病人最初表现为肺感染，以后才出现皮损。病人可发生分枝杆菌血症。

2. 流行病学 从 1984～1994 年在美国 Arizona 报告了 40 例以上的嗜血分枝杆菌感染，大多数为免疫抑制患者。Dever 在 1992 年的综述中亦描述了 34 例 AIDS 患者感染本菌。在全球有澳大利亚、法国、加拿大、以色列、英国和南非有散在病例报告。本病预后取决于病人免疫抑制程度。一些艾滋病病人对治疗有效，而另一些初期治疗有效，以后复发。在骨髓移植受体中有因感染本菌而发生死亡者。

本病男性成人患者多见，可能与男性 HIV 感染率高有关，且大多数免疫抑制患者为成人。

本菌的天然宿主和感染途径尚不清楚。

3. 临床表现 大多表现为皮肤和皮下损害。皮肤损害为斑块、多发性结节、蜂窝织炎等。儿童淋巴结炎常见。表现为颌下和颈部淋巴结肿大，通常为单侧，有触痛和波动感。肿大淋巴结上方皮肤有红斑。在数周或数月内逐渐肿大，有触痛。伴低度发热，但无其他系统症状。一般抗生素治疗无效。在免疫抑制患者中常见皮损，皮损发生于关节上方的四肢，表现为丘疹、皮下结节、囊肿，皮损表面可有脱屑。初期不痛，但以后可有触痛和瘙痒，可发生痛性溃疡和围绕皮损的红斑。在一些病人中可发生脓毒性关节炎，表现为膝关节、肘关节的疼痛和肿胀，在受累关节上方常有皮损的病史。

在艾滋病病人中可见骨髓炎，通常同时存在皮损和脓毒性关节炎。肺部有感染时，表现为发热、咳嗽、胸痛和呼吸困难，病人常有皮损的病史。

在艾滋病病人和接受骨髓移植病人中见到因中心静脉插管引起本菌感染。有 2 例患者，1 例表现为锁骨上皮肤发生蜂窝织炎，并有溃疡；另 1 例在插管部位出现溃疡和脓性分泌物。

4. 诊断 对感染的淋巴结吸出物、痰液、滑膜液或骨髓涂片做抗酸染色，镜检可发现抗酸杆菌。在含铁或血的培养基上，在 30～32℃ 培养见到细菌生长菌落。一些艾滋病病人血培养可阳性。

本菌感染需与芽生菌病、卡波西瘤、血管炎、疖病、隐球菌病、鸟分枝杆菌复合体感染、曲霉病、弓形虫病、肉样瘤、孢子丝菌病、结核病和其他分枝杆菌感染鉴别。儿童淋巴结炎需与急性弓形虫病、放线菌病、EB 病毒感染、淋巴瘤和其他分枝杆菌感染鉴别。

5. 组织病理学 从淋巴瘤和器官移植的患者获得标本可检测结核样肉芽肿，可没有干酪样坏死，能见到大量抗酸杆菌。皮损内显示肉芽肿性脂膜炎。艾滋病病人有的可以见到典型的肉芽肿，但大多数的肉芽肿不典型，可见到多核巨细胞和中性粒细胞浸润，抗酸杆菌检查通常阳性。

6. 治疗 疗效根据临床病情、药物敏感性及患者免疫抑制程度而定。在患淋巴结炎的儿童，外科切除是首选。在免疫抑制患者恢复其免疫功能是最有效的治疗。免疫抑制病人需要联合用药防止耐药产生。药敏试验尚未标准化，但本菌通常对阿米卡星、环丙沙星、左旋氧氟沙星、克拉霉素（体外试验显示克拉霉素最敏感）、利福布汀、利福平敏感。但对乙胺丁醇、异烟肼、丙硫异烟胺和链霉素耐药。尽管最佳方案未确定，但包括至少 2 种有效药物合用是较好的方法。联合用药已经获得一些成功的例子。有人将利福平+环丙沙星+克拉霉素三药联合治疗骨髓移植后的嗜血分枝杆菌感染有效，但疗程未能确定。其他联合方案有利福平+环丙沙星、或利福平+米诺环素、或利福平+克拉霉素+米诺环素等。

7. 护理 大多数病人伴有免疫抑制，在院内确诊本菌感染。这些病人大多数可在门诊治疗。对院外病人需要进行随访，观察疗效，每 2 ~ 4 周随访 1 次。对免疫抑制病人，疗程要延长，对不可逆免疫抑制病人要终身治疗。艾滋病病人在治疗时仍可复发。接受抗反转录病毒治疗的病人，即使疗效很好，能否停止治疗尚不清楚，要求病人坚持治疗，防止耐药。并向病人说明药物可能的不良反应和相互作用，如利福平可干扰避孕药和抗 HIV 的治疗。环丙沙星偶尔可引起跟腱、肌腱断裂，应避免高强度运动。

8. 预后 患局部淋巴结炎的儿童预后好。在成人，预后取决于免疫功能。在有严重免疫功能抑制病人中，需要长期治疗。尽管如此，感染可持续存在或复发。

（吴勤学 陈志强）

第二节 常见的非结核分枝杆菌皮肤感染

非结核分枝杆菌（NTM）常引起系统疾病，以原发性的肺部感染出现，然而亦可引起皮肤损害。这些分枝杆菌基本上是环境中的腐生菌，在人类能够引起无明显感染的免疫反应，依据细菌的种类、接触的程度以及宿主的免疫状态，一些人可出现疾病的表现。近年来，非结核分枝杆菌的感染上升，不同于结核分枝杆菌感染，这些微生物感染不一定都发病；而且，外伤、免疫抑制或伴有慢性疾病使其临床表现错综复杂，这些人群是易感患者，可以解释许多罕见的皮肤感染表现。尚不清楚人类非结核分枝杆菌感染与疾病的发病机制，通常很少有人与人之间的传染，许多人的感染是由环境中 NTM 所致。

实际上，NTM 在自然界广泛存在，水中（湖泊、江河、游泳池和养鱼池）、土壤、动物和人类的排泄物、屋尘和植物等中均有发现，并且血清学研究未发现动物与人之间的传播。Ⅱ群和Ⅳ群 NTM 常可以从土壤和天然的水供中获得，由这些微生物引起的一些医院的暴发流行研究显示：空气、自来水以及透析用的蒸馏水或术前的消毒溶液（如甲紫）可以是此种感染的来源。最近，在外科手术的皮肤取材中（样本的收集是通过棉签组织匀浆的离心获得）可检测到 27% 抗酸杆菌阳性，这些分枝杆菌主要为猿分枝杆菌、革登分枝杆菌、鸟分枝杆菌复合体、瘰疬分枝杆菌。呼吸道 NTM 疾病可能由空气传播，而消化道的 NTM 感染在儿童由颈淋巴结炎引起，在 AIDS 患者播散性鸟分枝杆菌感染可以以胃消化道感染出现。尚不清楚是否 NTM 疾病是发生在其感染不久之后，或者似结核分枝杆菌有一段潜伏的感染期尔后发生，NTM 在水或其他环境中的直接接种可能是软组织感染患者的病原来源。Ⅱ群 NTM 包括光产色的分枝杆菌，如瘰疬分枝杆菌、施氏分枝杆菌、微黄分枝杆菌和革登分枝杆菌。

一、海鱼分枝杆菌感染

海鱼分枝杆菌是一非寄生的分枝杆菌，可感染淡水或海水鱼，偶尔可感染人类，在暴露接触水的情况下，海鱼分枝杆菌侵入出现感染，疾病常局限于皮肤。

Laennec 于 1826 年首次描述皮肤分枝杆菌感染，随后 Koch 介绍了人类结核杆菌，以及根据来源而进行命名的牛型、鸟型及似爬虫型分枝杆菌，认为它们对人类不致病；1926 年，Aronson 在美国费城水族馆分离到并描述了一种引起海水鱼死亡的分枝杆菌，命名为海鱼分枝杆菌，Baker 和 Hagan 描述淡水鱼结核病为扁鱼（Mycobacterium platypoecilus）所引起。1954 年，Linell 和 Norden 于 30℃从培养材料中分离出抗酸杆菌，认为是它引起使用相同公共游泳池而暴发的 80 人皮肤肉芽肿感染。Koch的假设完全成立：当将从患者典型皮疹培养出的细菌自身接种时，继而发生皮肤肉芽肿改变，并能从这种皮损中再次分离到该微生物。Linell 和 Norden 称之为游泳池分枝杆菌（Mycobacterium balnei）。早在 25 年前，M. platypoecilus 和 M. balnei 最终鉴定为同一微生物，根据其历史缘由而命名为海鱼分枝杆菌。

1961 年美国科罗拉多暴发了一次大范围的游泳池肉芽肿感染，因为早期报道的这些疾病与游泳池有关，亦曾称之为"游泳池肉芽肿"，然而若适当地氯化消毒，游泳池肉芽肿必然消失。实际上，引起海鱼分枝杆菌感染的水环境因素亦包括淡水、海水及半咸水，事实上与水有关的活动如家庭用水、潜水、海豚的训练以及游泳、钓鱼、帆船活动等，都是其感染的危险因素。所以"游泳池肉芽肿"不能涵盖其全部。

1. 细菌学　海鱼分枝杆菌属于第 I 群慢速生长光产色非结核分枝杆菌，当生长的培养基暴露在光线下将形成黄色菌落，最适生长温度为 30～32℃，在 37℃生长较慢或几乎不生长。该菌在标准的分枝杆菌培养基中生长良好形成光滑而细小的菌落，平均生长周期为 10～28 天，培养阴性时需要观察 6周。堪萨斯分枝杆菌是另外一种常见的光产色致病菌，菌落是粗糙而干燥的，菌落的生化鉴定是海鱼分枝杆菌区分于其他 I 群慢速生长光产色菌，特别是堪萨斯分枝杆菌的标准方法。初代培养在 30～32℃生长良好是一个特征，但不完全靠这点与堪萨斯分枝杆菌相鉴别，因一些菌株在较高的温度亦生长；而且，传代培养由于该菌能很快适应实验室条件而经常在范围较大的温度生长。通常，在含对乙酰胺基亚苄基缩氨基硫脲的培养基中生长的光产色菌，硝酸还原酶试验阴性，7 天不水解吐温-80，一般鉴定为海鱼分枝杆菌。

2. 流行病学　海鱼分枝杆菌于 1926 年分离，该菌全球分布，但以温暖地区的自然水塘、海水中多见。1945 年瑞典首报病例后，英国、北美和日本多见报告。1961 年美国的科罗拉多州游泳池暴发了一次大范围的皮肤感染，自此，如上述该病被称为游泳池肉芽肿。后来，发现一些水生的环境也是感染的因素，包括淡水、海水、半咸水及家用鱼缸。该病又称鱼池肉芽肿，诊断参考临床表现、外伤史及水质的暴露，根据分枝杆菌培养阳性确诊。

在美国等发达国家估计其年发病率为 0.27/10 万，多为皮肤感染。我国在北京、大连、江苏等省市均发现有本菌的皮肤感染病例。

泰国皮肤病研究所报道了 1981～1991 十年期间 18 例与职业和业余爱好有关的海鱼分枝杆菌皮肤感染，仅包括培养阳性的病例，患者有鱼贩子、渔民、农村学生及拥有鱼缸的养鱼爱好者。建议"海鱼分枝杆菌皮肤感染"取代游泳池肉芽肿、鱼池肉芽肿，因为感染是多因素的。在我们的研究中海鱼分枝杆菌是最常见的非结核分枝杆菌皮肤感染。

3. 临床表现　因为海鱼分枝杆菌最佳生长温度为 30～32℃，感染的原发部位常局限在皮肤，常较少发展到较深的部位如关节和肌腱，虽然播散感染不常见，但有报道。

海鱼分枝杆菌感染常有几种不同的临床表现，最常见的皮疹是发生在四肢的丘疹、结节，皮疹且常出现在易受擦伤的突出的部位如手指、手或膝盖，常有小的外伤史，通常由于职业及业余爱好而极有可能接触环境中的水，本病的高危人群为渔民、加工海鱼的工人、海洋水族馆工作人员、免疫抑制的病人、经常光顾游泳池的儿童及年轻人，热带钓鱼者也有感染的危险。易受外伤的部位为食指、指关节等部位。外伤后感染的潜伏期相对较长，为 2～6 周。皮疹开始为一红色小丘疹，然后慢慢发展为紫红色结节，偶尔皮疹可以出现脓疱和溃疡，不出现相关的系统症状，局部淋巴结病罕见（图 7-2-1～图 7-2-4）。由于这些临床特点，患者从皮疹的出现直到医院就医常有数月到数年的延误，疾病有自限性而自发痊愈，时间为数月到数年不等，有患者可达 10 年以上。同其他非结核分枝杆菌，海鱼分枝杆菌无传染性。

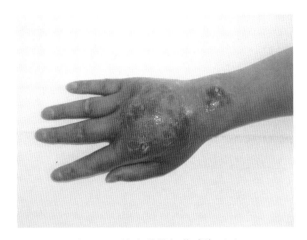

图 7-2-1　海鱼分枝杆菌感染（1）

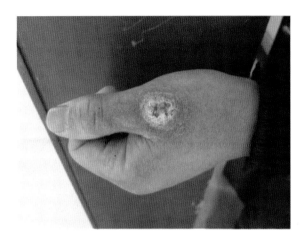

图 7-2-2　海鱼分枝杆菌感染（2）

当时约有 20% 的海鱼分枝杆菌感染可呈现"孢子丝菌样"损害，当局部的接种感染沿淋巴管向近心端淋巴结扩散时出现结节或溃疡，这种皮疹较顽固很少自发痊愈（图 7-2-5）。深部感染导致腱鞘炎、骨髓炎、关节炎、滑囊炎，而腕管综合征不常见，这些疾病是由于皮肤感染的扩散或细菌的直接接种引起，并非是血液途径传播，但具有较大破坏性，对治疗抵抗。有一研究发现这些患者中预后不佳的临床指标包括皮疹的皮质类固醇局部封闭、数月抗生素治疗后窦道的形成以及持续性的疼痛。海鱼分枝杆菌感染常要考虑与慢性关节炎鉴别，特别是组织学偶尔与类风湿关节炎混淆，为控制疾病常需抗生素治疗伴外科清创术。

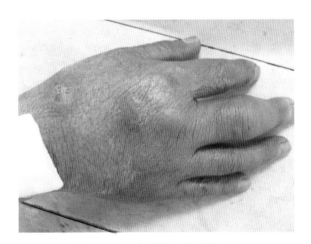

图 7-2-3　海鱼分枝杆菌感染（3）

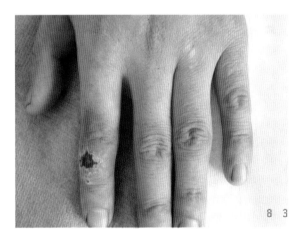

图 7-2-4　海鱼分枝杆菌感染（4）

海鱼分枝杆菌播散感染尽管也在免疫正常的个体发现，但报道通常在免疫抑制的宿主出现。由于海鱼分枝杆菌感染为非必须报告的疾病，所以很难精确掌握疾病的流行和不同的临床表现。1974 年疾病控制中心描述了在 1965～1971 年送至该中心需要鉴定的分离株的临床表现，59 例患者中有 15 例表现为孢子丝菌样损害，5 例有滑囊的感染，平均病期 14 个月，最长未经治疗的 9 年。

4. 组织病理学　海鱼分枝杆菌感染的组织学表现多样，随疾病的过程而演化，特别是其他分枝杆菌感染所表现的肉芽肿改变不常见，如果出现则不典型。在发病的头 6 个月，出现非特异的炎症浸

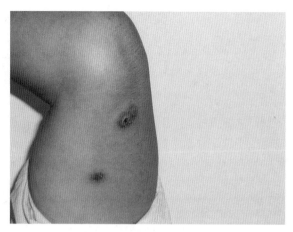

图 7-2-5 淋巴管型孢子丝菌病样海鱼分枝杆菌感染

润，50%以上不出现肉芽肿改变，半年后很可能出现多核巨细胞性肉芽肿，可出现纤维样非干酪性的坏死，偶尔可看见朗汉斯巨细胞。因为组织学表现是非特异的，海鱼分枝杆菌感染最低限度的染色和培养必须坚持，在不同的研究报道 11%~100%的抗酸染色阳性，总而言之，通常涂片阴性。涂片抗酸染色阴性和非特异性的组织学表现不应停止进一步的细菌培养，报道培养的阳性率为 70%~80%，阳性率毫无疑问随关注培养的最适温度而升高。

5. 诊断　海鱼分枝杆菌感染的诊断需要有高度的怀疑指数、环境暴露史以及该微生物实验室生长特性的知识，诊断虽然需要临床怀疑特别是准确的流行病学资料，但确诊仍依据微生物的分离和鉴定。鉴别诊断多而不同，包括嗜血分枝杆菌、偶遇/龟分枝杆菌、溃疡分枝杆菌、结核菌、孢子丝菌病、奴卡菌感染、兔热病、利什曼病、结节病、皮肤肿瘤和异物反应等。

组织活检应在 30~32℃培养，时间 6 周，成功分离出光产色菌后，海鱼分枝杆菌需要与其他第 I 群慢速生长光产色群鉴别。海鱼分枝杆菌由于与结核分枝杆菌有交叉反应而常出现皮肤结核菌素试验阳性，结核菌素试验阳性可提示分枝杆菌感染，但不能区分海鱼分枝杆菌感染与其他分枝杆菌感染，所以很少应用。因为需要鉴别诊断的疾病很多，分枝杆菌培养的标本也应在 37℃培养，亦需进行真菌培养。分子生物学检测方法亦可应用。

6. 治疗　尚无证明最佳的海鱼分枝杆菌感染治疗方法，尚无对照研究，并且不可能进行这样的研究，虽无统一方案，但可以选择几个好的治疗方法。与其他分枝杆菌一样，虽然体外的结果不一定与体内的结果相符，但细菌的药敏实验必须进行。1980 年有研究显示最佳药物为阿米卡星、卡那霉素和各种四环素族药。该菌对异烟肼、链霉素、对氨基水杨酸（PAS）耐药。

常用的治疗方案包括四环素（特别是美满霉素或多西霉素）、利福平和乙胺丁醇、磺胺甲基异恶唑-甲氧苄氨嘧啶（SMZ-TMP）、左旋氧氟沙星。虽然四环素是最常推荐的治疗方法，但也有治疗无效的报道。新的大环内酯类抗生素克拉霉素和阿奇霉素在治疗分枝杆菌感染中已经显示出很大潜力，克拉霉素 500mg 一日两次单用药治愈了一例 HIV 阳性的感染本菌患者，它与乙胺丁醇联合治愈了一例免疫缺陷感染本菌的患者。体外实验显示联合用药有较好的抗菌和协同作用。500mg 的环丙沙星一日两次以及其他喹诺酮类在体外也显示较好抗海鱼分枝杆菌效果。对大多数小的皮疹外科切除术有治疗效果，尤其是感染累及肌腱和关节，病例的选择和手术的时机需要判断，亦要考虑因手术而引起的感染扩散，然而对一些深部感染的患者，为治疗疾病需要有损伤的外科清创。

治疗反应较慢，泰国报道 15 例对不同的治疗方案反应都显示 2 周有效，若 4 周尚无效应考虑变换治疗方案，痊愈时间需 1~5.5 个月。以上可选择的治疗药物尚无研究指导最适当需要治疗的时间，推荐在皮疹消退后仍需治疗数周，通常总疗程为 3~6 个月。某些病例疗程可达 18 个月以上。

总之，对表浅的海鱼分枝杆菌感染治疗需要谨慎择期的手术切除或有效的治疗方案。每日 600mg 的利福平联合每日每公斤体重 15~25mg 的乙胺丁醇偶尔对某些严重疾病和（或）有免疫损伤的患者可能是"标准"治疗，虽然缺乏临床经验，然而极有可能大环内酯类和喹诺酮类将证明有很好的治疗效果，这些药物或许能应用到对其他药物治疗耐药的患者。

7. 护理 病人无传染性。院外病人每月随访 1 次，直至治疗有效，尔后可每 2 周随访 1 次，直至感染痊愈。院内病人则坚持有效方案，如克拉霉素或乙胺丁醇联合利福布丁治疗，同时监测疗效和药物不良反应至痊愈。

本病的高危人群要嘱其小心防止擦伤、外伤和海洋动物叮咬，清洗鱼缸者宜戴橡胶手套，如发现擦伤、外伤或叮咬后应立即用有效的抗生素清洗并包扎之。

8. 预后 在免疫正常患者，本病有自限性，一般坚持有效治疗可获痊愈。

二、鸟分枝杆菌复合体感染

1. 病原学 鸟分枝杆菌复合体（Mycobacterium Avium Complex，MAC）属于不产色、慢速生长的分枝杆菌，主要包括 2 种分枝杆菌，即鸟分枝杆菌（M. avium）和细胞内分枝杆菌（M. intracellulare）。鸟分枝杆菌（鸟型结核杆菌）与细胞内分枝杆菌紧密相关并且不易区分，所以常称为鸟型胞内分枝杆菌（MAI）或鸟型复合体分枝杆菌（MAC）。最适生长温度为 37℃。在 25℃ 亦能生长，在 45℃ 有时亦生长。该分枝杆菌复合体广泛存在于环境中。鸟分枝杆菌有 30 种不同血清型，可引起人类肺部感染、儿童淋巴结炎、播散性感染。在艾滋病病人中为常见机会性感染。鸟类感染 I、II、III 种血清型的鸟分枝杆菌后引起典型结核病。所有血清型可感染猪。

2. 流行病学和发病率 该菌常出现在淡水、海水、土壤、奶制品和家禽中，鸟分枝杆菌复合体感染因与 AIDS 相关而逐渐增多，常于 AIDS 疾病晚期发生，15%~40% 的 AIDS 患者中可引起疾病的播散感染。病例分布不规则。发病率很低，但发病时临床症状很重。在美国东南部、澳大利亚和捷克流行。1986~1993 年在捷克 190 874 例儿童中，有 36 例发生鸟分枝杆菌复合体感染。其中 27 例临床发病。儿童年感染率为 4.8/10 万，其中临床发病率为 3.6/10 万。24 例患者中有颈淋巴结肿大，2 例有胸骨中线淋巴结肿大，1 例儿童局限在颈部长胸骨中线淋巴结部位，9 例儿童经微生物学证实。大多数儿童有免疫系统损害。证实因接触带菌动物而发生鸟分枝杆菌混合体感染的有 5 例。另 14 例与动物有密切的接触，但未证明因动物而感染。在未接种 BCG 的儿童中，由鸟分枝杆菌复合体感染者常见。

在美国应用核苷类反转录酶和蛋白酶抑制剂之前，30% HIV 阳性患者发生 MAC 感染。在休斯敦和亚特兰大市每年发病率为 1/10 万。近几年在 HIV 感染人群中，由于新的治疗方法，如应用核苷类反转录酶和蛋白酶抑制剂后，发病率有所下降。在 1996 年研究中发现接受高度有效的核苷类反转录酶和蛋白酶抑制剂治疗的病人中 MAC 感染发病率只有 2%。

本病有较高的死亡率。在克拉霉素问世之前，艾滋病并发播散性 MAC 感染的患者生存期只有 4 个月。在 1999 年研究中，接受利福布汀、乙胺丁醇和克拉霉素治疗的病人中位数生存率为 9 个月。随着高度有效抗反转录病毒治疗（high active anti-retroviral therapy，HAART）的应用，生存期更长。

3. 临床表现 传染途径尚不清楚，最可能是通过环境污染，通过呼吸道吸入或胃肠道食入。有报告从医院和家庭供水系统中发现本菌。其他潜在的传染途径有食入污染的生鱼、硬乳酪，以及每日在污染水中洗澡和职业接触污染的水源。

该病无种族易感和性别差异。由于社会经济原因和可能的遗传因素，不同人群感染率不同。一般来说 HIV 感染的患者是高危人群，儿童及免疫正常者少见。MAC 常累及肺脏，继之频繁出现宫颈和腹股沟淋巴结炎。皮疹表现为脓肿、溃疡、窦道形成、肉芽肿或有黄色痂皮的红斑，皮损可为原发或继发乃至播散感染，有报道 AIDS 患者中出现丘疹坏死结核疹至播散性 MAI。临床皮肤损害有多发溃疡和结节，类似于瘤型麻风病皮损，也可表现为脂膜炎（图 7-2-6）。95% 以上 AIDS 患者合并的分枝杆菌感染是由鸟分枝杆菌复合体引起。在免疫抑制病人中，40%的分枝杆菌感染由鸟分枝杆菌复合体引起。通常见于有体重减轻、发热、畏寒、淋巴结肿大、腹泻、全身无力和CD4$^+$淋巴细胞数低于50/mm^3 AIDS患者中。非 AIDS 患者发生 MAC 感染与慢性支气管炎、支气管扩张、囊肿纤维化、二尖瓣脱垂、胸部凹陷、轻度脊柱侧凸或肺癌有关。

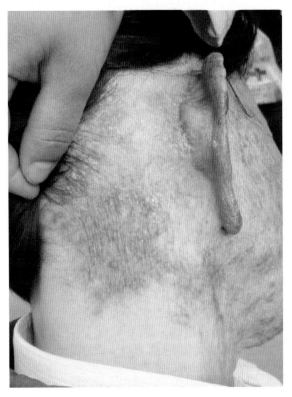

图 7-2-6　细胞内分枝杆菌感染

HIV 抗体阳性者发生的 MAC 肺炎的临床过程通常隐袭。在一个研究中，大约50%的患者在诊断本菌感染后生存5年左右，伴广泛的肺实质性受累的病人可死于进行性呼吸衰竭。而病情局限的患者死亡率低。播散性感染常与 HIV 感染有关。

若 AIDS 病人某一部位有局限性 MAC 感染则会使发生 MAC 菌血症的危险增加。约60%的 MAC 感染首先发生于局部，以后进展发生菌血症。但因为大多数患者在发生菌血症时尚未侵入呼吸道或胃肠道组织，呼吸道和胃肠道标本培养尚查不到本菌。

AIDS 病人伴 MAC 感染时有发热、多汗、体重减轻、腹痛、腹泻、疲劳、呼吸短促、贫血、触痛性肝脾大、淋巴结炎和皮肤苍白。在儿童可发生淋巴结炎。播散性 MAC 感染最常见的合并症是贫血。病人常需要输血。

偶尔在免疫正常人肺部发生鸟分枝杆菌复合体感染。非 HIV 感染患者发生 MAC 感染的危险因素是已经存在的肺部疾病。患有慢性阻塞性肺疾病的男性感染 MAC 的可能性较大。老年妇女在肺中叶和心脏附近的舌叶感染 MAC 可能性大。这些病人中肺部感染症状是最常见的表现，有咳嗽、痰多、体重减轻、发热和咯血。该病也可引起儿童淋巴结炎，常表现为单侧下颌、耳前、耳后附近的淋巴结肿大，无触痛。在一些发展中国家，MAC 感染引起的颈部淋巴结炎已经超过瘰疬分枝杆菌。

4. 实验室检查　推荐对艾滋病患者做以下检查：血象检查有无贫血和白细胞减少，肝功能检查转氨酶和碱性磷酸酶水平。血培养特定分枝杆菌和真菌感染。出阳性结果的时间为 5~12 天。感染早期，菌血症阳性率低或呈间隙性阳性。在感染后期，血培养总是阳性。

由于在一些患者 MAC 可寄生于呼吸道，但不引起感染症状，因此肺病患者伴 MAC 感染时，痰培养结果很难解释。美国肺病协会规定至少 3 次痰培养阳性，或 2 次痰培养阳性与 1 次痰液涂片阳性，可诊断肺 MAC 感染。通常无菌的液体如血液或脑脊液，如 1 次培养阳性即可诊断 MAC 感染。

肺部 CT 扫描可揭示纵隔淋巴结肿大，多断面 CT 扫描可揭示实质性损害。肺部有薄壁空腔伴浸润。在肺上叶、舌叶或中叶有无空腔的结节浸润或孤立的结节。腹部 CT 扫描可揭示腹膜后或主动脉周围淋巴结和肝脾大。

另外推荐对艾滋病患者疑有 MAC 感染时做淋巴结活检、骨髓检查、肝活检和支气管活检；对肺部患者疑有 MAC 感染时做支气管镜和 CT 引导的针刺活检；小儿淋巴结炎可做淋巴结活检，针刺吸入和完全切除。

在阳性组织活检中，通常可以看到坏死或非坏死性肉芽肿，抗酸杆菌阳性，其数量通常比结核损害要多。

分子生物学方法的检测对确定菌种是有帮助的。

5. 诊断与鉴别诊断　据病史、临床表现、实验室检查作出综合判断。需要与以下疾病鉴别：肺部良性、恶性肿瘤、脂肪肝、单核细胞增多症、肺癌、B 淋巴细胞瘤、非霍奇金淋巴瘤、吸入性肺炎、结核病、纵隔肿瘤、隐球菌病、猫抓病和曲霉病等。

6. 治疗　尚无满意疗法。以下介绍可结合临床病情选用。有人报告 RF+INH+EMB/SM，疗程 2 年，84% 治愈，但 1 年内有 13% 复发。目前多推荐利福布汀（LM427）、利福喷汀（Rifapentin）（体外试验敏感度超过 RF），尚待临床进一步验证。氯法齐明联合其他抗分枝杆菌药物有一定疗效。我国推荐治疗方案为：①LM427（或 INH）+SM（或 KM）+EMB+1321Th；②RF+KM（或 SM）+EMB+1321 Th（丙硫异烟胺）。疗程 18~24 个月（最后 6 个月痰菌必须阴性）。国外在 AIDS 合并本菌感染时（特别当血源播散时）提倡采用环丙沙星+阿米卡星+亚胺培南/西司他汀+利福喷汀的多药联合方案。具有抗 MAC 活性的最常用的药物有克拉霉素、阿奇霉素、利福布汀、乙胺丁醇、左旋氧氟沙星和阿米卡星。其中阿米卡星用于顽固病例。

利福布汀是利福平的衍生物，可作为预防 MAC 感染的药物。多中心研究显示利福布汀几乎可阻止一半病例发病。该药已经被批准用于预防 MAC 感染。近来研究表明，利福布汀预防服药可延长病人生存时间，并可减少 14% 的死亡率。

克拉霉素是第二个被批准用于预防 MAC 感染的药物。克拉霉素是目前治疗 MAC 感染最有效的药物之一。在研究中该药可减少 69% 的 MAC 感染。在近期研究中看到服药的患者比口服安慰剂者生存更长的时间。克拉霉素与利福布汀合用的疗效与克拉霉素单用的疗效相似。有一些医生担心在患者感染 MAC 时，服用克拉霉素可能使 MAC 对药物耐受而难以治疗。在研究中已发现有一半的病人在服药时出现 MAC 感染，提示有耐药。也许病人在服本药物之前就已经有 MAC 感染，所以在服药之前适当检查活动性 MAC 和结核感染很重要。

第 3 个药物是阿奇霉素，现已经被批准用于预防 MAC 感染，该药可每周服 1 次。近期研究发现阿奇霉素比利福布汀更能预防 MAC。在一研究中，阿奇霉素与利福布汀合用比阿奇霉素单用更有效，但是费用和不良反应增加。

对 HIV 感染伴 CD4$^+$ 淋巴细胞少于 50/mm^3 者可考虑化学预防。在开始接受有效抗反转录病毒治疗（HAART）的病人，停止化学预防的时间尚不清楚。如果病人 CD4$^+$ 淋巴细胞计数大于 50/mm^3，并持续很长时间，病人病毒载量明显降低，可停止预防服药。预防服药可选择克拉霉素抑或阿奇霉素。一个服用克拉霉素和安慰剂预防 MAC 感染的比较研究显示，服用克拉霉素的病人有 5.6% 发生 MAC 菌血症，并且生存期有改善，而服用安慰剂的则有 15% 发生 MAC 菌血症。在服用克拉霉素发生菌血症的患者中，有 50% 以上是因感染了耐克拉霉素菌株所致。

阿奇霉素在预防 MAC 感染时也优于安慰剂，但未见到药物预防组病人生存期有改善。在该研中未发现有阿奇霉素耐药菌株。

理想的治疗方案尚未建立，可同时用几种药物联合治疗。联合治疗对增进疗效和预防耐药很重要，但疗程尚未确定，如果疗程太短，可复发；如太长，可能发生药物不良反应。

在 HIV 感染时，播散性鸟分枝杆菌复合体感染是一个主要问题，对治疗很少有效。有报告 RFP 加 INH 可促进缓慢愈合。利福布汀和克拉霉素对播散性感染有效，前者对 CD4$^+$ 淋巴细胞低于 $100/mm^3$ 的 HIV 感染者伴 MAC 感染时有效。美国推荐对播散性 MAC 感染治疗时应包括至少 2 个药物，其中一个是克拉霉素或阿奇霉素，单疗将导致耐药。乙胺丁醇似乎是与克拉霉素合用的最佳选择。如果需要第 3 个药物，应该用利福布汀。乙胺丁醇与克拉霉素 2 个药物合用与乙胺丁醇与克拉霉素加上利福布汀 3 个药物合用比较，发现 3 药合用可促进分枝杆菌清除和延长生存期。

因此伴肺病的 MAC 感染患者治疗应包括克拉霉素、乙胺丁醇和利福布汀 3 药合用。推荐治疗 6 个月。儿童淋巴结炎一般是良性过程，无需用抗生素治疗。

开始治疗后在 2~4 周内，体温可下降。如果病人发热比预期时间要长，须重复血培养和测定本菌对克拉霉素敏感性。除克拉霉素外，研究未显示临床结果与体外药敏相关。如果分离的病菌对克拉霉素敏感，但病人对药物治疗反应差，可考虑换阿米卡星。

在肺病伴 MAC 感染的病人可用外科切除肺局部结节。对过去抗生素疗效差的有广泛肺部感染的病人推荐行肺叶切除术，但这一情况少见。儿童淋巴结炎用外科切除的治愈率在 95% 以上。

抗真菌药氟康唑（fluconazole）可增加血中利福布汀浓度，高达 80%。因而可导致严重的不良反应。

利福布汀不良反应有肝肾损害、骨髓抑制、皮疹、发热、胃肠不适、眼色素膜炎。其中最严重不良反应为白细胞减少和肝酶升高，但很少有病人因药物毒性而中断治疗。肾损害的早期体征是尿少、口渴、头昏。大剂量利福布汀（每日 600mg）与眼色素膜炎高发生率有关。眼色素膜炎时有眼痛、光敏、眼结膜炎和视物模糊。利福布汀还可引起尿和其他体液红染，有时皮肤也红染。应用利福布汀时还要注意药物相互作用。如果同时服用阿奇霉素和利福布汀，后者可减少血中阿奇霉素的浓度。利福布汀也减少血中克拉霉素的浓度。

克拉霉素不良反应为腹泻、恶心、口中异常金属味，大剂量时可引起严重腹泻。美国国立卫生研究院推荐克拉霉素不要超过每日 1000mg，大剂量克拉霉素（1000mg，每日 2 次）与高死亡率有关。

阿奇霉素不良反应为轻度胃肠道症状，如恶心、腹泻，另有眩晕、光敏，少数病人听觉减退。

总之，采取外科切除或联合利福平、氯苯吩嗪或环丙沙星以及上述有效药物治疗与否，宜根据临床表现，参考药物敏感试验选取适当个体化治疗方案至关重要。

有报道一例 56 岁泰国农妇，于鼻梁及鼻旁蝶形部位出现痛性颗粒状肉芽肿，表面有脓疱或结痂，于左侧面部窦道有血性液体渗出，常伴流泪，病情 1 年。该患者无明显的淋巴结和系统受累，初步诊断为寻常狼疮。皮损处脓性分泌物涂片中查到抗酸杆菌，组织病理显示混合细胞性肉芽肿，血清 HIV 阴性，CD4 细胞减少，X 线检查无活动性或慢性肺部疾患，细菌培养出现 MAC 生长。住院治疗期间，患者出现阴道出血，进一步检查诊断为 II 期宫颈癌，由此导致免疫缺陷状态，诊断为与寻常狼疮相似的原发皮肤 MAC 感染。治疗包括每日 1g 链霉素 3 个月联合每日 300mg 异烟肼和每日 600mg 利福平 9 个月，皮疹完全消退而遗留瘢痕形成。该患者恶性肿瘤导致的免疫缺陷是发病的主要原因。

7. 预后　在近期研究中，AIDS 病人发生 MAC 感染后的生存期一般是 9 个月，接受 HAART 治疗的病人生存期较长。在肺病者发生局部 MAC 感染通常有一个良性过程，有广泛损害的病人，90% 者可恢复，20% 者可复发。

三、瘰疬分枝杆菌感染

1. 病原学　本菌从儿童结核性颈淋巴结炎分离，因而得名为瘰疬分枝杆菌，偶可从痰分离，亦可从动物、环境中分离到，是一典型的暗产色菌。光照后亦能产生色素。本菌是儿童颈部淋巴结炎的原因之一，偶尔可引起肺部和皮肤感染。

2. 分布和流行病学　瘰疬分枝杆菌分布广泛，能够从自来水和土壤中分离，Kirschner 等研究 NTM 感染的流行病研究证明在从地理分布独立的 4 个水质环境中水、土壤、气溶胶以及所采取的水滴中瘰疬分枝杆菌感染的数量与美国东南海岸平原的两个酸性、棕色沼泽地中的数量不同。温暖的环境、较低 pH、低氧溶解度、高锌溶解度、高腐植酸、高灰黄霉酸中瘰疬分枝杆菌数目增加。该研究支持美国东南海岸平原的两个酸性、棕色沼泽地为代表的主要环境来源可能与该地区人类感染的高发病率有关。

随着结核病发病率下降，环境分枝杆菌感染上升，有作者对芬兰 201 名 10~12 岁学生进行瘰疬分枝杆菌和偶遇分枝杆菌抗原皮试。4~6 年再重复皮试。发现对瘰疬分枝杆菌和偶遇分枝杆菌皮试的反应直径分别为 3.4mm 和 1.7mm，而 6 年前皮试反应直径分别为 4.5mm 和 3.1mm。在随访中对抗原无反应数增加。接触宠物和农场动物者有强的反应。接种差异可能与不同疫苗和剂量、结核发病率下降和地理因素有关。

最近，分枝杆菌样微生物分离株 2081/92 和 4185/92 从 1 个已经恢复的儿童慢性淋巴结炎的淋巴结中分离，其生长特性、抗酸性以及分离的分枝菌酸似乎与这些分枝杆菌相符，该分离株的生化特性虽然与瘰疬分枝杆菌相近，但不同于所描述的分枝杆菌。比较其 16S rDNA 序列呈现一种新的慢速生长菌株，而命名为 M. interjectum。

已有报道在麻风患者的皮疹和健康正常人的皮肤存在分枝杆菌，最近有一研究报道从多菌型瘤型麻风的患者中分离出仅有的条件性病原微生物鸟型分枝杆菌和瘰疬分枝杆菌。

3. 临床表现　在过去的 30 年由 NTM 引起的感染已经逐渐增多，鸟型、胞内型、瘰疬分枝杆菌是有 AIDS 或其他免疫抑制的患者中分离最多见的 NTM，然而在文献中很少报道疾病由瘰疬分枝杆菌引起，这可能是由于这 3 种微生物在分类学上相近、培养的特性和生化反应的区别不很明显，因此这些相关菌株被称为 "MAIS"（M. avium-intracellulare-scrofulaceum，鸟、胞内、瘰疬分枝杆菌）。细胞成分的分析有助于菌种的鉴定，气相色谱法常用来研究分枝菌酸，并且发现仲醇是瘰疬分枝杆菌与其他两种分枝杆菌明显不同的成分。脂质的分析不能区分鸟型和胞内型。应用聚丙烯酰胺凝胶蛋白电泳可能获得 3 种不同的菌株的细胞蛋白谱，因此细胞蛋白质分析应受到重视。

在 485 例 HIV 阳性患者中有 4 例 NTM 感染：堪萨斯分枝杆菌 3 例，一例瘰疬分枝杆菌。NTM 在有潜在严重免疫缺陷的 HIV 晚期发生，常累及肺部或胃肠道。

瘰疬分枝杆菌常累及呼吸道感染，Xia 曾报道了 41 例肺部 NTM 感染：4 例堪萨斯、2 例瘰疬分枝杆菌、14 例鸟型或细胞内、9 例龟型和 12 例偶遇分枝杆菌。肺部非典型结核杆菌的特点是病程长、症状轻、对抗结核药物治疗效果不佳。有 1 位患者 71 岁，由瘰疬分枝杆菌引起瘰疬分枝杆菌病感染呼吸道长达 11 年，4 次痰样本直接显微镜检查为阴性，但最后第五次培养物生化鉴定为瘰疬分枝杆菌。

Rieu 等报道了 3 例由 NTM 引起局部涎腺感染，诊断依据特异性抗原的皮肤试验、细菌培养和组织病理学表现，疾病通过保留面神经的全腮腺切除而得到了成功的治疗，实际上，瘰疬分枝杆菌对抗结核治疗不敏感，皮肤和淋巴结的手术切除是推荐的治疗方法。

应提及除结核分枝杆菌外 NTM 在 140 例不孕妇女的子宫内膜中是分离到的最常见之微生物。其分别是：瘰疬分枝杆菌（10）、堪萨斯分枝杆菌（2）和偶遇分枝杆菌（2）。在 AIDS 患者不论其免疫功能是否低下，均有瘰疬分枝杆菌全身播散感染的报告。

瘰疬分枝杆菌可导致慢性溃疡、结节等皮肤及皮下组织感染（图 7-2-7）。Murray-Leisure 等描述了瘰疬分枝杆菌引起的皮肤受累：32 岁系统性红斑狼疮患者，野外工作者，由于应用皮质类固醇激素治疗而引起瘰疬分枝杆菌感染，出现多发性皮肤脓肿，脓肿较深继之出现脓疱和溃疡，患者无自觉症状，无高热、寒战、盗汗、体重减少、咳嗽、关节痛及其他系统症状。无皮肤外伤史以及其他明显的感染来源，肺脏正常。腋窝溃疡处皮肤组织活检显示上皮样组织细胞、淋巴细胞、少量巨细胞、泡沫细胞组成的肉芽肿浸润，可见少量抗酸染色的微生物。皮肤活检组织以及穿刺培养出一种慢速生长、多种耐药的分枝杆菌，鉴定为瘰疬分枝杆菌。皮疹的分布和深度（右侧股、臀部和右侧腋后）提示脓肿的形成是在临床表现出现前潜伏的分枝杆菌转移播散引起，该患者较独特因为他既没有系统损害也无感染的来源。而且，虽然体外检测显示耐药，但经过9个月的异烟肼和利福平治疗痊愈。

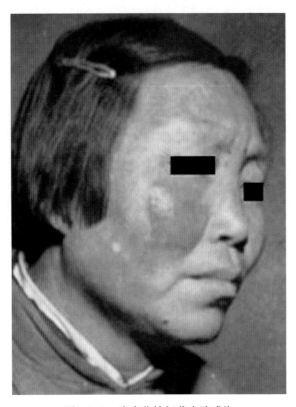

图7-2-7　瘰疬分枝杆菌皮肤感染

　　另有1例老年妇女患者，瘰疬分枝杆菌引起双手孢子丝菌样感染，她定期清洗鱼池，类似于由海鱼分枝杆菌引起的"游泳池肉芽肿"。Regas等认为大多数在医院罹患儿童面部腮腺淋巴结炎不是由结核分枝杆菌或牛型分枝杆菌引起，主要是由瘰疬分枝杆菌和鸟型分枝杆菌导致，感染可能是在儿童玩耍时偶尔侵染和吸入，入侵的部位可能为口咽部，常累及下颌下、下颚下淋巴结，而非结核分枝杆菌感染累及扁桃体和颈前淋巴结，常单侧，除了有轻微颈项疼痛无其他症状。另有一儿童由瘰疬分枝杆菌感染引起股骨的淋巴结炎而发展为单发的股脓肿。

　　我们从20世纪80年代以来陆续发现有瘰疬分枝杆菌引起的颜面外伤部位的皮肤感染。

　　播散性M. scrofulaceum感染报告很少，主要发生在HIV感染者或其他免疫抑制者。我国台湾省薛博仁（1996）等报告原为健康的男性M. scrofulaceum感染者临床表现为：粟粒性肺损害、纵隔淋巴结炎、肉芽肿性肝炎、骨髓炎、皮下脓肿和可能肾损害。从痰、尿、脓疡中均分离出M. scrofulaceum，有报告在灵长类（E. patsa猴）发生M. kansasii和M. scrofulaceum感染的。

　　已如前述，M. scrofulaceum亦能引起肺部感染，对于原先有肺部感染者更易患，在AIDS患者可引起全身感染。

　　4. 治疗　尚无成熟方案。有报告联用INH、乙胺丁醇、利福平、氧氟沙星可治愈。我们亦有联用INH、利福平治愈本菌皮肤感染的经验。但体外试验对INH、RFP、EMB、PZA、环丙沙星、AMK均耐药。这提示体外药敏试验结果不一定与体内作用结果完全一致。但药敏试验对指导治疗的意义不能忽视。亦有报告引起淋巴结炎可用红霉素或阿奇霉素，或克拉霉素+利福布汀，或利福喷汀+氯法齐明治疗，疗程 6 个月。

　　亦有报告治疗鸟细胞内复合群的治疗方案亦可参阅酌用。

附：副瘰疬分枝杆菌
（mycobacterium parascrofulaceum，M. parascrofulaceum）

　　副瘰疬分枝杆菌为 Turenne（2004）所描述的新菌种（图 7-2-8）。镜下显示为抗酸菌。多形性、中度念珠状。于罗氏培养基上 25～37℃生长。最适生长温度为 37℃。菌株为慢生长的暗处产色菌。生化试验显示：脲酶试验（+）、68℃触酶试验（+）、吡嗪酰胺试验（+）；吐温-80 水解（-），硝酸盐还原试验（-），铁吸收试验（-），5% NaCL 耐受试验（-），MacConkey 琼脂生长试验（-），烟酸试验（-），β 糖苷酶（-），酸性磷酸酶（-），硫酸芳香酯酶（3 日法）（-）；触酶半定量试验和硫酸芳香酯酶试验（14 日法）可变。形态及生化特征与瘰疬分枝杆菌一致。体外试验显示对 rifampicin，clarithromycin，amikacin 和 sulfamethoxazole 敏感。对 isoniazid 耐受。本菌与 MAC 和某些 M. scrofulaceum 几乎一致。分子分析时发现 16s rRNA 基因序列中含 M. simiae 之 helix 18 和 M palustre 最接近。当做 hsp65 和 ITSI 分析时方可确定为独立菌种。

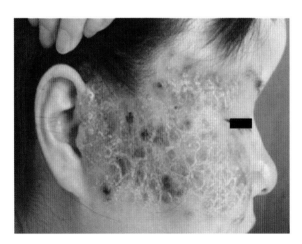

图 7-2-8　副瘰疬分枝杆菌皮肤感染

　　该菌从肺和淋巴结感染者分离（含 AIDS 患者）（2005）。2007 年在 Yellowstone National Park 之酸性水温泉中亦分离出本菌。

四、蟾分枝杆菌感染

　　1. 病原学　蟾分枝杆菌（M. xenopi）最早在 1957 年描述。最初从蟾蜍皮肤损害中分离出来的。属于慢生长菌。暗处产色。为寄生菌或环境污染菌。1965 年才确定为人类疾病的病原体。生长最适温度为 42～43℃，在 45℃亦生长良好。曾从海水、冷或热的自来水中分离出来过。在医院热水中存在，偶尔在许多热水锅炉的阀门处分离到此菌。在人扁桃体常能分离得到本菌，认为可能能在人口咽部定植，但尚未确认人与人之间的传播。

　　2. 流行情况　本菌感染不属监测范围，发病率资料不全。在文献中共有 500 例以上的报告，但只有 70% 似乎是真正的临床疾病。在年轻人伴严重免疫抑制时，感染本菌后死亡率高。由于本菌是机会感染，在 CD4$^+$细胞少于 50 个/μl 时易感染本菌。感染后可引起全身播散。本菌感染在种族、性别和年龄上无差异。

　　医院内感染常与医院供水系统污染有关。通过摄入、吸入或皮肤接触水中、土壤中或空气中污染带菌的颗粒而感染。穿刺外伤和外科带入本菌是皮肤和软组织感染的原因。人与人之间的传染尚无报告。

3. 临床表现　本菌致病力很弱，在宿主免疫功能损伤后才致感染。大多数病人感染发生于肺，通常病人以前就有支气管扩张，慢性阻塞性肺疾病或其他易感因素，即糖尿病、HIV 感染、酒精中毒、肺外肿瘤等。在免疫缺陷病人可发生肺外和播散性感染。病程缓慢，可在数月和数年中发生病情波动。临床上有 2 种损害类型，一种是早期阶段，类似结核的局限性损害，常在 HIV 感染早期发生。另一种是播散性损害，发生于晚期艾滋病患者。90% 患者有慢性咳嗽，80% 有呼吸困难，90% 有虚弱、体重减轻、全身不适，20% 有咯血，20% 有盗汗，10% 有发热。伴肺外肿瘤病人可发生皮肤、骨和关节受累。在免疫抑制患者中发生感染播散时，95% 患者有长期发热，并有消耗症状。鼻、咽部常因肺部感染的存在而继发感染。

X 线胸片见肺尖部薄壁空洞，周围实质性损害轻微，淋巴结炎和胸膜渗出少见。25% 的病人可有不典型表现，如在下肺叶区肺泡间质部有多发性斑片状不透明区，边界不清楚。蟾蜍分枝杆菌肺部感染偶尔可表现为肺部孤立结节，通常见于无症状病人，因怀疑肿瘤而引起注意。肺部 CT 扫描可显示支气管扩张和 5～15mm 小结节。

4. 诊断　痰、血、尿、细支气管肺泡灌注液或其他组织活检可查到分枝杆菌。美国肺病协会规定对 X 线检查发现肺部有浸润结节、空洞或高密度 CT 扫描发现多处支气管扩张或多个小结节并伴有症状时，如在前 12 个月中有 3 次痰/支气管洗出液，3 次培养本菌阳性，即使涂片阴性，也可确诊。或 2 次培养阳性和 1 次涂片阳性也可确诊。

如只有 1 次支气管洗出液培养阳性，但涂片阳性达到 2+～4+ 或在固体培养基培养，涂片细菌密度达到 2+～4+ 时也可确诊。

如果痰、支气管洗出液检测结果无法确诊或其他疾病已经排除，在经支气管或开胸活检示组织病理特征（肉芽肿炎症和抗酸杆菌），即使抗酸杆菌数量很少，也可确诊。

观察到蟾蜍分枝杆菌培养阳性应区别是否寄居、污染还是真正疾病。细胞学资料（重复分离、细菌鉴定），临床症状和 X 线所见很重要。但诊断时必须考虑与整个临床状况相结合，做出综合判断。

5. 治疗　尚未确定最佳治疗方案。本菌对大多抗结核药均敏感。鉴于体外药敏结果与临床疗效往往不一致，应按临床病情调整药物。提倡用 2～4 种药物联合治疗。播散感染需静脉用药。疗程一般为数月至 18 个月。

6. 护理　皮肤感染无需入院，但播散性感染需住院治疗。要每月监测药物的不良反应，特别要定期检查肝、肾功能和视力（用 EMB 时），用氨基苷类药物时要注意听觉功能的监查。

7. 预后　一般预后较好。但对有免疫抑制者则很差，可发生慢性消耗性综合征、呼吸衰竭以及播散性疾病甚至死亡。

五、副结核分枝杆菌感染

1. 病原学　副结核分枝杆菌（Mycobacterium paratuberculosis or Johne's bacillus）属于慢生长菌，要求在复杂的培养基上培养，在培养基上要加含结合铁的分枝杆菌生长素，细菌才能生长。且细菌培养要 5 个月。另外细菌可形成细胞壁缺失的形式（环状原始细胞小体），将改变它们的染色特点（不再呈抗酸性），使培养极其困难。有关内容可参阅上篇附注描写。

2. 流行病学　该病广泛流行于英国、法国、德国、美国及南美等，呈世界性分布，给畜牧业造成了不可低估的经济损失。在动物的世界性急性烈性传染逐渐得到控制和消灭后，这种慢性消耗性的传染病则成为危害动物的主要传染病。近年来该病的发病率呈现上升趋势，受到世界各国的重视。本病主要危害牛、羊、骆驼、鹿等家畜和野生反刍动物，非反刍动物如马、狗、猴等也有感染的报道。从遗传学和化学结构上分析副结核分枝杆菌与其他分枝杆菌的关系，副结核分枝杆菌与鸟分枝杆菌Ⅱ型的相似值达 99% 以上，与胞内分枝杆菌Ⅳ型的相似值比此还高。从特异性抗原成分分析，认为副结核分枝杆菌与鸟分枝杆菌Ⅱ型具有完全相同的低聚糖-寡肽-脂复合物成分。气相色谱、磁共振以及 DNA 的限制性酶切片段分析证实二者也存在近缘性。

近年来，国外报道人的 Crohn 病也与此菌有关，由此引起了公共卫生方面的注意。

1971 年世界上有 43 个国家报道此病，1978 年则有 168 个国家报道出现此病。据世界卫生组织年鉴统计，1984 年世界发现副结核病散在暴发和中等程度暴发的国家达 72 个。1930 年日本从英国引进的种牛中首先发现此病，1970 年日本把该病列为该国的法定传染病，1980 年日本首次从本地牛中发现副结核病。美国 1903 年发现此病，是副结核病流行严重的国家之一。到 1979 年为止，美国有 30 个州报道过此病。1984 年美国农林部组织有关力量对副结核病进行了专门调查，从 32 个州的 76 个食品部门收集了 7 540 头成年牛的回盲淋巴结，进行病原体的分离培养，结果有 119 头（16%）分离到副结核病原体，推测奶牛和肉牛的感染分别为 2.9% 和 0.8%。英国是副结核病流行最严重的国家之一，副结核病之害，已长达 200 多年。据报道 1949 年、1954 年和 1959 年，英国屠宰牛的副结核的感染率分别为 11%、7.5%~17% 和 5%。近十几年来，由于政府采取一些相应的措施，致使副结核的流行开始呈下降趋势。澳大利亚 1982 年编入国家防疫范围的 488 个牧场，在 10 年期间，根据法令宰杀的副结核牛为 3 716 头（自卫性扑杀不包括在内）。新西兰 1937 年首次发现此病，已有 132 群牛发现有此病，超过 1 头阳性的有 35 群，其中 18 群比较严重；绵羊 5 000 万只，46 000 群，自 1980 年以来，已有 15 群羊发现有此病。意大利 1937 年首先发现此病，据 abbigoni 等报道，该国奶牛发现有此病的超过 100 个牛群。肉牛的感染率达 12%，奶牛的感染率还要高。阿根廷 1935 年发现此病。Maria 认为，20 世纪 70 年代初，阿根廷的副结核感染很低，为 1.78%，可到了 20 世纪 80 年代，这种感染的严重性使专家和农场主感到震惊。印度 1925 年发现此病，从 1972 年至 1986 年的 15 年间，共检测了 3 334 只羊，检出副结核阳性羊只，检出率平均为 8.76%。部分感染率高达 30%。冰岛在 1933 年由于从德国 Halle 引进 20 只卡拉库耳大尾绵羊而发生副结核，至少 5 只是副结核分枝杆菌携带者，以后的 16 年里副结核和其他的疾病几乎毁灭了冰岛的支柱产业——养羊业。冰岛第一例羊副结核临床病例的确定是 1938 年；牛的副结核病例是 1944 年出现第一例，当地已经普遍发生流行，但病原毒力比来自羊的菌株要弱，立即采取隔离、疫区限地放牧都没有收到好效果，完全淘汰后从非疫区重新进口良种，以及疫苗注射使本病得到控制。羊的疫苗保护率达到 94%，从 1966 年开始冰岛全国性强迫接种副结核疫苗，结果发病率显著降低。同时，进一步采用血清学检测方法进行检疫。

我国对此病发现较晚，1958 年首次报道，1975 年分离出病原体。1975 年辽宁省某种畜场羊群暴发副结核病，采用变态反应检查，334 只羊中检出 53 只阳性羊，占全群的 16%。韩有库报道，1976 年他采用变态反应对吉林省的部分地区的 2 227 头牛进行检查，查出阳性牛 261 头，占 11.7%，其中延边种牛场检疫 393 头，检出阳性 88 头，检出率为 21.2%。何昭阳采用 ELISA 方法对东北和京津地区的 10 个牛场进行检疫，共检测了 3 474 头牛，检出阳性 190 头，检出率为 5.5%。除此以外，我国的内蒙古自治区、黑龙江、河北、陕西、贵州、北京、天津等地均有副结核的报道。

3. 临床表现及诊断　本菌主要引起副结核，以牛、羊等反刍动物为主的慢性消耗性传染病。细菌首先穿过小肠黏膜，被巨噬细胞吞噬，在巨噬细胞内繁殖，形成肉芽肿炎症，使动物产生慢性非反应性腹泻，引起体重减轻，虚弱而死亡。1981 年为 Johne 首先描述，故有 Johne 病之称。主要症状表现为持续性腹泻和进行性消瘦。

近期有大量研究，提示副结核分枝杆菌与节段性回肠炎（Crohn's disease，CD）、肉样瘤和溃疡性结肠炎有关。有报告从 CD 病人分离出副结核杆菌，但也有失败的例子。目前报告从 CD 病人分离的副结核分枝杆菌经 DNA 探针证实的有 6 株。

分子生物学研究的进展提供了检测该菌的另一个方法。通过 PCR 放大副结核分枝杆菌特异性 DNA 片段是常用方法，但也有一些学者应用这一方法未能检出病菌。其他学者从 CD 病人临床标本中检出牛分枝杆菌片段。溃疡性结肠炎、肉样瘤病人也有报告检出副结核分枝杆菌片段。近期报告利用 PCR 检测 CD 病人肠黏膜，检测到的 DNA 链中有 95%~98% 与副结核杆菌有同源性。检测不一致的原因可能是与利用新鲜或冷冻标本以及副结核分枝杆菌片段大小有关。PCR 试验非常敏感。通过进一步纯化和标准化，可帮助我们得出副结核杆菌是否是 CD 致病原因。

分枝杆菌感染可导致免疫反应。一些学者报告在肉芽肿病人中，抗副结核分枝杆菌细胞质的 IgG 抗体增加，但有些学者未发现 CD 病人有特异性抗体水平增加。另一些研究报告证明肠炎病人中对分枝杆菌抗原没有外周淋巴细胞介导的免疫反应，但有副结核分枝杆菌诱导的抑制淋巴细胞的证据。解释这些免疫学试验差异的原因是许多病人在服用免疫抑制如糖皮质激素。这些药物干扰了试验。方法学的差异也妨碍了研究结果的直接比较，使至今免疫学证据仍无定论。

如果副结核杆菌是人类致病菌，下一个问题是确定可能的传染媒介。有学者从副结核分枝杆菌感染的奶牛、牛奶和血浆标本中通过 ELISA 检出分枝杆菌。但美国零售的牛奶中至今未检出活的副结核分枝杆菌。利用 PCR 检测发现英国市售的消毒牛奶样本中阳性率随季节而变化。在 1～3 月份及 9～11 份为高峰，细菌似乎能耐受巴氏消毒。由于在明显健康奶牛中和病牛中均检出副结核分枝杆菌，并且存在于牛奶中的细菌概率与奶牛粪便标本培养阳性或血浆免疫试验无密切关系，因此很难预测哪些奶牛产生污染的牛奶。

尽管巴氏消毒可杀灭大多数致病菌，不管是标准方法［145℉（62.8℃），30 分钟］或高温短期方法［161℉（71.7℃），15 秒钟］都可消除牛奶中活的副结核分枝杆菌。但从人类分离出的菌株似乎比从牛奶中分离的菌株更耐热。

当标本在巴氏消毒后迅速冷却，使细菌生存力大大增加。由于在商业生产中牛奶是在流动状态中进行巴氏消毒的，可能商业用巴氏消毒设备比实验室消毒设备在杀菌方面更有效。

目前尚不能明确副结核杆菌是人类 CD 的致病菌，疾病的传染媒介也不能确定。但如果副结核分枝杆菌与 CD 有关，很可能是几种致病因素同时作用的结果，如遗传倾向、环境因素和麻疹病毒也可能在发病中起作用。

4. 治疗　尚无满意方案，可在药敏试验指导下，制订个体化的联合化疗方案。

（陈小红　王洪生　李晓杰）

第三节　快生长分枝杆菌感染

一、总论

快生长分枝杆菌多发生于医院和社区中，多与医疗治疗手段有关。皮肤注射部位、外科手术、动物接触、外伤中皮肤的屏障功能受到破坏，病原微生物定植到皮肤和皮下组织中。皮肤感染也可以是身体其他部位的感染播散所致。在免疫力有缺陷的患者中，皮肤局限性感染可发展为多个部位的感染。现在还没有充分显示通过血液、粪便和其他分泌物导致人与人之间的感染的资料。快生长分枝杆菌在自然界中分布广泛，在土壤、蘑菇、水源等都可发现快生长分枝杆菌的存在。

皮肤感染快生长型分枝杆菌的临床表现与患者的免疫力状况有关。患者的免疫状况是决定疗程和预后的重要因素。在正常人中，快生长分枝杆菌感染常没有症状；然而，在免疫力缺陷患者中，可以表现为系统症状、严重的急性发作和慢性复发。皮肤快生长分枝杆菌在正常和免疫力低下患者中有不同感染的皮肤表现（表 7-3-1）。根据菌落形态、产生色素与否和生长速度将一部分 EM（亦称非结核分枝杆菌）称为快生长分枝杆菌。快生长分枝杆菌的特点是生长速度快，菌落往往没有色素产生。

菌落的生长时间少于 7 天是快生长分枝杆菌的重要特点。它的培养基与结核分枝杆菌一样。在 25～40℃下，3～7 天就可长出菌落。其中偶遇分枝杆菌的生长温度为 42℃。这些菌属抗酸染色阳性，在革兰染色时，它表现为弱阳性、细长、串珠杆状小体，常规培养行涂片检查与类白喉杆菌相似。

（一）流行病学

1. 疾病的地域分布特点　快生长分枝杆菌多存在于土壤、灰尘、水源、动物中。正常情况下，在人皮肤中也可查到快生长分枝杆菌。致病的快生长分枝杆菌发病率在欧洲的发病率较美国高。脓肿分枝杆菌的发病率在非洲和美国高。近年来在我国也不断发现偶遇、龟和脓肿分枝杆菌皮肤感染。

表 7-3-1　免疫力正常和缺陷患者感染快生长分枝杆菌的不同特征

特征	免疫力正常者	免疫力缺陷者
外伤史	常有	常无
潜伏期	可变的	短
感染播散	可累及皮下组织表现为蜂窝织炎，伴有脓肿和溃疡形成	很快播散形成多发性皮下组织结节，破溃窦道形成
腺病	不是特征	是疾病的特点
自愈性	有自愈性	没有自愈性
痊愈时间	9～18 个月自愈，治疗可缩短病程	需要长期和积极治疗才能治愈
播散的危险性	少	经常

一篇文章就 1993～1995 年间全球报道的非结核分枝杆菌的特征做了分析，入选的 5 469 例患者中，男性、老年患者、白人、乡村居民非结核分枝杆菌的发病率高，但在龟分枝杆菌感染的患者中，女性的发病率高。偶遇分枝杆菌是第三位最好发的非结核分枝杆菌感染，其发病率仅次于鸟-胞内分枝杆菌和堪萨斯分枝杆菌。在所有分离菌株中，偶遇分枝杆菌阳性率为 4.6%，3.2% 菌株为龟分枝杆菌，偶遇-龟分枝杆菌在人群中的流行率为 0.2/100 000。

2. 感染的相关因素

（1）社区中的感染：多有外伤史，如动物咬伤、蜜蜂刺伤、园林中植物扎伤、职业性感染多发生于实验操作人员中，这一部分患者无外伤史。

（2）免疫缺陷：免疫缺陷的患者对快生长分枝杆菌感染有易感性，主要表现为 T 细胞功能缺陷，包括器官移植患者、遗传和获得性免疫缺陷、药源性免疫抑制，几乎所有患者发展为播散性。血液病、恶性肿瘤、透析和糖尿病患者对快生长分枝杆菌的易感性增加。有报道一例孕妇合并泛发快生长分枝杆菌。

有文章对 HIV 患者感染快生长分枝杆菌的情况做了综述，此类患者合并偶遇和龟分枝杆感染的概率很低，在 Kaposi 肉瘤感染的患者中的发病率更低，合并非结核分枝杆菌感染的 HIV 患者的生存时间缩短。

（3）医院和医源性感染：在表 7-3-2 中列出了发生在医院的快生长分枝杆菌感染。注射胰岛素、糖皮质激素、疫苗、止痛剂、青霉素均有报道发生快生长分枝杆菌感染者。感染暴发常与下列因素有关，如透析、心胸外科手术、整形手术等。静脉内插管治疗也可导致快生长分枝杆菌感染。

表 7-3-2　非结核分枝杆菌皮肤和淋巴结的组织病理改变

皮肤	淋巴结
1. 双相炎症反应	1. 肉芽肿的界限不清，形态不规则，呈潜行性，有时被描述为结节病样结节
2. 干酪样坏死程度较结核分枝杆菌轻	2. 在干酪坏死中心可见中性粒细胞和多型核碎片
3. 涂片检查的阳性率低于 1/3，多需进行培养	3. 缺乏明显的干酪样坏死
4. 微生物多在多型核细胞附近聚集	
5. auramine-rhodamine 染色阴性，Kinyoun 和 Ziehl-Neelsen 染色阳性	

（二）发病过程

快生长分枝杆菌感染定植到皮肤后，首先发生急性炎症反应，大量多型核和巨噬细胞和 T 细胞浸润，在启动机体免疫反应之前，感染往往已累及皮下组织，在免疫力正常患者中，炎症反应得到控制，有时可出现卫星灶，但不发生淋巴结病，造成播散感染的患者更是少见。一般表浅局限性感染能自愈，遗留萎缩性瘢痕。大而且很深的感染有时不能自愈，迁延数月，需要药物治疗。

在免疫缺陷患者，疾病容易播散，淋巴结病多见，一般不能自愈，有时造成全数、全身感染。

非结核分枝杆菌较结核杆菌的致病力弱，快生长分枝杆菌感染的致病力较慢生长分枝杆菌感染的致病力弱，在快生长分枝杆菌感染，各个菌之间的致病力也不同，一般脓肿和龟分枝杆菌更易导致播散性感染。

结节性皮损的组织改变包括急性期和慢性期，在急性反应阶段主要是多型核细胞组成微脓肿，随后，有较多巨细胞出现，形成肉芽肿。在典型的病理组织切片上可见到肉芽肿反应，上皮样细胞和朗汉斯巨细胞。肉芽组织常发生坏死，干酪样坏死，但其程度较结核杆菌轻微。

（三）临床表现

快生长分枝杆菌感染的临床表现多种多样，大多数均表现为皮肤感染，大于 90% 分枝杆菌的皮肤感染是快生长分枝杆菌感染造成的。其中 2/3 为偶遇分枝杆菌感染，1/3 是龟分枝杆菌感染。对一个三级医疗中心 4 年收治患者做调查显示，快生长分枝杆菌感染患者中大多数是手术后发病，其他的病因依次为外伤、原发性皮肤感染、播散性感染。65% 患者由于偶遇分枝杆菌导致，其他的由龟分枝杆菌导致，2% 的患者发病与脓肿分枝杆菌有关。

早期皮损表现为红斑，坚实和疼痛的斑块，时间长了以后就发展为溃疡。在免疫力正常患者中，在病原菌定植后数周和数月后，皮损表现为蜂窝织炎、结节和溃疡，局限性分布。溃疡表浅伴有皮下组织坏死。在免疫力缺陷患者常表现为泛发的皮损，主要表现为结节和脂膜炎，皮下结节常多发，高出皮面、疼痛，它们广泛坏死，渗出脓液，常被误诊为孢子丝菌病、巨大脓肿形成和多结节损害，局部淋巴结病是这部分人群的特征性改变。

快生长分枝杆菌也累及泌尿生殖系统，表现为多发性窦道和瘘管。结节病患者合并快生长分枝杆菌感染时，侵犯鼻部和口腔黏膜，如果未经积极的治疗将形成大面积面部皮损。

穿刺治疗造成的快生长分枝杆菌感染多发生在下肢，在穿刺局部可有散在的卫星灶。

手术后的感染多发生与手术部位，表现为伤口愈合缓慢，液化、触痛等，在伤口处有脂肪组织坏死。

总之，快生长分枝杆菌的皮损特征为：定植部位的点状皮损、斑丘疹、结节、蜂窝织炎、窦道、溃疡、脓肿、瘘管。

（四）诊断

因为快生长分枝杆菌常被忽视，故多被延误诊断。培养结果对诊断很重要，用抗酸染色涂片和培养方法阳性率为 50%。从开放伤口取材常影响培养结果。离心法和放射性测定方法提高了血培养的阳性率。皮肤实验在快生长分枝杆菌中没有开展，分子生物学诊断技术在分枝杆菌的诊断和耐药方面很有前景，特别是在结核病的中已有一些成果，但还未正式用于临床诊断中，现已开始从实验室走向临床。

（五）治疗

治疗快生长分枝杆菌采用药物和手术相结合的方法，两种方法针对不同患者的具体情况选用，10%~20% 患者只通过外科清创或自然缓解，未用药物治疗，痊愈的时间从数月至数年不等。有报告 123 例偶遇和龟分枝杆菌导致的非肺部感染，60% 接受外科清创术，123 例中只有 9 例患者既未接受外科治疗也未接受药物治疗。

1. 外科治疗方法　外科手术部位的感染和假肢的感染应该行清创术，并将植入物取出，否则会造成持续性感染，治愈的可能性很小。

在免疫力正常的患者中，若伤口很小可观察几天，先不给治疗，对于播散性和严重病理要给予药物治疗。

2. 药物治疗 选择抗快生长分枝杆菌的药物关键要看药敏实验的结果，快生长分枝杆菌对大多数抗结核药物耐药，阿米卡星、头孢西丁、多西环素、甲氧苄啶/磺胺甲噁唑、大环内酯类、喹诺酮类是选择最多的药物。细菌的药敏试验对选择用药有指导意义。快生长分枝杆菌的药敏结果总结在表7-3-3中。

表 7-3-3 快生长分枝杆菌体外药敏试验结果

	Amikt	Cefox	Doxy	Sulpha	E-mycin
偶遇分枝杆菌	++	++	+	++	0
外来分枝杆菌	++	++	+	++	0
脓肿分枝杆菌	++	+	0	0	0
龟分枝杆菌	++	+	0	0	+

0：不抑制，+：抑制25%~50%，++：抑制大于50%；

Amik：amikacin（阿米卡星），Cefox：cefoxitin（头孢西丁），Doxy：doxycylin（多西环素），Sulpha：trimethoprim-sulfamethoxazole（甲氧苄啶/磺胺甲噁唑），E-mycin：erythromycin（红霉素）

在药敏实验未出结果时可进行经验治疗，在严重侵袭性和播散性患者中，使用联合化疗，如阿米卡星、头孢西丁联合使用2~4周，联合治疗可有效地预防单独用药中容易出现的耐药性，为了预防疾病复发，多将用药的时间延长，龟分枝杆菌较其他的快生长分枝杆菌更易产生耐药性，治疗中多选用红霉素、多西环素、环丙沙星。克拉霉素是新合成的大环内酯类药物，体外实验证明快生长分枝杆菌对其敏感。在完成了初始治疗后，进入维持治疗阶段，维持治疗的时间为2~6个月。

（六）预防

尚无成熟方法，只能针对其感染多与外伤有关而加以注意。特别是医用注射器、手术器械等要严格地高压蒸汽灭菌，忌用常规消毒剂。实验室工作者要注意外伤和避免EM气溶胶的产生与感染。BCG包括DNA疫苗有否作用尚在研究中，在AIDS患者，大多学者认为即使有作用，也被降低的免疫力所抵消。

（七）结论

当外伤部位或手术处出现慢性迁延性感染灶时，要考虑到快生长分枝杆菌感染的可能，若一般培养阴性，对一般抗生素治疗不敏感时更提示快生长分枝杆菌感染的可能性。治疗药物的选择需要参考药敏实验的结果，若治疗效果不理想一般有两个因素，耐药或需要手术清创。预防虽尚无成熟方案，上述所提诸方面有重要参考价值。

二、各论

（一）偶遇分枝杆菌感染

偶遇分枝杆菌（M. fortuitum）（亦有译为偶发分枝杆菌者）与龟分枝杆菌有密切的联系。有时称偶遇分枝杆菌-龟分枝杆菌复合体。偶遇分枝杆菌属于快生长分枝杆菌。通常见于自然或处理的水源和土壤中，偶见于健康人痰液中。

1. 病原学 详见本书上篇分枝杆菌的细菌学关于本菌的介绍。

2. 发病率 是快生长分枝杆菌感染中发病率最高的。外科手术部位发生本菌感染有较多病例报告，特别是经历心胸手术的病例。传染源与伤口直接或间接接触污染的自来水有关。有报告在1次疾病暴发中，胸骨切开的9例患者中有4例发生感染。其他医源性感染有插管和注射部位脓肿，假性暴发与污染的内镜有关。一些病例是意外发生在伤口或操作处，如美国1例患者被奶牛踢伤后发病。也有肺或播散性疾病的病例报告。但细菌的原发性致病力证据难以获得，观察到细菌感染与免疫缺陷性疾病相关。我国香港报告 102 例机会性感染者中，有 61 例是包括偶遇分枝杆菌在内的快速生长分枝杆菌引起的。近年来，内地不断有发生本菌感染的报告。

由于本菌感染无需报告，很难精确估计本病患病率和发病率。美国 CDC 有些自愿报告病例信息。从 1993~1996 年，报告率为 4.65~5.99/100 万。痰是最常报告为阳性的标本，大部分病例报告来自美国东南部。由于不是所有病例都被报告和一些阳性培养也许不代表疾病，报告数也许过高或过低于真实病例数。但数字提示了一般情况。即使排除了艾滋病病人伴发的鸟分枝杆菌复合体（MAC）感染，也提示感染有增加的趋势。

我国由于尚未系统地研究，发病率及流行率各地差异很大。很难提出确切的数据，但就近年来相关报告分析亦有增高的趋势，似长江以南居多。

3. 临床表现　本菌能引起肺部感染、皮肤软组织感染。系冠状动脉旁路移植术、隆乳成形术是发生感染主要原因。通常为局限性、自限性。往往是孤立性淋巴结炎的原因之一。皮肤感染通常在外伤后发生。皮肤损害有皮下结节、溃疡。深部溃疡可致瘘管，经久不愈，但扩散很慢。脓肿形成是特征。如果外科引流适当，脓肿通常在数月后痊愈。受累关节内感染症状有间隙性深部肿胀，有分泌物排出。其他少见症状有孢子丝菌病样外观和严重腹股沟淋巴结肿大。巴西有报告有一男孩足部发生结节损害，并分离出本菌。从男孩的淋巴结也分离出本菌。

播散性损害通常为皮损和软组织损害，几乎均见于有严重免疫抑制尤其是艾滋病病人中。有报告发生本菌引起的心内膜炎者。患者有肺部疾病如支气管扩张或有免疫抑制者易受感染。患者肺部有损害时，有慢性咳嗽。眼部损害时有角膜炎、角膜溃疡。心内膜炎时有瓣膜杂音，发生腹膜炎时可有弥漫性触痛。患者易疲劳、偶尔发热、盗汗、体重减轻、易发生播散性感染。

本菌感染没有种族易感，性别差异也不清楚，但 1993~1996 年向美国 CDC 报告的病例中以男性居多。年龄差异也不清楚，50 岁以下伴感染者提示有一个原发感染灶。孤立性淋巴结炎主要见于儿童。

4. 组织病理学　镜下显示真皮和皮下有急性炎症、微脓肿、肉芽肿炎症（无或伴干酪样坏死）。这些变化可混合存在，抗酸染色查到抗酸杆菌。

本病患者往往被漏诊或诊断为异物肉芽肿、深部真菌病或骨髓炎。切记所有顽固或少见陈旧脓肿，发生于热带地区要考虑本病。活检比脓液吸出物检查更可靠。本菌生长很快，烟酸试验阴性。

5. 诊断　根据美国肺病协会的诊断标准。在胸 X 线特征变化基础上有痰或支气管洗出液细菌培养（必须 3 次）阳性，或 2 次培养阳性加上 1 次抗酸杆菌涂片阳性才可诊断。因为 1 次阳性可能是细菌污染或寄居。如果只有 1 次支气管洗出液，必须具备 2+~4+ 的细菌涂片阳性或在固体培养基上培养阳性，密度达到 2+~4+，才可确诊。

肺部 X 线检查正常但伴 1 次痰培养阳性，提示可能是污染或寄居，一般无临床意义。如果病人有持久慢性肺部症状，或多次痰培养阳性，在胸部 X 线正常时，也应做进一步检查（如胸 CT 扫描）。CT 检查可发现支气管扩张或小的结节。

腹部/盆腔 CT 扫描可示脓肿或淋巴结肿大，包括腹膜后脓肿或淋巴结肿大。这些病人常有播散性感染或局部感染的体征。

皮肤及皮下组织感染要特别注意询问病史（内源播散或外伤史）、皮损性质及部位，做组织病理特别是实验室检查，如细菌培养和鉴定以及 PCR 检定。

总之，如果发生本菌感染，应做 HIV 抗体检测，特别是无明显诱因者发生播散性感染时。

若临床上怀疑本菌感染，应通知实验室检测。由于本菌引起感染隐袭，一个阳性培养结果应予迅速评价，排除其他疾病。一次培养阳性，特别是浅表感染的标本，可能是本菌污染或寄居。

6. 鉴别诊断　皮肤部位本菌感染需与皮肤血管炎、放线菌病、组织胞浆菌病、球孢子菌病、隐球菌病、孢子丝菌病、伤口感染、奴卡菌感染和其他分枝杆菌感染区别。肺部感染需与其他分枝杆菌和结核病区别。

7. 治疗　一线抗结核病药 INH、RFP、吡嗪酰胺对本菌无效。氧氟沙星、环丙沙星、红霉素，特别新一代大环内酯类药物对本菌有抑杀作用。阿米卡星、1321Th、EMB、RF 都有一定效果。阿米卡星是治疗本菌感染的首选药物。亚胺培南、环丙沙星和左旋氧氟沙星也成功用于治疗本菌感染。克拉霉素、阿奇霉素和 SMZ 也有效。TMP 单用无效，其是否增加 SMZ 的作用有不同报告结果。多西环素对 1/3 的患者有效。其他推荐的药物还有红霉素、庆大霉素和妥布霉素。尽管细菌对药物敏感性差别大，一些细菌药敏试验结果与药物体内活性不一定相关，但细菌药物敏感试验对治疗仍有一定的指导作用。由于病人疾病状态长期存在，无需紧急开始治疗，可等待细菌药敏试验结果。一般需要长期应用抗生素治疗，对严重的或播散性疾病最好经静脉用药或初期阶段静脉用药，可先用 2～6 周静脉给药，以后长期口服治疗。尽管有些报告称单用药物（克拉霉素）获得成功，但也有报告在治疗时发生耐药。因此大多数病人应同时用 2 种药物治疗。最近亦有用克拉霉素联合氯法齐明同时加冷冻疗法获得成功的报道。

阿米卡星和环丙沙星外用可治愈患者眼部损害。两者单用或联合外用加上口服或注射有效。氧氟沙星外用也有效。

目前尚未有标准治疗方案，个体化的治疗方案是提倡的。通常治疗 6 个月或更长时间。疗程应临床损害明显消退。一些专家建议每月检查痰液，以判断肺部损害情况，建议治疗到痰液阴转后再维持治疗 1 年。选择对大多数细菌有效的药物以及获得药敏结果后再开始治疗是明智的。间隙疗法尚未给予评价，不作推荐。

一些小损害经局部处理和抗生素治疗可治愈。受累淋巴结切除是一个治疗选择。皮肤和皮下损害，特别是广泛损害，通常需要外科清创来达到治愈。如果对治疗反应差或细菌对药物耐药，可考虑肺损害部位切除。在考虑外科手术之前，给予至少一个疗程的 2 种药物联合治疗。

8. 护理　病人无需住院。每月随访一次，观察有无药物不良反应。定期检查肝肾功能，每月查痰 1 次，评价疗效。

9. 预后　偶遇分枝杆菌局限性感染最终可自愈，引起死亡少见。大多数病人经清创和抗生素治疗可痊愈。肺部疾病治疗困难，抑制感染或延缓病程是唯一可实现的目标，无法去除的植入物引起的感染也很难治愈。死亡原因通常是因免疫抑制，肺部广泛受累或疾病播散所致。病变广泛时，特征是慢性病程和体质进行性衰弱。

（二）龟分枝杆菌感染

1. 病原学　龟分枝杆菌（M. chelonei）为迅速生长分枝杆菌，既存在于处理加工的水源，亦存在于下水道中，全球广泛分布。龟分枝杆菌一般很难从自然环境中分离，发生感染时症状也倾向较重。与 M. fortuitum 密切相关。即使在简单的培养基上数日可迅速生长。其可用培养物生化试验与其他速生菌相鉴别。分子生物学方法亦可采用。详见本书上篇分枝杆菌细菌学对本菌的有关描述。

2. 流行率　由于本病不要求报告，很难精确估计患病率和发病率。美国 CDC 追踪到一些自愿报告病例，从 1993～1996 年，疾病报告率为 0.93～2.64/100 万。痰是最常报告发现本分枝杆菌的标本。几乎所有龟分枝杆菌病例报告来自美国中北部、中南部和东南部地区。

由于有许多阳性培养不代表疾病，这些数字也许高估了发病率。但是由于提高了对这些微生物的认识，公认发病率在增加。

3. 临床表现　龟分枝杆菌可引起许多症状包括肺部疾病、局部皮损、骨髓炎、关节感染、角膜炎或角膜溃疡。可在外伤后发病。该菌偶尔是淋巴结炎的病因。播散性损害通常发生于免疫抑制的患者，特别是艾滋病患者，也有报告见于心内膜炎者。

本病常因外伤或注射引起。免疫抑制特别是艾滋病病人或长期服用糖皮质激素的病人易发病，伴肺不张或支气管扩张也易引起感染。该病引起死亡少见，只是在广泛肺受累或播散性疾病时可导致死亡。局部皮肤感染往往最终可自愈。患者无种族、性别和年龄差异。皮肤受累表现为皮下结节，可破溃形成溃疡。部位深时可形成瘘管。眼部受累表现为角膜溃疡或角膜炎。心脏受累可表现为心内膜炎，有瓣膜杂音。腹部受累多见于有腹膜透析史的患者，可发生腹膜炎，腹部出现弥散性触痛。肺部受累可出现啰音。

外科手术后也报告有龟分枝杆菌感染，特别是心胸外科手术和乳房扩大成形术后。有报告在3个月内开展的80例手术中有19例发生龟分枝杆菌感染。传染源通常是伤口直接或间接接触被污染的水。医院内感染见于术前使用被污染的甲紫在皮肤手术部位作记号，或器械及注射器消毒不彻底引起插管和注射部位感染。有些感染与使用污染的内镜有关。我国曾报告因手术刀用新洁尔灭消毒不全而造成的术后的多例感染，刀口经久不愈。另，我国香港和西班牙分别报告1例，感染前均有外伤，潜伏期超过12个月。西班牙有2例发生播散性感染，发生于肾移植后。另有1例儿童感染前足趾有外伤，以后出现结节、溃疡、腹股沟淋巴结肿大和触痛，4个月后自愈。

4. 实验室检查 痰液涂片和培养检查有无抗酸杆菌。根据美国肺部协会标准，由于1次阳性可以是污染或无致病性的病原体临时寄居，痰标本或支气管洗出液必须3次阳性，或2次培养阳性加上至少1次涂片阳性，并同时有特征性胸片所见，方可提示肺部感染本病原体。

如果只有1次支气管洗出物阳性，在涂片细菌密度为2+～4+或固体培养细菌密度有2+～4+时可作出本病诊断。临床上如怀疑本细菌感染，应做实验室检查，能否检测出病原体对诊断有帮助。

1次培养阳性，特别是浅表损害，可能是污染或细菌暂时寄居，因此解释培养结果要谨慎。如果发现本病原体感染，特别是播散性疾病时，应做HIV抗体检测。

如肺部有症状，应胸透。胸X线检查正常并伴1次培养阳性，提示病原体污染或临时寄居，但在慢性持久性肺部症状存在时或反复培养阳性时应做其他检查。如病人有显著呼吸异常症状或培养重复阳性并为同一分枝杆菌，而胸部X线检查正常，可考虑做高密度CT扫描（1mm断面），观察支气管扩张程度或小的结节。如胸X线检查异常，胸CT扫描可得到更明确的异常证据，可检出淋巴结肿大。

如果病人有播散性疾病，伴注射史及注射部位局部体征，盆腔CT扫描可能检出局部脓肿。

骨X线片，磁共振或放射性核素检查有助于检出可疑的骨髓炎或关节疾病，特别是在有穿透性外伤史的患者中。

做支气管镜检时，取支气管洗出液培养抗酸杆菌。理想的方法为经支气管活检做培养和病理。细支气管肺泡灌洗液培养也有帮助，因为这一阶段诊断通常不明确，还要做真菌培养。

如果高度怀疑，但诊断标准不够，可开放或经胸腔镜做肺活检。取标本做真菌、抗酸杆菌培养以及病理检查。如活检标本龟分枝杆菌培养阳性有诊断价值。

如肺活检或支气管活检标本中有分枝杆菌或肉芽肿存在，并伴1次痰培养阳性或支气管洗出液培养阳性，即使细菌很少，亦有诊断价值。

对皮肤局限性或播散性损害做活检，进行抗酸杆菌和真菌培养，并做组织病理检查。局部脓肿及淋巴结炎时吸出物做抗酸杆菌和真菌培养。病理检查可显示急性炎症、微脓肿、肉芽肿炎症（伴或不伴干酪样坏死）。以上所见常混合存在。抗酸染色可显示抗酸杆菌。分子诊断比形态学、生化试验做菌型鉴别更可靠些。

5. 治疗 对于皮肤损害要注意局部伤口护理，免于皮肤继发细菌感染。很小损害无需外科干预可自愈。受累淋巴结行外科切除是一个很好的选择。广泛皮肤或皮下损害行外科清创术通常对愈合有帮助。

眼和骨损害的外科清创也有帮助。如有植入器械应及时去除（这很重要）。

肺部损害治疗中，如果对治疗无效或分枝杆菌对抗生素耐受，可考虑外科切除受累肺叶。

控制感染通常需要长期抗生素治疗。对严重/播散性疾病宜静脉用药，静脉用药2～6周后，再开始实施长期服药治疗。

由于菌株对药敏差异很大。对最初分离的菌株应做药敏试验。龟分枝杆菌容易对药物产生耐受，治疗时应同时使用2种以上药物治疗。由于许多病人疾病长期存在，在开始治疗前，可等待药敏结果以供正确的药物选择。

第一线抗结核病药如异烟肼、利福平和吡嗪酰胺不用于治疗龟分枝杆菌感染。阿米卡星、妥布霉素、噻吩甲氧头孢菌素、亚胺培南、环丙沙星、左旋氧氟沙星对本菌有效，其中环丙沙星比较常用。克拉霉素及阿奇霉素比红霉素对本菌作用更强。磺胺甲噁唑（SMZ）对龟分枝杆菌也有效，加上三甲氧苄胺嘧啶有协同疗效。阿米卡星和环丙沙星外用治疗本菌引起的眼病有效。在皮肤感染，有用米诺环素加温热疗法治愈的报告。

至今尚无标准疗程。一般为数月至 6 个月或更长。长期用药可使损害完全消退。但需要多长疗程来预防复发尚不清楚。一些专家建议每日检查痰，在最后一次痰培养阴性后至少治疗 1 年。

6. 护理 大多数病人无需住院。门诊病人根据病情确定随访频率。初期至少每月随访一次，观察病情和药物不良反应。对于中央静脉插管者有必要多次随访，评价感染情况。接受氨基苷类药物的病人应定期接受肾功能检查。每月作痰培养，可确定疗效。教育病人坚持多种药物治疗，接受喹诺酮类药的病人避免剧烈体育运动，防止跟腱断裂。

7. 预后 大多数感染部位经过清创和抗生素治疗预后佳。如果病人有免疫抑制，则预后不良。肺部损害很难或不可能完全清除，控制感染和延缓肺病发展可行。

（三）脓肿分枝杆菌感染

脓肿分枝杆菌（M. abscessus）原命名为龟分枝杆菌的亚种，于 1992 年用 DNA 检测技术表明其为新的菌种。它与龟分枝杆菌的同源性仅为 35%。本菌速生，不产色。

1. 细菌学 是一种环境分枝杆菌，主要存在于水和土壤中。起初把 M. chelonae 分为 2 个亚种（主要是据数字集簇分析结果）。后来 DNA 水平的研究发现，M. chelonae 分为 M. chelonae subsp. chelonae 和 M. chelonae subsp. abscessus 在遗传关系上研究结果之间有矛盾，尚不能统一。所以目前仍以生化鉴定结果为准。M. abscessus 株型特征为：抗酸杆菌（长 $1.0 \sim 2.5 \mu m$，宽 $0.5 \mu m$）；的卵培养基上菌落介于光滑和粗糙型之间，暗处不产色，在 28℃ 和 37℃ 7 天后生长，在 43℃ 不生长。在 MacConkey 琼脂上于 28℃ 甚至 37℃ 生长；在 Ogawa 卵培养基上对 5% NaCl 和 $500 \mu g/ml$ hydroxylamine 耐受以及在 sauton 琼脂上培养对 0.2% 苦味酸耐受。铁吸收试验（-），β-aminosalicylate 降解（+），硫酸芳香脂酶试验（3 日）（+），硝酸盐还原试验及 Tween-80 水解试验均为（-）。胺酶、尿酶、烟草酰胺酶、吡嗪酰胺酶、尿囊酸酶均为（+），苯甲酰胺酶、异烟酰胺酶、琥珀酸酰胺酶、乙酰胺酶均为（-）。产酸试验：在甘露糖醇、肌醇、半乳糖醇、树胶醛糖、木糖、甘露糖、半乳糖、鼠素糖、海藻糖、山梨醇、葡萄糖、蔗糖均为（-）。不利用果糖、葡萄糖、草酸盐和枸橼酸盐做碳源。下列特征可将 M. chelonae 和 M. abscessus 与 M. fortuitum 和 M. peregirnum 相鉴别：硝酸盐还原（-），铁吸收（-）；而对 5% NaCl 和 0.2% 苦味酸耐受又可使 M. abscessus 与 M. chelonae 相区别，加之 M. chelonae 能利用 citrate 唯一碳源而 M. abscessus 却不能。

2. 流行病学 临床常见的速生菌感染，90% 左右为 M. fortuitum、M. chelonae 和 M. abscessus 引起。M. smegatis 和 M. peregrinum 相对少见。而大多为术后创伤和外科损伤感染。30 年前有报告疫苗注射后引起 M. abscessus 医院内感染流行。近来认为是院内感染的原因，主要在胸外科感染、丰乳术感染、血透菌血症、腹膜透析腹膜炎、脉管插管、外科创伤感染。冠状动脉旁路移植引起这些菌感染在 1975 年美国北 Carolina、Colorado 和 Hungary 首报，后来也陆续有暴发流行的多个报告。个别的散发病例亦有报告，主要在美国东北沿海几个州（北 Carolina、Florida、Texas）。最近在瑞士、英国、美国报告由于支气管镜冲洗污染造成速生分枝杆菌病的假流行。在流行期间，从支气管镜标本中回收的菌中 M. abscessus 占 2%~35%。这种暴发绝大多数是因用支气管镜自动冲洗机（冲洗水和机器其他部分污染了 M. abscessus）造成的。因为 M. abscessus 生物膜在机器内形成，一般常规清洗不能去除。1989 年以来这类报告颇多。也有一些是由于个别支气管镜故障所致污染造成的。DNA 指纹技术加上限制性内切酶、脉冲电泳法可以评价这些起因，如自来水、冰水、或蒸馏水。同这些水无关的医疗设备与院内暴发无关。常造成 M. abscessus 院内散发或流行的原因为：血液透析造成菌血症及播散、腹膜腔透析的腹膜炎、支气管冲洗水污染、静脉内导管性败血症、外科创伤感染。

至于其传播方式主要是环境污染造成，人与人的传播尚未证实。

3. 临床表现　能引起肺部感染和播散性的皮肤病。患者大多数年前即逐渐出现呼吸道症状，主要为咳嗽。当伴有其他分枝杆菌病时，几乎 90％ 的患者有肺上叶浸润。空洞较少见（16％）。大多无基础性疾病，但在肺可出现囊性纤维化（6％）、支气管扩张与 M. avium 复合体感染（8％）并存。分枝杆菌病（18％），肺不张，慢性呕吐（6％）、矿物油吸入均为致病前提。病大多为慢性的，死亡率约为 14％（多由于呼吸衰竭、进行性肺病）。播散皮肤性病：大多为多种皮下结节。早期尚有报告描述为系统性疾病，阳性血培养和死亡。有两型，一型产生在缺乏严格控制的血液病（如白血病或淋巴病）病人中，这些病人有菌血症和系统性疾病；另一类在有慢性病（需免疫抑制剂治疗的，如常用皮质类固醇治疗者）病人中，这些病人大多为器官移植者和结缔组织疾病患者。这些病人血培养阴性，系统症状不明显，如发热、衰弱，长期有皮肤结节性病，且不太严重或致死。皮肤表现可为形状不规则红斑、丘疹、结节、斑块、结节或斑块上有或无鳞屑覆盖，亦可见结痂（图 7-3-1 和图 7-3-2）。

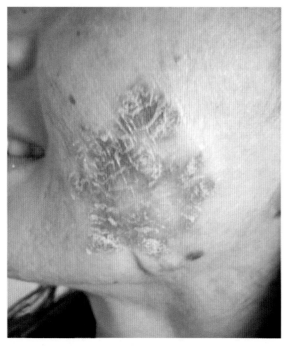

图 7-3-1　脓肿分枝杆菌感染

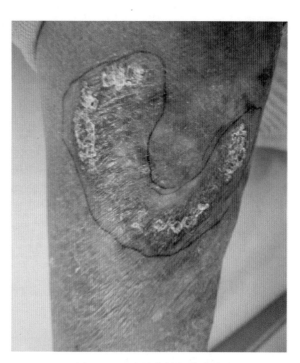

图 7-3-2　脓肿分枝杆菌感染

4. 诊断　胸透异常，且不能诊断为其他病者做痰培养，支气管或肺活检培养如发生在皮肤亦需做病损活检培养。如为阳性，做菌种鉴定（生化、PCR）以确诊。如涂片检抗酸菌阳性，可直接做 PCR 鉴定。

5. 治疗　局限性的皮损可外科切除。抗菌治疗，大环内酯类（阿奇霉素、克拉霉素）有用。克拉霉素 500mg bid，连用 6 个月，有效。但初步结果提示克拉霉素对 M. abscessus 感染肺痰菌的清除无效。其他，如阿米卡星、氯法齐明可用；cefoxitin（85％ 有效）、亚胺培南（imipenem，60％ 有效）亦有一定效果。我们遇一颜面和躯干、四肢皮肤 M. abscessus 感染患者，给予利福平 450mg qd、异烟肼 100mg tid、可乐必妥 0.2g bid 联用治疗取得较好疗效。

一般主张参照药物敏感试验结果用药，即提倡治疗方案个体化。

（四）耻垢分枝杆菌感染

1. 病原学　耻垢分枝杆菌（M. smegmatis）属于快生长菌。偶尔也能产生色素，是继结核杆菌发现后第 2 个发现的分枝杆菌。在 1885 年从生殖器分泌物中分离，以后在土壤、水中也有分离。该菌在环境中普遍存在，故以前被视为非致病菌。

2. 临床及诊断　在 1988 年之前，人类对该菌认识不足。此菌代表了人类致病菌株中最常见快速生长的分枝杆菌菌株。病人的感染与支气管肺部阻塞，皮肤感染及外伤后软组织感染、外科（尤其心脏手术后）及糖皮质激素的注射有关。在插管、心内膜炎、淋巴结炎及免疫抑制者有散在病例报告。最近有 1 例因本菌感染致肺炎而死亡的报告。

从伤口标本中分离到此菌有临床意义。但从呼吸道分泌物中分离到本菌的意义不大。只有重复分离到，并伴有呼吸道慢性疾病时才有意义。

该菌的特征是在 28℃ 时快速生长，即使培养温度高达 45℃ 亦能生长。在 68℃ 时失去活力。硝酸还原试验阳性。芳香基硫酸酯酶试验（3 天）阴性，肌醇反应阳性。在 MacConkey 琼脂培养基上生长时无紫色结晶，可与快速生长草分枝杆菌区别。只有 50% 的临床标本培养时菌落产生橘红色（2 周），所以有人称之为不产色分枝杆菌，而其他一些学者又称之为产色菌。菌落突起，表面粗糙，有花彩装饰样边缘。也有一些细菌形成光滑菌落。

耻垢分枝杆菌与其他快速生长分枝杆菌区别的试验如下图。

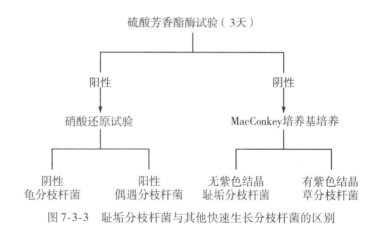

图 7-3-3　耻垢分枝杆菌与其他快速生长分枝杆菌的区别

3. 治疗　大多数快速生长分枝杆菌对抗结核药耐受，但耻垢分枝杆菌除外。该菌对乙胺丁醇敏感，故用该药也可与其他分枝杆菌相区别。一般来说耻垢分枝杆菌对 INH、RFP、大环内酯类药耐受，对乙胺丁醇、氨基苷、四环素、亚胺培南敏感。

大约 20% 的病人可自愈，另一些患者需要额外的抗生素和外科治疗。各种常用抗生素对耻垢分枝杆菌的最低抑菌浓度为：阿米卡星 4μg/ml、庆大霉素 8μg/ml、妥布霉素 8μg/ml、卡那霉素 16μg/ml、亚胺培南 4μg/ml、环丙沙星 0.5μg/ml。

（五）外来分枝杆菌

外来分枝杆菌（M. peregrinum）原命名为偶遇分枝杆菌的亚种，现用 DNA 技术表明其与偶遇分枝杆菌的同源性仅为 50%，故应属新的菌种。它是不产色的速生菌。

1. 细菌学　早在 1962 年，Bojalil 等就提出外来分枝杆菌是不同于 M. fortuitum 的一种速生分枝杆菌。Baess（1982）基于 DNA 的研究支持这个观点。后来 Stanford 等报告两菌在血清学上是一致的。其后 Kubica 等国际协作研究也认为不能确定两菌间有区别。从而 M. peregrinum 则从菌命名清单中删除。尽管如此，Minnikin 等分析分枝菌酸模型认为两菌仍是不同一。基于脂质层析和血清凝集结果，Pattyn 等认为可将 M. peregrinum 列为 M. fortuitum 的一个亚种，但不做正式的独立命名。但 Baess 和

Levy-Frebaut 等据 DNA 研究的结果（两菌间 DNA-DNA 互补值仅为 49～57%）以及 Wallance 等 β 内酰胺酶和 Tsang 等抗原研究结果支持 M. peregrinum 为一独立菌种。最近（1992）Kusunoki 和 Ezaki 综合生物表型和 DNA 杂交用 ATCC 14467 M. peregrinum 的研究提出 M. peregrinum 仍是一种独立的菌种。其型株特征为：长 1.5～4.0μm 宽 0.5μm 的抗酸杆菌，在卵培养基上的菌落介于光滑型和粗糙型之间，呈白至微黄色，暗处不产色，在卵培养基 28℃ 和 37℃ 7 天出现生长，43℃ 未见生长，在 MacConkey 琼脂上 28℃ 生长，37℃ 不生长，在 Ogawa 卵培养基上菌耐受 5% NaCl、500μg/ml 羟胺，在 Sauton 琼脂培养基耐受 0.2% 苦味酸。铁吸收试验（+）、β 氨基水杨酸盐分解（+）、硫酸芳香酯酶试验（3 日）（+）、Tween-80 水解试验（+）、硝酸盐还原酶试验（+）、尿酶、吡嗪酰胺酶、尿囊酸酶、乙酰胺酶试验亦均为（+）；但不具苯甲酰胺酶、异烟酰胺酶、烟草酰胺酶和琥珀酰胺酶。产酸试验：在甘露糖醇木糖、甘露糖、海藻糖和右旋糖葡萄糖为（+）；但在肌醇、半乳糖醇、树胶醛糖、半乳糖、鼠素糖、山梨糖和蔗糖为（-）。

M. peregrinum 能利用果糖和葡萄糖为碳源，但不利用草酸盐或枸橼酸盐。用卵培养基在 37℃ 7 天内呈肉眼可见菌落。硫酸芳香酯酶（3 日）（+），能降解 β 氨基水杨酸，可与非病原性速生菌相区别。

其与 M. fortuitum 的区别在于：在卵培养基上 43℃ 不生长，在 MacConkey 琼脂上 37℃ 不生长；在甘露糖醇和海藻糖产酸；对头孢美唑和头孢噻吩耐受差。

2. 流行病学　临床上常见的速生菌感染以 M. fortuitum 和 M. chlonae 为最多见，M. abscessus 亦有相当的数量，M. smegmatis 和 M. peregninum 相对数量较少，但亦有发生。特别在早期 M. smegmatis 认为是不引起临床疾病的。本病的发生与其他速生菌条件相似，尽管分离率较低，仍是普遍存在的。以往多与 M. fortuitum 相混淆。

我国北京蔡林等（2008）报告北京水源中（30 份养鱼水）分离出多种分枝杆菌，其中有一株为 M. peregrinum，亦提示分枝杆菌普遍存在。

3. 临床表现　可参阅速生菌感染总论和相关速生菌感染的描述。

4. 诊断　主要靠菌型鉴别，特别是与 M. fortuitum 的区别。

5. 治疗　amikacin，cefoxitin，imipenem，sulfonamides，quinolones 均可选用，多西环素（doxycyline）亦有一定效果。

（冯素英　王洪生　李晓杰）

第四节　新鉴定分枝杆菌感染的临床及流行病学特征

在过去的十余年中（从 20 世纪 90 年代以来）识别的 42 株分枝杆菌新种已正式发布。其中大多数（23 种）是仅从临床标本中分离出来的，10 种是既从临床标本亦从环境中分离出来的，9 种是仅从环境中分离的。由于环境是 NTM 的主要菌库，兼有一部分分离物标本数尚少，受其干扰现今约半数新菌尚难定其临床意义。此节仅简介这些新种的临床及流行病学特征。有关其病原学及体外药物敏感试验结果的描述已在上篇第二章第三节做了系统的介绍，请参阅。

一、产色素的慢生菌

1. 波希米亚分枝杆菌（M. bohemicum）　研究显示本菌是潜在的病原菌，天然水是其菌库之一。本菌从患淋巴结炎的儿童和全身皮肤感染者（老太太）以及 3 个病人痰中分离得到，亦从山羊大网膜淋巴结乃至流水中分离出来。动物试验表明菌有毒力：在同种同基因 γ-IFN 缺陷和无免疫缺陷的 BALB/C 小鼠静脉注射 M. bohemicum 后在肝、脾均出现肉芽肿损害。

2. 隐藏分枝杆菌（M. celatum）　本菌 1993 年首次描述。当时有 24 株（22 株独立分离，且与 MAC 不同，与 M. xenopi 相近）。24 株中有 5 株来源不清，其余均来自临床标本（痰和支气管冲洗物，亦有从血、粪、骨活检标本中分离的）。其中有 5 个病人 HIV+。在 HIV+ 病人除产生肺部和肺外感染外，大多产生播散性感染。在免疫力正常的人也有发生致死性肺部感染的报告，在儿童能产生淋巴结肿大。本菌致病力似比其他 NTM 高，特别是在 AIDS 病人。其毒力亦被在 BALB/C 小鼠和同种同基因 γ-IFN 缺陷小鼠得到确认。即脾大和肝产生肉芽肿损害，尚未见到从环境中分离出本菌的报告。

3. 显著分枝杆菌（M. conspicuum）　本菌 1995 年描述定名。菌分离自 AIDS 和其他严重细胞免损伤的病人。本菌目前仅分离出 2 株，可能是因为其生长温度较低。其毒力不低于 MAC 和 M. gonavens。产生播散感染可致死。毒力试验：在静脉注射本菌于上述试验动物后显示。

4. 多利安分枝杆菌（M. doricum）　从 AIDS 患者脑脊液中分离的（仅一株）。在 2001 年被描述。

患者头痛和颈强直，血中同时也分离到 cryptococcus neoformans。所以其临床意义仅能说可能，尚不能最终确定，要待更多的报告出现来证明。

5. 赫克雄分枝杆菌（M. heckeshornense）　一位免疫力正常的年轻女性肺空洞和浸润患者 5 年间反复能从其痰分离到多株本菌，亦能从肺活检中分离出来。本菌 2000 年被描述。

6. 中庸分枝杆菌（M. interjectum）　详见中篇第七章第四节。

7. 中间分枝杆菌（M. intermedium）　1993 年描述。菌系由免疫力正常的慢性支气管炎病人的痰中分离。至今尚未见再从病人和环境中分离到本菌的报告。该菌的临床意义尚未定论。动物毒力试验仅表现对 γ-IFN 缺陷小鼠有病原性。

8. 库必克分枝杆菌（M. kubicae）　该菌在 2000 年描述。菌分离自痰或支气管洗出物。病原意义待定。

9. 苍黄分枝杆菌（M. leniflavum）　1996 年描述，共 22 株，分别分离自胃液（4 株）、痰（4 株）、尿（2 株）、椎间盘活检标本（1 株）。其余为支气管镜污染。相当一部分分离物不显示病原意义。但有的显示为空洞性肺病、颈淋巴结炎，在长期类固醇治疗和 AIDS 患者能引起播散性感染，在肝脓疡患者亦有发现。至今尚未见环境中分离到本菌的报告。PCR 检测土壤中分枝杆菌有报告与本菌类似，hsp65 限制性内酶切谱亦一致，但 16s rDNA，ITS 序列检测结果与之有所不同。

10. 派鲁斯分枝杆菌（M. palustre）　本菌在 2002 年描述。菌分离自痰（2 株）、儿童颈淋巴结炎（1 株）和环境中（8 株）（在芬兰溪谷）、儿童颈淋巴结（2 株）。研究表明，在动物引起淋巴结炎的作用不肯定。在健康的屠猪亦发现，天然水可能为其菌库。

11. 吐斯西分枝杆菌（M. tusciae）　本菌于 1999 年描述。菌分离自用低剂量类固醇治疗儿童的淋巴结炎（1 株）和饮用水（2 株）。推测饮水（含本菌）可引起免疫力略降低儿童的发病。

二、不产色素的慢生长菌

1. 布氏分枝杆菌（M. branderi）　本菌在 1995 年描述。菌分离自空洞性肺病患者的痰（9 株）。有关其致病性有争论。但人腱鞘炎中分离到本菌及在免疫力降低及正常动物试验证实其毒力存在。

2. 坎奈迪分枝杆菌（M. canettii）　MTB 的光滑型 canettii 株很长一段时间认为是一个特例。仅最近借助于大量脂化寡糖类（lipooligosaccharides）分析才发现其与普通粗糙型的区别。第一个人 MTB 光滑变异株是从一例索马利儿童颈淋巴结分离培养的。

此外，在瑞士报告一例从 AIDS（有肠系膜结核，曾于非洲工作 20 余年）分离培养到 MTB 光滑株。豚鼠实验感染发现结核损害、体脂重度减少，光滑株引起的损害显示比 H37R_v 株的播散更严重（提示毒力更强）。在体内条件下从光滑转变到粗糙型菌落比在体外更多，提示体内条件更适于粗糙型变种。虽然 M. canettii 作为一个新种还有些争论，但基于脂化寡糖分析及动物实验结果仍倾向于其为一个新种。目前认为动物是其最可能的菌库。

3. 几那温分枝杆菌（M. genavense）　大多从播散性感染的 AIDS 患者分离出来，其频次仅低于 M. avium。病人大多存在发热、腹泻、体重减轻。主要分离自血液，其次为淋巴结、脾、十二指肠黏膜等活检标本。皮肤和生殖器感染亦有报道。

有报告在医院自来水中发现本菌。更多感染是禽类。但在免疫力缺陷的猫发现有感染。

4. 海德尔贝格分枝杆菌（M. heidelbergense）　本菌分离自患淋巴结炎并形成复发性瘘管的免疫力正常的儿童的淋巴结。5 年后（1997）才被定名为新菌种。其临床意义尚须进一步研究证实。因有 6

株［痰源（4株），胃液源（1株），尿源（1株）］分离物不能肯定有临床意义。动物试验仅在 γ-IFN 缺陷鼠显示有毒力。

5. 湖月分枝杆菌（M. lacus）　此菌分离自一肘外伤部位黏液囊炎之滑液组织。2002年定新种名。因病损组织存在干酪性肉芽肿，支持其临床意义。因患女在一湖中游泳，肘部外伤而获感染，支持菌存在环境中，且其天然菌库为水。

6. 肖特分枝杆菌（M. shottsii）　该菌首报于2001年，2年后定名为新菌种。有21株从人鲈鱼肉芽肿损害（主要是脾）中分离。尚不知是否对其他鱼或人有致病性。海水可能为其天然菌库。

7. 三重分枝杆菌（M. triplex）　共有10株。从痰分离（6株）、淋巴结（2株）、脑脊液（1株），余者来源不明。起初认为系 MAC 群，但不能与市售 MAC 特异探针杂交，而暂列为 SAV（Simiae-avium）群。临床意义尚不能肯定。在意大利有报告由本菌引起 AIDS 患者播散感染者。也有报告一女性肝移植患者心包和腹膜腔液中分离到该菌，亦有报告从一免疫力正常肺感染患者分离到本菌者。特别是有2株是从淋巴结分离得到的，支持有致病的潜力。

三、产色素的速生分枝杆菌

1. 象源分枝杆菌（M. elephantis）　本菌2000年被定名新菌种。起初从死于慢性呼吸系统疾病之大象肺脓肿中分离，新近有11株（10株分离自痰，1株分离自腋下淋巴结）从人分离得到。

对大象的致病作用不容置疑。在人腋下淋巴结看到肉芽肿性组织也支持本菌对人的致病性。

2. 黑斯分枝杆菌（M. hassiacum）　1997年描述本菌，系从尿中分离出来的。本菌能在 $30 \sim 65 ℃$ 的温度范围中生长。后来又有一例从尿中分离到本菌的报告，但致病性仍难肯定，环境污染的可能性大。

3. 诺沃卡斯分枝杆菌（M. novocastrense）　仅一株，分离自缓慢播散的儿童皮肤肉芽肿。但由于本菌分离自典型的肉芽肿损害，有力地支持其临床意义。

四、不产色素的速生菌

1. 脓疡分枝杆菌（M. abscessus）　原命名为 M. chelonae 亚种，现（1992）定名为新菌种。详见中篇第七章第四节。

2. 蜂房分枝杆菌（M. alvei）　据6株（4株分离自水和土壤，2株分离自痰）而定新种（1992）。菌株大多分离自环境和呼吸道提示天然菌库为环境和临床分离株亦大多可能为污染来源。

3. 冬天分枝杆菌（M. brumae）　据10株环境分离株（源于河水8株和源于土壤2株）和1株痰来源分离物而于1993年定新种。据其来源可能是非致病菌。

4. 粘合分枝杆菌（M. conguentis）　该新菌种在1992年描述。分离物源自一位健康男性痰液。

可能无有临床意义，动物试验无论在健康或免疫缺陷鼠均未发现有毒力存在。

5. 古迪分枝杆菌（M. goodii）　该新菌种的描述是以28株分离物为基础的。1999年协作组研究证明其与 M. smegmatis 不同。28株分离物源自医源性创伤性骨髓炎及呼吸道感染者（类脂质肺炎）。也报告一例由本菌引起黏液囊炎者。其临床意义无疑。

6. 郝尔沙替分枝杆菌（M. holsaticum）　该新菌种于2002年描述。有9个独立临床分离株（6株源自痰，1株源自尿，2株源自胃液）。尚无据支持其有致病作用。

7. 免疫原分枝杆菌（M. immunogenum）　此新菌种于2001年描述，共有112株分离物，其 hsp65 PRA 模型介于 M. Chelonae 和 M. abscessus 之间。本菌可引起皮肤感染、角膜炎，以及与导尿管相关的感染。

有98人分离物源自金属作业的环境，其气溶胶多引起超敏性肺炎。11株分离物源自皮肤、眼、尿、滑液囊液和支气管肺泡冲洗液等临床标本，其余的均分离自被支气管镜污染者。据上，其临床意义是无疑的，尤其在金属作业者检到高效价的抗 M. immunogenum IgG 类抗体。

8. 拟龟型分枝杆菌（M. mageritense）　有5个临床分离物，源自不同病人的痰标本。1997年描述定为新菌种。其临床意义待定。

9. 黏性分枝杆菌（M. mucogenicum） 是一组龟型分枝杆菌样的微生物（M. chelonae like organism，MCLO），其临床意义主要为创伤后感染和导尿管相关的败血病。也曾有报告一例致死性进行性肉芽肿性肝炎（尸检培养证明），以及一例菌败血症者。该菌发现于美国瓶装矿泉水，41% 分离自冰和饮用水。

10. 外源分枝杆菌（M. peregrium） 详见中篇第七章第四节。

11. 腐败分枝杆菌（M. septicum） 该新菌种源于一个两岁的转移性肝母细胞病的患者，共重复分离 4 次（3 次血培养，1 次中央静脉导管培养）。有临床意义。

12. 沃林斯基分枝杆菌（M. wolinskyi） 研究 8 个不同株。均为同质。菌株分离自外科感染和外伤性蜂窝织炎，大多与骨髓炎相关（伴）。所以有致病性。

五、仅环境来源的新菌种

1. 包特分枝杆菌（M. botniense） 2 株，来源于水，2000 年描述。

2. 氯酚红分枝杆菌（M. cholorophenolicum） 本菌原定名为 rhodococcus 种，1994 年因发现典型分枝菌酸而归为分枝杆菌。在芬兰之各种被氯酚污染的土壤中发现。

3. 库克分枝杆菌（M. cookii） 在新西兰的苔藓和水中发现。有 7 株，1990 年定名新菌种。动物试验（小鼠、豚鼠、猪、家兔）证明是腐物寄生菌。至今再未见报告有另外的分离物。

4. 弗瑞德里克分枝杆菌（M. frederiksbergense） 此菌在丹麦从煤焦油污染的土壤中分离，仅一株。在 2001 年定名为新菌种，系环境腐物寄生菌。至今未见有新的报告。

5. 爱尔兰分枝杆菌（M. hiberniae） 本菌在爱尔兰从苔类、土壤分离，共 13 株，1993 年定名为新菌种。动物实验（小鼠、豚鼠、家兔）未发现致病性。但与 M. bovis tuberculin 有交叉反应，所以在牛皮肤试验可出现假阳性反应。

6. 霍氏分枝杆菌（M. hodleri） 在 1996 年定名为新菌种（仅 1 株）。系从荧蒽（fluoran-threne）污染的土壤中分离的。鉴于此菌能特殊代谢数种多环芳香烃（polycyclic aromatic hydrocarbons）确定是一种特殊的环境分枝杆菌。

7. 马达加斯加分枝杆菌（M. madagascariense） 此菌在马达加斯加从苔类分离（共 4 株）。1992 年定名为新菌种。动物试验（家兔、豚鼠、小鼠）未证明有致病力。尚未定其临床意义。

8. 墙壁分枝杆菌（M. murale） 系从损伤墙壁水中分离的，共 5 株。1999 年定名新菌种。环境可能是其唯一的来源。临床意义无据。

9. 万巴艾林分枝杆菌（M. vanbaalenii） 称 PYR-1 分枝杆菌。系从油污染的沉淀物中分离的。2002 年定为新菌种。因其能降解环境中高分子量的多环芳香烃（有害化学物质），可考虑用于生物除污（污水处理）。因至今仍为 1 株分离物，且来自环境，其临床意义无据。

六、"虚拟"分枝杆菌（"virtual" mycobacteria）

基因分子方法通常能以特异的核酸序列来检测和分类那些不能在培养基中生长，甚至在某些情况下不能观察的微生物。上述定义仅涉及目前很有限了解的微生物。这样微生物的分类基础还是不确定的。

所谓的能见分枝杆菌（"M. visibibis"）是以往 20 年期间用 PCR 鉴定从 3 只猫皮损获得的分枝杆菌 DNA（其 DNA 同源性表明为同种）的结论。其命名是按拉丁语法规则校正的。该菌为一种纤细的抗酸菌，有时成簇。在组织中用苏木素和嗜伊红染色是可见的。培养仅一次获得贫瘠生长，但很快丧失活力。其基因型特征为：3 株菌 16s rRNA 基因之头 550bp 节段序列 99.4% 同源。其致病性在猫科动物能引起多系统肉芽肿性分枝杆菌病。皮肤显示为溃疡性损害。菌源尚未探明。

七、分枝杆菌新亚种

1. 鸟分枝杆菌鸟型亚种（M. avium subsp. avium） DNA-DNA 杂交研究之后曾显示原来所谓的

M. avium 和 M. paratuberculosi 以及一组菌为木鸽分枝杆菌（wood pigeon mycobacteria）。之后数字分类和 PFGE 显示它们是单一亚种的代表。（详见下篇相关章节）

2. 鸟分枝杆菌副结核分枝杆菌亚种（M. avium subsp. paratuberculosis） 即原来的 M. paratuberculosis。依赖 mycobactin。系真正的反刍动物病原菌。疑为人 Crohn 病的病原菌。（详见下篇相关章节）

3. 鸟分枝杆菌森林分枝杆菌亚种（M. avium subsp. M. silvaticum） 本菌不与原来已知的菌种重叠。生物表型与 M. avium 几乎一致。惟不生长于鸡蛋培养基上，需要 pH 5.5。能引起禽类结核病。亦系初生小牛慢性肠炎的病因。

4. 鸟分枝杆菌人猪型亚种（M. avium subsp. honinissuis） 借助于 IS1245 RFLP 模型在本菌 ITS 中发现特异的单核苷（signature nucleotide）分型而定新亚种。

5. 牛型分枝杆菌山羊亚种（M. bovis subsp. caprae） 在 119 只山羊淋巴结和肺损害中分离到 121 株分枝杆菌，于 36℃ 3~4 周可于固体培养基上生长，丙酮酸盐有明显刺激生长作用。最有意义的试验是 pyrazinamidase（+）、产烟酸试验（-）、硝酸盐还原试验（-）。除对羊、猪有致病性外，对人亦能引起结核病。且对 RF、INH 有耐药发生。

八、未鉴定分枝杆菌

尽管近十年来分枝杆菌的分类学有了很大的发展，但大量未分类的分枝杆菌还是不断地出现。实际上现在基因数据库中尚有很多分枝杆菌的基因顺序与现有文献中发表的菌不同。最近一个研究：72 株人源分枝杆菌用常规试验、HPLC 和 16s rDNA 测序法发现有 53 个独立的实体。主要分布在下列几簇分枝杆菌群中：热耐受速生菌、M. terrae 相关的菌、慢生菌、M. simiae 相关的菌和速生菌。提示还有非常大的重要的"新种"菌库待发现。

（吴勤学）

参 考 文 献

1. Kusunok S, Ezaki T. Proposal of Mycobacterium peregrinum sp, nov, nom, rev, and elevation of Mycobacterium chelonae subsp abscessus（Kubica et al）to species status：Mycobacterium abscessus comb nov. International J of Systematic Bacteriology, 1992, （Apr）：240-245.

2. Wallace Jr, RJ. Recent changes in taxonomy and disease manifestations of the rapidly growing Mycobacteria. Eux J Clin. Microbiol Infect Dis, 1994, （Nov）：953-960.

3. Pandhi RK, Kanwar AJ, Bedi TR, et al. Lupus vulgaris successfully treated with clofazimine. Int J Dermatol, 1978, 17 （6）：492-493.

4. Zeeli T, Samra Z, Pitlik S. Ill from eel?. Lancet Infect Dis, 2003, 3 （3）：168.

5. Edelstein H. Mycobacterium marinum skin infections. Report of 31 cases and review of the literature. Arch Intern Med, 1994, 154 （12）：1359-1364.

6. 吴学忠，张福仁，赵天恩. 麻风病易感性遗传学研究进展. 中国麻风皮肤病杂志，2010，21 （2）：122-125.

7. Li XJ, Wu QX, Zeng XS. Nontuberculous mycobacterial cutaneous infection cofirmed by biochemical tests, polymerase chain reaction-restriction fragment length polymorphism analysis and sequencing of hsp65 gene. Brit J Dermatol, 2003, 149：642-646.

8. Runyon EH. Pathogenic Mycobacteria. Adv Tberc Res, 1965, 14：285-287.

9. Tortoli E. Impact of genotypic studies on Mycobacterial taxonomy：the new Mycobacteria of the 1990s. Clin Microbiol Rev, 2003, （4）：323-345.

10. Chen HH, Hsiao CH and Chiu HC. Acase report successive development of cutaneous polyarteritis nodasa, leucocytoclastic vasculitis and Sweet's Syndrome in a patient with cervical lymphadenitis caused by Mycobacterium fortuitum. British J Dermatol, 2004, 151：1096-1100.

11. Tailland C, Greubc and Weber T, et al. Clinical implications of Mycobacterium Kansasii species heterogeneity：Swiss national survey. J Clinical Microbiol, 2003：1240-1244.

12. Yoshida Y, Urabe K, Furue M, et al. A case of cutaneous Mycobacterium chelonae infection successfully treated with a combination of Minocycline hydrochloride and thermotherapy. The J Dermatol, 2004, 31: 151-153.

13. Kullavanijaya P, Apiromyakij NR, Napattalung PS, et al. Disseminated Mycobacterium chelonae cutaneous infection: recalcitrant to combined antibiotic therapy. The J Dermatology, 2003, 30: 485-491.

14. Kingsley Asiedu. Progress in developing drug treatment for Mycobacterium ulcerans disease (Buruli ulcer). Jpn J Leprosy, 2007, 76: 124.

15. Paul DR, Johnson. Recent epidemiology of Mycobacterium ulcerans in Australia. Jpn J Leprosy, 2007, 76: 125.

16. Tim Stinear. Using the complete genome sequence of Mycobacterium ulcerans to address research priorities for the control of Buruli ulcer. Jpn J Leprosy, 2007, 76: 126.

17. 中永和枝, 铃木幸一, 谷川和也, 等. Mycobacterium shinshuense と Mycobacterium leprae の生物学的诊断法の有用性. Jpn J Leprosy, 2007, 76: 245-250.

18. Kullavanijaya P. Atypical mycobacterial cutaneous infection. Clinics in Dermatology, 1999, 17: 153-158.

19. Groves R. Unusual cutaneous mycobacterial diseases. Mycobacterial infections of the skin (Guest Editor: Schuster M) Clinics in Dermatology, 1995, 13 (3): 257-264.

20. Sastry V and Brennan PJ. Cutaneous infection with rapidly growing mycobacteria, Mycobacterial infections of the skin (Guest Editor: Schuster M) Clinics in Dermatology, 1995, 13 (3): 265-272.

21. Gluckman ST. Mycobacterium marinum J, Mycobacterial infections of the skin (Guest Editor: Schuster M) Clinics in Dermatology, 1995, 13 (3): 273-276.

22. Hautamann G and Loti T. Diseases caused by mycobacterium scrofulaceum. Mycobacterial infections of the skin (Guest Editor: Schuster M) Clinics in Dermatology, 1995, 13 (3): 277-280.

23. Zanelli Gand Webster GF. Mycocutaneous atypical mycobacterial infections in acquired immundeficiency syndrme. Mycobacterial infections of the skin (Guest Editor: Schuster M) Clinics in Dermatology, 1995, 13 (3): 281-288.

第八章 获得性免疫缺陷综合征患者分枝杆菌感染及治疗

在世界范围内，获得性免疫缺陷综合征（AIDS）患者合并分枝杆菌感染者逐渐增多。据世界卫生组织报告（2009）仅合并 MTB 感染的每年就有 1.37 百万病例进入药物敏感和耐药性检测。

分枝杆菌属（Mycobacterium）是一个大家族，其包括结核杆菌、麻风杆菌以及非结核分枝杆菌。结核杆菌是艾滋病患者中最常见的机会性感染之一和最主要导致死亡的原因。目前非结核分枝杆菌已达 200 多种，1990 年以来就发现了 42 种分枝杆菌新菌种。欧美报告，25%～50% 的艾滋病患者中并发非结核分枝杆菌（Nontuberculous mycobacteria，NTM）感染。

第一节 流行病学与临床表现

一、结核杆菌感染与艾滋病

（一）流行病学

结核杆菌感染世界人口的 1/3，肺结核仍为人类最常见的传染病之一，其死亡率相当高，曾有人类第一杀手之称。2006 年世界卫生组织（WHO）估计有 920 万例新发肺结核（TB）。全球结核病的负担下降的非常缓慢，目前估计，其下降的比率将不能达到 2015 年的预期值。WHO 遏制结核的战略目前是远远落后于预期，特别是在应对艾滋病与结核共同感染及结核菌的耐药方面，全世界大约有 1/3 的 HIV 抗体阳性者合并有结核杆菌感染，这在全球约有 1400 万人。在全球范围内，所有成人肺结核病例中有 9% 的患者是由于 HIV 感染引起。在很多经济欠发达地区如非洲南部，基础医疗不够完善，也是结核与艾滋病流行的原因之一，此外还有以下因素有促进作用：营养不良，贫困，无家可归，拥挤和传染病。结核病不仅在发展中国家的发病率在上升，发达国家结核病的下降趋势也在逆转。2007 年 WHO 报道，在新发的 927 万例肺结核患者中有 137 万 HIV 阳性，其中约 45.6 万 HIV 阳性患者死于肺结核。

（二）HIV 对结核杆菌感染的影响

HIV 感染是促进结核杆菌感染的最强风险因素，艾滋病的流行可恶化结核病疫情。这主要是因为艾滋病不但增加了潜伏性结核病人的疾病激活的风险，同时也使感染者更易受到结核杆菌感染并迅速进展为活动性肺结核病，从而导致人群中新发和再发肺结核的发病率的增加。由于艾滋病患者免疫缺陷，即使牛分枝杆菌、BCG 株亦能引起全身扩散性感染。在艾滋病患者中，以下因素促进结核病的发生：过多的与多重耐药结核病患者的接触；增加去医院就诊的次数；抗结核药物吸收不良造成最佳治疗血药浓度不足从而形成未能严格遵守治疗方案的后果。

（三）艾滋病合并结核杆菌感染的临床表现

结核病的临床诊断和治疗较为复杂，而合并了艾滋病后使其诊断和治疗更加困难。结核杆菌感染可以发生在 HIV 感染的任何阶段，经常在早期阶段，没有 CD4$^+$T 细胞计数明显下降或是在其他免疫缺陷出现之前。总体来说，临床症状呈非特异性。艾滋病合并结核病可表现为发热、盗汗、咳嗽、体重下降或不适、腹泻、皮疹、全身淋巴结肿大等。肺结核可以发生在艾滋病的任何阶段，它的临床表现在很大程度上取决于机体免疫抑制的水平。艾滋病的早期，患者症状和体征与未感染 HIV 人群类似：肺受影响的概率最大，出现相关的症状如咳嗽，发热等；然而，艾滋病中晚期免疫抑制患者中，肺外器官往往遭受感染，常见的肺外结核感染的部位有淋巴结（表浅）、胸膜、脑和心包膜等。那些有着较好的免疫状态、正常 CD4$^+$T 细胞数目、低病毒载量的患者，从本质上来说症状和肺结核都类似于 HIV 抗体阴性患者。与成人相比，HIV 阳性和 HIV 阴性的儿童结核病的临床差异更小。

皮肤结核病主要的临床类型包括：寻常狼疮、疣状皮肤结核以及瘰疬性皮肤结核、硬红斑、丘疹坏死性结核疹等，不同的类型有不同的好发部位。皮损主要有结节、溃疡、瘢痕、疣状斑块、丘疹、坏死等。伴随症状可有发热、关节痛、疲倦等。

二、非结核分枝杆菌感染与艾滋病

（一）流行病学

非结核分枝杆菌（NTM，亦称 EM）在世界各地的水和土壤中普遍存在，是机会性感染病原体。糖皮质激素和免疫抑制剂的广泛应用、器官移植的推广以及 HIV 感染的增加导致 EM 感染呈逐渐增加的趋势。

（二）HIV 对 EM 感染的影响

在艾滋病流行前，引起人类 EM 感染的病原体主要来源于环境，缺乏人与人之间相互传染证据。EM 主要引起肺部、局部淋巴结和皮肤的感染，极少引起全身播散性感染。艾滋病在全球流行后，EM 感染的流行情况发生了根本性的改变，EM 感染的发病率迅速上升，在欧美有高达 25%～50% 的艾滋病患者并发 EM 感染。在艾滋病流行前以及免疫力正常的 EM 感染者，感染灶常呈局限性；而艾滋病患者或其他免疫力低下的患者，EM 感染常呈全身播散性。免疫力正常的 EM 感染者，其皮肤或关节的感染常由于外伤或局部注射糖皮质激素引起，而对于艾滋病患者或其他免疫力低下的患者，皮肤或关节的感染与外伤或局部注射糖皮质激素无太大的相关性。艾滋病患者中 EM 感染主要由鸟分枝杆菌所致，故其他分枝杆菌感染的构成比相应下降，但并不代表由其他分枝杆菌所致感染的发病率下降，而事实上由这些分枝杆菌引起的感染仍在上升。在艾滋病流行前，很少出现人与人之间相互传染，然而艾滋病患者中分枝杆菌感染可通过呼吸道及胃肠道传播。

（三）艾滋病患者合并非结核分枝杆菌感染的临床表现

慢性的肺部疾病是 EM 感染的最常见的临床表现。非结核分枝杆菌肺病临床表现酷似肺结核病人。绝大多数病人都有慢性或是反复的咳嗽、咳痰、咯血、低热、消瘦和乏力等；部分患者亦可无明显症状或仅略有咳嗽、咳痰，但肺部 X 线检查可发现病变；少数患者呈高热畏寒、咳嗽、胸痛等类似肺部急性感染的症状。然而，艾滋病患者并发非结核分枝杆菌肺部感染或播散性非结核分枝杆菌感染后，其临床表现更为复杂、不典型。非结核分枝杆菌感染肺外病变包括：淋巴结炎，皮肤和软组织感染，骨关节病变生殖系统、消化系统和神经系统病变及全身播散性病变。艾滋病患者的 EM 感染除鸟−细胞分枝杆菌复合体外，当前报道尚有蟾分枝杆菌、堪萨斯分枝杆菌、斯氏分枝杆菌、亚洲分枝杆菌、淡黄分枝杆菌、偶遇分枝杆菌、嗜血分枝杆菌、革登分枝杆菌、海鱼分枝杆菌和马尔摩分枝杆菌等。我国还发现感染龟分枝杆菌的艾滋病患者。艾滋病感染者中常见的皮肤和软组织非结核分枝杆菌感染主要有鸟−细胞内分枝杆菌复合体、堪萨斯分枝杆菌、瘰疬分枝杆菌、蟾分枝杆菌、嗜血分枝杆菌、快速生长分枝杆菌。

三、麻风杆菌感染与艾滋病

（一）流行病学

麻风杆菌感染引起麻风病。经过全球的共同努力，新发病例有了明显的下降，2010 年初，全球登记病例数为 211，903 例。尽管世界卫生组织宣称，在 2000 年之后麻风不再是一个公共卫生问题，但在过去的 5 年中，全球每年报道的新发的麻风病例仍超过 20 万，按 WHO 标准：患病率超过万分之一的国家即为麻风流行国家，目前仍有印度、巴西、印尼孟加拉国、刚果共和国这 5 个麻风流行国家。麻风的流行呈不均匀的簇集性和地方性流行，影响流行的因素有气候、雨量、地势等自然条件，但主要因素是经济条件和文化卫生水平等社会因素。目前在我国麻风主要分布在云南、贵州、四川、西藏等地。人群对麻风的易感性有显著的差异，和机体的免疫状态密切相关。

（二）HIV 对麻风的影响

艾滋病与麻风杆菌感染之间的关系至今未明确。在很多麻风流行的区域同样可以看到艾滋病的患病率在增加，但截至 2011 年，WHO 尚未公布 HIV 和麻风双重感染的病例数。有研究表明：从一些 HIV 与麻风杆菌感染患者的临床表现、分子免疫、组织病理和病毒学特征来看，艾滋病与麻风都有着各自的感染过程，然而，在高效抗反转录病毒治疗免疫重建过程中可能会引发不良后果，如麻风反应的急性发作。

第二节　实验室诊断

一、细菌学检测

直接涂片和组织切片中找到细菌。此法较常用，但特异性较差，需结合临床检查判定。直接涂片因需抗酸菌 $\geqslant 10^5/ml$ 方可检测到，所以阳性率低，荧光显微镜法可以提高阳性率。体外培养法为金标准，并且在此基础上可以做随后的特征描述和药敏试验，但是耗时费力，麻风杆菌尚不能体外培养，在培养基中培养及鉴定需耗时 6 ~ 12 个月。

二、分子生物学检查

聚合酶链反应（PCR）：大多基于编码 65-kD 的热休克蛋白基因，临床应用受限，仅具理论研究价值。惟小鼠模型有用，但价格贵，耗时长，不涉及杂交的程序步骤，快速有效。此外，巢式 PCR、多重 PCR、光电 PCR、定量 PCR、实时 PCR 等相继出现。

PCR——核酸分子杂交：先用 PCR 方法扩增特定的靶序列，然后与针对这一序列设计的特异性探针进行杂交反应。只对相应菌种产生阳性反应，因此特异性强。

PCR——RFLP：是将 PCR 技术和限制性酶切分析相结合的分类鉴定方法。首先用分枝杆菌的共引物扩增各种分枝杆菌共同的靶序列，然后用一种或几种限制性内切酶对扩增产物进行消化，根据酶切片段的数目和长度形成的图谱分析所得结果，即可鉴别不同的菌种。

核酸测序：即选择分枝杆菌的某些特殊序列进行分析。16S rDNA 序列的高变区在种内变化小而种间差异大，是鉴定分枝杆菌菌种的一个常用序列。

可根据实际需要，选取适宜的方法应用，相关方法在本书下篇有关章节中有所描述，可参阅。

三、免疫学检查

结核菌素试验，是检测机体对结核菌素的细胞免疫反应状态，确定感染者最常用的方法。目前最常用的是 PPD，方法是用 5U（0.1μgPPD）在缺乏活动性症状的病人皮肤内做注射试验，于 48 ~ 72 小时测量硬结大小，具有诊断意义，但原发性和粟粒性结核患者该试验常阴性。HIV/AIDS 合并结核病由于免疫缺陷，细胞免疫反应与变态反应均受抑制，PPD 试验仅有 15% ~ 40% 呈阳性反应。

麻风菌素试验，方法是在前臂屈侧皮内注射粗制麻风菌素 0.1ml，形成一个直径 6 ~ 8mm 的白色隆起，以后观察注射部位浸润性红斑的直径，对麻风病的分型、判断预后或机体抵抗力有实用价值，但无疾病诊断意义。

四、组织病理检查

结核分枝杆菌皮肤感染常有典型的以上皮样细胞、多核巨细胞、淋巴细胞为主形成的结核性结节，中央可有干酪样坏死。皮肤结核病理改变根据病情的阶段一般有结核性肉芽肿和非特异性炎症反应两种变化。早期为非特异性炎症反应，炎症成熟期为结核性肉芽肿，炎症消退后又表现为非特异性炎症反应。EM 引起的组织反应与结核病相同，但由于 EM 毒力相对较弱，组织学所见在质的方面有相同之处，而量方面则有所差异。结核样型麻风组织病理表象类似于结核病，肉芽肿成分主要为类上皮细胞，偶有多核巨细胞，周围有淋巴细胞浸润，病灶中央极少有干酪样坏死，抗酸染色一般检不到抗酸菌；瘤型麻风的组织病理表象为由大量泡沫细胞组成的肉芽肿，夹杂有少量淋巴细胞，抗酸染色可见泡沫细胞内含大量麻风杆菌，表皮与浸润灶之间有一层无细胞浸润的区域，谓之无浸润带。这是结核样型麻风所没有的，HIV 阳性和阴性的麻风病人在肉芽肿反应的形态学上基本一致。

五、血清学检测

有很多血清学方法的尝试，仅有部分方法取得了相对成功，但同样也面临着严重的敏感度和特异度相对不足的问题，HIV 和分枝杆菌双重感染的患者由于免疫抑制，可导致血清学检测方法敏感度降低。用 ND-ELISA 检查血清中 IgM 类抗体对检测有否麻风杆菌感染有一定帮助。

第三节 治 疗

一、结核病的治疗

治疗的原则是早期、联合、适量、规则、全程，注意药物不良反应，同时配合局部治疗。世界卫生组织的标准推荐方案是无论是否合并艾滋病，持续 6 个月的异烟肼、利福平、吡嗪酰胺、乙胺丁醇联合用药，同时应该每天服用维生素 B_6。然而美国疾病控制中心推荐合并艾滋病感染时上述联合用药时间应超过 6 个月，尤其当痰阴转延迟、有证据显示尚具传染性以及低水平的 $CD4^+T$ 细胞计数时。只要条件允许应优先考虑抗结核治疗，然后再进行抗 HIV 病毒治疗。艾滋病患者合并结核杆菌感染的患者应定期评价内脏和皮肤结核病情，定期做结核菌素试验和胸片检查。还应注意的是艾滋病患者合并结核杆菌感染时，在开始用抗反转录病毒药物治疗时可发生不良反应，该反应是机体对结核菌素发生强的免疫反应所致。

二、EM 的治疗

EM 对大多数广谱抗生素不敏感，并且对大部分的抗结核药均有不同程度耐药，使 EM 趋于长期、反复而难以治愈。在对艾滋病患者进行 EM 感染的防治时，应采取联合化疗，避免单一药物治疗。常见化疗方案是根据药敏试验选择一两种抗结核药物联合一种大环内酯类（克拉霉素、阿奇霉素）药物来对患者进行治疗。艾滋病患者是否需要用药物预防分枝杆菌继发感染，取决于该患者外周血的淋巴细胞的计数是否低于 50 个细胞/μl。

三、麻风杆菌感染的治疗

虽目前针对麻风病治疗可选择的药物不多，疗程长，疗效慢，但最终可被治愈。原则为早期、及时、足量、足程、规则。多采用 MDT（利福平、氨苯砜和氯苯吩嗪）3 种药物联合化疗，同时应注意并发症的防治。目前认为麻风与 HIV 双重感染的患者免疫反应与正常具免疫活性个体相同，不需延长联合化疗周期。

（王洪生）

参 考 文 献

1. Enrico T. Impact of genotypic studies on mycobacterial taxonomy: the new mycobacteria of the 1990s. Antimicrobial Agents and Chemotherapy J, 2003, 46 (10): 3164-3167.

2. Soolingen DV. Molecular epidemiology of tuberculosis and othermycobacterial infections: main methodologies andachievements. J Intern Med, 2001, 249 (1): 1-26.

3. Suthee S, Nibhondh U, Chusana S. Nontuberculous mycobacterial infections in king chulalongkorn memorial hospital. J Med Assoc Thai, 2006, 89 (12): 2035-2046.

4. Knut L, Mario R. Global Epidemiology of tuberculosis: prospects for control. Semin Respir Crit Care Med, 2008, 29 (5): 481-491.

5. Verma SK. HIV-Tuberculosis Co-Infection. The Internet Journal of Pulmonary Medicine 2008, 10: 1.

6. Soumya S, Padmapriyadarsini C, Narendran G. HIV-Associated tuberculosis: clinical update. Clin Infect Dis, 2010, 50 (10): 1377-1386.

7. Alimuddin Z, Patrick M, Jane H, et al. Impact of HIV infection on tuberculosis. Postgrad Med J, 2000, 76: 259-268.

8. Falkinham JO. Epidemiology of infection by nontuberculous mycobacteria Clin. Microbiol Rev, 1996, 9 (2): 177-215.

9. Gisner AS. Human immunodeficiency virus type 1 and mycobacterium leprae co-infection: HIV-1 subtypes and clinical, immunologic, and histopathologic profiles in abrazilian cohort. Am J Trop Med Hyg, 2004, 71 (5): 679-684.

10. Cesare M, Carolina T. Leprosy and HIV co-infection: a critical approach. Expert Rev Anti Infect Ther, 2011, 9 (6): 701-710.

11. Telenti A, Marchesi F, Balz M, et al. Rapid Identification of Mycobacteria to the Species Level byPolymerase Chain Reaction and Restriction Enzyme Analysis. Clin Microbiol, 1993, 31 (2): 175-178.

12. Arora SK, kumar B, sehgal S. Development of a polymerase chain reaction dot-blotting system for detecting cutaneous tuberculosis. Br J Dermatol, 2000, 142 (1): 72-76.

13. Cloud L, Neal H, Rosenberry R. Identification of mycobacteriumspp by using a commercial 16SRibosomal DNA sequencing kitand additional sequencing libraries. J Clin Microbiol, 2002, 40 (2): 400-406.

14. David E, Griffith, Timothy A. An official ATS/IDSA statement: diagnosis, treatment, and prevention of nontuberculousmycobacterial diseases americanjournal of respiratory andcritical care. Am J Respair Crit Care Med, 2007, 175 (4): 367-406.

15. Aberg JA, Wong MK, Robert F, et al. Presence of macrolide resistance in respiratory flora of HIV-Infected patients receiving either clarithromycin or azithromycin for mycobacterium avium complex prophylaxis. HIV Clin Trials, 2001, 2 (6): 453-459.

下 篇

分枝杆菌病的实验室
诊断及研究方法

第九章　分枝杆菌病的实验室诊断

第一节　分枝杆菌实验及安全预防

分枝杆菌菌群中有相当一部分是具有较强传染性的菌株，而这些菌株（含结核杆菌）又大多能致人的皮肤感染，因此在进行相关研究及检验时，应根据不同的实验内容，在实验室基本工作条件、仪器设备、安全防护、废弃物处理等诸方面均应严格遵循相应的规则以确保实验人员本身和环境（他人）的安全。有关内容分别叙述如下：

一、相关概念

1. 生物安全的概念　实验室生物安全，是指在以微生物为对象的实验工作中，预防生物危害，保障操作对象、操作者和环境的安全。合理的实验室建筑结构和布局、生物安全柜的正确使用，可以使操作对象和工作人员得到有效的保护，排出的空气经高效滤器滤过也可以保护邻近人员及环境的安全。在没有保证安全的实验室条件下，处理传染性强的实验材料时，防护服、预防免疫和药物预防是实验室生物安全的必要保证。

2. 微生物危害程度分级　微生物按其是否致病、致病力强弱、危害人体的严重性和传染性的大小、邻近人群的抵抗力、有无免疫制剂和特效治疗药物等综合评价，可分为 4 个不同的危害等级。分枝杆菌中除结核分枝杆菌属于 3 级危险外，大多为 2 级以下。

3 级危险（对个体具有极大危害，对群体具有较大的危害性）　指有特殊危险的致病菌。感染后症状较重，并可能危及生命，或者缺乏有效的预防方法、发病后不易治疗的微生物。

二、实验室感染的原因及预防

（一）技术操作可能导致的感染及其预防措施

1. 接种　应使用无弹力的铂丝接种环，结核菌接种后接种环火焰灭菌易崩散，酒精灯烧灼时要特别注意。

2. 混匀　吸管吸吹菌液时不要产生气泡，应沿容器壁排出。

3. 研磨　最好使用组织研磨器，乳钵易产生气溶胶。

4. 移液　吸管上端的棉花松紧要适度，吸液时要从管底吸取，吹出时要轻缓，不要全部吹净，以免产生气泡，形成气溶胶。

5. 开封　要避免压力和气流的急剧变化。

6. 离心　离心管套底垫要完好，使用匹配的管、套、离心头，加盖。

7. 注射　做好个人防护，正确使用注射器。

8. 搬运　室内移动要避免滑落，移出室外要有坚实密闭的外包装。

（二）生物安全的制度措施

1. 微生物安全 3 级实验室，进行病原的实验操作时，要在有缓冲间的无菌室内操作，并使用生物安全柜。

2. 工作前后要用紫外灯消毒。

3. 操作台面要铺湿消毒巾。

4. 按操作病原的危险等级和感染途径做好个人防护。

5. 操作台附近要常备消毒液，污染物要放入密闭容器及时灭菌。

6. 实验室内要严防虫、鼠进入。

7. 根据需要对实验室工作人员进行免疫接种和药物预防。

8. 有皮肤破损和疾患的人员不得操作 3 级以上危险性病原。

三、生物安全保障

（一）建筑结构保障——生物安全 3 级实验室

1. 结核分枝杆菌属于生物危害 3 级的微生物，进行活病原（培养物或感染标本）操作时，应使用本级别实验室。

2. 实验室建筑设备要求　双层门或有气幕的出入口；实验室表面可洗刷、消毒；由上至下的气流方向；排气经高效滤器；窗户密闭、工作区可防一切蚊虫进入。

3. 工作制度要求　非工作人员不得进入；使用实验室专用工作服、鞋；排水经无害化处理；搬出物品要求要灭菌或密闭包装；实验室内禁止进食饮水。

（二）装备保障

1. 生物安全柜

（1）一级生物安全柜：由外向内的单向气流，只保护人体，不能保护实验材料。可用于痰涂片操作。

（2）二级生物安全柜：有向内气流和经高效滤器的垂直气流，可保护人体和实验材料不受污染。用于病原分离、培养。

2. 高压灭菌器　运行状态良好。

3. 消毒防护物品等。

（三）技术保障

1. 双人原则，不允许单人操作 1、2 类病原。

2. 入口处应有危险警示标志，并标明所操作的微生物的种类。

3. 培训考核上岗，掌握相关技术操作要领，熟悉规章制度，适应工作环境。

4. 完备的管理措施，技术操作规范。

5. 良好的工作行为可降低生物危害风险。

四、实验室生物安全水平分级

1. 根据所操作的生物因子的危害程度和采取的防护措施，将实验室生物安全防护水平（biosafetylevel，BSL）分为 4 级，1 级防护水平最低，4 级防护水平最高。

2. 以 BSL-1、BSL-2、BSL-3、BSL-4 表示实验室的相应生物安全防护水平。

3. 以 ABSL-1、ABSL-2、ABSL-3、ABSL-4 表示动物实验室的相应生物安全防护水平。分枝杆菌实验室须为 BSL-2 和（或）BSL-3。

五、实验室管理制度

1. 实验室管理规章制度　包括培训制度、准入制度、健康监测报告制度、个人良好行为制度、意外事故报告制度等。

2. 标准操作程序　包括实验废弃物处置标准操作程序、进出实验室标准程序、菌毒种使用标准操作程序、实验室消毒标准操作程序、意外事故处理标准操作程序及各种仪器设备和实验标准操作程序等。

六、分枝杆菌病实验室安全防护

对各级分枝杆菌实验室必须对工作人员给予充分保护，同时控制对环境造成的污染。在实验室从事试验或工作的人员，应当了解可能接触到的各类危险物品的种类和性质，明确这些危险物对自身和他人及环境具有的潜在威胁。应严格按照实验室操作规程做好安全防护。

（一）实验室中的分枝杆菌及分枝杆菌气溶胶

实验室工作人员，在分枝杆菌检验过程中，会接触到各种潜在感染源标本和各种危险物，特别是许多操作易产生分枝杆菌气溶胶。含有结核分枝杆菌的微滴核（1～5微米）通过呼吸进入人体肺泡，可以黏附在肺泡内生长繁殖。因此，首先要对实验室中生物危险物产生的途径和存在的地点有充分的认识，以便明确生物安全防护的环节。

1. 实验室中分枝杆菌的来源

（1）各种临床标本（通常是痰，胃或支气管灌洗液、脑脊液、尿液等。在皮肤科则主要为皮损的切刮液、渗液、脓汁及病损活检。麻风杆菌由于尚不能体外培养，主要取自多菌型病人的麻风瘤）。在研究工作中现主要用的为裸鼠和犰狳以麻风杆菌感染的实验模型来源的各器官和组织以及正常小鼠足垫模型之足垫组织。

（2）被污染的操作台、器械、仪器、试剂等。

（3）收集的结核分枝杆菌、非结核分枝杆菌菌株等。

（4）细菌学实验室的部分区域。

2. 产生分枝杆菌气溶胶的原因

（1）实验室内标本的采集。

（2）样本的制备和涂片的火焰固定。

（3）分离培养或接种培养物。

（4）用火焰烧灼接种环。

（5）使用移液器混合培养物。

（6）培养管或培养瓶中含有培养物的滴落物。

（7）溢出的分枝杆菌悬浮液。

（8）高速混合含有分枝杆菌的液体。

（9）转移液态培养物和上清液，或培养液、上清液的倾倒。

（10）离心过程中离心管的破碎。

（11）用做原代培养所需的组织匀浆。

（二）安全防护要求

1. 严格遵守实验室安全操作规程，任何时候都要警惕分枝杆菌气溶胶的产生。实验室的技术人员必须经过生物安全培训后方可上岗。

2. 实验室应严格限制非实验人员进入，减少实验室内外交叉生物污染。完成实验工作离开实验室，要关好门窗。

3. 进入实验室应避免携带非必需物品。

4. 进入实验室，工作人员应穿着工作服，操作时应穿戴防护隔离衣、口罩、帽子和手套，长发者应将头发装束在帽子内。

5. 实验过程中绝对禁止吸烟、饮食等，不要以手抚头面部等。

6. 实验前须开启紫外线灯对实验室和操作区域进行照射消毒1小时以上；试验结束后，立即开启紫外灯进行照射消毒2小时以上。

7. 任何试验的开始和结束后，操作人员要用70%酒精浸泡双手或仔细擦后，用清洁剂或清水洗净。

8. 每次试验结束后，必须清理好实验台，并用70%酒精液或3%～5%石炭酸擦洗实验台面。

9. 实验室中的生物危险品要根据检查项目和性质不同，局限在相应的试验区间，不得随意将其带到其他的实验室。

10. 实验室内任何微生物的样本，废弃物都必须经高温高压灭菌后，方可按一般垃圾处理。

（三）安全保障

1. 首先各级实验室应按等级要求完善实验设施，如简易安全柜内的抽气排风功能、紫外灯消毒功能，生物安全柜维护与除菌滤膜定期更换等。

2. 实验室采集病人痰标本时应在户外进行，避免因病人咳嗽造成室内气溶胶污染。

3. 普通实验室应注意气流方向，实验过程中尽量避免强气流变化而产生气溶胶（如：涂片、染色过程中）。

4. 细菌的分离培养、菌种开封、转种、研磨、稀释等操作，各级实验室均应在简易安全柜或生物安全柜中进行。

5. 使用接种环进行操作时，接种环应分步在工作灯的内焰中燃烧，以避免菌液或菌块飞溅。

6. 稀释菌液时，吸管、针管要缓慢插入试管或烧瓶底部，小心操作避免产生气泡或气溶胶。

7. 使用注射器加样时，用过的针头切勿再重新入套或拔开注射器与针头，应直接放入锐器收集器，以免划破皮肤造成接种感染。

8. 菌株库要设专人管理，并按照国家微生物菌毒种管理办法执行。

9. 进行毒菌操作过程中，不要穿戴已经污染的防护性手套触摸门柄（含冰箱、温箱等）、仪器或毒菌区以外区域，避免由于粗心扩大污染范围。

10. 实验结束后，操作过程中所有可能与生物危险物接触或被污染的实验器械和物品，能够高压消毒的必须高压消毒，不能进行高压消毒的设备、仪器，应使用有效的消毒剂擦洗后再以紫外灯近距离长时间消毒。

11. 实验中发生意外污染情况，应立即通知主管人员并做好处理污染物和相应区域的准备，不得擅自采用其他禁止的方法进行消毒处理。

12. 实验室主任应制定规章和程序，只有告知潜在风险并符合进入实验室特殊要求（如，经过免疫接种）的人，才能进入实验室。

13. 操作致病性微生物时，实验室入口处应贴有生物危险标志，并显示以下信息：有关病原、生物安全级别、免疫接种要求、研究人员姓名、电话号码、在实验室中必须佩戴的个人防护设施、出实验室所要求的程序。

14. 实验室主任为实验室人员特别制定的标准操作程序或生物安全手册中，应包括生物安全程序。对于有特殊风险的人员，要求阅读并在工作及程序上遵照执行。

15. 实验室主任保证实验及其辅助人员接受适当的培训，包括和工作有关的可能存在的风险、防止暴露的必要措施和暴露评估程序。

16. 实验室所用任何个人防护装备应符合国家有关标准的要求。实验室应确保具备足够的有适当防护水平的清洁防护服供使用。还应穿戴其他的个人防护装备，如手套、防护镜、面具、头部面部保护罩等。

17. 处理样本的过程中易产生高危害气溶胶时，要求同时使用适当的个人防护装备、生物安全柜和（或）其他物理防护设备。如可产生含生物因子的气溶胶，应在适当的生物安全柜中操作。

18. 实验用鞋应舒适，鞋底防滑。应用皮制或合成材料的不渗液体的鞋类。在从事可能出现漏出的工作时可穿一次性防水鞋套。在实验室的特殊区域（例如有防静电要求的区域）或 BSL-3 和 BSL-4 实验室要求使用专用鞋（例如一次性或橡胶靴子）。

七、分枝杆菌病实验室废物处理

（一）实验室废弃物处理的目的

1. 将操作、收集、运输、处理及处置废弃物的危险减至最小。

2. 将实验室废弃物对环境的有害作用减至最小。

（二）实验室污物处理及消毒

1. 实验室含有生物危险物的临床标本及被污染的一次性用品，试验完成后，应在操作台或实验区域内以紫外灯近距离照射消毒 2 小时以上，再经高压消毒后方可丢弃或焚烧。

2. 可重复使用的实验用品及器材，完成实验后，应在操作台或实验区域内经紫外灯近距离照射消毒 2 小时以上后，再交有关人员进行高压消毒和煮沸洗刷。

3. 实验用的试管、吸管、注射器，须装在加盖不漏的容器内，经高压灭菌后取出。

4. 培养物或实验室垃圾，在丢弃前必须经高压消毒和紫外灯近距离长时间照射处理。不允许积存垃圾和实验室废弃物。已装满的容器应定期运走。在去污染或最终处置之前，应存放在指定的安全地方，通常在实验室区内。

5. 实验室废弃物应置于适当的密封且防漏容器中安全运出实验室。有害气体、气溶胶、污水、废液应经适当的无害化处理后排放，应符合国家相关的要求。

6. 实验过程中，如标本或含标本的前消化处理液被打翻污染了操作台或地面，应以吸满 70% 酒精的卫生纸覆盖污染区，15 分钟以后卫生纸方可移去。

7. 实验室内未经消毒的污水，禁止直接排入公共排水系统，更不允许混入居民生活垃圾。

八、意外事故的处理

1. 如果发生意外，必须立即通知实验室主管人员，并在有关人员的指导监督下对出事现场进行处理，绝对禁止未经报告而私自对出事现场给予非规范的处理。

2. 实验过程中，如污染物溅落到身体表面，或有割伤、刺伤、烧伤、烫伤等情况发生，应立即停止实验工作进行紧急处理，更换被污染的实验服，皮肤表面用消毒液清洗，伤口以碘酒或酒精消毒，眼睛用无菌生理盐水冲洗。

3. 如果发生菌液溢出，含菌种的培养管破碎等，造成中、小面积污染，可用比污染面积大 25% 以上的纱布覆盖污染区域，边缘用脱脂棉围住，向纱布倾倒 5% 苯酚溶液或 70% 的酒精，浸泡 2 小时以上（其间适量加溶液防止干燥），再经紫外灯近距离（1 米内）照射 2 小时以上；被污染的器械、容器等立即浸泡于 70% 酒精中 2 小时以上，实验完成后再进行高压消毒处理。

4. 如果发生气溶胶污染或大面积污染，应立即停止实验并关闭实验室，对污染区域进行紫外灯照射消毒过夜；第二天对污染区进行 24 小时封闭空气熏蒸消毒（乙醛消毒法：5ml 乙醛+2g 高锰酸钾/m³ 空间）。

5. 绝对禁止使用的事故处理方法

（1）任何有可能造成污染面积扩大的去污方法，如使用 70% 乙醇或甲酚皂液擦洗被污染的区域。

（2）直接用火焰对未经任何处理的污染地面、操作台、器械等进行烧灼处理。

（3）使用消毒效果未经证实的消毒剂进行消毒。

（4）使用低浓度的消毒剂和紫外灯进行短时间、长距离的照射。

九、分枝杆菌病职业暴露

（一）卫生服务人员与职业暴露

卫生服务人员（health-careperson，HCP）是指在卫生服务部门、实验室以及公共安全环境下其活动与分枝杆菌病病人或其痰液/体液接触的有关人员。广义上这些人员应包括那些在工作中有可能与分枝杆菌病人接触的一切人员，如实习生、公共安全人员、分枝杆菌病特别是结核病防治机构的行政工勤人员等。

职业暴露（occupationalexposure）是指在分枝杆菌，特别是结核病防治工作中经呼吸道或经皮肤受伤、接触到含有分枝杆菌的血、痰或其他潜在传染性的体液以及实验室标本。

（二）职业性有害因素的预防

1. 免疫状况 卫生服务人员应接受免疫以预防其可能被所接触的生物因子感染。应按有关规定保存免疫记录。

2. 处理生物源性材料的安全工作行为 检验和处置生物源性材料的规定和程序应利用良好微生物行为标准。安全的工作行为可降低污染的风险。执行污染区内的工作行为应可预防个人暴露。如果样本在收到时有损坏或泄漏，应防止漏出或产生气溶胶，并在生物安全柜内开启此类容器。操作样本、血清或培养物的全过程应穿戴适当的且符合风险级别的个人防护装备。

3. 气溶胶　实验室工作行为的设计和执行应能减少人员接触化学或生物源性有害气溶胶。样本应在有盖安全罩内离心。所有进行涡流搅拌的样本应置于有盖容器内。凡产生气溶胶的大型分析设备上应使用局部通风防护，在操作小型仪器时使用定制的排气罩。

4. 生物安全柜、安全罩　对于新安装的生物安全柜和安全罩及其高效过滤器的安装与更换，应由有资格的人员进行，安装或更换后按照经确认的方法进行现场生物和物理的检测，应时常监测生物安全柜以确保其设计性能能够符合相关要求。

5. 化学品安全　在实验室中，对化学品的存放、处理、使用及处置的规定和程序均应符合化学实验室行为标准。应按照相关标准在每个储存容器上标明每个产品的危害性质和风险性，且在使用中的材料容器上清楚标明。对实验室内所用的每种化学制品的废弃和安全处置应有明确的制度。

6. 放射安全　在批准使用放射性核素之前，实验室负责人应对使用的理由、限度和地点进行评估。所有操作或接触放射性核素的实验室人员应接受放射性基础知识、相关技术和放射性防护的指导和培训。从事放射性工作的实验室应向相关主管部门征询有关放射性防护行为和法律要求的建议，包括对实验室设计和设备标准的所有要求，储存及处置应遵守相关规定。

7. 紫外线和激光光源　在使用紫外线和激光光源的场所，应提供适用且充分的个人防护装备，应有适当的标志。应为安全使用设备提供培训，这些光源只能用于其设计目的。

8. 电气设备　电气设备的设计及制造应符合相关安全标准的要求。为确保安全，某些设备应连接备用电源。同时应采取措施对设备去污染以减少维护人员受化学或生物性污染的风险。

（王洪生　尹跃平）

第二节　标本的采集、处理与保存

一、标本的采集

采集标本的目的在于从标本中尽最大可能地回收病原体。因此，全部标本的采集原则上应在治疗之前进行。皮肤病的诊断大多采取病损活组织、吸取物，或刮取物。但皮肤病往往是由于疾病播散所致，因此如能尽可能地从所有损害部位获得标本，则可最大限度地获得诊断结果。若为研究目的，取材来源更加广泛，特别在麻风病，有其特殊的取材要求和方法。如果从动物模型取材就更需要特别介绍。

不论何种方法取得的标本，取后均应立刻转送到实验室。因为从未消毒的（即使消毒的）部位取得的标本中可能含有快速生长的菌，这些菌的过度生长则使慢速生长的分枝杆菌不易甚至不能回收。如果实在不能立即运送，则应低温贮藏（以防快速生长菌的生长），并尽快设法运送。一般要求在3天内送到，否则获得培养的阳性率将明显降低，甚至不能获得阳性结果。

如仅用PCR等分子生物学方法做直接检测，时间可以延缓些，但亦提倡尽速送检。

一般地不采用拭子采取标本，因不但获得的分枝杆菌量有限，而且由于有纤维标本不易涂布到培养基表面上。要加以适当改进和处理方有助于提高培养或涂片检查阳性率。当把标本转到某种容器（皿）中时，要特别注意，因为有报告发现，在容器外部环境分枝杆菌的污染率可达3%。

实际上采集标本及其处理因目的不同有所不同，采集的标本如为直接涂片用，处理要简单些，如为培养用（当然也可涂片用）则更为复杂。为直接涂片标本采集及处理将在分枝杆菌鉴定章节描述。涉及用特殊技术检测或鉴定时，标本的采集与处理将在相应的方法中直接介绍。

此处仅介绍为分离培养检查和直接法药敏试验用的标本的采集及处理方法。

（一）组织标本

血液、骨髓活检或吸取物、淋巴结、实体器官、皮肤都是可采取的标本。组织标本要置于灭菌的生理盐水或 Middlibrook 7H9 或 7H11 肉汤中。高浓度的 NaCl 可抑制某些分枝杆菌的生长。骨髓则应置于裂解离心/分离管（Lysis ceutrifugation/isolator tube）或 Bactec13A 中。血标本则可收集到双相收集系统，裂解离心/分离管，或 Bactec 12B 或 13A 中。有时向血液标本培养基中加一种裂解物可增加细胞内病原体的释放，而增加菌的回收量。

有报告，收集血液标本到分离裂解离心系中后再转到 Bactec 12B 中时会看到鸟-复合体生长抑制。但在非血液标本或血液标本不转到 Bactec 12B 时则没看到有这种现象发生。

在 AIDS 患者，M. avium-intracellulare 感染可呈现（几乎）持久性分枝杆菌血症，但在 M. tuberculosis 感染，即使播散性感染也很罕见阳性血培养。

（二）体液采集

胸膜、腹膜、心包、脑脊液、关节吸取物、胃吸取物、尿（如收集 24 小时尿要加 15ml 甲苯以防腐）、粪和化脓性吸取物均为可接受的标本。无菌操作采取的吸取物应置于含 10ml Middelbrook 7H9 肉汤（用 1%~2% BSA 和 0.5% 吐温增补，事先加如草酸盐或肝素等抗凝剂）小瓶中。胃吸取物需速加胃酸中和剂。第一段晨尿标本（如果有菌的话）可以获得最多数量的菌。如体液能直接接种到肉汤培养基（如腹膜液）将能增加回收率。

（三）呼吸系标本的采集

自然排痰、生理盐水诱生的痰、支气管肺泡灌洗物或刷取物、气管吸取物、喉拭物、鼻咽拭物亦为可接受的标本。

结核菌引起的空洞病常常为涂片阳性，鉴于从呼吸系统回收分枝杆菌依赖病的程度，往往要定期取材。因此，一般至少要取 3 次清晨痰，每次 5~10ml 备处理。

当急需诊断或当病人无痰时，可加以人工处理使之获得标本。如支气管镜刺激，可产生相当量的标本。Lidocaine 可干扰分枝杆菌的生长（在实施支气管镜时用）。所以刷取物比冲洗物或活检有较高的菌收获量。

二、标本的处理

标本的处理包括浓缩、去污染和用黏液裂解剂（mucolytic agent）处理等面，这要依标本的来源而定。设如标本取自正常的消毒部位无须去污染和黏液裂解剂处理，若系组织来源的，仅需简单地浓缩或匀浆即可接种培养基。倘若分枝杆菌漂浮的话，浓缩离心速度较高，一般 3000G，15 分钟离心，否则将损失标本中的菌。黏性标本，如呼吸系统标本，必须用一种黏液裂解剂消化，使菌从包围它们的蛋白类材料（物质）中游离出来，之后方能接种于培养基。这类处理剂有：N-乙酰-L-半胱氨酸（N-acetyl-L-cysteine，NAC），二硫苏糖醇（dithio threitol，Sputolysin）和 NaOH。

非灭菌性标本必须去污染，否则标本中细菌或真菌将迅速过度生长。消化和去污染往往联合进行。某些试剂如 NaOH，同时具备液化和去污染作用。由于分枝菌细胞壁含脂质量较高，所以对各种用于上述处理的酸、碱在一定限度内有抵抗能力（表 9-2-1）。

去污染剂、强度、浓度、作用温度、时间都要视目的而定。因为这些因素决定着去污染成功与否，和是否影响了要培养的分枝菌的活力。某些标本，如粪便，去污染极为困难。但仅免疫力低下（抑制）的病人才能在粪中有足够量的分枝菌在去污染后回收到。

所有处理标本操作必须在前面所述的 1 级安全橱内进行。现分述于下。

（一）痰

在实验室收到检查结核菌最常见的标本是痰。为了病人的方便，使用一个阔颈消毒器皿，使病人将痰吐入器皿内，而不至于污染瓶外侧的边缘。痰标本转移到一个 50ml 通用容器，即使标本到达实验室时也采用如此方法，因阔颈消毒瓶的优点是牢固结实，可以耐受多次的离心，塑料通用容器似乎不能耐受一次以上的离心，常在第二次离心时会裂断或漏液。

浓缩标本前记录下痰的量和形态，是涎液、黏涎液、化脓性或三者皆有的状况。

表9-2-1 去污染及消化剂

试剂名称	用　法	应用范围	优缺点
NaOH	系一种兼有液化作用和去污染作用的试剂。可单独应用（浓度为4%）。亦可以2%的浓度与NAC或二硫苏糖醇（dithiothreitol）联用	最广泛应用	减少标本中活菌数目可高达60%
草酸（Oxalic acid）	5%溶液	仅用于确信被 Pseudomonas aerginosa 污染的标本。例如从 cystic fibrosis 患者获得的呼吸系统标本	去污染作用力强
盐酸 消化酶类	2%~4%溶液，如胰蛋白酶		减少大约90%的菌
磷酸三钠和氯化亚苄基（benzalkonium chloride）		需接种在鸡蛋培养基或加磷脂酰胆碱的培养基	
氯化十六烷基吡啶（cetylpyridium chloride）	一种温和的去污染剂，有助于保存分枝杆菌的活力。如拟邮寄的标本		
消化酶类		如胰蛋白酶	

核对化验申请单，并编上实验室号码。

为分离结核杆菌，有必要去除掉痰标本的污染菌，并杀死任何其他细菌，即那些以正常菌丛存在的细菌，病原菌或霉菌。其他微生物较分枝菌生长快，可以大量地生长在L-J培养基上。

转种约5ml痰标本于15~20ml聚丙烯离心管内。若痰是"弹性的"就需要用无菌剪刀剪碎痰，剪刀若再用必须重新灭菌。

加工处理样品前制备的涂片为"直接涂片"，经过加工处理为"浓缩涂片"。在浓缩涂片，由于离心集菌和痰曾被匀化，结核杆菌可均匀分布在整个标本中，很容易在涂片上找到，所以检出率明显高于直接涂片。

英国 Brompton 医院用直接涂片与浓缩涂片，经使用石炭酸金胺抗酸染色比较了1 200份标本。结果表明在所检的涂片数内，"直接涂片"阳性为一个"+"的标本，用"浓缩标本"检查有47.4%为"+++"。

重症感染的痰培养约2周即出现生长，预处理的标本要得到好的生长，平均需要3~5周的时间。结核杆菌经过化疗由于药物的作用，虽然仍是活的，但需更长的时间才能长出。如空间容许，对当作阴性而拟丢弃的培养基应保留到8周。一个浓缩涂片阳性而培养阴性的标本，应再加4周时间，因为培养8周之后常常出现生长，可在许多耐药株结核分枝杆菌的病人观察到。

浓缩方法：氢氧化钠对结核杆菌有毒性。原则上应尽可能用一低浓度而不至于产生太高的污染率的试剂来处理。氢氧化钠的百分比在实验室的具体应用，要视气候条件而定（主要观察检样品受到污染的程度），尤其在热带地区，主要取决于培养前的样品保存了几天。结核杆菌在一个痰标本中可存活数周，显然标本取后尽快地做培养，污染出现的可能性就尽可能地小。

目前普遍使用碱性浓缩。酸性浓缩法使用盐酸，硫酸或草酸，虽然这些方法获得的污染率很低，但结核杆菌分离率亦较碱性法低。经酸性处理大约能杀死90%的痰样中的结核杆菌，污染率大约为0.5%，经碱性法处理大约能杀死75%的结核杆菌，污染率大约为2%。假如一个方法不显示出任何污染，一般说来这种方法对结核菌的杀伤力亦太强烈，分离率亦随之明显降低。

结核杆菌分离样品的浓缩处理方法很多，经过多年实践证明下列方法颇为适用。

1. 改良的 Petroff 技术　Petroff 法曾于 1915 年引用，经改良之后证明是很有效的浓缩法，此法经氢氧化钠处理之后，最基本的是要用灭菌蒸馏水或含有 100IU/ml 的苯甲青霉素灭菌蒸馏水清洗其沉淀，青霉素水清洗可减少污染。Petroff 的原法是用酸中和以中性红作指示剂，当处理大量标本时，证明此方法是不太可靠。为此，标本的清洗现已成为常规。标本必须离心两次。方法：

（1）向含有约 5ml 标本的有盖离心管加等体积的 4% 氢氧化钠的溶液（应保证盛氢氧化钠的容器不要接触到标本的瓶颈）。

（2）手摇或置于振荡机或混匀机上振荡 15 分钟，放 37℃ 孵箱（在此期间容器内含物的温度不至于升高过快），万不得已才使用水浴箱（因水可能是污染的因素）。

（3）离心 3000r/min，共 15 分钟，按常规安全措施使容器平衡，并用密封的沉淀离心机（参见振荡机和匀化器），离心后待停机后再打开离心机。

（4）吸出上清液，加入倍量的消毒剂（2% 二氢卟酚），亦可用上清液来稀释消毒剂的方法。

（5）用无菌手续向沉淀管加入 15～20ml 灭菌蒸馏水或无菌水内含 100IU/ml 的青霉素。换盖摇动 10 分钟以重新混悬沉淀物。

（6）离心 3000r/min，20 分钟。

（7）将上清液吸出放进消毒剂中。

（8）加 0.25ml 灭菌蒸馏水，用 1ml 巴氏吸管将沉淀悬浮，按 0.1ml 取此处理过的悬液接种 2 支 L-J 培养基后，使用巴氏吸取剩余的沉淀涂片。

（9）斜面平放 37℃ 培养一夜，然后可直立培养 8 周。

2. 磷酸钠三法（Corper and Stoner，1946）　此法不像氢氧化钠那么强烈，故有较高的污染率。此方法适合新鲜的标本，不适于从外地各种不同诊所邮寄来或其他国家经航空运来的标本。方法：

（1）向含有大约 5ml 的有盖离心管中加等体积的 10% 磷酸三钠（23% $Na_3PO_4 \cdot 12H_2O$），手摇混合。

（2）在 37℃ 温箱培育 24 小时。

（3）离心 3000r/min，30 分钟。

（4）将上清液吸出放进消毒液中，沉淀加无菌蒸馏水（或青霉素水大约 15～20ml）再混悬。

（5）离心 3000r/min，30 分钟。

（6）按上法接种两支 L-J 斜面和涂片。

3. 乙酰半胱氨酸（NAC-NaOH）法　用这种黏液裂解剂与氢氧化钠同时处理痰标本。Kubica 和他的同事（1963，1964）曾比较用 4% NaOH 和 2% NaOH 加 NAC 可增加阳性培养数约 30%。Lorian（1966）和 Lorian 与 Lacasse（1966）用 2% NaOH 加 NAC 和不加 NAC 仅增加阳性培养 0.5%～2%。2% NaOH 加入 NAC 由于出现高的污染率倾向于不使用。但鉴于能增加阳性培养数，仍不失为有用方法，特介绍如下。

（1）收集标本到 50ml 塑料离心管或酸洗的有螺纹盖的玻璃离心管（50ml）中。为获最好的结果，痰液的容积不能超过收集器容积的 1/5。如果病人产生较多的痰液，且希望收集其全部，则按 10ml 分别收集在多个管子内。

（2）用破布浸蘸 5% 石炭酸（phenol）擦拭收集管的外边，因其在收集或运输过程中可能被污染。

（3）向 10ml（或少些）痰液中加等体积的 NAC-NaOH 液（表 9-2-2）。

（4）在试管混合器（mixer）上（手摇亦可）很好地混合（多在 5～30 秒内产生液化作用）。偶尔一种特别黏稠的痰液可能需要在去污染时进一步延长混合一段时间。要避免该痰消化液强烈暴露在空气中，这样会使作为黏液分解剂的乙酰半胱氨酸失效并可能引起已消化的痰液重新胶凝。

（5）混合物室温（20～25℃）放置 15 分钟使达到有效的去污染。如希望彻底去污染，可增加 NaOH 的浓度或延长去污染时间到 30 分钟。有几点须说明：

表 9-2-2　制备需要量的 NAC-NaOH 液容积（ml）

欲消化液量	4% NaOH 液量	0.1M 枸橼酸钠液量	NAC 液量
50	25（50）	25（0）	0.25
100	50（100）	50（0）	0.50
200	100（200）	100（0）	1.00
500	250（500）	250（0）	2.50
1000	500（1000）	500（0）	5.00

注：按括号内量加入亦可。

1）如果总污染率是 5% 以上用 6% 或 8% 的 NaOH 代替。许多研究者的经验认为用 4% 的 NaOH 比增加去污染时间为好。

初步研究在上述的混合物中二硫苏糖醇可代替乙酰半胱氨酸。

2）如果污染率低于 1%，可用低浓度的 NaOH。

3）用 NAC-NaOH 消化法在鸡蛋培养基上的污染率比 Middlebrook 7H10 琼脂为高，推测是因为 7H10 较简单的化学成分部分地降低了污染率。

（6）用 M/15 灭菌的磷酸盐缓冲液（pH6.8）充满消化材料达试管顶端之 1.5～2cm 处，稀释的作用在于既减低了 NaOH 的持续杀伤作用也降低了消化材料的比重，因此可能做到充分的离心。为免除加消化液和灭菌缓冲液的交叉污染，注意不要使收容器碰到含标本的管子。

（7）3000r/min（1800～2400g）离心上述消化的混合物 15 分钟，离心要在无气溶胶的密闭离心盒中进行。

（8）小心地将上清液注入装有去污染剂的碟盘内，保留沉淀。小心地用火焰烧试管口以防止管外缘的污染。

（9）沉淀在新的玻璃载片上涂片备作抗酸或荧光染色（即用火焰灭菌白金耳取一部分沉淀涂一约 1cm×2cm 大小的涂抹）。

（10）向沉淀加 1ml 已灭菌的 0.2% 牛血清蛋白组分 V，校 pH 到 6.8。如果沉淀量小，涂片前要加清蛋白液。

4. 酸卵法　这是一个很好的方法，在一些没有离心设备的地区使用，多用于结核杆菌重感染的痰。方法：

（1）4% NaOH 与痰等量混合。

（2）混合 3 分钟后用灭菌棉签（拭子）接种两支酸卵培养基斜面（Kudoh 培养基）。

（3）培养直到 8 周，以后每周检查一次。

5. TSP-Zephiran（TSP-Z）法　该法处理涎液略述于下。恰如在 NAC-NaOH 方法中，其他标本初步处理后仍可处理。

（1）将 TSP-Z 液与等量的痰液混合于硬质（结实）的试管中，振荡 30 分钟。[TSP-Z 液：溶 1kg $Na_3PO_4 \cdot 12H_2O$ 于 4 升热蒸馏水中。向管中加 7.5ml 新鲜 17% 氯化苯甲烃胺（benzalkonium chloride, Zephiran）]。

（2）使混合物静置 20～30 分钟。

（3）在 3000rpm（1800～2000g）×20 分钟。

（4）弃上清液到坚固防水溅的洋铁盒中。

（5）用含酚红或溴麝香草酚蓝（brom thymol blue）指示剂的 1mol/L HCl 中和沉淀。

（6）接种到 Löwenstein 鸡蛋培养基。

注意：这样消化的标本需用磷脂，如 10mg% 的磷脂酰胆碱（Lecithin）中和，后才能接种到 7H10 培养基。因 Zephiran 对分枝杆菌的抑制作用（在含鸡蛋培养基中有磷脂可以将之中和，而在 7H10 基上则没有）。

为了诊断工作，将未稀释的和用灭菌水释 10 倍的再悬浮沉淀接种到原始分离培养基上。稀释的沉淀对降低消化中有毒产物的浓度证明是第一有用的。因此保证分枝杆菌更快和茂盛地生长。第二，这种分离的菌落其形态有助于初步鉴定。

浓缩和稀释的沉淀再悬浮于 0.2% 蛋白中（如步骤 10）保存在冰箱直至涂片（步骤 9）涂色和检查。接种这些涂片阳性沉淀物到原始含药培养基上可进行直接药物敏感性试验。

如果可能，可接种在 Middlebrook 和 Cohn 7H10 琼脂培养基抑或一种鸡蛋培养基上。

1）可任意处理的塑料 Petri 平皿可用于 7H10 培养基：① 涂片阳性的临床标本接种其未稀释和用无菌水稀释 10 倍的沉淀到无菌培养基上（在双面和单面的平皿的两半）每一半接种物由 3 滴（用无菌毛细吸管）。这些接种物既可以散布在半个平板上，亦可作成一滴在左方占满表面；② 对涂片阳性标本可在含 INH、SM、PAS 的 7H10 基中进行直接药敏试验（要设一个无菌对照）。

2）如果鸡蛋培养基中含于试管或瓶子中，用 1ml 的滴管加接种物 0.1ml，平放此基 24～48 小时。确保接种物均匀分布，然后再直放以便于贮存。

接种后放所有培养到可渗透 CO_2 的聚乙烯袋子中（预防干燥），然后放到可以供给 CO_2 的恒温箱（35～37℃），CO_2 在刺激分枝菌的最初生长是很重要的，为此，如采用的是试管的话，盖子要松动一些。

显微镜检查：一般采用加热固定涂片，但加热固定涂片不能杀死所有的结核杆菌，对工作人员的操作和染片是危险的，所以推荐从标本制备的片子，其干燥和固定时使用福尔马林蒸气或一滴氯化汞或酒精加到每个涂片之上。

染色技术一般用检测分枝杆菌经典的 Zieh1-Neelsen（Z-N）法，荧光检查用 4mm 和 16mm 物镜能够见到更广阔的视野，杆菌由于有荧光与结核杆菌用通常的染色法相比看起来要大些，能较快地检查涂片覆盖到的同一区域，优于 Z-N 法。另一个因素是在 Z-N 法使用的接物油镜曾发现杆菌能浮悬在玻片的油中而转移到另一片子上，能造成假阳性报告（在每次检查中间小心拭净油镜头可避免）。

在染色架上的片子永远应单独染色，载片之间至少相距 2mm，以避免菌从一张载片转至另一张载片而出现假阳性结果。

为了使不同试验室阳性玻片分成等级，如果需要标准化的话，应制作标准的涂片。

从 L-J 培养基生长的菌落制作涂片。建议滴加福尔马林或氯化汞溶液。滴一滴福尔马林，氯化汞或 70% 酒精于玻片上乳化部分菌落，涂布到玻片上，然后使干并加温固定。不但保证结核杆菌本身的固定，而且有助于加热培养物涂片充分杀死所有的结核杆菌。

标准涂片的制作（Mitchison，1966）：如果协作调查研究的地域很广宽，可从一个中心实验室来标化和发出一些涂片，作为判断等级的参比片。最好做两个涂片。

方法：重症阳性痰用等量蒸馏水稀释，加玻珠摇动大约 10 分钟以使其匀化。

取 0.005ml 匀液做成涂片，涂布于 1cm×2cm 范围内，于 80℃ 烘箱内一个气压下福尔马林蒸气固定。

至于标准涂片首先必须将痰稀释，加入无结核病的痰使成为匀液。

一旦重中等级的合适标本制备妥当（称为涂片 I），就可以 1:15 稀释度制备中等少的等级（称为涂片 II）。

涂片检查：使用荧光显微镜可得出较好的结果。但 Ziehl-Neelsen 染色亦可以使用。

方法：①如前述制备病人痰均匀液或使用通常的方法制备涂片；②染色并用荧光显微镜检查。

涂片上的杆菌较标准涂片 I 多＝重阳性。

涂片上的杆菌较标准涂片 I 少而较标准涂片 II 多时＝中度阳性。

涂片上的杆菌较标准涂片Ⅱ的杆菌少但能见到杆菌=极度少。

（二）喉拭子

这种拭子常常在当病人吐痰有困难时用，通常门诊或胸腔诊所取来拭子，拭子是用藻酸钙毛制成而不是棉花，由于它能提供一个较高的结核杆菌发现率。

方法：

1. 拭子浸泡在5ml的10%磷酸三钠溶液中，几分钟后，藻酸溶解进入液体而将菌体释放在拭子上。假若使用棉花拭子，仅仅是它的外层吸入磷酸三钠溶液，而许多细菌角留在拭子内部。

2. 用与处理痰相同的方法处理标本，并接种和涂片。

（三）胃内容物

胃吸出内容物收集于一个灭菌的15ml的尖底有盖离心管内，管中事先加入10%的磷酸三钠5ml，旨在中和胃酸；因在运送标本至实验室时胃酸可能开始杀死结核杆菌。在病人不产生很多的痰而是不间断地咽下自己的涎液等，这种标本是很有用的。

实验室在收到标本后立即像处理痰一样，将标本离心和处理沉淀物。

（四）尿样本

在以往是使用收集24小时的尿，即病人在24小时排尿的总量，但由于尿瓶在所有这段时间内留在病房，尿瓶被其他细菌高度污染，且往往在加工处理时，这些细菌不是总被杀死，则L-J斜面会被污染。现在推荐连续3个早晨的尿样本，每个晨尿样本收集后立即送到实验室，从而减少污染机会。

方法：

1. 标本应离心3000r/min，30分钟。

2. 去掉上清合并沉淀物。

3. 处理与痰相同。

（五）胸膜液

收集渗出的胸膜液于灭菌的3.8%枸橼酸钠溶液中以免构成凝块。

方法：

1. 标本经离心后取沉淀接种两支L-J培养基，并涂片检查抗酸杆菌。

2. 其余沉淀中加4%NaOH并按处理痰标本方法处理。

标本实行两套接种以增加分离机会，未经处理的标本可能含极少的结核杆菌但未被NaOH杀死。为防止标本污染，行再处理标本以便杀死任何污染的细菌，保证存活的结核杆菌能在L-J培养基上生长。

（六）脓

标本的处理同胸膜液。

（七）脑脊髓液（CSF）

这种标本通常要及时处理，结核性脑膜炎病例收集的CSF样品可能产生"蜘蛛网凝块"。如发现有凝块，取凝块一部分做成涂片抗酸染色。往往结核杆菌在凝块构造内。由于CSF不太会含有超过一种类型的感染微生物，沉淀通常直接接种L-J培养基；假如找到其他的微生物，按照处理胸膜液的方法来处理。

CSF做成的涂片通常极度少见到结核杆菌，应制成多张涂片花更多的时间去逐片寻找，如CSF量尚够，在沉淀制成涂片之前可将CSF在灭菌试管内进行离心。推荐用一滴沉渣滴到玻片上，不摊开而使其干涸，然后在前一滴相同的位置上再滴一滴后制成一个厚涂片。

（八）组织

活体检查标本常常含有极度少的结核杆菌，而细菌可能是唯一存在的细胞，因此用NaOH处理前和处理后都应做培养。

方法：

1. 将组织放进适当的容器中（如灭菌平皿、盘尼西林小瓶、有螺盖的试管），如有脂肪用消毒的工具去掉脂肪后将剩余组织切成小片。

2. 将组织片移至无菌的研磨器中研成糊剂（可加一些灭菌海沙）；亦可直接将组织加入玻璃研磨器的壶腹部，去脂、剪碎后制成匀浆（糊）。

3. 加足够的无菌 Dubos 肉汤（也可用灭菌 PBS 或蒸馏水代替）混合，并转移悬液到另一新的试管。

4. 涂片做抗酸染色检查，将一半标本接种 L-J 培养基上，另一半用 NaOH 法处理，然后接种两支 L-J 培养基斜面。

麻风病标本的采集与处理（由于麻风杆菌体外尚不能培养）有其特殊性。除了上述的标本采集原则可以参照外，最常取的是患者的皮肤损害，或其刮取液，特殊情况下可取鼻拭，抑或骨髓吸物要视研究和临床检查需要而定。由于麻风杆菌体外尚不能培养，往往要借助于动物模型来做麻风杆菌接种、分离、鉴定以及做药物敏感度、菌活力测定等。所以涉及相关标本的采集，若小鼠足垫模型，则采集小鼠足垫标本，若为裸鼠、犰狳模型则可采集麻风瘤及犰狳肝等。这些标本除做直接涂片抗酸染色检查外，尚可以用来做 PCR 检测和鉴定，具体可参阅本书相应章节的相关描述。

三、培养物（菌种）的保存与保管

菌种（培养物）是细菌工作中所不可缺少，而又具有传染性的生物学因子。为了保证工作和安全，对菌种（培养物）必须妥善保存和保管。

细菌实验室一般应保存一套按规定允许保存的标准菌种和分离的培养物菌株。保存的种类可按工作的需要决定。

1. 保存菌种的目的

（1）细菌检验质量控制所必需。

（2）制备某些诊断抗原和免疫血清必须使用标准菌株。

（3）某些试验用标准株研建或需有标准株做对照。

（4）新分离的未能作出鉴定的培养物，保存该菌以备他日进行鉴定。

2. 防止细菌变异的措施　保存菌种不仅要求不死，还要求其生物学性状、生理特性、抗原性等方面不发生变异，这是保存菌种的重要环节。细菌的自发突变率在 $10^{-8} \sim 10^{-9}$ 之间，因此在长期多次传代中有可能在群体中的个别个体发生突变。此时如不能及时发现并采取有效措施而一味继续移种传代，则群体中变异了的个体比例逐步增高，最后变异菌占了优势，失去了标准菌种的原有特征。因此，保存菌种必须随时发现和淘汰变异了的个体，以及恢复原菌株典型性状。

防止菌种变异的基本措施为：

（1）控制传代次数：菌种的传代次数越多，产生突变的概率就越高。所以控制传代次数，可减少突变的概率。分枝杆菌培养物一般 3 个月传代一次，亦有人 6 个月传代一次。

（2）用典型菌落传代：为了防止盲目传代，以致造成突变个体比例的逐渐增高，宜于每次传代均做划线分离，挑选保持原有典型性状的菌落，进行移种传代。

（3）通过易感动物：对于病原菌的群体变异，常用接种易感动物的方法，将其具有毒力的细菌重新选择出来。本法还可使一些表型变异的细菌恢复原有特性。

3. 保存方法　方法很多，究竟选用哪一种方法要视应用的频度而定。基本的原则是使菌在处理、保存和回收过程中最大可能地保留菌的活力。换言之，使菌丧失活力程度达最低。其次，使菌尽最大可能地不被污染。至于保存培养物的数量视工作需要多少量，开始工作以及回收的时间而定。也要考虑保存空间是否容许。但最基本地是要备份，并分放不同地方，最好是多备份，放置不同的相关单位，以防突发事件丢失和必要时的互通有无。

保存期限可分为短期保存和长期保存。现分述如下：

（1）短期保存：多采用定期移植保藏法，也称传代培养保藏法。该法是将在适宜的培养基上生长良好的培养物，放置在低温处保存，使细菌停止生长或缓慢生长。当培养基中营养成分被利用完以前或培养物尚未陈旧以前，将它重新移植在新鲜的培养基上，再于适宜条件下培养，生长良好后，再置低温处保存。如此一代一代继续下去，故又称传代培养保藏。

主要是对那些经常需要用的菌株，可以不断维持传代以备随时应用，称之为工作培养物（Working Culture）。用液体培养基或固体培养基均可。

若菌株保存在液体培养基内，主要问题是难于用肉眼发现污染，即使用显微镜检查也未必能发现其他抗酸菌的污染。解决的方法是不断检查保存菌的纯度。即将之转种到简单的培养基上。例如用马血增补的营养琼脂培养基上在 37℃ 培养过夜或置室温数日就能检到最常见的污染菌。真菌的污染比细菌略慢，一般较易看到。如果将培养物接种到鸡蛋培养基或者 7H10 或 7H11 琼脂培养基上则能检测到生长更慢的菌，并可能回收原来的培养物。如果污染很严重，可将菌接种至含有适当选择试剂的 7H10 或 7H11 琼脂培养基加以培养即能解决。应说明，含 PACT 选择剂的培养基主要是为 M. tuberculosis 设计的，该选择剂对某些其他分枝杆菌有抑制作用。PACT 对 M. tuberculosis、M. bovis、M. kansasii 或 M. fortuitum 略有或无作用，但对 M. scrofulaceum、M. avium 复合体中某些株，M. xenopi、M. phlei 和 M. smegmatis 有抑制作用。准确地说，不能说任何简单的培养基都能适用于所有分枝杆菌。

（2）长期保存：有数种方法。可用冷冻干燥（freeze-drying），即冷冻真空干燥法。本法是将含有大量水分的物质预先降温冻结成固体，然后在真空下使水成为蒸气，直接从固体中升华出来。在冷冻真空干燥过程中，使已迅速冷冻的物质中的水分因升华作用而干燥，这样迅速的冷冻，虽然水分冻结，但呈玻璃构造，不生成结晶，没有因在溶液状态下缓慢冷冻时形成结晶的损害作用。同时，在低温、干燥和隔绝空气的条件下，细菌的生命处于休眠状态，它们的代谢是相对静止的，所以可以保存较长时间。

在冷冻过程中，为防止因冻结和水分不断升华对细胞的损害，采用保护剂或悬浮剂来制备细菌悬液，以使细菌细胞在冻结和脱水过程中保护性溶质通过氢键和离子键对水和细胞所产生的亲和力来稳定细胞成分的构型。

此法可长期保存菌种，所需空间也小，但技术比较复杂、耗时。适于大批量地保存。

冷冻保存。这是现代最普遍应用的方法。对分枝杆菌及其他细菌均适用。其不足之处是当冷冻或融化时可能对菌细胞有一定的损伤。但加保护剂以防这种细胞操作。最常用的保护剂为甘油和二甲基亚砜（dimethyl sulfoxide，DMSO）。保存的温度通常用 $-20℃$、$-70℃$、$-80℃$；若贮在液氮汽相时为 $-140℃$，若贮于液相则 $-196℃$。保存温度为 $-70℃$ 以下时，可称之为超低温保藏法。如条件、空间容许，较为简单实用。

如果实验室中没有液氮或很低的温度设备，亦可直接保藏生长丰富的 L-J 培养物于 $-20℃$，贮期可为 2 年。此法不足之处是当融化时由斜面不能绝对保持完整可能会损失培养物。近年来多采用柱状平面 L-J 培养基来保存菌种，尚较为理想。也有人直接用无菌蒸馏水制作菌悬液低温（$-70℃$ 或液氮）贮存，贮期更长。

制备菌悬液要依目的和最终用途来定。可以直接从 L-J 斜面，Middlebrook 琼脂，或液体培养基（如 7H9）取菌直接制备。PBS，或其他不含蛋白的溶液均可用来制菌悬液。液体培养基，PBS 或其他悬浮培养基可加防冻剂（如 10% ～ 15% 甘油，5% DMSO）。含甘油的悬浮培养基可高压灭菌，含 DMSO 的则需采用过滤法除菌。要用聚丙烯（polypropylene）制的带螺盖的贮存管，玻璃管不宜应用，特别是欲贮于氮液中时（冻裂！）就更要注意。

四、培养物的回收

简单的方法是将贮藏管置室温或 37℃ 融化，并接种在适当的培养基中。方法简单，但浪费全部的标本。

我们的经验是从低温中取出时为避免培养基斜面开裂可采取"分级平衡"的方法。例如可将从 $-20℃$ 取出 L-J 培养物置 4℃ 1 ～ 2 小时，从 4℃ 取出置室温 4 ～ 6 小时，再置 37℃ 1 昼夜。然后挑取适量培养物或制成菌悬液，取 0.1ml 接种适当培养基，效果满意。

五、培养物（菌种）的管理

依据国际生物多样性公约，我国成立了中国微生物菌种保藏管理委员会（CCCCM）。其由若干个菌种保藏管理中心组成。分枝杆菌菌种在中国药品生物制品检定所（北京）保存。此外，在北京肺部肿瘤和结核病研究所（北京）和中国医学科学院皮肤病研究所（南京）亦有一定量的标准分枝杆菌菌种保存。菌种保藏采用分类管理法。我国分 4 类，依危害程度大小而定，一类为危害最大者，甚至危及生命；二类次之，有时也能危及生命；三类则仅为一般危害性者；4 类则为除上述一、二、三类的生物制品、疫苗产生用的各种减毒弱毒菌种。

国际分类内容与我国的一致，但其分类顺序恰与我国相反。分枝杆菌中麻风分枝杆菌、结核分枝杆菌属于二类。现今分枝杆菌已发现近百种，有些尚难定位。我们建议，在没准确定位之前，均作为二类来管理。特别在当今因用某些药物招致机体免疫力降低和 HIV 感染和 AIDS 流行的情况下更是如此。各种耐药菌种的保管更须注意。

实验室的要求请参阅本章第一节。

有关标本的直接涂片检查，请参阅分枝杆菌鉴定章。

麻风杆菌菌种的保存与管理相当困难。由于尚不能体外培养，在裸鼠、犰狳实验感染模型建立之前主要取自多菌型病人的麻风瘤，现主要借助于动物模型来传代保种。常用的模型为裸鼠和犰狳实验感染模型。正常小鼠足垫模型相对简单、价廉一些，但仅为足垫内有限繁殖菌量不敷多种用途。

（吴勤学）

第三节　分枝杆菌的培养

培养系指体外人工培养。这是从感染组织中分离和实施鉴定病原菌的最重要手段，亦是迄今分枝杆菌感染实验室诊断的金标准。即使是分子生物学方法高度发展的今天，在临床实验室诊断中它仍占有不可动摇的地位。据国外和我们实验室研究资料表明，分子生物学方法尽管敏感性、特异性均很高，但受限于分枝杆菌固有的特性而至今还不能从实验室解放出来。换言之，尽管分子生物学方法特异性不容置疑，但其敏感性还超不过培养。据我们的经验一般地涂片阳性的标本分子生物学检测与培养结果平行，这提示分子生物学方法的较好的研究前景。但目前尚不能在所有方面代替培养，如观察菌的生物特征、药物敏感性试验等。特别是近年来已了解到有的基因编码并不表达功能蛋白，培养的重要性就显得更突出了。

本节仅就可培养的分枝杆菌培养的基本知识加以描述。麻风分枝杆菌目前尚不能体外培养，有关内容请参照总论有关章节。

一、概论

（一）一般状况

分枝杆菌是需氧菌，最宜生长在有 3%～11% CO_2 的环境中。其生长速度快慢不等，有的 3～7 天可获丰富生长，有的往往需 4 周左右才能获得丰富的生长。由于其世代时间长（可达 22 小时），所以其培养生长过程亦很漫长。有时需要长的时间，所以一般要培养 8 周方能报告阴性结果。但如果最初涂片检查为抗酸菌阳性，这个培养时间还要延长。除了耗时培养外，还需要特殊的培养基（表 9-3-1），某些菌尚需加特殊的生长增补物质。有的菌如麻风杆菌至今体外培养尚未成功，在小鼠足垫模型中只获得有限的繁殖，其世代时间更长得惊人，平均 13～14 天。

表 9-3-2 列出分枝杆菌生长常用的培养基以及其相关的用途。有关培养基的配制及应用将在本节后半部及相关章节详细介绍。

表 9-3-1　分枝杆菌培养基

固体凝固鸡蛋培养基	American Thoracic Society（ATS）
	罗文斯坦—金森培养基（L-J）
	Petragnani
	小川
固体琼脂白蛋白基础培养基	Middlebrook 7H10
	Middlebrook 7H11
放射测定生长培养基（液体）	Bactec 12B（Middlebrook7H12）
	Bactec 13A（Middlebrook7H13）
液体白蛋白基础培养基	Meddlebrook 7H9
双相生长培养基	Speti-chek AFB
选择性培养基	L-J Gruft 改良培养基
	Mycobactosel
	Mitchison
	选性 7H11

表 9-3-2　常用分枝杆菌生长培养基

培养基种类	适应范围
液体培养基	
甘油丙氨酸盐	DNA 制备用
Middlebrook 7H9 肉浸汤 *	通用
Dubos 肉浸汤 *	通用
proskauer and Beck	表面薄膜生长
Sauton	通用限制培养基
Lemco 肉汤	通用
Tryptic Soy Brothb	噬菌体感染
M9 低限培养基	蛋白制备和 NTG 突变诱生
固体培养基	
7H11 琼脂 *	通用
7H10 琼脂 *	通用
Lemco 琼脂 *	通用
Löwenstein-Jensen（L-J）斜面	菌株保存
M9 低限培养基	蛋白纯化/auxotropHy 筛选
Tryptic Soy 琼脂 * *	噬菌体感染
Top 琼脂	噬菌体 Overlays
BCG top	BCG Overlays
BCG 琼脂 *	BCG 噬菌体感染

* 需要增富；

* * 无吐温

（二）温度

培养温度不同。因此，某些培养必须置不同选择的温度。如 Mtb 最适生长温度为37℃。其他菌种，如 M. marinum，M. ulcerans，M. hempHilum 和 M. chelonae 则在较低的温度下（30～32℃）生长。M. thermoresistible 和 M. xenopi 较高的温度生长最好（52℃和42～46℃）。在选择培养温度时，要参考标本的来源及患者病史。皮肤来源的标本一般地均须分置30℃和37℃培养。

表9-3-3　分枝杆菌生长选择温度

菌种	生长温度（℃）				
	30（32）	37	42	45	52
M. tuberculosis	−	+	+	−	−
M. bovis BCG	−	+	−	−	−
M. microti	−	+	+	−	−
M. marinum	+	±			
M. ulcerans	（+）				
M. avium	−	+	+		
M. fortuitum	−	+	+	−	−
M. smegmatis	+	+	+	+	−
M. phlei	+	+	+	+	+

（三）分离培养基

培养分枝杆菌的培养基是以鸡蛋和琼脂为基础的固体培养基。其中多含有不同浓度的孔雀绿染料，旨在抗细菌和真菌。但同时对分枝杆菌的生长也有一定的抑制作用。鸡蛋培养基的成分主要为全卵、马铃薯粉、甘油和矿盐类加热凝固。除表中所列外，尚包括 ATS 培养基。鸡蛋培养基最适合消毒部位来源的标本，包括活检标本，且最适于分枝杆菌生长。琼脂培养基含有白蛋白，生素，触酶。此基透明，适于较早地检测菌落生长，色素形成和菌落的形态。可能在10～12天就看到生长，比鸡蛋培养基为早（鸡蛋培养基需18～24天）。如用加酪蛋白水解产物的 7H11 培养基则可增加耐异烟肼 Mtb 的收获量。从污染标本，例如从粪便标本培养分枝杆菌是很困难的，但加抗微生物剂可增加成功率。

（四）特殊添加增富剂

除特殊用途的培养基，pH，温度和 CO_2 是培养物生长的条件外，某些分枝杆菌尚须向培养基内加入特殊的增富剂方能生长。

1. 血红素（Hemin）M. hemopHilium 需要血红素才能生长。这种铁的来源可以用许多不同的方法来满足。如，枸橼酸铁铵，血红素增补的标准分枝杆菌琼脂；巧克力琼脂或置 χ 因子条到培养基。这些方法之任何一种都可以常规用于培养疑有 M. hemopHilium 感染的皮肤标本，或其他标本。

2. 分枝杆菌素 J（Mycobactin J）M. paratuberculosis 和 M. genavense 的初代培养均需加分枝杆菌素 J（一种联接铁的 hydroxymate 化合物）。

上述描写的这些原则仅适用于除麻风杆菌以外的可培养分枝杆菌参用。麻风杆菌目前尚无人工体外培养方法，这是对微生物学家的一个严峻的挑战。

（五）分枝杆菌生长检测系统

由于分枝杆菌病的流行，在临床实验室需要建立敏感性高而又快速获得结果的方法去代替为时漫长的固体培养方法。所用培养基予以增富。但这种系统不能看到菌落形态和色素特征，仍须与传统的固体培养基培养相联合应用。一旦在任何培养基上生长了，并用涂片法证明是抗酸杆菌时，则此标本的鉴定试验即可开始。

1. Bactec 460　这是一种半定量的快速放射检测分枝杆菌的系统。名为 bactec（Bacton Dickinson，Townson，MD）。其特点是明显缩短分枝杆菌回收的时间。一般采用两种液体培养基。一种为 Middlebrook 7H12（Bactec 12B），一种为 Middlebrook 7H13（Bactec 13A）。培养基内以 ^{14}C 标记的肉桂酸为底物。Bactec 13A 含一种抗漂浮剂和 Tween-80，用来培养较大容量的血液或骨髓。

本系统是靠测定分枝杆菌生长时释放出的放射标记的 $^{14}CO_2$ 的数量来判断分枝杆菌生长与否，并以生长指数（growth index，GI）的方式报告。本法比常规培养法需时短，在肺标本涂片 Mtb 阳性标本平均 8 天左右可出报告，若常规固体培养至少需 16 天。一般 Mtb 和 M. avium 获得结果最佳。但若为含菌量较少的标本则时间没有明显缩短时间，可是若为涂片检查阴性组织和体液标本却又比涂片阴性肺标本又略好一些。总体上，检测时间受去污染程序的影响。方法的自动化程度较高，回收率亦较高，且敏感性高达 94.6% 以上。

2. 9000TB 系统　9000TB 系统（Becton Dickinson Diagnostic Instrument Systems，Sparks，MD）是一种全自动化的系统。不用有放射性底物，而是通过氧淬灭荧光染料（钌）提供的氧消耗作用来达到检测目的。

3. 分枝杆菌生长指示管　分枝杆菌生长指示管（MGIT）是一种手工操作系统。管内含有 Middlebrook 7H9 培养基，该培养基内事先加入一种对氧敏感的荧光物质钌，用来指示分枝杆菌管内之分枝杆菌的生长情况。检查方法是每天用 365nm UV 光照射监测，发现有生长再用特异探针鉴定。对 Mtb 和 M. avium-intracellulase 平均发现生长的时间为 10.4 天（范围为 4～26 天）。

4. Septi-Chek AFB（Becton Dichinson）　这是一种双相系统。固相可为巧克力、L-J 和 Middlebrook 培养基，液相为 Middlebrook 肉汤，置于 CO_2 环境。这种系统的优点在于能够看到菌落的形态、颜色，并且由于有肉汤增加了菌的回收率。据 1991 年相关报告，94.2% 的分枝杆菌能在此系统回收，而 L-J 培养基的回收率仅为 72.1%，7H11 培养基的回收率仅为 77.8% 左右。与 Bactec 系统对比本系统回收率为 95.3%，前者为 90.7%。但就分离 Mtb 而言，前者（15 天）比后者（23 天）早收获 8 天。

5. Difco ESP/Myco 和 Myco/M　这是 1994 年开始研究的两个系统，用的是改良的 Middlebrook 7H9 肉汤系统。主要是靠测氧的消耗和气体压力的改变来测定。

二、培养基及其配制方法

质量好的培养基是一个优良微生物实验室的基础。培养基要求尽可能的新鲜。一般仅仅准备 1～2 周的数量，这是可靠的。因为时间长了，将会降低分枝杆菌的分离率。

迄今推荐使用的仍是 L-J 培养基，对大多数分枝杆菌来说它是很可靠的，容易制备，能用于最初的分离，敏感度试验，鉴定和继续传代。

1932 后 Jensen 叙述改良的培养基包含马铃薯淀粉，但 1955 年以后 Jensen 的文章公布省略淀粉。很多实验室使用 L-J 培养基不用马铃薯淀粉仍然满意，可是另一些人继续使用马铃薯淀粉。1958 年 Marks 提出加淀粉能使分枝杆菌较为丰盛的生长，而 Baker（1967）发现加淀粉可降低凝固水的量。

L-J 培养基是很有用的，因为在进行蒸汽凝固之前可加入任何种物质例如做敏感试验的抗微生物药物，加入对硝基苯酸使人型结核杆菌和牛型结核杆菌与 NTMs 区别开来，加入丙酮酸钠以增加牛型菌株的生长。L-J 培养基接近 pH 7.0。酸性 L-J 培养基用于吡嗪酰胺敏感试验和用于一种不具备离心条件而作最初有效分离分枝杆菌的培养基。

酸化的 L-J 培养基是较软的，用金属环接种困难，巴斯德吸管更可靠。这种培养基上生长的分枝杆菌菌落常常较小，且需更长时间才生长。有许多有效的液体培养基，如 Youman、Kirschner 和 Middlebrook 7H9，常被选用。它们的缺点是不能使菌落计数，不能立刻鉴定是否某种分枝杆菌的生长，或为某种污染菌生长。

继 Dubos 和 Davis（1946）报告了他们的培养基之后，Middlebrook 等报告了较多的综合培养基，这些培养基之中最成功和最为广泛使用的是 Dubos 和 Middlebrook 的培养基，于培养基内加入吐温-80，成分散型生长，与"块状"颗粒型生长在 Youman 培养基上相反。Middlebrook 7H10 和 7H11 含有琼脂，对研究菌落形态学很有用，虽然这种培养基很复杂，但不同实验室能制备和得出始终一贯的结果（Difco 实验室可提供商品性培养基制品）。

L-J 培养基与 Middlebrook 琼脂可并用作为最初分离的培养基，但后者价值昂贵，且容易污染，并不显示更高的分离率。综合培养基适于菌落形态学研究。在敏感度试验方面抗微生物药物经过加热和蛋白质联结是一个大的问题。L-J 培养基在凝固前较 Middlebrook 琼脂易分装，后者则必须保持在融化状态才能分注。

（一）培养基的制备

1. Löwenstein-Jensen（L-J）培养基

（1）矿物盐溶液

磷酸二氢钾（KH_2PO_4）（无水）	2.4g
硫酸镁（$MgSO_4 \cdot 7H_2O$）	0.24g
枸橼（柠檬）酸镁	0.6g
天冬素	3.6g
马铃薯淀粉	30.0g
甘油	12ml
蒸馏水加至	600ml
匀浆全鸡卵	1000ml

（2）孔雀绿溶液

孔雀绿	2.0g
蒸馏水	100ml

加热溶化、过滤，高压 121℃，15 分钟。

（3）完全的培养基

矿物盐溶液	600ml
孔雀绿溶液	20ml

制备方法：①马铃薯淀粉加入与甘油混合合并矿物盐溶液中隔水煮溶至透明，高压灭菌（121℃，20 分钟，亦可直接用）；②用酒精洗 10 个大鸡蛋的壳（约 500 克重），无菌法打开鸡蛋倒入装有玻珠的灭菌圆锥瓶。摇散鸡蛋或在糖瓷杯中用玻棒搅匀。取 1000ml 加至冷却至室温的矿物盐溶液；③加 20ml 孔雀绿溶液；④充分搅拌打匀后经灭菌纱布（4～6 层）过滤；⑤在无菌状况下按 6～7ml 分装于 20×150mm 的有螺盖试管；⑥80℃ 1 小时使凝固，间歇 3 次。

孔雀绿。必须注意选择购买结晶的。许多不是适合于分枝杆菌细菌学使用的，由于它们有杀菌作用，购买的孔雀绿要经试验确保应为不抗分枝杆菌活力的，如 Merck 公司的产品。

鸡蛋。新小鸡生的鸡蛋用于 L-J 培养基是最好的，这种蛋愈新鲜就愈有较高的分离率。

（4）酸性 L-J 培养基：除改良 L-J 培养基配方中 KH_2PO_4 为 14.0g 外，配制法与改良 L-J 培养基同。用于碱处理后直接接种的标本。

（5）青霉素斜面：许多工作人员发现每升含 100IU 加入 L-J 培养基以降低培养基的污染而不抑制分枝杆菌的最初分离生长。

如前述制备 L-J 培养基，在蒸浓凝固之前于培养基中加 100IU/ml 的苯基青霉素。

（6）丙酮酸钠培养基：L-J 培养基加入丙酮酸钠能增加牛型分枝杆菌的生长和某些对人型结核杆菌抗药性菌株的生长（Stonebrink，1958；Marks，1963）。在鸡蛋培养基中加丙酮酸钠牛型分枝杆菌为微细扁平的，而加入 0.5% 丙酮酸钠可获得丰满的生长。在蒸浓凝固以前，以最终浓度为 0.5% 的丙酮酸钠加入 L-J 培养基中以代替甘油。

（7）PNB 培养基（Para-nitrobenzoic acid）：对硝基苯甲酸加进 L-J 培养基中可帮助鉴定分枝杆菌。

Tsukamura（1964年）曾介绍过，当对硝苯基酸（钠盐）加入浓度为 $500\mu g/ml$ 在 L-J 培养基内和接种 $0.5\sim1mg/ml$ 湿重结核杆菌，生长出的仅仅是典型的分枝杆菌。以标准的 $4mg/ml$ 接种曾发现人型结核杆菌少数的菌株能在这种培养基上生长，因此，要稀释接种后接种。

制备方法：①称取0.884g的对硝基苯甲酸加5.5ml 1N NaOH 并加蒸馏水至60ml；②加温至60℃，并搅动直至溶解；③加蒸馏水至90ml，用1mol/L HCl（0.1~0.15ml）中和过剩的 NaOH，用 pH 计或指示纸测定；④加蒸馏水至100ml，使完全浓度为 $10\,000\mu g/ml$；⑤这种溶液可用过滤薄膜除菌或高压，在蒸浓之前每100mlL-J培养基加5ml这种溶液。

2．Youman 培养基（Proskauer 和 Beck 改良）

天冬素	0.5g
磷酸二氢钾	0.5g
K_2SO_4	0.05g
枸橼酸镁	0.15g
甘油	2.0ml
蒸馏水	100.0ml

按上列次序将各种材料溶解于水中，在加第二种药物时应保证前面的药品已充分溶解。用4% NaOH 调 pH 为7.0，再加枸橼酸镁1.5g，溶后分装于适量试管内高压（121℃，20 分钟）。冷后加入人、牛或马血清或血浆使最终浓度为10%（用前加最好）。

3．改良 Kirschner 培养基

磷酸二氢钾（KH_2PO_4）	4.0g
磷酸氢二钠（$Na_2HPO_4 \cdot 12H_2O$）	3.0g
硫酸镁	0.6g
枸橼酸钠	2.5g
天冬素	5.0g
甘油	20.0ml
蒸馏水	1000.0ml
酚红（0.4%）	3.0ml

按每支9ml分装，高压115℃，10 分钟。用时加1ml 无菌马血清。青霉素10U/ml，加入防止污染。最后 pH 应为6.9~7.2，酚红能指示所加入的中和材料是否成功，也能检查到有污染。

4．Middlebrook7H9 液体培养基

硫酸铵（$(NH_4)_2SO_4$）	0.5g
L-谷氨酸钠	0.5g
Na_3 枸橼酸·$2H_2O$	0.1g
盐酸吡哆醇（维生素 B_6）	0.001g
生物素（维生素 H）	0.0005g
磷酸氢二钠（Na_2HPO_4）	2.5g
磷酸二氢钾（KH_2PO_4）	1.0g
枸橼酸铁铵	0.04g
硫酸镁（$MgSO_4 \cdot 7H_2O$）	0.05g
氯化钙（$CaCl_2 \cdot 2H_2O$）	0.0005g
硫酸锌（$ZnSO_4 \cdot 7H_2O$）	0.001g
硫酸铜（$CuSO_4 \cdot 5H_2O$）	0.001g
吐温-80	0.5ml
蒸馏水加至	1000.0ml

加水溶解后，分装每瓶95ml。高压121℃，15分钟。使用时加5ml牛白蛋白葡萄糖溶液和0.3ml催化酶（过氧化氢酶）溶液（参见后面7H10琼脂附注）。

5. Middlebrook 7H10 琼脂培养基

硫酸铵	0.5g
L-谷氨酸钠	0.5g
Na_3 枸橼酸·$2H_2O$	0.4g
Na_2HPO_4	1.5g
KH_2PO_4	1.5g
甘油	5.0ml
枸橼酸铁铵	0.04g
$MgSO_4 \cdot 7H_2O$	0.05g
$CaCl_2 \cdot 2H_2O$	0.0005g
$ZnSO_4 \cdot 7H_2O$	0.001g
$CuSO_4 \cdot 5H_2O$	0.001g
盐酸吡哆醇	0.001g
生物素	0.0005g
孔雀绿	0.001g
吐温-80	0.5ml
琼脂粉（Difco）	15.0g

首先加蒸馏水900ml溶解化学药品，再加琼脂粉溶解；后将培养基分装成每瓶90ml，高压121℃，15分钟。临用时溶化琼脂待冷至50℃，加10ml油酸-白蛋白-葡萄糖复合物和0.3ml催化酶溶液。倒成双碟，应尽可能不接触白昼光线，由于它对培养基具有有害作用，可能阻止分枝杆菌的生长。

附1. 油酸-白蛋白-葡萄糖复合物的配制

油酸	0.5g
牛白蛋白第Ⅴ部分	50.0g
右旋葡萄糖	20.0g
氯化钠	8.5g
蒸馏水加至	1000.0ml

欲配7H11琼脂培养基，此液中尚需加酪蛋白水解物1.0g。

溶解葡萄糖和牛白蛋白于盐水内。加油酸到0.05mol/L NaOH，把两培养液混合在一起。赛氏滤器过滤，保存4℃，7H10培养基作为卷曲霉素敏感试验之用。10%无菌马血清能代替油酸-白蛋白-葡萄糖复合物。

附2. 牛白蛋白—葡萄糖溶液

牛白蛋白第Ⅴ部分	50.0g
葡萄糖（右旋）	20.0g
蒸馏水加至	1000ml

溶解于水，滤膜过滤除菌，装瓶存放4℃。

附 3. 催化酶溶液

粗制的催化酶（beef liver）	1.0g
蒸馏水加至	1000ml

溶解于水，滤膜过滤除菌，装瓶存放4℃。

6. 酸卵培养基（Kudoh medium）

酸性磷酸钾	10g
枸橼酸镁	0.5g
天门冬酰胺	2.5g
甘油	20.0ml
蒸馏水	500.0ml
鸡卵	1000ml
2%孔雀绿	6.4ml

所有的盐类混合溶于水，加入已混匀鸡卵中，加孔雀绿后混匀，pH 为6.4。

斜面于80℃间歇3次凝固。

7. 小川鸡蛋培养基（Ogawa Sanami, 1949）

这种培养基由 Tsukamura 用于鉴别试验，如使用 L-J 培养一样。

基础液：

KH_2PO_4	1.00g
谷氨酸钠（纯度99%）	1.00g

加蒸馏水 100ml 加温溶解后，再加

全蛋	200ml
甘油	6ml
2%孔雀绿	6ml

最终的 pH6.8，培养基装成每管4ml，斜面在90℃ 60分钟使凝固。

谷氨酸钠可改为同量的 L-天门冬酰胺。

8. Sauton 琼脂

甘油	60ml
KH_2PO_4	0.5g
$MgSO_4$	0.5g
枸橼酸	2.0g
枸橼酸铁铵	0.05g
谷氨酸钠	4.0g
纯琼脂（Purified）	20.0g
蒸馏水	970.0ml

用10%氨水调节 pH 至7.0，加热100℃溶解琼脂，分装每瓶4ml，高压121℃，20分钟，培养基稍冷放成斜面。

谷氨酸钠可改为同量的 L-天门冬酰胺。

9. Sula 培养基

该培养基对培养少数可能存在于体液例如胸膜液中的结核菌非常有用。这种培养基为原始的培养基的两倍浓度（Sula，1947），因此相等体积的体液能当作接种物而接种于此培养基。

Na_2HPO_4	2.5g
KH_2PO_4	1.5g
枸橼酸钠	1.5g
硫酸镁	0.5g
天冬素	2.0g
丙氨酸	0.15g
甘油	25.0ml
枸橼酸铁铵（绿色鳞屑）	0.05g
0.2%孔雀绿	1.0ml
蒸馏水	500.0ml
无菌腹腔积液	50ml
青霉素溶液2000U/ml	5.0ml

溶解盐类，氨基酸，甘油和孔雀绿于蒸馏水中，按100ml分装，高压灭菌121℃，15分钟。以无菌手续加腹腔积液，接种胸腔积液时加青霉素。

10. Dubos 液体培养基

基础液：

K_2HPO_4	1.0g
$Na_2HPO_4 \cdot 12H_2O$	6.3g
天门冬氨酸	1.2g
枸橼酸铁铵	0.05g
$MgSO_4$	0.01g
$CaCl_2$	0.0005g
$ZnSO_4$	0.0001g
$CuSO_4$	0.0001g
吐温-80	0.5ml
蒸馏水（去离子）	800ml

增富液：

酪蛋白水解物	2.0g
牛血清蛋白	5.0g
葡萄糖	5.0g
生理盐水	80ml

（1）将化学组分溶于800ml去离子水中，以6mol/L NaOH调pH至6.5～6.8，补去离子水至900ml即成基础液。121℃高压20～30分钟。

（2）将增富组分溶于80ml生理盐水（56℃ 30分钟助溶），测pH，视pH选择6mol/L NaOH或1mol/L HCl调pH至6.5～6.8后补加生理盐水至100ml，滤膜（φ≤0.22μm）过滤除菌。

（3）将基础液与增富液混合均匀即成，尔后按需要分装。

（4）如需配制Dubos琼脂固体培养基，则可在基础液中加入15.0g琼脂。

附：药敏试验培养基的制备

详见第十章第一节表10-1-1和表10-1-2。下述方法可作参考。

欲使用的各种药物的原液，每次必须新鲜配制。要求使用时应用薄膜过滤，而不要使用赛氏滤器过滤。

1. 制备 L-J 培养基斜面下列两种方法中的任一种均可使用。

方法1：在 L-J 培养基内要求制备高浓度的药物。用 L-J 培养基作为稀释液做顺序双倍稀释。

例如：含 64μg/ml 的链霉素 L-J 培养基 100ml。

　　　　+

L-J 培养基 100ml。

　　　　‖

　　含 32μg/ml 链霉素在 L-J 培养基 200ml。

重复以上直至达到所需要的最低浓度为止。

方法2：要求准备×50 高浓度药物，用所需要的稀释液作双倍稀释，一般用蒸馏水，每 50mlL-J 培养基加 1ml 这种溶液。

2. 硫酸链霉素（Streptomycin Sulphate）　原液：溶解 1g 于 5ml 灭菌蒸馏水中。

将该液稀释 1/10 而成为 20 000μg/ml 溶液。

将该液再稀释 1/10 而成为 2 000μg/ml 溶液。

方法1：加 3.2ml 的 2000μg/ml 到 96.8ml 的 L-J 培养基内，即每 100ml L-J 敏感培养基应含有 64μg/ml 的链霉素。

用此液加等量寻常 L-J 培养基，即成为 32μg/ml 链霉素。重复此操作直至浓度低到 1.0μg/ml。

方法2：加 4ml 的 20 000μg/ml 原液到 21ml 灭菌蒸馏水中使成 3200μg/ml。用灭菌蒸馏水双倍稀释至 50μg/ml。加 1ml 链霉素溶液至每 50ml L-J 培养基内。装瓶并蒸浓灭菌。

3. 对氨柳酸（PAS）亦称对氨基水杨酸　原液：用蒸馏水制备含量为 2000μg/ml 的原液，用滤膜过滤除菌。

方法1：原液 1/10 稀释后加 1ml 到 99ml 的 L-J 培养基中 = 2μg/ml。用 L-J 培养基做顺序双倍稀释达所需浓度。

方法2：原 1/20 稀释后再用灭菌蒸馏水双倍稀释达所需浓度。加系列稀释的药液 1ml 于每 50ml 的 L-J 培养基内。

4. 异烟肼（INH）　原液：蒸馏水中含所 10 000μg/ml。滤膜过滤除菌。

方法1：稀释原液为 1/2000 加 4ml 至 96mlL-J 培养基内 = 2μg/ml。用 L-J 培养基将该液做倍比系列稀释达所需浓度。

方法2：蒸馏水双倍稀释原液为 1/100，加每一稀释度 1ml 于每 50ml 的 L-J 培养基内。

5. 利福平（Rifampicin）　原液：溶解 0.1g 于 10ml 二甲基酰胺 = 10 000μg/ml。

方法：稀释成 1/5，加 6.4ml 到 93.6ml 的 L-J 培养基 = 128μg/ml。用 L-J 培养基将该液做倍比系列稀释达所需浓度。

6. 硫代异烟胺（Ethionamide）　原液：溶解 0.2g 于 10ml 无水酒精内 = 20 000μg/ml。

方法1：无菌蒸馏水稀释成 1/5，加 4ml 至 96ml 的 L-J 培养基内 = 160μg/ml。再用 L-J 培养基做双倍顺序稀释到需要的浓度。

方法2：加 8ml 原液于原液于 12ml 的蒸馏水中 = 8000μg/ml。双倍顺序稀释于蒸馏水中达所需浓度并加 1ml 至 50ml 的 L-J 培养基内。

7. 乙胺丁醇（Ethambutol）　原液：原液在蒸馏水中含有 10 000μg/ml，滤膜过滤除菌。

方法1：将原液稀释成 1/10，加 1.6ml 至 98.4ml 的 L-J 培养基内 = 16μg/ml。双倍稀释于 L-J 培养基内达所需浓度。

方法2：将原液稀释成 2/25，双倍顺序稀释于蒸馏水达所需浓度，每一稀释度加 1ml 于每 50mlL-J 培养基内。

8. 紫霉素（Viomycin）　原液：加 10ml 无菌蒸馏水到 1g 小瓶 = 100 000μg/ml。

方法1：稀释原液 1/20，加 3.2ml 至 96.8ml 的 L-J 培养基内 = 160μg/ml。双倍顺序稀释于 L-J 培

养基内达所需浓度。

方法2：稀释原液为2/25，无菌蒸馏水双倍稀释达所需浓度，每一稀释度加1ml于每50mlL-J培养基内。

9. 环丝氨酸和卡那霉素（Cycloserine and Kanmycin）　原液：用无菌蒸馏水制备含100 000μg/ml的原液。

方法1：稀释原液为1/10，加3.2ml于96.8ml的L-J培养基=320μg/ml。双倍顺序稀释于L-J培养基内达所需浓度。

方法2：稀释原液为4/25，在无菌蒸馏水中双倍顺序稀释达所需浓度，每一稀释度加1ml于50mlL-J培养基内。

10. 氨硫脲（Thiacetazone, TB_1）　原液：溶解0.1g于10ml的二甲基酰胺=10 000μg/ml。

方法1：稀释原液为1/100于无菌蒸馏水中，加4ml至96mlL-J培养基中=4μg/ml。双倍顺序稀释于L-J培养基内达所需浓度。

方法2：准备原液入乙烯二醇中：1g于10ml内=100 000μg/ml。稀释1/10入蒸馏水取1.6ml+18.4ml的0.05%三乙烯二醇中。双倍顺序稀释入0.5%三乙烯二醇达所需浓度，每一稀释度加0.5ml于100ml的L-J培养基内。

11. 卷曲霉素（Capreomycin）　原液：溶解1g于10ml无菌蒸馏水中=100 000μg/ml。

方法：稀释1/25，加4ml入96ml的Middlebrook 7H10培养基内，融化并冷至50℃，双倍顺序稀释于7H10培养基内达所需浓度。

12. 吡嗪酰胺（Pyrazinamide）　根据所需要滴定次数的变化而使所有的基础L-J培养基的量也有所不同。下面提出的是为40次滴定所用的。

方法：取1600mlL-J培养基加8ml 10mol/L HCl调节至pH4.85。称0.5g吡嗪酰胺加40ml蒸馏水使成1 2500μg/ml。加32ml 12 500μg/ml的吡嗪酰胺到400mlL-J培养基内而成为1000μg/ml。从1000μg/ml双倍稀释至要求的稀释范围。

13. 吡嗪酰胺敏感试验培养基的"pH测定方法"（Marks, 1964）　液体培养基：

Na_2HPO_4（无水的）	0.75g
KH_2PO_4（无水的）	0.20g
$MgSO_4 \cdot 7H_2O$	0.06g
枸橼酸钠	0.25g
枸橼酸铁铵	0.5mg
蛋白胨	0.5g
甘油	2.0ml
吐温-80	0.05ml
丙酮酸	0.2ml
酚红0.4%	0.3ml
蒸馏水加至	100.0ml

用NaOH中和丙酮酸，100℃15分钟高压灭菌，待冷后加5ml的8%赛氏滤器过滤的牛血清白蛋白（Armour）和10ml的从输血过期而得来的加枸橼酸盐的人血浆。最终pH应为7.4~7.6。分装入无菌而有少量玻珠的Bijou瓶内，培养一夜确认无菌生长后，置4℃保存，在4周内使用。

14. 鸡卵培养基　任何偏离上述的这些手续的误差可以改变其培养基的缓冲作用，对实验是有害的。制备吡嗪酰胺0.22%溶液，以无菌手续称药和溶解。

基础鸡卵培养基。如前所述配制基础L-J培养基。加一半常量的孔雀绿。

pH 5.2~5.4的培养基加4.5ml 1mol/L HCl至100ml基础鸡卵培养基中，用力混合不得延迟。以类似的方式配制药物培养基，但只加2ml吡嗪酰胺溶液。

pH 5.1~5.2 的培养基配制如前所述。但只用 5.0ml 1mol/L HCl 调 pH。

pH 5.0~5.1 的培养基用 7.5ml 高压灭菌的 9% KH_2PO_4 至 100ml 基础鸡卵培养基内。加 5.0 ml 1mol/L HCl 立刻混匀。以类似的方式配制药物培养基，加 2ml 吡嗪酰胺溶液。

为对照菌株达到更充分的滴定而配制培养基时，用基础培养基将每个 pH 水平的一部分药物培养基做适当稀释，比例为 1∶2 和 1∶4。

按 2ml 将培养基分装入 Bijou 瓶后，将容器平放蒸浓凝固。

用甲基红核对蒸浓凝固培养基的 pH（英国药房毛细管比色计法）。

三、分枝杆菌的体外培养方法

因为分枝杆菌属中有相当一部分菌种能引起人和动物疾病，所以分枝杆菌体外培养必须在合乎分枝杆菌临床检验或研究标准的细菌实验室（有关标准见下篇第九章第一节）进行。

从事此工作的人员一定要为训练有素的微生物专业工作者。这不但能保证工作的质量，也十分有助于实验室的安全。参照他人和我们实验室的规则和经验综合于下：

（一）培养前的准备

1. 提出工作计划 包括实验的目的、意义，工作程序，工作量，完成的步骤，需哪些仪器、设备、试剂、器材（皿）等。

2. 审核计划中所需条件是否具备，并加以标化和备齐。

仪器：视其是否具备，核其是否能正常使用，并校其误差和加以标化。

器材与器皿：要按计划要求准备，并留有余地，按实验要求清洗（不能残留皂、酸、碱、脂、酯、酶和药物等）、灭菌。

试剂：首查其（包括鲜鸡蛋）是否齐全，其次是否合乎实验要求的等级等。

（二）配制培养基

1. 按实验目的要求选择适合的培养基，按标准常规方法配制。理想的培养基必须是：①小量接种即能很快呈现菌落和丰富地生长；②便于对菌辨认及识别；③简便，易制备，所用元素经济，且实用易得；④污染菌受最大限的限制，而不能或最低限度的出现。注意培养基成分要称量准确，pH 的校正和抑菌剂或增补剂的添加须严格注意，需无菌操作的步骤和固体培养基凝固的温度控制。

2. 无菌核定 将配制成的培养基置 37℃ 3 天后如未发现有菌生长可视为合格。置室温平衡后可立即应用或存放 4℃ 保藏待用，一般不超过 4 周，2 周内为宜。

（三）培养

1. 接种培养物 首先要搜集目的接种用的临床标本，并视需要去污染或不去污染，制成适于所用培养基的接种物加以接种（详见标本采集和处理节）。若制成的接种物为糊状匀物可用白金耳或接种玻铲挑取此匀糊进行接种。若制成的接种物为悬液，则可用巴氏吸管或毛细滴管定量或不定量吸取之。有人认为，采用"碱处理"的标本应接种于"酸性 L-J 培养基"；"酸处理"和"碱处理中和离心沉淀法"处理的标本应接种于改良 L-J 培养基；这些经验是有道理的，但不绝对，"碱处理"的标本亦可接种于改良 L-J 培养基。

2. 孵育与观察 理论上，应置 4~5 种温度（表 9-3-3），但若受接种物量的限制，至少也置两种温度（30~32℃，37℃），因为此温度下能分离大多数分枝杆菌，有时要结合临床表现加以选择培养温度；装培养基的容器提倡用塑料制品，其优点是灭菌和孵育时不易产生对生长菌有毒的物质和器皿本身的破损，玻璃制品则不具这种优点，但质量好的也可选用，并可反复清洗重复使用；倘若采用含葡萄糖的液体培养基，一般菌生长较快，倘若为含甘油的液体培养基要注意摇动；倘若用固体培养基，要防止培养基干裂，一般用带有螺帽的试管（瓶），螺帽要略松动，既防培养基干裂也要允许少量透气；若必须用 Petri 平皿（塑料或玻璃制品）时，要装塑料袋包中并密封之，此举既有防培养基干裂的作用，也具防止真菌污染之功效。

最后，要注意两点，即有条件的要在 5%～10%（V/V）CO_2 条件下培养，切记贮存及培养时均需避免日光照射。

至于观察一般培养头 3 天或 1 周内每日要观察一次，1 周后则每周观察一次，大多观察 4 周即可，但实际上要 6～8 周或更长，因为经治的患者的标本中的菌若能生长的话（如 Mtb）可需 6～8 周，甚或更长的时间。所以培养者要了解患者的临床状况以决定何时取舍。

观察的内容：首先要观察菌落出现的时间，其次观察菌落的形状、大小、颜色、干湿、粗糙还是平滑以及这些表现随生长时间的变化状况，即初生到成熟时的全部可看到的表现，一一做出如实记录与描述。

报告生长的常规方法（在抗酸染色证明为抗酸杆菌后）：

（1）分枝杆菌培养阳性

4^+：丰富生长（培养基表面全被菌落覆盖）。

3^+：大量生长（不十分茂盛，菌落生长占斜面面积 3/4）。

2^+：中度生长（生长菌落大于 200 个，或菌生长占斜面面积 1/2）。

1^+：略见生长（生长菌落 50～200 个或菌落生长占斜面面积 1/4）。

如生长菌落少于 50，则报告具体数目。

皮肤感染标本分离一般达不到上述标准，一旦有生长菌落出现，可置 2～3 周后逐观其变，若菌落成熟或逐渐增多即可认为培养阳性。

（2）分枝杆菌培养阴性：斜面上无菌落出现（未生长）。

平皿中的结果可参照上述标准报告；若为液体培养基则在培养基变混浊后（抗酸染色确认为 AFB）报告阳性结果。

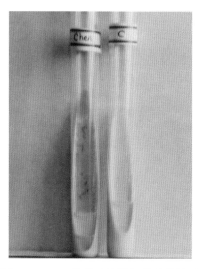

图 9-3-1　L-J 培养基分枝杆菌培养结果
左：阳性，右：空白对照

（四）贮存与保藏

采取何种方法来贮存与保藏培养物要依使用的频次和需要来综合考虑，详见本章第二节相关描述。

倘若对贮存与保藏的培养物进行复苏，方法有二：其一，最简单的方法是将贮存的培养物在室温或 37℃ 熔化，接种到一种适宜的培养基中培养即可（我们用"分级平衡法"，见本章第二节），但其缺点是接种剩余的培养物全部作废了；其二，方法较为复杂一些，即用灭菌的接针或硬钢丝（如粗电炉丝）制作的接种环，从保藏培养物表面直接刮取冷冻悬液接种到新鲜培养基上，剩下的培养物可封存好再放回贮存处备以后再用。此法优点是节省，且一个标本可保存数年。其他类似的方法还有，保存培养物标本前将之制成悬液，加入玻璃珠，摇动后冷冻，用时一个玻璃珠直接种到新鲜培养基中，其余的仍保持在冷冻态可封好，再放贮存处备以后用。诸多方法可按目的和需要选择应用。亦可在实践中创造出更好的方法。

（五）关于实验室安全的考虑

已在本章第一节详述，这里仅简要强调说明。做分枝杆菌工作，主要的是要防止获得分枝杆菌的实验室感染。因为任何一项操作不当引起菌的气溶胶的形成。其微滴大小不一。大的菌颗粒，抑或微滴可能最终降落污染工作台面，较小的则可悬留于大气之中，且为时很长，即可造成吸入性感染。对液体培养和菌悬液进行操作时，无论是吹打、吸取、离心、振荡、混合还是其他任何一项程序时都可能产生气溶胶；其他途径导致感染亦是可能的，如接种（针、环、注射器）损伤、误食、泼溅物，特别是结核病能在身体的各部位，非结核分枝杆菌大多在皮肤引起感染，都要注意加以防范。

一般地，生物性因子，含分枝杆菌，按下列标准分为 4 类。即是否对从事该工作的人员有害，是否有传染性，有否有效的预防或治疗方法。Ⅰ 类指那些似不能引起人类疾病的生物因子。Ⅱ 类则指能引起人类疾病，但通常有有效预防方法的生物因子。下列分枝杆菌划入此类：①M. bovis var BCG；②M. chelonei；③M. fortuitum；④M. marinum；⑤M. paratuberculosis。

Ⅲ 类是指能引起严重的人类疾病，对工作者有较大的危险性而且可能扩散到社区的，但通常对之有有效预防和治疗办法的生物因子。下列分枝杆菌划入此类：① M. africanum；② M. avium/intracellulare；③M. bovis；④ M. kansasii；⑤ M. leprosy；⑥ M. malmoense；⑦ M. xenopi；⑧ M. microti；⑨M. scrofulaceum；⑩M. simiae；⑪M. szulgai；⑫M. tuberculosis；⑬M. ulcerans。

分枝杆菌目前尚未有划入Ⅳ类的。

一般地，在目前生物安全橱分Ⅰ、Ⅱ、Ⅲ级，分枝杆菌实验室用Ⅱ级的即可。有关的具体防范操作及要求详见本章第一节。

第四节　可培养分枝杆菌的传统鉴别方法

可培养分枝杆菌的鉴定试验很多，这里仅介绍目前通用而有效的方法。大体包括染色特点、生物特征、生化反应等。分子生物学鉴别法将在本章第五节描述。麻风杆菌目前体外培养尚未成功，其鉴别方法亦有其特点，将单独介绍。

一、分枝杆菌的染色

除介绍最常用的 Ziehl-Neelsen 抗酸染色法（简称 Z-N 法）外，尚介绍相关方法供选用。

（一）Z-N 法

1. 涂片染色

（1）染色液配制

1）石炭酸碱性复红液：称取碱性复红 4g，溶于 95% 酒精 100ml 中成饱和液。再取饱和液 10ml 与 5% 石炭酸溶液 90ml 混合即成。复红酒精饱和液及配好的复红染液，均应盛于棕色玻瓶内置冷暗处存放。存放日久若有沉淀生成，可水浴加温溶解，过滤后使用。石炭酸蒸汽易燃，配制时需加注意。

2）1% 盐酸酒精液：取浓盐酸 1ml，70% 酒精 99ml 混合。

3）吕弗勒碱性亚甲蓝液：称取亚甲蓝（又名美蓝，次甲基蓝）2g，溶于 95% 酒精 100ml 内，制成酒精饱和液。取此饱和液 30ml；加入蒸馏水 100ml 及 10% 氢氧化钾水溶液 0.1ml 即成。此染液配妥后置棕色玻瓶内置冷暗处存放。

（2）染色步骤

1）涂片加热固定。在酒精灯火焰上通过 3～4 次，以不烫手为度，切勿过热（如不能确定涂片是否已固定，应再加热固定）。

2）滴加石炭酸碱性复红液于玻片上，用玻片夹挟持涂片以微火加温使生蒸汽，保持 5～10 分钟，应防止染液沸腾或干涸（有人使用不加热染色法，即所谓冷法染色也能取得良好的染色结果，但染色时间应稍长，一般以 10～20 分钟为宜）。待冷后，背水轻轻冲洗后倾去涂片上的水。

3）用 1% 盐酸酒精液脱色 10～30 秒钟，以涂膜呈极淡红色为宜。用水轻轻冲洗至完全冲去脱色剂，然后倾去涂片上的水。

4）滴加亚甲蓝液复染 0.5～1 分钟，如上法水洗，自然晾干，备检（油镜）。

（3）结果判定：分枝杆菌染成红色，其他细菌（非抗酸菌）及细胞均染成蓝色。

（4）注意事项

1）制作涂片用的载玻片一定要新制无划痕并妥为清洗，确保清洁无油脂，否则滴加石炭酸复红染液后，染液易流动，不能集中在涂膜上。这样很易使涂膜上的染液干涸，使复红残渣难以脱去，造成镜检时的困难。

2）涂片染色前要仔细辨认涂片膜面，勿误使涂膜面朝下。当涂膜较薄时易发生这种现象，应加注意。

3）勿用染色缸染色，以防涂片上的抗酸菌（AFB）掉进染液，而造成其他涂片的假阳性。

4）每次染色的涂片数不宜过多，一般 5 张左右为宜。过多时照顾不过来，容易影响染色质量。

5）脱色步骤很重要。例如 ML 抗酸性比结核杆菌弱，较易脱色，因此，不要脱色过度。如有个别涂膜难以脱色，可个别处理，但应注意脱色时间不要过长，以免因脱色过度而造成假阴性。水冲时水流宜轻缓，但要冲洗充分。

6）染片宜自然晾干或加温使干，不宜使用吸水纸。使用吸水纸时有可能沾去涂膜内的 AFB。

7）涂片如不能立即染色，应固定后置标本盒内保存，保存时间一般不宜超过 10 天。染片应及时镜检，如不能及时镜检，应置于标本盒内妥为存放，但时间不宜过长，以免 AFB 褪色。

8）染片镜检毕，脱油后置标本盒内保存，备监督复查。一般须保存 3 个月。同时应特别注意避光防霉、防尘。由于存放时间较长，AFB 可能褪色，复查时可再行染色。

9）宜用优质碱性复红染料。染料存储年限过长，容易变质，应予注意。配好的复红染液要经常检查，如有沉淀须加热溶解过滤后使用或重新配制。

10）注意质控。力求每次染色步骤前后一致。同室人员要统一染色操作规程，人人严格遵守。

2. 切片染色

（1）切片染色液

石炭酸复红液

1% 盐酸酒精液

0.2% 亚甲蓝或孔雀绿

（2）染色步骤与方法

1）用二甲苯、酒精和水脱蜡。

2）复红淹没切片并加热（间隔加热），染 10～15 分钟。

3）流水冲洗。

4）用 1% 盐酸酒精脱色，在显微镜下检查直至红细胞染成红色为止。

5）流水冲洗。

6）0.2% 亚甲蓝或孔雀绿复染 2 分钟。

7）流水冲洗。

8）迅速脱水，澄清并用中性树胶封藏。

（3）结果

抗酸杆菌——红色。

细胞核——蓝色。

红细胞——粉红色。

（4）鉴于做切片染色时发现虽各种抗酸染色方法基本相似，但各有利弊，为使用者选择应用，特再介绍几种方法。

1）Wade-Fite 法

方法：① 切片用松节油和汽油等量混合液脱蜡两次，每次20分钟；② 自然干燥（让油渍挥发）；③ 水洗；④ 石炭酸复红液染色20~30分钟（室温）；⑤ 水洗；⑥ 10%~20%硫酸溶液分化两次，每次1~2分钟；⑦ 充分水洗；⑧ 苏木素液复染（宜浅）3分钟；⑨ 水洗；⑩ 1%盐酸酒精液（70%酒精配制）分化（宜快）；⑪自来水洗，5~10分钟；⑫自然干燥；⑬中性树胶封固。

结果：抗酸杆菌呈鲜红色，细胞核呈蓝色。

2）改良 Harada 异染法：此法是经高碘酸处理后再染色，细菌不易褪色，可保存3年以上。

方法：① 切片经松节油、汽油等量混合液脱蜡两次，各20分钟；② 切片自然干燥；③ 水洗；④ 10%过碘酸液氧化30分钟以上；⑤ 水洗；⑥ 石炭酸复红液染色20~30分钟；⑦ 水洗；⑧ 10%~20%硫酸溶液分化两次，每次1~2分钟；⑨ 充分水洗；⑩ Weigert 酸性铁苏木素液染2分钟；⑪水洗；⑫0.03%甲基蓝苦味酸液染5~10分钟；⑬水洗；⑭自然干燥；⑮中性树胶封固。

结果：抗酸杆菌呈鲜红色，细胞核呈棕黑色，结缔组织呈黄绿色，表皮和肌肉呈淡黄色。

溶液配制：① Weigert 铁苏木素液；A 液，苏木素 1.0g，无水酒精 100ml；B 液，29%三氯化铁 4ml，浓盐酸 1ml，蒸馏水 95ml。以上 A、B 两液配制后要分别存放，通常4周后方可使用。用前两液等量混合，呈褐色，此液易发生沉淀，用后要弃掉。② 甲基蓝苦味酸溶液：甲基蓝 0.03 克，苦味酸饱和液（1.22%）100ml。

3）Fite 方法

方法：① 切片经花生油二甲苯（3:1）脱蜡两次，每次12分钟；②滤纸吸干油渍；③水洗；④ 石炭酸复红液染30分钟；⑤水洗；⑥1%盐酸酒精液脱色至粉红色（约1分钟）；⑦水洗；⑧0.15%亚甲蓝液复染；⑨水洗；⑩自然干燥；⑪中性树胶封固。

结果：抗酸杆菌呈红色，细胞核呈蓝色。

亚甲蓝液的配制：0.15g 亚甲蓝溶于95%酒精100ml后再1:1稀释。

附：皮肤组织制片常见误差

在制片中如能按操作规范程序进行，则可减少或避免因制片失误产生的人工现象。

1. 在镜下常见切片的局部表皮组织有破碎细胞或组织呈多形性嗜碱性变，这种变化有两种可能性：

（1）取材时产生的人工损伤。

（2）组织和细胞处于修复过程中。

2. 结缔组织呈淡粉红色云雾状肿胀或细胞和组织呈淡蓝色一片。见不到细胞和组织的结构，这种现象是因为组织没有立即固定，发生自溶，使细胞完全消失，这种溶解叫染色质溶解，对染料产生拒染。这种现象是不可逆的，只有重新取材。

3. 蜡块切面不完整或蜡块表面不透明，常见有下列原因：

（1）组织脱水过急或脱水剂使用次数多，时间过久，因而脱水彻底，蜡块的切面呈灰白色或切不下来，此时应更换脱水剂，或按原顺序将组织倒回到80%酒精中重新开始脱水。

（2）蜡块的切面呈白色不透明，且表面粗糙，不易切下来，即使勉强切下来，因挤压而组织变小，这是透蜡时间或湿度不够所致，需重透蜡。

（3）组织硬脆呈褐色不透明，是因为透蜡或包埋温度过高，无弥补方法。

4. 通常透蜡是在60℃温箱中进行，但透蜡的时间和温度、石蜡的熔点都要相匹配，时间过长，温度偏高，均会使组织硬脆，无法切片；温度低于石蜡熔点，将起不到透蜡的作用。

5. 镜下见到炎症细胞呈条索状（病变特征除外），可能是取标本时夹持过度或切片刀不锐利形成的挤压所致。

切片时的注意点：

（1）蜡块装在切片机上，表皮应向上，这样切片时可减少刀痕。

（2）制片时要考虑皮肤组织标本的不同情况，如大疱性疾病切片蜡带在水盆中伸展时，水温应低些，以免大疱破裂内容物脱落而影响诊断。

（3）作细小丘疹性疾病的切片，在切片机上修蜡块时，当组织露出后，要立即贴片，以免漏掉典型病变。

（4）为了利于病理诊断，每张玻片需3~4个切片、以利观察。

（5）切片时注意使水温与石蜡的熔点相近，以免水温过高引起蜡带的融化，造成组织水肿或裂隙的假象。

（二）kinyoun 染色法

1. 涂片染色液　kinyoun 石炭酸复红液：

碱性复红　　　　40g

石炭酸　　　　　80g

纯酒精　　　　　200ml

蒸馏水　　　　　1000ml

碱性复红溶解于酒精，加石炭酸，混合溶解后加水。

1% 盐酸酒精液

亚甲蓝液（参考 Ziehl-Neelsen 染色）

2. 方法

（1）固定涂片。

（2）用 kinyoun 石炭酸复红淹没涂片染色10分钟。

（3）流水冲洗。

（4）用酸酒精脱色直至涂片最终为粉红色为止。

（5）水洗。

（6）亚甲蓝复染30秒。

（7）水洗、待干。

（三）石炭酸金胺荧光染色

1. 涂片染色液　石炭酸金胺：3% 石炭酸溶液100ml，加热到30℃。后加金胺 O 0.3g 摇匀后过滤。

2. 方法

（1）固定涂片用石炭酸金胺染10分钟。

（2）水洗。

（3）1% 酒精脱色5分钟。

（4）水洗。

（5）0.1% 高锰酸钾溶液将涂片淹没30秒，使背景变暗。

（6）水洗，在空气中干燥。

（7）荧光镜检查。

3. 结果　在黑色背景出现发亮的杆状体。

附：金胺玫瑰红荧光染色

1. 金胺玫瑰红染色液

金胺 O　1.5g

玫瑰红　0.75g

甘油　75ml

石炭酸结晶（液化）　10ml

蒸馏水　50ml

甘油与水混合，加石炭酸充分摇动，溶液澄清时，才可溶解玫瑰红，最后加金胺，充分摇动直至溶解，较大量制备时，最好将混合物放于37℃，以保证金胺全部溶解，出现沉淀虽不妨碍染色，但应用1号滤纸过滤，置室温备用。

2. 涂片染色方法

（1）固定的涂片染色10分钟，加温约80℃直至有蒸汽为止。

（2）用3%盐酸酒精脱色2分钟。

（3）流水冲洗，用1%高锰酸钾染2~5分钟。

（4）洗后干燥用荧光显微镜检查。

3. 切片染色方法

（1）用二甲苯、酒精、水脱蜡。

（2）金胺——玫瑰红染色10分钟，加温约至60℃。

（3）水洗。

（4）在1%盐酸酒精中脱色2分钟。

（5）水洗。

（6）0.1%高锰酸钾复染2分钟。

（7）水洗、待干。

（8）二甲苯内浸泡和用中性树胶封固。

（9）荧光显微镜检查。

4. 结果　在黑色背景出现金红色杆菌

二、鉴定试验

整个试验必须在一级安全橱内进行。

1. 烟酸试验（niacin test）　烟酸试验有3种方法：①在L-J培养基直接做试验；②用烟酸试验带；③将杆菌转种于一种液体培养基内。

（1）方法1

1）试剂：①10%氰溴化物水溶液；②4%苯胺酒精溶液（溶于95%乙醇），装入黑色有盖瓶冷处保存。

2）步骤：①在37℃下，加入0.5ml蒸馏水至L-J培养基生长成熟的细菌上（四周），要求水浸透斜面；②转移入试管，加0.5ml10%氰溴化物溶液；③加0.5ml 4%苯胺液，勿摇动试管；④立即显示光亮的黄色即为阳性反应；⑤于试管中加入4%氢氧化钠（以防止形成HCN）后方可丢弃。

$H_{37}Rv$培养作为阳性对照，0.5ml蒸馏水作为阴性对照，已知的环境分枝杆菌对照。

3）方法原理：目的在于鉴定是否产生烟酸。依照konig反应，一种吡啶化合物（烟酸）的吡啶环上的N可对氰溴化物和苯胺起反应，产生一种有颜色的产物。

其反应式为：

各种苯胺与烟酸的呈色反应不完全相同，详见表9-4-1。

COOH ＋ BrCN ⟶

烟酸　　氰溴

COOH
CN　Br　H

＋ 2

NH₂

苯胺

⟶

$$H-C=C-COOH$$

H—N—C C=N

黄色物质

＋ NH₂CN ＋ HBr

表 9-4-1　各种苯胺与烟酸的呈色反应

苯胺名称	呈色反应	苯胺剂量（µg）				褪色迟早
		2.0	1.0	0.5	0.1	
苯胺	黄色透明	+	+	−	−	迟
联苯胺	桃红色沉淀	+	+	+	−	不褪
对氨苯乙酮	黄色透明	+	+	±	−	早
邻氨基苯甲酸	桃红色沉淀	+	+	−	−	呈色不良
对氨基苯甲酸	黄色透明	+	+	−	−	迟
联甲苯胺	珊瑚色沉淀	+	+	−	−	不褪

4）结果：结核分枝杆菌"＋"，鼹鼠分枝杆菌"－"牛型分枝杆"＋"或"－"，环境分枝杆菌"－"。

（2）方法2：氯胺——T法

1）试剂：①1mol/L醋酸；②10%KCN；③10%氯胺T；④2%巴比妥溶液（pH5.2）。

醋酸缓冲液配法：

甲：22.9ml冰醋酸+H₂O至100ml。

乙：54.4ml醋酸钠·3H₂O+水溶解至100ml。

取甲29.5ml+乙70.5ml调整pH至5.2。

混合显色剂：①取烧杯，放入10%氯胺T5ml+10%KCN1ml，此时有白色沉淀出现，自滴定管加入，1mol/L HAc，混匀到pH为5.2，记录HAc用量；②另取烧杯放入醋酸缓冲液6.25ml，10%氯胺T5ml，10%KCN1ml，加入后应生白色沉淀，然后加入上述醋酸量，混匀后加丙酮5ml，此时溶液出现清亮，再加入2%巴比妥液12.5ml。

2）步骤：菌液浸液0.5ml+混合显色剂0.5ml，室温静置30分钟。

3）结果：

A. 红→紫：阳性，人型结核杆菌。

B. 无改变：阴性，牛型结核杆菌。

2. 触酶和过氧化物酶反应（catalase test and peroxidase test）　该试验是一个有价值的筛选试验，有触酶活力表明结核分枝杆菌对异烟肼敏感，环境分枝杆菌亦有触酶活性，且通常显示更强试验产生更多泡沫。对异烟酸有耐药性的结核分枝杆菌，触酶和过氧物酶失去，而环境分枝杆菌即使对异烟肼有高的耐药性，却总是保留触酶的活力。

（1）试剂

1）1%过氧化氢（H_2O_2）。

2）0.2%儿茶酚（溶于蒸馏水）。该物质对皮肤有腐蚀性，因此，应小心对待。

溶液配制方法：①两液等量混合，应在临用前配制，加5ml到试验培养中；②待静置几分钟后，观察触酶阳性菌株的泡沫产物，棕色的集落显示有过氧物酶的活力。

（2）方法原理

1）过氧化氢在触酶的催化下，可有气泡（沫）产生：

$$2H_2O_2 \xrightarrow{\text{触酶}} 2H_2O + O_2 \uparrow$$

2）双酚化合物与 H_2O_2 共存，在有过氧化物酶的催化下，可产生棕色物质使菌落变为褐色，其反应式为：

邻醌（可缩合为棕黑色物质）

（3）结果的解释

1）触酶阳性，过氧化物酶阳性，表明结核分枝杆菌对异烟肼敏感。

2）触酶阴性，过氧化物酶阴性，表明结核枝杆菌对异烟肼耐药。

3）触酶阳性，过氧化物酶阴性，表明为环境分枝杆菌。

3. 触酶试验（catalase test）　只应用年轻的培养物，陈培养物可得出假阴性结果。有两种试验方法：①直接在培养基上试细菌的触酶活力；②触酶一直到68℃时对热稳定，可在 pH 7.0 的磷酸盐缓冲液中试验。

（1）试剂

1）10%吐温-80水溶液。

2）30%过氧化氢水溶液。

这些试剂必须新鲜制备，按1∶1比例混合。

3）Sorensen 磷酸缓冲液 pH 7.0。

（2）方法

在室温中的触酶试验：

1）加几滴吐温过氧化氢混合物于 L-J 培养基斜面的生长物上。

2）注意是否有氧气泡，通常应该立刻起泡或大体在2分钟后起泡。另一种方法是将生长物，从培养基刮下生长物置入试管加1.0ml上述试剂。

68℃加温耐热触酶试验：

1）一环培养物混悬入 0.5ml，pH7.0 的 Sorensen 磷酸缓冲液，置于有塞子的试管内。

2）将试管放入 68℃水浴内 20 分钟，待冷（水浴锅必须置于一级安全橱内）。

3）加 0.5ml 的吐温过氧化氢，注意是否有气泡，试验管必须观察 20 分钟，方可废弃。

（3）结果

1）在室温中的触酶：除对异烟肼耐药的结核分枝杆菌和牛型分枝杆菌阴性外，所有的分枝杆菌皆为阳性反应。

2）在 68℃触酶热稳定试验：所有的环境分枝杆菌为阳性。人型结核分枝杆菌、牛型结核分枝杆菌、胃分枝杆菌、海鱼分枝杆菌为阴性。

图 9-4-1　触酶试验

A 阳性对照，B 临床待鉴株，C 阴性对照，D 空白对照

4. 半定量触酶试验（Semiguantative catalase tset）　①向在 L-J 培养平台上丰富生长的分枝杆菌加 1ml 10% 吐温-80 与 30% H_2O_2 1：1 混合液 1ml，室温竖直放置 5 分钟；②测气泡/泡沫柱高度。

结果：柱高超过 45mm 为阳性，低于 45mm 为阴性。

M Kansasii、M scrofulaceum、M gordonae、M flavescens、M terrae complex 及速生分枝杆菌均为阳性。

5. 芳（香）基硫酸脂酶试验（Arysulfatase test）　芳（香）基硫酸脂酶试验用于确定是否有酶存在，大多数环境分枝杆菌都有芳（香）基硫酸酶活力，而人型或牛型株结核杆菌则没有。

有两个常用的方法，一是用 Dubos 肉汤，另一个是用 Dubos 琼脂培养基。这里仅介绍用 Dubos 琼脂培养基法（Wayne 3 日法）。

（1）原理：某些分枝杆菌可以产生足量的芳香硫酸脂酶（aryl-sulfatase），能分解二硫酸酚酞三钾盐（tripotassium pHenolpHthalein disulfate），即该酶经水解作用将后者的硫酸基与芳香环之间的键裂开，游离出酚酞，加碱后即出现紫红色。本试验的出现直接与菌量（亦即酶量）有关。三日试验对鉴定缓生菌帮助不大，因其等生长太慢，难以获得一致的可靠结果。

（2）步骤

1）在 100ml 的 Dubos 固体培养基内加 65mg 二硫酸酚酞三钾。经充分混合后分装 15mm×150mm 玻璃试管中，每管 2ml，121℃高压 15 分钟后，直立使其固态化。

2）用接种针挑取部分菌落从培养基表面穿刺接种，37℃培养，3 天。加 1mol/L 碳酸钠 0.5ml 到培养基中，观察，产生粉红色表明为阳性结果。

图 9-4-2 　触酶半定量试验
A 空白，B 阴性，C 阳性

实验应设立对照，阳性对照是偶遇分枝杆菌，应观察 3 天和 14 天，阴性对照是人型结核杆菌，亦应观察 3 天和 14 天。

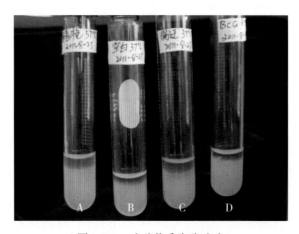

图 9-4-3 　硫酸芳香脂酶试验
A 临床待鉴株，B 空白，C 阳性对照，D 阴性对照

（3）结果

	3 天	14 天
人型结核杆菌	－	－
牛型结核杆菌	－	－
堪萨斯分枝杆菌	－	+或－
偶遇分枝杆菌	＋	＋
蟾分枝杆菌	＋	＋

其他环境分枝杆菌　　　　　–　　　　　+

6. 硝酸盐还原酶试验（nitrate reductase test）　硝酸盐还原成亚硝酸盐在结核杆菌的人型和牛型之间加以区分是有价值的，人型菌株通常是较强的阳性，牛型菌株是阴性或弱阳性。

（1）原理

$$NO_3^- + 2e^- \xrightarrow{\text{亚硝酸盐还原酶}} NO_2 + H_2O$$

硝酸盐　　　　　　　　　　亚硝酸根

若结核杆菌含有硝酸盐还原酶，硝酸盐还原成为亚硝酸盐，而与苯磺胺进行重氮化反应，依次序与萘酰基乙二胺双盐酸偶联在一起，而形成红色。

（2）试剂

1）M/15 磷酸盐缓冲液，pH 7.0。

2）0.01mol 硝酸钠液：将 0.085g NaNO$_3$ 溶于 M/15 磷酸盐缓冲液（pH 7.0），用薄膜过滤除菌。

3）稀盐酸液：用蒸馏水稀释盐酸成 1：1 的浓度。

4）0.2% 氨苯磺胺液（溶于蒸馏水）。

5）0.1% N-甲萘基盐酸二氨基乙烯（N-1-naphthy1-diethy lene-diamine-dihydrochloride）水溶液。

试剂保存在 4℃ 冰箱，数周内稳定，当变色后即丢弃。

（3）方法

1）大约用 10mg 杆菌（湿重）投入 1ml 磷酸盐缓冲液内，加入 1ml 硝酸钠溶液混合好。

2）放 37℃ 培养 2~4 小时。

3）加 1 滴 HCl 溶液。

4）加 2 滴氨苯磺胺溶液。

5）加 2 滴 N-1-naphthy1-diethylene-diamine-dihydrochloride 水溶液。

6）混合 5 分钟后观察颜色；阴性试验为无色，阳性表现为深紫红色。

阳性对照用人型结核杆菌，一个不接种的酶作用物的阴性对照。

少量的锌粉滴入所有无反应性的试管内，引起硝酸盐的还原，而形成亚硝酸盐呈红色，以确认阴性试验。

（4）结果

人型结核分枝杆菌　　+

牛型结核分枝杆菌　　–

堪萨斯分枝杆菌　　　–

海分枝杆菌　　　　　–

胞内分枝杆菌　　　　–

蟾分枝杆菌　　　　　–

偶遇分枝杆菌　　　　+

龟分枝杆菌　　　　　–

7. 吐温-80 水解试验（Tween hydrolysis）

（1）原理：吐温-80 水解试验为确定是否有脂酶，酯酶水解吐温-80 形成游离的油酸，中性红作为试验的指示剂，从琥珀色（pH7.0）改变为粉红色，是由于油酸的形成而在酸的 pH 中呈现的这种颜色。

（2）培养基：100ml M/15 磷酸盐缓冲液

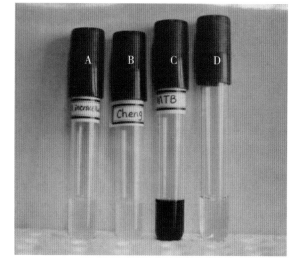

图 9-4-4　硝酸盐还原试验

A 阴性对照，B 临床待鉴株，C 阳性对照，D 空白对照

pH7.0，0.5ml 吐温-80 和 0.1% 中性红溶液 2ml，此培养基按每试管 4ml 分装于螺旋盖试管中，高压

121℃，15分钟，冷却后冰箱保存。

（3）方法：接种一环待试杆菌到培养基中，37℃培养。于7天和14天观察颜色，出现微红色可判定为阳性。堪萨斯分枝杆菌作为阳性对照，不接种的吐温-80底物管作为阴性对照。

吐温-80，是一种去污剂，一种山梨聚糖单油酸盐的多氧乙烯脂衍生物。

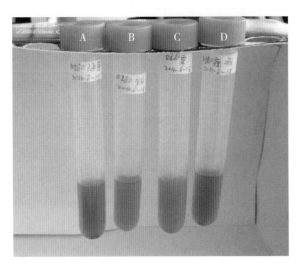

图 9-4-5　吐温-80 水解试验
A 阳性，B 空白，C 阴性，D 阴性对照

（4）结果

	7 天	14 天
人型结核杆菌	–	+
牛型结核杆菌	–	+
堪萨斯分枝杆菌	+	+
瘰病分枝杆菌	–	–
胞内分枝杆菌	–	–
蟾分枝杆菌	–	–
胃分枝杆菌、土分枝杆菌	+	+
偶遇分枝杆菌	v	v

v=不定的

8．耐热磷酸酶试验（H. Saito 等，1968）

（1）试验材料

1）小川培养基培养（生长慢的抗酸菌培养 2～3 周，迅速的细菌培养 1 周）。

2）α 萘磷酸及重氮邻联茴香胺各配成 0.2% 及 0.4%，溶解于 pH 5.0，M/5 的枸橼酸盐缓冲液中。

（2）方法

1）培养物置 70℃ 水溶液中 30 分钟后，于室温冷却。

2）从上述培养物中取 1～2 白金环的细菌，于滤纸上涂抹至 1cm 大小。

3）加上述试药溶液 1 滴。

4）置室温（21～25℃）10 分钟。

（3）结果

呈现红色-紫色者为阳性，无色者为阴性。

阳性：M. kansasii、M. marinum、M. gastri、M. fortuitum.

阴性：M. tuberculosis、M. bovis、M. gordanae、M. scrofulaceum、M. avium、M. phlei、M. smegmatis、M. flavences、M. chelonei.

注：①使用小川培养基时，由于混进孔雀绿而使结果判定不准确，故可用不加孔雀绿的 1% 小川培养基为宜；②培养物亦可不直接加温，而事先在小试管内制成浓厚的菌液（如 10mg/0.3ml）于 70℃加热 30 分钟，冷却后直接滴加混合试剂进行试验。

9. 亚锑酸盐还原试验（tellurite reduction test）

（1）原理：某些分枝杆菌能产生锑盐还原酶（tellurite reductase），可将锑盐（tellurite salt）还原为金属锑（metallic tellurium）呈黑色沉淀。

（2）培养：在 5ml Middlebrook 7H9 液体培养基中培养 7 天，20mm×150mm 螺帽的试管，完全混浊表明生长旺盛。

（3）试剂：0.2% 亚锑酸钾液（0.1g 溶于 50ml 蒸馏水中，按 2 或 5ml 分装，121℃高压灭菌，为避免污染每次实验只用 1 管亚锑酸盐液，一天内用完，余者弃掉）。

（4）方法：每份培养加 2 滴亚锑酸盐液，然后保温，每天检查，连续 4 天或 4 天以上。

（5）结果：无色的亚锑酸盐，在 3～4 天内还原成黑色的金属锑，这是 Battey-avium 菌株的明显特性，其他分枝菌只有速生者亦在同时间内阳性。

1）鸟-胞内复合分枝杆菌：阳性。

2）人型结核分枝杆菌：阴性。

3）空白对照（未接种菌）：阴性。

10. 铁吸收实验（iron uptake test）

（1）原理：某些分枝杆菌具有还原铁盐的能力，当培养基内加入枸橼酸铁铵（ferric ammonium citrate）后可出现铁锈色（即褐色）菌落，培养基则变为红色。

（2）培养：L-J 培养基斜面接种 AFB 菌悬液 1 滴。

（3）试剂：20% 枸橼酸铁铵（ferric ammonium citrate）液，分装在小容器内，高压灭菌（可分装在小试管内，按 5ml）。

（4）方法：斜面分别 37℃和 33℃保温，直至最终生长，加灭菌的 20% 枸橼酸铁铵（按每 ml 固体斜面 1 滴之比例加入），21 天后看结果。

（5）结果：菌落中锈棕色出现和培养基黄褐色消失者为阳性。

在铁吸收实验中，仅速生菌，如 M. fortuitum 和 M. phlei 是阳性。但龟分枝杆菌为阴性。

11. 酰胺酶试验（amidase test）（R. Bönicke1960）

（1）试验材料

1）AFB 悬液：将小川培养基培养物，用生理盐水制成浓厚菌悬液，以生理盐水离心（3000 r/min）洗菌 2 次，沉淀物分散在 pH 7.2 的 M/15 磷酸盐缓冲液内，制备成约 10mg/ml 的菌悬液。

2）试剂：①碱性酚试剂（A 液）；②次亚氯酸钠溶液（B 液）；③0.003mol/L 硫酸锰水溶液（C 液）；④0.00164mol/L 底物水溶液；⑤比色用硫酸锰溶液：干燥硫酸锰溶解于 pH 7.2 M/30 的磷酸盐缓冲液中，制备氨换算量为 2μg/ml，5μg/ml，10μg/ml 的溶液。

（2）方法

1）试管内加入菌液 1ml，底物 1ml，于 37℃保温 16 小时。

2）上述反应液内按顺序加入 C 液 0.1ml，A 液 1ml，B 液 0.5ml，振荡。

3）将 2）液的试管浸入沸水中 15～20 分钟，再于冷水冷却 2 分钟后，置室温约 20 分钟使之产色。

4）将 3）液产色程度（蓝色）与由 2）、3）操作的标准溶液变色程度相比较。

（3）结果：与标准氨液的产色相比较，用下列符号判定之：

<2μg/ml （+）

<5μg/ml +

<10μg/ml ++

>10μg/ml +++

（4）注意

1）本试验是检查细菌分解底物产生氨的反应，所以制备的菌液从开始就不应含有氨。一般洗菌 2~3次，但必要时应以奈瑟（Nessler）试剂检查洗菌后之洗涤液无氨为准。

2）菌液浓度要 10mg/ml 以上，但保温时间 6~24 小时均可。

3）判定结果，不和标准液的产色相比，单用肉眼进行亦可。

4）配制试剂：碱性酚试剂：于特级酚 25g 中，加无离子水 10ml，冰冷，边振荡边小量加入冷却的 5mol/L NaOH 液 54ml，最后加无离子水至 100ml。每次实验均重新配制。

次亚氯酸钠溶液：市售的次亚氯酸钠溶液（安替佛民，有效氯浓度约 10%），以蒸馏水稀释约 7 倍后作用。

对反应有必要严格操作时，将市售品适当稀释的稀释液 2ml 加无离子水 10ml，再加 5% 的 KI 溶液 2ml，冰醋酸 1ml，以可溶性淀粉为指示剂，用 0.1mol/L 硫代硫酸钠溶液滴定，制备 7.5~8.0ml 硫代硫酸钠所需要的次亚氯酸钠溶液（有效氯浓度 1.3%~1.4%）。

5）本试验不用靛酚法，而用 Nessler 法测氨亦可。其试剂及试验法如下：

奈氏试剂：市售品即可。

取奈氏试剂 0.1ml 加入被检液中而使之产色（黄褐色），用上述同样方法与标准液产生的颜色相比较。

12. 二胺氧化实验（R. Bönicke，H. Nolte：1996）

（1）试验材料

1）AFB 悬液：小川培养基培养物，用生理盐水制备浓菌液，以盐水离心（3000rpm）洗菌 2 次，沉淀物分散于 pH 7.0 M/15 的磷酸盐缓冲液内，制备成约 5.5mg/ml 的菌液。

2）试剂：①0.005mol/L 底物溶液：盐酸腐胺（806μg/ml）；②奈氏试剂：市售品即可。

（2）方法

1）取菌液 9ml 和底物溶液 1ml，放于 200ml 烧瓶内 37℃ 保存。

2）24 小时后取 1）的被检液 2ml，离心除菌。

3）于上清液中滴加 Nessler 试剂 0.1ml，观察黄褐色出现。

（3）结果：反应出现黄褐色为阳性。见表 9-4-2。

表 9-4-2 数种 AFB 二胺氧化结果

M. phlei	+
M. fortuitum	+
M. marinum	+
M. kansasii	+
M. avium	−
M. intracellular	−
M. scrofulaceum	−
M. bovines （BCG）	−
M. tuberculosis	−

（4）注意

1）制备菌悬液注意事项同酰胺酶试验的注意1）。

2）菌量不一定要严格。

13. 尿素酶试验（urease test）

（1）原理：某些分枝杆菌能产生尿素酶，分解尿素形成氨，使加有酚红的菌液呈碱性，则酚红指示剂变为红色。

（2）试剂

1）pH 6.7 PBS：$NaH_2PO_4 \cdot 2H_2O$ 1.56g；$K_2HPO_4 \cdot 3H_2O$ 2.28g，加蒸馏水80ml，稀释10倍后，高压灭菌121℃ 20分钟。

2）1/50mol/L 尿素：称取尿素0.12g，溶于上述PBS100ml内，分装小试管内，每管3ml。

3）1g/L 酚红液：称取酚红0.1g，以1/20mol/L NaOH 5.7ml溶解后加水至100ml。

4）菌液：用0.5％ Tween-80 生理盐水，将生长旺盛的菌株制成约10～20mg/ml菌悬液。

（3）操作

1）取菌液0.3ml加入含尿素的PBS中。

2）每管加上述酚红液2滴。

3）37℃孵育，第3天看结果。

（4）结果：受试菌：菌液变为红色为阳性，不变色为阴性。

对照菌：

1）人型结核分枝杆菌 $H_{37}Rv$：阳性。

2）蟾分枝杆菌：阴性。

3）试剂对照（不加菌液）：不变色

（5）注意：①尿素用过滤除菌法除菌或加入麝香草酚，24小时即灭菌，或煮沸2～4分钟灭菌；②酚红耐高压，用113℃15分钟灭菌。

14. 苦味酸培养基（picric acid medium）鉴别培养

（1）接种：将被检菌制成1mg/ml悬液，接种0.1ml于本培养基上，另种一支L-J培养基作为对照，同时置37℃或最适温度，培养2周。

（2）结果观察：对照生长良好，龟分枝杆菌脓肿亚型及其他速生菌均能生长，龟分枝杆菌龟亚型不能生长。

15. 谷氨酸钠葡萄糖琼脂培养基（sodium glutamate glucose agar medium）鉴别培养

（1）接种：将L-J培养基上生长3～4周的被测菌株制成1mg/ml悬液，接种0.1ml于本培养基上，另种一支L-J作为对照，均置37℃或最适温度，孵育3～5周。

（2）结果观察

1）对照培养：生长良好。

2）胞内分枝杆菌：生长。

3）鸟分枝杆菌：不生长。

（3）附注：本培养主要用于鉴别胞内分枝杆菌和鸟分枝杆菌，但特异性不够高，有时胞内分枝杆菌可不生长，而鸟分枝杆菌则生长。

16. 氯化钠耐受试验（Sodium chloride tolerance test）

（1）原理：某些分枝杆菌能耐受高浓度的NaCl，可在50g/L的NaCl的培养基中生长，而另一些菌则不能。

较慢生长的菌，仅亚组（subgroup）"V"生长，较速生长者，仅 M. abscessus 在5％ NaCl存在下不生长。

（2）培养：完全混浊的菌悬液。

（3）基质：American Thoracic Society（ATS）培养基（配制方法见下面），含 5% NaCl，要无盐的 ATS 培养基作对照。

（4）方法：将 0.1ml 菌悬液种于培养基，37℃ 保温。

（5）结果

（+）M. phlei、M. vaccae、M. smegmatis、M. fortuitum、M. flavencens、M. chelonae

（-）M. tuberculosis、M. bovis、M. kansasii、M. marinum、M. gastri、M. gordanae、M. avium、M. scrofulaceum、M. intracellulare、M. ulcerans

V：M. nonchromogenicum

注：（+）生长；（-）不生长；V 生长不定。

附：ATS 培养基的配制方法

1. 处方

马铃薯（洗净，取内容物）	140g
2% 甘油（试剂级）	335ml
蛋黄（包括 3 个带蛋清的）	400ml
孔雀绿（2% 水溶液）	10ml

2. 制法

（1）高压甘油马铃薯混合物，6.8kg（15 磅）30 分钟，无菌手续，用 Waring Blender 将其搅混，冷却至室温。

（2）温水清洗鸡蛋，冲洗好并浸泡在 70% 酒精中 20 分钟，无菌毛巾擦干鸡蛋（把蛋放在无菌毛巾中间）加 3 个卵白到无菌量筒，用卵黄使其终体积达到 400ml。

（3）向甘油马铃薯混合物中加蛋悬液和孔雀绿，并再于 Waring Blender 中混合，放置 1 小时。

（4）通过数层纱布滤过全部培养基，按 5~7ml，装管。

（5）按要求的斜面摆好，80℃ 间歇 3 日灭菌，考核灭菌性后贮存于 4℃ 备用。

（6）在第（3）步时将培养液等量分开，一部分按 5% 加入 NaCl，一部分不加，后步手续同。

17. 麦康凯琼脂培养基（MacConkey agar medium）　［亦称胆盐琼脂培养基（bile salts agar medium）］生长试验

（1）培养物：L-J 罗氏培养基上的生长物（7 天以上）。

（2）培养基

蛋白胨	20g
乳糖	10g
NaCl	5g
胆盐	5g
琼脂	15g
中性红（1% 水溶液）	5ml
蒸馏水（含结晶紫 0.001g）	100ml

将琼脂溶在 500ml 水中，其他各元素溶在另 500ml 水中，校正 pH 到 7.4 趁热加入 1% 结晶紫水溶液 0.1ml。后高压灭菌，15 磅 20 分钟。冷后，小心倒板（18~20ml），室温 1 小时。

（3）方法：将培养物制成菌悬液（约 1μg/ml）用棉拭划线接种，5 和 11 天后观察结果，只有 M. forfuhtum 生长于 5 天之内。其他分枝菌如果接种量丰富的话，有些许生长。

（4）结果：（+）生长，（-）不生长。

MacConkey agar 生长试验，是用于区别 M. forfuhtum 的，仅有该菌在此培养基中 5 天以内生长。

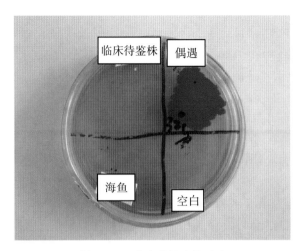

图 9-4-6 麦克康凯生长试验

左上. 阴性, 右上. 阳性, 左下. 阴性对照, 右下. 空白

18. 噻吩-2-羧酸酰肼〔Thiophene-2-carboxylic hydrazide（TCH）〕敏感试验

（1）试剂：TCH 母液和应用液：将 TCH（Sigma）2mg 溶于 20ml 灭菌去离子水中。用同样的水将母液做 1:9 稀释，谓应用液，取此液 50ml 加入 100ml 已制备的 L-J 培养基中，分散均匀后，按 2ml 分装于试管并用流通蒸汽法制成斜面（药物终浓度为 5μg/ml）。TCH 也可掺入 7H10 和 7H11 培养基。

（2）方法：加 50μl 受试菌落悬液至 L-J 或 Middlebrook 斜面，与未加 TCH 的培养基比较菌的生长情况，M. bovis 作为阴性对照，M. tuberculosis 作为阳性对照。在 37℃培养 2~3 周。

（3）结果：敏感：无菌生长（-），不含药对照，有菌生长。

不敏感：有菌生长（+），不含药对照，亦有菌生长。

M. bovis（含 BCG）对 TCH 敏感（在浓度为 1~5μg/ml 时），所有其他分枝杆菌均不敏感。

19. 对硝基苯甲酸试验〔P-nitrobenzoic acid（PNBA）assay〕培养基

（1）材料

1）PNBA 母液：加 5g PNBA 于适量 1mol/L NaOH 液中（为使 PNBA 充分溶解），加蒸馏水 100ml，并加几滴酚酞指示剂。逐滴加入 1mol/L HCL，边加边摇，直至中和（指示剂颜色改变时）。如果出现白色沉淀，表明加 HCL 过量，须逐滴加 1mol/L NaOH 使之再溶解。移容量瓶中，加蒸馏水至 1000ml，按 26ml 分装，120℃高压 10 分钟，贮-20℃备用。

2）PNBA 培养基：加 26ml PNBA 母液至 500ml L-J 培养基，混匀，按 2ml 量分装于消毒试管中，87℃流通蒸汽法凝制斜面，冷后贮 4℃。

（2）方法：自斜面上端接种 5μl 菌悬液。设 M. avium-intracellulare 为阳性对照，M. tuberculosis 为阴性对照。37℃，逐周观察培养 21 天以上。

（3）结果：敏感：含药管无菌生长（-），不含药对照管有菌生长

不敏感：有菌生长（+）

在含 PNBA 或 NAP 培养基上 MTB 复合体不生长，NTM（或称 EM）生长。

20. β-硝基-α-乙酰胺基-β-羟基苯丙酮（β-nitro-α-acetylamino-β-hydroxy-propiophenone，NAP）敏感性试验（NAP susceptibility-test）

（1）原理：NAP 对典型结核菌群（MTB complex）有选择生长抑制作用，结核菌群以外的分枝杆菌则对其均有耐受性。用之作为两者的鉴别试验。

（2）试剂：

1）培养基：改良 Sauton 液体培养基（参考下篇第九章第三节培养基的制备方法及用途）。

2）小牛血清：50ml。

3）NAP 溶液：称取 NAP 50mg 放入 10ml 纯酒精内，50～55℃水浴约 15 分钟，或直到 NAP 完全溶解。其含量为 5mg/ml。可保存 4℃备用。

4）被测菌悬液：将被测菌制成的 1mg/ml 均匀悬液。

（3）操作

1）将基础培养基（Sauton）121℃ 15 分钟高压灭菌，待凉后用无菌操作加入小牛血清 50ml 和 NAP 溶液 2ml，后者最终浓度为 10mg/ml。分装于 150mm×15mm 消毒试管内，每管约 6～7ml（本培养基可保存于 4℃ 1 个月）。

2）接种被测菌悬液，每支培养基 0.1ml。同时接种 1 支不含 NAP 培养基作为对照。

3）置 37℃或最适温度进行孵育。10 天后观察结果。

（4）结果：含 NAP 培养基内不生长者，提示被抑制（即敏感），否则具有耐受性。

（5）对照

1）人型结核分枝杆菌 $H_{37}Rv$：含 NAP 管不生长，对照管生长。

2）堪萨斯分枝杆菌：含药管和对照管均生长。

三、分子生物学鉴定试验

详见本章第五节。

（吴勤学）

第五节　皮肤分枝杆菌感染的基因诊断方法

分枝杆菌是一类重要的致病菌。众所周知，结核病和麻风病是伴随着人类历史发展，并带来严重的经济和社会问题的感染性疾病。环境分枝杆菌（EM）亦称非结核分枝杆菌（NTM）包括除结核杆菌和麻风杆菌外的所有其他分枝杆菌。近年来，随着艾滋病（AIDS）和肿瘤、器官移植等免疫抑制患者的增多，结核和 NTM 感染也日益增多。据报道，结核杆菌是引起 AIDS 患者机会性感染的最重要的致病菌，NTM 是除结核杆菌之外的另一类重要的机会致病菌，其中以鸟-胞内分枝杆菌感染的报道最为多见，其他如堪萨斯、戈登、偶然、龟、海鱼、瘰疬、溃疡分枝杆菌等的感染也屡有报道。与结核杆菌一样，NTM 不仅可引起系统性感染，还可以引起皮肤感染。NTM 引起的皮肤感染临床表现和组织病理均缺乏特异性，常常与孢子丝菌病、组织胞浆菌病、芽生菌病、利什曼病等肉芽肿性皮肤病难以鉴别，容易造成漏诊和误诊。分枝杆菌感染的明确诊断常常需要依靠实验室检查，但传统的检查方法如直接镜检敏感性差，培养和生化鉴定耗时长，难以为临床医生及时提供可靠的信息，因此迫切需要建立快速、敏感、特异的分枝杆菌诊断方法。

下面介绍针对结核杆菌和可以引起皮肤感染的几种 NTM 所建立的数种基因诊断方法。

一、聚合酶链反应检测法

以聚合酶链反应（polymerase chain reaction，PCR）为基础的分子生物学技术的发展使得分枝杆菌的早期诊断成为可能。用于分枝杆菌特异性诊断的 PCR 技术是以某一种分枝杆菌基因中的一段特异序列为靶点，在合适的引物存在的条件下，用 PCR 扩增仪定向扩增这一段 DNA 序列，使之呈指数方式扩增。因此，少量的分枝杆菌基因组经过 PCR 扩增后就可得到大量的扩增产物，敏感性大大提高，而且具有特异性强、简便、快速等优点，适用于临床标本的直接检测。

（一）主要溶液及其配制

1. 5×Tris-硼酸缓冲液（TBE-buffer）

Tris 碱　　　　　　　　54 g

硼酸	27.5 g
0.5 M EDTA（pH 8.0）	20 ml
加 DW 至	1000 ml

2．6×DNA 上样缓冲液

溴酚蓝	0.25%
蔗糖水溶液	40%（W/V）

3．溴乙锭贮存液（10 mg/ml）

溴乙锭	1.0 g
加 DW 至	100 ml

磁力搅拌至完全溶解，棕色瓶保存于室温。

4．1.5% 琼脂糖凝胶

琼脂糖	300 mg
5×TBE-buffer	20 ml
EB（10 mg/ml）	1 μl

（二）实验方法

1．临床标本或纯培养抗酸染色鉴别印证

（1）按常规和适当处理后在载玻片上制涂膜。

（2）涂片在酒精灯火焰上通过 3~4 次，使之固定。

（3）滴加石炭酸碱性复红液于玻片上，微火加温使生蒸汽，保持 5~10 分钟，注意防止染液沸腾或干涸。

（4）用 1% 盐酸酒精液脱色 10~30 秒，以涂膜呈极淡红色为宜。用水冲去脱色剂，倾去涂片上的水。

（5）滴加亚甲蓝液复染 0.5~1 分钟，水洗，自然晾干，镜检。旨在印证标本有否污染和是否有抗酸杆菌。

2．抗酸杆菌 DNA 模板的制备

（1）临床标本和（或）收集丰富生长的细菌，无菌操作，加入适量无菌蒸馏水，用组织研磨器研磨，制成细菌悬液。

（2）对纯培养取少量细菌悬液涂片、抗酸染色后计数，计算出细菌悬液的浓度；根据该浓度将细菌悬液稀释至所需要的浓度；对临床标本可直接用研磨匀浆上清液。

（3）用冻融法释放细菌 DNA：即液氮冷冻 1 分钟，沸水煮沸 1 分钟，反复 5 次，其中最后一次煮沸 10 分钟，−20℃ 保存备用。

3．引物　见表 9-5-1。

4．PCR 反应体系

10×*Taq* DNA 聚合酶反应缓冲液	5 μl
dNTP（10 mM/each）	1 μl
Taq DNA 聚合酶	1 U
上游（5′）引物	1 μl（50 pmol）
下游（3′）引物	1 μl（50 pmol）
模板 DNA	10 μl
加灭菌 DW 至	50 μl

5．PCR 循环条件

（1）5 种分枝杆菌 6 对特异性引物的循环条件为：预变性 94℃ 5 分钟，然后 94℃ 30 秒，65℃ 30 秒，72℃ 45 秒，共 35 个循环后末次延伸 72℃ 7 分钟。

表 9-5-1 5 种分枝杆菌的特异引物和通用引物

菌株	引物序列 5′→ 3′	扩增片段长度（bp）
M. tuberculosis（IS6110）	CCT GCG AGC GTA GGC GTC GG CTC GTC CAG CGC CGC TTC GG	123
M. avium（IS1245）	GCC GCC GAA ACG ATC TAC AGG TGG CGT CGA GGA AGA C	427
M. intracellulare	TCC AAC GAC AGC CCG GTC GT GGA TCC TCC AGC TCG ATC TC	271
M. kansasii	GCC TCG GGC GCC CAC CAG GAA T AGC CGG CCC CGG ACT TCT TTC GT	292
M. ulcerans（IS2404）	AGC GAC CCC AGT GGA TTG GT CGG TGA TCA AGC GTT CAC GA	492
M. ulcerans（IS2606）	GGC CTG GCG GAT TGC TCA AGG CGT AGA TGT GGG CGA AAT GG	332
分枝杆菌通用引物 （hsp65）（Tb11、Tb12）	ACC AAC GAT GGT GTG TCC AT CTT GTC GAA CCG CAT ACC CT	439

（2）分枝杆菌通用引物的循环条件为：预变性 94℃ 5 分钟，然后 94℃ 1 分钟，60℃ 1 分钟，72℃ 1 分钟，共 45 个循环后末次延伸 72℃ 10 分钟。

6. PCR 产物的检测 用 0.5×TBE 制备琼脂糖凝胶，含有 EB 0.5 μg/ml。

取 10 μl PCR 产物，加入 6×DNA 上样缓冲液，混匀后上样。

电泳：100 V×30 分钟。

长波紫外灯下观察结果并拍照。

注：每次检验和（或）鉴定试验要求设阳性和阴性对照及分子量标志。

二、多重 PCR 检测法

聚合酶链反应（PCR）是检测分枝杆菌的快速、敏感、特异的方法，目前以单一 PCR 方法为多，即一个 PCR 反应只能检测一种分枝杆菌。由于分枝杆菌的临床表现和组织病理均缺乏特异性，所以我们在临床工作中常常难以估计是哪种分枝杆菌感染，如果进行 PCR 检测，只能用各个菌种的特异性引物分别进行 PCR 反应；对于分离培养出来的菌株亦是如此，即使根据菌落的表型特征能进行大致的分类，但确定到种的水平如果采用 PCR 方法的话，也需要用各对引物分别进行 PCR 扩增，逐个排除或确定，所以单一 PCR 方法仍不能完全满足快速检测和鉴定分枝杆菌菌种的需要。多重 PCR（multiplex PCR）一次 PCR 反应就可以完成几种分枝杆菌的检测和鉴定，大大提高了诊断的效率。多重 PCR 方法检测和鉴定分枝杆菌方法如下：

（一）实验材料

同 PCR。

（二）实验方法

1. 分枝杆菌 DNA 模板的制备和引物的设计同 PCR。

2. 多重 PCR 反应体系

10×Taq DNA 聚合酶反应缓冲液　　　　5 μl

dNTP（10 mM/each）　　　　2 或 3 μl

Taq DNA 聚合酶　　　　2 或 3 U

上游（5'）引物各为	1 μl（50 pmol）
下游（3'）引物各为	1 μl（50 pmol）
模板 DNA 各为	10 μl
加灭菌 DW 至	50 μl

3. 反应分组

（1）PCR 分为两组：溃疡、堪萨斯、结核分枝杆菌为一组，鸟、胞内分枝杆菌为一组。

（2）dNTP 在二重 PCR 体系中加 2 μl，在三重 PCR 体系中加 3 μl；同样，*Taq* DNA 聚合酶在二重和三重 PCR 中分别加入 2 U 或 3 U。

（3）对溃疡分枝杆菌所用的引物为针对插入序列 IS2404 的特异性引物。

4. PCR 循环条件　预变性 94℃ 5 分钟，然后 94℃ 30 秒，65℃ 30 秒，72℃ 45 秒，共 35 个循环后末次延伸 72℃ 7 分钟。

5. 结果判定　同 PCR。若为混合感染可同时检出，放大片段同单一 PCR。每次检测和鉴定试验要求设阳性、阴性及标准分子量标志对照。

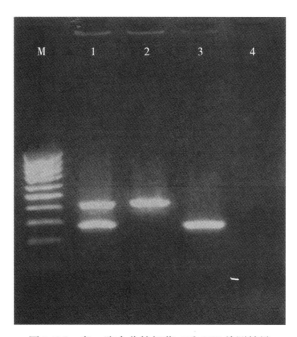

图 9-5-1　鸟、胞内分枝杆菌二重 PCR 检测结果

M：Marker（ladder，100bp）；1：鸟、胞内分枝杆菌 DNA+鸟、胞内分枝杆菌引物；2：鸟、胞内分枝杆菌 DNA+鸟分枝杆菌引物；3：鸟、胞内分枝杆菌 DNA+胞内分枝杆菌引物；4：阴性对照

三、PCR-RFLP 检测法

因为不同种的分枝杆菌对药物的敏感性不同，临床医生应根据分枝杆菌菌种选择相应的治疗方案，因此鉴定分枝杆菌至种的水平不仅是诊断，也是治疗分枝杆菌病的一个关键环节。虽然培养和生化试验一直是鉴定分枝杆菌的"金标准（gold standard）"，但操作烦琐，所需时间长，有时不能得到准确的结果，而且难以区分那些表型和生化特征极其相似的细菌（如瘰病和戈登分枝杆菌）；此外，生化试验亦不能将菌种继续区分至亚种或亚型的水平，不利于进行流行病学调查，包括对致病菌的来源、分布和疾病的传播途径等进行确切的分析和总结；其他方法如 TLC、GLC、HPLC 和 DNA 序列分析，因为需要昂贵的仪器设备，所以目前仅限于在某些参比实验室应用。探针杂交方法虽然比较快速、准确，但目前已

有市售的检测或鉴定分枝杆菌的探针试剂盒所覆盖的菌种较少。PCR 和多重 PCR 方法虽然快速、敏感、特异，但与探针杂交方法一样，有些分枝杆菌目前尚无满意的引物，在一定程度上限制了该方法在临床检测和鉴定中的应用，因此有必要建立其他方法以补充单一 PCR 或多重 PCR 的不足。

聚合酶链反应–限制性片段长度多态性分析（PCR-restriction fragment length polymorpHism，PCR-RFLP）是一种简单、快速、准确的分枝杆菌鉴定方法。主要原理是首先用通用引物扩增各种分枝杆菌共同的靶序列，然后用一种或几种限制性内切酶对扩增产物进行消化，根据酶切片段的数目和长度形成的图谱分析所得结果，即可鉴别不同的菌种。针对分枝杆菌共同的靶基因 16S rRNA、dnaJ、16S～23S rRNA 基因和 RNA 聚合酶基因（rpoB）的 PCR-RFLP 方法均已有报道，但这些方法需要 3～5 种内切酶才能将各种分枝杆菌区分开；而以分枝杆菌热休克蛋白 hsp65 基因为靶序列的 PCR-RFLP 方法只需要 2 种内切酶，就可以将几十种临床常见的分枝杆菌鉴定至种、亚种和亚型的水平，因此与针对上述几种靶序列的 PCR-RFLP 方法相比，操作步骤和结果分析更为简单。不仅可以鉴定固体培养基（如 L-J 培养基）上生长的细菌，还可以鉴定液体培养基中生长的分枝杆菌以及冷冻干燥的分枝杆菌。该方法无需特殊的仪器设备，可为临床实验室作为常规鉴定之用。

下面介绍以分枝杆菌 hsp65 基因为靶序列的 PCR-RFLP 方法。方法可对引起皮肤感染的致病菌——鸟、胞内、堪萨斯、结核、瘰疬、海鱼、偶然、龟分枝杆菌进行菌种鉴定。

（一）实验材料

1. 同 PCR 所用主要试剂和仪器设备。

2. RFLP 所用主要试剂

限制性内切酶 *BstE*Ⅱ	MBI 公司
Buffer R$^+$	MBI 公司
限制性内切酶 *Hae*Ⅲ	MBI 公司
Buffer O$^+$	MBI 公司

（二）实验方法

1. PCR 扩增分枝杆菌的热休克蛋白（hsp65）基因

1）DNA 模板的制备：见 PCR。

2）PCR 反应体系

10×Taq DNA 聚合酶反应缓冲液	5 μl
dNTP（10 mM/每种）	1 μl
Taq DNA 聚合酶	1 U
上游（5′）引物	1 μl（50 pmol）
下游（3′）引物	1 μl（50 pmol）
模板 DNA	10 μl
加灭菌 DW 至	50 μl

所用引物为分枝杆菌的通用引物（参考 PCR）。

3）PCR 循环条件：预变性 94℃ 5 分钟，然后 94℃ 1 分钟，60℃ 1 分钟，72℃ 1 分钟，共 45 个循环后末次延伸 72℃ 10 分钟。

2. RFLP　反应体系组成如下：

Buffer R$^+$/Buffer O$^+$　2.5 μl

*BstE*Ⅱ/*Hae*Ⅲ　5 U

PCR 产物　10 μl

加灭菌 DW 至　25 μl

反应条件：37℃保温 3 小时。

3. PCR-RFLP 产物的检测

（1）用 1×TBE 制备 2% Metaphor 琼脂糖凝胶，含有 EB 0.5μg/ml。

（2）取 10μl PCR 产物，加入 6×DNA 上样缓冲液，混匀后上样。

（3）电泳：缓冲液为 1×TBE，100 V×30 分钟。

（4）长波紫外灯下观察结果并拍照，以标准分子量（100 bp 的 DNA ladder）为参照，确定产生的酶切片段的数目和大小（小于 60 bp 的片段忽略不计），并与相关的参考文献和 Internet database（http://www.hospvd.ch:8005）中所提供的标准酶切图谱及数据进行对比分析，进而建立酶切图谱。

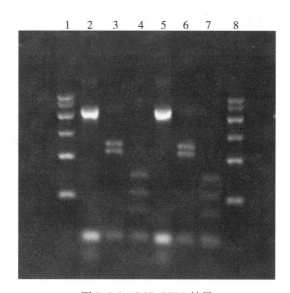

图 9-5-2　PCR-RFLP 结果

泳道 1、8 为 Marker，泳道 2、3、4 为标准株，泳道 5、6、7 为
临床株

四、微孔板反向杂交 PCR-ELISA——"拟芯片"检测法

我们的实践表明 PCR 和多重 PCR 方法，虽然快速、敏感、特异，但有些分枝杆菌目前尚无满意的引物，且多重 PCR 无法无限多重，在一定程度上限制了该方法在临床检测和鉴定中的应用；另外，PCR-RFLP 方法虽具有简便、快速及初步满足了一式多元化等优点，但其特异性和准确性又常受到电泳条件、凝胶的优劣等因素的影响。因此，有必要建立其他方法以补充这些方法的不足，近年来随着分子杂交技术及相关材料学的日新月异，基因芯片技术得到了长足的发展和应用，然而基因芯片制作成本高，且检测时大多需价格昂贵的仪器，适用于大规模流行病学调查和实验室研究，对皮肤分枝杆菌感染之临床检测不太适用；针对皮肤分枝杆菌感染特点，尤其是其感染菌种相对较集中的特征，我们认为将微孔板反向分子杂交技术与 PCR-ELISA 相结合的"拟芯片"的方法有望解决这一问题。"拟芯片"的方法有如下的优点：①稳定性好，操作较容易；②敏感性高，特异性强；③可实现操作的自动化；④无放射性污染及无溴乙锭的污染；⑤既可用于大规模流行病学调查和实验室研究，也可用于临床标本的检测。本法是通过一次试验同时可得到检测、鉴定分型的一式多元化的检测方法。

（一）实验材料

1. 菌株来源及培养　各标准菌株传代，接种于 Löwenstein-Jensen 培养基斜面上，根据其最适生长温度分别放于 32℃和 37℃培养。

2. 细菌计数及 DNA 的释放　同 PCR。

3. 主要试剂　除 PCR 用试剂外，还有：磷酸氢二钠（Na_2HPO_4）、乙二胺四乙酸二钠盐（EDTA）、Tris、吐温-20、邻苯二胺（OPD）、辣根过氧化物酶标记的亲和素、小牛血清蛋白、枸橼酸、枸橼酸钠、氯化钠（NaCl）。

4. 主要仪器和设备　除 PCR 用的外，还有：酶联免疫检测仪；可拆卸 96 孔 DNA 杂交板。

5. 主要溶液的组成和配制　除 PCR 用的溶液外，还有：

（1）探针溶液：Na_2HPO_4 500mmol/L，EDTA 1mmol/L。

（2）TBS 液：Tris 10mM，NaCl 50mmol/L。

（3）TBST 液 1：TBS；0.05% 吐温-20。

（4）TBST 液 2：TBS；0.05% 吐温-20；1% BSA。

（5）20×SSC：枸橼酸钠 0.3mol/L，NaCl 3mol/L。

（6）0.1×SSC：枸橼酸钠 0.0015mol/L，NaCl 0.015mol/L，0.1% SDS。

（7）枸橼酸缓冲液：Na_2HPO_4 0.2mol/L，枸橼酸 0.1mol/L。

（8）邻苯二胺（OPD）底物液（须新鲜配制）：OPD 2 mol/L，枸橼酸缓冲液 5ml，30% H_2O_2 15μl，灭菌三蒸水 10 ml。

（9）终止液：H_2SO_4 1mol/L。

6. 疑似临床皮肤分枝杆菌感染标本的处理　对疑似临床皮肤分枝杆菌感染标本去脂、剪碎，用组织研磨器研磨后补加适量蒸馏水，低速离心沉淀后取上清，制成组织匀浆；每份取 100μl 直接用于提取 DNA，再分别取 4 份 30μl 标本悬液用于接种于 4 管分枝杆菌培养基（Löwenstein-Jensen，L-J 培养基）分别在 37℃和 32℃培养；剩余约 500μl 标本悬液加入消化液 200μl，37℃轻度搅动 48 小时后，100℃加热 10 分钟；再将各管的上清 14 000r/min 高速离心 15 分钟，弃各管的上清，留沉淀物；再在各管中加 500μl 无菌蒸馏水，涡旋震荡 3 分钟；再将各管溶液 14 000r/min 高速离心 15 分钟，弃各管的上清，留沉淀物；再在各管中加 100μl 无菌蒸馏水，涡旋震荡 3 分钟，取 100μl 用于提取 DNA。

（二）实验方法

1. 待检菌的 DNA 的扩增　以皮肤临床常见结核分枝杆菌、鸟分枝杆菌、胞内分枝杆菌、堪萨斯分枝杆菌和偶遇分枝杆菌感染为例。

（1）引物的设计：根据分枝杆菌 16S rRNA DNA 的保守序列区设计通用引物，其中上游引物的 5′端标记生物素：

5′-biotin-gagatactcgagtggcgaac-3′

5′-ggccggctacccgtggtc-3′

该对引物放大片段为 208bp。

（2）PCR 反应体系

10×*Taq*DNA 聚合酶反应缓冲液	5μl
dNTP（10 mM/每种）	1μl
*Taq*DNA 聚合酶	1U
上游（5′）引物	1μl（50pmol）
下游（3′）引物	1μl（50pmol）
模板 DNA	10μl
加灭菌 DW 至	50μl

（3）PCR 循环条件：预变性 40℃ 10 分钟，然后 94℃ 1.5 分钟，65℃ 2 分钟，72℃ 3 分钟，共 40 个循环后末次延伸 72℃ 10 分钟。

2. 结果检测　标准菌株结核分枝杆菌、鸟分枝杆菌、胞内分枝杆菌、堪萨斯分枝杆菌、偶遇分枝杆菌以及临床菌株 PCR 扩增产物反向杂交及酶显色检测。统计分析：应用 SPSS 8.0 软件处理。

（1）探针的设计：根据分枝杆菌 16S rRNA 的保守序列区设计探针，其中在探针的 5′端进行化学修饰，详见表 9-5-2。

表 9-5-2　分枝杆菌 16S rRNA DNA 探针

分枝杆菌	gggcccatcccacaccgc
结核分枝杆菌	accacaagacatgcatcccg
鸟分枝杆菌	accagaagacatgcgtcttg
细胞内分枝杆菌	cacctaaagacatgcgctaa
堪萨斯分枝杆菌	accacaaggcatgcgccaag
偶遇分枝杆菌	accacacaccatgaagcgcg

（2）探针的包被

1）将探针用探针溶液溶解，浓度分别为每 100μl 探针液含探针 100pmol。

2）取 100μl 探针液溶液逐加于 96 孔微孔板中。

3）将微孔板放置 37℃下 15 分钟。

（3）探针的包被后微孔板的清洗和封闭

1）用 TBS 液洗板 3 次。

2）用封闭液封闭 15 分钟。

（4）微孔板反向分子杂交

1）PCR 产物的变性：①热变性：取 PCR 产物 25μl，95℃加热变性 5 分钟后立即放到冰水浴中 10 分钟，加入 75μl 杂交液混匀；②取 PCR 产物 25μl，加入 1% NaOH 25μl 室温下混匀 10 分钟，加入 50μl 杂交液混匀。两种 PCR 产物变性法可任选一种。

2）取 100μl 不同浓度的已变性的 PCR 产物分别加入已包被有探针的微孔板中在 55℃杂交 45 分钟。

3）用杂交洗液清洗微孔板 3 次，拍干。

4）每孔加 200μl 封闭液室温下封闭 15 分钟。

（5）酶显色反应及其检测

1）每孔加 100μl 辣根过氧化物酶标记的亲和素（用稀释液对其进行稀释，稀释度为 1∶800），37℃反应 30 分钟。

2）用 TBST 液 1 室温下清洗微孔板 5 次，拍干。

3）每孔加 100μl 新鲜配制的 OPD 底物液，37℃反应 20 分钟。

4）每孔加 30μl　1M H_2SO_4，终止呈色反应。

5）在酶标仪上读取吸光度。

A_{492} 处值为 0.102 或大于 0.102 判为阳性。

（李晓杰　王洪生　吴勤学）

第六节　分枝杆菌的分离与鉴别

一、引言

分枝杆菌的分离与鉴定是非常重要而又复杂的工作，要求在有熟练的技术人员和安全设备的实验室进行。在分离及鉴定时要注意菌的培养温度、培养天数。如果没有特殊的说明要使用生长旺盛的菌；所用试剂要求纯品，有的试验与菌量及悬液的均匀程度可能有关，要注意标准化，全部试验要求无菌操作。

本节重点描写传统方法（包括形态学、镜检、培养和生化鉴定标准），现代分子生物学技术的应用将在另节介绍。至于麻风杆菌因尚不能体外培养，其鉴别将另行讲述。由于分子生物学方法的问世，可能直接从临床标本中检出相关分枝杆菌并作出鉴定，这不但省去了培养时间，也大大缩短了鉴定时间，是值得提倡使用的，但对可培养分枝杆菌来讲，传统方法亦是不可忽视的，两者巧妙地互补可使鉴定更准确。因为有时基因型和生物表型并不绝对完全统一。再者在涂片阴性的标本基因扩增试验的敏感度不如培养法高，而且做药物敏感性试验需要用培养物来进行。至少现阶段是这样。

（一）显微镜检查

镜检虽然不是特异的方法，但却是一个不可缺少的基础步骤，它简单、快速，其敏感度低限为每毫升 10^4 个菌。通过抗酸或荧光染色法可至少观察到临床标本有否污染，决定是否培养标本需要去污染处理，对一个在 L-J 或 Middlebrook 培养基上生长的培养物可确定是否为抗酸菌生长，有经验的工作人员尚能提出初步的评估，为下一步鉴定试验奠定基础，为临床需要可直接用分子生物学方法鉴定。

（二）培养鉴别

常规培养（在 L-J 或 Middlebrook 培养基上）对一个世代时间长的菌（12～18 小时）来说是很缓慢的，一般地需 2～8 周，但很敏感，每临床标本中含 10～100 条活菌即可获阳性培养结果，但若用这种培养物做药物敏感试验，将把有效治疗推迟 2～3 周，为此曾用放射性测定的 BACTEC 系统或其他液体培养系统来测药物的敏感性（这些均把分离和测定的时间缩短许多）。

培养物的鉴定，可按图 9-6-2 路线进行。这能较准确地确立分离的菌株。但有时做些药物敏感试验也很重要。例如 M. avium-intracellulare 复合体（MAI）与结核杆菌混合感染时，由于对一线抗结核药抵抗，有必要加以区别，再如一个培养物对 Pyrazinamide 抵抗，它可能是 M. bovis。这提示鉴定要周全地考虑，必要时在常规模式的基础上还需补充些有鉴别的意义的试验。

（三）抗原和细胞壁结构的鉴别

分枝杆菌产生各种各样的抗原，但遗憾的是除用麻风特异抗原酚糖脂-1 所建方法以外至今尚未见其他更敏感和特异的方法。

在结核杆菌方面也多是建立检测疾病的方法，主要是因与 BCG 及其他分枝杆菌间存在交叉反应。

分枝杆菌产生的脂肪酸，分枝菌酸和脂曾一度用气相色层法（GLC）、薄层层析法（TLC）、高效液相层析（HPLC）分析获得某些成功，但要求特殊设备，60mg 以上的菌量，价格昂贵，并且仅能区别部分枝杆菌组间和组内的差异而限制了它们的应用，本书不作重点介绍。

（四）分子水平的鉴别

核酸探针是较早的工作，但大多数探针杂交的敏感度约为 10^6 个菌，这不适于从临床标本中直接鉴别。理想的分子检测方法应该是使用无放射性核素标记的探针，从而化学发光，酶底物反应与探针联合的方法应运而生。但还是不能满足实际需要，直至聚合酶链反应（PCR）问世才使相关鉴别的敏感性和特异性革命化。Hermans 等的研究表明在培养物方法的检测最低限是 10～20 条菌，在痰液中是 1000 条菌。近年 PCR 又得到了进一步地发展，如提高特异性的巢式 PCR，测定菌活力的 RT-PCR，一式多元化的方法（多重 PCR，反向杂交，基因芯片）与酶标，荧光标记等方法联用，五彩缤纷，纷至沓来。充分体现了敏感性高，特异性强，自动化程度高，用时短及一举多得的特点，显示了令人鼓舞的前景。

二、材料

（一）必备器材和设备

在临床实验中应具备下列器材和设备：

1. 生物安全柜。

2. 冰箱（4℃、-20℃、-80℃）。

3. 温箱（24℃、30℃或32℃、37℃、45℃）。

4. 离心机（常规、桌上、低温超速）。要求有密封盖。

5. 无菌的多用罗氏培养基及分枝杆菌培养、药敏、鉴定试验用有螺盖试管。

6．灭菌的巴斯德吸管（1ml、2ml、5ml、10ml）及各种微量移液枪及枪头。

7．结核菌素注射器及针头。

8．琼脂糖电泳设备。

9．PCR 仪。

10．透射紫外检测仪及相关照相系统。如有凝胶呈像仪更佳。

11．其他：暗室，液氮贮器，高压灭菌设备等。

（二）培养基及溶液

1．培养基：详见本章第三节，这里仅补充：

（1）琼脂（Difco）：15g 琼脂溶于 1000ml 肉汤，缓冲盐水或去离子水备用。

（2）尿素琼脂：溶 10g Bacto urea 琼脂（Difco）于 90ml 灭菌去离子水中，按 3ml 分装在 13mm×100mm 灭菌的有螺帽的试管中。4℃可保存一个月。

（3）N-培养基：NaCl 10g，$MgSO_4$·$7H_2O$ 0.2g，无水 KH_2PO_4 0.5g，Na_2HPO_4·$12H_2O$ 10g，$(NH_4)_2SO_4$ 10g，葡萄糖 10g 共溶于 800ml 蒸馏水中（可微加热），校 pH 到 6.8~7.0 后移容量瓶内加蒸馏水至 1000ml。按 3ml 分装后，在 115℃高压 10 分钟。

（4）甘油（Sigma）：10%（v/v）水溶液，高压灭菌）。

（5）磷酸盐缓冲液：pH7.4。

（6）玻璃珠（sigma）：2~3mm 直径（在稀酸内洗净）。

2．显微镜试剂

（1）金胺酚。

（2）灭菌蒸馏水。

（3）0.5%（v/v）酸酒精溶液。

（4）0.5%（w/v）过锰酸钾溶液。

（5）0.1%（w/v）叮啶橙溶液。

（6）二甲苯

（7）强石炭酸复红溶液（参考本章第四节）。

（8）亚甲蓝或孔雀绿溶液（参考本章第四节）。

3．选择性培养及生化鉴定用培养基和溶液（详见本章第四节），这里仅补充：

（1）嗜氧试验培养基：将 0.1g 纯琼脂混悬于 100ml Kirchner 培养基中，微波炉内使溶，置 50℃水浴，按 7ml 分装多用玻璃试管中，115℃高压 10 分钟，贮室温备用（如试验需要量大，可按比例扩大培养基量）。

（2）吡嗪酰胺酶试验试剂：吡嗪酰胺酶底物培养基：溶 6.5g Dubos broth Base 于 1000ml 蒸馏水中，加 0.1g 吡嗪酰胺（PZA），2g 丙酮酸钠，15g 琼脂。略加热使溶，按 5ml 分装有螺帽试管内（16mm×125mm）。121℃高压 15 分钟。直立放置冰箱贮存，为期 6 个月。

1%（w/v）硫酸铁铵溶液。

4．分子生物学方法鉴定用试剂　详见本章第五节。

应提及分枝杆菌有的为致病性的，有的为非致病性的，但因为从临床取得的标本无法分清是哪一种，工作人员必须均按有致病性的要求来操作（详见本章第一节）；其次（亦于本节开头述及），即使有了分子 DNA 的鉴定方法，也不可缺少常规的镜检，染色，培养特性，生物化学和形态学诸方面的鉴定试验至少在现阶段是这样。

分离鉴定的基本程序，按当代方法的要求，应该是：无菌操作获取临床标本，按分离与鉴定的需要，加以适当地处理和分配为直接镜检用、为直接分子 DNA 鉴定和为分离培养用 3 个部分。直接镜检虽然主要为临床实验鉴定旨在判定标本中所含是否为抗酸杆菌、基本形态，排列、有否污染等，但亦为 DNA 鉴定和分离培养提供是否对标本进行去污染等进一步处理的依据。

三、临床实验室分枝杆菌的鉴定

（一）直接涂片检查法

近年来，在不少国家或地区已将细菌检查作为发现分枝杆菌病（包括结核病）的主要方法。对于肺结核病来说，结合我国广大地区的现实情况，痰直接涂片镜检（direct smear），不但是寻觅病原体、确定肺结核诊断的直接途径，而且痰菌密度和传染性、疗效及预后也有密切关系。

1. 涂片的制备

（1）痰液：占直接涂片标本的90%以上。

用内径为3mm的接种环，选取已处理的待检标本（参考标本采集节）一环，约为0.01ml。

将标本均匀涂布于玻片上，涂膜为圆形（100mm²）。

涂好的片子在空气中平置15~30分钟，待其自然干燥，尔后通过火焰（3次）固定，或滴加1滴70%酒精溶固定。因加热固定不能杀死全部结核分枝杆菌，后者更佳。

（2）喉拭子：将喉拭子在5ml 10%磷酸三钠液内涮洗，以后步骤同痰处理。

（3）尿液：静置1~2小时，取下部液10~20ml离心，用沉淀物涂片。

（4）脑脊液：离心后涂片，或将标本静置24小时，取其表面凝结的薄膜涂片。

（5）胸、腹腔积液：用静置后的下部液体10~20ml，离心后涂片。

（6）胃液：静置1~2小时，取上清液10~20ml离心，用沉淀物涂片。

（7）脓液、伤口分泌物：用无菌水20ml稀释，用旋涡混合器充分混合，静置1~2小时，取上部液体10~15ml离心，用沉淀物涂片。

（8）粪便：用约10倍量的生理盐水稀释、振荡，静置1~2小时，取上清10~15ml离心沉淀物涂片。

（9）纯培养物：可用一滴兔血清混合后直接涂抹，而不再用蒸馏水或生理盐水稀释，待干后通过火焰或70%酒精固定即可。

（10）皮肤病损活检：将取得标本剪除皮下脂肪后剪碎，再在玻玻制匀浆器内研磨成糊，加适量（0.5~1ml）灭菌PBS，再研磨制成组织匀浆，取匀浆涂片。

用过的接种环在盛有沙子和70%酒精的广口瓶内涮洗后，再通过火焰灭菌，方可继续使用。

2. 抗酸染色 抗酸染色（acid-fast stain）的方法很多，而目前普遍采用者为姜-尼（Ziehl-Neelsen，Z-N）法，因其有加热步骤，所以属于热染法，金庸（Kinyoun）法，没有加热步骤，则属于冷染法。详见本章第四节。

图9-6-1 临床标本培养前后抗酸染色

A. 组织标本直接抗酸染色（培养前），B. 罗氏培养基体外培养，C. 培养物抗酸染色（培养后）

3. 镜检及记录报告　涂片的阅读以双目显微镜为佳，用油浸镜头放大1000倍即可。一般光学显微镜若超过1000倍，光源以自然光单目显微镜较好。镜下阅片要求至少看完100个油镜视野，约需5分钟，必须像犁田一样往返阅读，不能重复。若未发现抗酸菌，应再阅读100~200个视野，300个视野方能做出阴性报告。痰菌阴性和阳性之间存在着两个不同性质的差别，其对选择化疗方案、考核疗效、建立预防措施和调查菌阳患病率等均具有明显的不同意义，因此必须要多阅读一些视野，即300个视野。若300个视野内仅发现1~2个抗酸菌，则作为可疑（因涂片阳性的每毫升痰标本中最小菌数为5000~10 000条），即平均300个视野中有3~6个菌，现发现1~2个，当属可疑，应再采取标本复查。菌数1~99个时，可以100个视野为单位；多于99个时，则以一个视野为单位。但后者也要求阅读30~50个视野。如1~10个菌的视野占多数，可报告（+++）；10个菌以上者占多数则报告（++++）（表9-6-1）。每张涂片阅读完毕，必须用镜头纸蘸二甲苯将油镜擦净后，方可再读下一张。报告及记录名称只能写"抗酸杆菌（acid-fast bacilli，AFB）"，因仅凭镜下形态难以鉴定分枝杆菌的种别（species）。

表9-6-1 抗酸菌镜检读片及记录报告方法

报告方法	镜检结果
（－）	未发现抗酸杆菌/300个油镜视野
（±）	1~2个抗酸杆菌/300个油镜视野*
（+）	3~9个抗酸杆菌/100个油镜视野
（++）	1~9个抗酸杆菌/10个油镜视野
（+++）	1~10个抗酸杆菌/每个油镜视野**
（++++）	多于10个抗酸杆菌/每个油镜视野**

* 或报告所见菌数；

** 应读30~50个视野

4. 直接涂片方法的设计及质控问题

（1）直接涂片方法的设计：在直接涂片检菌方法中，假定分枝杆菌均匀分散于标本内，每一接种环挑取的标本含有相同数量的细菌，同时也均匀分散于涂片上，则镜检阳性的可能、涂片中的细菌数和标本内细菌的密度，有一正相关。用Z-N法镜检的涂片，痰标本中最少需要每毫升$5 \times 10^3 ~ 1 \times 10^4$个菌。

涂片阳性的概率，随标本中可培养的菌（culturable bacilli）密度的增加而增加。若发现菌数为0（在100个或更多视野），可培养的每毫升菌密度（个）少于1 000，阳性结果的概率（%）小于10；若发现菌数为1~2个（在300个视野），可培养的每毫升菌密度（个）为5000~10 000，阳性结果的概率（%）为50；若发现菌数为1~9个（在100个视野），可培养的每毫升菌密度（个）为约30 000，阳性结果的概率（%）为80；若发现菌数为1~9个（在每个视野），可培养的每毫升菌密度（个）为约100 000，阳性结果的概率（%）为96.2；若发现菌数为10个或更多（在每个视野），可培养的每毫升菌密度（个）为约500 000，阳性结果的概率（%）为99.95。

按照前述的涂片方法，用内径为3mm的接种环挑取标本一环，量约为0.01ml，均匀涂抹于玻片上，涂布面积为半径5.64mm的正圆形，则$(5.64mm)^2 \times 3.1416 = 100mm^2$；一个油镜视野的面积约为0.02mm^{2}的则全片为100÷0.02等于5000个油镜视野，阅检300个视野则占全涂抹面积的1/16.6，100个视野占1/50，30个视野占1/166。如此痰标本中菌量和涂片中菌数有一固定关系（表9-6-2）。

表 9-6-2 涂片中菌数和痰标本内菌量的关系

视野数/菌（个）	菌数/涂片（全片）	菌数/标本（ml）
100	50	5000
10	500	50 000
1	5 000	500 000

　　实践证明，细菌不是均匀分散于标本内，常常发现呈团或成群存在（尤其结核分枝杆菌）。因此，从一份痰标本制作的数个涂片检查，它们的细菌含量各异。虽然如此，用特别培养技术对大量标本的细菌数加以比较，尤其来自同一标本的各个样品的菌落数的差异，仅局限于一定范围，所以按上述规范镜检有实用意义。

　　（2）直接涂片的质控

　　1）室内质控：有明文的规范化的操作规程及专用的阅片记录本；应用清洁无划痕的玻片，每片只涂一份标本。玻片如重复使用，必须经洗涤液洗净和干烤高温处理后方可；染色中滴加石碳复红时应加盖一层滤纸，或者染液配好时过滤后使用；镜下视野清晰，抗酸菌与背景反差鲜明，不应有难以透光块状物（染料或标本）存在；阅片时精神集中，避免假阳性（over reading）或假阴性（under reading）出现，并按照设计要求不重复地阅读够视野数。

　　2）室间质控：按照原始阅片记录片抽取一定比例的涂片，进行复查；阴性片符合率应在 95%，阳性片符合率应在 98%，总符合率约 96%；（+）以上的阳性片不允许存在假阴性。

　　（二）直接厚涂片检查法

　　1. 制片　取标本 0.05～0.1ml，涂成 20mm×25mm 的椭圆形膜于玻片上。病灶组织（含皮肤损害）应磨成匀浆。尿液沉淀 3000r/min，离心 20～30 分钟。脑脊液取其放置 24 小时后凝结的膜或沉淀 3 000r/min，20～30 分钟后的沉渣。胸、腹腔积液或其他分泌物，均可直接涂抹。

　　2. 染色

　　（1）初染剂：碱性复红 0.8g、95% 酒精 10.0ml，均匀溶解，加入 50g/L 石炭酸 90.0ml。

　　（2）脱色剂：3% 盐酸酒精液。

　　（3）复染剂：亚甲蓝（又称美蓝）0.01g，95% 酒精液 5.0ml、100g/L KOH 0.01ml，加蒸馏水 100.0ml。

　　（4）染色步骤同 Z-N 法。

　　3. 镜检及结果报告　阅片至少 100 个油镜视野，时间不少于 3～4 分钟。其结果报告方法见表 9-6-1。

　　（三）集菌涂片检查法

　　通常直接涂片能够获得阳性结果的标本，至少每毫升含 5000～10 000 个抗酸菌。为了提高含菌量少的标本检出阳性率，就采用了浓缩集菌的方法。本法采用一种酸性、碱性物质、消化酶或高压加热，消化痰标本中的黏液、蛋白质，借以将细菌从其中释出。尔后离心沉淀或加入碳氢化物（如汽油或二甲苯）充分振荡，因其比重轻，将混悬的抗酸菌都吸附至液面，两者均能达到浓缩集菌的目的。这样就使含菌较少的标本，得到较多机会的阳性结果。

　　1. 沉淀集菌法　将标本本数毫升，加入倍量或数倍量（根据标本的黏稠度）的 40g/L 氢氧化钠，振荡数分钟，使标本充分消化，或 121℃ 20 分钟高压消化（亦有 100℃ 15 分钟），取 10ml 左右离心，3000 r/min 半小时（不得低于 3000r/min，否则抗酸菌不能沉淀下去），用其沉渣涂片、染色、镜检。

　　2. 漂浮集菌法　取标本数毫升于小三角烧瓶内，加入 3～4 倍量的 5g/L NaOH，充分混合消化（此步骤主要是液化标本）。也有加入氢氧化钠后 100℃ 15 分钟或 121℃ 20 分钟灭菌，并可减少实验室感染。加入数倍量 20g/L 的盐水，进行混匀稀释（此步骤是稀释），尔后再加吸附剂汽油 1～2ml（或二甲苯 0.3～0.4ml），持续振荡后静置半小时（此步骤是吸附），用吸管吸取泡沫层接近油层部分，滴在载玻片上，反复数次（玻片放在加温器上），待干，用乙醚1~2滴脱脂，通过火焰固定、染色、镜检。

3. 镜检及结果记录方法　同直接涂片法。

（四）荧光显微镜检查法

1. 荧光显微镜的主要优点

（1）扫描面积广：用低倍接物镜（即25×物镜）视野约为0.34mm²，而油镜视野仅为0.02mm²，用同样时间能阅读较Z-N染色法大15倍的面积，则发现抗酸菌的机会多，尤其对菌量少的涂片。

（2）功效高：节约了看片时间，每工作日可阅片200张以上，同时间仅能阅Z-N法染片30~40张。

（3）阳性率高：据研究用培养结果证实，1分钟较Z-N法4分钟所得的阳性多。有报道国外资料比Z-N法提高阳性率4%~34%，国内提高水5%~20%（有主张先用低倍镜扫描，待发现荧光菌后，再用高倍镜物镜40×，目镜10×观察形态）。

（4）菌体颜色与背景反差明显：黑色背景上找金黄色的抗酸比蓝色背景上找粉红色抗酸菌容易观察，可减轻眼睛疲劳。同时避免了油浸镜头抗酸菌可悬浮于镜油内，污染镜头和下一张片子。

2. 荧光显微镜检查的质量评估　本法的缺点是标本内可能有自然带荧光的物质，而和抗酸菌混淆。有用培养证实本法的假阳性率并不高。David等（1975年）用175个痰标本各做两个涂片，分别用Z-N和荧光染色，其结果约90%呈正相关。约10%不符率。

亦有研究两法与培养对比，共1383份标本，每份做两张涂片和一个培养，这样以为根据，评价各法的效率，同时观察荧光镜检有否假阳性。

两个方法的阳性结果都有97%为培养所证实。可见荧光镜检的特异性亦是不低的。

3. 涂片制备　同直接涂片法，用集菌的标本也可。最好用石英玻片，若为普通玻片以较薄无划痕者为宜。经酒精浸泡脱脂后，方可使用。

4. 荧光染色方法　通常用金胺O染色法及金胺-玫瑰红染色法。

详见本章第四节。

5. 注意事项：

（1）汞灯点燃10~15分钟后才能达到最亮。

（2）石炭酸金胺必须在20℃以下或冰箱保存，因温度和光对荧光有猝灭作用。

（3）有认为高锰酸钾复染可以消除非抗酸菌荧光物质，但视野太暗，以酸性复红为佳。

（4）国际防结核协会24届学术会议规定，涂片阳性标准为姜-尼法发现2~3个菌，荧光法则需9~10个菌。

（5）为了避免假阳性，荧光染色镜检及结果记录方法，规定如下（表9-6-3）。报告名称以分枝杆菌为宜。

表9-6-3　分枝杆菌荧光染色涂片镜检及结果记录报告

记录方法	镜检结果
（－）	低倍镜（10×10）全片扫描未发现细菌
（±）	高倍镜（10×40）100个视野发现1~2个菌＊
（＋）	3~30个菌/100个高倍视野
（＋＋）	31~300个菌/100个高倍视野
（＋＋＋）	3~30个菌/每个高倍视野＊＊
（＋＋＋＋）	30个菌以上/每个高倍视野＊＊

＊：可报告菌数；＊＊：必须检10~20个高倍视野

6. 质控　每次检查均应设置已知阳性（菌量在++以上）对照和阴性对照涂片，镜检时要首先阅检对照涂片，结果符合再阅读受检片。

对可疑者原片行抗酸染色复查，荧光阳性的分枝杆菌抗酸染色也应呈阳性。

医学临床实验室检查分枝杆菌是一件很复杂的技术性工作，难度亦较大，这主要是因为分枝杆菌性质独特、多样，如结核杆菌菌落坚硬、粗糙不易研碎，不易混悬均匀，而麻风杆菌就更独特，目前体外尚不能培养，从活体组织制得的菌总含有组织，特别是它的集簇性（菌粘在一起成团、球）更难分散，至今尚无满意方法，因而判断菌量的方法也不尽相同。一般地讲，结核杆菌的检查法基本适应于环境分枝杆菌，但不完全适用于麻风杆菌。其临床检验方法请参阅麻风细菌学章。另，在皮肤科，检查皮肤的分枝杆菌感染的方法也不完全同于痰结核分枝杆菌的检查方法及标准。例如，皮损取材的处理及判定由于菌量（麻风杆菌除外）一般很少，特别需要一种简捷的检查方法即直报整个涂抹菌的有（+）、无（-），或每野的菌数，以便计数每毫升悬液中的菌数。我们的经验计算公式为：

$$BT = 5\ 600\ 000 \times N = N \times 5.6 \times 10^6$$

式中 BT 为每毫升计数液中菌的总数，5 600 000 为一推算常数（推导法从略），N 为每视野平均菌数。计菌方法简介如下：先用低倍镜找到涂抹圆心，记下纵、横推进尺的刻度。然后换油浸镜数涂抹圆心视野的菌数，之后向右推移 2mm，再数视野菌数，之后继续向右推移 2mm，再数视野菌数，退回到膜圆心后，同理向左、上、下再各数两野，分别记下每野菌数。

如此操作后正好读 9 个视野（9 点），将 9 野菌数之和除以 9 则得到每野平均菌数 N。我们习惯谓之"9 点法"。如若数更多视野，可按上述原理各方向增加读野即可。此法很实用，既可读组织匀浆涂片，亦可读纯培养，临床检验和研究工作中都可应用。

四、分枝杆菌培养物的鉴定

在一个常规实验室中重要的是必须选择一组筛选试验，以便迅速地和准确地区分结核杆菌和牛型结核杆菌与其他分枝杆菌。在一个专门的结核病实验室，所有的分枝杆菌菌株分离后需要全面的鉴别和命名。在皮肤分枝杆菌感染检验特别是研究室均应遵循此原则。

每周检查一次培养，培养 8 周后，所有的培养不生长并浓缩涂片亦阴性，则判为"培养阴性"。如孵箱的空间允许，可再培养 4 周甚至更长的时间，因为出现浓缩涂片阳性，经过抗结核治疗的有些分枝杆菌需要很多周才生长。

近年来，分子水平的鉴定技术不断涌现，为了便于描写，我们暂把非分子水平的方法称为传统的方法，把分子水平的方法称为现代方法，分别加以介绍，并最后提出联合应用的建议。

由于传统方法沿用多年，随着临床问题的增多和研究的深入，各家形成基本相同而又各异的程序和方案结合我们多年的研究和应用的经验力求全面、系统和实用，在重点描述共同认识的基础上，把几家有代表性的工作，编入本章，供读者选用和在运用中加以改进。本节仅介绍传统的分枝杆菌鉴定方法，分子生物学法（现代方法）于本章第五节介绍。

1. 类别鉴定　最初的分离要肉眼观察有否其他菌污染并作一个涂片试验，进一步测试分离的杆菌是不是抗酸和抗酒精的杆菌以及视其有否其他菌污染，其后根据生长速度首先将分枝杆菌分为两大类（two major categories），其次将人型结核分枝杆菌与牛型者分开。再按培养特性、生长温度、生化试验一一加以鉴别。

（1）应用培养基

1）L-J 培养基：为初次分离培养及鉴别用。

2）PNB 培养基：为选择培养基。

3）改良 Sauton 培养基：为选择培养基。

4）TCH 培养基：为选择培养基。

（2）接种

1）病人标本：前处理后取 0.1ml 接种。

2）纯培养菌株：制成均匀悬液，按湿菌 10^{-2} mg 量接种。

3）每次试验均接种一支不含药（TCH、NAP 或 PNB）培养基，作为对照。

（3）生长温度：生长温度一般用 37℃，典型结核分枝杆菌和环境分枝杆菌（除海和溃疡分枝杆菌外）均能生长。海和溃疡分枝杆菌初次分离时，最适温度为 32℃。25℃ 时绝大多数环境分枝杆菌均能生长（表 9-6-4）。

表 9-6-4 各种分枝杆菌的生长温度

菌种	温度					
	25℃	32℃	37℃	40℃	45℃	52℃
人型结核分枝杆菌	–		+	–	–	–
牛型结核分枝相菌	–		+	–	–	–
非洲分枝杆菌	–		+	–	–	–
堪萨斯分枝杆菌	+		+	+	–	–
海分枝杆菌	+	+	±	–	–	–
猿分枝杆菌			+			
瘰疬分枝杆菌	+		+	±	–	–
苏加分枝杆菌	+		+	–	–	–
戈登分枝杆菌	+		+	∓	–	–
转黄分枝杆菌	+		+	+	–	–
鸟–胞内复合分枝杆菌	±		+	+	∓	–
蟾分枝杆菌	–		+	+	+	–
溃疡分枝杆菌	±	+	–	–	–	–
胃分枝杆菌	+		+	±	–	–
复合地分枝杆菌	+		+	+	–	–
次要分枝杆菌	+		+	∓	–	–
偶发分枝杆菌	+		+	+	–	–
龟分枝杆菌龟亚型	+		+	V	–	–
龟分枝杆菌脓肿亚型	+		+	+	–	–
耻垢分枝杆菌	+		+	+	–	–
草分枝杆菌	+		+	+	+	+
牡牛分枝杆	+		+	+	–	–

注：初次分离时最适温度为 32℃；V：不定，即同一菌株有时生长有时不长；空白：无参考数据

据这些结果可把分枝杆菌区分为慢生菌和速生菌，再将人型与牛型结核杆菌借助于鉴别培养法分开（表 9-6-5）。

（4）孵育时间：病人标本孵育时间需 5～8 周，纯培养菌株 4 周即可。

TCH 与异烟肼（INH）有交叉耐药，故耐 INH 的牛型结核分枝杆菌可不受其抑制，必要时参考硝酸盐还原试验、烟酸试验等加以决定。在鉴别结核菌群与环境分枝杆菌时国内多用 PNB 培养基，但堪萨斯分枝杆菌、蟾分枝杆菌及部分海分枝杆菌在该培养基上可不生长。HA（Hydroxyl-amine）培养基

上蟾分枝杆菌及部分 M. shimoidei 也可不生长。于是，在此方面 NAP 为最佳的选择性培养基。PZB 有助结核菌群内的区分（表9-6-6）。

表9-6-5 分类培养结果

TCH	NAP	L-J	类 别
+	−	+	人型结核分枝杆菌（MTB）
−	−	+	牛型结核分枝杆菌（M. bovis）
+	+	+	环境分枝杆菌（EM）

+：生长；−：不生长

表9-6-6 MTB 群内鉴别

TCH	PZA	菌名
+	−	MTB
−	+	M. bovis
−	+	BCG

+：生长；−：不生长

2. 群（group）别鉴定 根据 L-J 培养上生长速度、是否产生色素（pigment production）及其与光反应性（photoreactivity）的关系，进行分群。

照光试验（photoreactivity test）将培养生长的纯菌株制成 1mg/ml 的悬液，传种两支 L-J 培养基（选择培养基不能作为本试验用，因抑菌剂可阻止色素的形成），每支 0.1ml。一支用铝箔或黑纸严密包闭，使光线不能进入，另一支不包，同时置最适生长温度（一般指 37℃及 32℃）孵育。每日观察生长情况一次，待后者有肉眼可见菌落时，打开前者包裹，对照观察菌落有无黄橙–砖红色的色素产生，如前者有，即为暗产色菌（scotochromogens）属于 Runyon II 群。本群通常在光线下也能产生色素，故又名兼性产色菌。如前者无色素产生，则用 60W 钨丝灯泡照射 4~6 小时，距离 30cm。照射前应将培养基胶塞打开一次或穿入消毒的注射针头，增加试管内 O₂ 容量。再置最适生长温度下孵育 48~72 小时后，观察有色素产生者，则为照光产色菌（photochromogens）属于 Runyon I 群。光照与否，均无色素产生者，为不产色菌（nonphotochromogens）属于 Runyon III 群。如将遮光培养未产生色素的菌株放入置有 30W 灯泡的孵箱内，2~3 天后观察，则更为便可靠。

据研究产色菌所产生的色素为胡萝卜素（β-carotene）结晶，呈鲜黄暗红色，奶酪样微黄色为多数分枝杆菌所固有，不能因之列入产色菌。此种色素的形成，必须有充分的氧气供应，所以在试验时最好将注射针头刺入培养基胶盖中，增加管内的气体交换。如用有螺盖试管培养，螺盖不宜拧紧，略松动即可。

由标本分离的分枝杆菌，如产生明显色素，应列入环境分枝杆菌，行进一步鉴定。

在 L-J 培养基上 1 周内（多数 3~5 天）有肉眼可见的菌落者，不论产生色素与否，均为速生菌（rapid growers），属于 Runyon IV 群。1 周以后为慢生菌（slow growers），Runyon I、II、III 群均属之。5 周以后者视为生长不良（dysgonic）。

3. 种（species）别鉴定 在培养特性、生长速度及色素产生等情况的基础上，加试各种生化反应，以进行种别鉴定。

上述这种鉴定顺序是经典的方法，但在实际工作中并不一定很实用，因为菌的特性并不像人们主观想象那样绝对独特，各类群种的特性多有交叉，或略微地改变，所以最有用的一些筛选试验系统是能用少的试验并能最快和精确地找出结核杆菌和其他分枝杆菌达种的水平才是实际所需要的。当然作为菌学研究系统完整的工作还是必要的。本书推荐两个方案，供读者参考。

（1）第一推荐方案：推荐的试验是：①抗酸和抗酒精染色；②在 L-J 培养基上菌落的形态学及生长速率；③在营养琼脂培养基上的生长情况；④色素生成；⑤烟酸形成；⑥触酶或过氧化酶活力；⑦在 PNB（对硝基苯甲酸）培养基上的生长；⑧在不同温度的生长；⑨对异烟肼和氨硫脲的敏感度；⑩硝酸盐还原；⑪芳（香）基硫酸脂酶试验。

现将医学实验室常见的临床株种鉴别的特性逐一列下（为描写清晰、简洁，将试验阳性记做"+"，将试验阴性记做"−"）：

1）结核杆菌群

A.　结核杆菌（M. tuberculosis）：

a.　抗酸抗酒精染色：+。

b.　菌落形态学：粗糙、浅黄色，似面团粒，菌落表面皱的。

c.　在营养琼脂上生长：不生长，像很多分枝杆菌一样，人型结核杆菌要求含有卵或血清的基础培养基。

d.　色素产生：即使曝光，不出现色素生成。

e.　烟酸：+。

f.　触酶：对异烟肼敏感时为阳性，对异烟肼有耐药作用时测为阴性。

g.　在 PNB 培养基上生长：−。

h.　温度：在25℃或45℃不生长，最适宜的生长温度为35～37℃。

i.　对异烟肼和氨硫脲的敏感度：对异烟肼和氨硫脲一般敏感，有一些菌株耐异烟肼。

j.　硝酸盐还原：+。

k.　芳（香）基硫酸脂酶，3天和14天：−。

B.　牛型结核杆菌（M. bovis）：

a.　抗酸抗酒精染色：+。

b.　菌落形态学：发育不良，白色平滑菌落，加入丙酮钠到培养基内能刺激牛型结核杆菌生长。

c.　在营养琼脂上生长：−。

d.　色素产生：即使暴光时无色素生成。

e.　烟酸：一般是阴性。

f.　触酶：−，或弱阳性。过氧化物酶：若杆菌对异烟肼敏感为弱阳性。

g.　在 PNB 培养基上生长：−。

h.　温度：在25℃或45℃不生长，在37℃出现生长。

i.　对异烟肼和氨硫脲的敏感度：一般对两者皆敏感，但也出现有耐异烟肼的菌株。

j.　硝酸盐还原：−。

k.　芳香基硫酸脂酶：3天阴性，14天时可能是+。

C.　非州分枝杆菌：

a.　抗酸抗酒精染色：+

b.　菌落形态学：发育较好，白色集落，介于人型结核杆菌和牛型结核杆菌之间。

c.　在营养琼脂上生长：−。

d.　色素产生：即使在曝光时，也无色素生成。

e.　烟酸：+。

f.　触酶：弱阳性。

g.　在 PNB 培养基上生长：−。

h. 温度：在25℃或45℃不生长，在37℃出现生长。

i. 对异烟肼和氨硫脲敏感度：通常对两者皆敏感，但也有耐异烟肼菌株出现。

j. 硝酸盐还原：-。

k. 芳香基硫酸脂酶：3天-，14天时可能是+。

由于流行病学方面的原因，人型结核杆菌和牛型结核杆菌之间加以鉴别，是重要的，但证实有时是困难的。培养物着色涂片显微镜检查并无助于鉴别这些杆菌。在L-J培养基上的培养物牛型结核杆菌是生长得很差的，人型结核杆菌有很好的生长。在培养基中增加丙酮酸钠能够刺激牛型结核杆菌的生长。当人型结核杆菌接种在含有丙酮酸钠的培养基上则生长无变化。人型结核杆菌产生烟酸阳性反应而牛型结核杆菌一般是阴性反应。现在许多工作者觉得烟酸试验不是一个有用的试验，原因是可变数太多。但它的确与其他的筛选试验一起可得鉴别的指针。

对动物的毒性用于鉴别牛型结核杆菌或人型结核杆菌是老式方法中的一种。豚鼠对两种杆菌皆敏感，条件是对异烟肼它们皆敏感始可。但在对异烟肼敏感的各种不同株的人型结核杆菌中间曾表明有差异。从南印度分离的菌株与从欧洲分离的菌株在豚鼠中前者是低毒性。

但兔仅对牛型结核杆菌株敏感，这种动物能够用以区别牛型和人型菌株。用稀释的液体培养物静脉接种动物，6周后尸检。牛型菌株产生播散性感染及肾的损害，但人型菌株产生轻微的疾病，不感染肾。

在含有噻吩-2-羧酸酰肼（TCH）培养基上生长可以帮助鉴别两种结核菌，但此试验仅能使对异烟肼敏感的牛型结核杆菌与人型结核杆菌和对异烟肼有耐药的牛型结核杆菌分开，因此，此试验在使用上受到限制。

2）环境分枝杆菌：在分离和鉴别环境分枝杆菌中，最大的问题之一，就是要确立从病人分离的杆菌是否有临床意义。一般标准是在被认为是有意义之前，最好就从病人的口痰或其他标本至少有两次，能分离到环境分枝杆菌。

A. 堪萨斯分枝杆菌

a. 抗酸抗酒精染色：较强的阳性。

b. 菌落形态学：平滑型，奶油样白色菌落，与人型结核杆菌同时曝光，它们之间无区别。

c. 在营养琼脂上生长：不生长。

d. 色素形成：当曝光仅生长成黄色色素。

e. 烟酸：-。

f. 触酶：即使此杆菌耐异烟肼仍有很强的触酶活力。过氧化酶：-。

g. 在PNB上生长：生长良好。

h. 温度：虽然在25℃要经过3~4周，但生长得很好，在37℃要2周生长好，在45℃不出现生长。

i. 对异烟肼和氨硫脲的敏感度：耐异烟肼，但一般对氨硫脲敏感。

j. 硝酸盐还原：+。

k. 芳（香）基硫酸脂酶：在3天时阴性，而14天时表明有变化。

大多数堪萨斯杆菌菌株不在含有丙酮酸钠的培养基上生长。

B. 海分枝杆菌

a. 抗酸抗酒精染色：+。

b. 菌落形态学：软的，灰白色菌落，带有弱的黄色纹理。

c. 在营养琼脂上生长：不生长。

d. 色素形成：在室温曝光下产生强烈的橘黄色素，最后转变成红色。

e. 烟酸：-

f. 触酶：弱触酶反应。过氧化物酶：-。

g. 在PNB培养基上生长：+。

h. 温度：在25℃生长缓慢，最适宜温度31～32℃。

i. 对异烟肼和氨硫脲的敏感度：耐异烟肼和氨硫脲。

j. 硝酸盐还原：-。

k. 芳（香）基硫酸脂酶：3天-，14天+。

C. 猿分枝杆菌

a. 抗酸抗酒精染色：+。

b. 菌落形态学：小的劣生菌落，与胞内分枝杆菌相像。

c. 营养琼脂上生长：不生长。

d. 色素形成：曝光时很慢的产生黄色色素。

e. 烟酸：+。

f. 触酶：+。过氧化物酶：-。

g. 在PNB培养基上生长：-。

h. 温度：在25℃和37℃生长，45℃不生长。

i. 对异烟肼和氨硫酸尿的敏感度：耐异烟肼，而通常对氨硫脲敏感。

j. 硝酸盐还原：-。

k. 芳（香）基硫酸脂酶：在3天-，14天后+。

D. 瘰病分枝杆菌

a. 抗酸抗酒精染色：+。

b. 菌落形态学：生长良好，小的圆形菌落。

c. 在营养琼脂上生长：-。

d. 色素形成：在有光或黑暗下生长时，产生橘黄色色素。

e. 烟酸：-。

f. 触酶：-。过氧化物酶：-。

g. 在PNB培养基上生长：+。

h. 温度：在25℃和37℃生长，在45℃不生长。

i. 对异烟肼和氨硫脲的敏感度：耐异烟肼和一般耐氨硫脲。

j. 硝酸盐还原：-。

k. 芳（香）基硫酸脂酶：3天-，44天后+。

E. 戈登分枝杆菌

a. 抗酸抗酒精染色：+。

b. 菌落形态学：小，光滑菌落。

c. 在营养琼脂上生长：-。

d. 色素形成：在黑暗处生长，产生橘黄色色素。

e. 烟酸：-。

f. 触酶：+。过氧化物酶：-。

g. 在PNB培养基上生长：+。

h. 温度：在25℃和37℃生长，在45℃不生长。

i. 对异烟肼和氨硫脲的敏感度：耐异烟肼和氨硫脲。

j. 硝酸盐还原：-。

k. 芳（香）基硫酸脂酶：在3天-，14天后+。

F. 鸟结核分枝杆菌与胞内分枝杆菌

a. 抗酸抗酒精染色：+。

b. 菌落形态学：光滑、劣生，不透明菌落。

　　c. 在营养琼脂上生长：-。

　　d. 色素形成：一般无色素。

　　e. 烟酸：-。

　　f. 触酶：+。过氧化物酶：-。

　　g. 在 PNB 培养基上生长：+。

　　h. 温度在 25℃、37℃、45℃生长，在 25℃生长很慢。

　　i. 对异烟肼和氨硫脲的敏感度：均高度耐药。

　　j. 硝酸盐还原：-。

　　k. 芳（香）基硫酸脂酶：在 3 天-，在 14 天胞内分枝杆菌+。在 14 天鸟结核分枝杆菌-。

　　G. 蟾分枝杆菌

　　a. 抗酸酒精：+。

　　b. 菌落形态学：小的，光滑菌落。

　　c. 营养琼脂上生长：-。

　　d. 色素形成：有时产轻微的色素，延长培养时间，常常出现黄色色素。

　　e 烟酸：-。

　　f. 触酶：+，但仅出现弱反应。

　　g. 在 PNB 培养基上生长：+。

　　h. 温度：在 25℃不生长，在 37℃和 45℃生长，最适宜生长度是 42℃。

　　i. 对异烟肼和氨硫脲的敏感度：对异烟肼相对敏感，而高度的耐氨硫脲。

　　j. 硝酸盐还原：-。

　　k. 芳（香）基硫酸脂酶：3 天和 14 天+。

　　H. 溃疡分枝杆菌

　　a. 抗酸抗酒精染色：+。

　　b. 菌落形态学：小的，圆的，光滑菌落。

　　c. 营养琼脂上生长：不生长。

　　d. 色素形成：产生暗淡奶油样的黄色菌落，轻微的色素沉着。

　　e. 烟酸：-。

　　f. 触酶：+。过氧化物酶：-。

　　g. 在 PNB 培养基上生长：-。

　　h. 温度：最适宜的生长温度是 30℃。

　　i. 对异烟肼和氨硫脲的敏感度：两种皆耐。

　　j. 硝酸盐还原：-。

　　k. 芳（香）基硫酸脂酶，3 天和 14 天芳（香）基硫酸脂酶：-。

　　I. 偶遇分枝杆菌

　　a. 抗酸抗酒精染色：+。

　　b. 菌落形态学：粗糙，大菌落。

　　c. 营养琼脂上生长：+，3 天长出。

　　d. 色素形成：无色素出现。

　　e. 烟酸：-。

　　f. 触酶：+。过氧化物酶：-。

　　g. 在 PNB 上生长：+。

　　h. 温度在 25℃和 37℃生长，在 45℃不生长。

　　i. 对异烟肼和氨硫脲敏感度——高度的耐异烟肼和氨硫脲。

j. 硝酸盐还原：+。

k. 芳（香）基硫酸脂酶：3 天和 14 天+。

J. 龟分枝杆菌

a. 抗酸抗酒精染色：+。

b. 菌落形态学：龟分枝杆菌亚种产生粗糙菌落，脓肿亚种的龟分枝杆菌产生平滑菌落。

c. 营养琼脂上生长：+，最初分离后第 3 天生长。

d. 色素形成：无色素。

e. 烟酸：-。

f. 触酶：+。过氧化物酶：-。

g. 在 PNB 上生长：+。

h. 温度：在 25℃和 37℃生长，在 45℃不生长。

i. 对异烟肼和氨硫脲的敏感度：高度的耐异烟肼和氨硫脲。

j. 硝酸盐还原：-。

k. 芳（香）基硫酸脂酶：3 天和 14 天+。

3）若上述结果仍不能满足需要，补充些实验往往是有帮助的。例如：吡嗪酰胺酶试验（M. bovis 和 BCG 对之抵抗），噻吩羧酸酰肼试验（M. bovis 和 BCG 对之敏感，MTB 对之抵抗）。若补嗜氧试验则对区分 MTB complex 则更有益。为此，特补此 2 种试验于下：

A. 嗜氧试验（Oxygen Preference）

a. 培养基：搅拌或微波溶 0.1%（w/v）琼脂于 Kirchner 培养基（参考本节培养基配制部分）中，置 50℃水浴，按 7ml 分装玻璃试管（18mm×180mm），115℃高压 10 分钟，室温贮放。

b. 试验步骤：①加 0.5ml Middlebrook OADC 增丰剂（或马血清）和 0.2ml 菌悬液至 7ml 试验培养基中，微摇动使混合，注意不要产生气泡；②设嗜氧对照（M. tuberculosis）和微嗜氧对照（M. bovis）。

c. 结果：需氧的生长产生在（或接近于）培养基表面，微嗜氧的生长产生在培养基表面之下 1～3cm 处，并呈带状。有时有向上扩展的生长物。

本试验与其他试验（如对 Pyrazinamidase 抵抗和 TCH 生长试验）联合起来对区别 MTB complex 特别有用。

B. 吡嗪酰胺酶试验（Pyrazinamidase test，PZA test）

a. 培养基：PZA 基础培养基：将 6.5g Dubos Broth Base（Difco）加入 1000ml 蒸馏水中，加 PZA 0.1g，丙酮酸钠 2.0g，琼脂 15g，温和加热至溶。按 5ml 装有螺盖试管（16mm×125mm）。121℃高压 15 分钟，直立凝固。冰箱可存放 6 个月。

b. 试验步骤：①大量接种欲鉴定培养物于 2 管含 PZA 底物的培养基中。1 只接种管为孵育后 4 天观察用，另 1 只为在 7 天观察用。设 M. tuberculosis 为阳性对照和设 M. bovis 为阴性对照；②孵育 4 天后取 1 管，加 1ml 新制备的 1%（w/v）硫酸铁铵，置室温 30 分钟，其后观察培养基有否粉红色产生；③将所有不产色管置冰箱 4 小时，再观察有否阳性反应；④如果仍为阴性，在培养 7 天后按上述方法检验另一管视其有否粉红色产生。记录最终结果。

C. 结果：培养基产生粉红色为阳性，不产色为阴性。试验对初步鉴别 MTB complex 有意义。MTB 为阳性，M. bovis 和 BCG 为阴性。

表 9-6-7 列出了一个常规诊断试验室里较常见的分枝杆菌的一些不同的选择试验结果。

表9-6-7 分枝杆菌鉴别的主要特征

菌种名 \ 试验名称	44~45℃生长	35~37℃生长	30~31℃生长	24~25℃生长	色素	菌落形态	TCH敏感	烟酸试验	硝酸盐还原	热触酶试验(68℃)	半定量触酶试验(>45mm)	Tween水解	5%NaCl耐受试验	嗜氧试验	硫酸芳香酯酶试验	尿酶试验	吡嗪酰胺酶
M. tuberculosis	–	S	–	–	N	r	+	+	+	–	–	–	–	A	–	+	–
M. tuberculosis（RI）	–	S	–	–	N	r		+	+								
M. bovis	–	S	–	–	N	rt	V	–	–					Mi		+	+
M. africanum	–	S	–	–	N	r		up								+	up
M. marinum	–	up	M	M	P	V	–	up				+		–	up	+	+
M. kansasii	–	S	S	S	P	V	–	+	+		up	up			–	+	
M. simiae	–	S	S	S	P	s		+	+		+					+	+
M. asiaticum	–	S	S	S	P			+			+	+					
M. scrofulaceum	–	S	S	S	Sc	s		–	+		+				V	+	up
M. szulgai	–	S	S	S	Sc/P	s or r		+	+		+	up			V	+	V
M. gordonae	–	S	–	S	Sc	s		–	+		+	+			V	–	ua
M. flavescens	–	M	M	M	Sc			+	+		+	+			–		+
M. thermoresistibile	R	R	R	R	Sc	s		–	V		+	+	+	–			
M. xenopi	S	S	–	–	Sc	sf		–	+		+	–			+		V
M. avium	V	S	–	S	N	st/r		–	up								+
M. intracellulare	V	S	–	S	N	st/r		–	up								+
M. genavense	–	S	–	–	N	st/r		–	ua	+					–	+	+
M. gastri	–	S	S	S	N	s/sr/r		–	–		–	+	V		–	+	
M. malmoense	–	S	S	S	N	s		–	up		+	+				V	+
M. haemopHilum	–	–	S	S	N	r											+
M. shimoidei	–	S	–	–	N	r					V						+
M. terrae	–	S	S	S	N	ir		–	+		+	+			–		V
M. triviale	–	M	S	S	N	r		–	+		+	+			ua		V
M. nonchromogenicum	–	S	S	S	N	ir		–	–		+	V			–		
M. fortuitum	–	R	R	R	N	sf/rf		–	+		+	V	+	+	+	+	+
M. chelonae	–	R	R	R	N	s/r		–	V	–	V	V	V		–	+	+
M. phlei	R	R	R	R	Sc	r		–	+		+	+	+	–		–	
M. smegmatis	R	R	R	R	N	r/s		–	+		+	+	+	+		–	
M. vaccae	–	R	R	R	Sc	s		–	V	+	+	+		+	V	–	

+=存在，–=没有，V=变动，ua=通常没有，up=通常存在，S=慢，M=中度，R=快，r=粗糙，S=光滑，ir=中等粗糙，t=薄、透明，f=纤细、伸长，N=对光不产色，P=对光产色，Sc=暗处产色，A=嗜氧，Mi=微嗜氧，空白=无数据，RI=异烟肼耐药

（2）第二推荐方案：近年来国际上虽然有许多研究菌型鉴别的方案，但方法不统一，繁简程度也不一。最近我们参照 Kubica 方案和我们实验室的经验提倡检查下列 14 项：

1）抗酸染色阳性。

2）不同生长温度（32℃和37℃）。

3）生长速度。

4）烟酸试验。

5）硝酸盐还原试验。

6）触酶半定量试验。

7）68℃20 分钟耐热触酶试验。

8）暗处产色性。

9）对光产色性。

10）吐温-80 水解试验。

11）亚锑酸盐还原试验。

12）食盐耐性试验。

13）硫酸芳香酯酶试验。

14）胆盐琼脂培养基上生长试验。

参对表 9-6-7 结果一般可满足临床检验应用。如不敷应用可酌补有关实验（含基因鉴定）。

五、现代分枝杆菌的鉴定方法

传统的方法只能当从临床标本分离得到纯培养物时才能进行鉴定。而现代的方法即分子生物学方法只要能基因扩增为阳性结果，即可直接从临床标本中直接鉴定，而且方法更适于培养物的鉴定。其方法请参阅本章第五节相关部分。

现将传统与现代方法鉴定分枝杆菌作简要归纳并形成流程图（图 9-6-2）供参考。

本流程亦适用于鉴定麻风杆菌。但其目前体外尚未培养成功，一旦获阳性培养物也必须加以排证，至于直接检测鉴定亦可按此流程右部方案考虑。

应提及由于研究的不断深入，新技术的不断创建以及新的分枝杆菌的不断发现，本书不可能全部包罗。方法、方案必然随着科学的发展和实际需要不断地精化、精选逐步合理。

有关方面中国防结核协会基础专

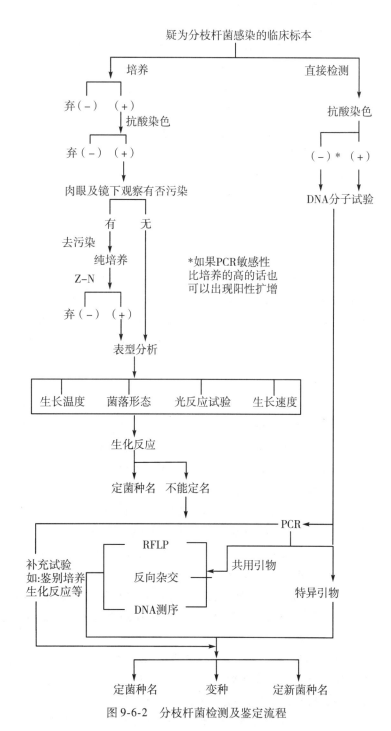

图 9-6-2 分枝杆菌检测及鉴定流程

业委员会 2006 年出版的《结核病诊断实验室检验规程》一书亦值得参阅。

（吴勤学　李新宇　王洪生）

附：麻风杆菌（ML）的鉴定方法

麻风杆菌现在尚未体外培养成功，其鉴定标准暂定于下。

一、ML 增殖的标准

1. 接种物　不管是取自人还是动物的接种物，其中必须含能定量的菌，取自人的接种物应来自未经治疗的病人。标本都要新鲜、要严格地安无菌操作进行。

2. 要有肯定的增殖　在显微镜下增殖倍数应该在 100 倍以上。

3. 获得菌应是活菌　这点极为重要。在培养时应监测菌的活力。

4. 结果能在其他实验室重复。

5. 分离率要在 50% 以上，且从少菌型病例取得的菌也能增殖。

6. 如果发现非抗酸菌存在，则在体内或体外条件下应能转变为抗酸相。

二、常用的麻风杆菌的鉴定方法

1. 小鼠足垫接种试验　其具体方法除菌悬液由培养物制备外均同常规小鼠足垫接种法（参考上篇第三章）。

2. 麻风菌素试验　用培养物制成完整 ML 抗原，在麻风病人做皮肤试验并与标准麻风菌素的结果做比较（参考上篇第三章）。

3. DOPA 氧化酶活性测定试验　本法是 Prabhakaran1976 首次提出的。他发现在 ML 中有一种双酚氧化酶（o-diphenoloxidase）的特异的结构酶。在哺乳动物及植物细胞中亦含有 o-diphenoloxidase，但主要氧化 L-DOPA（3.4-二羟苯丙氨酸，3.4-dihydroxydiphenylalanine）成为 DOPA 色素，其最高吸收峰在 475nm 处，而对 D-DOPA 或 DOPA 的衍生物诸如肾上腺素和去甲肾上腺素活性则极低。ML 的 DOPA 氧化酶与之不同。该酶能使 D- 和 L-DOPA 转变为吲哚-5,6-醌，其最大吸收峰在 540nm 处。所以能与 DOPA 色素相区别。此外，ML 的 DOPA 氧化酶还能氧化各种酚类底物成醌。这些结果虽然尚未被公认，但至今未见有力的反驳证据。

其测定方法有光电比色法、放射性核素示踪法和斑点法。这里只介绍光电比色法和斑点法。

（1）光电比色法：将含蛋白量为 1.5~2.0mg 的 ML 悬液与 L-DOPA 溶液（用 pH6.8 的 0.1mol/L 磷酸缓冲液配制，W/V，加菌悬液后，总体积为 3ml，DOPA 的终浓度为 0.002mol/L）在 37℃ 孵育 30 分钟，其后，将反应混合物在 15 000×G 离心 45 分钟，取上清在 540nm 处测吲哚-5,6-醌的吸收峰。为排除自身氧化作用和酶性反应，试验要设 ML 悬液的 DOPA 溶液对照和含与试验管同量的 100℃ 煮沸 15 分钟的死 ML 悬液的 DOPA 溶液对照。

（2）斑点法：取 1 滴 ML 悬液（含菌量为 1×10^9）加至一白色瓷板上，再加一滴 0.5mol/L KH_2PO_4-Na_2HPO_4 缓冲液（pH6.8）和 0.01mol/L L-DOPA 溶液。置湿盒内于室温下放置 16~24 小时后观察是否有深紫色产生。更简便的方法是将滤纸事先浸在含 DOPA 的缓冲液中，于空气中干燥后置干燥器内保存，用时取出滴上一滴菌悬液观察有无反应。

4. 吡啶提取抗酸性试验　系统而完整的简化方法是 Convit1972 年提出的。基本原理是 ML 经与新鲜吡啶作用（提取）2 小时后，再用 Z-N 法染色不显示抗酸染色的特性，但仍不失革兰染色特性。其简单的做法是：

（1）制做涂片和切片：将受试菌株在 Hanks 平衡盐水中制成悬液（10^6~10^7/ml）。在载片用金刚石笔刻一圆圈后将载片翻转，于对应的圆圈内滴一滴菌悬液，用吸管尖均匀涂膜，使膜大小与圆圈等大。如试切片，则取病损组织做冷冻切片。

（2）吡啶处理及染色：本试验由 Campo-Aasen 和 Convit 建立。其方法是：将标本（液体石蜡切片、冷冻切片或涂片）在 Bouin 液中固定 5~16 小时；浸于 70% 乙醇液中 5 分钟；浸于 50% 乙醇液中 5 分钟；用自来水冲洗 2 分钟；浸于新鲜的分析纯 pyridine 液中 2 小时；用自来水冲洗 2 分钟；于福尔马林液中固定 1 小时，最后用 Z-N 法染色，镜下观察有无抗酸性。本试验需设同样的不经 pyridine 提取的对照。

5. 麻风杆菌特异抗原的检测试验

（1）荧光麻风抗体吸收试验（FLA-ABS）：由 Abe1976 年创建（方法复杂，不予介绍）。

（2）单克隆抗体鉴定法：由我国吴勤学等建立。

1）抗原制备和包被：先将被检培养物高压 [6.8kg（15 磅）20 分钟] 再经超声波处理 60 秒后用离心法制得含均匀单菌的悬液，在 420nm 处调悬液的光密度（OD）值为 0.50~0.60，作为抗原包被液，然后按 0.1ml/孔包被于微量滴盘，于 37℃ 保温至干。

2）第一次反应：加 0.2ml2.5% 去脂牛奶液于包被抗原的各孔。37℃，2 小时，倾去封闭液用磷酸盐缓冲盐水（PBS）冲洗 3 次，加 0.1ml 抗 PGL-1 单克隆抗体液（1∶2000）于每孔，37℃，1 小时。

3）第二次的反应：倾去单克隆抗体液，用 PBS 冲洗 3 次，加 HRP-IgM（兔抗鼠）液 0.1ml 于每孔（1∶2000），37℃，1 小时，倾去 HRP-IgM 液后用 PBS 冲洗 3 次，加 OPD-H_2O_2 液，37℃20 分钟后取出再加 2.5N H_2SO_4 液中止反应，于 490nm 处计算 OD 值。

上述两试验均应设空白、阴性及阳性对照。

6. 聚合酶链反应（PCR）　由我国吴勤学和李涛参照 Woods 法改良的。

（1）试剂：溴酚蓝；溴化乙锭（ethyidium bromide）；琼脂糖 DNA 分子量标准：174RF DNA/HaeⅢ Fragments；引物：LP1：GCACGTAAGCCTGTCGGTGG，LP2：CGGCCGGATCCTCGATGCAC，该引物的扩增产物为 272bp。

（2）主要仪器：台式高速离心机；PCT-51B 型 PCR 仪；H6-微型水平式槽；L 型紫外反射分析仪；SCR-2 型稳压稳流电泳仪。

（3）模板 DNA 的制备方法：

1）从 ML 感染小鼠足垫制取菌悬液：用三刀法收获足垫 ML，制成 ML 悬液于室温下自然沉淀 30 分钟，吸取上清液于 0.5ml 无菌 Eppendorf 管中，短时离心，吸取上清于另 1 只 0.5ml 无菌 Eppendorf 管中，吸出 40μl 上清液用冻融法进行处理。

2）从麻风病人病损制取 ML 悬液：将组织剪碎，用研磨器研成匀浆，制 ML 悬液以后步骤同鼠足垫。

3）破壁释放 DNA：将上述 40μl 上清液用冻融法进行处理：液氮中 1 分钟，沸水浴中 1 分钟，反复 5 次，最后一次煮沸 10 钟，放 -20℃ 备用。

（4）实验方法：

1）将 10μl 经冻融处理制成的模板加入 40μl 反应混合物中，其中含有 22μl 无菌双蒸水，10μl 5× 反应缓冲液，5μl dNTP 和引物 LP1、LP2 各 1μl，充分混匀后 95℃ 变性 7 分钟；加 1μl（1U/μl）FD DNA 聚合酶混匀；加 2 滴液体石蜡，短时离心使分层良好；放入 PCR 仪中进行扩增，程序为 92℃ 60 秒，58℃ 120 秒，72℃ 120 秒；如此 30 个循环，最后一次 72℃ 10 分钟；

2）在 1% 的琼脂糖凝胶（溴化乙锭终浓度为 0.5μg/ml）上电泳扩增产物（10μl 孔），40mA 稳流电泳 30~60 分钟后，在紫外反射分析仪上观察结果，拍照（海鸥 DF-2 相机，加近摄镜，黄色滤光片，乐凯黑白胶卷）光圈 5.6，曝光时间 2~4 分钟。如用凝胶成像仪检测结果更佳。

（5）结果：阳性对照阳性（272bp），阴性对照阴性，被检菌如为 ML 亦为阳性，如为其他菌则为阴性。

（吴勤学　李新宇　魏万惠）

参 考 文 献

1. 李晓杰, 吴勤学. 皮肤分枝杆菌感染实验室诊断方法的研究现状. 国外医学皮肤性病学分册, 2002, 28 (5): 300-303.

2. 李晓杰, 吴勤学, 刘训荃, 等. 鸟分枝杆菌聚合酶链反应检测的研究. 中华皮肤科杂志, 2003, 36 (12): 679-681.

3. 王洪生, 李晓杰, 吴勤学, 等. 四种分枝杆菌快速检测方法的研究. 中华皮肤科杂志, 2005, 38 (5): 285-287.

4. 李晓杰, 王洪生, 吴勤学, 等. PCR-RFLP 检测皮肤分枝杆菌. 中华皮肤科杂志, 2005, 38 (9): 533-535.

5. 王洪生, 李晓杰, 吴勤学, 等. 皮肤分枝杆菌感染微孔板反向杂交检测法的研究. 中华皮肤科杂志, 2007, 40 (6): 350-352.

6. Notomi T, Okayama H, Masubuchi H, et al. Loop-mediated isothermal amplification of DNA. Nucleic Acids Res, 2000, 28 (12): E63.

7. Iwamoto T, Sonobe T, Hayashi K. Loop-mediated isothermal amplification for direct detectionof Mycobacterium tuberculosis coplex, M. avium, and M. intracellulare in sputum samples. J Clin Microbiol, 2003, 41 (6): 2616-2622.

8. 冯雨苗, 王洪生, 林麟. 皮肤结核的实验室检查. 国际皮肤性病学杂志, 2009, 35 (6): 393-395.

9. Wu QX, Ye GY, Zhou LL, et al. Determination of antibodies in dried blood from earlobes of leprosy patients by ELISA-A preliminary report. Int J Lepr, 1985, 53 (4): 565-570.

10. Wu QX, Ye GY, Li XY, et al. A preliminary study on serological activity of a phenolic glycolipid from M leprae in sera from patients with leprosy, tuberculosis and normal controls. Lepr Rev, 1986, 57: 129-139.

11. Wu QX, Ye GY, Li XY, et al. Serological activity of natural disaccharide octyl bovine serum albumin (ND-O-BSA) in sera from patients with leprosy, tuberculosis and normal controls. Int J Lepr, 1988, 56 (1): 50-55.

12. Wu QX, Li XY, Su HW, et al. Evaluation of Fla-ABS/ELISA with PGL-I and their use in immuno-epidemiological studies on leprosy. Proc. CAMS and PUMC, 1989, 4 (2): 106-164.

13. Wu QX, Ye GY, Ying YP, et al. Rapid serodiagnosis for leprosy-a preliminary study on latex agglutination test. Int J Lepr, 1990, 58 (2): 328-333.

14. Wu QX, Kong QY, Li XY, et al. Integration of traditional and modern methods in the identification of AFB cultures isolated from clinical sprcimens of patients with skin dideases. Chin Med Sci J, 1994, 9 (1): 220-224.

15. Wu QX, Li XY. A study on PCR for detecting infection with M. leprae. Chin Med J, 1999, 14 (4): 237-241.

16. Wu QX, Li XY, Wei WH. A study on the methods for early serodiagnosis of leprosy and their potential use. Int J Lepr, 1999, 67 (3): 302-305.

17. Wu QX, et al. A study on possibility of predicting early relapse in leprosy using a ND-O-BSA based ELISA. Int J Lepr, 2002, 70 (1): 1-8.

18. Li XJ, Wu QX, Zeng XS. Nontuberculous mycobacterial cutaneous infection confirmed by biodhemical tests, polymerase chain reaction-restriction fragment length polymorphism analysis and sequencing of hsp65 gene. Br J Dermatol, 2003 sep, 149 (3): 642-646.

19. Douglas JT, Wu QX. Evaluation of inexpensive lbocking agents for ELISA in the detection of anti-body in leprosy. Lepr Rev, 1988, 59 (1): 37-43.

20. 藤原刚, 和泉真藏, 吴勤学. Does the diference of the protirties of Trisaccharide-BSA conjugate (NT = P = BSA) of M. leprae phenolic glycolipid influence on it seroreactivity. Japanese J Lepr, 1991, 60 (3): 132-138.

21. 两种糖脂抗原在结核病血清诊断中的应用. 中国医学科学院学报, 1994, 16 (5): 374-377.

22. 侯伟, 吴勤学, 张蒲芝, 等. 抗结核杆菌硫脂抗原 SLIV 血清抗体的测定. 中华结核和呼吸杂志, 1993, 16 (4): 225-227.

23. 侯伟, 吴勤学. Tb-NT-P-BSA 抗原在结核病血清诊断中的初步评价. 中国人兽共患病杂志, 1999, 15 (1): 43-44.

24. 吴勤学, 李新宇. 套式结核菌基因扩增试验的建立. 中华结核和呼吸杂志, 1994, 17 (5): 294-296.

25. 李晓杰, 吴勤学. 皮肤分枝杆菌感染实验室研究现状. 国外医学皮肤性病学分册, 2002, 300-302.

26. 李晓杰, 吴勤学. 鸟型分枝杆菌聚合酶链反应快速检测方法的研究. 中华皮肤科杂志, 2003, 36: 679-681.

27. 侯伟. 吴勤学, 等. 免疫斑点试验改良法检测麻风杆菌特异性抗原. 中华皮肤科杂志, 1993, 26 (3): 159-162.

28. 曹元华. 吴勤学, 等. M-Dot-ELISA 检测麻风家内接触者血清中麻风杆菌特异性抗原. 中华皮肤科杂志, 1996, 27

（5）：288-290.

29. 曹元华，吴勤学，等. 麻风患者治疗前后血清特异性抗原和抗体的变化. 中华皮肤科杂志，1996，27（5）：288-290.

30. Cho S-N, Hunter SW, Gelber RH, et al. Quantitation of the phenolic glycolipid of mycobacterium leprae and relevance to glycolipid antigenemia in leprosy. J Infect Dis, 1986, 153：560.

31. Larsen MH, Biermann K, Jacobs WR Jr. Laboratory maintenance of Mycobacterium tuberculosis. Curr Protoc Microbiol, 2007 Aug, Chapter 10：Unit 10A. 1.

32. Grare M, Dailloux M, Simon L, et al. Efficacy of dry mist of hydrogen peroxide（DMHP）against Mycobacterium tuberculosis and use of DMHP for routine decontamination of biosafety level 3 laboratories. J Clin Microbiol, 2008, 46（9）：2955-2958.

33. Japanese Society for Tuberculosis, the Japanese Society of Clinical Microbiology, and the Japanese Society of Clinical Technologists. Biosafety manual concerning tests on tuberculosis bacilli. Kekkaku, 2005, 80（6 Suppl）：499-520.

第十章　分枝杆菌药物敏感试验

分枝杆菌除引起肺部感染外，尚可侵犯机体任何器官和组织系统，尤其是大多分枝杆菌能引起皮肤损害，像梅毒一样是一个最大的"模仿者"，疾病难诊、难治。尽管体外药物敏感试验的结果与体内效果不一定完全一致，但在药物敏感试验参照（指导）下实施个体化治疗仍至关重要。迄今，临床实践表明分枝杆菌药物敏感试验是分枝杆菌皮肤感染治疗的重要组成部分。鉴于此，本节将介绍有关方法。

第一节　结核杆菌药物敏感试验

在抗结核药物用于结核病治疗伊始，人们在看到抗结核药物使得结核病得到了有效控制的同时，亦发现结核杆菌对使用的每种抗结核药物均存在耐药。耐药菌株可来自实验室培养，亦可来自用相关药物治疗的实验动物和患者，有些是天然耐药。耐药菌株的存在往往导致治疗的失败，预先估计结核杆菌对抗结核药物的敏感或耐药对治疗的成功与失败就显得特别重要。

耐药有初始耐药，获得性耐药以及转移耐药（transitional resistance）。

初始耐药是指从未接受过抗结核药物治疗的患者的菌株出现耐药。获得性耐药是指耐药菌株出现在治疗过程中。转移耐药是指在成功的化疗过程中，偶尔出现的一种或多种药物耐药。和获得性耐药相比，转移耐药的耐药菌株没有显著的数量上的增长，不需要变更治疗。

结核杆菌药物敏感试验在结核病的药物治疗中主要有 3 种作用：①对初治患者治疗的指导作用；②在患者治疗失败时，证明耐药菌的存在；③用来估计社区初始耐药与获得性耐药的相关性。

结核杆菌药物敏感试验首先可分为直接法和间接法。直接法是将标本液化处理后直接接种至含药培养基上。该法要求标本中的菌含量达到：在镜检时，每油镜视野至少有一个以上的结核杆菌。皮肤结核病的标本中几乎没有达到此要求的，因此直接法不适用于皮肤结核病标本，在这里不予详细介绍。间接法是将标本分离培养的培养物接种至含药培养基上。主要可分为 3 类：①绝对浓度法；②耐药比率法；③比例法。若标本菌量达到要求，这 3 种方法都适用于直接法。

绝对浓度法是在结核杆菌最低抑菌浓度（MIC）的测定基础上发展而来的，是将一定浓度的菌悬液接种至含药培养基上和空白对照培养基上。每种药物的 breakpoint 值（或临界浓度）是由测定一群野生结核杆菌菌株的 MIC 值的总体结果来确定的。比较含药培养基上和空白对照培养基上结核杆菌的生长差别来判断结果。含药培养基上的结核杆菌菌落数低于 20 个判为阴性（无生长），即为敏感。

耐药比率法是将一定浓度的菌悬液接种至含药培养基上和空白对照培养基上，同时将相同浓度的标准菌株（$H_{37}Rv$）菌悬液接种至含药培养基上和空白对照培养基上。耐药比率为测试株最低抑菌浓度除以标准菌株的最低抑菌浓度。此法工作量大，适用于研究工作，本书不作详细介绍。

每株野生结核杆菌中都存在一些耐抗结核药物的突变体。耐药菌株中耐药菌量在总菌量中所占的比例比敏感菌株高得多。比例法就是用来测定这种比例差别的。比例法是将两个成 1：100 比例的适宜菌浓度的菌悬液接种至含药培养基上和空白对照培养基上。含药培养基上的菌落数除以空白对照培养基上的菌落数即得耐药比例。小于某个比例为敏感，大于这个比例为耐药。

从 20 世纪 50 年代开始到今天的 21 世纪，结核杆菌药物敏感试验已经走过了近 60 年的发展历史。经过半个多世纪的努力，已经形成了两个较为成熟的结核杆菌药物敏感试验测试体系：传统的结核杆菌药物敏感试验和快速结核杆菌药物敏感试验。两个体系都在临床中被广泛使用。

传统的结核杆菌药物敏感试验包括以鸡卵为基础的培养基药物敏感试验和以琼脂为基础的培养基药物敏感试验。它们均以目测含药培养基上和空白对照培养基上结核杆菌生长数量的差别来判定结核杆菌药物敏感试验的结果。WHO 成员国的结核杆菌药物敏感试验多使用以鸡卵为基础的培养基。1969 年 WHO 公布了世界上第一次对结核杆菌各种药物敏感试验（直接法和间接法的绝对浓度法，耐药比率法，比例法等）的标准化及评价的文件。经过 1973 年，1974 年，1985 年几次会议，确定了简化了的结核杆菌药物敏感试验的过程。1998 年又公布了结核杆菌二线药物敏感试验的指南。我国的结核杆菌药物敏感试验也是以鸡卵为基础的培养基药物敏感试验，1996 年由中国防痨协会基础专业委员会编审在《中国防痨杂志》上颁布了《结核病诊断细菌学检验规程》，其中对结核杆菌药物敏感试验进行了规定，使用的是间接法的绝对浓度法。美国临床及实验室标准委员会（前身为 NCCLS）在 2003 年颁布了以琼脂为基础的培养基的分枝杆菌药物敏感试验标准（M24-A）。因为培养基价格太高，这里不作详细介绍。

快速结核杆菌药物敏感试验是在结核杆菌快速培养基础上建立起来的，其培养基是以肉汤为基础，使用的方法都是比例法。按检测方法的不同可分为放射性快速结核杆菌药物敏感试验系统和非放射性快速结核杆菌药物敏感试验系统。放射性快速结核杆菌药物敏感试验系统只有 BACTEC460 仪。非放射性快速结核杆菌药物敏感试验系统按检测方法的不同又可分为荧光检测系统，如 BACTEC960 仪。和化学显色系统，如 Bac/ALERT 3D 仪。目前我国临床中主要使用这 3 种仪器。这些方法的标准都是由各商用生产厂家制订的。方法价格昂贵，鉴于有快速获得结果的优点，本书以表格的形式加以简介。

一、传统的结核杆菌药物敏感试验

（一）绝对浓度法与耐药比率法

传统的结核杆菌药物敏感试验从使用的培养基的制作一直到结果的判读均在实验室手工完成。整个过程包括以下几个环节：含药培养基的制作，菌种的接种，孵育，结果判读。

绝对浓度法、耐药比率法、比例法最初均是在 Löwenstein-Jensen 培养基上建立起来的。表 10-1-1 以列表的形式，从含药培养基的制作，菌种的接种，孵育，结果判读等几方面将我国的《结核病诊断细菌学检验规程》中结核杆菌药物敏感试验的规定作一介绍。

绝对浓度法只有在接种菌量充分标准化，并用足够的野生参考株对使用的临界药物浓度（最低抑菌浓度）进行了标准化的前提下才能获得满意的结果。实验室在将此法用于日常的临床检测时，应进行方法的标准化及质量控制研究。定期的质量控制主要用来监测接种及培养基的变化。质量控制一般使用标准菌株 $H_{37}Rv$ 或敏感的从未接触过药物的野生结核杆菌菌株。

接种菌量标准化的假说依据是：结核杆菌培养物中耐药菌和敏感菌的组成不是均一的，耐药菌和敏感菌的的比例呈钟形的正态分布，即在某些菌浓度下菌株的总体表现是耐药，而在其他浓度耐药菌和敏感菌的比例在较小或较大时才会表现出耐药。因此结核杆菌药物敏感试验的结果在很大程度上依赖于接种菌量的大小。当菌株的菌群中在最低抑菌浓度时有 1% 的耐药菌出现，临床就会有显著的耐药症状。因此接种菌量应选择能呈现 1% 耐药菌的量。例如培养基上生长 50～100 个菌，接种菌悬液应含有 5000～10 000 个菌。如果接种用接种环（85～100 环=1ml），1ml 菌悬液应含有 $5.0 \times 10^5 \sim 1.0 \times 10^6$ 个菌。如果用毛细管滴管接种 0.1ml，菌悬液不应超过每毫升 $5.0 \times 10^4 \sim 1.0 \times 10^5$ 个菌。在制备培养基，接种，孵育，结果判读这几个环节中，接种菌量的标准化是至关重要的，也最不易做好。接种菌量既不能多亦不能少。如用接种环接种，接种环的丝径与环径都应标准化（环内径为 3mm）。

在《规程》中培养基含有马铃薯粉，但临床实际使用中不使用马铃薯粉。马铃薯粉对某些药物有吸附作用，会影响测试结果。不用马铃薯粉还可使培养基配制过程变得简便易操作。

（二）比例法

比例法最早是由法国巴斯德研究院建立起来的。现在已在各种结核杆菌药物敏感试验体系中及各国的临床实验室中广泛应用，如：Löwenstein-Jensen 培养基上结核杆菌药物敏感试验，Agar 培养基上结核杆菌药物敏感试验，及快速结核杆菌药物敏感试验系统。在1998年WHO的结核杆菌二线药物敏感试验的指南中也只使用了比例法。

比例法的优点是接种菌量的标准化不是至关重要的，因为接种菌量可从测试中的菌落数来得知。药物临界浓度依然需要标准化，方法同绝对浓度法。

表10-1-2中将以鸡卵为基础的培养基药物敏感试验从含药培养基的制作，菌种的接种，孵育，结果判读等。

我国《规程》中结核杆菌药物敏感试验的培养基基质成分的氮源用谷氨酸钠替代了L-天门冬酰胺，而其他成分和Löwenstein-Jensen培养基相同。

（三）抗结核药物药液的制备与储存

自有治疗药物生产史以来，药物的生产工艺及质量一直都处在变化发展当中，工艺不断改进，质量不断提高。各国的药物生产水平亦有差别。由于地理环境的不同，人种的不同，结核杆菌的抗药性亦可能会有差别。以上这些因素以及培养基基质因素共同作用可导致结核杆菌药物敏感试验使用药物的临界药物浓度在各国的各个实验室中不同。

当前药液配制除 TB_1、RFP、Th_{1314}、DMF 用 0.1mol/L NaOH 水溶液，Th_{1321} 用 DMSO 外，其余均用蒸馏水配制成1%（现多配成1mg/ml）储备液，用时均用蒸馏水稀释成工作液用于药敏试验。如开展新药试验时，若不溶于水，可预试找出适宜溶剂后配制之。

图10-1-1　比例法结核杆菌药物敏感试验

A. 含药培养基，B. 未含药培养基

药液可以无菌制备或制后再进行无菌处理。无菌处理可用膜或玻璃砂芯过滤，不可用蔡氏法过滤。WHO 建议药液每月配制一次，4℃储存。NCCLS 建议：药粉应置于真空干燥器内–20℃储存；储备药液无菌处理后用无菌聚丙烯管分装–70℃保存可保存12个月。

二、快速结核杆菌药敏试验

目前，我国临床实验室使用的分枝杆菌快速培养仪有美国 BD 公司生产的 BACTEC460，BACTEC MGIT960，法国梅里埃公司生产的 BacT/ALERT 3D。下面主要介绍 BACTEC460，BACTEC MGIT960，BacT/ALERT 3D 这3个系统的结核杆菌快速药敏试验。

BACTEC460 是放射性快速培养系统，20世纪80年代开始进入我国。BACTEC MGIT960，BacT/ALERT 3D 为非放射性快速培养系统，在世纪之交进入我国。BACTEC460 仪由于使用放射性元素^{14}C，需进行废弃放射性物质的处理，以及^{14}C 对人体具有一定的伤害性，正逐步被 BACTEC MGIT960 或 BacT/ALERT 3D 所取代。快速结核杆菌药敏试验使用的培养基及药敏试剂都是由各商用生产厂家生产供应，专机专用。临床实验室的任务主要是正确操作和规范使用。

表10-1-3 主要从检测原理，测试方法，仪器性能等方面介绍这3种快速结核杆菌药敏试验。

快速培养仪的性能是由其检测方法的检测原理所限定的。BACTEC460，BACTEC MGIT960，BacT/ALERT 3D 仪的检测方法的检测限是依次升高，灵敏度依次降低的。BACTEC460 使用的^{14}C 标记的棕榈酸是分枝杆菌较特异的碳源。其他细菌不代谢棕榈酸。BACTEC MGIT960 未使用棕榈酸，而是添加营养添加剂，其包含有：油酸（为分枝杆菌利用），葡萄糖（提供能量来源），牛血清白蛋白（结合干扰分枝杆菌生长的游离脂肪酸），触酶（破坏过氧化物的毒性）。这些成分的增加促进了分枝杆菌的生长，亦使其他细菌容易生长，因此 BACTEC MGIT960 的污染率比 BACTEC460 高许多，在进行结核杆菌药敏试验时，应仔细注意观察培养管内是否有污染。BACTEC MGIT960 只能进行结核杆菌药敏试验。BACTEC460 的生长指数与分枝杆菌的生长速度和生长量直接成比例，除可进行结核杆菌药敏试验外，还可进行其他分枝杆菌的药敏试验。

进行结核杆菌药敏试验时，无论使用传统的结核杆菌药敏试验体系还是快速结核杆菌药敏试验体系，为保证结果的准确性，必须使用纯的结核杆菌。传统的结核杆菌药敏试验使用的培养基可直接观察到是否有混合菌存在。液体培养基无法区分，可转种至固体培养基上观察，从检测信号中亦可得提示。传统的结核杆菌药敏试验结果一般需 21～28 天，BACTEC460 需 3～6 天，BACTEC MGIT960 需 4～14天。

在报告结核杆菌药敏试验结果时，应注明方法、药物浓度及结果。发送给临床医生的报告应用敏感或耐药表示结果，观察判读结果应记录在实验室原始记录内存档。结核杆菌药敏试验是体外试验，药敏试验的测试药物浓度和血清中药物的峰浓度可能没有直接的联系。

表 10-1-1　结核杆菌药物敏感试验（绝对浓度法）

培养基成分及配制	接种菌量标准化及接种量	孵育	培养基内药物浓度（μg/ml）		结果判读	质量控制
用 L-J 培养基，其配制方法见本章第三节。每100ml 培养基加1ml 抗结核杆菌稀释药液混匀后，以每管7ml 分装	生长 2 周内的分离培养物用 0.5% 吐温-80 无菌生理盐水磨菌配制成湿重1mg/ml 菌悬液［用麦氏标准比浊管（Mac Farlad No.1）比浊测定］。将此菌悬液稀释至2～10mg/ml，以无菌吸管准确吸取0.1ml 分别接种至含药培养基和空白对照培养基的斜面上。各管菌液接种量为 3～10mg，约1000 个活菌单位	37℃ 4周	INH 1 10 SM 10 100 EMB 5 50 RFP 50 250 PAS 1 10 TB1 10 100 TH1314 25 100 KM 10 100 CPM 10 100 VM 10 100 LOFX 5*		接种量为 10^{-3} mg 要求空白对照培养基的斜面上的生长的菌落数必须在 200 以上且无融合，若菌落数低于 50～100 时，需重做菌落生长情况报告方式： （-）：培养基斜面无分枝杆菌生长 （1+）：菌落数约占斜面面积 1/4 （2+）：菌落数约占斜面面积 1/2 （3+）：菌落数约占斜面面积 3/4 （4+）：菌落呈菌苔样生长 当含药培养基上生长的菌落数在 20 个以下时，报告菌落的个数	每批试验用结核杆菌参考株H37Rv 检测含药培养基的质量，接种菌量为 10^{-5} mg

TB1 测试株：0, 0.5, 1, 2, 4, 8　　　敏感：在2μg/ml 培养基上无生长

H37Rv：0.12, 0.25　　　耐药：大于等于2μg/ml 培养基上生长

PZA 测试株：100　　　敏感：在100μg/ml 培养基上菌落数少于 10

H37Rv：0, 25, 50, 100　　　耐药：在100μg/ml 培养基上菌落数大于 10

INH：异烟肼，SM：链霉素，PAS：对氨基水杨酸，EMB：乙胺丁醇，RFP：利福平，TB1：氨硫脲，TH1314：乙硫异烟胺，KM：卡那霉素，CPM：卷曲霉素，VM：紫霉素，PZA：吡嗪酰胺，LOOFX×左氧氟沙星量。

培养基的储存：配制好的培养基储存于4℃用前不可超过 2 月，TB$_1$ 不可超过 1 月。

　　* 笔者的实验室的数据

表 10-1-2 结核杆菌药物敏感试验（比例法）

培养基	接种及接种菌量标准化	孵育温度	培养基内药物浓度（μg/ml）		临界耐药比例（%）	结果判读	质量控制
培养基同表10-1-1，药物工作液与培养基以1:10的比例稀释，每管5ml。凝固温度及时间：85℃ 50分钟。培养基的储存：配制好的培养基储存使用前不可超过 2 个月，TBI 不可超过 1 个月	用刮铲取5~10mg有代表性的初代培养物置于装有 30 颗直径3mm 玻璃珠的烧瓶内，振荡 20~30 秒，边振荡边加入无菌蒸馏水 5ml，加蒸馏水比浊调至 1mg/ml 结核杆菌。用接种环接种：（环内径 3mm 丝径 0.7mm 珀金丝）取 2 环 1mg/ml 菌悬液放入 2ml 蒸馏水中即得 2~10mg/ml，取 2 环 10^{-2} mg/ml，放入 2ml 蒸馏水中即得 4~10mg/ml。每管接种量为 1 环（0.01ml）。用吸管接种：取 0.5ml 1mg/ml 菌悬液加入 4.5ml 蒸馏水中得到 1~10mg/ml，这样逐次稀释，取 3~10mg/ml 和 5~10mg/ml 两个浓度，每管接种 0.1ml	稍倾斜，用棉毛塞置37℃ 24~48小时，水分蒸干后换橡皮塞继续37℃孵育	INH	0.2	1	只需读取已生长的低接种浓度培养基上的菌落数。可以是相同浓度的含药培养基和空白对照培养基，或低接种浓度空白对照培养基和高接种浓度含药培养基。4 周读一次结果，报告耐药结果，敏感的继续孵育至 42 天判读结果。不管是28 天还是 42天的，记录最高的空白对照培养基和含药培养基上的菌落数，按左侧表内的比例判读结果。结果报告与解释见表下注释	用 6~8 天以Dubos 液体培养基培养的H37Rv 标准菌株制成 1，10^{-1}，10^{-2}，10^{-3} mg/ml 的菌悬液接种至空白对照培养基和含药培养基上，10^{-5} 和10^{-6} mg/ml 接种至空白对照培养基上，37℃ 孵育，28天及 42 天读取结果，或若高稀释度菌液（10^{-4} mg/ml）在对照培养基上生长的菌落数少于 20 个菌落，则应从对照管传代培养，重复试验。每批试验以结核杆菌参考菌株（H37Rv 敏感株）10^{-3} mg 检测含药培养基的质量
			RFP	40	1		
			SM	4	10		
			PAS	0.5	1		
			EMB	2	10		
			TB1	2	10		
			TH1314	20	10		
			KM	20	10		
			CS	30	10		
			VM	30	10		
			CPM	20	10		
			PZA	100	10		
			EMB	2	1		
			OFX＊	2	1		
			TH1314＊	40	1		

注：1. INH：异烟肼，RFP：利福平，SM：双氢链霉素，PAS：对氨基水杨酸，EMB：乙胺丁醇，PZA：吡嗪酰胺，TB1：氨硫脲，TH1314：乙硫异烟胺，KM：卡那霉素，CPM：卷曲霉素，VM：紫霉素，CS：环丝氨酸，LOFX：氧氟沙星。

2：读取菌落数。每星期一次，至 3 周。如果空白对照培养基上的菌落数≥50，耐药结果可在 3 星期前报告。敏感结果需至 3 周方可报告。

生长菌落数的记录>500 菌落（融合生长）为 4+，200~500 菌落（几乎融合生长）为 3+，100~200 菌落为 2+，50~100 菌落为1+，<50 菌落记录实际菌落数，如果空白对照培养基上的菌落数<50，药敏试验需重做。

结果的计算：耐药比例 = $\dfrac{\text{含药培养基上的菌落数}}{\text{空白对照培养基上的菌落数}}$ ×100%，如果含药培养基与空白对照培养基不是同一个接种浓度，含药培养基接种的为高浓度菌悬液，空白对照培养基接种的为低浓度菌悬液，则空白对照培养基上的菌落数需×100。耐药百分比>1% 判为耐药

表 10-1-3　目前我国临床实验室主要使用的 3 种快速培养仪的结核杆菌药敏试验

仪器型号	检测原理	测试方法	仪器性能	培养基成分	培养基内药物浓度（μg/ml）	
					低浓度	高浓度
BACTEC MGIT960	MGIT 分枝杆菌生长指示管包含7ml改良米氏 7H9 肉汤培养基和底部嵌合的含 110μl 荧光指示剂的富含氧的 16×100mm 的圆形硅胶。未加入分枝杆菌前，由于大量氧的存在，荧光指示剂的荧光受到抑制，加入分枝杆菌后，氧逐渐被消耗掉，荧光逐渐增强。荧光强度可指示细菌耗氧的情况。通过检测荧光强度来监测细菌的生长状况	将药敏试剂盒内的药剂配制成工作液后，每支生长指示管内加 0.1ml 药液，0.8ml 营养添加剂，当 MGIT 分离培养物阳性 1～2 天时直接接种，接种菌量 0.5ml，MGIT 分离培养物阳性 3～5 天时用无菌生理盐水 1:5 稀释后接种 0.5ml，对照管是将此菌液稀释 100 倍后接种 0.5ml，置放在所需的药敏测试架上放入 MGIT960 仪内。对照管生长指数如 1～4 天超过 400，或 13 天时达不到 400 需重做。如阳性培养物超过 5 天应重新转种	全自动仪器，每小时自动监测一次，自动判断结果，给出敏感，耐药，出错结果。药敏试剂盒内提供的药物浓度及种类可根据需要进行多种组合 结核杆菌药敏试剂盒已通过美国 FDA 审查 该仪器仅能进行分枝杆菌培养	基质成分：每升纯净水中含改良米氏 7H9 肉汤基质 5.9g，酪蛋白 1.25g；营养添加剂：每升纯净水中含牛血清白蛋白 50.0g，过氧化氢酶0.03g，葡萄糖20.0g，油酸 0.6g	STR 1.0 INH 0.1 RIF 1.0 EMB 5.0 PZA 100	4.0 0.4
BACTEC 460	BACTEC12B 瓶每瓶包含有含 4μCi 的 ^{14}C 标记的棕榈酸的 4ml 米氏 7H9 肉汤培养基。分枝杆菌代谢标记的棕榈酸产生标记的 CO_2，以生长指数的形式定量测定产生释放的 $^{14}CO_2$，并自动用未标记的 5%～10% CO_2 代替充满瓶帽头。$^{14}CO_2$ 产生释放的量和分枝杆菌生长的速度以及生长量直接成比例	先将 BACTEC12B 瓶放入 BACTEC460 仪内，在瓶帽头中建立一个 5% CO_2 气相环境，初始生长指数不能超过 20，并进行质控株的测试。将生长指数大于 500，最好是 800～900 的 BACTEC460 分离培养物 0.1ml 接种于加药的 BACTEC12B 瓶（加 0.1ml 药液）中，然后将此分离培养物稀释 100 倍接种 0.1ml 于 12B 瓶中为对照管。对照管生长指数最少在 4 天后大于 30 时可判读结果，记录这以后的生长指数的变化	半自动仪器，每隔 24 小时需人工操作进行测试判读 敏感：对照管 ΔGI>含药管 ΔGI 耐药：对照管 ΔGI<含药管 ΔGI 如 3 天之内对照管 GI<30，在对照管 GI>30 时，含药管 GI 为 500，并且以后仍大于 500，无论 ΔGI 为多少都为耐药。当遇到 ΔGI 无法判定时，继续培养几天可得结果，但对照管阳性后不能超过 3 天。如果 ΔGI<10% 应重做 药敏试剂盒已通过美国 FDA 审查 该仪器仅能进行分枝杆菌培养	米氏 7H9 肉汤基质 不含维生素的酪蛋白胨	STR 2.0 INH 0.1 RIF 2.0 EMB 2.5 PZA 100	6.0 0.4 7.5

续　表

仪器型号	检测原理	测试方法	仪器性能	培养基成分	培养基内药物浓度（μg/ml）
MB/BactAL ERT3D	培养瓶内有微生物生长时会释放出 CO_2。CO_2 渗透到感应器，经水饱和后产生 H^+，使感应器的颜色由墨绿色变为淡绿色或金黄色，用比色法测定	测试方法可参照Bact960 系统	全自动仪器，药敏试剂盒尚未通过美国 FDA 审查。在我国亦未推出该仪器的结核杆菌药敏试验 该仪器除分枝杆菌培养外，还可同时进行血培养	培养基基质为米氏 7H9 肉汤	

（杨毅勤　王洪生）

第二节　环境分枝杆菌的药物敏感试验

一、慢生菌的药敏试验

本部分介绍几种慢生长的非结核分枝杆菌（Mycobacterium avium complex，Mycobacterium kansasii，and Mycobacterium marinum）的药敏试验方法，之所以选这几种菌是因为其体外药敏试验的资料较其他慢生长的非结核分枝杆菌全。药物的选择主要是根据美国结核病协会推荐治疗这些分枝杆菌的药物。只有当这些菌株被认为有临床意义时才需作药敏试验（如分离自血液，其他无菌的体液、组织，或分离自痰的菌株）。美国结核病协会判断从呼吸道标本中分离出的分枝杆菌是否具有临床意义的标准如下：3 个不同时期收集的痰或支气管洗脱标本，培养皆为阳性而涂片为阴性；或 2 个标本培养阳性和 1 个涂片阳性标本被认为有临床意义。如果只有一个支气管洗脱标本为培养阳性或抗酸染色涂片为≥2+，也被认为有临床意义。仅仅单个标本培养阳性而抗酸染色涂片阴性和（或）仅有少量细菌很可能无临床意义。

1. 鸟细胞内复合体分枝杆菌（MAC）的药敏试验

（1）抗菌药物：MAC 分离株的体外药敏试验只需做大环内酯类药物即可，克拉霉素是"性价比"最好的大环内酯类药物，也是唯一需要进行药敏测试的药物；阿奇霉素也可进行药敏测试，然而，其问题在于当其浓度较高（这种高浓度有时是必需的）时难以溶解。

（2）试验方法：采用以肉汤培养基为基础的方法来作药敏试验（大量稀释法和微量稀释法）。对阿奇霉素最好采用大量稀释法，因为用大量稀释法时，其难溶的问题方可解决。具体参见美国临床及实验室标准委员会（NCCLS）制定的分枝杆菌药物敏感实验标准（M24-A）。

（3）报告结果：临床意义的耐药可定义为：克拉霉素 MIC>32μg/ml（pH 6.8）或 MIC> 16μg/ml（pH 7.3～7.4），或阿奇霉素 MIC>256μg/ml（pH 6.8）。未经过治疗的 MAC 野生株对大环内酯族药物中度敏感或耐药的可能性不大，因此，若实验中获得此结果时，除非重复试验的结果予以证实和（或）分离菌株的单一性得到证实才可报告。

（4）质量控制：对于 MAC 的肉汤稀释法药敏试验法推荐用 M. avium（ATCC® 700898）作参考株，对于克拉霉素可接受 MIC 结果的范围：1～4μg/ml（pH 6.8）和 0.5～2μg/ml（pH 7.3～7.4），对于阿奇霉素可接受 MIC 结果的范围：8～32μg/ml。每周或每次药敏试验应做一次 MAC 的质量控制培养。对于菌种储存，尽管将菌接种在一合适的培养基（7H9 或胰蛋白酶大豆肉汤培养基加 15% 甘油）放入-20℃保存 3 个月是可以接受的，但最好应放入-70 ℃的冰箱中保存。

药敏试验系统的总体特性需通过合适的参考株每周做一次试验来监控，或每次药敏试验时用参考株监控一次。

2. 堪萨斯的药敏试验　临床上治疗 Mycobacterium kansasii 的常规药物包括 INH、RIF 和 EMB，在用蛋白酶抑制物治疗的 HIV 感染者中需用 Rifabutin 替代 RIF。

肉汤、固体培养基的药敏试验的需在（37±2）℃的 CO_2 或空气环境下孵育 7～14 天看结果，对于商品化的放射法，需参照制造商关于其用于检测 MTBC（结核杆菌复合体）的条件。如果用了肉汤法或其他方法，其结果需与琼脂比例法相比较。当作 M. kansasi 对大环内酯族药物的药敏试验时，孵育的环境需避免 CO_2。具体见 NCCLS 制定的 M24-A 标准。

3. 海分枝杆菌的药物敏感试验　非结核分枝杆菌的药物敏感性试验的指征：临床上治疗上有效药物的敏感性发生变化和（或）临床菌株对一种或多种药物发生获得性耐药的可能性较大。

总的说来，M. marinum 都不会出现这两个指征；因此，不推荐对海分枝杆菌常规作药物敏感性试验，已报道可单药成功治疗 M. marinum 所致感染的药物有：RIF、doxycycline、minocycline、trimethoprim-sulfamethoxazole 和 clarithromycin，也有 RIF 和 EMB 联合治疗的报道。具体见 NCCLS 制定的 M24-A 标准。

二、快速生长分枝杆菌的药敏检测

药敏检测方法以偶遇分枝杆菌群（M. fortuitum，M. peregrinum，M. fortuitum third biovariant complex）、龟分枝杆菌（M. chelonae）和脓肿分枝杆菌（M. abscessus）等的研究数据为基础，为标准肉汤稀释法。

1. 药敏检测指标　药敏检测用于任何被认为具有临床意义的快速生长分枝杆菌（如，从血液、组织、皮肤和软组织病灶分离到的菌株）。这些菌株（尤其是 M. abscessus）可以引起肺部疾病，但它们也被认为是污染物或者"过客"现象。因此，并不是所有从痰标本中获得的快速生长分枝杆菌都有临床意义。增大痰标本分离而得的菌株是真正的病原菌的可能性的因素有：从多个标本中均能得到，数量非常大，或者涂片抗酸染色阳性的标本中获得的分离菌株。多份痰标本中只有一份能分离到少量菌株不大可能致病，因此，没必要进行药敏检测。经过临床 6 个月合理的抗生素治疗后，仍无法根除任何部位（除了呼吸系统）的速生分枝杆菌，则有必要进行菌种鉴定，并进行重复的药敏检测。

稀释法检测获得的 MIC 值提示医师抑制感染部位菌株所需要的抗生素浓度。但 MIC 并不是一个"绝对值"。"真正"的 MIC 位于抑制细菌生长（MIC 读数）的最低检测浓度与次低浓度之间。例如，如果采用对倍稀释，MIC 测定为 16μg/ml，"真正"的 MIC 位于 8～16μg/ml。即使在最好的对照条件下，稀释检测也不可能每次得到同样的终点读数。总的来说，检测结果的可接受重复性是真实终读数的一个对倍稀释范围内。为避免大的变动，稀释检测必需标准化，必须如本文所述严格设置对照。

MIC 测定的浓度传统上采用以 1 为基准的对倍稀释，如 1、2、4、8、16μg/ml 等等。也可采用其他稀释方案，包括尽量少用的两个独立的或者"breakpoint"浓度。这些可选方法所获得的结果同样具有临床价值。当获得生长抑制的最低浓度时，真正的 MIC 值是不可能准确的测定的，报告时可采用等值或者低于最低测试浓度。

无论 MIC 结果是否出于指导治疗的目的而报告，说明性的分类都要附在结果后（如，"敏感的"、"中度的"、或者"耐药的"）。

2. 药物和浓度　用于速生分枝杆菌的药物及其浓度：

氨基羟丁基卡那霉素（Amikacin），1～128μg/ml

头孢西丁（Cefoxitin），2～256μg/ml

环丙沙星（Ciprofloxacin），0.125～16μg/ml

克拉霉素（Clarithromycin），0.06～64μg/ml

多西环素（Doxycycline），0.25～32μg/ml

亚胺硫霉素（Imipenem），1～64μg/ml

磺胺甲噁唑（Sulfamethoxazole），1~64μg/ml

托普霉素（Tobramycin，仅对龟分枝杆菌），1~32μg/ml

Trimethoprim-sulfamethoxazole 可以取代 sulfamethoxzole

Linezolid 噁唑烷酮类（2~64μg/ml）也可以进行药敏检测。

除上述药物外，还有其他药物也有体外抑制速生分枝杆菌的活性。包括 cefmetazole（美国不再使用）、vancomycin（对 M. fortuitum 有效）、卡那霉素、gentamicin、meropenem、amoxicillin-clavulanic acid 以及比较新的 8-methoxyfluoroquinolones、moxifloxacin 和 gatifloxacin。目前这些药物大多数尚缺乏足够支持药敏检测的实验室和临床数据。

3. 药敏检测方法　具体见 NCCLS 制定的 M24-A 标准。

图 10-2-1 中：±号表示 1~5 个可计数的菌落/碎片，或者微量但肯定的混浊。因为可能会看到已知阴性孔中有微量沉淀，判读时一定要注意。

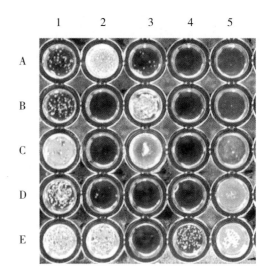

图 10-2-1　快速生长分枝杆菌肉汤微量稀释法 MIC 终点判读法

1E：对照生长（4+）。

3A：±很少可计数菌落；无混浊（5B，2D 也是±）。

5C：±很少可计数菌落；模糊状混浊（3E 也是±）。

5D：1+明确的雾状或混浊。

5E：2+明确的混浊，块状生长。

1B：2+中等数量的可计数菌落；轻微混浊。

1D：3+重度菌落状生长。

4E：3+重度生长；混浊。

1C：4+相对对照，重度融合生长（2A 和 2E 也是 4+）。

4A、5A、2B、4B、4C、3D、4D 均为阴性。

图 10-2-2 为实验结果判读时微孔板菌落生长或抑制的情况。

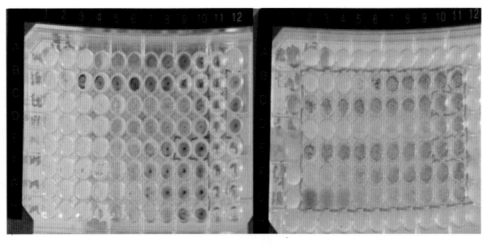

图 10-2-2　CLSI 方案非结核分枝杆菌药敏试验（微量稀释法）

（王洪生）

第三节　分枝杆菌耐药分子机制及其检测

近年来，随着分枝杆菌耐药性不断增多导致其感染的难治性已引起国内外医学界广泛关注，目前对分枝杆菌耐药分子机制的研究包括灭活酶产生、药物作用靶位改变、药物外排产生、细胞壁通透性降低、耐药基因获得等方面，本文综述了国内外这些方面研究的最新进展，以期对建立一种新的快速、有效的药敏试验方法，对分枝杆菌感染的早期正确治疗具有重要的意义。

分枝杆菌属种类颇多，按感染类型可分为：结核杆菌、麻风杆菌、非结核分枝杆菌。近年来，分枝杆菌耐药现象日趋严重，耐多药分枝杆菌的不断增多，导致其感染的难治性。本节分别就 3 种分枝杆菌的耐药分子机制及其检测予以简介。

一、分枝杆菌的耐药分子机制

（一）结核杆菌耐药的分子机制

目前的研究认为结核杆菌耐药机制主要有：①染色体突变介导的耐药，药物靶点的编码基因发生突变，改变了药物作用靶位；②细胞膜通透性改变，药物通透性降低，产生降解或灭活酶类。根据药物的作用机制、不良反应、价格将抗结核药物划分为一、二线药物。一线药物包括异烟肼、利福平、乙胺丁醇、链霉素和吡嗪酰胺。二线药物包括喹诺酮类药物、氨基糖苷类药物、硫代酰类药物、对氨基水杨酸等。目前研究的热点集中在药物靶点的编码基因突变或缺失导致结核分枝杆菌的耐药。

1．一线药物

（1）异烟肼（INH）耐药的分子机制：异烟肼（又名雷米封）于 20 世纪早期首次被合成，但真正发现其具有抗结核菌活性却是在 1951 年。异烟肼的杀菌特性在于它可以抑制结核分枝杆菌菌壁分枝菌酸成分的合成，从而使结核杆菌丧失多种能力（抗酸染色、增殖力和疏水性）而死亡。现已知异烟肼的耐药性与多基因突变有关，与异烟肼耐药相关的基因主要有：katG、inhA、ahpC、kasA 和 ndh。

1）katG 基因：katG 基因编码一个含 744 个氨基酸的 80kD 的蛋白，具过氧化氢酶–过氧化物酶活性。异烟肼作为一种药物前体进入细胞，在分枝杆菌过氧化氢酶–过氧化物酶（KatG）作用下氧化脱氢生成亲电子形式，这种经过 KatG 活化的异烟肼形式能与分枝菌酸生化合成途径中的烯酰基还原酶-NADH 复合体结合，并抑制其活性，干扰分枝菌酸合成，发挥抗菌作用。对异烟肼耐药性的产生是由于 katG 基因的突变导致过氧化氢酶–过氧化物酶活性降低或丧失，使异烟肼不能转换成活性形式，导致其耐药。研究表明，katG 的增加，可以使异烟肼耐药的耻垢分枝杆菌和结核分枝杆菌恢复对药物的敏感性，而该基因的缺失则可提高其对异烟肼的耐药性。有个特别的突变，katG 基因在 315 位发生突变（Ser→Thr），导致绝大多数异烟肼耐药。Wade 等发现在 50% ~ 90% 异烟肼耐药菌株中会出现类似情况。为此，Ando 等采用了一种线性探针来检测 katG 基因突变相关的高水平 INH 耐药。

2）inhA 基因：inhA 基因编码一个相对分子量为 32kD 的蛋白质，其功能为依赖 NADH-烯酰基乙酰载体蛋白还原酶（InhA），与分枝酸生物合成有关，能催化短链脂肪酸前体形成分枝菌酸，是异烟肼的作用靶点。inhA 的突变阻止了其对 INH-NADH 复合物活化，使异烟肼失去效力，从而产生耐药。inhA 的突变通常发生在 16 ~ 805 碱基范围内，且多为点突变和缺失突变。Bosso 等、Dalla 等、Rouse 等已经鉴定出 inhA 突变发生在其控制区（nt-8 到-24）、编码或结构区（如 I16T，I21V，147T，S94A 和 I95P）。inhA 结构基因的的错义配对使 inhA 与 NADH 的亲和力降低而导致异烟肼耐药。

3）oxyR-ahpC 基因：oxyR 基因作为一个调节蛋白它即是氧压的感应器又是基因转录的活化剂，研究表明在 MTB 复合体中的 oxyR 基因发生大量的移码突变和缺失、失活，使其成为一个无活性的假基因。但 ahpC 基因的启动子突变时，使 ahpC 表达上调，弥补了 oxyR 基因缺陷，产生 INH 耐药。

4）kasA 基因：kasA 基因是参与分枝杆菌细胞壁的合成，Mdluli 等证实经鉴定表明 kasA 的突变不会影响其他与异烟肼耐药相关的基因突变。然后，后续相关研究表明这种特殊的突变对异烟肼耐药影响不大，因为它同时也在异烟肼敏感株中存在。

5）ndh 基因：Lee 等研究发现很少有证据表明 ndh 基因的突变与异烟肼耐药有关。

（2）利福平（RFP）耐药的分子机制：利福平自 1972 年首次作为抗结核药物以来，一直发挥着巨大的杀菌效力，是目前一线抗结核药物中最重要的药物之一。利福平抗菌谱广且作用强大，对静止期和繁殖期的结核菌均有作用，能增加链霉素和异烟肼的抗菌活性。它通过作用于结核杆菌的 RNA 聚合酶 β 亚基，抑制 RNA 聚合酶活性，阻碍分枝杆菌 RNA 的转录和蛋白质合成而发挥抗菌作用。97% 以上的利福平耐药株是由于 rpoB 基因突变所致，使 RNA 聚合 β 亚基构象改变，阻止了利福平与细菌 RNA 聚合酶 β 亚基结合，从而导致利福平耐药。ropB 基因突变一般是单个碱基突变或数个碱基联合突变，也有碱基的插入和缺失，共 30 多种，主要的突变为位点发生在 507～533 位密码子，其中最常见的突变位点是 531、526、516 位。此外，最低抑制浓度（MIC）的测定表明，密码子 531 和 526 的突变与利福平的高水平耐药有关，而密码子 511、516、518 和 522 的突变只能导致对利福平的低度耐药。Anthony 等研究不同药物浓度引导基因突变结果见表 10-3-1。

表 10-3-1 药物与基因突变之间的关系

利福平药物浓度	突变基因（rpoB）	突变例数	比例数
0.8μg/ml	CAC>TAC（H526Y）	27（47）	60%
	CAC>CGC（H526R）	6（47）	13%
8μg/ml	CAC>TAC（H526Y）	26（58）	45%
	CAC>CGC（H526R）	4（58）	7%
	TCG>TTG（S531L）	20（58）	35%

（3）乙胺丁醇（EMB）耐药的分子机制：乙胺丁醇于 1961 年因具有抑制人型和牛型结核杆菌的作用而被发现。属一种阿拉伯糖类似物，作用于分枝杆菌阿拉伯糖基转移酶，通过抑制阿拉伯糖基聚合入阿拉伯半乳糖，影响细胞壁分枝菌酸-阿拉伯半乳聚糖-蛋白聚糖复合物的形成而发挥抗菌作用。研究表明结核分枝杆菌耐乙胺丁醇与阿拉伯糖基转移酶的编码基因 embABC 操纵子突变有关。embABC 是一个整合膜蛋白，具有 12 个跨膜区域，该操纵子由 embA、embB 和 embC3 个基因组成，其中 embB 基因（尤其是 306 位密码子）突变是结核菌耐乙胺丁醇的主要分子机制。

（4）链霉素（SM）耐药的分子机制：链霉素于 1943 年首次被发现，为第一个氨基糖苷类抗生素，也是第一个应用于治疗肺结核的抗生素。链霉素主要作用部位是在核糖体 30S 小亚基（由 21 种核糖体蛋白和 16S rRNA 组成），特别是核糖体 S12 蛋白和 16S rRNA。其能抑制 mRNA 转录的起始，干扰翻译过程中的校对，从而抑制蛋白质合成，产生抗菌作用。链霉素的耐药性与编码核糖体 16S rRNA 的 rrs 基因和编码 S12 蛋白的 rpsL 基因突变有关。rrs 编码蛋白的氨基酸取代了 16S rRNA 的构象，影响了 16S rRNA 与链霉素的相互作用而导致链霉素耐药。研究表明耐 SM 菌株有 rpsL 或 rrs 基因的突变。其中以 rpsL 基因突变为主，突变主要位于 43 位密码子（Lys→Arg）。

（5）吡嗪酰胺（PZA）耐药的分子机制：吡嗪酰胺的抗生素作用发现于 1952 年，它能杀死半休眠期的结核杆菌。吡嗪酰胺是一种烟酰胺类似物，与异烟肼相似也是一种抗结核的前药，但它们发挥作用所要求的环境不同，吡嗪酰胺需要在酸性环境才表现抗菌活性。吡嗪酰胺是半休眠分枝杆菌的杀菌剂，通过在 MTB 体内被吡嗪酰胺酶转化为吡嗪酸而发挥作用。吡嗪酰胺酶由 pncA 基因编码。吡嗪酰胺耐药株中，pncA 基因突变为结核分枝杆菌对吡嗪酰胺耐药的分子基础。pncA 基因是一个编码吡嗪酰胺酶的基因，长 558bp，编码 186 个氨基酸，pncA 基因突变引起吡嗪酰胺活性显著降低或丧失，从而使吡嗪酰胺转化为吡嗪酸减少，是导致 MTB 对吡嗪酰胺耐药的原因。pncA 基因突变的显著特点就是突变位点繁多且分散，至今报道的已经证实的基因突变形式至少有 175 种。然而，还有一些吡嗪酰胺耐药株并未发现 pncA 的突变，提示可能还存在其他的耐药机制。

2. 二线药物

（1）氟喹诺酮类（FQ）耐药的分子机制：喹诺酮类药物是人工化学合成的抗菌药。目前环丙沙星、氧氟沙星、左氧氟沙星、克林沙星等应用于各类耐药结核病的治疗，特别对一线药物如异烟肼、利福平不敏感的 MDR-TB 有良好的效果。DNA 解旋酶是喹诺酮类药物作用结核分枝杆菌的靶点。该酶是一种与 DNA 复制、转录有关的Ⅱ型拓扑异构酶，编码基因为 gyrA 和 gyrB，活性产物是由两个 A 亚基和两个 B 亚基组成的四聚体。喹诺酮类药物的水解产物能与 DNA 解旋酶和 DNA 形成三联复合物，干扰细菌 DNA 解旋酶与 DNA 双链的结合，从而抑制 DNA 复制、修复、重组、从而达到抗菌效果。据报道，结核杆菌对喹诺酮产生耐药主要与 gyrA 发生突变有关。突变主要集中于 74 至 113 位核苷酸之间的保守序列，即喹诺酮类药物耐药决定区。DNA 解旋酶的突变位点与喹诺酮类药物的耐药程度密切相关。此外，gyrA 基因多位点的错义突变或 gyrA、gyrB 同时发生点突变，MIC 值上升 32 倍以上。有一些喹诺酮耐药菌株并不存在 DNA 解旋酶突变，提示有其他的耐药机制存在。如外排泵基因 Rv1634，该基因的过度表达可引起细菌对喹诺酮药物的敏感性降低，呈现低度耐药。

（2）氨基糖苷类耐药的分子机制：卡那霉素（KM）和阿米卡星（AM）是治疗结核的氨基糖苷类药物。这两种药物主要作用于核糖体 16S rRNA，其编码基因为 rrs。如果 rrs 发生突变，将会降低药物结合到核糖体上的能力，使之发生耐药。目前发现，rrs 基因的 1401、1402、1408、1483 位核酸突变与卡那霉素、阿米卡星的耐药相关，其中第 1401 位 A-G 点突变可以作为高度耐药的一个重要标识。

氨基糖苷类药物由于有相同的耐药基因极易产生完全或部分交叉耐药。一线药物链霉素与卡那霉素和阿米卡星间没有发现交叉耐药，而阿米卡星与卡那霉素具有交叉耐药。

（3）硫代酰胺（ETH）类耐药的分子机制：乙硫异烟胺与丙硫异烟胺为异烟酸的衍生物，是最常见的硫代酰胺类药物，抑菌作用仅为异烟肼的 $1/10 \sim 1/5$。乙硫异烟胺和丙硫异烟胺是同一种活性物质的两种不同形式，该类药物在临床治疗后较易出现耐药。硫代酰胺类药物进入体内首先由单加氧酶激活，该酶的编码基因为 EthA，该基因突变会阻碍 ETH-NAD 结合，导致细菌耐药。Ndh 基因编码Ⅱ型 NADH 脱氢酶，该基因突变会影响 NADH 氧化为 NAD^+，也会影响 ETH-NAD 二者的结合。

InhA 编码依赖 NADH 烯酰基载体蛋白还原酶，参与分枝菌合成系统。该基因突变引发细胞中 $NADH/NAD^+$ 比例增高，导致 $ETH-NAD^+$ 与 InhA 结合障碍。编码分枝菌酸的合成系统中第一个关键酶的编码基因 mshA 突变会引起对异烟肼和乙硫异烟胺产生耐药。

乙硫异烟胺和丙硫异烟胺与异烟肼也存在交叉耐药，但是耐药机制还没有定论，目前主要有 3 种观点：①inhA 基因发生突变；②inhA 基因过度表达；③NADH 的浓度增高，导致 $NADH/NAD^+$ 比值增大，抑制 $ETH-NAD^+$ 与 inhA 结合。此外，硫脲类抗结核药物如氨苯硫脲、戊氧苯硫脲等结构与乙硫异烟胺相似，进入体内同样也需要加氧酶激活，二者存在交叉耐药。

（4）环肽类耐药的分子机制：卷曲霉素（CMN）及其类似物紫霉素是治疗 XDR-TB 较为理想的环肽类药物，临床中该类药物一般协同其他药物使用。卷曲霉素对静止期的结核分枝杆菌最有效，且不良反应较其他二线药物小。卷曲霉素及紫霉素能够阻断 tRNA 从 A 位向 P 位的转运、引起 mRNA 翻译起始的抑制及异常校读。其耐药分子机制主要为甲基转移酶的编码基因 tlyA 发生突变。研究发现，tlyA 能够对 16S rRNA 和 23S rRNA 进行甲基化修饰，增强对卷曲霉素的敏感性，一旦 tlyA 发生基因突变，卷曲霉素将会产生耐药。

研究显示，氨基糖苷类药物与卷曲霉素、紫霉素之间存在交叉耐药。

（5）对氨基水杨酸（PASA）耐药的分子机制：对氨基水杨酸投入临床较早，因其不良反应较大被异烟肼所取代。近年来，由于对该药进行了改良，使其不良反应减弱，被用于预防耐异烟肼菌群产生。对氨基水杨酸的耐药机制与磺胺类药物相似，可以竞争性抑制对氨基苯甲酸，阻碍结核杆菌的叶酸合成。胸腺嘧啶核苷酸合酶基因是细胞内叶酸盐水平的关键因子，其编码基因为 thyA，它能使甲基化 dUMP 转变为 dTMP，耐药菌中该酶的活性降低。

3. 耐多药结核病（MDR-TB）和广泛耐药结核病（XDR-TB）产生的分子机制 MDR-TB 是指由至少对异烟肼和利福平两种一线抗结核药物耐药的结核杆菌引起的结核病。MDR-TB 治疗需要用二线抗结核药物，但 2000 年全球开始出现对二线抗结核药物耐药的 XDR-TB。2006 年世界卫生组织将对氟喹诺酮类药物和至少三种二线静脉用抗结核药物（卷曲霉素、卡那霉素、阿米卡星）中 1 种耐药的耐多药结核杆菌引起的结核病定义为 XDR-TB。

编码抗结核分枝杆菌药物靶点及相关代谢酶的染色体基因突变时结核分枝杆菌耐单药产生的主要分子机制。耐多药是因为多种药物靶基因突变，对结核病患者个体来说耐药性来源于自发性突变，染色体多个相互独立基因自发突变逐步累加是产生 XDR-TB 的分子基础；多数广泛耐药的产生由相关耐单药基因突变、多代遗传积累所致。对常见抗结核药物耐药的结核分枝杆菌耐药相关基因见表 10-3-2。

表 10-3-2　与结核杆菌耐药相关的基因

抗结核药	突变基因	突变率	基因产物
异烟肼	katG	40%~60%	Catalase-peroxidase（activates INH）
异烟肼-乙硫异烟胺	inhA	15%~43%	Reductase analog（mycolic acid synthesis）
异烟肼	ahpC	10%	Hydroperoxidase reductase
异烟肼	kasA	未明	Carrier protein synthase
利福平	rpoB	>96%	Subnit of RNA polymerase
吡嗪酰胺	pncA	72%~97%	Pyrazinamidase
乙胺丁醇	embB	47%~65%	Arabinosyltransferase
链霉素	rpsL	70%	Ribosomal protein S12
链霉素	rrs	70%	16S rRNA
氟喹诺酮	gyrA	75%~94%	DNA gyrase A subunit

（二）麻风杆菌耐药的分子机制

1. 氨苯砜耐药的分子机制 氨苯砜长久以来一直被作为一线抗麻风药物使用。氨苯砜是对氨基苯甲酸的类似物，而对氨基苯甲酸是二氢蝶酸合酶（dihydroptevoate synthase）合成叶酸所必需的代谢产物，故氨苯砜作为对氨基苯甲酸的拮抗剂，干扰了二氢蝶酸合酶对叶酸合成的作用，进而影响了分枝杆菌 DNA 的合成而达到抑菌作用。folP 是二氢蝶酸合酶的编码基因，其由 folP1 和 folP2 构成。研究发现 folP1 基因的点突变与麻风杆菌耐氨苯砜相关。Nakata 等研究表明氨苯砜在 folP1 基因出现 53 或 55 位密码子突变的大部分菌株中 MIC 比野生型 folP1 序列菌株的 MIC 要高 2~16 倍。但在 53 位密码子出现 Thr→Ser 突变的却表现出比野生型序列要低的 MIC。在 48 或 54 位密码子发生突变的菌株表现出与野生型序列菌株相当的氨苯砜敏感度。该研究证实了麻风杆菌 folP1 基因的 53 或 55 位密码子突变会导致氨苯砜耐药。

2. 利福平耐药的分子机制 利福平是 1967 年 Hartmann 等研究原核细胞时发现，RFP 与 DNA 依赖性 RNA 聚合酶结合，封闭了转录的起始位点。Honore 对 9 株麻风杆菌 RFP 耐药株的 rpoB 基因进行序列分析，结果 9 株均发现 rpoB 基因突变。认为基因突变在麻风杆菌 RFP 耐药的发生起重要作用。当 rpoB 基因中耐 RFP 决定区发生突变时，包括点突变或短的插入、缺失、突变等，RFP 不能与 RNA 聚合酶 B 亚基结合，因而细菌表现为对 RFP 的耐受性。

3. 甲红霉素（克拉霉素）耐药的分子机制 甲红霉素属于大环内酯类抗生素，在小鼠和人体内对麻风杆菌有显著的杀菌作用。其杀菌作用机制未知，认为与红霉素相似，抑制肽酰转移酶的活性，影响肽链从受位移位至供位的过程，阻止肽链延长，从而抑制细菌蛋白质合成。推测甲红霉素的耐药似乎与 23S rRNA 基因的错义突变相关，而也有研究发现麻风杆菌耐甲红霉素菌株与 23S rRNA 基因突变不相关。

4. 米诺环素耐药的分子机制　属于四环素族抗生素，有显著的杀灭麻风杆菌的作用。其对麻风杆菌的杀菌作用比甲红霉素强，但比 RFP 和氧氟沙星低，标准剂量是 100mg/d。对四环素耐药的微生物大都产生一种核蛋白保护蛋白，这种蛋白能与核糖体相互作用使其不受四环素的干扰，从而使微生物蛋白质合成不受影响，tetM 基因则是这种核糖体保护蛋白的编码基因。

5. 氧氟沙星耐药的分子机制　有中度的抗麻风杆菌作用，其作用机制未知，但通过对其他细菌研究结果显示，其是通过抑制细菌 DNA 合成而起杀菌作用的。细菌对氧氟沙星的耐药可由染色体和质粒介导，由染色体介导的此类抗菌药的耐药机制有：作用靶位的改变、细胞膜的主动泵出机制和外膜孔蛋白缺失造成外膜通透性降低，已证实麻风杆菌 GyrA 基因错义突变导致产生耐氧氟沙星麻风杆菌。

（三）非结核分枝杆菌（NTM）耐药的分子机制

1. 异烟肼耐药的分子机制　现已证实 katG 基因的突变均与结核杆菌的耐 INH 相关。Mdluli 等在天然耐 INH 的鸟分枝杆菌研究发现 katG 基因天然缺失。大多数速生型 NTM 能产生两种过氧化物；不耐热的 T 型和耐热的 M 型。在耐药的 NTM 中 M 过氧化物酶具有拮抗 T 过氧化物酶对 INH 的活化作用，从而导致对 INH 的耐药性。Menendez 等在偶然分枝杆菌中发现了两种 katG 基因：katG Ⅰ 和 katG Ⅱ，编码产物均为 T 过氧化物酶，但两者的核苷酸和氨基酸序列的同源性分别只有 64%～55%，将 katG Ⅰ 导入分枝杆菌后，发现原先对 INH 敏感的金黄分枝杆菌菌株发生耐药，而被导入 katG Ⅱ 的菌株无此变化，提示只有 katG Ⅰ 对偶然分枝杆菌耐 INH 有作用，但具体机制尚不清。

2. 利福平耐药的分子机制　利福平作用的靶位点是 RNA 聚合酶 β 亚基（由 rpoB 基因编码），突变可导致细菌抗 RFP。有的文献报道耐 RFP 的鸟分枝杆菌 rpoB 基因的 531 位密码子发生突变，但有的文献报道鸟-胞内分枝杆菌的耐 RFP 菌株 rpoB 并未出现突变。

3. 阿米卡星耐药的分子机制　Therdsak 等对 17 株抗阿米卡星的脓肿分枝杆菌临床分离株 rrs 进行测序，发现其中 16 株（94%），在 1408 位发生了 A→G 的变异，它们对阿米卡星高度耐药。

4. 氟喹诺酮类耐药的分子机制　Jun 等克隆了导致其低度耐氟喹诺酮的泵蛋白编码基因 LfrA，这一基因产物使细菌对亲水性氟喹诺酮如环丙沙星低度耐药，对亲脂性氟喹诺酮如司帕沙星无作用。细菌对氟喹诺酮类药物耐药的原因之一是编码解旋酶 A 亚基的 gyrA 基因发生突变。鸟分枝杆菌对此类药物完全耐药，耻垢杆菌中度耐药，而龟分枝杆菌则非常敏感，对这 3 种 NTM 的 gyrA 分析后发现，在龟分枝杆菌中，其 83 位密码子与野生型的大肠埃希菌相同，为丝氨酸，其余两种为丙氨酸，作者认为 83 位的丙氨酸可能影响了这两种 NTM 与氟喹诺酮结合的能力。此外，作者还发现氟喹诺酮抑制鸟分枝杆菌和耻垢杆菌解旋酶的程度无差异，但前者的 MIC 值较后者高 30 倍，因此推断鸟分枝杆菌对喹诺酮类药物的天然耐药性可能伴有其他机制。

虽然同属于分枝杆菌属，NTM 的耐药机制与结核杆菌显著不同，后者以作用靶位点的突变为主要原因，NTM 的耐药性则很可能是多种因素共同作用的结果。

二、分枝杆菌耐药的检测

（一）结核杆菌耐药性的检测

目前临床正使用和研究的药敏试验方法归纳起来有表型检测和基因检测两大类。表型检测中的常规药敏试验方法和 BACTEC TB-460 液体培养基药敏试验方法已广泛应用于临床（本章第一节）；噬菌体生物扩增法（phaB）和线性探针杂交法（LiPA）也开始用于临床。

1. 表型检测

（1）常规药敏试验方法：用 L-J 或 Middlebrook7H10 培养基做直接或间接药敏试验。由于结核菌生长缓慢（需 6～8 周甚至更长时间），不能满足临床之急需。

（2）BACTEC TB-460 放射性液体培养基法：目前最常用的结核菌快速药敏试验方法。此法常用于结核菌对 RFP、INH、SM 和 EMB 的耐药性检测，4～12 天可得到药敏结果。原理是利用细菌生长需要代谢培养基中的碳源为 CO_2 的特性，在液体培养基中加入含放射性 C^{14} 的棕榈酸作为碳源之一，再利用仪器检测产生的 $C^{14}O_2$ 的量以判断细菌生长情况，从而知道其耐药性。此法比常规药敏试验法快，但需昂贵的仪器，且易受杂菌污染，并有放射性污染。

（3）phaB 法：将标本先在有抗结核药物的培养基中孵育，再把分枝杆菌噬菌体 D29 加到上述培养物中，用特殊化学物质灭活菌体外的 D29 后再赋育，然后再将此培养物与一定浓度耻垢分枝杆菌混合在固体培养基上培养，观察噬斑的产生。

（4）荧光素酶信号噬菌体法（LRP）：其原理为重组分枝杆菌噬菌体（phAE40）内的荧光素酶基因可在活分枝杆菌内表达产生荧光素酶，此酶在分解荧光素的同时能产生 ATP 而产生光子，光子可用光度计来检测。此方法与罗氏培养基法符合率一致，可在 72 小时内完成结核菌耐药性测定。

（5）MTT 法：MTT 可被活细胞线粒体脱氢酶还原成不溶性的紫色结晶，生成量与活细胞数量成线性正比关系，而死细胞不具有还原 MTT 的功能。该结晶溶解后可以在分光光度计上检出。

（6）流式细胞仪（FCM）测定法：分枝杆菌内的非特异性酯酶能水解荧光素二聚体（FDA）为游离的荧光素，游离荧光素在菌体内堆积很容易被 FCM 检测。当细菌被杀死或被药物抑制时分解 FDA 的能力显著降低，产生的游离荧光素也明显减少。因此可根据产生游离荧光素的多少来检测结核菌的耐药性。

2. 基因检测 基因检测的基础是通过敏感性耐药菌株遗传物质间的差别来判断药物敏感性，通常是先对耐药相关基因进行扩增，然后进行基因分析。主要有以下方法。

（1）聚合酶链反应-单链多态性分析法（PCR-SSCP）：原理是 PCR 产物经变性后可产生两条互补的单链。各单链碱基的序列不同而形成不同的构象，从而在非变性聚丙烯酰胺凝胶电泳中有不同的迁移率，显示不同的带型。通过放射自显影或染色即可分辨。我国学者利用银染法 PCR-SSCP 对结核菌 rpoB 及 rpsL 基因进行检测都取得良好效果。但该法不能确定突变的位置和性质，且结果受诸多实验条件尤其是凝胶内温度恒定性的直接影响。

（2）聚合酶链反应-限制性片段长度多态性分析法（PCR-RFLP）：原理是通过 PCR 扩增含有特定酶切位点的 DNA 片段，该片段经限制性内切酶消化后电泳可显示两条较小的片段，若基因突变则酶切位点消失，电泳后仍显示一条扩增片段，通过放射自显影或染色即可检测。此法特异性较高，但只能分析已知序列特定位点的基因突变。

（3）聚合酶链反应-DNA 直接测序法（PCR-DS）：可以检测出所有突变，但 DS 需昂贵的仪器，限制了 PCR-DS 的广泛应用。

（4）异源双链形成分析法（HDA）：原理是在一个 PCR 反应体系中，同时加入敏感株和待测菌株 DNA 模板进行扩增。若待测菌株有突变则可形成异源双链，反之则形成同源双链，两者序列不同，因此空间构象也不同，故在聚丙烯酰胺凝胶中的电泳迁移率也不同，借此可以检测基因突变。

（5）LiPA 法：应用生物素标记引物，使扩增产物带有生物素。将扩增产物和固定在硝酸纤维素膜上的针对突变点设计的特异寡核苷酸探针进行杂交，然后再进行酶联显色。若能显色，则待检菌株为耐药株；反之为药物敏感株。此法已有商品化试剂盒，但仅限于检测 rpoB 基因。

（6）RNA/RNA 错配分析法：RNA 酶能切割有碱基错配的 RNA 双链但不能切割完全匹配的 RNA 双链。将待检菌株及药敏菌株的 PCR 产物混合，在依赖 DNA 的 RNA 聚合酶的作用下分别转录成单链 RNA，再进行杂交，最后进行电泳，通过分析片段的大小和位置可以判断有无突变。此法分析 rpoB 基因的区域大于其他方法（如 SSCP），在一个试管中能检出更多的突变。但其结果准确性受 RNA 酶消化条件的影响。

（7）分子灯塔法（molecular beacon）：首创于 1996 年，是一种以定量 PCR 为基础的方法。此法在 PCR 过程中引入了荧光标记的探针，游离的 DNA 探针以一种茎环（stem-loop）结构存在，环状结构与靶序列互补，是真正意义上的探针，茎状结构即探针两臂由互补序列复性构成，这一部分序列与靶序列毫无关系。两臂的末端分别连有荧光物质和能淬灭荧光的物质。若探针与靶序列能发生杂交，茎状探针将伸展成线状，即可检测到荧光。

（二）麻风杆菌耐药性的检测

由于不能体外培养麻风杆菌，故检测其耐药性比较困难。传统的耐药检测是基于鼠足垫培养的麻风杆菌。这种方法需要重获足够数量的有活力的菌，这些菌是从病人身上获取后接种到 20～40 个小鼠足垫（具体个数依据检测药物的数量），每个足垫接种 5×10^3 个微生物。结果在半年到一年的时间内获得。这种方法无疑是繁琐、昂贵同时也是非常低效的。

麻风杆菌第一快速的筛选检测是基于放射性呼吸测定技术（BACTEC 和 Buddemeyer），已经被成功地用于鉴定新的抗麻风药。然后，运用这些技术检测麻风药敏受到每个病人菌量（$\geqslant 10^7$）的限制。

耐药的分子检测可能是简化的敏感性测试，同时也提供了一种全球性的耐药监控手段。为了降低取菌数量，缩短检测时间，出现了一些基于针对耐药突变基因鉴定的技术方法。这些技术是基于运用 PCR 扩增法对原始组织标本（如来自于麻风病人的特异性皮肤活检组织）进行特异性 DNA 片段扩增。通过 DNA 直接测序、单链构象多态性分析（SSCP）、异源双链分析、固相逆向杂交分析对这些 DNA 片段内的耐药相关基因突变位点进行检测。

表 10-3-3　麻风杆菌耐药靶基因以 PCR 为基础的试验

实验方法	靶基因
PCR-DNA 测序	gyrA
	folP
	rpoB
PCR 单链构象多态性分析	gyrA
	rpoB
PCR 异源双链分析	folP
PCR UHG 异源双链	folP
PCR 固相逆向杂交	rpoB

1. 聚合酶链反应-DNA 直接测序法　PCR 扩增测序是所有基于核酸突变检测技术中最具确定性的方法，因为它检测了已发现的与抗生素耐药相关的突变中目标基因的实际核酸的改变。另外，这种检测手段还设计具有种属特异性，同时为检测标本存在特殊病原体提供了直接的证据。聚合酶链反应-DNA 直接测序法已经被用于对利福平、氨苯砜和氧氟沙星耐药的麻风杆菌突变的鉴定鉴定（表 10-3-3）。这些方法是基于对直接来源于皮肤活检组织的适当目标 DNA 进行 PCR 扩增，运用对于利福平、氨苯砜或喹诺酮药物的麻风杆菌耐药决定区有特异性的寡核苷酸引物。由于目前与耐药相关的突变的存在，这些 PCR 产物的 DNA 序列已经被确定及能被检测（参考上篇附录5）。

2. 聚合酶链反应–单链构象多态性分析（PCR-SSCP）　一项聚合酶链反应–单链构象多态性分析法已经被开发用来测定人源标本的耐利福平麻风杆菌。通过 PCR 对利福平耐药决定区靶位点扩增，双链 PCR 产物被加热裂解成单链，然后再在严格的温度条件下通过变性凝胶电泳分离。

3. 聚合酶链反应–固相逆向杂交　一项聚合酶链反应–固相逆向杂交方法已经被开发用来检测麻风杆菌耐利福平检测。初始 PCR 步骤是运用生物酰化的和未标记的引物合成一个 83-bp，麻风杆菌利福平耐药决定区生物酰化片段。

4. 聚合酶链反应–异源双链分析　一项聚合酶链反应–异源双链分析检测法是最初开发用来对自于痰液标本的麻风杆菌耐药检测。

（王洪生）

参 考 文 献

1. 冯雨苗，林麟，胡忠义，等. 液基微量稀释法体外测定脓肿分枝杆菌的药物敏感性. 中华皮肤科杂志，2009，42（4）：270.

2. 冯雨苗，王洪生，胡忠义，等. 慢生型分枝杆菌体外抗菌药物敏感性试验研究. 中国麻风皮肤病杂志，2009，25（5）：327-329.

3. 冯雨苗，王洪生，胡忠义，等. 氨苯砜和氯法齐明抗分枝杆菌体外活性. 中国麻风皮肤病杂志，2009，25（11）：806-808.

4. 冯雨苗，王洪生，林麟. 皮肤结核的实验室检查. 国际皮肤性病学杂志，2009，35（6）：393-395.

5. 张彩萍，王洪生，冯雨苗，等. PCR-RFLP 法 3 种凝胶电泳快速鉴定分枝杆菌的比较研究. 中国麻风皮肤病杂志，2009，25（7）：499-500.

6. NCCLS. Susceptibility testing of mycobacteria, nocardiae, and other aerobie actinomycetes；Approved Standard. NCCLS document M24-A. ［ISBN 1-56238-500-3］. NCCLS, 940 West Valley Road, Suite 1400, Wayne, Pennsylvania, 19087~1898 USA, 2003.

7. Sheen P, Mendez M, Gilman RH, et al. Sputum PCR-Single-strand conformational polymorphism test for same-day detection of pyrazinamide resistance in tuberculosis patients. J Clin Microbiol, 2009, 47（9）：2937-2943.

8. Fania P, Masjed MR, Mohammadi F, et al. Colorimetric detection of multidrug resistant or extensively drug-resistant tuberculosis by usr of malachite green indicator dye. J Clin Microbil, 2008, 46（2）：796-799.

9. 中国防痨协会基础专业委员会. 结核病诊断实验室检验规程. 北京：中国教育出版社，2006，120-122.

10. 李国利. 结核分枝杆菌耐药分子机制及耐药基因检测方法研究进展，中国医师杂志，2002，4（4）：338-341.

11. Zhang Y, Heym B, Allen B, et al. The catalase-peroxidase gene and isoniazid resistance of Mycobacterium tuberculosis. Nature, 1992, 358：591-593

12. Zhang Y, Garbe T, Young D. Transformation with katG restores isoniazid-sensitivity in Mycobacterium tuberculosis isolates resistant to a range of drug concentrations. Nature, 1992, 358：591-593.

13. 熊礼宽. 结核病实验诊断学. 北京：人民卫生出版社，2003，54-68.

14. Morlock GP, Metchock B, Sikes D, et al. ethA, inhA, and katG loci of ethionamide-resistant clinical Mycobacterium tuberculosis isolates. Antimicrob Agents Chemother, 2003, 47：3799-3805.

15. Paluch-Oles J, Koziot-Montewka M, Magrys A. Mutations in the rpoB gene of rifampin-resistant Mycobacterium tuberculosis isolates from Eastern. Poland New Microbiol, 2009, 2（2）：147-152.

16. Johnson R, Elizabeth M, Streicher, et al. Drug Resistance in Mycobacterium tuberculosis. Curr Issues Mol Biol, 8：97-112.

17. Ramaswamy S, Amin A G, Goksel S, et al. Molecular genetic analysis of nucleotide polymorphisms associated with ethambutol resistance in human isolates of Mycobacterium tuberculosis. Antimicrob Anents Chemother, 2000, 44（2）：321.

18. Ulger M, Aslan G, Emekdas G, et al. Investigation of rpsL and rrs gene region mutations in streptomycin resistant Mycobacterium tuberculosis complex isolates. Mikrobiyol Bul, 2009, 43（1）：115-120.

19. Scorpio A and Zhang Y. Mutations in pncA, a gene encoding pyrazinamidase/nicotinamidase, cause resistance to the antituberculous drug pyrazinamide in tubercle bacillus. Nat Med, 1996, 2：662-667.

20. Van WS, PhiUips L, Ludwig EA, et al. Population pharmacokinetics and pharmacodynamics of garenoxacin in patients with community-acquired respiratory tract infections. Antimicrob Agents Chemother, 2004, 48（12）：47661.

21. Berning SE. The role of fluoroquinolones in tuberculosis today. Drugs, 2001, 61（1）：9-18.

22. Ginsburg AS, Grosset JH, Bishai WR. Fluoroquinolones, tuberculosis, and resistance. Lancet Infect Dis, 2003, 3（7）：432-442.

23. Kocagoz T, Hackbarth CJ, Unsal I, et al. Gyrase mutations in laboratory-selected, fluoroquinolone-resistant mutants of Mycobacterium tuberculosis H37Ra. Antimicrob Agents Chemother, 1996, 40（8）：1768-1774.

24. De Rossi E, Ainsa JA, Riccardi G. Role of mycobacterial efflux transporters in drug resistance：an unresolved question. FEMS Microbiol Rev, 2006, 30（1）：36-52.

25. Suzuki Y, Katsukawa C, Tamaru A, et al. Detection of kanamycin-resistant Mycobacterium tuberculosis by identifying mutations in the 16S rRNA gene. J Clin Microbiol, 1998, 36 (5): 1220-1225.

26. Vilcheze C, Wang F, Arai M, et al. Transfer of a point mutation in Mycobacterium tuberculosis inhA resolves the target of isoniazid. Nat Med, 2006, 12 (9): 1027-1029.

27. Banerjee A, Dubnau E, Quemard A, et al. inhA, a gene encoding a target for isoniazid and ethionamide in Mycobacterium tuberculosis. Science, 1994, 263 (5144): 227-230.

28. Larsen MH, Vilcheze C, Kremer L, et al. Overexpression of inhA, but not kasA, congers resistance to isoniazid and ethionamide in Mycobacterium smegmatis, M bovis BCG and M tuberculosis. Mol Microbiol, 2002, 46 (2): 453-466.

29. Miesel L, Rozwarski DA, Sacchettini JC, et al. Mechanisms for isoniazid action and resistance. Novartis Found Symp, 1998, 217: 209-220.

30. Alahari A, Alibaud L, Trivelli X, et al. Mycolic acid methyltransferase, MmaA4, is necessary for thiacetazone susceptibility in Mycobacterium tuberculosis. Mol Microbiol, 2009, 71 (5): 1263-1277.

31. Johansen SK, Maus CE, Plikaytis BB, et al. Capreomycin binds across the ribosomal subunit interface using tlyA-encoded 2' -O-methylations in 16S and 23S rRNAs. Mol Cell, 2006, 23 (2): 173-182.

32. Maus CE, Plikaytis BB, Shinnick TM. Molecular analysis of cross-resistance to capreomycin, kanamycin, amikacin, and viomycin in Mycobacterium tuberculosis. Antimicrob Agents Chemother, 2005, 49 (8): 3192-3197.

33. Kunz BA, Kohalmi SE. Modulation of mutagenesis by deoxyribon-ucleotide levels. Annu Rev Genet, 1991, 25: 339-359.

34. Centers for Disease Control and Prevention (CDC). Revised definition of extensively drug-resistant tuberculosis. MMWR, 2006, 55: 1176.

35. Gillespie SH. Evolution of drug resistance in Mycobacterium tuberculosis: clinical and molecular perspective. Antimicrob Agents Chemother, 2002, 46 (2): 267-274.

36. Dorman SE, Chaisson RE. From magic bullets back to the magic mountain: the rise of extensively drug-resistant tuberculosis. Nat Med, 2007, 13 (3): 295-298.

37. Francis J. Drug-Resistant Tuberculosis: A survival Guide for Clinicians. 2nd ed. San Francisco. CA: Francis J Curry National Tuberculosis Center, 2008.

38. Mokaddas E, Ahmad S, Samir I. Secular trends in susceptibility patterns of Mycobacterium isolates in Kuwait, 1996 ~ 2005. Int J Tuberc Lung Dis, 2008, 12 (3): 319-325.

39. Williams DL, Pittman TL, Gillis TP, et al. Simultaneous detection of Mycobacterium leprae and Its susceptibility to dapsone using DNA heteroduplex analysis. J Clin Microbiol, 2001, 39 (6): 2083-2088.

40. Nakata N, Kai M, Makino M. Mutation analysis of the Mycobacterium leprae folP1 gene and dapsone resistance. Antimicrob Agents Chemother, 2011, 55 (2): 762-766.

41. Mdluli K, Swanson J, Fischer E, et al. Mechanisms involved in the intrinsic isoniazid resistance of Mycobacterium avium. Mol Microbiol, 1998, 27 (6): 1223-1233.

42. Menendez M, Ainsa J, Martin C, et al. katGI and katG II encode two different catalases-peroxidases in Mycobacterium fortuitum. J Bacteriol, 1997, 179 (22): 6880-6886.

43. Leopoldo PG, Jaygopal N, David A, et al. J Antimicrob Chemother, The absence of genetic markers for streptomycin and rifampicin resistance in Mycobacterium avium complex strains, 1995, 36 (6): 1049-1053

44. Guerrero C, Stockman L, Marchesi F, et al. Evaluation of the rpoB gene in rifampicin-susceptible and-resistant Mycobacterium avium and Mycobacterium intracellulare. J Antimicrob Chemother, 1994, 33 (3): 661-663.

45. Therdsak P, Peter S, Barbara AB, et al. A Single 16S Ribosomal RNA Substitution Is Responsible for Resistance to Amikacin and Other 2-Deoxystreptamine Aminoglycosides in Mycobacterium abscessus and Mycobacterium chelonae. J Infect Dis, 1998, 177 (6): 1573-1581.

46. Jun L, Howared ET and Hiroshi N. Active efflux of fluoroquinolones in Mycobacterium smegmatis mediated by LfrA, a multidrug efflux pump. J Bacteriol, 1996; 178 (13): 3791-3795.

47. Isabelle G, Wladimir S, Emmanuelle C, et al. Purification and inhibition by quinolones of DNA gyrases from Mycobacterium avium, Mycobacterium smegmatis and Mycobacterium fortuitum bv. peregrinum. Microbiology, 1999, 145 (9): 2527-2532.

48. 金玲, 康熙雄, 鱼瑛, 等. 银染单链多态性分析检测 rpoB 基因突变. 中华医学检验杂志, 1999, 22: 36-39.

49. 彭义利, 王国斌, 张舒林, 等. 结核菌链霉素耐药分离株 rpsL 基因突变的检测. 中华检验医学杂志, 2000, 23: 148-149.

50. Scollard DM, Adams LB, Gillis TP, et al. The Continuing Challenges of Leprosy. Clinical Microbiology Reviews, 2006, 4: 338-381.

51. Honore, N, cole ST. Molecular basis of rifampin resistance in Mycobacterium leprae fails to stimulate phagocytic cell superoxide anion generation. Infect. Immun, 1993, 51: 514-520.

52. Honore, N, Perrani E, Telenti A, et al. A simple and rapid technique for the diction of rifampin resistance in Mycobacterium leprae. Int J Lepr Other Mycobact. Dis, 1993, 61: 600-604.

53. Honore, N, Roche PW, Grosset JH, et al. A method for rapid detection of rifampicin-resistant isolates of Mycobacterium leprae. Lepr. Rev, 2001, 72: 441-448.

54. Wade MM, Zhang Y. Mechanisms of drug resistance in Mycobacterium tuberculosis. Front Biosci, 2004, 9: 975-994.

55. Ando H, Mitarai S, Kondo Y, et al. Pyrazinamide resistance in multidrug-resistant Mycobacterium tuberculosis isolates in Japan. Clin Microbiol Infect, 2010, 16 (8): 1164-1168.

56. Basso LA, Zheng R, Musser JM, et al. Mechanisms of isoniazid resistance in Mycobacterium tuberculosis: enzymatic characterization of enoyl reductase mutants identified in isoniazid-resistant clinical isolates. J Infect Dis, 1998, 178: 769-775.

57. Dalla Costa ER, Ribeiro MO, Silva MS, et al. Correlations of mutations in katG, oxyR-ahpC and inhA genes and in vitro susceptibility in Mycobacterium tuberculosis clinical strains segregated by spoligotype families from tuberculosis prevalent countries in South America. BMC Microbiol, 2009, 9: 39.

58. Rouse DA, Li Z, Bai GH, et al. Characterization of the katG and inhA genes of isoniazid-resistant clinical isolates of Mycobacterium tuberculosis. Antimicrob. Agents Chemother, 1995, 39: 2472-2477.

59. Mdluli K, Slayden RA, Zhu Y, et al. Inhibition of a Mycobacterium tuberculosis beta-ketoacyl ACP synthase by isoniazid. Science, 1998, 280: 1607-1610.

60. Lee AS, Lim IH, Tang LL, et al. Contribution of kasA analysis to detection of isoniazid-resistant Mycobacterium tuberculosis in Singapore. Antimicrob. Agents Chemother, 1999, 43: 2987-2089.

61. Lee AS, Teo AS, Wong SY, Novel mutations in ndh in isoniazid-resistant Mycobacterium tuberculosis isolates. Antimicrob. Agents Chemother, 2001, 45: 2157-2159.

62. Anthoy RM, Schuitema ARJ, Bergval IL, et al. Acquisition of rifabutin resistance by a rifampicin resistant mutant of Mycobacterium tuberculosis involves an unsual spectrum of mutations and elevated frequency. Ann Clin Microbiol Antimicrob, 2005, 4 (2): 9-12.

63. Meier A, Heifets L, Wallace RJ Jr, et al. Molecular mechanisms of clarithromycin resistance in Mycobacterium avium: observation of multiple 23S rDNA mutations in a clonal population. J Infect Dis, 1996, 174 (2): 354-360.

64. You EY, Kang TJ, Kim SK, et al. Mutations in genes related to drug resistance in Mycobacterium leprae isolates from leprosy patients in Korea. J Infect, 2005, 50 (1): 6-11.

65. Taylor DE, Chau A. Tetracycline resistance mediated by ribosomal protection. Antimicrob Agents Chemother, 1996, 40 (1): 1-5.

66. Cambau E, Sougakoff W, Jarlier V. Amplification and nucleotide sequence of the quinolone resistance-determining region in the gyrA gene of mycobacteria. FEMS Microbiol Lett, 1994, 116 (1): 49-54.

第十一章　分枝杆菌基因工程

基因工程（gene engineering），又称为重组 DNA 技术，是根据人们的科研或生产需要，在分子水平上，用人工方法提取或合成不同生物的遗传物质，即 DNA 片段，在体外人工将 DNA 分子"剪切"并重新"拼接"，形成一个新的杂合的 DNA 分子，形成重组 DNA，然后将重组 DNA 与载体的遗传物质重新组合，再将其引入到没有该 DNA 的受体细胞中，进行复制和表达，生产出符合人类需要的基因产物或改造、创造新的生物类型，并使之稳定地遗传给下一代。按目的基因的克隆和表达系统，分为原核生物基因工程，酵母基因工程，植物基因工程和动物基因工程。基因工程具有广泛的应用价值，为工农业生产和医药卫生事业开辟了新的应用途径，也为遗传病的诊断和治疗提供了有效方法。基因工程还可应用于基因的结构、功能与作用机制的研究，有助于生命起源和生物进化等重大问题的探讨。

鉴于分枝杆菌基因工程极为类似，所不同的是特异性目的基因的差别以及有关基因工程的基础资料都是根据其他抗酸分枝杆菌或大肠杆菌推论而来。本节拟仅介绍麻风分枝杆菌的基因工程。其他形式的分枝杆菌基因工程请参照 Murray 和 Young（1998）的描述。至今麻风杆菌的体外培养还未获成功，所以基因工程技术的应用为麻风杆菌研究建立了一个新的里程碑，具有划时代的意义。但尽管基因工程学在麻风杆菌中的应用、研究比其他抗酸杆菌要早，但由于受菌体量的限制，其研究进展又落后于其他抗酸杆菌，唯一例外的是，在抗酸杆菌中首先成功获得基因克隆的是麻风杆菌 65kD 蛋白。一般而论，发展基因工程学的前提，首先需要一定的基础资料，如菌的转型、变异、转导、重组等特性。但麻风杆菌因不能体外培养而无法开展这些基础研究，所以麻风杆菌不同于其他菌类的研究过程，是直接进入应用研究阶段。

第一节　麻风分枝杆菌的遗传基因特点和基因库

一、麻风杆菌的遗传基因特点

进行基因工程，首先要提取和精制 DNA，但麻风杆菌与其他抗酸杆菌一样，由于细胞壁含有较多的脂肪，用大肠菌等的提取方法，其 DNA 收率很低，所以需要较特殊的 DNA 提取方法。麻风杆菌的 DNA 与其他抗酸杆菌相比，主要有两个特点：①GC 含量，一般抗酸杆菌的 DNA 特点是 GC 含量高，约为 65%，而麻风杆菌却为 56%；②一般抗酸杆菌的 DNA 分子量为（2~3）$\times 10^9$ 道尔顿，而麻风杆菌为（1.6~1.8）$\times 10^9$ 道尔顿，Athwal 等用斑点杂交技术及液相杂交技术分析表明，麻风抗菌与棒状杆菌有较高的同源性，GC 含量和 DNA 的分子量也类似于棒状杆菌。虽然已有麻风杆菌与棒状杆菌比其他抗酸杆菌的关系更接近的实验结果，但现有的数据还不能作出明确的结论。

二、麻风杆菌基因库

克隆抗酸杆菌特别是麻风杆菌必须克服的另一个最大问题是抗酸杆菌中的密码子使用频度以及启动子区域的结构和活性，与大肠杆菌有很大区别，因此可导致在大肠杆菌中不能表达抗酸杆菌的基因。事实也是如此，大部分抗酸杆菌的基因在大肠杆菌中不能表达，麻风杆菌当然也不例外。抗酸杆菌及其麻风杆菌的分子生物学研究落后于其他细菌的原因之一，也就是因为抗酸杆菌与大肠菌的遗传学以及分类学上的关系相差甚远。经过科学家的努力，以几个划时代的突破为基础，才使得抗酸杆菌基因克隆得以进展。

1985 年 Clark-Curtiss 最初报告了麻风杆菌的基因克隆。即用从犰狳体内的麻风杆菌中提取的 DNA（其平均长度为 40kb）制备了黏性质粒基因库，且进一步用特殊的载体探讨其基因是否能在大肠杆菌中表达蛋白。所用载体是用链球菌基因启动子，结果发现该启动子能在大肠杆菌中启动，且麻风杆菌 DNA 也能在大肠杆菌中复制、翻译。他们还探讨了补充因导入麻风杆菌 DNA 而产生的大肠杆菌营养缺陷。结果证明可以补充 5 种缺陷营养中的 glta。

几乎同时，RA Young 等用另一种方法成功地在大肠杆菌中克隆了抗酸杆菌基因。他们用自己开发的大肠杆菌 λ 噬菌体做载体，制备了麻风杆菌的基因库，此载体带有 LacZ 基因，插入 EcoR I 酶切后的 DNA 片段，可表达与 β 半乳糖苷融合的蛋白，这是一个划时代的成果。他们用单克隆抗体对这些基因库进行筛选，得到了编码 65kD、36kD、28kD、18kD 以及 12kD 的基因克隆。

Clark-Curtiss 等的黏性基因库以及 Young 等的 λgt II 基因库对麻风杆菌的基因克隆发挥了很大的作用。特别是 Young 等的 λgt II 基因库世界各地都在应用，从而不断得到新的基因克隆表达。并在此基础上建立了以抗酸杆菌为宿主的载体系列。

第二节　基因工程技术在麻风分枝杆菌重组抗原制备中的应用实例

基因工程基本程序主要包括：①带有目的基因（又称外援基因）的 DNA 片段的获得；②DNA 片段与载体 DNA 的连接（体外重组）；③连接产物导入宿主细胞（又称受体细胞）；④重组体的扩增、筛选与鉴定；⑤目的基因在细胞中的表达；⑥表达产物的分离、鉴定等。

麻风杆菌 α_2 抗原基因的克隆及表达

α 抗原为抗酸杆菌的主要分泌蛋白之一，研究发现该抗原有一个基因家族，目前已知有 3 个结构相似的基因。且对抗酸杆菌感染患者体内的 T 细胞及 B 细胞有较强的抗原性。

（一）麻风杆菌 DNA 及载体

麻风杆菌（Mycobacterium leprae，麻风杆菌）为接种在裸鼠足垫上的 TAI53 株增殖菌，用玻璃珠振荡法破菌释放 DNA 后，用酚/氯仿提取纯化。载体 DNA 包括 pUC18、pUC19 及 M13 克隆用载体和 pMALc-R I 表达用载体；基因克隆用菌株为 Y1088、Y1090，DNA 扩增制备用菌株为 TB1，蛋白表达用菌株为 XLI-Blue。

（二）α_2 抗原基因的克隆筛选

采用原位斑点杂交法从麻风杆菌基因文库中筛选出阳性克隆。将阳性克隆株的 DNA 扩增提取后，插入到质粒载体 pUC18 上，通过转化宿主菌 XLI-Blue、大量制备纯化重组 DNA；通过 DNA 测序仪对每个阳性克隆株的 DNA 两端进行部分测序，以筛选目的 DNA 片段。选择一株长约 3000bpDNA 片段的阳性克隆，扩增提纯 DNA 后，用 15 种限制性内切酶进行酶谱分析，制备酶切图谱。根据酶切图谱，选择供测序用载体的克隆酶切位点，用限制性内切酶切为 9 段，再分别重新接到测序用载体 pUC18、pUC19 及 M13 上；在 DNA 测序仪上对组成 α_2 抗原基因全长的 9 段 DNA 进行测序。

（三）α_2 抗原基因的表达

1. 表达用 α_2 抗原基因 DNA 片段的制备　根据 α_2 抗原基因 DNA 序列设计，并在 5′和 3′端分别设计了 EcoR I 和 Hind III 的酶切位点。模板 DNA 为从麻风杆菌基因文库中筛选克隆出的含编码 α_2 抗原基因的约 3kb 的 DNA 片段。扩增反应条件为：变性，92℃ 1 分钟；退火，60℃ 1 分钟；聚合，72℃ 2 分钟；共 35 个循环。反应产物经琼脂糖凝胶电泳检测后，用 DNA 提取试剂盒从琼脂糖凝胶上提纯 DNA。再进行一次 DNA 测序，以确认系 α_2 抗原基因 DNA 片段。

2. α_2 抗原基因的诱导表达　α_2 抗原基因表达载体为质粒 pMALc-R I，此质粒的表达产物为与麦芽糖有亲和力的重组融合蛋白（即含有 malE 基因），将便于表达的产物提取纯化。该表达载体的转化及诱导方法如下：取含有目的 DNA 片段的重组质粒 pMALc-RⅠ转化宿主菌菌落，分别接种到 5ml LB 培养液中，37℃培养过夜后，取 2ml 再转接种到 200ml LB 培养液中，37℃振荡培养至在 600nm 波长的吸光度值为 0.5，加入 IPTG（异丙基硫代半乳糖）诱导剂至最终浓度为 0.5mmol/L，继续 37℃振荡培养，同时每隔 1 小时取出 0.5ml 培养液，经 SDS-PAGE 电泳检测表达蛋白含量，以确定最佳表达条件。

3. 表达重组蛋白的提取与提纯　将最佳表达条件下的培养液离心集菌后，重新悬浮于 20ml L 缓冲液，冷冻融化，再用超声波粉碎器破碎细胞后，加入最终浓度为 0.5mol/LNaCl，9000×g4℃下离心 30 分钟，取上清用麦芽糖亲和色谱柱进行提纯。洗脱液为含 10mmol/L 麦芽糖的 C 缓冲液（10mmol/LH$_3$PO$_4$，0.5mol/LNaCl，1mmol/LNaN$_3$，10mmol/Lβ 巯基乙醇，10mmol/LEGTA）。提纯的蛋白经 SDS-PAGE 电泳检测纯度，并用蛋白测定试剂盒检测提取蛋白的相对含量。α$_2$ 抗原重组基因在表达载体 pMALc-RⅠ上得到高效表达，且表达产物融合蛋白有较强的稳定性，不易被大肠杆菌所降解。用 SDS-PAGE 进行检测表明，在加入诱导剂 IPTG 后，37℃振荡培养 4 小时即达到表达高峰，测得融合重组蛋白得率为 10mg/200ml 麻风杆菌培养液。

4. α$_2$ 重组抗原的提纯及相对分子量的测定　根据表达融合蛋白的特性，用麦芽糖亲和色谱柱法能够快速、高纯度、高效率地纯化 α$_2$ 抗原重组融合蛋白，经 SDS-PAGE 电泳及计算机图像扫描分析其纯度达 95% 以上。α$_2$ 抗原重组融合蛋白的相对分子量约 55 000，malE 基因表达蛋白的相对分子量约 24 000，α$_2$ 抗原蛋白的相对分子量约 31 000，与其他抗酸杆菌，如结核杆菌等的 α$_2$ 抗原的相对分子量基本一致。

第三节　基因工程制备的麻风分枝杆菌重组抗原蛋白

近年来，有关麻风杆菌的基因克隆及其信息蛋白的表达研究报道飞速增加。这些都不是纯生物学或遗传学上的研究，而是有如下 3 个目的：①明确克隆基因所编码的蛋白在麻风杆菌感染中起何作用；②探索从分子生物学水平上解析人体对麻风杆菌免疫反应的机制；③开发和应用新的诊断方法及疫苗。

一、重组抗原

1. 70kD 蛋白　Young 等最先用单克隆抗体作为探针，筛选 λgtⅡ基因库而得到此 70kD 蛋白基因。已证实在麻风杆菌、结核菌以及 BCG 中都存在类似蛋白。并发现在麻风病人和结核病人末梢血中存在与此蛋白反应的 T 细胞，说明此蛋白既与体液性免疫又与细胞性免疫有关。另外，此蛋白是热休克蛋白，与大肠杆菌的 Dnak 蛋白、黄果蝇的 Hsp70 蛋白、非洲瓜青蛙的 Hsp70 蛋白以及人的 Hsp70 蛋白都有很高的同源性。

2. 65kD 蛋白　此蛋白是麻风杆菌中研究最多的蛋白之一。如前所述，此基因是 Young 等 1985 年用单克隆抗体做探针，筛选 λgtⅡ基因库而得到的蛋白基因之一，目前为止，已从麻风杆菌、结核菌、BCG 等克隆出此基因。麻风杆菌与结核菌由 Young 等发表于同一文章。麻风杆菌与结核菌的同源性在碱基水平上为 87%，在氨基酸水平上为 95%，而 BCG 则与结核菌的同源性为 100%。另外根据抗此蛋白抗体交叉反应性以及碱基序列，与此相似蛋白广泛分布于革兰阴性菌中的大肠菌、百日咳菌、密螺旋体等以及革兰阳性菌中的诺卡菌、枯草杆菌（Bacillus subtilis）、链球菌等。

因编码此蛋白的基因启动子也能在大肠杆菌中表达。所以在分子遗传学研究上非常有意义。但最引人注目的是有关人体对该蛋白的免疫反应的研究，此蛋白的特点是有很高的抗原性，无论怎样精制麻风杆菌的菌体蛋白，免疫动物后都能得到高价的抗此蛋白的抗体，所以在制备单克隆抗体时，是最易得到抗此蛋白的抗体，从而得到能够识别 65kD 不同表位的抗体。利用这些单抗，探讨了此蛋白上存在 B 细胞受体的状况，以及详细地探讨了合成多肽以及重组蛋白与系列单克隆抗体反应性。结果证明在此蛋白上存在 8~14 个 B 细胞受体。因在麻风病人、结核病人以及 BCG 接种者末梢血淋巴球中有许多与此蛋白反应的 T 细胞，所以用与 B 细胞受体同样的方法，证明至少在此蛋白上有 4 个 T 细胞受体。

更有意义的是，此蛋白与其他疾病的关系。一是风湿性关节炎，已证明引起实验性风湿性关节炎的兔白细胞中，有与此蛋白一定部位反应的 T 细胞，即风湿性关节炎的病因可能与此蛋白有较密切的关系。二是用重组蛋白所进行的试验中，证明在初级免疫监视中起作用的 T 细胞中也存在与此蛋白的特异性反应。这非常有意义，即可认为感染结核菌后的一级免疫反应可能是此蛋白活化了 γσT 细胞。三是 Koga 等在用 γ 干扰素刺激骨髓所得到的巨噬细胞上，发现存在带有此蛋白受体的蛋白，还观察到与 BCG 65kD 蛋白能起反应的细胞伤害性 T 细胞（CTL），可以发挥细胞伤害性，破坏用 γ 干扰素刺激得到的巨噬细胞。另外还有报道提示 65kD 蛋白与川崎病的发病有关。

以上研究表明，65kD 是一个很重要的蛋白，他既与抗酸杆菌的感染以及引起的生物免疫反应有关，还与自身免疫性疾病有密切的关系。

3. 36kD 蛋白（PRA）　Klatser 等探讨了具有麻风杆菌特异受体的 36kD 蛋白，表明抗此蛋白的单抗可以用于麻风杆菌感染的血清学诊断。另外还证明，T 型麻风病人体中含有识别此蛋白的 T 细胞，且发现 B 型和 T 型麻风病人中的抑制性 T 细胞受此蛋白的激活而抑制协助 T 细胞的反应。为了进一步解析此蛋白，用单克隆抗体作为探针，筛选了 Young 等的 λgt Ⅱ 基因库，克隆了此蛋白基因，接着用此基因作为探针，从 Clark-Curtiss 基因库中克隆出全部的基因片段。在测定此碱基序列以及相应的氨基酸序列时发现 2 个很明显的特征，一是脯氨酸的含量很丰富为 17.7%，二是反复出现 PGGSYPPPPP 以及类似的排列，并证明此反复出现的区域带有免疫反应性，抗酸杆菌中的结核菌也带有这种氨基酸排列的蛋白。

此蛋白还与胶原 α 链等真核生物的脯氨酸的含量丰富的蛋白（proline rich antigen，PRA）有相似性，在大肠杆菌中制备的此重组蛋白，用 ELISA 法证明，此蛋白上至少存在一个 B 细胞受体。为了证明对 T 细胞的抗原性，用土拨鼠迟发性过敏反应模型，研究结果表明出现阳性，此蛋白也是一种热休克蛋白。

4. 35kD 蛋白（MMP-1）　Rivoir 等用 2 种抗麻风杆菌细胞膜中带有较强抗原性的 35kD 蛋白单抗，筛选了 Young 等的 λgt Ⅱ 基因库，成功地得到了编码此蛋白的基因，且测定了碱基序列，还表明与 β 半乳糖苷融合的蛋白，能与作筛选时用的单抗发生反应。

5. 28kD 蛋白　这是 Young 等与 65kD 蛋白基因同时克隆得到的，此蛋白只存在于麻风杆菌和结核菌中，没有与此发生交叉反应的蛋白。L 型麻风患者血清中有大量与此蛋白反应的抗体，此基因编码 236 个氨基酸，其中末端有 22～23 个信号肽。

6. 18kD 蛋白　此蛋白基因也是 Young 等与 65kD 蛋白基因同时克隆得到的，同样认为此蛋白有麻风杆菌的特异性。据报道，此基因产物不仅对抗体而且也对 T 细胞发生反应。Booth Nerland 等分析了此基因，为含有 148 个氨基酸的蛋白，与分子量为 17kD 的大豆热休克蛋白有同源性。

7. 14kD 蛋白　Rivoire 等与 35kD 同时成功地克隆了此基因，此蛋白是细胞质中的一个主要蛋白，占菌体蛋白的 1%，测定了此蛋白的碱基序列及氨基酸序列，发现此蛋白与麻风杆菌及结核菌的 12kD 蛋白有很高的同源性。并与大肠杆菌 GroES 蛋白也有一定的同源性，GroES 蛋白是一个小分子热休克蛋白，协助 GroEL 的蛋白折叠及转移等功能。所以认为 14kD 蛋白是一种免疫应急蛋白。

8. 12kD 蛋白（麻风杆菌 A12A）　Shinnik 等克隆了结核菌的此蛋白基因，表明与大肠杆菌热休克蛋白 Gro 蛋白有关。Hartskeerl 等用 2 种抗麻风杆菌 12kD 蛋白的单抗筛选了 Young 等的基因库，得到 2 种不同的基因克隆，且进一步以此基因为探针，从黏性质粒中分离出完整的基因。其中的一个碱基序列不同于已报告的结核菌的 12kD 蛋白，与大肠杆菌热休克蛋白 Gro 蛋白亦无相关性。

9. 10kD 蛋白　Mehra 等克隆的此蛋白基因与前述 14kD 蛋白一样有与 BCG 相似的蛋白，用 p 麻风杆菌-c 载体，在大肠杆菌中发现有与麦芽糖结合性蛋白融合的蛋白，为了精制 10kD 蛋白，用吸附层析法等分析，结果表明，麻风杆菌分离到的 10kD 蛋白与重组 10kD 蛋白都对 T 型麻风患者以及用麻风杆菌免疫的动物体内分离到的 T 细胞有显著反应。

10. 超氧物歧化酶（SOD）　Thangaraj 等用抗麻风杆菌 28kD 蛋白的单抗是从 Young 等基因库中克隆的此蛋白基因，对碱基序列以及氨基酸序列分析发现与人的 SOD 有 67% 的同源性，与大肠杆菌也有 55% 的同源性，此基因在大肠菌中不能以自身启动子表达，而可以在 M. Smegmatis 中表达。根据其氨基酸序列合成了多肽，用 ELISA 法证明存在有两种识别抗体的受体部位。

11. α 抗原　α 抗原是广泛存在于生长迟缓型抗酸杆菌的培养上清中的一种蛋白，分子量为 30kD，现认为是由种特异性部分与生长迟缓型抗酸杆菌共有部分组成，众所周知，这是培养滤液中存量最多的蛋白，在结核病人血清中也存有抗此抗原的抗体，在检测麻风病人抗此抗原的抗体效价时发现，L 型病人>健康人>T 型病人。这也提示 T 型麻风病人的感染病因与体液性免疫低下有关。Matsuo 等用 BCG 和 M. Kansasii，Borreman 等用结核菌从大肠杆菌中表达了此基因。且报告重组蛋白都与抗 α 抗原的血清有反应。

Makinao 等通过比较 Matsuo 和 Borreman 所报告的 3 种 α 抗原基因的碱基序列，找出高度同源的部位，以此序列部位制作了扩增麻风杆菌 α 抗原基因的引物，并进行克隆，结果成功地克隆了 85% 的麻风杆菌 α 抗原基因，并测定了碱基序列，比较其碱基序列以及氨基酸排列，提示在 α 抗原中存在麻风杆菌特异受体的可能性。

尹跃平等用原位斑点杂交法从麻风杆菌基因文库中筛选出 2 株含 α 抗原基因片段的阳性克隆，测定了全长为 986bp 的 α 抗原基因 DNA 序列。继筛选出麻风杆菌 α 抗原基因克隆后，又建立了在大肠杆菌中的表达体系。试验结果初步表明，在麻风病人血清中存在较高的抗 α 重组融合蛋白抗原抗体。并建立了以重组麻风杆菌 α 融合蛋白为抗原的酶联免疫吸附试验，α-ELISA 在各型麻风病人中的敏感性与 PGL-1-ELISA 相比无统计学差异。α-ELISA 在麻风病复发预测以及流行病学调查等中具有一定的应用意义。

12. LSR2　Leal 等用麻风病人血库中的血清做探针，从 Young 等的基因库中得到了 4 个克隆，且对命名为 LSR2 克隆基因表达的融合蛋白进行了探讨。即检测了此蛋白与患者血清及血细胞的反应，证明此 LSR2 是很好的 T 细胞抗原，此重组蛋白可与麻风杆菌同样的引起麻风患者淋巴血球的增殖反应。在 50% 含有抗麻风杆菌抗体的血清中存在抗此重组蛋白的抗体。

二、克隆基因

1. 抗巨噬细胞基因　研究麻风杆菌的另一重要课题是阐明在细胞内增殖的有关因子，一般认为细胞内的增殖是抗酸杆菌致病性的一个重要因素。最近，Sathish 等报告了一个很有意义的有关基因，即用 Clark-Curtiss 等的黏性质粒基因库转化大肠菌，再将此大肠菌与巨噬细胞一起培养，然后洗掉未被巨噬细胞吞噬的大肠杆菌，再在含有庆大霉素的培养基中培养 5 小时（此目的是杀死未被冲洗掉的大肠杆菌），溶解巨噬细胞，回收在巨噬细胞中未被杀死的大肠杆菌，如此反复操作 3 次，得到了 21 个克隆，将其中的一株 DNA 再转移到大肠杆菌中，显示有抗巨噬细胞性，同时在 pUC18 为载体的基因库中也分离到了有同样活性的 2 个基因，并进一步在抗酸杆菌–大肠杆菌双宿主载体上亚克隆此基因，使之转化耻垢分枝杆菌，报告此可增强耻垢分枝杆菌的抗巨噬细胞能力。

2. 重复因子　现认为作为麻风杆菌鉴定的最有效的标记是重复因子，1988 年，Eisennach 等克隆且详细研究了与此有同样性质的结核菌的重复因子，1990 年报告了麻风杆菌此因子的碱基序列，根据 Woods 等人的报告，至少有 3 种排列，每一个染色体中约有 30 个反复的同一排列，并建立了以此排列为标记的 PCR 法，可作为检测麻风杆菌的最有效方法之一。

3. 核糖体 RNA（rRNA）　关于抗酸杆菌的 rRNA 基因的结构是 1986 年报告的，1987 年 Makino 首次报告了此基因的克隆，是 BCG 中克隆了 rRNA 密码子的全区域，且用 Southern 杂交技术以及 R Loop 法等分析了此结构，结果发现，BCG 和其他真核细菌一样有 16s-23s-5s 顺位的 rRNA 基因序列，另外还决定了 16s rRNA 基因的一级结构，探讨了与已知的放线菌的 16rRNA 基因的一级结构的相似性，结果发现此两个菌的分类学上有很近的关系，并查清 BCG 上至少带有两种不同活性的启动子。

对麻风杆菌的 rRNA 结构分析相对晚于 BCG，1988 年 Estrada 等测定了 300 个碱基对，一直到 1990 年 Leasak 等才报告了有关一级结构，Sela 等对启动子区域进行了分析，报道麻风分枝杆菌的 rRNA 基因启动子无论在大肠菌中还是枯草杆菌中都有活性，为鉴定麻风杆菌，进行了进一步的研究，即将此基因与 Makinao 报告的 BCG16srRNA 基因碱基序列进行比较，发现麻风杆菌中有 12 个的碱基在 BCG 中不存在，这可用于作为麻风杆菌的特异探针，同时还测定了麻风杆菌 23s、5s rRNA 的碱基序列。

基因工程技术日新月异的发展，今后在麻风杆菌的诊断、疫苗研究等领域必将会有更大的应用前景。

（尹跃平）

附：从分枝杆菌分泌哺乳类蛋白质法

从分枝杆菌分泌哺乳类蛋白质是另一种形式的分枝杆菌基因工程。在发展分枝杆菌疫苗及免疫细胞因子等方面有重要作用。参照 Murray 和 Young 的描述（1998），BCG 成为外源性抗原理想载体具备的特点：是一种活疫苗，可以通过激发强烈的细胞介导的免疫反应来保护机体，十分安全而且可以在出生时使用。由于重组分枝杆菌过程的工具的最新进展，BCG 已经可以用于表达 HIV、肺炎球菌、包柔螺旋体、疏螺旋体等抗原。而这些菌株都可以诱导针对其相应诱导抗原的细胞/体液介导的免疫反应。并且 BCG 作为载体的前景是生产能够直接在感染部位，分泌可诱导强烈的生物反应的分子的菌株。这些菌株不仅可以作为抗结核高级疫苗的候选对象，而且可以成为探索和控制抗结核的免疫机制的有利工具。

此文所描述的技术和概念可应用到任何分枝杆菌属，乃至可以延伸到更大范围的蛋白表达群。

一、实验材料

1. 适合表达分枝杆菌外源性蛋白的质粒载体 O，Donnell 等列出的质粒可以用（要求是用于非商业目的）。其他的质粒也可以用，但应当符合所要求的特点。

2. Middlebrook 7H10 琼脂 溶解于去离子的水中，配成 19g/900ml，加入 5ml 丙三醇：高压灭菌。然后在水浴中将琼脂冷却至 55℃。

3. Middlebrook OADC 的相关添加物。

4. 卡那霉素（Sigma） 将 20μg 卡那霉素溶解于 5ml 水中，滤过消毒。

5. 放线菌酮（Sigma） 溶解 0.1g 放线菌酮至 10ml 水中，滤过消毒。

6. Tween-80（Sigma） 配成 20% V/V 的原液，滤过消毒。

7. 7H10 加卡那霉素培养基 取 100ml OADC 添加物，加入 5ml 卡那霉素溶液，10ml 放线菌酮溶液，5ml 20% V/V 的吐温-80，制成 900ml 7H10 的琼脂。倒出培养基备用。

8. Middlebrook 7H9 肉汤培养基 溶解 7g 粉末物到 900ml 去离子化的水中，高压消毒并冷却至 55℃以下。加入 5ml 20%（V/V）的吐温-80，900ml 7H10 的琼脂到先前的 900ml 7H9 肉汤培养基中。再通过加入 5ml 卡那霉素溶液进行筛选。所有介质使用前都必须在 4℃保存。

9. 消毒 MilliQ 水。

10. 电穿孔器和 0.2cm 小刮匙。

11. 30%（V/V）的丙三醇。

12. 细胞系依赖因子试验的标准细胞因子。

13. 0.45μm 的硝基纤维素膜。

14. whantman（华特门）3mm 滤纸。

15. 10%（W/V）的十二烷基硫酸盐（SDS）。

16. 0.5M NaOH，1.5M NaCl。

17. 0.5M Tris-Cl，pH7.6，1.5M NaCl。

二、实验方法

1. 表达载体的构建　每个细胞因子 cDNA 都要预处理去除能引导蛋白进入（ER）腔内的内部基因序列。cDNA 易于用 PCR 技术修饰，且易从分枝杆菌信号序列下游克隆获得。例如，IL-2，一种常见的分泌蛋白；TNF-α，一种Ⅱ型膜蛋白，通常以蛋白溶解的方式从细胞中释放。

2. 分枝杆菌的转染（转化）　本法据 Aldovini 等的方法改进而来。

（1）从冷冻仪中溶解 BCG 接种 1ml 标本（于 1ml 分装之 30% 丙三醇保存液，-70℃）至 20ml 7H9 肉汤培养基中（含 OADC 和吐温），在密封的长颈瓶中培养一周，要求恒温 37℃ 并轻轻转动。再加入 30ml 7H9 培养基，继续同法培养 3～6 天后，细菌将成对数生长，当 OD600 达到 0.7～1.2 时细菌便可以用来转化（培养基内加吐温-80 是为了使菌不至于形成大团块！）。

（2）以 500g 的离心力离心 15 分钟获取细胞，然后以 50ml 无菌 milliQ 液清洗沉淀，重复 3 次。

（3）将细菌悬浮于 4ml 液体中（为充分的电穿孔）。

（4）测量准备转化质粒中的 DNA 浓度。加入乙醇以确保最终每个转化体达到 2μgDNA。70% 酒精冲洗沉淀，注意无菌操作，在生物安全柜中将沉淀晾干并再次悬浮于 10μl 水中，用一支无菌微量离心试管，混合 DNA 与分枝杆菌（400μl），加液至一 0.2cm 透明小管（比色杯）。

（5）将每个样本以下列条件进行电穿孔：2.5kV，8Ω 和 25mF。

（6）连续记录每次电穿孔的时间，以寻求最适时间常数，一般在 10～50 秒。

（7）利用 7H9 培养基将细菌从比色杯转移至 15ml 试管中，混合至 8ml，在 37℃ 条件下振荡培养基一整夜。

（8）在 500g 离心培养基 15 分钟，再将细胞悬浮于 400μl 7H9 培养基中，植于 7H10 琼脂上，用 parafilm 密封后，在 37℃ 条件下孵育约 4 周。

3. 分枝杆菌分泌型细胞因子的筛选

（1）初筛：由于之前一些构建模型中已经观察到转染能力的下降（参考后文三、注释 1），我们可以方便地利用杂交技术对每个菌落进行筛选以证明 cDNA 的存在。

1）将菌落置于 5ml 的 7H9 培养基中（含有 OADC，吐温及卡那霉素），轻轻振荡，直至菌落明显生长（大约需 2 周）。

2）取 1ml 培养液于 EP 管中离心，再将 EP 管内容物溶于 50μl 水中，取 10μl 滴到硝酸纤维素膜上，让其在室温下完全干燥。

3）待干燥后，取双层 Whatman 3mm 纸夹住硝酸纤维素膜并置于循环水中高压灭菌 2 分钟，这将使细菌永久黏附于硝酸纤维素膜上，并能引起细胞部分溶解。

4）再次完全风干硝酸纤维素膜，进而记录下 E.coli 的菌落。通常按如下流程：将硝酸纤维素膜置于以 10% SDS 饱和的双层 Whatman 纸上，5 分钟后，转移到 1.5mol/L NaCl 和 0.5mol/L NaOH 饱和的 Whatman 纸上，5 分钟后再转移至 0.5mol/L Tris-HCL 和 pH7.6，1.5mol/L NaCl 饱和的 Whatman 纸上，过 5 分钟，室温下使干硝酸纤维素膜，后在真空中烘烤 45 分钟，经过这些处理，将可以确保分枝杆菌的 DNA 变性。

5）使用 cDNA 探针做标准的杂交反应。

（2）ELISA 筛查：一旦证明有阳性的克隆，即可用 ELISA 来证明 EP 管中分泌型细胞因子的存在。

1）从 5ml 培养基中再取出 1ml，在微量管中离心 10 分钟，按 300μl 分装，置 -20℃，待 ELISA 测定。

2）细胞因子专用的 ELISA（有多家公司出售对多数分泌型细胞因子敏感且特异性的 ELISA 试剂），并将发现的阳性培养物扩大培养，备保存和生物试验用。

（3）生物测定：尽管用酶联免疫吸附测定可以测定培养基上层液中细胞因子的存在，但不一定说明其具备生物活性。因此，检测分枝杆菌分泌到媒介中的细胞因子的生物活性就十分重要（参考后文

三、注释2）。许多不同的细胞系能够产生不同的因子，比如产生增生或分化作用对应的细胞因子。观察者需要去评价适合每种目的的不同种类的生物测定方法。

1）扩增阳性细菌培养至50ml，并且增长至1.0~1.5（OD600处）。通过特异性生物测定方法测定无细胞上层液中感兴趣的细胞因子的生物活性（表2-8-1）。试验的阴性对照用培养分枝杆菌的培养基上层液。

2）配相应的稀释标准液。用已知量的活性细胞因子，与稀释到相应分枝杆菌的培养基的（大概2~5倍范围）上清液作平行对照。

3）用生物测定法测定分枝杆菌的上清液。确保标本离心和上清液的移除及标本抽样均在无菌环境下进行。通过上清液的细胞因子的特异活性对照标准液的活性来表示结果。

4）如果细菌生长在OD600处达到1.5~2.0就可以冻存。将这些细胞在500g离心15分钟，并重悬浮于5ml 7H9溶液（包括OADC、吐温和卡那霉素）。再加入5ml 30%灭菌甘油并混合。按1ml分装并贮于-70℃。

5）在注射法或其他重组分枝杆菌生物测定法之前，生长菌落通常用来评估相应目标分子的产生量。一些重组过程中遇到的问题及回收目标菌株的方法请参阅后文三、注释3。

4. 重组分泌细胞因子的BCG菌株的样品　BCG分泌的细胞因子目前有：BCG-IL-2、BCG-IL-6、BCG-mGM-CSF、BCG-hGM-CSF、BCG-IL-4、BCG-IFN-γ、BCG-IFN-α、BCG-IL-10、BCG-IL-11、BCG-IL-13和BCG-LIF。

三、注释

1. 携带有cDNAs编码的细胞因子的质粒在分枝杆菌转化培育过程中，会经常出现两个问题：携带有$(1~2)×10^5/\mu gDNA$片段的亲代质粒获得转化率下降，同时还有携带cDNAs细胞因子的质粒转化率下降。例如：IL-4、INF-γ 5~10 菌株/μg能获得。这样低的转化率需要杂交筛选，如果低的转化率的检测被建立，推荐在一个工作日可以执行4~5次转化，所有实验获得的菌落混合在一起。

2. 从分枝杆菌分泌的细胞因子，其生物活性的检测是必须的。大多数人和鼠的细胞因子通过简单的特异性生物鉴定能被检测。多数细胞因子要求增殖检测（例如用^{3}H-脱氧胸腺嘧啶苷合并法）。一些细胞因子活性的检测是困难的。因为它们需多重的分析，例如以其他细胞因子共刺激，或者抑制生长，如IFN-γ。

3. 几种细胞因子分泌的菌株减少增长率，提示表达了毒性的蛋白，一些菌株已发现失去了细胞因子的表达。最常见于卡介苗分泌的IFN-γ，即使卡那霉素存在，表达随培养时间而逐减。这提示在培养过程中发生重组和缺失，重组或缺失的生长缓慢的细菌的质粒将过度增殖。亦存在一些其他可能，例如抗卡那霉素的aph（耐药基因）基因整合基因组和质粒残留部分丢失。

4. 分枝杆菌分泌的哺乳蛋白有一些限制，分泌效能与成熟蛋白与存在的双硫键数量成反比。当含超过两个以上双硫键时分泌很少，分枝杆菌分泌的蛋白自然受限制。例如，IL-12是分枝杆菌免疫学中非常活跃的分子，是含有内-和间-亚单位二硫键的异二聚蛋白，使之不可能分泌为功能型。相反像生长趋化因子家族这样的简单分子容易分泌。

（王　群　陈小红）

参 考 文 献

1. Hastings RC. Leprosy. et al, Edinburgh：Churchill Livingstone. 1994.

2. Grange JM. Recent developments in molecular biology of mycobacteria. Bull Int Union Tubere Lung Dis, 1990, 65：19-23.

3. Reddi PP, et al：Molecular definition of unique species status of Mycobacterium W；a candidate leprosy vaccine strain. Int J Lepr Mycobact Dis, 1994, 62：229-236.

4. Kirchheimer WF, Storrs EE. Attempts to establish the armadillo as a model for the study of leprosy. Inte J Lepr, 1971, 39：693-702.

5. Launois P, Hyugen K, De Bruyn J, et al. T cell response to purified filtrate antigen 85 from *Mycobacterium bovis* Bacilli Calmette-Guerin (BCG) in leprosy patients. Clin Exp Immunol, 1991, 86: 286-290.

6. Van JP, Drowart A, De vruyn J, et al. Humoral responses against the 85A and 85B antigens of *Mycobacterium bovis* BCG in patients with leprosy and tuberculosis. J Clin Micreobiol, 1992, 30: 1608-1610.

7. 尹跃平, 牧野正直, 吴勤学, 等. 麻风杆菌α抗原C基因的克隆及表达. 中华皮肤科杂志, 1996, 29: 343-345.

8. De Bruyn J, Huygen K, Bosmans R, et al. Purification, characterization and identification of a 32kDa protein of *Mycobacterium bovis* BCG. Microb Pathog, 1987, 2: 351-366.

9. Young D. Bangkok workshop on leprosy research-genome sequencing and its potential applications. Int J Lepr, 1996, 64 (Suppl): э68.

10. 尹跃平. らいの菌の抗原クローニングと大肠菌中での大量発現. 日本感染学杂志, 1994, 68: 1330-1337.

11. Gedaily AEL, Paesold G, Chen CY, et al. Plasmid virulence gene expression induced by short-chain fatty acids in salmonella dublin: identification of rpoS-dependendent and rpo-s-independent mechanisms. J Bacteriol, 1997, 179: 1409-1412.

12. Murray PJ, Young RA. Secretion of mammalian proteins from mycobacteria. Methods Mol Biol, 1998, 101: 275-284.

缩 略 语

缩写	英文全文	中文
AFB	acid-fast bacillus	抗酸杆菌
AIDS	acquired immunodeficiency syndrome	获得性免疫缺陷综合征
AMK	amikacin	阿米卡星
AMTD	Amplified M. tuberculosis direct test	直接结核杆菌扩增试验
APC	antigen presenting cell	抗原呈递细胞
APUD	amino precursor uptake and decarboxylation	氨基前体吸收和脱羧作用
ATP	adenosine triphosphate	腺苷三磷酸（腺三磷）
BB	borderline borderline leprosy	界线类麻风
B663	clofazimine	氯法齐明
BA	blocking agent	封闭剂
BAL	bronchoalveolar lavage	支气管肺泡灌洗
BB	mid-borderline leprosy	中间界线类麻风
BCG	Bacilli Calmette-Guerin	卡介苗
BI	bacterial index	细胞指数
Bi	borderline group（infiltrated）	界线类麻风浸润亚型
BL	borderline lepromatous leprosy	界线类偏瘤型麻风
BT	borderline tuberculoid leprosy	界线类偏结核样型麻风
C	cytosine	胞嘧啶
CB	citrate-phosphate buffer	枸橼酸-磷酸盐缓冲液
CFU	colony forming unit	菌落形成单位
CIARI	clarithromycin	克拉霉素、甲红霉素
CIC	circulatory immune-complex	循环免疫复合物
CIE	crossed immunoelectrophoresis	交叉免疫电泳
C1q	complement 1q	补体一成分 q 亚单位
CMI	cell-mediated immunity	细胞介导免疫，细胞免疫
CRP	C-reactive protein	C-反应蛋白
CTL	cytotoxic T lymphocyte	细胞毒性 T 淋巴细胞
DA	diluting agent	稀释剂
DADDS	diacetyl diaminodiphenylsulfone	二乙酰胺苯砜

缩写	英文全文	中文
DAS-ABC-ELISA	double antibody sandwich ABC-ELISA	双抗体夹心 ABC-ELISA
D-DOPA	D-dihydroxydiphenylalanine	D-二羟苯丙氨酸
DDS	dapsone	氨苯砜
DF	detection form	新发病例（年度）报表
DHR	delayed hypersensitivity reaction	迟发型超敏反应
DLA	dot immunobinding assay	斑点免疫试验
DMAS-ELISA	double McAb sandwich ELISA	双单克隆抗体夹心酶联吸附试验
DNA	deoxyribonucleic acid	脱氧核糖核酸
DNAP	DNA polymerase	DNA 聚合酶
Dot-ELISA	dot-enzyme-linked immunosorbent assay	斑点–酶联免疫吸附试验
DPT	diphenyl thiourea	丁氨苯硫脲
DST	direct susceptibility test	直接（药物）敏感性试验
DST	drug susceptibility test	药物敏感性试验
DTH	delayed type hypersesitivity	迟发型超敏
ELA	enzyme immunoassay	酶免疫测定
ELIB	enzyme-linked immuno-blotting technique	酶联免疫印迹技术
ELISA	enzyme-linked immunosorbent assay	酶联免疫吸附试验
EMB	ethambutol	乙胺丁醇
ENL	erythema nodosum leprosum	麻风性结节性红斑
ETH	ethionamide	乙硫异烟胺
FDA	Food and Drug Administration	食品与药物管理局
FLA-ABS test	fluorescent leprosy antibody absorption test	荧光麻风抗体吸收试验
G	guanine	鸟嘌呤
G6PD	glucose-6-phosphate dehydrogenase	葡萄糖-6-磷酸脱氢酶
GF	granuloma fraction	肉芽肿分数
GGAT	gelatin granular agglutination test	明胶颗粒凝集试验
GM-CSF	granulocyte-macrophage colony-stimulating factor	粒–巨噬细胞集落刺激因子
H-E	hematoxylin and eosin	苏木素和伊红（染色）
HI	histopathological index	组织病理指数
HIV	human immunodeficiency virus	人类免疫缺陷病毒
HKML	heat-killed M. leprae	热杀死麻风杆菌
HLA	human leucocyte antigen	人体白细胞抗原

续　表

缩写	英文全文	中文
HMI	histomorphological index	组织形态指数
HSP	heat-shock protein	热休克蛋白
I	indeterminate leprosy	未定类麻风
ICL	International Congress of leprosy	国际麻风大会
ICRC	Indian Cancer Research Center	印度癌症研究中心
IFN-γ	interferon-γ	γ干扰素
Ig	immunoglobulin	免疫球蛋白
IgA	immunoglobulin A	免疫球蛋白A
IgE	immunoglobulin E	免疫球蛋白E
IgG	immunoglobulin G	免疫球蛋白G
IgM	immunoglobulin M	免疫球蛋白M
IL-2	interleukin-2	白细胞介素2
IL-2R	interleukin-2 receptor	白细胞介素2受体
IL-4	interleukin-4	白细胞介素4
ILA	International Leprosy Association	国际麻风协会
ILEP	International Federation of Anti-leprosy Organization	国际抗麻风机构联合会
Im	indeterminate group（macular）	未定类麻风斑状亚型
IMMLEP	Scientific Working Group on the Immunology of leprosy	麻风免疫科学工作组
INH	isoniazid（isonicotinylhydrazide）	雷米封，异烟肼
Ip	indeterminate group（neuritic，pure）	未定类麻风纯神经炎亚型
IPF	individual patient form	个案病例登记表
IPM	indirect proportion method	间接比例法
Ir-genes	immune response gene	免疫应答基因
LAM	lipoarabinomannan	酯化阿糖甘露聚糖
LAT	latex agglutination test	胶乳凝集试验
LBI	loparithmic biopsy index	对数活检指数
LC	langerhans cell	郎格汉斯细胞
Ld	lepromatous type（diffuse）	瘤型弥漫亚型
LDA	leprosy derived corynebacteria	来自麻风宿主的棒状杆菌
LEC	leprosy elimination campaigns	消除麻风运动
LHI	logarithmic histopathological index	对数组织指数
LI	indefinite leproma	亚瘤型
Li	lepromatous type（infiltrated）	瘤型浸润亚型
LL	lepromatous leprosy	瘤型麻风
LLp	polar lepromatous leprosy	极瘤型麻风

缩写	英文全文	中文
LLs	subpolar lepromatous leprosy	亚瘤型麻风
LM	lipomannan	酯化甘露聚糖
Lm	lepromatous type（macular）	瘤型斑状亚型
Ln	lepromatous type（nodular）	瘤型结节亚型
Lp	lepromatous type（neuritic，pure）	瘤型纯神经炎亚型
LST	lymphocyte stimulation test	淋巴细胞刺激试验
LT	lymphocytotoxin or lymphotoxin	淋巴细胞毒素或淋巴毒素
LTT	lymphocyte transformation test	淋巴细胞转化试验
Mab	monoclonal antibody	单克隆抗体
MADDS	monoacetyl dapsone	单乙酰胺苯砜
MAIS	M. avium-M. intracellulare-M. scrofulaceum	鸟型 - 细胞内 - 瘰疬分枝杆菌
MB	multibacillary leprosy	多菌型麻风
MBC	minimal bactericidal concentration	最低杀菌浓度
MBD	minimal bactericidal dosage	最低杀菌剂量
McAb	monoclonal antibody	单克隆抗体
MDR	multidrug-resistant	多药耐药
MDR-TB	multidrug-resistant tuberculosis	耐多种药结核
MDT	multidrug therapy	联合化疗
MED	minimum effective dosage	最低有效剂量
MGIT	mycobacterium growth indicator tube test	分枝杆菌生长指示试管试验
MHC	major histocompability complex	主要组织相容性复合物
MHC Class Ⅱ	major histocompability complex class Ⅱ	Ⅱ类主要组织相容性（抗原）复合物
MI	morphological index	形态指数
MIC	minimal inhibitory concentration	最低抑菌浓度
MINO	minocycline	米诺环素
MIRU-VNTR	mycobacterial interspersed repetitive-unit-variable-numbertandem-repeat	分枝杆菌散在分布重复单位和可变数目串联重复序列
MIS	management information system	管理信息系统
ML	Mycobacterium leprae	麻风分枝杆菌
MLM	M. lepraemurium	鼠麻风分枝杆菌
MMP	major membrane protein	主要膜蛋白
MM	mosifloxacin-minocycline	莫西沙星 - 米诺环素

续　表

缩写	英文全文	中文
MNP	mononuclear phagocyte	单核吞噬细胞
MPN	most probable number	最可能的（活菌）数
MT	memory T-lymphocyte	记忆性 T 细胞
MTB	M. tuberculosis	结核分枝杆菌
MTBC	M. tuberculosis complex	结核杆菌复合体
MXFX	moxifloxacin	莫西沙星
Mφ	macrophage	巨噬细胞
NEPR	nodule extract protein	结节提取物蛋白
NIH	National Institute of Health	美国国立卫生研究院
NK	natural killer（cell）	自然杀伤（细胞）
NRA	nitrate reductase assay	硝酸盐还原试验
NSE	neurone specific enolase	神经元特异性烯醇酶
OFLO	ofloxacin	氧氟沙星
OM	ofloxacin-minocycline	氧氟沙星–米诺环素
OPD	o-phenylenediamine	邻苯二胺
ORF	open reading frame	开放阅读框架
PABA	para-aminobenzoic acid	对氨基苯甲酸
PAP	peroxidase-antiperoxidase	过氧（化）物酶–抗过氧（化）物酶
PAS	periodic acid-Schiff	过碘酸–希夫（染色反应）
PAS	sodium P-aminosalicylic acid	对氨基水杨酸钠
PB	paucibacillary leprosy	少菌性麻风
PBS	phosphate buffered saline	磷酸盐缓冲盐水
PCD	pogrammed cell death	程序化细胞死亡
PCR	polymerase chain reaction	聚合酶链反应
PDIM	phthiocerol dimycocerosate	结核菌蜡脂
PGL- I	Phenolic glycolipid- I	酚糖酯-1
PHA	phytohemagglutinin	植物血凝素
PIMs	phosphalidyl-inositol mannosides	磷酯酰肌醇甘露糖苷
PN	primary neuritis	原发性神经炎
PPD	purified protein derivatives of tuberculin	（结核菌素的）纯蛋白衍生物
PRA	prolinerich antigen	富含脯氨酸的抗原
PTB	pulmonary tuberculosis	肺结核
PTH	prothionamide	丙硫异烟胺

缩写	英文全文	中文
PZA	pyrazinamide	吡嗪酰胺
R773/RFP	rifapentine-moxifloxacin-minocycline	利福喷丁－环戊哌利福霉素－米诺环素
RFLP	restriction fragment length polymorphism	限制性片段长度多态性分析
RIA	radioimmunoassay	放射免疫法
RMM	rifapentine-moxifloxacin-minocycline	利福喷丁－莫西沙星－米诺环素
RNA	ribonucleic acid	核糖核酸
ROM	rifampicin-ofloxacin-minocycline	利福平－氧氟沙星－米诺环素
RPT	rifapentine	利福喷丁
RR	reversal（upgrading）reaction	逆向（升级）反应
RT-PCR	reverse transcriptase-polymerase chain reaction	反转录－聚合酶链反应
SACT	serum antibody competition test	血清抗体竞争试验
SAPEL	special action project for the elimination of leprosy	消除麻风特别行动计划
SCID	severe combined immunodeficient mouse	严重联合免疫缺陷小鼠
SD	standard deviation	标准差
SFG	solid-fragmented-granular	完整－断裂－颗粒（菌）
SOD	superoxide dismutase	超过氧化物歧化酶
STR	streptomycin	链霉素
SWOT	strengths，weaknesses，opportunities，threats	优势、弱势、机遇与挑战
TAG	（WHO）Technical Advisory Group	（WHO）技术咨询组
TB1	thiacetazone	氨硫脲
TB	tuberculosis	结核病
TCA	tricarboxylic acid cycle	三羧酸循环
TCR	T-cell reactivity	T 细胞反应性
TCR	T cell receptor	T 细胞受体
TDTH	helper T cell that induce DTH reaction	诱导 DTH 反应的 T 辅助细胞
TH	T helper cell	辅助性 T 细胞
THELEP	Scientific Working Group on the Chemotherapy of leprosy	麻风化疗科学工作组
TI	indefinite tuberculoid	亚结核样型
Tm	tuberculoid type（macular）	结核样型斑状亚型
TNF-α	tumor necrosis factor-α	肿瘤坏死因子 α
Tp	tuberculoid（neuritic，pure）	结核样型纯神经炎亚型

续 表

缩写	英文全文	中文
Ts	T suppressor cell	T 抑制细胞
Tt	minor tuberculoid（micropapuloid）	小结核样型（小丘疹样）
TT	major tuberculoid（plaques，annular lesions，etc）	大结核样型（斑块、环状损害等）
TT（T）	tuberculoid leprosy	结核样型麻风
TTp	polar tuberculoid leprosy	极结核样型
TTs	subpolar tuberculoid leprosy	亚结核样型
WHO	World Health Organization	世界卫生组织
XDR-TB	extensively drug resistant tuberculosis	广谱耐药结核
Z-N 法	Ziehl-Neelsen staining method	姜-尼染色法

（吴勤学　张爱华）